출제경향에 맞춘 최고의 수험서

2024 PASS

측량 및 지형공간정보

기사 필기 1~2과목

무료동영상

송용희 · 민미란 · 이혜진 · 김민승 · 박동규 저

예문사

최근 측량 및 공간정보학은 위성측량의 발달로 종래 지구에 국한된 영역에서 우주공간의 4차원 동시 측량뿐만 아니라 사진측량, 원격탐측, GNSS, GSIS 등을 이용하여 토지, 자원, 해양분야 등의 정성적 분야까지 그 활용도가 증대되고 있다. 이런 관점에서 본서는 특히, 현대 측량 및 공간정보학의 폭넓은 이해와 측량 및 지형공간정보기사 등 각종 시험에 철저히 대비할 수 있도록 필수적으로 이해하여야 할 이론을 기초에서부터 첨단측량 분야에 이르기까지 상세하게 수록하였으며, 정확한 경향파악을 위한 과 년도 기출문제 및 예상문제를 명확한 해설과 함께 자세히 다루었다.

또한 항상 어떤 시험이든지 이론에 대한 확실한 이해 없이 기출제된 문제만을 접하게 된다면 이와 유사 한 문제가 출제된다 해도 응용능력이 부족하게 되기 때문에 본서는 다음과 같은 사항에 역점을 두어 편 찬하였다.

- 측량 및 지형공간정보기사 시험에 대비하여 각 장마다 수험생이 필수적으로 이해하여야 할 내용을 거 의 빠짐없이 상세하고 쉽게 정리하여 이해를 돕도록 하였다.
- 각 장의 이론을 바탕으로 그에 따른 지금까지 기출제된 문제와 이와 유사한 문제를 다루어 측량 및 지 형공간정보기사 각종 시험유형 파악에 완벽을 기할 수 있도록 노력하였다.
- 매년 새로운 경향의 문제가 추가로 출제되고 있어 디지털측량 분야인 GNSS, 수치사진측량, R·S, GSIS, 경관 및 시설물측량에 관계된 문제를 삽입하여 각종 시험대비에 철저를 기하였다.
- 공간정보의 구축 및 관리 등에 관한 법률 / 시행령 / 시행규칙과 국가공간정보 기본법에 관한 주요 내 용을 정리하였으며, 그에 따른 문제를 첨가하였다.

이상과 같은 점에 대해 역점을 두어 측량 및 공간정보학의 참고서로서의 역할을 다할 수 있도록 최선을 다하고자 하였으나 아직 미숙한 점이 많으리라 판단되며, 앞으로 더 알찬 참고서가 되도록 독자 여러분 의 많은 충고와 격려를 바라는 바이다.

아무쪼록 본서가 독자 여러분의 측량 및 공간정보에 대한 폭넓은 이해 및 수험에 대한 보탬이 된다면 저자로서는 큰 보람이 될 것이고, 이 자리를 빌려 본서를 집필하는 데 참고한 저서 등의 저자께 심심한 감사를 드리며, 또한 많은 업무에도 불구하고 출판에 도움을 준 서초수도건축토목학원 직원들과 예문 사 편집부 여러분께도 깊은 감사를 드리는 바이다.

저자 일동

SUMMARY

출제기준

1. 필기

시험과목	출제 문제수	주요항목	세부항목
측지학 및 위성측위 시스템 (GNSS)	20	1. 측지학 개론	1. 측지학의 정의, 분류 2. 지구의 크기와 형상, 운동 3. 좌표계와 위치 결정 4. 수평 및 수직 측지망 5. 중력측정 및 중력장 일반 6. 지자기 및 탄성파 측정
		2. 위성측위시스템(GNSS)	1. 위성측위 일반 사항 2. GNSS(위성측위)의 원리 3. GNSS(위성측위)측위 4. GNSS(위성측위)방법 및 계산 5. GNSS(위성측위)오차 6. GNSS(위성측위)의 응용
응용측량	20	1. 면적 및 체적측량	1. 면적 및 체적측량 2. 면적분할법
		2. 노선측량	1. 노선측량의 개요 2. 중심선 및 종횡단 측량 3. 단곡선 설치와 계산 및 이용방법 4. 완화곡선의 종류별 설치와 계산 및 이용방법 5. 종곡선 설치와 계산 및 이용방법
		3. 하천측량	1. 하천의 수준기표 및 종횡단 측량 2. 하천의 수위관측 및 이용방법 3. 하천의 유속, 유량의 측정 및 계산방법
		4. 수로측량	1. 연안조사 및 해안선 측량 2. 조석관측 3. 수심측량
		5. 터널측량	1. 터널측량의 방법 및 단면측량
		6. 시설물측량	1. 도로시설물측량 2. 지하시설물측량 3. 방재시설물측량 4. 기타 시설물측량
		7. 택지조성 측량	1. 용지측량에 관한 사항 2. 구획정리확정측량에 관한 사항
		8. 경관측량	1. 경관의 분류 및 해석방법
사진측량 및 원격탐사	20	1. 사진측량	1. 사진측량의 개요 2. 입체시 특성 3. 사진촬영 4. 사진판독 5. 사진기준점 측량 6. 세부도화에 관한 사항 7. 공간영상지도제작 8. LiDAR 측량
		2. 원격탐사	1. 정의 및 특성 2. 자료처리 및 분석

시험과목	출제 문제수	주요항목	세부항목	
지리정보 시스템	20	1. 지리정보시스템(GIS)	1. GIS의 개요 3. GIS 데이터베이스 5. 데이터 처리 및 공간분석	2. GIS의 구성 요소 4. GIS 표준화 6. GIS 응용
		2. 공간정보 구축	1. 3차원 공간정보 구축	
측량학	20	1. 측량학에 대한 전문적인 지식이 요구되는 사항	1. 측량기기의 종류 및 조정 3. 삼변 및 삼각측량 5. 수준측량 7. 측량오차론	2. 거리 및 각측량 4. 다각측량 6. 지형측량
		2. 공간정보의 구축 및 관리 등에 관한 법령	1. 총칙 3. 기본측량 5. 측량업 및 기술자	2. 측량통칙 4. 공공측량 및 일반측량 6. 지명, 성능검사, 벌칙

2. 실기

시험과목	주요항목	세부항목	
측량 및 지형공간 정보실무	1. 공간정보 위치결정	1. GNSS(위성측위) 측량하기 2. 수준 측량하기 3. 토털스테이션(Total Station) 측량하기	
	2. 공간현황측량	1. 공간현황 측량하기 2. 측량결과 정리하기	
	3. 수치사진측량	1. 기준점 측량하기 2. 세부도화 작성하기	
	4. 공간표고자료 제작	1. 공간표고모형 구축하기	
	5. 수치지도DB 구축	1. 수치지도DB 구축하기	
	6. 노선측량	1. 작업 계획하기 3. 종횡단 측량하기	2. 중심선 측량하기 4. 성과 정리하기
	7. 하천측량	1. 작업 계획하기 2. 하천 측량하기 3. 성과 정리하기	
	8. 연안조사측량	1. 작업 계획하기 3. 조석 관측하기 5. 성과 정리하기	2. 해안선 측량하기 4. 수심 측량하기

SUMMARY

 측량 및 지형공간정보기사 Part별 기출문제 빈도표(2012~2022년)

1. 출제경향분석

2012~2022년까지 시행된 측량 및 지형공간정보기사는 매년 유사한 경향으로 문제가 출제되고 있다. 세부 과목별 출제경향을 살펴보면 측량학 Part는 거리측량 및 법규, 사진측량 및 원격탐사 Part는 사진측량의 공정 및 원격탐측, 지리정보시스템 Part는 GIS의 자료운영 및 분석과 자료구조 및 생성, 응용측량 Part는 노선측량, 하천 및 해양측량, 측지학 및 위성측위시스템 Part는 GNSS 측량과 지구와 천구를 중심으로 먼저 학습한 후 출제빈도순으로 학습하는 것이 최상의 학습방향이라 하겠다.

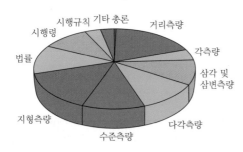

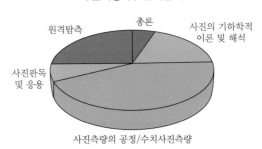

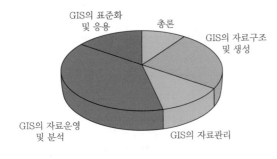

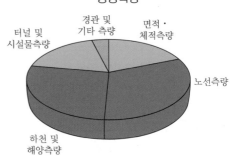

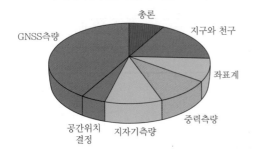

2. 기출문제 빈도표

※ 2022년 마지막 시험부터 CBT로 시행되고 있음을 알려드립니다.

세부구분		2012년 기사 3월4일	2012년 기사 5월20일	2012년 기사 9월15일	2013년 기사 3월10일	2013년 기사 6월2일	2013년 기사 9월28일	2014년 기사 3월2일	2014년 기사 5월25일	2014년 기사 9월20일	빈도(합계)	빈도(%)
측량학	총론				1						1	0.5
	거리측량	4	4	5	3	4	4	3	4	4	35	19.4
	각측량	1	1	1		1	1	2			7	3.9
	삼각 및 삼변측량	2	2	2	3	2	3	2	2	2	20	11.1
	다각측량	2	2	3	3	2	1	1	2	3	19	10.6
	수준측량	2	3	1	2	1	2	3	2	2	18	10
	지형측량	3	2	2	3	3	3	3	4	3	26	14.4
	법률	2	4	2	3	1	2	3	3	3	23	12.8
	시행령	2		2	1	4	2	3	2	3	19	10.6
	시행규칙	1	1	1	1		1				5	2.8
	기타	1	1	1	1	1	1		1		7	3.9
총 계		20	20	20	20	20	20	20	20	20	180	100
사진측량 및 원격탐사	총론		1	1	3	1	2	1		2	11	6.1
	사진의 일반성	3	3	4	5	4	4	2	5	4	34	18.9
	사진측량에 의한 지형도제작	9	9	7	4	9	8	11	9	8	74	41.1
	사진판독 및 응용	2	1	2	4	1	2	1		3	16	8.9
	원격탐측	6	6	6	4	5	4	5	4	5	45	25
총 계		20	20	20	20	20	20	20	20	20	180	100
지리정보시스템	총론	3	2	3	2	1	3	5		3	22	12.2
	GIS의 자료구조 및 생성	3	5	6	3	5	5	3	7	7	44	24.4
	GIS의 자료관리	3	3	2	5	3	2	2	4	1	25	13.9
	GIS의 자료운영 및 분석	8	7	7	6	10	9	8	7	4	66	36.7
	GIS의 표준화 및 응용	3	3	2	4	1	1	2	2	5	23	12.8
총 계		20	20	20	20	20	20	20	20	20	180	100
응용측량	면적·체적측량	4	4	4	4	4	4	5	4	4	37	20.5
	노선측량	6	6	6	7	6	6	6	6	6	55	30.6
	하천 및 해양측량	5	5	4	6	6	5	4	5	5	45	25
	터널 및 시설물측량	4	3	4	2	3	3	4	4	3	30	16.7
	경관 및 기타 측량	1	2	2	1	1	2	1	1	2	13	7.2
총 계		20	20	20	20	20	20	20	20	20	180	100
측지학 및 GNSS	총론	2	1		1	2	1	1	4	2	14	7.8
	지구와 천구	3	3	5	4	3	5	4	2	4	33	18.3
	좌표계	1	2	2	1	1	2	1	1	1	12	6.7
	중력측량	2	2	2	2	2	1	3	2	2	18	10
	지자기측량	2	2	2	2	2	2	2	2	2	18	10
	공간위치 결정	2	1	1		2		2		1	9	5
	GNSS측량	8	9	8	10	8	9	7	9	8	76	42.2
총 계		20	20	20	20	20	20	20	20	20	180	100

	시행연도 세부구분	2015년			2016년			2017년			2018년			빈도(합계)	빈도(%)
		기사 3월8일	기사 5월31일	기사 9월19일	기사 3월6일	기사 5월8일	기사 10월1일	기사 3월5일	기사 5월7일	기사 9월23일	기사 3월4일	기사 4월28일	기사 9월15일		
측량학	총론											1	1	2	0.8
	거리측량	3	4	5	4	4	4	6	3	3	3	2	4	45	18.8
	각측량		2	1	1	1	1		1	2	2	1		12	5.0
	삼각 및 삼변측량	3	1		3	2	2	2	2	2	2	2	2	23	9.6
	다각측량	2	2	2	2	3	2	1	2	3	2	3	2	26	10.8
	수준측량	2	2	3	1	2	2	2	3	2	2	2	2	25	10.4
	지형측량	5	3	3	3	3	3	3	3	2	3	3	3	36	15.0
	법률	3	3	2	5	1	4	2	3	2	1	2	1	29	12.1
	시행령	2	2	4	1	4	1	3	1	1	3	2	2	26	10.8
	시행규칙		1					1	1	2	1	1	2	9	3.8
	기타				1	1		1	1	1	1	1	1	7	3.0
	총 계	20	20	20	20	20	20	20	20	20	20	20	20	240	100
사진측량 및 원격탐사	총론		3	1	1		1		1	3	1	1		12	5.0
	사진의 일반성	3	5	4	5	5	7	4	4	3	2	3	2	47	19.6
	사진측량에 의한 지형도제작	11	8	7	10	8	5	11	8	8	8	10	10	104	43.3
	사진판독 및 응용		1	3		1	1	1	2		4	2	3	18	7.5
	원격탐측	6	3	5	4	6	6	4	5	6	5	4	5	59	24.6
	총 계	20	20	20	20	20	20	20	20	20	20	20	20	240	100
지리정보시스템	총론	2	2	2	3		2	1	2	3	2	1	2	22	9.2
	GIS의 자료구조 및 생성	6	7	5	1	6	7	5	7	5	5	3	4	61	25.4
	GIS의 자료관리	2	4	3	2	4	1	1	1	1	2	2	4	27	11.3
	GIS의 자료운영 및 분석	8	4	8	8	7	8	10	6	8	7	11	8	93	38.7
	GIS의 표준화 및 응용	2	3	2	6	3	2	3	4	3	4	3	2	37	15.4
	총 계	20	20	20	20	20	20	20	20	20	20	20	20	240	100
응용측량	면적·체적측량	4	4	4	4	4	3	4	4	4	4	3	3	45	18.7
	노선측량	6	7	6	6	7	8	6	6	6	6	7	6	77	32.1
	하천 및 해양측량	5	5	5	5	5	4	5	6	5	5	6	7	63	26.3
	터널 및 시설물측량	3	3	4	3	4	4	4	4	4	4	4	4	45	18.7
	경관 및 기타 측량	2	1	1	2		1	1		1	1			10	4.2
	총 계	20	20	20	20	20	20	20	20	20	20	20	20	240	100
측지학 및 GNSS	총론	1		1	2	2	3	2	2	2	1	2	1	19	7.9
	지구와 천구	3	4	4	3	3	5	3	2	3	5	4	3	42	17.5
	좌표계	2	1	3	1	2		2	3	4	2	2	2	24	10.0
	중력측량	2	2	2	2	2	1	2	2	2	1	1	2	21	8.7
	지자기측량	2	3	1	2	2	2	2	2	2	2	2	2	24	10.0
	공간위치 결정	1	1	1		1		2	1		1		2	10	4.2
	GNSS측량	9	9	8	10	8	9	7	8	7	8	9	8	100	41.7
	총 계	20	20	20	20	20	20	20	20	20	20	20	20	240	100

세부구분		2019년 기사 3월3일	2019년 기사 4월27일	2019년 기사 9월21일	2020년 기사 6월6일	2020년 기사 8월22일	2020년 기사 9월27일	2021년 기사 3월7일	2021년 기사 5월15일	2021년 기사 9월12일	2022년 기사 3월5일	2022년 기사 4월24일	빈도 (합계)	빈도 (%)
측량학	총론													
	거리측량	3	2	3	4	5	5	5	4	4	2	3	40	18.2
	각측량	1	2	1	1	1			2	1	1	1	11	5
	삼각 및 삼변측량	3	2	2	2	1	2	1	1	2	2	2	20	9.1
	다각측량	2	3	3	2	1	2	3	2	2	3	3	26	11.8
	수준측량	2	2	2	3	3	2	2	2	2	3	3	26	11.8
	지형측량	3	3	3	2	3	3	3	3	3	3	2	31	14.1
	법률	2	3	2	3		3	3	3	3	3	3	28	12.7
	시행령	1		2	2	4	2	2	2	3	3	3	23	10.5
	시행규칙	2	2	1		1		1	1			1	9	4.1
	기타	1	1	1	1	1	1						6	2.7
총 계		20	20	20	20	20	20	20	20	20	20	20	220	100
사진측량 및 원격탐사	총론	1	1		1	2	1		2	1			9	4.1
	사진의 기하학적 이론 및 해석	4	4	3	4	4	5	2	4	4	5	4	43	19.5
	사진측량의 공정	8	8	11	8	7	6	9	6	7	7	8	85	38.7
	수치사진측량	1	1	2		1	1	4	1	2	3	2	18	8.2
	사진판독 및 응용		2		1	2	1	1	1	1	1	1	10	4.5
	원격탐측	6	4	4	7	5	5	4	6	5	4	5	55	25
총 계		20	20	20	20	20	20	20	20	20	20	20	220	100
지리정보시스템	총론	2		3	1	3	1		3	3	1	3	20	9.1
	GIS의 자료구조 및 생성	6	6	4	3	5	3	8	3	5	4	4	51	23.2
	GIS의 자료관리		2	3	4	2	3	1	3	1	0	2	21	9.5
	GIS의 자료운영 및 분석	9	9	8	8	6	9	7	7	9	9	5	86	39.1
	GIS의 표준화 및 응용	3	3	2	4	4	4	4	4	2	6	6	42	19.1
총 계		20	20	20	20	20	20	20	20	20	20	20	220	100
응용측량	면적·체적측량	2	4	4	4	4	3	4	4	3	4	5	41	18.7
	노선측량	8	6	6	6	6	7	6	7	7	8	7	74	33.6
	하천 및 해양측량	6	6	6	6	7	6	4	6	6	5	5	63	28.6
	터널 및 시설물측량	4	4	3	4	3	4	6	3	4	2	2	40	18.2
	경관 및 기타 측량			1								1	2	0.9
총 계		20	20	20	20	20	20	20	20	20	20	20	220	100
측지학 및 GNSS	총론	1	2		3	1	3	2	3	1	1		17	7.7
	지구와 천구	4	2	6	3	3	3	2	2	5	4	4	38	17.2
	좌표계	1	3	2	2	1	1	3	2	2	2	3	23	10.5
	중력측량	4	2	2	1	3	2	2	2	2	2	2	24	10.9
	지자기측량	1	2	1	2	2	2	2	2	2	2	2	20	9.1
	공간위치 결정	2	1	2		1			1		1	1	9	4.1
	GNSS측량	7	8	7	9	8	9	9	8	8	8	8	89	40.5
총 계		20	20	20	20	20	20	20	20	20	20	20	220	100

SUMMARY

CBT(Computer Based Testing) 알아보기

Notice CBT(Computer Based Testing)란 컴퓨터를 이용하여 시험 평가하는 것이며, 측량 및 지형공간정보기사 필기시험은 2022년 마지막 시험부터 CBT로 시행되고 있다.

1단계 수험자 정보 확인

시험장 감독위원이 컴퓨터에 나온 수험자 정보와 신분증이 일치하는지를 확인한다.

2단계 안내사항

시험에 대한 전반적인 내용을 안내한다.

3단계 유의사항

시험 부정행위에 대한 안내가 진행되며, 꼭 확인하여 불이익을 받지 않도록 한다.

4단계 메뉴설명

글자크기, 화면배치, 안 푼 문제 수 조회, 남은 시간 표시, 계산기 도구, 안 푼 문제 보기, 답안 제출 등 메뉴를 설명한다.

5단계 문제풀이 연습

문제풀이 연습을 통해 실제 시험을 준비한다.

6단계 시험준비완료

시험 감독관의 지시에 따라 시험이 자동으로 시작된다.

☞ 위 내용은 큐넷(www.q-net.or.kr)에서 제공하는 자격검정 CBT 웹 체험 서비스의 내용을 요약 정리한 것이며, 큐넷 사이트에서 연습할 수 있다.

수험대비요령(시험준비 및 공부방법)

1. 마음의 준비

(1) 마음의 자세

처음으로 시험을 준비하는 사람은 공부내용도 많고 또한 마음먹은 대로 잘 되지는 않을 것이다. 그러나 이런 과정은 누구에게나 있는 것이므로 포기하지 말고 끝까지 차분하게 자료를 분석·정리하는 습관을 갖는 것이 중요하다.

(2) 일정표 작성

시험준비를 위한 공부가 시작되면 반드시 일정계획을 세워서 그 일정표에 맞추어 공부하는 습관을 길러야 한다. 이때는 전체를 한번 정리해 보는 것이 무엇보다 중요하다. 이 과정을 거치면 공부에 대한 자신감이 생기고 어느 정도 공부 방향을 정할 수 있으며, 빠른 이해와 시간절약이 가능해진다.

2. 시험준비 자세

(1) 공부 장소는 반드시 독서실을 활용하는 것이 좋다.

(2) 철저한 자기관리(건강관리)와 시간의 절약, 교통수단은 자가용보다는 일반 대중교통(전철 등)을 이용한다.

(3) 토요일과 일요일의 시간활용은 시험합격에 결정적인 요인이 된다.

3. 자료수집 및 정리방법

(1) 수험교재는 최소한으로 선택한다.

(2) 자료의 정리는 전체를 다 하려다 보면 시간이 너무 많이 소요되므로 1차, 2차로 나누어서 정리한다.

(3) 자료는 반드시 목차를 적어 쉽게 찾아볼 수 있도록 정리한다.

(4) 정리는 A4를 3등분하여 Key-word식으로 정리한다.

(5) 교재는 최신 발행된 교재가 유리하다.

4. 문제의 이해 및 암기방법

(1) 문제의 암기는 이해력 중심으로 하되 Key-word식으로 암기해야 한다.

(2) 문제의 정리는 Flow-chart식으로 하여 암기한다.

(3) 각 문제의 이해는 반드시 그림을 그려서 연상하며 암기한다.

목차 CONTENTS

제1권

제**1**편 측량학 및 측량관계법규

제**2**편 사진측량 및 원격탐측

제2권

제**3**편 지리정보시스템

제**4**편 응용측량

제**5**편 측지학 및 위성측위시스템(GNSS)

부록 l 과년도 기출문제 및 해설(2020~2022년)

부록 ll CBT 모의고사 및 해설

■ 머리말 ··· 3
■ 출제기준 ··· 4
■ 측량 및 지형공간정보기사 Part별 기출문제 빈도표(2012~2022년) ············ 6
■ CBT(Computer Based Testing) 알아보기 ······························· 10
■ 수험대비요령(시험준비 및 공부방법) ·· 11

제1편 측량학 및 측량관계법규

CHAPTER. 01 총론

01 개요 ·· 3
02 측량의 역사 ·· 3
03 측량의 분류 ·· 4
04 종래 측량과 최근 측량의 특징 ··· 6
05 우리나라의 측량기준 ··· 6
06 우리나라의 측량원점 ··· 7
07 측량의 요소 및 국제단위계 ·· 8
■ 실전문제 ·· 9

CHAPTER. 02 거리측량 및 측량의 오차

01 개요 ·· 16
02 거리측량의 분류 ··· 16
03 거리측량 기계 ··· 17
04 거리측량 방법 ··· 19
05 측량의 오차 ·· 21
06 직접거리측량의 정오차 원인 및 보정 ······································ 28
07 직접거리측량의 부정오차 원인 및 전파 ···································· 31
08 거리 정확도와 면적 정확도 ·· 32
09 거리측량의 허용오차 ··· 32
10 기타 ··· 32
■ 실전문제 ·· 33

CHAPTER. 03 각측량

01 개요 ·· 59
02 각의 종류 및 단위 ·· 59
03 각의 상호관계 ··· 60
04 트랜싯의 일반사항 ··· 61
05 트랜싯의 조정 ··· 63
06 수평각의 관측과 정확도 ·· 64
07 고저각과 천정각거리 ··· 66
08 각관측 시 발생하는 오차 및 소거법 ·· 67
09 각관측 시 주의사항 ·· 67
10 각의 최확값 산정 및 조정 ·· 68

11 각측량 야장의 용어 ·············· 69
■ 실전문제 ·············· 70

CHAPTER. 04 **삼각 및 삼변측량**

01 개요 ·············· 80
02 삼각측량의 분류 ·············· 80
03 삼각측량의 원리 및 특징 ·············· 80
04 삼각측량의 일반 ·············· 81
05 삼각측량의 작업순서 ·············· 83
06 지구의 곡률오차 및 빛의 굴절오차에 의한 오차 ·············· 88
07 삼변측량의 개요 ·············· 89
08 삼변측량의 특징 ·············· 89
09 삼변측량의 원리 ·············· 89
10 삼변망 ·············· 90
11 삼변측량의 조정 ·············· 91
12 기준점 성과표 ·············· 91
■ 실전문제 ·············· 93

CHAPTER. 05 **다각측량**

01 개요 ·············· 112
02 다각측량의 특징 ·············· 112
03 다각형 종류 ·············· 112
04 다각측량의 작업순서 ·············· 113
05 다각측량의 계산 ·············· 115
06 다각측량의 응용 ·············· 121
■ 실전문제 ·············· 123

CHAPTER. 06 **수준(고저)측량**

01 개요 ·············· 147
02 수준측량의 용어 ·············· 147
03 수준측량의 분류 ·············· 149
04 레벨의 구조 ·············· 150
05 직접수준측량 ·············· 151
06 교호수준측량 ·············· 156
07 간접수준측량 ·············· 157
08 수준측량의 응용 ·············· 158
■ 실전문제 ·············· 159

CHAPTER. 07 **지형측량**

01 개요 ·············· 178
02 지형도 ·············· 178
03 지형의 표현방법 ·············· 179
04 등고선 ·············· 179

05 지성선 ·· 183
06 지형도 제작 및 이용 ···························· 184
07 투영법 ·· 186
■ 실전문제 ··· 187

CHAPTER. 08 측량관계법규

Ⅰ. 공간정보의 구축 및 관리 등에 관한 법률 ··· 205
Ⅱ. 국가공간정보 기본법 ························· 218
■ 실전문제 ··· 221

제2편 사진측량 및 원격탐측

CHAPTER. 01 총론

01 개요 ··· 265
02 사진측량의 역사 ·································· 265
03 사진측량의 장·단점 ···························· 265
04 사진측량의 분류 ·································· 266
05 사진측량의 활용 ·································· 268
■ 실전문제 ··· 270

CHAPTER. 02 사진의 기하학적 이론 및 해석

01 탐측기(Sensor) ····································· 280
02 항공사진 측량용 사진기의 특징 ········ 282
03 디지털 항공사진측량 사진기 ·············· 282
04 촬영용 항공기 특징 ···························· 283
05 항공사진 보조자료 및 촬영 보조기계 ··· 284
06 사진의 기하학적 특성 ························· 284
07 사진의 입체시 ······································· 287
08 사진측량에 이용되는 좌표계 ·············· 291
■ 실전문제 ··· 294

CHAPTER. 03 사진측량의 공정

01 사진측량에 의한 지형도 제작 순서 ····· 319
02 촬영계획 ·· 319
03 촬영 ··· 324
04 기준점측량 ··· 326
05 표정(Orientation) ································· 330
06 항공삼각측량 ··· 333
07 편위수정과 사진지도 ···························· 335
08 도화(Mapping) ····································· 336
■ 실전문제 ··· 337

CHAPTER. 04 수치사진측량

01 개요 ·· 379
02 특징 ·· 379
03 수치사진측량의 작업순서 ·· 380
04 자료취득방법 ··· 380
05 수치영상처리(Digital Image Processing) ··············· 380
06 에피폴라기하(Epipolar Geometry) ······················· 386
07 영상정합(Image Matching) ·································· 387
08 수치지형모형(Digital Terrain Model) ···················· 388
09 정밀수치 편위수정 ··· 390
10 정사투영 영상 생성 ··· 391
11 정사투영 사진지도 ··· 391
12 응용 ··· 391
■ 실전문제 ··· 392

CHAPTER. 05 사진판독 및 응용

01 사진판독(Photographic Interpretation) ················· 409
02 지상사진측량 ··· 410
03 항공레이저(LiDAR) 측량 ··· 411
04 지상 LiDAR ··· 413
05 차량기반 MMS(Mobile Mapping System) ············· 413
06 다방향 영상 촬영시스템(Pictometry) ······················ 414
07 UAV 기반의 무인항공사진측량 ································· 414
■ 실전문제 ··· 415

CHAPTER. 06 원격탐측

01 개요 ··· 424
02 원격탐측의 역사 ·· 424
03 원격탐측의 특징 ·· 424
04 원격탐측의 분류 ·· 425
05 전자기파와 원격탐측의 파장 영역 ···························· 425
06 대기에서 에너지 상호작용 ······································· 426
07 지표면과의 에너지 상호작용 ···································· 427
08 식생지수 ··· 429
09 원격탐측 순서 ··· 430
10 자료수집 ··· 431
11 영상의 전송 ·· 438
12 영상처리 순서 ··· 438
13 응용분야 ··· 442
14 초분광 원격탐측 ·· 442
15 레이더 원격탐측 ·· 444
■ 실전문제 ··· 447

01

측량학 및 측량관계법규

제1장 총론
제2장 거리측량 및 측량의 오차
제3장 각측량
제4장 삼각 및 삼변측량
제5장 다각측량
제6장 수준(고저)측량
제7장 지형측량
제8장 측량관계법규

CHAPTER 01 총론

••• 01 개요

측량학(Surveying)은 지구 및 우주공간에 존재하는 제 점 간의 상호 위치관계와 그 특성을 해석하는 학문이다. 그 대상은 인간의 활동이 미치는 모든 영역을 말하며, 점 상호 간의 거리, 방향, 높이, 시를 관측하여 지도제작 및 모든 구조물의 위치를 정량화시키는 것뿐만 아니라, 환경 및 자원에 관한 정보를 수집하고 이를 정성적으로 해석하는 제반방법을 다루는 학문이다.

••• 02 측량의 역사

(1) 세계의 역사

① BC 3000년경 : 나일강 하류의 이집트에서 매년 일어나는 대홍수로 범람하는 경작지 정리를 위해 시작

② 15세기 : 컴퍼스 발명(아라비아인)

③ 17세기 : 프랑스의 베르니에에 의한 아들자(버니어)의 발명

④ 18세기 : 각측량기의 트랜싯 고안, 독일의 가우스에 의해 최소제곱법 연구

⑤ 19세기 : 프랑스 로세다에 의해 사진측량 시작

⑥ 20세기 : 독일의 플프리히에 의해 입체도화기 개발, 근대 사진측량의 기초

⑦ 1970년대 이후 NASA를 중심으로 원격탐측

⑧ 1980년대 이후 수치사진측량 연구 및 실용화

⑨ 21세기 : GNSS 및 위성측량 실용화

(2) 우리나라 측량사

① 6~7세기 초 : 삼국사기, 삼국유사를 보면 측량의 기록이 있음

② 1834년 : 청구도 제작(축척 : 1/160,000) → 김정호 선생

③ 1861년 : 청구도 내용 보충 → 대동여지도(축척 : 1/162,000)

④ 1900년 이후 : 구 한국정부에서 토지조사사업으로 지적측량 시작

⑤ 1910년 : 1/50,000 지형도, 1/1,200 지적도 및 각종 지도가 8년간에 걸쳐 제작

⑥ 1945년 : 항측에 의한 1/50,000 국토기본도 제작

⑦ 1966년 : 1/25,000 제작

⑧ 1973년 : 1/5,000 국토기본도 제작

⑨ 1995년 : 1/1,000, 1/5,000, 1/25,000 수치지도 제작
⑩ 2000년 : 사진지도 및 영상지도 제작
⑪ 2003년 : 세계 측지계를 도입하여 시행
⑫ 2012년부터 2030년까지 지적재조사 사업 추진
⑬ 2013년부터 2017년까지 제5차 국가공간정보정책기본계획 추진
⑭ 2018년부터 2022년까지 제6차 국가공간정보정책기본계획 추진

···03 측량의 분류

(1) 측량할 지역의 넓이에 의한 분류

① **소지측량**(Small Area Surveying)
지구곡률을 고려하지 않는 측량으로 거리측량의 허용정밀도가 1/100만일 경우 반경 11km 이내의 지역을 평면으로 취급하며 **평면측량**(Plane Surveying)이라고도 한다.

② **대지측량**(Large Area Surveying)
1/100만의 허용정밀도로 측량한 경우 반경 11km 이상 또는 면적 약 400km² 이상의 넓은 지역에 지구곡률을 고려하여 행하는 정밀측량을 말하며 **측지측량**(Geodetic Surveying)이라고도 한다.

$$\frac{d-D}{D} = \frac{1}{12}\left(\frac{D}{r}\right)^2, \ d-D = \frac{1}{12} \cdot \frac{D^3}{r^2}$$

여기서, D : 실제거리
d : 평면거리
$d-D$: 곡면과 평면거리와의 차
$\dfrac{d-D}{D}$: 허용정밀도
r : 지구 평균곡률반경

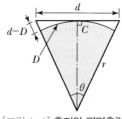

[그림 1-1] 측지와 평면측량

(2) 「공간정보의 구축 및 관리 등에 관한 법률」상 측량의 분류

① **기본측량** : 모든 측량의 기초가 되는 공간정보를 제공하기 위하여 국토교통부장관이 실시하는 측량을 말한다.

② **공공측량** : 국가, 지방자치단체, 그 밖에 대통령령으로 정하는 기관이 관계 법령에 따른 사업 등을 시행하기 위하여 기본측량을 기초로 실시하는 측량을 말한다.

③ **지적측량** : 토지를 지적공부에 등록하거나 지적공부에 등록된 경계점을 지상에 복원하기 위하여 제21호에 따른 필지의 경계 또는 좌표와 면적을 정하는 측량을 말한다.

④ **일반측량** : 기본측량, 공공측량, 지적측량 외의 측량을 말한다.

(3) 측량 장소(Field)에 관한 분류

1) 지표면측량(Ground Surveying)

① 지형해석 : 지형도 작성, 면적 및 체적측량, 토지조성

② 토지이용 : 구획정리측량, 지적측량, 도시계획측량, 국토조사측량

③ 지구형상측량 : 천문측량, 중력측량, 위성측량

④ 지구의 극운동 및 변형측량 : 지구자전축의 흔들림, 지각의 수평변동, 지반침하, 지구조석, 대륙의 부동 등의 연구를 위한 측량

2) 지하측량(Underground Surveying)

① 지하매설물측량 : 지하관수로, 지하시설물, 지표하 얕은 곳의 매설물 위치 확인을 위한 측량

② 지하수측량 : 중요한 용수원이 될 지하수의 흐름, 수량, 분포측량

③ 중력측량 : 중력기준점에서의 절대중력관측, 중력분포측량, 중력 이상을 이용한 지하자원측량, 지각변동, 지구형상해석을 위한 자료제공

④ 지자기측량 : 지형이용을 위한 지자기분포측량, 자기 이상을 이용한 지하자원측량

⑤ 전기측량 : 지하전류흐름 특성을 이용한 지하물체 및 자원조사측량

⑥ 탄성파측량 : 인공지진에 의한 탄성파전달 특성을 이용한 지하물체 및 자원측량

⑦ 지진측량 : 중력측량, 수평위치기준점의 변동측량을 이용한 지진의 예지, 지진 피해 조사, 지진지도 작성, 지진 후 지각변동측량

3) 해양측량(Sea Surveying)

① 수평위치결정 : 지문, 천문, 전파, 관성, 인공위성 등에 의한 수평위치 결정

② 수직위치결정 : 초음파, 항공사진, 수중측량 등에 의한 수심 결정

③ 해안선측량 : 삼각측량, 다각측량, 수위관측 등에 의한 해안선 결정

④ 해저지형 및 지질측량 : 해저지형측량, 해저지질조사측량

⑤ 조석 및 조류측량 : 최대, 최저, 평균수위변동 관측, 조류의 유향, 유속관측

⑥ 해양조사측량 : 수온, 수중식물, 수중자원조사

4) 공간측량(Space Surveying)

① 천문측량 : 별 및 태양관측에 의한 천문방위각, 시, 경도, 위도의 결정

② 위성측량 : 인공위성 궤도해석, 인공위성 전파신호해석 등에 의한 위치 결정

③ 3차원측량 : 3차원지구좌표계에 의한 3차원 위치 결정

④ 공간삼각측량 : 항공기, 기구 등을 매개로 한 공간삼각망, 공간삼변망에 의한 위치 결정

⑤ 초장기선간섭계(VLBI) : 전파신호를 이용하여 지구상 수천~수만 km 떨어진 지점 간의 정확한 위치 결정

⑥ 레이저거리측량 : 레이저광펄스를 이용한 지구와 달의 거리 등 우주공간길이 결정

ᐧᐧᐧ04 종래 측량과 최근 측량의 특징

종래 측량	최근 측량
1차원 또는 2차원 측량 (평면측량과 수직측량이 별도로 시행)	3차원 및 4차원 동시 측량
아날로그 기술	디지털 기술
기상조건 영향을 받음	기상조건 영향을 거의 받지 않음
장애물 영향을 받음	장애물 영향을 거의 받지 않음
정확도 $\left(\dfrac{1}{10^5}\right)$	정확도 $\left(\dfrac{1}{10^6} \sim \dfrac{1}{10^7}\right)$
관측시간에 제약	관측시간에 제약을 받지 않음
일회성 측량	연속측량
좌표계가 통일되지 않음	좌표계가 통일
다수 인원이 필요	소수 인원으로도 측량 가능
지상 및 항공측량	위성 측량
종이 지형도	수치 지형도
중앙처리형	분산처리형
정보 비공개	정보 공개
자료처리가 비효율적	자료처리가 효율적
저장과 수정이 불편	저장과 수정이 용이
타 분야와의 연계가 비효율적	타 분야와 다양하게 연계

ᐧᐧᐧ05 우리나라의 측량기준

(1) 위치는 세계측지계(世界測地系)에 따라 측정한 지리학적 경위도와 높이(평균해수면으로부터의 높이를 말한다). 다만, 지도 제작 등을 위하여 필요한 경우에는 직각 좌표와 높이, 극좌표와 높이, 지구중심 직교좌표 및 그 밖의 다른 좌표로 표시할 수 있다.

(2) 측량의 원점은 대한민국 경위도원점(經緯度原點) 및 수준원점(水準原點)으로 한다. 다만, 섬 등 대통령령으로 정하는 지역에 대하여는 국토교통부장관이 따로 정하여 고시하는 원점을 사용할 수 있다.

···06 우리나라의 측량원점

(1) 대한민국 경위도원점

국토교통부 산하 국토지리정보원에서 새로이 설치한 경위도원점으로서, 「공간정보의 구축 및 관리 등에 관한 법률」 제6조 제1항(시행령 제7조 제2항)의 규정에 의한 대한민국 경위도원점의 수치는 다음과 같다.(2003년 1월 1일부터 시행)

① **위도** : 북위 37도 16분 33.3659초

② **경도** : 동경 127도 03분 14.8913초

③ **원방위각** : 165도 03분 44.538초(원점으로부터 진북을 기준으로 오른쪽 방향으로 측정한 우주측지관측센터에 있는 위성기준점 안테나 참조점 중앙)

(2) 대한민국 수준원점

인천광역시 남구 인하로 100(인하공업전문대학)에 설치한 수준원점에 인천만의 평균해수면을 연결하여 그 표고를 26.6871m로 확정하였고, 전국에 1등 수준점의 신설을 확대시키고 있다.

(3) 평면직각좌표 원점

지도상의 제점 간의 위치 관계를 용이하게 결정하도록 가정한 기준점으로 모든 삼각점의 XY좌표의 기준이 된다. 「공간정보의 구축 및 관리 등에 관한 법률(시행령)」 제7조 제3항의 규정에 의한 직각좌표기준은 다음과 같다.

명 칭	경 도	위 도
서부좌표계(서)	동경 125°00′00″	북위 38°
중부좌표계(중)	동경 127°00′00″	북위 38°
동부좌표계(동)	동경 129°00′00″	북위 38°
동해좌표계(동해)	동경 131°00′00″	북위 38°

(4) 투영법

각 좌표계에서의 직각좌표는 다음의 조건에 따라 T.M(Transverse Mercator, 횡단 머케이터) 방법으로 표시한다.

① X축은 좌표계 원점의 자오선에 일치하여야 하고, 진북방향을 정(+)으로 표시하며, Y축은 X축에 직교하는 축으로서 진동방향을 정(+)으로 한다.

② 세계측지계에 따르지 아니하는 지적측량의 경우에는 가우스상사 이중투영법으로 표시하되, 직각좌표계 투영원점의 가산(加算)수치를 각각 X(N) 500,000m(제주도지역 550,000m), Y(E) 200,000m로 하여 사용할 수 있다.

···07 측량의 요소 및 국제단위계

(1) 측량의 요소

거리, 각, 높이, 시간

(2) 국제단위계(SI)

1) 기본단위

길이(m), 질량(kg), 시간(원자시, sec), 전류(암페어, A), 온도(켈빈, K), 물량(몰, mol), 광도(칸델라, candela)

2) 보조단위

① 라디안(rad) : 평면각 SI단위계 → 각속도(rad/s), 각가속도(rad/s^2)

② 스테라디안(sr) : 입체각 SI단위계 → 복사도(w/sr), 복사휘도(w/m^2, sr), 광속도(cd, sr)

Reference 참고

1m＝무한히 확산되는 평면전자파가 1/299,792,458초 동안 진공 중에서 진행하는 길이

📖 우리나라 측량의 각종 기준

- 수심 : 약최저저조면
- 해안선 : 약최고고조면
- 수애선 : 평수위
- 타원체 : GRS80
- 투영법 : 횡메르카토르도법(T.M)

실전문제

01 측량의 분류에 관한 다음 설명 중 맞지 않는 것은?

㉮ 공간정보의 구축 및 관리 등에 관한 법률에 따르면 기본측량, 공공측량, 지적측량, 일반측량으로 분류할 수 있다.

㉯ 측량의 정확도를 고려하면 기준점측량과 세부측량으로 분류된다.

㉰ 천문측량, 중력측량, 지자기측량, 삼각측량, 수준측량, 검조 등은 공공측량에 속한다.

㉱ 골조측량에는 천문측량, 위성삼각측량, 다각측량, 수준측량, 사진측량, 전자파측량, 삼변측량 등이 있다.

> 천문측량, 중력측량, 지자기측량, 삼각측량, 수준측량, 검조 등은 기본측량에 속한다.

02 측량에서 일반적으로 지구의 곡률을 고려하지 않아도 되는 범위는 다음 중 어느 것인가?(단, 거리의 정도를 10^{-6}까지 허용하며 R은 6,370km이다.)

㉮ 약 100km^2 이내
㉯ 약 200km^2 이내
㉰ 약 300km^2 이내
㉱ 약 400km^2 이내

> $$\frac{d-D}{D}=\frac{1}{12}\left(\frac{D}{R}\right)^2 \rightarrow$$
> $$\frac{1}{10^6}=\frac{1}{12}\left(\frac{D}{6,370}\right)^2$$
> $$\therefore D ≒ 22\text{km}, \text{반경}\left(\frac{D}{2}=r\right)≒11\text{km},$$
> $$A=\pi r^2=\pi\times 11^2 ≒ 380\text{km}^2$$
>
> | 허용한계 | 직경(km) | 반경(km) | 면적(km²) |
> |---|---|---|---|
> | 10^{-6} | 22 | 11 | 380 |
> | 10^{-5} | 70 | 35 | 3,850 |
> | 10^{-4} | 220 | 110 | 38,000 |

03 거리 200km를 평면으로 간주했을 때 오차는?(단, 지구의 반경은 6,370km이다.)

㉮ 14.43m
㉯ 15.43m
㉰ 16.43m
㉱ 17.84m

> $$\frac{d-D}{D}=\frac{1}{12}\left(\frac{D}{r}\right)^2$$
> $$\therefore d-D=\frac{D^3}{12r^2}=\frac{200^3}{12\times 6,370^2}$$
> $$≒16.43\text{m}$$

04 측량의 3대 요소가 아닌 것은?

㉮ 거리측량
㉯ 세부측량
㉰ 고저측량
㉱ 각측량

> • 측량의 3대 요소 : 거리, 각, 높이
> • 측량의 4대 요소 : 거리, 각, 높이, 시(Time)

05 다음에서 측량의 범위와 정밀도에 대하여 지구의 형을 취하는 데 있어 잘못된 것은 어느 것인가?

㉮ 지점의 경위도를 정밀히 구하기 위해서는 회전 타원체로 한다.

㉯ 개략 측량할 때는 구체로 한다.

㉰ 관측의 정밀도를 최대로 하려면 측량지역은 평면으로 하여도 지장이 없다.

㉱ 20km 이내의 지역은 정도를 1/1,000,000로 할 때 평면으로 한다.

> 관측의 정밀도를 최대로 하려면 지구곡률을 고려한 측지측량으로 실시하여야 한다.

06 다음 중 골조측량에 해당하지 않는 것은?

㉮ 삼각측량 ㉯ 천문측량

㉰ 수준측량 ㉱ 시거측량

> 측량의 순서 및 정확도에 따라 분류하면 크게 기준점(골조측량)과 세부측량으로 분류되며, 골조측량에는 천문측량, 삼각측량, 다각측량, 고저(수준)측량, 삼변측량, 위성측량 등이 있고, 세부측량에는 평판측량, 시거측량, 나반측량, 음파측량 등이 있다.

07 측량의 오차를 적게 하기 위한 방법으로 옳은 것은?

㉮ 골조측량과 세부측량을 동시에 하는 것이 좋다.

㉯ 골조측량을 하고 세부측량을 하는 것이 좋다.

㉰ 우선 세부측량을 하고, 골조측량을 하는 것이 좋다.

㉱ 한쪽에서는 골조측량, 다른 쪽으로부터는 세부측량을 하는 것이 좋다.

> 측량의 기본방법은 골조측량 후 세부측량을 행하는 것이 가장 오차를 적게 하는 방법이다.

08 넓은 지구상에서의 수많은 점들의 상호위치 관계를 정하거나 경·위도를 측정하는 것은 어느 것인가?

㉮ 지형측량 ㉯ 천문측량

㉰ 육분의측량 ㉱ 스타디아측량

> 천문측량
> 별 및 태양관측에 의한 천문방위각, 시, 경도, 위도를 결정하는 측량이다.

09 다음 중 수평위치 결정에 관한 측량이 아닌 것은?

㉮ 삼각측량 ㉯ 수준측량

㉰ 다각측량 ㉱ 컴퍼스측량

> 수평위치 결정방법에는 다각측량, 삼각측량, 삼변측량이 대표적인 측량이며, 수준측량은 수직위치 결정방법이다.

실전문제 TIP

10 세계 측지계의 통일작업의 하나는?

㉮ 수준측량
㉯ 위성측지
㉰ 평판측량
㉱ 교호수준측량

> 위성측량은 관측자로부터 위성까지의 거리, 거리변화율, 방향을 전자공학적 또는 광학적으로 관측하여 관측지점의 위치, 관측지점들 간의 상대거리 및 위성궤도를 결정하는 측량이다. 또한, 수백~수천 km 떨어진 지점에서 동시관측에 의한 두 지점의 장거리 측량과 인공위성 궤도요소가 정확할 때 단독관측하여 세계적인 통일 측지측량망의 실현이 가능하게 되었다.

11 일반적인 측량에 많이 이용되는 좌표는 어느 것인가?

㉮ 구면좌표
㉯ 직각좌표
㉰ 극좌표
㉱ 사좌표

> 일반적으로 측량에서 널리 이용되고 있는 좌표계는 직각좌표계이며, 특수한 경우에 극좌표를 사용할 수도 있디.

12 우리나라 측량의 평면직각좌표원점 중 동부원점의 위치는?

㉮ 동경 125°, 북위 38°
㉯ 동경 129°, 북위 38°
㉰ 동경 38°, 북위 135°
㉱ 동경 35°, 북위 129°

> 평면직각좌표원점

명칭	경도	위도
동해 원점	동경 131°00′00″	북위 38°
동부 원점	동경 129°00′00″	북위 38°
중부 원점	동경 127°00′00″	북위 38°
서부 원점	동경 125°00′00″	북위 38°

13 극좌표를 설명한 것이다. 옳게 나타낸 것은?

㉮ 거리 S와 방향각 T로 어느 지점의 위치를 표시하는 방법이다.
㉯ 거리 S와 높이 H로 어느 지점의 위치를 표시하는 방법이다.
㉰ 남극의 방향과 거리로 어느 지점의 위치를 표시하는 방법이다.
㉱ 북극의 방향과 거리로 어느 지점의 위치를 표시하는 방법이다.

> 극좌표
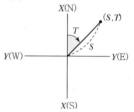

14 다음 설명 중 잘못된 것은?

㉮ 방향각은 평면직각좌표에서 X축에 평행한 축의 북방을 기준으로 해서 오른쪽으로 잰 각이다.
㉯ 자오선 수차와 진북방향각은 절댓값이 같고 부호는 반대이다.
㉰ 방위각과 방향각은 좌표원점에서 일치하고, 원점으로부터 멀어질수록 그 차가 커진다.
㉱ 방향각(T)은 진북 방향각($\pm\gamma$)에서 방위각(α)을 뺀 것이다.

> $\alpha = T - (\pm\gamma)$
> 방위각=방향각-진북방향각
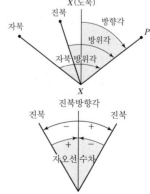

15 우리나라에 설치되어 있는 수준점의 표고는?

㉮ 삼각점으로부터의 높이를 나타낸다.

㉯ 도로의 높이를 나타낸다.

㉰ 만조면으로부터의 높이를 나타낸다.

㉱ 평균해수면으로부터의 높이를 나타낸다.

○ 우리나라에 설치되어 있는 수준점 표고는 인천만의 평균해수면으로부터의 높이를 이용하고 있다.

16 해안선은 다음의 어느 면을 기준한 것인가?

㉮ 수준면

㉯ 기준면

㉰ 최고고조면

㉱ 최저저조면

○ 우리나라 측량의 각종 기준
  • 수심 : 약 최저저조면
  • 해안선 : 약 최고고조면
  • 수애선 : 평수위
  • 타원체 : GRS80

17 다음 중 국제단위계(SI Unit)의 기본단위에 해당하지 않는 것은?

㉮ 길이

㉯ 시간

㉰ 광도

㉱ 라디안

○ • 기본단위 : 길이(m), 질량(kg), 시간(원자시), 전류(A), 온도(K), 물량(mol), 광도(Candela)
  • 보조단위 : 라디안(Rad), 스테라디안(Sr)

18 다음의 내용 중 올바르지 않은 것은?

㉮ 방향각은 자오선 북방향에서 우회로 측정한 각이다.

㉯ 삼각점의 위치는 경위도 또는 평면직각좌표로 나타낸다.

㉰ 우리나라 표고는 인천만의 평균해수면으로부터의 높이이다.

㉱ 일반적으로 구면거리는 항상 평면거리보다 길다.

○ 방향각은 임의의 기준에서 우회한 각을 말하며, 자오선을 기준으로 우회 측정한 각은 방위각이다.

19 특별기준면에 대한 설명으로 옳은 것은?

㉮ 섬이나 하천에서 사용하기 위해 따로 만든 기준면

㉯ 특별히 높은 정확도의 측량으로 만든 기준면

㉰ 서울특별시 건설에 사용되는 기준면

㉱ 우리나라 5개 수준면 중 대표가 되는 기준면

○ 특별기준면(Special Datum Plane) 한나라에서도 멀리 떨어져 있는 섬에서는 본국의 기준면을 직접 연결할 수 없으므로 그 섬 특유의 기준면을 사용한다. 또한 하천 및 항만공사에서는 전국의 기준면을 사용하는 것보다 그 하천 및 항만의 계획에 편리하도록 각자의 기준면을 가진 것도 있다. 이것을 특별기준면이라 한다.

20 측량기계를 설치할 때의 3조건 중에서 일반적으로 측량결과에 미치는 영향이 가장 큰 것은 어느 것인가?

㉮ 표정

㉯ 정치

㉰ 치심

㉱ 정준

○ 표정의 오차는 3조건 가운데 가장 방향오차가 크게 나타난다. 그러므로 축척의 대소에 관계없이 표정오차의 영향이 크다.

21 측량기계 세우기에서 수평하게 하는 작업은 다음 중 어느 것인가?

㉮ 구심 · 치심(Centering) ㉯ 정준 · 정치(Leveling)
㉰ 표정 · 정위(Orientation) ㉱ 방사법

> 측량기계 세우기에서 수평을 맞추는 작업을 정준이라 한다.

22 전진법 측량의 오차가 생기는 원인 중 어느 것에 더 많은 주의를 하여야 하는가?

㉮ 거리측량의 오차
㉯ 지상점과 도상점의 불일치에 의한 오차
㉰ 표정불량에 의한 오차
㉱ 폴의 경사에 의한 오차

> 전진법에서 표정의 불안정으로 생긴 오차가 가장 크므로 더 많은 주의를 요한다.

23 측량방법 중 장애물이 있는 경우 어느 방법이 제일 적당한가?

㉮ 방사법 ㉯ 전진법
㉰ 교회법 ㉱ 방사전진법

> • 방사법 : 장애물이 없는 소규모 지역
> • 전진법 : 장애물이 있는 대규모 지역

24 5변형 A, B, C, D, E를 전진법으로 측정하여 A점에서의 도상 폐합오차 0.1m를 얻었다. 도면의 축척이 1/500, $\overline{AB} = 22.5$m, $\overline{BC} = 37.5$m, $\overline{CD} = 33.75$m, $\overline{DE} = 23.25$m, $\overline{EA} = 33$m일 때 C점의 수정량은?

㉮ 6.25cm ㉯ 4cm
㉰ 3cm ㉱ 1.75cm

> 조정량$(d) = \dfrac{\text{폐합오차}}{\text{측선길이의 총합}} \times$ 출발점에서 조정할 점까지의 거리
> $\therefore C$점의 수정량$= \dfrac{60}{150} \times 0.1$
> $= 0.04\text{m} = 4\text{cm}$

25 미지점에 기계를 세우고, 그 점을 구할 때 사용되는 측량방법은 어느 것인가?

㉮ 전방교회법 ㉯ 방사법
㉰ 후방교회법 ㉱ 절측법

> • 전방교회법 : 기지점에 기계를 설치하여 미지점을 구함
> • 측방교회법 : 기지점, 미지점에 기계를 세워 그 미지점을 구함
> • 후방교회법 : 미지점에 기계를 세워 그 기지점을 이용하여 미지점을 구함

실전문제 **TIP**

26 그림과 같이 강으로 인해 거리측정이 불가능한 경우 임의점 PQ 에 기계를 설치하여 A, B의 거리를 측정하려고 한다. 어떤 방법 으로 하면 가장 좋은가?

㉮ 측방교회법
㉯ 후방교회법
㉰ 방사전진법
㉱ 전방교회법

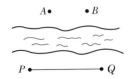

> 전방교회법은 기지점에 측량기계를 세워서 미지점을 구하는 방법이다.

27 국가수준기준면과 수준원점의 관계에 대한 설명으로 옳은 것은?

㉮ 국가수준기준면과 수준원점은 일치한다.
㉯ 제주도와 같은 섬에서도 국가수준기준면을 사용하여야 한다.
㉰ 국가수준기준면으로부터 정확한 표고를 측정하여 수준원점을 설치한다.
㉱ 국가수준기준면을 만들기 위해 수준원점을 기준으로 평균해면 을 관측한다.

> 국가수준기준면은 평균해수면(인천), 수준원점은 인하대 구내(26.6871m)에 있으며, 제주도와 같은 섬에서는 지체 평균해수면을 이용한다.

28 우리나라 동경 128°30′ 북위 37°지점의 평면직각좌표는 어느 좌 표 원점을 이용하는가?

㉮ 서부원점
㉯ 중부원점
㉰ 동부원점
㉱ 동해원점

> 평면직각좌표 원점

명칭	경도
서부원점	동경 125° 00′ 00″
중부원점	동경 127° 00′ 00″
동부원점	동경 129° 00′ 00″
동해원점	동경 131° 00′ 00″

위도	적용구역
북위 38°	동경 124~126°
북위 38°	동경 126~128°
북위 38°	동경 128~130°
북위 38°	동경 130~132°

29 지구를 구체로 보고 지표면상을 따라 40km를 측정했을 때 평면상 의 오차 보정량은?(단, 지구평균 곡률 반지름은 6,370km이다.)

㉮ 6.57cm
㉯ 13.14cm
㉰ 23.10cm
㉱ 33.10cm

> $$\frac{d-D}{D} = \frac{1}{12}\left(\frac{D}{r}\right)^2$$
>
> $$\therefore d-D = \frac{D^3}{12 \cdot r^2} = \frac{40^3}{12 \times 6,370^2}$$
> $$= 0.0001314km$$
> $$= 13.14cm$$

30 우리나라 측량의 기준으로서 위치 측정의 기준인 세계측지계에 대한 설명으로 옳지 않은 것은?

㉮ 지구를 편평한 회전타원체로 상정하여 실시하는 위치측정의 기준이다.

㉯ 극지방의 지오이드가 회전타원체 면과 일치하여야 한다.

㉰ 회전타원체의 단축이 지구의 자전축과 일치하여야 한다.

㉱ 회전타원체의 중심이 지구의 질량 중심과 일치하여야 한다.

「공간정보의 구축 및 관리 등에 관한 법률 시행령」 제7조(세계측지계 등) 세계측지계는 지구를 편평한 회전타원체로 상정하여 실시하는 위치측정의 기준으로서 다음의 요건을 갖춘 것을 말한다.
1. 회전타원체의 장반경 및 편평률은 다음 각 목과 같을 것
  가. 장반경 : 6,378,137미터
  나. 편평률 : 298.257222101분의 1
2. 회전타원체의 중심이 지구의 질량 중심과 일치할 것
3. 회전타원체의 단축이 지구의 자전축과 일치할 것

31 다음 중 3차원 위치성과를 획득할 수 없는 측량장비는?

㉮ 토털스테이션 ㉯ 레벨
㉰ LiDAR ㉱ GPS

레벨(Level)
수준측량 또는 고저측량을 하는 기계의 한 가지이며, 기포관 수준기의 축을 시준선에 평행이 되게 조정한 후 기포를 중앙에 오게 하여 사용하는 것이지만, 요즈음은 주로 원형 수준기에 의해 대략 수평으로 맞추면 자동으로 수평이 되는 레벨이 있다. 그 구조상으로 Y-레벨, Dumpy-레벨, 미동레벨, 자동레벨 등으로 나눈다.

32 지구의 곡률에 의한 정밀도를 $\dfrac{1}{10,000}$ 까지 허용할 때 평면으로 볼 수 있는 거리를 구하는 식으로 옳은 것은?(단, 지구곡률반지름 =6,370km이다.)

㉮ $\sqrt{12 \times \dfrac{6,370^2}{10,000}}$

㉯ $\dfrac{\sqrt{12 \times 6,370^2}}{10,000}$

㉰ $\sqrt{\dfrac{6,370^2}{10,000}}$

㉱ $\dfrac{\sqrt{6,370^2}}{10,000}$

$\dfrac{d-D}{D} = \dfrac{1}{12} \cdot \left(\dfrac{D}{r}\right)^2 \rightarrow$
$\dfrac{1}{10,000} = \dfrac{1}{12} \times \dfrac{D^2}{6,370^2}$
$\therefore D = \sqrt{\dfrac{12 \times 6,370^2}{10,000}}$

정답 30 ㉯ 31 ㉯ 32 ㉮

CHAPTER 02 거리측량 및 측량의 오차

···01 개요

거리측량은 2점 간의 거리를 직접 또는 간접으로 측량하는 것을 말하며, 측량에서 필요한 거리는 수평거리이나, 일반적으로 관측한 거리는 경사거리이므로 기준면에 대한 수평거리로 환산하여 사용한다.

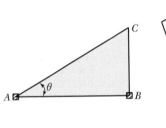 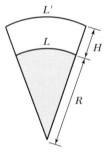

$\overline{AC}$: 경사거리
$\overline{AB}$: 수평거리
$\overline{BC}$: 수직거리
L' : 임의 높이의 수평거리
L : 기준면상의 거리
H : 기준면에서 임의 지역의 높이
R : 지구반경

[그림 2-1] 거리종류

···02 거리측량의 분류

(1) 직접거리측량

줄자(Tapeline), 측쇄(Side Chain), 보측(By Pacing), 측간(Measuring Rope) 등이 이용된다.

(2) 간접거리측량

평판앨리데이드, 수평표척(Horizontal Substance Bar), 음측, 시거측량, 전자파거리측량, 사진측량, VLBI, GNSS 등이 이용된다.

···03 거리측량 기계

(1) 줄자(Tapeline)

줄자의 종류 : 천줄자, 강철줄자, 섬유유리줄자, 대줄자, 인바줄자(Invar Tape) 등이 있다.

※ 인바줄자는 정밀삼각측량, 댐변형측량 등 1/500,000~1/1,000,000의 정도가 필요한 기선관측에 사용한다.

(2) 전자파거리측량기(Electromagnetic Distance Meter ; EDM)

1) 광파거리측정기

측점에서 세운 기계로부터 발사하여 이것을 목표점의 반사경에서 반사하여 되돌아오는 반사파의 위상과 발사파의 위상차로부터 거리를 구하는 기계이다.

2) 전파거리측정기

측점에 세운 주국으로부터 목표점의 종국에 대해 극초단파를 변조 고주파로 하여 반사하고 되돌아오는 반사파의 위상과 발사파의 위상차로부터 거리를 구하는 기계이다.

3) 전자파거리측량기 보정

굴절률에 영향을 주는 온도, 기압, 습도보정과 경사보정 등을 한다.

4) 전자파거리측량기 오차

① 거리에 비례하는 오차 : 광속도의 오차, 광변조 주파수의 오차, 굴절률의 오차
② 거리에 비례하지 않는 오차 : 위상차 관측오차, 기계정수 및 반사경 정수의 오차

> **Reference 참고**

➤ 광파거리측량기와 전파거리측량기의 비교

항목	광파거리측량기	전파거리측량기
정확도	±(5mm+5ppm)	±(15mm+5ppm)
최소조작인원	1명(목표점에 반사경 설치)	2명(주국, 종국 각 1명)
기상조건	안개, 비, 눈 등 기후의 영향을 많이 받는다.	기후의 영향을 받지 않는다.
방해물	두 점 간의 시준만 되면 가능	장애물 (송전선, 자동차, 고압선 부근은 좋지 않다.)
관측가능거리	짧다(1m~4km).	길다(100m~60km).
한변조작시간	10~20분	20~30분
대표기종	Geodimeter	Tellurometer

(3) 토털스테이션(Total Station)

Total Station은 관측된 데이터를 직접 저장하고 처리할 수 있으며 3차원 지형정보 획득으로부터 데이터베이스의 구축 및 지형도 제작까지 일괄적으로 처리할 수 있는 최신 측량 기계이다.

1) 특징

① 거리뿐만 아니라 수평 및 연직각을 관측할 수 있다.
② 관측된 Data가 자동적으로 저장되고 지형도 제작이 가능하다.
③ 사전계획에 의해 트래버스측량과 세부측량을 동시에 수행할 수 있다.
④ 시간과 비용을 줄일 수 있으며, 정확도를 높일 수 있다.
⑤ 수치 Data를 얻을 수 있으므로 GSIS뿐만 아니라 다양한 분야에 활용이 가능하다.

2) 토털스테이션의 기능

① 변 관측 : 기계의 이동 없이 기준 프리즘에서 다른 프리즘까지의 대변(사거리, 수평거리, 고저차) 관측
② OFF−SET 관측 : 측점에 프리즘 설치가 곤란하거나, 설치된 프리즘의 시통 제한시 이용
③ 후방교회법 : 2점 이상의 기지점을 관측하여 기계점 산출
④ 측설 : 입력된 기계데이터와 관측데이터의 차이를 이용하여 원하는 점을 구해 나가는 방법
⑤ 원격고저관측 : 프리즘을 설치할 수 없는 높은 곳의 고저 측정
⑥ 좌표측정 : 미리 입력된 기계고, 프리즘고 및 기계점 좌표에서 목표점까지의 사거리, 수평각(방위각), 고도각을 측정하여 목표점의 3차원 좌표 결정

[그림 2−2] 광파거리측량기

[그림 2-3] 토털스테이션

(4) GNSS(Global Navigation Satellite System)

위성에서 발사되는 전파를 수신하여 측점에 대한 3차원 위치, 속도 및 시간정보를 제공하도록 고안된 위성항법체계이다(측지학 및 위성측위시스템 참조).

(5) VLBI(Very Long Baseline Interferometry : 초장기선간섭계)

지구상에서 1,000~10,000km 정도 떨어진 1조의 전파간섭계를 설치하여 전파원으로부터 나온 전파를 수신, 2개의 간섭계에 도달하는 전파의 시간차를 관측하여 거리를 관측한다. 시간차로 인한 오차는 30cm 이하이고 10,000km 긴 기선의 경우 관측소의 위치로 인한 오차는 15cm 이내가 가능하다.

···04 거리측량 방법

(1) 직접거리측량 방법

1) 평지측량

A, B 두 점 간의 수평거리를 줄자, EDM, TS, GNSS 등으로 관측하는 방법이다.

2) 경사지의 측량

계단식 실측방법과 경사거리를 관측하여 수평거리로 환산하는 방법 등이 있다.

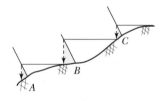

[그림 2-4] 계단식 방법

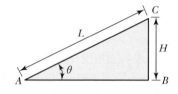

[그림 2-5] 수평거리 산정

$$\overline{AB} = L\cos\theta$$

$$\overline{AB} = L - \frac{H^2}{2L}$$

3) 장애물이 있을 때 관측방법

① 양 측점의 접근이 가능한 경우(그림 2-6)

$\triangle ABC \backsim \triangle CDE$이므로

$$\overline{AB} : \overline{DE} = \overline{BC} : \overline{CD}$$

$$\therefore \overline{AB} = \frac{\overline{BC}}{\overline{CD}} \times \overline{DE}$$

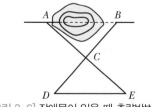

[그림 2-6] 장애물이 있을 때 측량방법(Ⅰ)

또는 $\overline{AB} : \overline{DE} = \overline{AC} : \overline{CE}$

$$\therefore \overline{AB} = \frac{\overline{AC}}{\overline{CE}} \times \overline{DE}$$

[그림 2−7] 장애물이 있을 때 측량방법(Ⅱ)

② 양 측점의 접근이 가능한 경우(그림 2−7)

$$\overline{AB} = \sqrt{(\overline{AP})^2 + (\overline{PB})^2 + 2\overline{AP} \cdot \overline{PB}\cos\alpha}$$

③ 한 측점의 접근이 가능한 경우(그림 2−8)

$\triangle ABC \backsim \triangle BCD$

$\overline{AB} : \overline{BC} = \overline{BC} : \overline{BD}$

$\therefore \overline{BC^2} = \overline{AB} \times \overline{BD}$

$$\therefore \overline{AB} = \frac{\overline{BC^2}}{\overline{BD}}$$

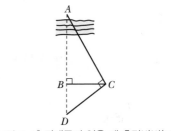

[그림 2−8] 장애물이 있을 때 측량방법(Ⅲ)

④ 양 측점의 접근이 곤란한 경우(그림 2−9)

$\overline{AB} : \overline{CD} = \overline{AP} : \overline{CP}$

$$\therefore \overline{AB} = \frac{\overline{AP}}{\overline{CP}} \times \overline{CD}$$

[그림 2−9] 장애물이 있을 때 측량방법(Ⅳ)

⑤ 양 측점의 접근이 곤란한 경우(그림 2−10)

$$\overline{PQ} = \sqrt{(\overline{AP})^2 + (\overline{AQ})^2 - 2\overline{AP} \cdot \overline{AQ}\cos\alpha}$$

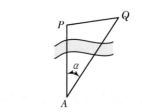

[그림 2−10] 장애물이 있을 때 측량방법(Ⅴ)

(2) 간접거리측량 방법

① 수평표척에 의한 방법　　② 앨리데이드에 의한 방법
③ 스타디아측량에 의한 방법　④ 전자파거리측량에 의한 방법
⑤ 사진측량에 의한 방법　　　⑥ VLBI에 의한 방법
⑦ GNSS에 의한 방법

···05 측량의 오차

오차란 참값과 관측값의 차를 말한다. 측량에 있어서 요구되는 정확도를 미리 정하고 관측값의 오차가 허용오차 범위 내에 있음을 확인하는 것이 매우 중요한 일이다. 이러한 오차는 자연오차나 기계의 결함 또는 관측자의 습관과 부주의에 의해 일어나며, 일반적으로 관측값과 기준값의 차이에 따른 오차, 성질에 의한 오차, 원인에 의한 오차로 크게 분류된다.

(1) 관측값과 기준값의 차이에 따른 오차의 분류

관측값과 기준값의 차이에 따른 오차에는 참오차, 편의, 평균제곱근오차, 표준오차, 확률오차 등으로 구분된다.

① **참오차**(True Error) : 관측값(x)과 참값(τ)과의 차

$$\varepsilon = x - \tau$$

② **잔차**(Residual) : 관측값(x)과 평균값(μ)과의 차

$$v = x - \mu$$

③ **편의**(Bias) : 평균값(μ)과 참값(τ)과의 차

$$\beta = \mu - \tau$$

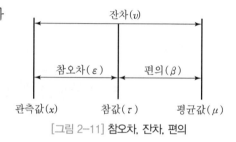

[그림 2-11] 참오차, 잔차, 편의

④ **상대오차**(Relative Error)

$$R_e = \frac{|v|}{x}$$

⑤ **평균오차**(Mean Error)

$$M_e = \frac{\sum |v|}{n}$$

⑥ 평균제곱오차(Mean Square Error ; MSE) : 정확도의 척도

$$M^2 = \sigma^2 + \beta^2 = E\left[(x - \tau)^2\right]$$

⑦ 평균제곱근오차(Root Mean Square Error ; RMSE) : 밀도함수의 68.26%

$$\sigma = \pm \sqrt{\frac{[vv]}{n-1}}$$

⑧ 표준편차(Standard Deviation) : 독립관측값의 정밀도의 척도

$$\sigma = \pm \sqrt{\frac{[vv]}{n-1}}$$

⑨ 표준오차(Standard Error) : 조정환산값(평균값)의 정밀도의 척도

$$\sigma = \pm \sqrt{\frac{[vv]}{n(n-1)}}$$

⑩ 확률오차(Probability Error) : 밀도함수의 50%

$$\gamma_0 = \pm 0.6745 \sqrt{\frac{[vv]}{n(n-1)}}$$

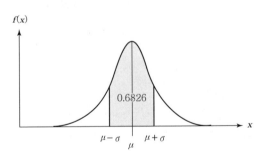
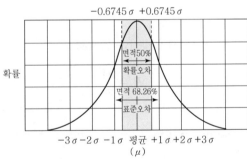

[그림 2-12] 밀도함수곡선과 확률분포

(2) 성질에 의한 오차의 분류

1) 착오, 과실, 과대오차(Blunders, Mistakes)

① 관측자의 미숙, 부주의에 의한 오차(눈금읽기, 야장기입 잘못 등)이다.

② 주의하면 방지 가능하다.

2) 정오차, 계통오차, 누차(Constant Error, Systematic Error)

① 일정 조건하에서 같은 방향과 같은 크기로 발생되는 오차로 오차가 누적되므로 누차라고도 한다.

② 원인과 상태만 알면 제거 가능하다.

3) 부정오차, 우연오차, 상차(Random Error, Compensating Error)

① 원인이 불명확한 오차이다.

② 서로 상쇄되기도 하므로 상차라고 한다.

③ 최소제곱법에 의한 확률법칙에 의해 추정 가능하다.

(3) 원인에 의한 오차의 분류

① **개인 오차**(Personal Error)

관측자의 습관에 의한 오차로 관측방법과 관측자를 바꿈으로써 보정 가능하다.

② **기계 오차**(Instrumental Error)

사용하는 관측기기에 의한 오차이다.

③ **자연적 오차**(Natural Error)

주위환경 및 자연현상에 따른 오차이다.

(4) 최확값(Most Probable Value)

측량은 반복 관측하여도 참값을 얻을 수 없으며 참값에 가까운 값에 도달될 수밖에 없다. 이 값을 참값에 대한 최확값이라 한다.

1) 경중률(Weight) : 무게, 중량값, 비중

경중률은 관측값의 신뢰도를 나타내며 다음과 같은 성질을 가진다.

① 경중률은 관측횟수(N)에 비례한다.

$$W_1 : W_2 : W_3 = N_1 : N_2 : N_3$$

② 경중률은 노선거리(S)에 반비례한다.

$$W_1 : W_2 : W_3 = \frac{1}{S_1} : \frac{1}{S_2} : \frac{1}{S_3}$$

③ 경중률은 평균제곱근오차(m)의 제곱에 반비례한다.

$$W_1 : W_2 : W_3 = \frac{1}{m_1{}^2} : \frac{1}{m_2{}^2} : \frac{1}{m_3{}^2}$$

2) 최확값 산정

최확값 산정은 독립관측에서는 관측값들을 경중률에 따라 평균값으로 산정하는 것을 의미하고 어떤 조건하에서 수행되는 조건부관측에서는 관측값과 조건 이론값의 차이를 경중률에 따라 보정하는 과정을 의미한다.

① 독립 관측

경중률이 일정할 때	경중률을 고려할 때
$L_0 = \dfrac{L_1 + L_2 + \cdots\cdots + L_n}{n}$	$L_0 = \dfrac{W_1 L_1 + W_2 L_2 + \cdots\cdots + W_n L_n}{W_1 + W_2 + \cdots\cdots + W_n}$

여기서, L_0 : 최확값

$L_1, L_2, \cdots\cdots, L_n$: 관측값

$W_1, W_2, W_3, \cdots\cdots, W_n$: 경중률

② 조건부 관측
- 경중률이 일정할 때 : 관측값과 조건이론값의 차이를 등배분한다.
- 경중률을 고려할 때 : 보정량을 경중률에 비례하여 배분한다.

(5) 평균제곱근오차(표준오차)

잔차의 제곱의 합을 산술평균한 값의 제곱근을 말하고 관측값들 상호 간의 편차를 의미하는 표준편차와 같은 의미로 사용된다.

1) 정규분포와 확률곡선(오차곡선)

연속적인 확률변수 x가 분포할 때 평균 μ와 분산 σ^2을 갖는 분포를 정규분포라 하며, 이 분포곡선이 확률곡선이다.

$$f(x) = \frac{1}{\sqrt{2\pi}\,\sigma} e^{-\frac{1}{2}\left(\frac{x-\mu}{\sigma}\right)^2} \Rightarrow f(x) = \frac{h}{\sqrt{\pi}} e^{-h^2 v^2}$$

이 정규분포곡선은 종의 모양이며, 평균 μ에 대해 대칭이다.

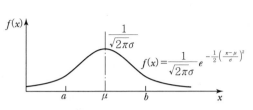

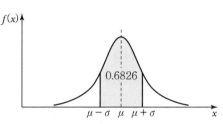

[그림 2-13] 오차곡선과 확률분포

2) 오차법칙(부정오차)

① 큰 오차가 생기는 확률은 작은 오차가 발생할 확률보다 매우 작다.

② 같은 크기의 정(+)오차와 부(-)오차가 발생할 확률은 거의 같다.

③ 매우 큰 오차는 발생하지 않는다.

④ 오차들은 확률법칙을 따른다.

3) 평균제곱근오차(표준오차) 산정

밀도함수 68.26% 범위에서 잔차의 제곱을 산술평균한 값의 제곱근을 말한다.

① 경중률이 일정할 때   ② 경중률을 고려할 때

$$M_0 = \pm \sqrt{\frac{[vv]}{n(n-1)}}$$

$$M_0 = \pm \sqrt{\frac{[Wvv]}{[W](n-1)}}$$

③ 1회 관측 시(개개 관측 시)

$$M_0 = \pm \sqrt{\frac{[vv]}{n-1}}$$

$$M_0 = \pm \sqrt{\frac{[Wvv]}{n-1}}$$

여기서, M_0 : 평균제곱근오차
n : 관측횟수
v : 잔차(관측값-최확값)
W : 경중률

④ 평균제곱근오차(표준편차)는 관측값들 간의 상호편차를 의미하게 된다. 일반적으로 측량분야에서는 최확값으로부터의 오차를 주로 논하게 되며, 이때의 오차를 표준오차(Standard Error)라고 한다.

⑤ 평균제곱근오차(표준편차)는 독립관측값의 정밀도를 의미하고, 표준오차는 조정환산값의 정밀도를 의미하므로 평균제곱근오차(표준편차)와 표준오차는 넓은 의미에서 같이 사용되고 있다.

(6) 확률오차 및 정도

확률오차는 밀도함수 전체의 50% 범위를 나타내는 오차를 말하며, 표준편차승수 K가 0.6745

인 오차를 말한다.

1) 확률오차(γ_0) 산정

① 경중률이 일정할 때

$$\gamma_0 = \pm 0.6745 \sqrt{\frac{[vv]}{n(n-1)}}$$

② 경중률을 고려할 때

$$\gamma_0 = \pm 0.6745 \sqrt{\frac{[Wvv]}{[W](n-1)}}$$

2) 정도(R) 산정

$$R = \frac{M_0}{L_0} \ \ or \ \ \frac{\gamma_0}{L_0}$$

여기서, M_0 : 평균제곱근 오차

γ_0 : 확률오차

L_0 : 최확값

(7) 정확도, 정밀도

① 정밀도 : 관측값의 분포정도, 표준편차(δ)가 척도이다.

② 정확도 : 참값에 가까운 정도, 평균제곱오차(M^2)가 척도이다.

> **Reference 참고**
>
> 그림에서 (a)는 정확하고 정밀하며, (b)는 정밀도가 좋다. 즉, 정밀하다고 해서 정확한 것은 아니다.
>
>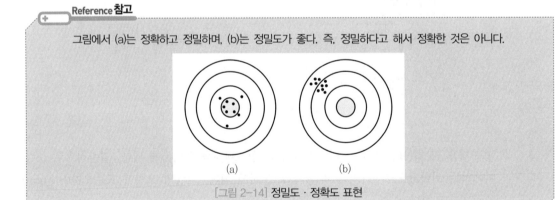
>
> [그림 2-14] 정밀도 · 정확도 표현

(8) 오차의 전파

측량에서는 한번에 측정할 수 없는 경우 구간을 나누어 관측하므로, 각각의 관측값에는 오차가 포함되어 계산 관측값에 누적되므로 이를 고려해야 한다.

정오차는 관측횟수에 비례하여 점점 누적되는 데 비하여 우연오차는 확률법칙에 따라 전파된다.

1) 부정오차의 전파

어떤 양 X가 $x_1, x_2, \cdots\cdots, x_n$의 함수로 표시되고 관측된 평균제곱근오차를 $m_1, m_2,$ $\cdots\cdots, m_n$이라 하면 $X = f(x_1, x_2, \cdots\cdots, x_n)$에서 부정오차의 총합은

$$\text{일반식}: M = \pm \sqrt{\left(\frac{\partial X}{\partial x_1}\right)^2 m_1{}^2 + \left(\frac{\partial X}{\partial x_2}\right)^2 m_2{}^2 + \cdots\cdots + \left(\frac{\partial X}{\partial x_n}\right)^2 m_n{}^2}$$

2) 오차 전파식의 응용

① $Y = X_1 + X_2 + \cdots\cdots + X_n$인 경우

$$M = \pm \sqrt{m_1{}^2 + m_2{}^2 + m_3{}^2 + \cdots\cdots + m_n{}^2}$$

여기서, M : 부정오차 총합
$m_1, m_2, \cdots\cdots, m_n$: 각 구간의 평균제곱근오차

② $Y = X_1 \cdot X_2$인 경우

$$M = \pm \sqrt{(X_2 \cdot m_1)^2 + (X_1 \cdot m_2)^2}$$

③ $Y = \dfrac{X_1}{X_2}$인 경우

$$M = \pm \frac{X_1}{X_2} \sqrt{\left(\frac{m_1}{X_1}\right)^2 + \left(\frac{m_2}{X_2}\right)^2}$$

④ $Y = \sqrt{X_1{}^2 + X_2{}^2}$인 경우

$$M = \pm \sqrt{\left(\frac{X_1}{\sqrt{X_1{}^2 + X_2{}^2}}\right)^2 m_1{}^2 + \left(\frac{X_2}{\sqrt{X_1{}^2 + X_2{}^2}}\right)^2 m_2{}^2}$$

(9) 최소제곱법

측량에 있어 변수들은 여러 번 관측했을 때 서로 다른 관측값을 갖는 임의의 변수들이다. 이러한 변수들은 관측값을 조정하여 최확값으로 결정되는데, 이러한 관측값의 조정방법에는 간략법, 회귀방정식, 미정계수법, 최소제곱법 등이 있다. 특히, 최소제곱법(Least Square Method)은 측량의 부정오차 처리에 널리 이용되고 있다.

1) 최소제곱법의 기본식

① 관측정밀도가 동일할 때

$$v_1^2 + v_2^2 + \cdots + v_n^2 = 최소(\min)$$

② 관측정밀도가 다를 때

$$W_1 v_1^2 + W_2 v_2^2 + \cdots + W_n v_n^2 = 최소(\min)$$

여기서, v : 잔차, W : 경중률

2) 최소제곱법의 조정방법

① 관측방정식에 의한 방법

각각의 관측방정식을 산정하여 미지변수에 대하여 편미분하여 최확값을 산정한다.

② 조건방정식에 의한 방법

조건수식을 결정하여 각 잔차에 대하여 편미분하여 최확값을 산정한다.

③ 행렬에 의한 방법

최소제곱법은 행렬(Matrix) 연산이 가능하다.

- 관측방정식 : $AX = L + V$
- 정규방정식 : $A^T A X = A^T L$
- 미지수행렬 : $X = (A^T A)^{-1} A^T L$

여기서, A : 미지변수의 계수 행렬
X : 미지변수 행렬
L : 관측값 행렬
V : 잔차 행렬

···06 직접거리측량의 정오차 원인 및 보정

(1) 줄자의 길이가 표준길이와 다를 경우(정수보정)

$$횟수 = \frac{L}{l} \quad C_i = 횟수 \times \Delta l \quad L_0 = L \overset{\oplus}{\underset{\ominus}{}} \frac{\Delta l}{l} L$$

여기서, C_i : 표준 줄자 보정량 L_0 : 진길이(정확한 길이)
L : 관측 전 길이 l : 구간 관측길이
Δl : 구간 관측오차

(2) 줄자가 수평이 아닐 때(경사보정)

① 고저차를 잰 경우

$$C_i = -\frac{h^2}{2L} \qquad L_0 = L - \frac{h^2}{2L}$$

여기서, C_i : 경사보정량
h : 고저차
L : 경사거리
L_0 : 수평거리

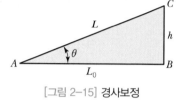

[그림 2-15] 경사보정

② 경사각을 관측한 경우

$$L_0 = L\cos\theta$$

(3) 표고보정(기준면상의 보정)

높이보정 또는 투영보정이라 말하며, 평균표고 H인 곳에 수평거리 L을 기준면상의 길이 L_0로 보정한다.

$$C_h = -\frac{H}{R}L \qquad L_0 = L - \frac{H}{R}L$$

여기서, C_h : 표고보정량
R : 지구반경
L : 수평거리
H : 높이
L_0 : 기준면상의 거리

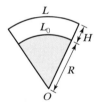

[그림 2-16] 표고보정

(4) 관측 시 온도가 표준온도(15℃)와 다를 때(온도보정)

$$C_g = \alpha \cdot L(t - t_0) \qquad L_0 = L \overset{\oplus}{\underset{\ominus}{}} \alpha \cdot L(t - t_0)$$

여기서, C_g : 온도보정량 L : 관측길이
α : 선팽창계수 t : 당시의 온도
t_0 : 표준온도(15℃)

(5) 줄자가 처질 때(처짐보정)

$$C_s = -\frac{L}{24} \cdot \frac{W^2 l^2}{P^2}$$

$$L_0 = L - \frac{L}{24} \cdot \frac{W^2 l^2}{P^2}$$

[그림 2-17] 처짐보정

여기서, C_s : 처짐보정량
P : 장력(kg)
W : 쇠줄자의 자중(g/m)
L : AB의 길이(m)
l : 등간격의 길이(m)

(6) 관측 시 장력이 표준장력과 다를 때(장력보정)

$$C_p = \frac{L}{AE}(P - P_0) \qquad L_0 = L \underset{\ominus}{\overset{\oplus}{=}} \frac{L}{AE}(P - P_0)$$

여기서, C_p : 장력보정량
P_0 : 표준장력(kg)
P : 관측 시 장력(kg)
A : 줄자의 단면적(cm^2)
E : 탄성계수(kg/cm^2)

(7) 굴절보정

거리를 관측할 때 중간에 장애물이 있는 경우의 보정

$$C_b = -\frac{2h^2}{L} \qquad L_0 = L - \frac{2h^2}{L}$$

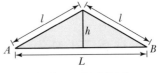

[그림 2-18] 굴절보정

여기서, C_b : 굴절량의 보정
L : 측선 거리
h : 장애물의 높이

···07 직접거리측량의 부정오차 원인 및 전파

(1) 원인

① 관측 중 장력의 수시변화
② 관측 중 온도의 수시변화
③ 눈금을 정확히 읽을 수 없을 때

(2) 부정오차 전파

① 구간거리가 다르고 평균제곱근오차가 다를 때

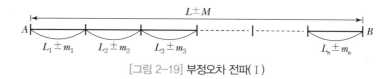

[그림 2-19] 부정오차 전파(Ⅰ)

$$L = L_1 + L_2 + \cdots\cdots + L_n$$
$$M = \pm \sqrt{m_1{}^2 + m_2{}^2 + \cdots\cdots + m_n{}^2}$$

※ 오차전파법칙으로 유도할 수 있음

여기서, $L_1, L_2, \cdots\cdots L_n$: 구간 최확값
$m_1, m_2, \cdots\cdots m_n$: 구간 평균제곱근오차
L : 전 구간 최확길이
M : 최확값의 평균제곱근오차

② 평균제곱근오차를 같다고 가정할 때

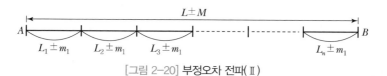

[그림 2-20] 부정오차 전파(Ⅱ)

$$L = L_1 + L_2 + \cdots\cdots + L_n$$
$$M = \pm \sqrt{m_1{}^2 + m_1{}^2 + \cdots\cdots + m_1{}^2} = \pm m_1 \sqrt{n}$$

여기서, m_1 : 1구간 평균제곱근오차
n : 관측횟수

③ 면적 관측 시 부정오차 전파

$$A = L_1 \cdot L_2, \quad M = \pm\sqrt{(L_2 \cdot m_1)^2 + (L_1 \cdot m_2)^2}$$

여기서, L_1, L_2 : 구간 최확값
m_1, m_2 : 구간 평균제곱근 오차

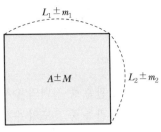

[그림 2-21] 부정오차 전파(Ⅲ)

····08 거리 정확도와 면적 정확도

$$A = l^2, \quad dA = 2ldl, \quad \frac{dA}{A} = 2\frac{dl}{l}$$

(면적 정확도는 거리 정확도의 2배)

여기서, A : 관측면적
l : 관측길이
dA : 면적오차
dl : 거리오차

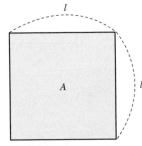

[그림 2-22] 면적의 정확도

····09 거리측량의 허용오차

(1) 시가지 : 1/5,000 이상
(2) 평지 : 1/2,500~1/5,000
(3) 완만경사지 : 1/600~1/1,000
(4) 산지, 복잡지형 : 1/300~1/600

····10 기타

(1) 축척 = $\dfrac{1}{m}$ = $\dfrac{\text{도상거리}}{\text{실제거리}}$

(2) (축척)² = $\left(\dfrac{1}{m}\right)^2$ = $\dfrac{\text{도상면적}}{\text{실제면적}}$

(3) 실제길이 = $\dfrac{\text{부정길이} \times \text{관측길이}}{\text{표준길이}}$

(4) 실제면적 = $\dfrac{(\text{부정길이})^2 \times \text{관측면적}}{(\text{표준길이})^2}$

CHAPTER 02 실전문제

01 거리측정기에 대한 설명 중 옳지 않은 것은?

㉮ 전파거리측정기는 광파거리측정기보다 먼 거리를 측정할 수 있다.

㉯ 전파거리측정기는 광파거리측정기보다 안개, 비 등의 기상조건에 대한 장해를 받기 쉽다.

㉰ 전파거리측정기는 광파거리측정기보다 시가지 건물 및 산림 등의 장해를 받기 쉽다.

㉱ 지오디미터는 광파거리측정기의 일종이다.

⊙ 전파거리측정기는 광파거리측정기에 비해 기상의 영향을 받지 않는다.

02 광파거리측정기에 의한 거리측정시에는 어떤 대기보정을 주로 실시하는가?

㉮ 기온 및 습도   ㉯ 기온 및 기압

㉰ 습도 및 기압   ㉱ 기온, 습도 및 기압

⊙ 적외선 또는 전파의 공기 중에서 전달속도는 온도, 기압, 습도에 좌우되므로 정확한 거리 관측을 위해서는 반드시 온도, 기압, 습도 등의 기상상태를 측정하여야 한다.

03 다음 광파거리측정기(EDM)에 의한 거리측정의 설명 중에서 옳지 않은 것은?

㉮ 기압은 온도보다 측정치에 영향을 크게 미친다.

㉯ EDM에 의해 측정한 것은 보통 경사거리를 나타낸다.

㉰ 측정오차는 거리에 비례하지 않는 요소도 있다.

㉱ EDM의 주파수 변화도 측정치에 영향을 미친다.

⊙ 기압측정은 기계점과 반사점에서 동일한 온도측정과 동시에 실시하므로 영향을 미친다.

04 보정 전자파 에너지의 속도가 299,712.9km/sec, 변조 주파수가 24.5MHz일 때 광파거리측량기의 변조파장을 구하면?

㉮ 8.17449m   ㉯ 12.2331m

㉰ 16.344898m   ㉱ 24.46636m

⊙ $\lambda = \dfrac{\nu}{f}$ (λ : 파장, ν : 광속도, f : 주파수)에서 km/sec → m/sec, MHz → Hz 단위로 환산하여 계산하면,

$$\therefore \lambda = \frac{\nu}{f} = \frac{299,712.9 \times 10^3}{24.5 \times 10^6}$$
$$= 12.2331\text{m}$$

정답 01 ㉯ 02 ㉱ 03 ㉮ 04 ㉯

05 광파거리측정기(EDM)를 사용하여 두 점 간의 거리를 측정한 결과 1,234.56m였다. 측정시의 대기굴절률이 1.000310이라면 기상보정 후의 거리는 얼마인가?(단, 기계에서 채용한 표준 대기굴절률은 1.000325임)

㉮ 1,234.54m   ㉯ 1,234.56m

㉰ 1,234.58m   ㉱ 1,234.60m

$D_s = D\dfrac{n_s}{n} = 1,234.56 \times \dfrac{1.000325}{1.000310}$
$= 1,234.58\text{m}$

06 정밀도가 $\pm(10\text{mm} + 5\text{mm/km})$로 표시되는 어느 EDM을 사용하여 1,500m의 거리를 측정하였다. 예측되는 총 오차는?

㉮ $\pm10\text{mm}$ ㉯ $\pm12.5\text{mm}$

㉰ $\pm15.0\text{mm}$ ㉱ $\pm17.5\text{mm}$

보통 EDM 제작 회사에서는 정확도 표현은 $\pm(a+bD)$로 표시한다. 여기서 a는 거리에 비례하지 않는 오차이며, bD는 거리에 비례하는 오차의 표현이다. 그러므로 예측되는 총 오차=$10+(5\times1.5)=\pm17.5\text{mm}$이다.

07 지구상에서 $1,000\sim10,000\text{km}$ 정도 떨어진 거리를 한 조의 전파계를 설치하여 전파원으로부터 나온 전파를 수신한 후 2개의 간섭계에 도달한 전파의 시간차를 관측하여 거리를 측정하는 방법은?

㉮ 광파간섭거리계   ㉯ 전파간섭거리계

㉰ 미해군 위성항법   ㉱ 초장기선 전파간섭계(VLBI)

VLBI란 천체($1,000\sim10,000\text{km}$)에서 복사되는 잡음전파를 2개의 안테나에서 독립적으로 동시에 수신하여 전파가 도달되는 시간차(지연시간)를 관측함으로써 안테나를 세운 두 지점 사이의 거리를 관측($\pm$수 cm의 정확도)하는 방식이다.

08 다음 그림과 같이 $\overline{AB}$측선은 연못 때문에 직접 측정할 수 없으므로 $\overline{AC}$ 및 $\overline{BC}$를 관측함으로써 거리를 구하였다. $\overline{AB}$의 거리는 얼마인가?

㉮ 70m
㉯ 90m
㉰ 80m
㉱ 85m

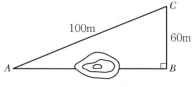

$\overline{AB} = \sqrt{AC^2 - BC^2}$
$= \sqrt{100^2 - 60^2} = 80\text{m}$

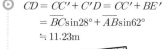

09 다음과 같이 '사과길'로부터 은행 건물의 위치를 정확히 고치고자 다음과 같은 측량결과를 얻었다. $\overline{CD}$의 거리는 얼마인가?(단, $\angle EAB = 62°$, $\overline{AB} = 7.40$m, $\overline{BC} = 10$m이다. 그리고 $\angle ADC = 90°$)

㉮ 12.44m
㉯ 12.30m
㉰ 12.00m
㉱ 11.23m

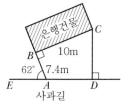

$\overline{CD} = \overline{CC'} + \overline{C'D} = \overline{CC'} + \overline{BE'}$
$= \overline{BC}\sin28° + \overline{AB}\sin62°$
$≒ 11.23$m

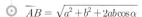

10 각측량에서 장애물이 있는 관계로 기선을 직선으로 설치 및 측정할 수 없어 그림과 같이 접선 $\overline{AC}$, $\overline{BC}$를 설치하고 각 α와 $\overline{BC}$, $\overline{AC}$의 거리 a, b를 측정하여 기선 $\overline{AB}$의 직선거리를 구하였다. 기선 $\overline{AB}$의 거리를 구하는 식 중 옳은 것은?

$\overline{AB} = \sqrt{a^2 + b^2 + 2ab\cos\alpha}$

㉮ $\overline{AB} = \sqrt{a^2 + b^2 - 2ab\cos\alpha}$
㉯ $\overline{AB} = \sqrt{a^2 + b^2 + 2ab\cos\alpha}$
㉰ $\overline{AB} = \sqrt{a^2 + b^2 - 2ab\sin\alpha}$
㉱ $\overline{AB} = \sqrt{a^2 + b^2 - 2ab\sin\alpha}$

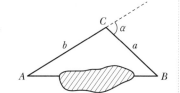

11 그림과 같이 빗금 부분의 장애물로 인하여 $\overline{AC}$ 및 $\overline{BC}$를 측정하고 그 사이에 $\overline{AC}$, $\overline{BC}$ 길이의 1/3씩을 A와 B에서 취하여 $\overline{PQ}$로 하였다면 $\overline{AB}$의 거리는?(단, $\overline{PQ}$의 거리는 25.75m이다.)

㉮ 38.625m
㉯ 37.625m
㉰ 35.510m
㉱ 29.785m

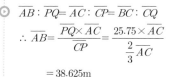

$\overline{AB} : \overline{PQ} = \overline{AC} : \overline{CP} = \overline{BC} : \overline{CQ}$
$\therefore \overline{AB} = \dfrac{\overline{PQ} \times \overline{AC}}{\overline{CP}} = \dfrac{25.75 \times \overline{AC}}{\dfrac{2}{3}\overline{AC}}$
$= 38.625$m

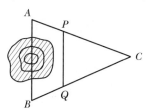

12 다음과 같이 장애물이 있어 직선의 일단에만 갈 수 있을 때 $\overline{AB}$ 거리의 값을 구하면?(단, $\overline{BD} = 20$m, $\overline{BC} = 40$m이다.)

㉮ 40m
㉯ 80m
㉰ 120m
㉱ 160m

$(\overline{BC})^2 = \overline{AB} \times \overline{BD}$
$\therefore \overline{AB} = \dfrac{(\overline{BC})^2}{\overline{BD}} = \dfrac{40^2}{20} = 80$m

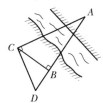

정답 09 ㉱ 10 ㉯ 11 ㉮ 12 ㉯

실전문제

13 측선 $\overline{AB}$ 밖의 정점 C에서 수선을 내려 그 발 F점을 구하는 측량과정에서 $\overline{DF}$를 구하는 식은?

㉮ $\overline{DF} = \dfrac{\overline{DC} \cdot \overline{DE}}{\overline{DG}}$

㉯ $\overline{DF} = \dfrac{\overline{DG} \cdot \overline{DE}}{\overline{DC}}$

㉰ $\overline{DF} = \dfrac{\overline{DG} \cdot \overline{DC}}{\overline{DE}}$

㉱ $\overline{DF} = \dfrac{\overline{DG^2} + \overline{DC^2} + \overline{DE^2}}{\overline{DG} \cdot \overline{DC} \cdot \overline{DE}}$

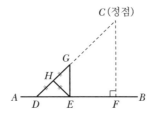

⊙ $\overline{DF} : \overline{DC} = \overline{DE} : \overline{DG}$

$\therefore \overline{DF} = \dfrac{\overline{DC} \cdot \overline{DE}}{\overline{DG}}$

14 우리가 조정계산한 결과에서 좌표의 표준오차가 얼마라고 말할 때 다음 어느 것과 관계가 깊은가?

㉮ 우연오차(Random Error)　㉯ 정오차(Systematic Error)

㉰ 과대오차(Gross Error)　㉱ 실수(Blunder)

⊙ 표준오차는 부정오차(우연오차)의 일종이며 중등오차, 평균제곱오차라고도 한다.

15 다음 오차의 3원칙 중 틀린 것은?

㉮ 작은 오차는 큰 오차보다 자주 일어난다.

㉯ 정오차와 부정오차의 발생 횟수는 거의 같다.

㉰ 너무 큰 오차는 발생하지 않는다.

㉱ 큰 오차는 작은 오차보다 자주 일어난다.

⊙ 부정오차 가정조건
 • 큰 오차가 생기는 확률은 작은 오차가 발생할 확률보다 매우 작다.
 • 같은 크기의 정(＋)오차와 부(－)오차가 발생할 확률은 거의 같다.
 • 매우 큰 오차는 거의 발생하지 않는다.
 • 오차들은 확률법칙을 따른다.

16 다음의 오차에서 최소제곱법의 원리를 이용하여 처리할 수 있는 것은?

㉮ 정오차　　　㉯ 우연오차

㉰ 잔차　　　　㉱ 물리적 오차

⊙ 최소제곱법에 의해 추정되는 오차는 부정오차(우연오차)이다.

정답 ⟨ 13 ㉮　14 ㉮　15 ㉱　16 ㉯ ⟩

17 최소제곱에 의해 추정되는 오차는 부정오차(우연오차)이다. 정밀도에 관한 설명 중 옳지 않은 것은?

㉮ 정밀도란 어떤 양을 측정했을 때의 그 정확성의 정도를 말한다.

㉯ 정밀도는 확률오차 또는 중등오차와 최확치와의 비율로 표시하는 방법이다.

㉰ 정밀도는 2회 측정치의 차이와 평균치와의 비율로 표시하는 방법이 있다.

㉱ 확률오차 γ_o와 중등오차 $m_o = \pm 0.6745\gamma_o$의 관계식이 성립된다.

> 확률오차$(\gamma_o) = 0.6745 m_o$
> 여기서, m_o : 평균제곱근오차

18 다음은 정확도와 정밀도에 관한 사항이다. 이 중 정확하면서 정밀하다고 볼 수 있는 것은?

㉮

㉯

㉰

㉱

> ㉮ : 정확하고 정밀하다.
> ㉯ : 정밀하지만, 정확하지 않다.
> ㉰ : 정확, 정밀하지 않다.
> ㉱ : 정확, 정밀하지 않다.

19 오차의 분류를 나타내는 밀도함수의 오차곡선은?

㉮ $y = \dfrac{h}{\sqrt{\pi}} e^{-h^2 \cdot v^2}$

㉯ $y = \dfrac{h}{\sqrt{\pi}} e^{+h^2 \cdot v^2}$

㉰ $y = \dfrac{h}{\sqrt{\pi}} e^{h \cdot v}$

㉱ $y = \dfrac{h}{\sqrt{\pi}} e^{-h \cdot v}$

> $y = \dfrac{1}{\sqrt{2\pi}\,\sigma} e^{-\frac{1}{2}\left(\frac{x-\mu}{\sigma}\right)^2}$
>
> $\therefore\ y = \dfrac{h}{\sqrt{\pi}} e^{-h^2 v^2}$
>
> 여기서, 관측의 정밀도 계수(h)
> $= \dfrac{1}{\sigma\sqrt{2}}$, $(x-\mu) = v$

20 모평균 μ_x, 표준편차 σ_x를 갖는 정규분포에 대한 설명이다. 틀린 것은?

㉮ 분포곡선은 σ_x에 대하여 대칭이다.

㉯ 측정값이 $\mu_x \pm \sigma_x$ 영역 내에 있을 확률은 68.3%이다.

㉰ 측정값이 $\mu_x \pm 2\sigma_x$ 영역 내에 있을 확률은 95.4%이다.

㉱ 최확값은 μ_x이다.

> 부정오차 해석은 확률분포곡선을 이용한다.
>
>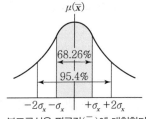
>
> 분포곡선은 평균값$(\overline{x}\,)$에 대칭한다.

21 강철 테이프를 사용하여 어느 구간을 5회 반복 측정한 결과이다. 이 길이를 68% 신뢰구간을 사용하여 $l = 87.646\text{m} \pm (\quad)\text{mm}$로 나타내고자 할 때 빈 곳에 적당한 수치는?

87.645m, 87.643m, 87.649m, 87.646m, 87.647m

㉮ 1　　　　㉯ 2　　　　㉰ 3　　　　㉱ 4

관측값	최확값	잔차(v)	vv
87.645	87.646	-1	1
87.643		-3	9
87.649		3	9
87.646		0	0
87.647		+1	1

신뢰구간 68%는 평균제곱근오차를 말하며

$$\therefore M = \pm\sqrt{\frac{[vv]}{n(n-1)}} = \pm\sqrt{\frac{20}{5 \times 4}}$$
$$= \pm 1\text{mm}$$

---

22 거리측정에서 생기는 오차 중 우연오차에 해당되는 것은?

㉮ 측정하는 줄자의 길이가 정확하지 않기 때문에 생기는 오차

㉯ 온도나 습도가 측정 중에 때때로 변해서 생기는 오차

㉰ 줄자의 경사를 보정하지 않기 때문에 생기는 오차

㉱ 일직선상에서 측정하지 않기 때문에 생기는 오차

부정오차란 예측할 수 없이 불의로 일어나는 오차이며, 오차 제거가 어렵다. 우연오차라고도 하며 통계학으로 추정되고, 최소제곱법으로 오차가 보정된다.

---

23 강줄자를 이용하여 지상에서 거리를 관측한 경우 보정해야 할 보정량 중 항상 ⊖(부) 부호를 가진 것으로 옳게 짝지어진 것은?

ⓐ 특성값 보정, ⓑ 온도보정, ⓒ 경사보정, ⓓ 표고보정, ⓔ 장력보정

㉮ ⓐ, ⓑ　　　㉯ ⓑ, ⓓ　　　㉰ ⓒ, ⓓ　　　㉱ ⓓ, ⓔ

• 경사보정 $= -\dfrac{H^2}{2L}$

• 평균해면상 보정량(표고보정)
$$= -\dfrac{HL}{R}$$

---

24 40m 테이프 양단의 고저차가 42cm였다면 수평거리의 보정치는?

㉮ -1.2mm　　　　㉯ -2.2mm

㉰ -3.3mm　　　　㉱ -4.4mm

$$C_i = -\dfrac{h^2}{2L}$$
$$= -\dfrac{0.42^2}{2 \times 40} = -0.0022\text{m}$$
$$= -2.2\text{mm}$$

---

25 50m 테이프로 어떤 거리를 측정한 결과 175m였다. 또 50m 테이프는 표준척보다 3cm가 짧다고 한다. 이 자로 측정한 실제의 길이는?

㉮ 174.895m　　　　㉯ 175.105m

㉰ 173.950m　　　　㉱ 176.256m

실제길이 $= \dfrac{\text{부정길이} \times \text{관측길이}}{\text{표준길이}}$
$$= \dfrac{49.97 \times 175}{50} = 174.895\text{m}$$

---

26 기선의 길이 800m를 측정한 지반의 평균표고가 20.6m이다. 기선을 평균해면상의 길이로 환산한 보정량은?(단, 지구의 반경은 6,370km이다.)

㉮ -0.16cm　　　　㉯ -0.26cm

㉰ -0.36cm　　　　㉱ -0.46cm

$$C_h = -\dfrac{HL}{R}$$
$$= -\dfrac{800 \times 20.6}{6,370 \times 1,000}$$
$$= -0.0026\text{m}$$
$$= -0.26\text{cm}$$

정답 21 ㉮ 22 ㉯ 23 ㉰ 24 ㉯ 25 ㉮ 26 ㉯

실전문제 TIP

27 표고 $h = 326.42$m인 지대에 설치한 기선의 길이가 $l = 500$m일 때 평균 해면상의 길이로 보정한 값이 옳은 것은?(단, $R = 6,370$km임)

㉮ 499.9644m
㉯ 499.9744m
㉰ 500.256m
㉱ 500.356m

$C_h = -\dfrac{HL}{R}$

$\quad = -\dfrac{500 \times 326.42}{6,370 \times 1,000}$

$\quad = -0.0256$m

∴ 평균 해면상의 길이
$\quad = 500 - 0.0256$
$\quad = 499.9744$m

28 두 점 간의 고저차의 측정에서 0.1m의 오차가 있었다면 경사보정에 미치는 오차는 얼마인가?(단, H는 2.5m이며, L은 110.02m이다.)

㉮ −2mm
㉯ −5mm
㉰ −8mm
㉱ −12mm

$C_i = -\dfrac{H^2}{2L}$

∴ $C_i = \left(\dfrac{\partial C_i}{\partial H}\right) dH = -\dfrac{2H}{2L} dH$

$\quad = -\dfrac{2 \times 2.5 \times 0.1}{2 \times 110.02} = -0.0023$

$\quad = -2.3$mm ≒ −2mm

29 50m의 강철줄자를 사용하여 $l = 5$m 간격으로 지지하며 장력 15kg으로 기선 180m를 실측하였다. 강철줄자의 단위길이의 중량 $W = 0.00101$kg/cm이면 기선의 전장에 대한 처짐에 대한 보정량은 얼마인가?

㉮ 0.68cm
㉯ 0.35cm
㉰ −0.85cm
㉱ −0.90cm

$l = 500$cm, $L = 18,000$cm,
$P = 15$kg, $W = 0.00101$kg/cm

∴ $C_s = -\dfrac{L}{24}\left(\dfrac{W \cdot l}{P}\right)^2$

$\quad = -\dfrac{18,000}{24}\left(\dfrac{0.00101 \times 500}{15}\right)^2$

$\quad = -0.85$cm

30 스틸테이프를 장력 6.5kg으로 기선을 측정하여 122m를 얻었다. 이 때의 보정량은 얼마인가?(단, 스틸테이프의 표준장력은 10kg이고, 단면적은 0.04cm²이며, 탄성계수는 2.1×10^6kg/cm²이다.)

㉮ +97mm
㉯ +15.5mm
㉰ −15.5mm
㉱ −5.1mm

$C_p = \dfrac{L}{A \cdot E}(P - P_o)$

$\quad = \dfrac{12,200}{0.04 \times 2,100,000}(6.5 - 10)$

$\quad = -0.51$cm = −5.1mm

31 평탄한 도로상에서 50m의 스틸테이프를 사용하여 거리측량을 하였다. 측량시 평균기온이 25℃이고 측량거리는 280.050m이다. 스틸테이프의 팽창계수는 +0.000012이고 검정시의 온도는 15℃이며 50m에 3.5mm의 신장이 있다. 온도 및 기차를 보정한 거리는 어느 것인가?

㉮ 280.104m
㉯ 280.084m
㉰ 280.064m
㉱ 270.996m

• 온도보정량 = $\alpha L(t - t_o)$
$\quad = 0.034$m

• 줄자보정 = 5.6 × 3.5 = 19.6mm
$\quad = 0.0196$m

∴ 보정거리 = 280.050 + 0.034
$\quad + 0.0196$
$\quad = 280.104$m

정답 27 ㉯ 28 ㉮ 29 ㉰ 30 ㉱ 31 ㉮

32 50m의 줄자로 거리를 관측할 때 줄자의 중앙에 초목이 있어 그 직선으로부터 30cm 떨어진 곳에서 휘어졌다고 하면 그 원인에 의한 거리측량의 오차는 얼마인가?

㉮ −3.6mm ㉯ +3.6mm

㉰ −36mm ㉱ +36mm

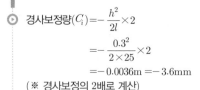

경사보정량$(C_i) = -\dfrac{h^2}{2l} \times 2$

$= -\dfrac{0.3^2}{2 \times 25} \times 2$

$= -0.0036m = -3.6mm$

(※ 경사보정의 2배로 계산)

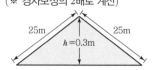

33 축척 1/3,000 도면을 면적 측정한 결과 2,450m²이었다. 그런데 이 도면이 가로, 세로 1% 줄어져 있었다면 실제면적은?

㉮ 2,353m² ㉯ 2,401m²

㉰ 2,499m² ㉱ 2,549m²

$\dfrac{dA}{A} = 2\dfrac{dl}{l} \to$

$\dfrac{dA}{A} = 2 \times \dfrac{1}{100} = \dfrac{1}{50}$

$2,450 \div 50 = 49m^2$

∴ 실제면적 $= 2,450 + 49 = 2,499m^2$

34 25m에 대해 6mm가 늘어난 테이프로 정방형의 토지를 측량하여 면적을 계산한 결과 62,500m²를 얻었다면 실제면적은?

㉮ 62,530m² ㉯ 62,470m²

㉰ 62,415m² ㉱ 62,275m²

실제면적

$= \dfrac{(부정길이)^2 \times 관측면적}{(표준길이)^2}$

$= \dfrac{(25.006)^2 \times 62,500}{(25)^2} = 62,530m^2$

35 어느 도면상에서 면적을 측정하였더니 400m²이었다. 이 면적이 가로, 세로 1%씩 축소되었다면 이때 발생되는 면적오차는 어느 것인가?

㉮ 4m² ㉯ 6m²

㉰ 8m² ㉱ 12m²

$\dfrac{dA}{A} = 2\dfrac{dl}{l} \to$

$\dfrac{dA}{A} = 2 \times \dfrac{1}{100} = \dfrac{1}{50}$

∴ 면적오차 $= 400 \div 50 = 8m^2$

36 축척 1/1,000의 도면에서 면적을 잰 결과 0.25mm²이었다. 이 도면이 전체적으로 0.5% 수축되어 있었다면 그 토지의 실제면적은?

㉮ 251.25m² ㉯ 251.52m²

㉰ 252.15m² ㉱ 252.50m²

$\left(\dfrac{1}{m}\right)^2 = \dfrac{도상면적}{실제면적} \to$

$\dfrac{0.25}{실제면적} = \left(\dfrac{1}{1,000}\right)^2$

수축된 토지의 실제면적 $= 250m^2$

$\dfrac{dA}{A} = 2\dfrac{dl}{l} = 2 \times \dfrac{1}{200} = \dfrac{1}{100} \to$

$250 \div 100 = 2.5m^2$

∴ 실제면적 $= 250 + 2.5 = 252.50m^2$

실전문제 *TIP*

37 거리측량의 정도(精度)가 $1/n$인 경우 여기에 따라 구해진 면적 오차는?

⑦ $\dfrac{1}{n^2}$

⑭ $\dfrac{2}{n}$

⑭ $\dfrac{\sqrt{n}}{n}$

⑭ $\dfrac{1}{4n}$

▶ $\dfrac{dA}{A} = \dfrac{dl_1}{l_1} + \dfrac{dl_2}{l_2} \rightarrow$

$\dfrac{dA}{A} = \dfrac{1}{n} + \dfrac{1}{n} = \dfrac{2}{n}$

38 정방형의 토지를 30m의 테이프로 측정하였더니 42m, 32m를 얻었다. 이때 테이프의 오차가 30m에 대하여 1.5cm로 발생하면 이때 발생하는 면적의 최대 오차는 얼마인가?

⑦ 1.394m²

⑭ 1.344m²

⑭ 1.109m²

⑭ 0.900m²

▶ • 측정면적 = 42 × 32 = 1,344m²
• 실제면적

$= \dfrac{(\text{부정길이})^2 \times \text{관측면적}}{(\text{표준길이})^2}$

$= \dfrac{(30.015)^2 \times 1,344}{(30)^2}$

$= 1,345.344\text{m}^2$

∴ 면적오차 = 1,345.344 − 1,344
$= 1.344\text{m}^2$

39 면적이 400m²인 지역을 0.1m²까지 정확하게 측정하고자 할 때 각 측선 변장의 측정 정도는?(단, 측각오차는 없고 최대거리는 20m이다.)

⑦ 0.50cm까지 정확하게 측정해야 한다.

⑭ 0.25cm까지 정확하게 측정해야 한다.

⑭ 0.05cm까지 정확하게 측정해야 한다.

⑭ 0.01cm까지 정확하게 측정해야 한다.

▶ $\dfrac{dA}{A} = 2\dfrac{dl}{l} \rightarrow \dfrac{0.1}{400} = 2 \times \dfrac{dl}{20}$

∴ $dl = 0.0025\text{m} = 0.25\text{cm}$

40 구형의 두 변을 측정하여 $D_1 = 25.36\text{m} \pm 0.003\text{m}$, $D_2 = 34.76\text{m}$ $\pm 0.004\text{m}$를 얻었다. 면적의 오차는 다음 중 어느 것인가?

⑦ 0.345m²

⑭ 0.245m²

⑭ 0.145m²

⑭ 0.045m²

▶ 부정오차 전파법칙에 의해

$M = \pm \sqrt{(D_2 m_1)^2 + (D_1 m_2)^2}$

$= \pm \sqrt{(34.76 \times 0.003)^2 +}$
$\overline{(25.36 \times 0.004)^2}$

$= \pm 0.145\text{m}^2$

41 평지의 면적을 구하기 위하여 직사각형의 토지를 가로 15.6m, 세로 12.5m를 관측하였다. 이때 관측 시의 정도가 가로, 세로 모두 1/100이었다고 하면 면적의 정도는?

⑦ 1/10

⑭ 1/50

⑭ 1/200

⑭ 1/10,000

▶ 면적의 정도는 거리정도의 2배이므로 $\dfrac{dA}{A} = 2 \times \dfrac{dl}{l}$ 이 된다.

∴ $\dfrac{dA}{A} = 2 \times \dfrac{1}{100} = \dfrac{1}{50}$

42 100m² 정방형 면적을 0.1m²까지 정확히 구하기 위해서는 각 변장을 측정할 때 테이프의 눈금을 어느 정도까지 정확히 읽어야 하는가?

㉮ 5cm

㉯ 1cm

㉰ 5mm

㉱ 1mm

> $A = l^2$ 에 미분하면 $dA = 2ldl$
> $$\frac{dA}{A} = 2\frac{dl}{l}$$
> $$\therefore \ dl = \frac{l}{2} \cdot \frac{dA}{A} = \frac{10 \times 0.1}{2 \times 100}$$
> $$= 0.005m = 5mm$$

43 무게 또는 경중률에 대한 설명 중 옳지 않은 것은?

㉮ 같은 정도로 측정했을 때에는 측정횟수에 비례한다.

㉯ 무게는 정밀도의 분모수의 제곱에 반비례한다.

㉰ 직접수준측량에서는 거리에 반비례한다.

㉱ 간접수준측량에서는 거리의 제곱에 반비례한다.

> 경중률은 정밀도의 분모수의 제곱에 비례한다.
> $$W_1 : W_2 : W_3 = m_1{}^2 : m_2{}^2 : m_3{}^2$$

44 관측값의 경중률 W와 확률오차 γ_o 와의 관계는?

㉮ $W \propto \gamma_o$

㉯ $W \propto \gamma_o{}^2$

㉰ $W \propto \dfrac{1}{\gamma_o}$

㉱ $W \propto \dfrac{1}{\gamma_o{}^2}$

> 경중률은 확률오차의 제곱에 반비례한다.

45 두 점 간 거리를 n회 측정한 값이 L_1, L_2, L_3, $\cdots\cdots L_n$이고, 이의 평균치가 L_o, 관측값의 최확값에 대한 잔차를 v_1, v_2, v_3, $\cdots\cdots v_n$ 이라 할 때 다음 사항 중 옳은 것은?

㉮ 평균치의 중등오차는 $m_o = \pm \sqrt{\dfrac{\sum v^2}{n(n-1)}}$ 이다.

㉯ 평균치에 대한 확률오차는 $\gamma_o = \pm 0.6745 \sqrt{\dfrac{\sum v^2}{n-1}}$ 이다.

㉰ 1회 측정의 중등오차는 $m = \pm \sqrt{\dfrac{\sum v^2}{n(n-2)}}$ 이다.

㉱ 1회 측정의 확률오차는 $R = \pm 0.6745 \sqrt{\dfrac{\sum v^2}{n(n-2)}}$ 이다.

> 본문 오차론에서 평균제곱근오차 및 확률오차 산정 참조

46 기선측정에서 5회 측정한 값의 최확치가 잔차(v)의 $\sum v^2$이 1,889,720m × 10⁻¹⁰일 때 최확치에 대한 확률오차는?

㉮ ±0.00207m

㉯ ±0.00083m

㉰ ±0.00026m

㉱ ±0.00803m

> 확률오차(γ_o)
> $$= \pm 0.6745 \sqrt{\frac{[vv]}{n(n-1)}}$$
> $$= \pm 0.6745 \sqrt{\frac{1,889,720 \times 10^{-10}}{5(5-1)}}$$
> $$= \pm 0.00207(m)$$

47 어떤 측선의 길이를 관측하여 다음 표의 결과를 얻었다. 확률오차 및 정확도는 얼마인가?

측정군	측정값(m)	측정횟수
I	100.352	4
II	100.348	2
III	100.354	3

㉮ ± 0.05m, $1/12,000$

㉯ $+0.005$m, $1/120,000$

㉰ ± 0.01m, $1/10,000$

㉱ ± 0.001m, $1/100,000$

측정군	최확값(m)	측정값(m)
I		100.352
II	100.352	100.348
III		100.354

v(mm)	vv	W	Wvv
0	0	4	0
4	16	2	32
2	4	3	12

$$[W]=9, \quad [Wvv]=44$$

∴ 확률오차(γ_o)

$$=\pm 0.6745\sqrt{\frac{[Wvv]}{[W](n-1)}}$$

$$=\pm 1.05\text{mm}=\pm 0.001\text{m}$$

∴ 정도$=\dfrac{\gamma_o}{L_o}=\dfrac{0.001}{100.352}$

$$=\frac{1}{100,352}\fallingdotseq\frac{1}{100,000}$$

48 2점 사이의 거리를 왕복 측정하여 $l_1=393.005\text{m}$, $l_2=393.025\text{m}$를 얻었다. 정밀도는?

㉮ $\dfrac{1}{15,500}$ ㉯ $\dfrac{1}{19,600}$

㉰ $\dfrac{1}{25,500}$ ㉱ $\dfrac{1}{29,000}$

2점 사이의 왕복 측정오차
$$=393.025-393.005=0.02\text{m}$$

∴ 정밀도$=\dfrac{0.02}{\dfrac{393.005+393.025}{2}}$

$$=\frac{0.02}{393.015}$$

$$=\frac{1}{19,650.75}$$

49 동일 조건으로 기선측정을 하여 다음과 같은 결과를 얻었다. 최확치는 다음 중 어느 것인가?

$$A=98.475\pm 0.03\text{m}, \quad B=98.464\pm 0.015\text{m}, \quad C=98.484\pm 0.045\text{m}$$

㉮ 98.462m   ㉯ 98.464m

㉰ 98.466m   ㉱ 98.468m

$W_1:W_2:W_3=\dfrac{1}{3^2}:\dfrac{1}{1.5^2}:\dfrac{1}{4.5^2}$

$$=\frac{1}{9}:\frac{1}{2.25}:\frac{1}{20.25}$$

∴ 최확치(L_o)

$$=\frac{W_1L_1+W_2L_2+W_3L_3}{W_1+W_2+W_3}$$

$$=98.468\text{m}$$

50 $\overline{AB}$ 사이의 거리측정에서 이것을 4구간으로 나누어 각 구간의 평균자승오차로 다음의 값을 얻었을 때 전 구간의 평균자승오차는?

㉮ ± 2.5mm

㉯ ± 4.9mm

㉰ ± 7.9mm

㉱ ± 9.5mm

구간	평균자승오차(mm)
1	± 3.2
2	± 4.6
3	± 3.8
4	± 4.0

부정오차 전파에 의해
$$M=\pm\sqrt{m_1{}^2+m_2{}^2+\cdots\cdots+m_n{}^2}$$

$$=\pm\frac{\sqrt{(3.2)^2+(4.6)^2+(3.8)^2}}{+(4.0)^2}$$

$$\fallingdotseq \pm 7.9\text{mm}$$

정답 47 ㉱ 48 ㉯ 49 ㉱ 50 ㉰

51 어떤 기선을 측정하는데 이것을 4구간으로 나누어 측정하니 다음과 같다. $L_1 = 29.5512\text{m} \pm 0.0014\text{m}$, $L_2 = 29.8837\text{m} \pm 0.0012\text{m}$, $L_3 = 29.3363\text{m} \pm 0.0015\text{m}$, $L_4 = 29.4488\text{m} \pm 0.0015\text{m}$이다. 여기서, 0.0014m, 0.0012m… 등을 표준오차라 하면 전거리에 대한 표준오차는?

㉠ $\pm 0.0028\text{m}$ ㉡ $\pm 0.0012\text{m}$
㉢ $\pm 0.0015\text{m}$ ㉣ $\pm 0.0014\text{m}$

부정오차 전파에 의해
$$M = \pm \sqrt{m_1{}^2 + m_2{}^2 + \cdots + m_n{}^2}$$
$$= \pm \sqrt{0.0014^2 + 0.0012^2 + 0.0015^2 + 0.0015^2}$$
$$= \pm 0.0028\text{m}$$

52 500m 거리를 50m의 테이프로 10회 나누어 측정할 때 이 테이프의 1회 측정의 확률오차가 $\pm 0.015\text{m}$라 하면 이 거리측정시의 확률오차는?

㉠ $\pm 0.045\text{m}$ ㉡ $\pm 0.047\text{m}$
㉢ $\pm 0.049\text{m}$ ㉣ $\pm 0.051\text{m}$

$n = \dfrac{500}{50} = 10$회
$$\therefore M = \pm m\sqrt{n} = \pm 0.015\sqrt{10}$$
$$= \pm 0.047\text{m}$$

53 120m의 측선을 20m의 줄자로 측정하였다. 만약 1회의 측정에 +5mm 누적오차와 $\pm 6\text{mm}$의 우연오차가 있다고 하면 정확한 거리는 다음 중 어느 것인가?

㉠ $120.012\text{m} \pm 0.015\text{m}$ ㉡ $120.036\text{m} \pm 0.012\text{m}$
㉢ $120.030\text{m} \pm 0.015\text{m}$ ㉣ $120.030\text{m} \pm 0.012\text{m}$

• 누적오차 : $n\Delta l = 6 \times 5$
$$= +30\text{mm}$$
$$= +0.03\text{m}$$
• 부정오차 : $M = \pm m\sqrt{n}$
$$= \pm 6\text{mm}\sqrt{6}$$
$$= \pm 0.015\text{m}$$
$\therefore$ 정확한 거리 $= 120 + 0.03 \pm 0.015$
$$= 120.03\text{m} \pm 0.015\text{m}$$

54 전 길이를 n 구간으로 나누어 1구간 측정시 3mm의 정오차와 $\pm 3\text{mm}$의 우연오차가 있을 때 정오차와 우연오차를 고려한 전 길이의 오차는?

㉠ $3\sqrt{n}\ \text{mm}$ ㉡ $3\sqrt{n^3}\ \text{mm}$
㉢ $3n\sqrt{2}\ \text{mm}$ ㉣ $3\sqrt{n^2 + n}\ \text{mm}$

$M = \sqrt{(n\Delta l)^2 + (\pm m\sqrt{n})^2}$
$$= \sqrt{(3n)^2 + (\pm 3\sqrt{n})^2}$$
$$= \sqrt{9n^2 + 9n} = 3\sqrt{n^2 + n}\ \text{mm}$$

55 1회 측정할 때 생기는 우연오차를 $\pm 0.01\text{m}$라 하면 50회 연속했을 때의 오차는?

㉠ $\pm \sqrt{50}\ \text{m}$ ㉡ $\pm \sqrt{0.01} \times \dfrac{1}{\sqrt{50}}\ \text{m}$
㉢ $\pm \sqrt{0.01 \times 50}\ \text{m}$ ㉣ $\pm 0.01\sqrt{50}\ \text{m}$

$M = \pm m\sqrt{n}$
m : 1회 관측시 부정오차
n : 횟수

정답 51 ㉠ 52 ㉡ 53 ㉢ 54 ㉣ 55 ㉣

56 구형의 토지면적을 잴 때 그 변 X, Y의 길이를 측정한 관측값이 다음과 같다. 면적과 그 평균제곱오차를 구하면?(단, $x = 60.26$m ± 0.016m, $y = 38.54$m ± 0.005m)

㉮ $A = 2,322.42$m^2, $M = \pm 0.69$m^2

㉯ $A = 2,322.42$m^2, $M = \pm 0.017$m^2

㉱ $A = 1,161.21$m^2, $M = \pm 0.69$m^2

㉰ $A = 1,161.21$m^2, $M = \pm 0.017$m^2

• 부정오차 전파에 의해

$$M = \pm \sqrt{(ym_1)^2 + (xm_2)^2}$$
$$= \pm \sqrt{(38.54 \times 0.016)^2 + (60.26 \times 0.005)^2}$$
$$= \pm 0.69 \text{m}^2$$

• $A = X \times Y = 2,322.42$m^2

∴ $2,322.42$m$^2 \pm 0.69$m^2

---

57 장방형의 두 변을 측정하여 $x_1 = 25$m, $x_2 = 50$m를 얻었다. 줄자의 1m당 평균자승오차는 ± 3mm일 때 면적의 평균자승오차는?

㉮ ± 0.15m^2

㉯ ± 0.21m^2

㉱ ± 0.84m^2

㉰ ± 0.92m^2

• $M_1 = \pm 3$mm$\sqrt{25(\text{m})} = \pm 0.015$m

• $M_2 = \pm 3$mm$\sqrt{50(\text{m})} = +0.021$m

∴ $M = \pm \sqrt{(x_2 m_1)^2 + (x_1 m_2)^2}$
$$= \pm \sqrt{(50 \times 0.015)^2 + (25 \times 0.021)^2}$$
$$= \pm 0.92 \text{m}^2$$

---

58 삼각형의 토지면적을 관측하여 그림과 같은 값을 얻었다. 면적과 그 평균제곱근 오차를 구하면?

㉮ $A = 4,200$m^2, $M = \pm 1.76$m^2

㉯ $A = 2,100$m^2, $M = \pm 1.76$m^2

㉱ $A = 4,200$m^2, $M = \pm 0.76$m^2

㉰ $A = 2,100$m^2, $M = \pm 0.76$m^2

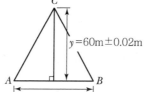

• $A = \dfrac{1}{2} \times x \times y$
$$= \dfrac{1}{2} \times 60 \times 70 = 2,100 \text{m}^2$$

• 부정오차 전파에 의해

$M = \pm \dfrac{1}{2} \sqrt{(ym_1)^2 + (xm_2)^2}$
$$= \pm \dfrac{1}{2} \sqrt{(60 \times 0.01)^2 + (70 \times 0.02)^2} = \pm 0.76 \text{m}^2$$

---

59 직각삼각형의 직각을 낀 두 변 a, b를 측정하여 다음 결과를 얻었다. 빗변 c의 거리는?(단, $a = 92.56 \pm 0.08$, $b = 43.25 \pm 0.06$)

㉮ 102.166 ± 0.047

㉯ 102.166 ± 0.057

㉱ 102.166 ± 0.067

㉰ 102.166 ± 0.077

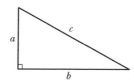

• $C = \sqrt{a^2 + b^2} = 102.166$m

• 오차 전파법칙에 의해

$M = \pm \sqrt{\left(\dfrac{a}{\sqrt{a^2 + b^2}}\right)^2 m_1^2 + \left(\dfrac{b}{\sqrt{a^2 + b^2}}\right)^2 m_2^2}$
$$= \pm \sqrt{\left(\dfrac{92.56}{102.166}\right)^2 0.08^2 + \left(\dfrac{43.25}{102.166}\right)^2 0.06^2}$$
$$≒ \pm 0.077 \text{m}$$

정답 **56** ㉮ **57** ㉰ **58** ㉰ **59** ㉰

60 거리와 방향각에서 새로운 점의 X 좌표 및 Y 좌표를 $x = S\cos\alpha$, $y = S\sin\alpha$로 구할 경우 거리 S에 오차가 없고, 방향각 α에 $\pm 5''$의 오차가 있다고 하면 x와 y에 얼마쯤의 오차가 생기는가?(단, $S = 2,000\text{m}$, $\alpha = 45°$이다.)

㉮ $\pm 1.2\text{cm}$ ㉯ $\pm 2.4\text{cm}$

㉰ $\pm 3.4\text{cm}$ ㉱ $\pm 4.4\text{cm}$

> $X = S\cos\alpha$, $Y = S\sin\alpha$에서 α로 편미분하면
> $$\therefore dX = S(-\sin\alpha)\frac{d\alpha''}{\rho''}$$
> $$= 2,000 \times (-\sin 45°) \times \frac{5''}{206,265''}$$
> $$= \pm 0.034\text{m} = \pm 3.4\text{cm}$$
> $$\therefore dY = S\cos\alpha\frac{d\alpha''}{\rho''} = \pm 3.4\text{cm}$$

61 거리와 고도각으로부터 고저차 H를 $H = S\tan\alpha$로 구할 때 거리 S에 오차가 없고 고도각 α에 $\pm 5''$의 오차가 있다고 하면 H에는 어느 정도의 오차가 생기는가?(단, $S = 1\text{km}$, $\alpha = 30°$)

㉮ 2.8cm ㉯ 3.2cm

㉰ 0.7cm ㉱ 0.4cm

> $H = S\tan\alpha$에서 H에 대해 α로 편미분하면
> $$\therefore dH = S\sec^2\alpha \cdot d\alpha$$
> $$= S\sec^2\alpha \cdot \frac{d\alpha''}{\rho''}$$
> $$= 1,000 \times \sec^2 30° \times \frac{5''}{206,265''}$$
> $$= \pm 0.032\text{m} = \pm 3.2\text{cm}$$

62 수평축척에 의하여 어느 거리를 측정한 결과 그 길이가 100m이었고 정밀도는 1/4,000이었다. 측선장의 평균제곱오차는?

㉮ 0.025m ㉯ 0.040m

㉰ 0.050m ㉱ 0.080m

> $$\frac{1}{4,000} = \frac{E}{100}$$
> $$\therefore E = 0.025\text{m}$$

63 축척 1/1,200 지도상에서 잘못하여 축척 1/1,000로 측정하였더니 $10,000\text{m}^2$가 나왔다면 실제면적은?

㉮ $6,600\text{m}^2$ ㉯ $12,000\text{m}^2$ ㉰ $14,400\text{m}^2$ ㉱ $22,400\text{m}^2$

> $$a_2 = \left(\frac{m_2}{m_1}\right)^2 \cdot a_1$$
> $$= \left(\frac{1,200}{1,000}\right)^2 \times 10,000$$
> $$= 14,400\text{m}^2$$

64 어떤 다각형의 전측선의 길이가 900m일 때 폐합비를 1/5,000로 하기 위해서는 축척 1/500의 도면에서 폐합오차는 얼마까지 허용되는가?

㉮ 0.26mm ㉯ 0.36mm ㉰ 0.46mm ㉱ 0.5mm

> $\frac{1}{5,000} = \frac{E}{900}$, $E = 0.18\text{m}$(실제거리)
> $$\frac{1}{500} = \frac{\text{도상거리}}{\text{실제거리}} = \frac{\text{도상거리}}{0.18}$$
> $$\therefore \text{도상거리} = 0.36\text{mm}$$

65 관측값을 조정하는 목적에 가장 가까운 것은 어느 것인가?

㉮ 관측 정확도를 균일하게 한다.

㉯ 관측 중의 부정오차를 무리하지 않게 배분한다.

㉰ 관측 정확도를 향상시킨다.

㉱ 정오차를 제거시킨다.

> 측량에서 부정오차는 제거가 어려우므로 확률법칙에 의해 추정하여 무리하지 않게 배분한다.

정답 60 ㉰ 61 ㉯ 62 ㉮ 63 ㉰ 64 ㉯ 65 ㉯

실전문제 TIP

66 다음 중 정도가 가장 높은 것은?

　㉮ 1/500　　　　　　　㉯ 1/1,000

　㉰ 1/5,000　　　　　　㉳ 1/10,000

⊙ 분모가 클수록 정도(정확도)가 높다.

67 다음 중에서 가장 대축척인 것은?

　㉮ 1/5,000　　　　　　㉯ 1/10,000

　㉰ 1/100,000　　　　　㉳ 1/1,000,000

⊙ 분모가 작을수록 대축척이다.

68 다음 측량기기 중 거리관측과 각관측을 동시에 할 수 있는 장비는?

　㉮ Theodolite　　　　　㉯ EDM

　㉰ Total Station　　　　㉳ Level

⊙ TS는 거리뿐만 아니라 수평 및 연직각을 관측할 수 있는 측량기계이다. 또한, 관측된 데이터를 직접 저장하고 처리할 수 있으므로 3차원 지형정보 획득으로부터 데이터베이스의 구축 및 지형도 제작까지 일괄적으로 처리할 수 있다.

69 마라톤 코스와 같은 표면거리를 측정할 수 있는 기기로 가장 적절한 것은?

　㉮ 중량이 작은 강철자　　㉯ 기선에서 검정된 자전거

　㉰ 전자파 거리측정기　　　㉳ 유리섬유테이프

⊙ 마라톤 코스는 직선 및 곡선이 혼합되어 있으므로 검정된 자전거에 의해 관측하는 것이 일반적인 방법이다.

70 삼각형의 두 변 b, c와 그 교각 α를 측정하였을 때 기대되는 면적오차는?

> $b = 250.56\text{m}\pm0.03\text{m},$　　$c = 300.13\text{m}\pm0.04\text{m}$
>
> $\alpha = 45°12'00''\pm30''$

　㉮ 약 $\pm3\text{m}^2$　　　　　㉯ 약 $\pm6\text{m}^2$

　㉰ 약 $\pm11\text{m}^2$　　　　㉳ 약 $\pm80\text{m}^2$

⊙
$$A = \frac{1}{2} \cdot b \cdot c \cdot \sin\alpha$$
$$\therefore dA = \pm \sqrt{\begin{array}{l}(\frac{1}{2}\Delta b\, c\sin\alpha)^2 \\ +\left(\frac{1}{2}b\Delta c\sin\alpha\right)^2 \\ +(\frac{1}{2}bc\cos\alpha\frac{d\alpha''}{\rho''})^2\end{array}}$$
$$= \pm \sqrt{\begin{array}{l}(\frac{1}{2}\times0.03\times300.13\times\sin45°12')^2 \\ +(\frac{1}{2}\times250.56\times0.04\times\sin45°12')^2 \\ +(\frac{1}{2}\times250.56\times300.13\times\cos45°12' \\ \times\frac{30''}{206,265''})^2\end{array}} = \pm6\text{m}^2$$

71 직육면체인 저수탱크의 용적을 구하고자 한다. 밑변 a, b와 높이 h에 대한 측정결과가 다음과 같을 때 용적오차는 얼마인가?

> $a = 40.00\text{m}\pm0.05\text{m},$　　$b = 20.00\text{m}\pm0.03\text{m}$
>
> $h = 15.00\text{m}\pm0.02\text{m}$

　㉮ $\pm7\text{m}^3$　　　　　㉯ $\pm21\text{m}^3$

　㉰ $\pm28\text{m}^3$　　　　㉳ $\pm49\text{m}^3$

⊙
$$V = a \cdot b \cdot h$$
$$\therefore \Delta V = \pm \sqrt{(bh)^2 \cdot m_1{}^2 + (ah)^2 \cdot m_2{}^2 + (ab)^2 \cdot m_3{}^2}$$
$$= \pm28\text{m}^3$$

정답　66 ㉳　67 ㉮　68 ㉰　69 ㉯　70 ㉯　71 ㉰

72 원의 직경을 측정하여 $50\text{m} \pm 0.2\text{m}$를 얻었다. 이것으로부터 계산한 원의 면적에 생긴 오차는 얼마 정도인가?

㉮ $\pm 14.6\text{m}^2$　　㉯ $\pm 15.0\text{m}^2$

㉰ $\pm 15.7\text{m}^2$　　㉱ $\pm 16.2\text{m}^2$

$A = \pi r^2 = \dfrac{\pi D^2}{4}$

$\therefore \Delta A = \pm \sqrt{\left(\dfrac{\pi D}{4}\right)^2 \cdot m_1{}^2}$

$\quad = \pm \sqrt{\left(\dfrac{\pi \times 50}{4}\right)^2 \times 0.2^2}$

$\quad = \pm 15.7\text{m}^2$

73 1회 거리측정에서의 정오차가 ε이라고 하면 같은 상황에서 같은 기기로 4회 측정하였을 경우 생기는 정오차의 크기는?

㉮ ε　　㉯ 2ε

㉰ 3ε　　㉱ 4ε

정오차$(E) = \varepsilon \times N$
$\therefore E = 4\varepsilon$

74 기본측량을 하는 경우 정도를 높이기 위하여 전체길이의 중앙으로 하는 1/4지점에 전수와 후수의 관측자를 교체하여 측정을 한다. 이때 다음 사항 중 적당한 것은?

㉮ 햇빛의 방향에 대하여 읽기오차를 제거
㉯ 관측자의 개인오차를 소거
㉰ 기선척의 진동에 의한 오차를 제거
㉱ 기선척의 장력의 변이에 의한 오차를 소거

전수와 후수의 관측자를 교체하여 측정을 하는 이유는 관측자의 개인오차를 소거하기 위해서이다.

75 측량기기의 특징에 대한 설명 중 잘못된 것은?

㉮ 디지털 데오드라이트를 이용하여 각을 관측할 경우 각 읽음오차를 소거할 수 있다.
㉯ 전자파거리 측량기(EDM)로 거리를 관측할 경우 온도, 습도, 기압에 대한 영향을 보정해야 정확한 거리를 측정할 수 있다.
㉰ 수준측량에 사용되는 레벨의 기포관 감도는 망원경의 확대배율로 표시한다.
㉱ 평판 측량에서 사용되는 보통앨리데이드는 시준공의 직경과 시준사의 굵기에 의해 시준오차가 발생한다.

기포관의 감도란 기포 1눈금(2mm)에 대한 중심각의 변화를 초로 나타낸 것이다.

76 광파측거기(EDM)에서 발생되는 오차 중 거리에 비례하여 나타나는 것은?

㉮ 위상차 측정오차　　㉯ 반사프리즘의 구심오차
㉰ 반사프리즘 정수의 오차　　㉱ 변조주파수의 오차

주파수 조정은 거리에 비례하여 발생하며, 거리에 비례하지 않고 발생하는 기계정수 보정과는 무관하다.

77 다음은 전자파 거리 측정기를 사용하여 측정한 결과이다. 교차의 제한을 $10mm + D \times 2mm$(D : km 단위)로 할 경우 다음 중 옳은 것은?(단, D는 4km임)

- 1회 : 4,021.542m
- 2회 : 4,021.544m
- 3회 : 4,021.549m
- 4회 : 4,021.554m

㉮ 1회만 재측한다.
㉯ 1회와 2회를 재측한다.
㉰ 4회만 재측한다.
㉱ 재측할 필요가 없다.

교차의 제한값$=10+(4\times2)=18mm$
∴ 최확값(H_P)
$$= \frac{W_1 l_1 + W_2 l_2 + W_3 l_3 + W_4 l_4}{W_1 + W_2 + W_3 + W_4}$$
$= 4,021.549m$
잔차는 1회 7mm, 2회 5mm, 3회 0mm, 4회 5mm가 발생한다. 모든 측선이 교차 제한 이내이므로 재측할 필요가 없다.

78 같은 경중률로 측량한 거리 측량결과 10회의 평균값이 100.45m이었다. 이때 잔차제곱의 합이 0.0579m이고 잔차의 합이 $-0.10m$이라고 하면 거리를 평균값 ±표준편차로 나타내면?

㉮ 100.45m ±0.05m
㉯ 100.45m ±0.08m
㉰ 100.45m ±0.13m
㉱ 100.45m ±0.15m

표준편차(δ)
$$= \pm\sqrt{\frac{[vv]}{n-1}} = \pm\sqrt{\frac{0.0579}{10-1}}$$
$= \pm 0.08m$
∴ $100.45 \pm 0.08m$

79 정밀도를 표현하는 방법에 대해 설명한 것 중 옳지 않은 것은?(단, n : 관측 횟수)

㉮ 동일한 경중률인 경우 표준오차는 1회 관측에 대한 표준편차를 $\sqrt{n}$으로 나눈 값과 같다.
㉯ 확률오차는 확률곡선에서 곡선 아래의 면적을 1/2로 하는 오차이다.
㉰ 평균오차는 각 관측값과 그의 평균값의 차의 절댓값에 대한 산술평균값으로 구한다.
㉱ 편차의 제곱에 합에 대한 평균을 표준편차라 한다.

표준편차$(\delta) = \pm\sqrt{\frac{[vv]}{n-1}}$ 이다.

80 최소제곱법에 대한 설명으로 옳은 것은?

㉮ 같은 정밀도로 측정된 측정값에서는 오차의 제곱의 합이 최대일 때 최확값을 얻을 수 있다.
㉯ 최소제곱법을 이용하여 정오차를 제거한다.
㉰ 관측값이 서로 다른 경중률을 가질 때에는 최소제곱법을 사용할 수 없다.
㉱ 최소제곱법의 해법에는 관측방정식과 조건방정식이 있다.

㉮ : 최소
㉯ : 부정오차
㉰ : 사용할 수 있다.

81 토털스테이션의 기본적인 기능과 거리가 먼 것은?

㉮ EDM이 갖고 있는 거리측정 기능

㉯ 디지털 데오드라이트가 갖고 있는 각측정 기능

㉰ 각과 거리측정에 의한 좌표계산 기능

㉱ 디지털 구적기가 갖고 있는 면적측정 기능

○ 토털스테이션은 디지털 구적기가 갖고 있는 면적 측정기능은 없다.

82 점의 수평위치와 같이 2차원 상에서의 정밀도는 무엇으로 나타낼 수 있는가?

㉮ 분산

㉯ 표준편차

㉰ 오차타원

㉱ 오차타원체

○ 1차원상에서 정밀도는 표준편차(δ), 2차원상에서 정밀도는 오차타원으로 나타낸다.

83 토털스테이션의 구성요소와 관계가 없는 것은?

㉮ 디지털 데오드라이트

㉯ 앨리데이드

㉰ 광파기

㉱ 마이크로 프로세서(컴퓨터)

○ 앨리데이드는 평판측량장비이다.

84 측량에 있어 부정오차가 일어날 가능성의 확률적 분포 특성에 대한 설명으로 틀린 것은?

㉮ 큰 오차가 생길 확률은 작은 오차가 생길 확률보다 매우 작다.

㉯ 같은 크기의 양($+$)오차와 음($-$)오차가 생길 확률은 같다.

㉰ 매우 큰 오차는 거의 생기지 않는다.

㉱ 오차의 발생확률은 최소제곱법에 따른다.

○ 오차의 발생확률은 확률법칙에 따른다.

85 미지수 x, y를 포함하고 있는 다음과 같은 비선형 방정식이 있다. 최소제곱조정을 위하여 초깃값을 $x=1$, $y=1$이라고 가정할 경우 첫 번째 반복(Iteration)에 의한 x, y의 추정값은 얼마인가?

$$F(x, y) : x + y - 2y^2 = -4$$
$$G(x, y) : x^2 + y^2 = 8$$

㉮ $x = 2.25$
   $y = 2.75$

㉯ $x = 2.35$
   $y = 2.85$

㉰ $x = 2.25$
   $y = 2.95$

㉱ $x = 2.15$
   $y = 2.65$

○ 비선형 방정식이므로 Taylor 급수 전개를 이용해 선형화함
$F(x, y)$:
$$-4 = F^\circ + \frac{\partial F}{\partial x} \cdot \Delta x + \frac{\partial F}{\partial y} \cdot \Delta y$$
$$-4 = 0 + \Delta x - 3\Delta y \quad \cdots\cdots\cdots ⓐ$$
$G(x, y)$:
$$8 = G^\circ + \frac{\partial G}{\partial x} \cdot \Delta x + \frac{\partial G}{\partial y} \cdot \Delta y$$
$$8 = 2 + 2\Delta x + 2\Delta y \quad \cdots\cdots\cdots ⓑ$$
식 ⓐ, ⓑ를 연립해서 풀면
$\Delta x = 1.25$, $\Delta y = 1.75$
첫 번째 Iteration에 의한 x, y의 추정값
$x = x_o + \Delta x_1 = 1 + 1.25 = 2.25$
$y = y_o + \Delta y_1 = 1 + 1.75 = 2.75$
$\therefore x = 2.25$, $y = 2.75$

실전문제 TIP

86 토털스테이션의 기능이 아닌 것은?

㉮ EDM이 갖고 있는 거리 측정 기능

㉯ 디지털 데오드라이트가 갖고 있는 측각 기능

㉰ 각과 거리 측정에 의한 좌표 계산 가능

㉱ 3차원 형상을 측정하여 체적을 구하는 기능

토털스테이션(Total Station)
각도와 거리를 동시에 관측할 수 있는 기능이 함께 갖추어져 있는 측량기이다. 즉, 전자식 데오드라이트와 광파거리측량기를 조합한 측량기이다. 마이크로프로세서에서 자료를 짧은 시간에 처리하거나 표시하고, 결과를 출력하는 전자식 거리 및 각 측정기기이다.

87 두 점간의 거리를 수십 번 측량하여 최확값을 계산하고 각 관측값의 오차를 계산하여 그 값을 도수분포그래프로 그려보았다. 가장 정밀하면서 동시에 정확하게 측량한 팀은 어느 팀인가?

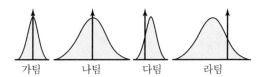

가팀　　나팀　　다팀　　라팀

㉮ 가팀

㉯ 나팀

㉰ 다팀

㉱ 라팀

정규곡선(Normal Curve)
오차와 이에 대한 확률의 관계곡선으로 오차곡선(Error Curve), 가우스곡선(Gauss Curve), 확률곡선이라고도 하며 종축은 확률, 횡축은 오차축으로 하는 오차함수의 표시곡선이다. 가우스의 오차법칙은 다음과 같다. ① 절댓값이 같은 우연오차가 일어날 확률은 같다. 즉 참값보다 (+)로 관측될 확률과 (−)로 관측될 확률은 같다. 그러므로 오차곡선은 y축을 경계로 대칭형이 된다. ② 절댓값이 작은 오차발생 확률은 절댓값이 큰 오차 확률보다 크다. 즉, 참값에 대하여 오차가 적은 관측수가 오차가 큰 관측수보다 많다. ③ 절댓값이 대단히 큰 오차의 발생확률은 거의 일어나지 않는다. 즉, 극단인 극대오차가 포함된 관측값은 없다.

88 광파기(거리측정기)의 기계정수를 검사하기 위해 아래 그림과 같이 거리를 측정하였다. 기계정수 K를 구하는 방법은?

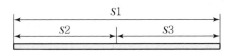

㉮ K=S1−(S2+S3)

㉯ K=(S1+S2+S3)/S1

㉰ K=(S2+S3)/S1

㉱ K=S1/(S2+S3)

(S1+K)=(S2+K)+(S3+K)
∴ K=S1−(S2+S3)

89 아래 그림과 같이 관측된 거리를 최소제곱법으로 조정하기 위한 관측방정식으로 옳은 것은?(단, 단위는 m)

㉮ $v_x = \hat{x} - 206.66$
$v_y = \hat{y} - 215.05$
$v_z = \hat{x} + \hat{y} - 421.78$

㉯ $v_x = \hat{x} + 206.66$
$v_y = \hat{y} + 215.05$
$v_z = \hat{x} + \hat{y} - 421.78$

㉰ $v_x = \hat{x} - 206.66$
$v_y = \hat{y} - 215.05$
$v_z = \hat{x} + \hat{y} + 421.78$

㉱ $v_x = \hat{x} + 206.66$
$v_y = \hat{y} + 215.05$
$v_z = \hat{x} + \hat{y} + 421.78$

> 관측방정식에 의한 최소제곱법
> $\hat{x} = x + v_x \rightarrow v_x = \hat{x} - 206.66$
> $\hat{y} = y + v_y \rightarrow v_y = \hat{y} - 215.05$
> $\hat{z} = z + v_z \rightarrow (\hat{x} + \hat{y}) = z + v_z$
> $\qquad \rightarrow v_z = \hat{x} + \hat{y} - 421.78$

90 토털스테이션이 많이 활용되는 측량작업이 아닌 것은?

㉮ 지형 측량과 같이 많은 점의 평면 및 표고좌표가 필요한 측량

㉯ 고정밀도를 요하는 정밀 측량 및 지각변동관측 측량

㉰ 거리와 각을 동시에 관측하면 작업효율이 높아지는 트래버스 측량

㉱ 종·횡단 측량이 필요한 노선 측량

> 지각변동 관측은 넓은 지역에서 실시되므로 토털스테이션보다는 우주측지기술(GNSS, VLBI, SLR 등)이 적합하다.

91 최소제곱법의 관측방정식이 $AX = L + V$와 같은 행렬식의 형태로 표시될 때, 이 행렬식을 풀기 위한 정규방정식과 미지수 행렬 X로 옳은 것은?(단, 관측의 경중률은 동일하다.)

㉮ $A^T A X = L, \quad X = (A^T A)^{-1} L$

㉯ $A A^T X = L, \quad X = (A^T A)^{-1} L$

㉰ $A A^T X = A^T L, \quad X = (A A^T)^{-1} A^T L$

㉱ $A^T A X = A^T L, \quad X = (A^T A)^{-1} A^T L$

> 최소제곱법은 많은 계산과정을 요하므로 컴퓨터를 사용하면 가장 효과적으로 수행할 수 있다. 따라서 이 과정을 행렬식에 적용하여 보다 용이하게 정규방정식을 해결할 수 있다.
> n개의 미지값을 갖는 동일한 경중률의 개개의 직선방정식을 관측방정식에 의한 행렬식으로 표현하면 다음과 같다.
> $_m A_n {}_n X_1 = _m L_1 + _m V_1$
> (관측방정식의 행렬식 형태)
> • $A^T A X = A^T L$ (정규방정식)
> • $X = (A^T A)^{-1}(A^T L)$
>   (미지수 행렬)

92 그림과 같이 관측된 거리를 최소제곱법으로 조정하기 위한 관측
방정식을 행렬로 표시한 것으로 옳은 것은?

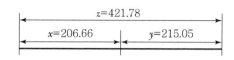

㉮ $\begin{bmatrix} -1 & -1 \\ 1 & 0 \\ 0 & 1 \end{bmatrix} \begin{bmatrix} \hat{x} \\ \hat{y} \end{bmatrix} = \begin{bmatrix} 421.78 \\ 206.66 \\ 215.05 \end{bmatrix} + \begin{bmatrix} v_z \\ v_x \\ v_y \end{bmatrix}$

㉯ $\begin{bmatrix} 1 & 1 \\ -1 & 0 \\ 0 & -1 \end{bmatrix} \begin{bmatrix} \hat{x} \\ \hat{y} \end{bmatrix} = \begin{bmatrix} 421.78 \\ 206.66 \\ 215.05 \end{bmatrix} + \begin{bmatrix} v_z \\ v_x \\ v_y \end{bmatrix}$

㉰ $\begin{bmatrix} 1 & 1 \\ 1 & 0 \\ 0 & 1 \end{bmatrix} \begin{bmatrix} \hat{x} \\ \hat{y} \end{bmatrix} = \begin{bmatrix} 421.78 \\ 206.66 \\ 215.05 \end{bmatrix} + \begin{bmatrix} v_z \\ v_x \\ v_y \end{bmatrix}$

㉱ $\begin{bmatrix} -1 & -1 \\ -1 & 0 \\ 0 & -1 \end{bmatrix} \begin{bmatrix} \hat{x} \\ \hat{y} \end{bmatrix} = \begin{bmatrix} 421.78 \\ 206.66 \\ 215.05 \end{bmatrix} + \begin{bmatrix} v_z \\ v_x \\ v_y \end{bmatrix}$

● $mA_nnX_1 = mL_1 + mV_1$
여기서, m : 직선방정식 수
n : 미지값 수

$3A_22X_1 = 3L_1 + 3V_1$
여기서, X : 미지값
L : 관측값
V : 잔차

$A = \begin{bmatrix} 1 & 1 \\ 1 & 0 \\ 0 & 1 \end{bmatrix}$, $X = \begin{bmatrix} \hat{x} \\ \hat{y} \end{bmatrix}$

$L = \begin{bmatrix} 421.78 \\ 206.66 \\ 215.05 \end{bmatrix}$, $V = \begin{bmatrix} v_z \\ v_x \\ v_y \end{bmatrix}$

∴ 관측방정식을 행렬로 표시하면,

$\begin{bmatrix} 1 & 1 \\ 1 & 0 \\ 0 & 1 \end{bmatrix} \begin{bmatrix} \hat{x} \\ \hat{y} \end{bmatrix} = \begin{bmatrix} 421.78 \\ 206.66 \\ 215.05 \end{bmatrix} + \begin{bmatrix} v_z \\ v_x \\ v_y \end{bmatrix}$

93 광파거리측량기에 대한 설명으로서 옳지 않은 것은?

㉮ 광파거리측량기는 인바(Invar)척에 비하여 기복이 많은 지역의
거리관측에 유리하다.

㉯ 광파거리측량기의 변조주파수의 변화에 따라 생기는 오차는 관
측거리에 비례한다.

㉰ 광파거리측량기의 변조파장이 긴 것은 짧은 것에 비하여 정확도
가 높다.

㉱ 광파거리측량기의 정수는 비교기선장에서 비교측량하여 구한다.

● 광파거리측량기의 변조파장이 긴 것
은 짧은 것에 비하여 정확도가 낮다.

94 측량에 있어 미지값을 관측할 경우에 나타나는 오차와 관련된 다
음의 설명 중 틀린 것은?

㉮ 경중률은 분산에 반비례한다.

㉯ 경중률은 반복 관측일 경우 각 관측값 간의 편차를 의미한다.

㉰ 큰 오차가 생길 확률은 작은 오차가 생길 확률보다 매우 작다.

㉱ 표준편차는 각과 거리와 같은 1차원의 경우에 대한 정밀도의 척
도이다.

● 표준편차는 각과 거리의 반복관측일
경우 각 관측값 간의 편차를 의미한다.

정답 92 ㉰ 93 ㉰ 94 ㉯

95 근접할 수 없는 P, Q 두 점 간의 거리를 구하기 위하여 그림과 같이 관측하였을 때 $\overline{PQ}$의 거리는?

㉮ 150m

㉯ 200m

㉰ 250m

㉱ 305m

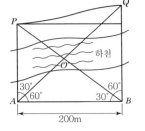

$\overline{PQ} = \sqrt{a^2 + b^2 - 2ab\cos 30°}$
$= \sqrt{(115.47)^2 + (400)^2 - (2 \times 115.47 \times 400\cos 30°)}$
$= 305.5\text{m}$

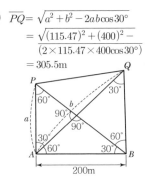

96 전자파 거리측량기의 위상차 관측방법이 아닌 것은?

㉮ 위상지연방법   ㉯ 위상변위방법

㉰ 진폭변조방법   ㉱ 디지털 측정법

전자파거리측량기는 진폭 변조방법과는 무관하다.

97 최소제곱법에 관한 설명으로 틀린 것은?

㉮ 관측방정식으로 구한 최확값이 조건방정식으로 구한 것에 비해 정확하다.

㉯ 관측방정식의 수는 관측횟수와 같다.

㉰ 조건방정식의 수는 잉여관측횟수(자유도)와 같다.

㉱ 잔차의 제곱의 합이 최소가 되도록 최확값을 정하는 조정법이다.

최소제곱법의 조정방법에는 관측방정식과 조건방정식에 의한 방법이 있으며, 두 방정식 어떤 것으로 최확값을 구해도 값은 비슷하다.

98 최소제곱법에 대한 설명으로 옳은 것은?

㉮ 같은 정밀도로 측정된 측정값에서는 오차의 제곱의 합이 최대일 때 최확값을 얻을 수 있다.

㉯ 최소제곱법을 이용하여 정오차를 제거할 수 있다.

㉰ 동일한 거리를 여러 번 관측한 결과를 최소제곱법에 의해 조정한 값은 평균과 같다.

㉱ 관측방정식에 의한 결과와 조건방정식에 의한 결과는 일치하지 않을 수 있다.

㉮ : 최소
㉯ : 부정오차
㉱ : 일치한다.

99 정확도가 $\pm(3\text{mm} + 3\text{ppm} \times L)$로 표현되는 광파거리 측량기로 거리 500m를 측량하였을 때 예상되는 오차의 크기는?

㉮ ± 2.0mm 이하   ㉯ ± 2.5mm 이하

㉰ ± 4.0mm 이하   ㉱ ± 4.5mm 이하

예상되는 오차
$= 3 + (0.003 \times 500) = \pm 4.5\text{mm}$

정답 95 ㉱ 96 ㉰ 97 ㉮ 98 ㉰ 99 ㉱

100 기선측량용 강철줄자는 정오차 보정을 위한 검정표를 가지고 있다. 이 항목에 포함되지 않는 사항은?

㉮ 선팽창계수 ㉯ 단위길이당 무게

㉰ 상수(특성값) ㉱ 줄자의 두께

> 기선측량용 강철줄자의 정오차 보정을 위한 검정표의 주요 항목은 특성값, 선팽창계수, 강줄자 자중, 단면적, 탄성계수 등이 있다.

101 어느 지점의 각을 8회 관측하여 평균제곱근오차 $\pm 0.7''$를 얻었다. 같은 조건으로 관측하여 $\pm 0.3''$의 평균제곱근오차를 얻기 위해서는 몇 회 측정하여야 하는가?

㉮ 18회 ㉯ 24회

㉰ 32회 ㉱ 44회

> $M = \pm \sigma \sqrt{n} \rightarrow$
> $M = \pm 0.7'' \sqrt{8} = \pm 0.3'' \sqrt{n}$
> $\therefore n = \left(\dfrac{0.7''}{0.3''} \sqrt{8} \right)^2 = 43.6 ≒ 44$회

102 두 점 간의 고저차를 구하기 위하여 경사거리 $30.0m \pm 0.2m$, 경사각 $15°30'$의 값을 얻었다. 경사거리와 경사각이 고저차 결정의 독립변수로 작용할 때 고저차의 오차는?(단, 각 측량에는 오차가 없는 것으로 가정한다.)

㉮ $\pm 5.3cm$ ㉯ $\pm 10.5cm$

㉰ $\pm 15.8cm$ ㉱ $\pm 27.6cm$

> $\sin\theta = \dfrac{H}{L} \rightarrow H = L \cdot \sin\theta$
> 오차전파법칙에 의해 고저차 오차 (dH)를 구하면,
> $\therefore dH = \pm \Delta L \cdot \sin\theta$
> $\quad = \pm 0.2 \times \sin 15°30'$
> $\quad = \pm 0.053m = \pm 5.3cm$

103 전자기파거리측량기기에 대한 설명 중 옳지 않은 것은?

㉮ 전자기파거리측량기는 광파, 전파를 일정파장의 주파수로 변조하여 변조파의 왕복 위상변화를 관측하여 거리를 구한다.

㉯ 광파거리측량기는 가시광선 또는 적외선과 같은 비가시광선을 주로 사용하며, 중·단거리의 관측에 많이 사용된다.

㉰ 전파거리측량기는 마이크로파의 파장대를 주로 사용하며 수십 km 등 장거리의 관측에 사용된다.

㉱ 광파거리측량기는 안개, 비 등과 같은 기상조건의 영향을 받지 않으며 주국과 종국에서 서로 무선통화가 불가능하다.

> 광파거리측량기는 안개, 비, 눈 등 기후의 영향을 많이 받으며, 목표점에 반사경을 설치하여 되돌아오는 반사파의 위상과 발사파의 위상차로부터 거리를 구하는 기계이다.

104 A점에서 B점까지 일정한 경사의 도로 상에서 줄자를 이용하여 거리측량을 하였다. 관측값은 398.855m이고 관측 중의 온도가 26℃이었다면 실제 수평거리는?(단, 줄자의 표준온도는 15℃, 줄자의 팽창계수는 $+0.000012/℃$이다.)

㉮ 398.694m ㉯ 398.731m

㉰ 398.802m ㉱ 398.908m

> 수평거리(L_o)
> $= L + \alpha \cdot L(t - t_o)$
> $= 398.855 + 0.000012 \times 398.855(26 - 15)$
> $= 398.908\,m$

정답 100 ㉱ 101 ㉱ 102 ㉮ 103 ㉱ 104 ㉱

105 오차에 대한 설명으로 틀린 것은?

㉮ 참오차는 관측값과 참값의 차이다.

㉯ 잔차는 최확값과 관측값의 차이다.

㉰ 최확값에 대한 표준편차를 과대오차라 한다.

㉱ 오차의 일반법칙은 우연오차를 대상으로 한다.

> 과대오차는 관측자의 미숙, 부주의에 의한 오차를 말한다.

106 아래 그림과 같이 관측된 거리를 최소제곱법으로 조정하기 위한 조건방정식으로 옳은 것은?

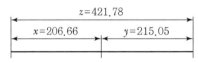

$$z = 421.78$$
$$x = 206.66 \quad y = 215.05$$

㉮ $v_z = -v_x + v_y + 0.07$

㉯ $v_z = v_x + v_y - 0.07$

㉰ $v_z = v_x - v_y + 0.07$

㉱ $v_z = -v_x - v_y - 0.07$

> 조건방정식에 의한 최소제곱법
> $$z' = x' + y'$$
> $$z + v_z = x + v_x + y + v_y$$
> $$\therefore v_z = x + y - z + (v_x + v_y)$$
> $$= v_x + v_y - 0.07$$

107 다음의 축척에 대한 도상거리 중 실거리가 가장 짧은 것은?

㉮ 축척 1 : 500일 때의 도상거리 3cm

㉯ 축척 1 : 200일 때의 도상거리 8cm

㉰ 축척 1 : 1,000일 때의 도상거리 2cm

㉱ 축척 1 : 300일 때의 도상거리 4cm

> $\dfrac{1}{m} = \dfrac{\text{도상거리}}{\text{실제거리}} \rightarrow$
> 실제거리 $= m \cdot$ 도상거리
> ㉮ : $500 \times 0.03 = 15\text{m}$
> ㉯ : $200 \times 0.08 = 16\text{m}$
> ㉰ : $1,000 \times 0.02 = 20\text{m}$
> ㉱ : $300 \times 0.04 = 12\text{m}$
> ∴ ㉱의 실거리가 가장 짧다.

108 전자기파거리측량기에 의한 거리관측오차 중 거리에 비례하는 오차가 아닌 것은?

㉮ 굴절률 오차

㉯ 광속도의 오차

㉰ 반사경상수의 오차

㉱ 광변조주파수의 오차

> 전자기파거리측량기 오차
> • 거리에 비례하는 오차 : 광속도의 오차, 광변조주파수의 오차, 굴절률의 오차
> • 거리에 비례하지 않는 오차 : 위상차 관측오차, 기계정수 및 반사경 정수의 오차

109 강철줄자에 의한 거리측량에 있어서 강철줄자의 장력에 대한 보정량 계산을 위한 요소가 아닌 것은?

㉮ 줄자의 탄성계수

㉯ 줄자의 단면적

㉰ 줄자의 단위중량

㉱ 관측 시의 장력

> 장력 보정량 $(C_p) = \dfrac{L}{AE}(P - P_0)$
> 여기서, C_p : 장력 보정량
> P_0 : 표준장력(kg)
> P : 관측 시 장력(kg)
> A : 줄자의 단면적(cm^2)
> E : 탄성계수(kg/cm^2)

110 정확도 1/5,000을 요구하는 50m 거리측량에서 경사거리를 측정하여도 허용되는 두 점 간의 최대 높이차는?

㉮ 1.0m ㉯ 1.5m
㉰ 2.0m ㉱ 2.5m

$\varepsilon = L - l = \dfrac{h^2}{2L}$

$\text{정확도} = \dfrac{\varepsilon}{L} = \dfrac{\frac{h^2}{2L}}{L} = \dfrac{h^2}{2L^2}$

$\dfrac{h^2}{2L^2} = \dfrac{1}{5,000}$

$\therefore h = \sqrt{\dfrac{2L^2}{5,000}} = \sqrt{\dfrac{2 \times 50^2}{5,000}}$

$= 1\text{m}$

111 경사면을 따라 거리를 관측할 때 경사에 의한 최대 오차가 1/1,000이라면, 경사각(α)의 최대 허용오차는?(단, 경사에 의한 최대 오차 $= \dfrac{\overline{BB'}}{\overline{AB}} = \dfrac{1}{1,000}$)

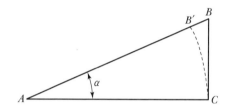

㉮ 0° 00′ 34″ ㉯ 1° 34′ 40″
㉰ 2° 33′ 42″ ㉱ 3° 34′ 42″

$\overline{AC} = \overline{AB} \cdot \cos\alpha \rightarrow$

$\cos\alpha = \dfrac{1,000}{1,001}$

$\therefore \alpha = 2°33'42''$

112 각 관측 시 최소제곱법으로 최확값을 구하는 목적은?

㉮ 잔차를 얻기 위해서
㉯ 기계오차를 없애기 위해서
㉰ 우연오차를 무리 없이 배분하기 위해서
㉱ 착오에 의한 오차를 제거하기 위해서

각 관측 시 최소제곱법으로 최확값을 구하는 목적
측량에서 부정오차(우연오차)는 제거가 어려우므로 최소제곱법에 의해 부정오차(우연오차)를 무리 없이 배분하기 위해서이다.

113 오차에 대한 설명으로 틀린 것은?

㉮ 과대오차는 관측자의 부주의나 측량방법을 잘못 적용함으로써 나타나는 과실 또는 착오의 결과이다.
㉯ 크기와 방향을 알 수 있는 오차를 정오차라 한다.
㉰ 정오차는 항상 발생하는 오차로 상차라고도 한다.
㉱ 우연오차는 발생빈도, 크기, 부호 등을 알 수 없는 무작위성 오차이다.

부정오차(우연오차)는 원인이 불명확한 오차이며, 서로 상쇄되기도 하므로 상차라고도 한다.

114 오차와 관련된 설명으로 틀린 것은?

㉮ 표준편차는 착오와 정오차를 보정하기 위한 값이다.

㉯ 정오차는 누적오차라고도 하며, 원인이 분명하여 보정이 가능하다.

㉰ 우연오차는 오차가 일정하게 누적되지 않는 오차이다.

㉱ 줄자의 장력 차이에 따른 오차는 정오차에 해당한다.

> 표준편차는 잔차의 제곱의 합을 산술평균하고 이 값에 제곱근을 취하여 구한 값으로, 부정오차를 추정하기 위한 값이다.

115 기상보정장치가 없는 광파측량기로 거리를 관측하여 1,200.00m를 얻었다. 이때 대기의 굴절률이 1.000375였다면 기상보정을 한 거리는?(단, 이 측량기가 채용한 표준굴절률은 1.000325이다.)

㉮ 1,199.94m ㉯ 1,199.99m

㉰ 1,200.01m ㉱ 1,200.06m

> $D_s = D \cdot \dfrac{n_s}{n}$
>
> $= 1,200.00 \times \dfrac{1.000325}{1.000375}$
>
> $= 1,199.94\text{m}$
>
> 여기서, D_s : 기상보정 후 거리
>
> D : 기상보정 전 거리
>
> n : 대기의 굴절률
>
> n_s : 표준굴절률

CHAPTER 03 각측량

PART 01 PART 02 PART 03 PART 04 PART 05 부록

···01 개요

각측량이라 함은 어떤 점에서 시준한 2점의 사잇각을 여러 가지 방법으로 구하는 것을 말한다. 일반적으로 사용하고 있는 각은 그림에서와 같이 수평각(α_H), 고저각(α_V), 천정각($\angle O'OA'$)이다.

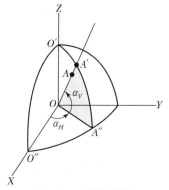

[그림 3-1] 각의 종류

···02 각의 종류 및 단위

(1) 각의 종류

1) 수평각

① 평면각(Plane Angle) : 소규모 지역에 널리 이용된다.
  - 교각 : 어떤 측선이 그 앞의 측선과 이루는 각
  - 편각 : 각 측선이 그 앞측선의 연장선과 이루는 각
  - 방위각 : 진북에서 어느 측선에 이루는 각
  - 방향각 : 임의 기준에서 어느 측선에 이루는 각

② 곡면각(Curved Surface) : 대규모 지역에 이용된다.

③ 입체각(Steradian) : 공간상에서 이용된다.

2) 수직각

① 앙각 : 기계고보다 높은 곳에 있는 측점에 대한 연직각을 말한다.

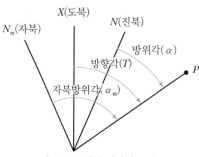

[그림 3-2] 수평각의 종류

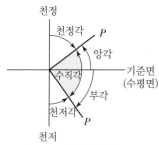

[그림 3-3] 수직각의 종류

② 부각 : 기계고보다 낮은 곳에 있는 측점에 대한 연직각을 말한다.

③ 천정각 : 연직선 위쪽 방향을 기준으로 목표물에 대하여 시준선까지 내려서 잰 각을 말한다.

④ 천저각 : 연직선 아래쪽 방향을 기준으로 목표물에 대하여 시준선까지 올려서 잰 각을 말한다.

(2) 각의 단위

① 60진법

원주를 360등분할 때 그 한 호에 대한 중심각을 1도라 하며, 도, 분, 초로 나타낸다.

② 100진법

원주를 400등분할 때 그 한 호에 대한 중심각을 1그레이드(Grade)로 정하여, 그레이드, 센티그레이드, 센티센티그레이드로 나타낸다.

③ 호도법

원의 반경과 같은 호에 대한 중심각을 1라디안(Radian)으로 표시한다.

···03 각의 상호관계

(1) 도와 그레이드

$\alpha° : \beta^g = 90 : 100$ 이므로 $\alpha° = \dfrac{9}{10}\beta^g$ 또는 $\beta^g = \dfrac{10}{9}\alpha°$

$$\therefore 1^g = 0.900°, \quad 1^c = 0.540', \quad 1^{cc} = 0.324'', \quad 1^g = 0.9° = 54' = 3,240''$$

(2) 호도와 각도

1개의 원에 있어서 중심각과 그것에 대한 호의 길이는 서로 비례하므로 반경 R과 같은 길이의 호 $\overset{\frown}{AB}$를 잡고 이것에 대한 중심각을 ρ로 잡으면

$$\frac{R}{2\pi R} = \frac{\rho°}{360°} \quad \therefore \rho° = \frac{180°}{\pi}$$

이 ρ는 반경 R에 관계없이 정수에 의해서만 결정되므로 이것을 각의 단위로 하여 라디안(호도)이라 부른다.

$\rho° = \dfrac{180°}{\pi} = 57.29578°$

$\rho' = 60 \times \rho° = 3,437.7468'$

$\rho'' = 60 \times \rho' = 206,264.806''$

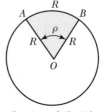

[그림 3-4] 호도법

반경 R인 원에 있어서 호의 길이 L에 대한 중심각 $\theta = \dfrac{L}{R}$(Radian)을 도, 분, 초로 고치면

$$\theta^\circ = \frac{L}{R}\rho^\circ, \ \theta' = \frac{L}{R}\rho', \ \theta'' = \frac{L}{R}\rho''$$

Reference 참고

각도(60진법)	라디안(호도법)
360° ——→	2π
180° ——→	π
90° ——→	$\dfrac{\pi}{2}$

θ가 미소각인 경우에 L이 R에 비하여 현저하게 작아지므로

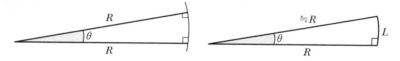

[그림 3–5] 호도와 각도

$$\therefore \theta'' = \frac{L}{R}\rho''$$

···04 트랜싯의 일반사항

(1) 상반구조

① 상반

연직축의 내축에 직각으로 고정되어 있고 시준선을 정하는 망원경은 수평축과 한 몸체로 되어 2개의 지주로 받쳐져 있다.

② 하반

연직축의 외축에 직각으로 고정되어 있고 수평각을 관측하기 위한 수평분도원이 있다.

(2) 하반구조

트랜싯의 부속장치로 평행 상반에는 정준나사가 있고 하반에 이심장치가 있다.

(3) 망원경

트랜싯 망원경은 대물렌즈, 십자선, 접안렌즈 및 망원경통으로 구성되어 있다. 특히 대물렌즈는 합성렌즈를 사용하는데 색수차나 구면수차를 제거하기 위함이다.

(4) 기포관

원형 유리관 속 윗면을 일정한 반지름의 원호로 만들고 그 속에 점성이 작은 액체(알코올 60%, 에테르 40%)를 넣어 기포(氣泡)를 남기고 밀봉한 것이다. 기포관의 중앙에서의 접선방향을 기포관축이라 한다. 대략의 수평을 구할 수 있는 원형기포관도 있다.

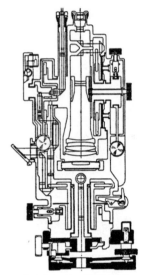

[그림 3-6] 트랜싯 구조

[그림 3-7] 분도반 트랜싯

[그림 3-8] Digital 트랜싯

•••05 트랜싯의 조정

트랜싯은 망원경과 분도원을 갖춘 측각기계로 데오드라이트라고도 한다. 최근에는 종합관측기인 토털스테이션(TS)이 주로 활용된다.

(1) 트랜싯의 조정조건

① 기포관축과 연직축은 직교해야 한다($L \perp V$).
② 시준선과 수평축은 직교해야 한다($C \perp H$).
③ 수평축과 연직축은 직교해야 한다($H \perp V$).

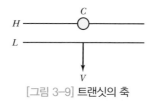

[그림 3-9] 트랜싯의 축

(2) 제1조정(평반수준기 조정)

평반 기포관(수준기)축은 연직축에 직교해야 한다.

(3) 제2조정(십자종선 조정)

십자 종선은 수평축에 직교해야 하며, 시준선이 수평축과 직교해야 한다.

(4) 제3조정(수평축 조정)

수평축은 연직축과 직교해야 한다.

(5) 제4조정(십자횡선 조정)

시준선은 광축과 일치해야 한다.

(6) 제5조정(망원경 기포관 조정)

망원경 기포관축과 시준선은 평행해야 한다.

(7) 제6조정(연직분도반 조정)

망원경 기포관의 기포가 중앙에 있을 때 연직분도원의 0°와 버니어의 0은 일치해야 한다.

···06 수평각의 관측과 정확도

수평각을 관측하는 데에는 단측법, 배각법, 방향각법, 각관측법(조합각관측법) 4종류가 있다.

(1) 단측법

1개의 각을 1회 관측하는 방법으로 수평각관측법 중 가장 간단한 관측방법인데, 관측결과는 좋지 않다. 결과는 '나중 읽음 값−처음 읽음 값'으로 구해진다.

$$\angle AOB = \alpha_n - \alpha_0$$

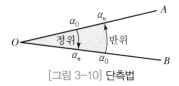

[그림 3-10] 단측법

(2) 배각법(반복법)

한 각을 수회 반복 관측하여 누락된 하나의 협각을 반복횟수로 나누어서 관측각을 구하는 방법으로 읽음오차를 줄이는 데 특징이 있다.

1) 방법

1개의 각을 2회 이상 관측하여 관측횟수로 나누어서 구하는 방법이다.

$$\angle AOB = \frac{\alpha_n - \alpha_0}{n}$$

여기서, α_n : 나중 읽음 값
α_0 : 처음 읽음 값
n : 관측횟수

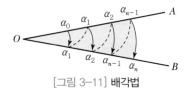

[그림 3-11] 배각법

2) 각관측 정확도

① n배 각의 관측에 있어서 1각에 포함되는 시준오차(m_1)

$$m_1 = \frac{\sqrt{2}\,\alpha \cdot \sqrt{n}}{n} = \sqrt{\frac{2\alpha^2}{n}}$$

여기서, α : 시준오차

② n배 각의 관측에 있어서 1각에 포함되는 읽음오차(m_2)

$$m_2 = \frac{\sqrt{2}\,\beta}{n} = \frac{\sqrt{2\beta^2}}{n}$$

여기서, β : 읽음오차

③ 1각에 생기는 배각법의 오차(M)

$$M = \pm\sqrt{{m_1}^2 + {m_2}^2} = \pm\sqrt{\frac{2}{n}\left(\alpha^2 + \frac{\beta^2}{n}\right)}$$

3) 배각법의 특징

① 배각법은 방향각법과 비교하여 읽음오차 β의 영향을 적게 받는다.

② 눈금을 직접 측량할 수 없는 미량의 값을 계적하여 반복횟수로 나누면 세밀한 값을 읽을 수 있다.

③ 눈금의 부정에 의한 오차를 최소로 하기 위하여 n회의 반복결과가 360°에 가깝게 해야 한다.

④ 내축과 외축을 이용하므로 내축과 외축의 연직선에 대한 불일치에 의하여 오차가 생기는 경우가 있다.

⑤ 배각법은 방향수가 적은 경우에는 편리하나 삼각측량과 같이 많은 방향이 있는 경우에는 적합하지 않다.

(3) 방향각법

1) 방법

어떤 시준 방향을 기준으로 하여 각시준 방향에 이르는 각을 관측하는 방법으로 1점에서 많은 각을 관측할 때 사용하며, 배각법(반복법)에 비하여 시간이 절약되고 3등 이하의 삼각측량에 이용된다.

2) 각관측 정확도

① 1방향에 생기는 오차(m_1)

$$m_1 = \pm\sqrt{\alpha^2 + \beta^2}$$

여기서, α : 시준오차
β : 읽음오차

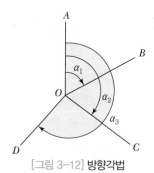

[그림 3-12] **방향각법**

② 각관측(두 방향)의 오차(m_2)

$$m_2 = \pm\sqrt{2(\alpha^2+\beta^2)}$$

③ n회 관측한 평균값에 있어서 오차(M)

$$M = \pm\sqrt{\frac{2}{n}(\alpha^2+\beta^2)}$$

(4) 각관측법(조합각관측법)

수평각 각관측방법 중 가장 정확한 값을 얻을 수 있는 방법으로 1등 삼각측량에 이용된다. 여러 개의 방향선의 각을 차례로 방향각법으로 관측하여 얻어진 여러 개의 각을 최소제곱법에 의하여 최확값을 구한다.

$$\text{측각 총수} = \frac{1}{2}S(S-1)$$

$$\text{조건식 총수} = \frac{1}{2}(S-1)(S-2)$$

여기서, S : 측점 수

[그림 3-13] 조합각관측법

···07 고저각과 천정각거리

고저각은 수평면을 기선으로 목표에 대한 시준선과 이룬 각을 말한다. 상향각(또는 앙각)을 +, 하향각(또는 부각)을 −로 한다. 이것에 대한 연직선 방향을 기준으로 나타낸 각을 천정각거리라 말한다. 그러므로 천정각거리와 고저각 α와는 여각($\alpha = 90° - Z$)의 관계가 있다.

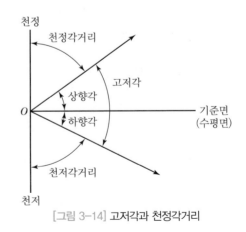

[그림 3-14] 고저각과 천정각거리

••• 08 각관측 시 발생하는 오차 및 소거법

(1) 기계오차(정오차)

① **연직축 오차**

연직축이 연직하지 않기 때문에 생기는 오차로 망원경을 정위와 반위로 관측하여도 소거는 불가능하나 시준할 두 점의 고저차가 연직각으로 5° 이하일 때에는 큰 오차가 생기지 않는다.

② **시준축 오차**

시준선이 수평축과 직각이 아니기 때문에 생기는 오차로, 이것은 망원경을 정위와 반위로 관측한 값의 평균값을 구하면 소거가 가능하다.

③ **수평축 오차**

수평축이 수평이 아니기 때문에 생기는 오차로, 망원경을 정위와 반위로 관측한 평균값을 사용하면 소거가 가능하다.

④ **시준선의 편심오차(외심오차)**

시준선이 기계의 중심을 통과하지 않기 때문에 생기는 오차로, 망원경을 정위와 반위로 관측한 다음 평균값을 취하면 소거가 가능하다.

(2) 부정오차(우연오차)

각관측 시 부정오차가 발생하면 그 제거가 어려우므로 면밀한 주의를 요한다. 각관측 시 주요한 부정오차로는 망원경의 시도부정에 의한 오차, 목표시준의 불량, 빛의 굴절에 의한 오차, 기계 진동, 관측자의 피로 등에 의한 오차가 있다.

••• 09 각관측 시 주의사항

(1) 트랜싯을 잘 조정하여 망원경 정·반의 위치로 관측할 것
(2) 관측에 좋은 시각을 택할 것
(3) 관측자의 자세, 눈의 위치를 바르게 할 것

※ 최적의 각관측 시각 : 수평각 관측은 조석, 수직각은 정오경에 관측하는 것이 좋다(빛의 굴절 오차는 조석에 크고 정오에 작다).

···10 각의 최확값 산정 및 조정

(1) 각관측의 최확값 산정(독립 최확값 산정)

① 어느 일정한 각을 관측한 경우

$$\alpha_0 = \frac{[\alpha]}{n}$$

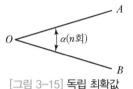

[그림 3-15] 독립 최확값

여기서, n : 측각횟수
$[\alpha]$: $\alpha_1 + \alpha_2 + \cdots\cdots + \alpha_n$

② 관측횟수(N)를 다르게 하였을 경우

경중률을 관측횟수에 비례하여 최확값을 산정

$$W_1 : W_2 : W_3 = N_1 : N_2 : N_3$$

$$\alpha_0 = \frac{W_1\alpha_1 + W_2\alpha_2 + W_3\alpha_3}{W_1 + W_2 + W_3}$$

(2) 조건부 최확값

① 관측횟수(n)를 같게 하였을 경우

- 조건 : $\alpha + \beta = \gamma$
- 오차(E) = $(\alpha + \beta) - \gamma$
- 조정량(d) = $\dfrac{E}{n} = \dfrac{E}{3}$

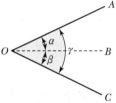

[그림 3-16] 조건부 최확값

② 관측횟수(N)를 다르게 하였을 경우

경중률을 관측횟수에 반비례하여 조정량을 구함

$$W_1 : W_2 : W_3 = \frac{1}{N_1} : \frac{1}{N_2} : \frac{1}{N_3}$$

$$조정량(d) = \frac{오차}{경중률의\ 합} \times 조정할\ 각의\ 경중률$$

Reference 참고

조건부 최확값에서 조정량을 구하면 $\alpha+\beta$와 γ를 비교하여 큰 각에는 조정량만큼 ($-$)를 주고, 작은 각에는 조정량만큼 ($+$)를 주면 된다.

••• 11 각측량 야장의 용어

(1) 윤곽 : 영방향을 최초로 시준하였을 때의 처음 읽음 값의 눈금위치이다.

(2) 배각 : 어떤 대회에 있어서 동일 방향에 대한 망원경의 정위와 반위 결과의 초수의 합을 말한다.

(3) 배각차 : 각 대회 중의 동일시준점에 배각의 최댓값의 차를 말한다.

(4) 교차 : 같은 양을 동일 정밀도로 2회 관측하였을 때 그 차(일반적 교차), 1대회의 망원경 정위 및 반위 결과의 초차(방향각법)이다.

(5) 관측차 : 각 대회의 동일 시준점에 대한 교차의 최댓값과 최솟값의 차를 말한다.

01 1Centi Grade는 몇 초인가?

㉮ 28.2″ ㉯ 0.9″ ㉰ 32.4″ ㉱ 54″

> 1Grade=100Centi Grade
> $=0.9°=54′$
> 1Centi Grade=0.54′=32.4″

02 1g(Grade)는 몇 분에 해당되는가?

㉮ 54′ ㉯ 55′ ㉰ 56′ ㉱ 58′

> 1Grade=$\frac{90°}{100}$=0.9°=54′

03 1라디안(Radian)은 몇 그레이드(Grade)인가?(단, π는 3.14로 한다.)

㉮ 57g ㉯ 64g ㉰ 100g ㉱ 200g

> $\rho^g=\frac{200g}{\pi}$=63.66198g

04 다음 그림에서 측각과 측거에 각각 e_a, E_a의 오차가 있게 되면 정확한 점 C는 C'에 위치하게 된다. C점에서 직선 AC'까지의 수직거리를 E_a라 하면 E_a와 e_a의 근사식은?(단, $l=\overline{AC}$, e_a는 분단위)

㉮ $E_a=e_a\times\frac{2\pi l}{360\times60}$

㉯ $E_a=e_a\times\frac{2\pi\text{Radian}}{360\times60}$

㉰ $E_a=2\pi\text{Radian}\times\frac{0.6745e_a}{360\times60}$

㉱ $E_a=0.6745e_a$

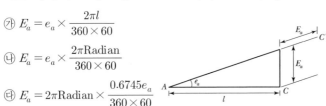

> $e_a=\frac{E_a}{l}$에서 분으로 표시하면
> $e_a=\frac{E_a}{l}\rho'=\frac{E_a}{l}\cdot\frac{180°}{\pi}\times60$
> 양변에 2를 곱하고, E_a로 정리하면
> $\therefore E_a=\frac{2\pi le_a}{360\times60}$

05 현장에 각을 측설하고자 한다. 측각오차가 20″이고, 200m 떨어진 P점까지의 거리가 정확하다고 할 때 P점의 최대 오차는 어느 정도까지 발생할 수 있겠는가?

㉮ 0.5cm ㉯ 1.0cm ㉰ 2.0cm ㉱ 4.0cm

> $\theta''=\frac{\Delta l}{D}\rho''$
> $\therefore\Delta l=\frac{\theta'' D}{\rho''}$
> $=\frac{20''\times200}{206,265''}$=0.02m=2.0cm

06 트랜싯을 A점에 세워서 50m 전방의 B점을 시준할 때 A, B에 대하여 직각 방향에 1cm의 틀림이 있었는데 이것에 의해 생긴 방향의 오차는?(단, $\rho''=206,265''$)

㉮ 10.3″ ㉯ 20.6″ ㉰ 41.3″ ㉱ 82.6″

> $\theta''=\frac{\Delta l}{D}\rho''$
> $=\frac{0.01\times206,265''}{50}$
> $=41.253''$

정답 01 ㉰ 02 ㉮ 03 ㉯ 04 ㉮ 05 ㉰ 06 ㉰

07 기선측량 시 두 점의 경사도에 따른 허용정밀도를 1/7,200로 할 때 허용경사각은 몇 도인가?

    ㉮ 0°57′18″   ㉯ 0°00′29″

    ㉰ 2°05′36″   ㉱ 3°02′54″

$\theta'' = \dfrac{\Delta l}{D}\rho'' \rightarrow$

$\dfrac{\Delta l}{D} = \dfrac{\theta''}{\rho''} = \dfrac{1}{7,200} = \dfrac{\theta''}{206,265''}$

$\therefore \theta = 0°00′29″$

08 거리가 2km로서 오차가 1′이라면 이때 생기는 위치오차란?

    ㉮ 0.6m   ㉯ 1.6m

    ㉰ 2.6m   ㉱ 3.6m

$\theta'' = \dfrac{\Delta l}{D}\rho''$

$\therefore \Delta l = \dfrac{\theta'' D}{\rho''}$

$= \dfrac{60'' \times 2,000}{206,265''}$

$= 0.58m \fallingdotseq 0.6m$

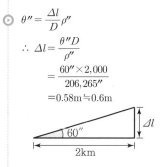

09 거리 1.0km 떨어져 있는 점에서 편심거리가 0.2m였다면 이것과 관계되는 것 가운데 가장 영향이 많은 것은 어떤 방향이며, 그 양은 얼마인가?

    ㉮ 편심 방향에 대하여 0°인 방향에서 80″

    ㉯ 편심 방향에 대하여 130°인 방향에서 72″

    ㉰ 편심 방향에 대하여 45°인 방향에서 60″

    ㉱ 편심 방향에 대하여 직각의 방향에서 41″

$\theta'' = \dfrac{\Delta l}{D}\rho'' = \dfrac{0.2 \times 206,265''}{1,000}$

$= 41.253''$

10 O점에 세운 트랜싯의 구심오차가 5mm인 경우 A, B 두 점을 시준하여 관측할 때 수평각에 미치는 각도는?(단, $OA = OB = 200$m)

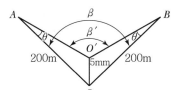

    ㉮ 10.3″

    ㉯ 12.3″

    ㉰ 14.3″

    ㉱ 16.3″

$\triangle AOO' = \triangle BOO'$이므로 각오차 θ는 2배의 θ가 된다.

$\therefore \theta'' = 2\dfrac{\Delta l}{D}\rho''$

$= 2 \times \dfrac{0.005 \times 206,265''}{200}$

$= 10.3''$

11 $\overline{OA}$ 선을 기준으로 O점에서 67°15′ 각도로 100m 거리에 있는 B점을 측설하였다. 이것을 배각법으로 검사하니 67°14′이었다면 B점에서의 위치오차는?

    ㉮ 29.10mm   ㉯ 14.50mm

    ㉰ 19.40mm   ㉱ 21.80mm

$\theta'' = \dfrac{\Delta l}{D}\rho''$

$\therefore \Delta l = \dfrac{\theta'' D}{\rho''}$

$= \dfrac{60'' \times 100}{206,265''} = 0.029m$

$= 2.909cm$

$\fallingdotseq 29.10mm$

12 망원경의 배율(확대율)은 무엇으로 표시되는가?

㉮ 대물렌즈의 초점거리와 십자선의 초점거리의 비
㉯ 대물렌즈의 초점거리와 접안렌즈의 초점거리의 비
㉰ 대물렌즈의 초점거리와 접안렌즈의 초점거리의 차
㉱ 접안렌즈의 초점거리와 대물렌즈의 초점거리의 차

> 배율 $= \dfrac{\text{대물렌즈}}{\text{접안렌즈}}$

13 트랜싯의 망원경렌즈에 구면성질이 다른 조합렌즈를 쓰는 것은 주로 어떤 이유인가?

㉮ 렌즈 밝기를 증가하기 위하여
㉯ 광선의 굴절을 좋게 하기 위하여
㉰ 구면수차를 제거하기 위하여
㉱ 색수차를 제거하기 위하여

> 볼록렌즈와 오목렌즈를 조합하면 색수차가 제거된다.

14 다음 중 트랜싯의 구조를 바르게 나타낸 것은?(단, V : 수직축, H : 수평축, Z : 시준선축, L : 수준기축)

㉮ $H \perp V,\ L \perp V,\ Z \perp H$
㉯ $H \perp L,\ Z \perp V,\ H \perp V$
㉰ $H /\!/ L,\ Z \perp V,\ H \perp V$
㉱ $L /\!/ V,\ Z \perp H,\ H \perp V$

> 트랜싯의 구조는 수준기축⊥수직축⊥수평축⊥시준선축이 직교가 되어야 한다.

15 수평각을 측정하는 다음 방법 중 가장 정도가 높은 방법은?

㉮ 단측법
㉯ 배각법
㉰ 방향관측법
㉱ 각관측법

> 수평각관측방법
> ㉮ 단측법 : 1개의 각을 1회 관측하는 방법으로 수평각측정법 가운데 가장 간단한 관측방법
> ㉯ 배각법 : 1개의 각을 2회 이상 관측하여 관측횟수로 나누어서 구하는 방법
> ㉰ 방향관측법 : 어떤 시준 방향을 기준으로 하여 각 시준 방향에 이르는 각을 관측하는 방법
> ㉱ 각관측법 : 가장 정확한 값을 얻을 수 있는 방법(1등 삼각측량에 이용)

16 시준오차 $\pm 5''$, 눈금읽기오차를 $\pm 10''$로 한 경우 측정횟수가 4일 때 방향각법의 관측오차는 어느 것인가?

㉮ $\pm 5''$ ㉯ $\pm 7.9''$ ㉰ $\pm 10.0''$ ㉱ $\pm 15.0''$

> $M = \pm \sqrt{\dfrac{2}{n}(\alpha^2 + \beta^2)}$
> $= \pm \sqrt{\dfrac{2}{4}(5^2 + 10^2)}$
> $= \pm 7.9''$

17 시준오차 ±5″, 눈금읽기오차를 ±10″로 한 경우 측정횟수가 4일 때 배각법관측의 오차는 어느 것인가?

㉮ 1.0″　　　㉯ 3.0″　　　㉰ 5.0″　　　㉱ 7.0″

$M = \pm\sqrt{\dfrac{2}{n}\left(\alpha^2 + \dfrac{\beta^2}{n}\right)}$

$= \pm\sqrt{\dfrac{2}{4}\left(5^2 + \dfrac{10^2}{4}\right)}$

$= \pm 5.0''$

18 각을 측정할 때 반복법을 많이 사용하는 데 가장 큰 이점은 다음 중 어느 것인가?

㉮ 오차 발견이 쉽다.　　　㉯ 시간이 절약된다.

㉰ 관측각의 정도가 좋다.　㉱ 각 읽기가 쉽다.

배각법의 특징
- 방향각법과 비교하여 읽음오차 β의 영향을 적게 받는다.
- 눈금의 부정에 의한 오차를 최소로 하기 위하여 n회의 반복결과가 360°에 가깝게 해야 한다.
- 관측각의 정도가 단측법에 비해 좋다.
- 많은 방향이 있는 경우 부적합하다.

19 배각관측법의 특징을 설명한 것 중 옳지 않은 것은?

㉮ 배각법은 방향각법과 비교하여 읽기오차의 영향을 적게 받는다.

㉯ 눈금 부정에 의한 오차를 최소화하기 위하여 n회의 반복 결과가 360°에 가깝게 해야 한다.

㉰ 눈금을 직접 관측할 수 없는 미량의 값을 계적하여 반복횟수로 나누므로 세밀한 값을 읽을 수 있다.

㉱ 삼각측량과 같이 많은 방향이 있는 경우 여러 개의 각을 관측하므로 능률적이다.

배각법은 삼각측량과 같이 측각수가 많은 경우에는 부적합하다.

20 30초의 읽기 트랜싯으로 6배각의 배각법에 의한 관측을 한 경우의 관측오차는?(단, 시준오차는 무시한다.)

㉮ ±9″　　　㉯ ±5″

㉰ ±10″　　㉱ ±7″

$M = \pm\sqrt{\dfrac{2}{n}\left(\alpha^2 + \dfrac{\beta^2}{n}\right)}$ 에서 시준오차를 무시하면,

$\therefore\ M = \pm\sqrt{\dfrac{2\beta^2}{n^2}} = \pm\dfrac{\sqrt{2\beta^2}}{n}$

$= \dfrac{\sqrt{2\times30^2}}{6} = \pm 7.07''$

21 각관측오차에 관한 설명 중 옳지 않은 것은?(단, α : 시준오차, β : 읽음오차, n : 관측횟수)

㉮ 배각법에 있어서 1각에 생기는 관측오차는 $\pm\sqrt{\dfrac{2}{n}\left(\alpha^2 + \dfrac{\beta^2}{n}\right)}$ 이다.

㉯ 방향각이 5″ 틀렸을 때 4km 앞에서의 위치오차는 0.097m이다.

㉰ 방향각법에서 한 방향에 생기는 오차는 $\pm\sqrt{2(\alpha^2+\beta^2)}$ 이다.

㉱ 방향각법에서 n회 관측한 평균값에 있어서의 오차는 $\pm\sqrt{\dfrac{2}{n}(\alpha^2+\beta^2)}$ 이다.

방향각법에서 한 방향의 오차
$m = \pm\sqrt{\alpha^2+\beta^2}$

정답　17 ㉰　18 ㉰　19 ㉱　20 ㉱　21 ㉰

22 그림과 같은 시준 방향이 6개인 경우 각 관측법으로 관측한 관측각의 총 수는?

㉮ 5개
㉯ 10개
㉰ 15개
㉱ 20개

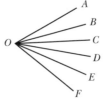

○ 조합각관측방법의 측각수
$$= \frac{1}{2}S(S-1)$$
$$= \frac{1}{2} \times 6 \times (6-1)$$
$$= 15개$$

23 그림과 같이 관측하는 측각방법은?

㉮ 배각관측법
㉯ 각관측법(조합각관측법)
㉰ 방향관측법
㉱ 반복관측법

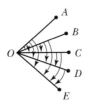

○ 여러 개의 방향선의 각을 차례로 방향각법으로 관측하여 얻어진 여러 개의 각을 최소제곱법에 의하여 최확값을 구한다.

24 야간관측은 기상적인 오차와는 무관하다. 트랜싯으로 수평각을 측정할 때 다음 중 시준축의 오차를 소거하는 데 가장 좋은 방법은?

㉮ 시계 방향과 반시계방향으로 측정하고 그 평균을 취하면 된다.
㉯ 2배각법에 의하여 측정하면 된다.
㉰ 망원경의 정·반 위치에서 측정하고 그 평균을 취하면 된다.
㉱ 분도원의 위치를 변화시켜 관측횟수를 많이 한 후 평균하면 좋다.

○ 연직축, 분도원의 편심오차 이외의 오차는 망원경을 정·반의 두 위치에 놓고 관측하여 평균하면 오차가 소거된다.

25 트랜싯의 망원경을 사용하여 정위 및 반위로 하여 수평각을 관측했을 때 그 산술평균값을 얻음으로써 소거되는 오차는?

㉮ 수평축 오차, 연직축 오차, 시준축 오차
㉯ 수평축 오차, 망원경 편심오차, 시준축 오차
㉰ 연직축 오차, 망원경 편심오차, 시준축 오차
㉱ 연직축 오차, 망원경 편심오차, 수평축 오차

○ 트랜싯의 망원경을 정위 및 반위로 관측하여 평균값을 취하면 수평축 오차, 망원경 편심오차, 시준축 오차의 소거가 가능하다.

26 망원경을 사용하여 정·반위로 각을 관측하여도 소거되지 않는 오차는?

㉮ 연직축 오차
㉯ 시준축 편심오차
㉰ 수평축 오차
㉱ 시준축 오차

○ 연직축이 연직하지 않기 때문에 생기는 연직축 오차는 망원경을 정·반위로 관측하여도 소거가 불가능하다.

27 동등한 정도로 측각하였을 경우 중량평균이라 함은?

㉮ 관측시의 습도와 관계가 있다.

㉯ 관측시의 기압과 관계가 있다.

㉰ 관측시의 온도와 관계가 있다.

㉱ 관측횟수와 관계가 있다.

> 동등한 정확도로 측량하였더라도 관측횟수에 따라 경중률(중량)에 차이가 있다.

28 같은 사람이 20″ 읽기 또는 40″ 읽기 트랜싯을 사용하여 측각하였다. 이 관측치에 대한 중량비는?

㉮ $P_1 : P_2 = 2 : 1$

㉯ $P_1 : P_2 = 4 : 1$

㉰ $P_1 : P_2 = 6 : 1$

㉱ $P_1 : P_2 = 9 : 1$

> $$W_1 : W_2 = \frac{1}{E_1^{\,2}} : \frac{1}{E_2^{\,2}}$$
> $$= \frac{1}{20^2} : \frac{1}{40^2} = 4 : 1$$

29 서로 다른 세 사람이 동일 조건하에서 한 각을 한 사람이 1회 측정하니 47°37′21″, 다음 사람이 4회 측정하여 평균하니 47°37′20″이고 끝 사람이 5회 측정하여 47°37′18″의 평균값을 얻었다. 이 값의 최확값은?

㉮ 47°37′21.1″

㉯ 47°37′20.1″

㉰ 47°37′19.1″

㉱ 47°37′18.1″

> $$W_1 : W_2 : W_3 = 1 : 4 : 5$$
> ∴ 최확값(α_o)
> $$= \frac{W_1\alpha_1 + W_2\alpha_2 + W_3\alpha_3}{W_1 + W_2 + W_3}$$
> $$= (47°37′) +$$
> $$\frac{(1 \times 21″) + (4 \times 20″) + (5 \times 18″)}{1 + 4 + 5}$$
> $$= 47°37′19.1″$$

30 어떤 내각을 갑, 을, 병 3명의 관측자에 의하여 결정하고자 한다. 3사람의 결과가 다음과 같다고 하면 최확값은 얼마인가?

갑 : (68°26′32″)±3.2″,   을 : (68°26′27″)±2.9″
병 : (68°26′25″)±3.6″

㉮ 68°26′29.0″

㉯ 68°26′27.3″

㉰ 68°26′27.2″

㉱ 68°26′28.1″

> $$W_1 : W_2 : W_3 = \frac{1}{m_1^{\,2}} : \frac{1}{m_2^{\,2}} : \frac{1}{m_3^{\,2}}$$
> $$= \frac{1}{3.2^2} : \frac{1}{2.9^2} : \frac{1}{3.6^2}$$
> $$= 1 : 1.2 : 0.8$$
> ∴ 최확값(α_o)
> $$= \frac{W_1\alpha_1 + W_2\alpha_2 + W_3\alpha_3}{W_1 + W_2 + W_3}$$
> $$= (68°26′) +$$
> $$\frac{(1 \times 32″) + (1.2 \times 27″) + (0.8 \times 25″)}{1 + 1.2 + 0.8}$$
> $$= 68°26′28.1″$$

31 다음 그림에서 ∠AOB 및 ∠AOC의 보정된 각은 각각 얼마인가?

㉮ ∠AOB = 32°16′15″
　∠AOC = 78°35′40″

㉯ ∠AOB = 32°16′15″
　∠AOC = 78°35′45″

㉰ ∠AOB = 32°16′10″
　∠AOC = 78°35′45″

㉱ ∠AOB = 32°16′10″
　∠AOC = 78°35′40″

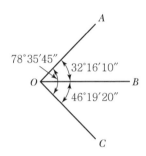

조건부 최확값 산정에서

$$(\alpha+\beta)-\gamma = (32°16′10″+46°19′20″)$$
$$-78°35′45″$$
$$= -15″$$

조정량 $= \dfrac{15″}{3} = 5″$

∴ ∠AOB 에는 조정량만큼 더해주고, ∠AOC 에는 빼준다.

32 다음 그림과 같이 동일한 조건하에서 ∠A, ∠B, ∠C와 전체각을 관측하였을 때 각각의 관측각의 오차를 조정하려면 어떠한 것이 타당한가?

㉮ ∠A−5″, ∠B−5″, ∠C−5″

㉯ ∠A+7″, ∠B+7″, ∠C+6″

㉰ ∠A+6″, ∠B+7″, ∠C+7″

㉱ ∠A+5″, ∠B+5″, ∠C+5″

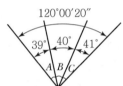

$$(A+B+C)-\theta = (39°+40°+41°)$$
$$-(120°00′20″) = -20″$$

동일 조건하에서 관측하였으므로 각의 대소에 관계없이 등배한다.

조정량 $= \dfrac{20″}{4} = 5″$

∴ ∠A, ∠B, ∠C에 5″씩 (+) 비례배분한다.

33 다음과 같은 각을 관측할 때 ∠AOC의 최확치는?

관측각	관측횟수
$\alpha = 25°25′40″$	2
$\beta = 30°16′46″$	3
$\gamma = 55°42′38″$	5

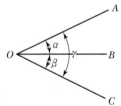

㉮ 55° 42′ 32″

㉯ 55° 42′ 44″

㉰ 55° 42′ 40.32″

㉱ 55° 42′ 35.68″

$\alpha+\beta=\gamma$ 의 조건에서

$(\alpha+\beta)-\gamma = -12″$ 이므로

α와 β에는 조정량만큼 (+)해주고 γ에는 (−)해 준다.

$$W_1 : W_2 : W_3 = \frac{1}{N_1} : \frac{1}{N_2} : \frac{1}{N_3}$$
$$= \frac{1}{2} : \frac{1}{3} : \frac{1}{5}$$
$$= 15 : 10 : 6$$

조정량 계산

• 조정량 $= \dfrac{\text{오차}}{\text{경중률합}} \times$ 조정할 각의 경중률

• α조정량 $= \dfrac{12}{15+10+6} \times 15$
　$= 5.81″$

• β조정량 $= \dfrac{12}{15+10+6} \times 10$
　$= 3.87″$

• γ조정량 $= \dfrac{12}{15+10+6} \times 6$
　$= 2.32″$

∴ ∠AOC의 최확값(γ)
　$= 55°42′38″ - 2.32″ = 55°42′35.68″$

34 측량용 컴퍼스로써 기지점 A부터 1점 B에 대한 각을 관측하여 S42°30′E를 얻었다. A점의 자침편각은 서편 6°30′이다. 또 평면 직각좌표로 표시된 성과로 A점의 진북방향각은 $+0°12′$이다. $\overline{AB}$ 방향각은?

㉮ 130°48′

㉯ 131°00′

㉰ 131°12′

㉱ 144°00′

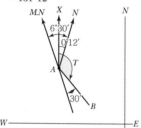

$T = \alpha_m$ (자북방위각) − 서편차

$+$진북방향각

$= 137°30′ - 6°30′ + 0°12′$

$= 131°12′$

35 다음 각도의 측정단위에 관한 사항 중 옳은 것은?

㉮ 원주를 360등분할 때 호에 대한 중심각을 1라디안이라 한다.

㉯ 원의 반경과 같은 길이의 호에 대한 중심각을 1그레이드(g)라 한다.

㉰ 90°는 100그레이드(g)이고 $\rho°$는 180°/π이다.

㉱ 원주를 400등분할 때 그 한 호에 대한 중심각을 1°라 한다.

- 호도법 : 원의 반경과 같은 호에 대한 중심각을 1라디안으로 표시
- 60진법 : 원주를 360등분할 때 그 한 호에 대한 중심각을 1도라 하며, 도, 분, 초로 표시
- 100진법 : 원주를 400등분할 때 그 한 호에 대한 중심각을 1그레이드(Grade)로 정하여 그레이드, 센티그레이드, 센티센티그레이드로 표시

36 삼각수준측량을 하기 위해 데오드라이트에 의하여 천정각 거리 105°16′25″를 얻었다. 이 각을 고저각으로 바꾸면 얼마인가?

㉮ 상향각 15°16′25″

㉯ 하향각 15°16′25″

㉰ 상향각 74°43′35″

㉱ 하향각 74°43′35″

천정

천정각 105° 16′ 25″

기준

부각(하향각) 15° 16′ 25″

P

37 지표면상 어느 한 지점에서 진북과 도북 간의 차이를 무엇이라 하는가?

㉮ 자오선 수차

㉯ 구면 수차

㉰ 자침 편차

㉱ 연직선 편차

자오선 수차(Meridian Convergence)

어떤 지점 A가 속하는 평면직교좌표계의 원점 0을 지나는 자오선과는 북극 N에서 만나게 되므로 자오선의 접선인 진북선은 서로 평행하지 않다. 이 수속각 r을 자오선수차라 하며, A점의 경도를 L, 0점의 경도를 L_0, A점의 위도를 B라 하면 다음 식과 같이 된다. $r = (L - L_0)\sin B$. 따라서 r는 진북방향각과 절대치는 같고 부호는 반대로 된다.

38 측량성과표에 측점 A의 진북방향각은 $0°06'17''$이고, 측점 A에서 측점 B에 대한 평균방향각은 $263°38'26''$로 되어 있을 때에 측점 A에서 측점 B에 대한 역방위각은?

㉮ $83°32'09''$ ㉯ $263°32'09''$

㉰ $83°44'43''$ ㉱ $263°44'43''$

$\overline{AB}$ 방위각(α_1)
$=263°38'26'' - 0°06'17''$
$=263°32'09''$

$\therefore \overline{BA}$ 방위각(α_2)
$=\overline{AB}$ 방위각$-180°$
$=83°32'09''$

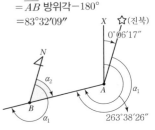

39 삼각형의 내각을 다른 경중률 P로서 관측하여 다음 결과를 얻었다. 각 A의 관측값은?

관측값	경중률
$\angle A = 40°31'25''$	$P_A : P_B : P_C = 0.5 : 1 : 0.2$
$\angle B = 72°15'36''$	
$\angle C = 67°13'23''$	

㉮ $40°31'17''$ ㉯ $40°31'18''$

㉰ $48°31'22''$ ㉱ $40°31'25''$

오차
$=(\angle A+\angle B+\angle C)-180°=24''$

조정량
$=\dfrac{오차}{경중률의 합}\times 조정할\ 각의\ 경중률$
$=\dfrac{24''}{(0.5+1+0.2)}\times 0.5$
$=7''$

$\therefore$ 최확값
$=40°31'25''-7''=40°31'18''$

40 각 측량기에서 기계점검이나 테스트 시 직교의 조건을 확인하여야 하는 3개의 축에 속하지 않는 것은?

㉮ 편심축   ㉯ 시준축

㉰ 수평축   ㉱ 연직축

트랜싯의 조정조건
• 기포관축과 연직축은 직교
• 시준선과 수평축은 직교
• 수평축과 연직축은 직교

41 측점 A에 토털스테이션을 세우고 250m 되는 거리에 있는 B점에 세운 프리즘을 시준하였다. 이때 프리즘이 말뚝중심에서 좌로 1.5cm가 떨어져 있었다면 이로 인한 각도의 오차는?

㉮ $10.38''$ ㉯ $12.38''$

㉰ $13.38''$ ㉱ $14.38''$

$\theta''=\dfrac{\Delta h}{D}\cdot\rho''$
$=\dfrac{0.015}{250}\times 206,265''$
$=0°00'12.38''$

정답 38 ㉮ 39 ㉯ 40 ㉮ 41 ㉯

42 각과 거리 관측에 대한 설명으로 옳은 것은?

㉮ 기선측량의 정밀도가 1/100,000이라는 것은 관측거리 1km에 대한 1cm의 오차를 의미한다.

㉯ 천정각은 수평각 관측을 의미하며, 고저각은 높낮이에 대한 관측각이다.

㉰ 각관측에서 배각관측이란 정위관측과 반위관측을 의미한다.

㉱ 각관측에서 관측방향이 15″ 틀어진 경우 2km 앞에 발생하는 위치오차는 1.5m이다.

> $1 : 100,000 = x : 1,000$
>
> $x = 0.01 \text{m} = 1 \text{cm}$
>
> $\therefore \dfrac{1}{100,000}$ 의 정밀도인 경우 1km 에 대한 1cm의 오차를 의미한다.

43 수평각 관측을 하여 다음과 같은 결과를 얻었다. 1회 관측의 경중률이 같다고 할 때 최확값의 평균제곱근 오차(표준오차)는?

34°56′22″,	34°56′18″,	34°56′19″
34°56′16″,	34°56′20″	

㉮ ±1.0″

㉯ ±1.8″

㉰ ±2.2″

㉱ ±2.6″

> • 최확각(α_0)
>
> $= 34°56′ + \left(\dfrac{22″ + 18″ + 19″ + 16″ + 20″}{5} \right)$
>
> $= 34°56′19″$
>
> | 관측각 | 최확각 | v | vv |
> |---|---|---|---|
> | 22 | | 3 | 9 |
> | 18 | | -1 | 1 |
> | 19 | 19 | 0 | 0 |
> | 16 | | -3 | 9 |
> | 20 | | 1 | 1 |
> | 계 | | | 20 |
>
> • 평균제곱근오차(M)
>
> $= \pm \sqrt{\dfrac{[vv]}{n(n-1)}}$
>
> $= \pm \sqrt{\dfrac{20}{5(5-1)}}$
>
> $= \pm 1.0″$

CHAPTER 04 삼각 및 삼변측량

···01 개요

삼각측량은 다각측량, 지형측량, 지적측량 등 기타 각종 측량에서 골격이 되는 기준점 위치를 sine 법칙으로 정밀하게 결정하기 위해 실시하는 측량법으로 최고의 정확도를 얻을 수 있다.

···02 삼각측량의 분류

(1) 측지삼각측량

삼각점의 위도, 경도 및 높이를 구하여 지구상의 위치를 결정하는 동시에 나아가서는 지구의 크기 및 형상까지도 결정하려는 것으로서, 대규모 지역의 측량에서는 지구의 곡률 및 기차 영향을 고려하여 정확한 결과를 구하려는 삼각측량이다.

(2) 평면삼각측량

지구의 표면을 평면으로 간주하고 실시하는 측량이며, 100만분의 1의 허용오차로 측량할 경우에는 반경 11km 이내의 범위를 평면으로 간주하는 삼각측량이다.

···03 삼각측량의 원리 및 특징

(1) 삼각측량의 원리

① **수평위치** : 한 지점의 수평위치를 결정하려면 방향과 거리를 알면 된다. 그러므로 각 측선의 수평각과 삼각측량의 기준이 되는 기선을 관측하여 sine법칙에 의해 수평위치를 결정한다.

② **수직위치** : 삼각점의 높이는 직접수준측량 또는 간접수준측량으로 구할 수 있으며, 국가수준점을 기준으로 한다.

$$\frac{a}{\sin A'} = \frac{b}{\sin B} = \frac{c}{\sin C}$$

$$b = \frac{\sin B}{\sin A'} \cdot a, \ c = \frac{\sin C}{\sin A'} \cdot a$$

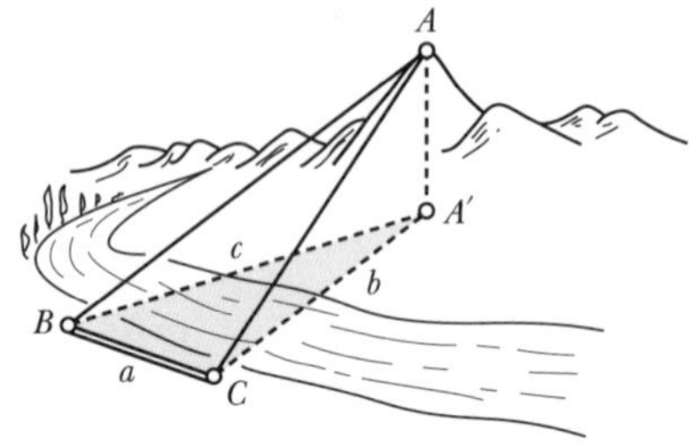

[그림 4-1] 삼각측량의 원리

(2) 특징

① 넓은 지역에 똑같은 정확도의 기준점을 배치하는 것이 편리하다.

② 넓은 면적의 측량에 적합하다.

③ 조건식이 많아 계산 및 조정방법이 복잡하다.

④ 각 단계에서 정확도를 점검할 수 있다.

⑤ 높은 정확도를 기대할 수 있다.

∙∙∙ 04 삼각측량의 일반

(1) 삼각점

① 삼각점은 서로 시통이 잘 되어야 하고, 또 후속 측량에 이용되므로 일반적으로 전망이 좋은 곳에 설치하여야 한다.

② 삼각점은 각관측 정확도에 의해 1등 삼각점, 2등 삼각점, 3등 삼각점, 4등 삼각점 등 4등급으로 나누어진다.

구 분		대삼각		소삼각	
		본점(1등)	보점(2등)	3등	4등
평균변의 길이 협각 최소읽음값 관측법		30km 약 60° 0.1″ 각관측	10km 30~120° 0.1″ ″	5km 25~130° 1″ ″	2.5km 15° 이상 1″ ″
수평각의 제 한	대회수 배각차 관측차 삼각형의 폐합차	12 1.5″ 1.0″	12 2.0″ 5.0″	3 15″ 8″ 15.0″	2 20″ 10″ 20.0″
조정법		조건식에 의한 망조정	좌표조정 (3차까지)	좌표조정(6차까지)	간략좌표 조정(5차)
변길이의 계산단위		대수 8자리	대수 7자리	대수 6자리	대수 6자리
각의 계산단위		0.001″	0.01″	0.1″	1.0″
수평각의 평균제곱오차		1방향±0.5″	1방향±1.0″	1방향±2.0″	수평위치±5cm

(2) 삼각망

삼각망은 지역 전체를 고른 밀도로 덮는 삼각형이며 광범위한 지역의 측량에 사용된다.

① 삼각망을 구성하는 삼각형은 가능한 한 정삼각형에 가까운 것이 바람직하나 지형 및 기타 등으로 이 조건을 만족하기 어려우므로 1각의 크기를 25°~130°의 범위로 취하는 것이 일 반적 기준이다(각이 지니는 오차가 변에 미치는 영향을 작게 하기 위함).

② 각관측의 정밀도는 각 자체의 대소에는 관계가 없으나 변의 길이 계산에서는 sine법칙을 사 용하므로 sin5°로부터 90°까지의 변화를 대수표에서 조사해 보면 각도 1″의 변화에 대하여 대수 6자리에서의 변화는 다음과 같다(즉, sin10°와 sin80°를 비교하면 약 30배의 영향을 미침).

sin	5°	10°	15°	20°	25°	30°	40°	50°	60°	70°	80°	90°
1″의 표차	24	12	7.9	5.8	4.5	3.6	2.6	1.8	1.2	0.7	0.4	0

③ 변 길이 계산에 기초가 되는 기선은 하나의 삼각망에서 하나만 있으면 되나 넓은 지역인 경 우 그 삼각망의 최후변에 있어서 각관측 오차로부터 생기는 변 길이 오차가 누적되어 실제 길이와 큰 차이가 발생한다. 이것을 조정하기 위하여 적당한 위치에 또 하나의 기선을 설치 한다. 이것을 검기선이라 한다.

④ 기선은 삼각망에서 한 변을 취할 수 있으면 좋으나, 일반적으로 지형 및 기타의 상황에 의하 여 삼각망의 한 변을 취하는 것은 곤란하므로 적당한 길이의 기선을 별개로 설치해 이것을 그 삼각망에 연결한다. 실측한 기선길이를 차례로 확대하여 바라는 길이로 하기 위하여 소 삼각형의 조합을 기준으로 한 기선삼각망을 설치한다.

⑤ 기선의 1회 확대는 기선길이의 3~4배로 하고, 또 확대의 횟수도 2회 정도까지로 한정하고 최종 확대 변은 기선길이의 10배 이내로 하는 것이 바람직하다.

(3) 삼각망의 종류

1) 단열삼각망

① 폭이 좁고 거리가 먼 지역에 적합하다.

② 노선, 하천, 터널측량 등에 이용한다.

③ 거리에 비해 관측수가 적으므로 측량이 신속하고 경비가 적게 드나 조건식이 적어 정도가 낮다.

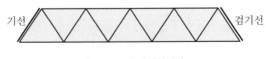

[그림 4-2] 단열삼각망

2) 유심삼각망

① 동일 측점수에 비하여 표면적이 넓다.

② 농지측량 등 방대한 지역의 측량에 적합하다.

③ 정도는 단열삼각망보다 높으나 사변형삼각망보다는 낮다.

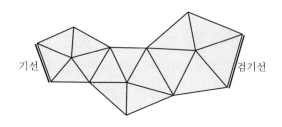

[그림 4-3] 유심삼각망

3) 사변형삼각망

① 기선삼각망에 이용한다.

② 조건식의 수가 가장 많아 정밀도가 높다.

③ 조정이 복잡하고 포함 면적이 적으며 시간과 비용이 많이 든다.

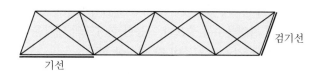

[그림 4-4] 사변형삼각망

···05 삼각측량의 작업순서

(1) 삼각측량의 일반적 순서

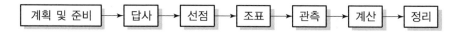

계획 및 준비 → 답사 → 선점 → 조표 → 관측 → 계산 → 정리

(2) 선점

1) 기선삼각망의 선점

① 기선확대횟수

소삼각측량에서는 1회로 하나 대삼각측량에서는 여러 번 확대하는 수가 있는데 1회 확대는 기선길이의 3배 이내, 2회는 8배 이내이고 10배 이상이 되지 않도록 하여 확대횟수도 3회 이내로 한다.

② 검기선

기선은 삼각망의 한 끝에서만 설치하면 나머지 변의 길이는 계산으로 구할 수 있다. 오차를 검사하기 위하여 삼각망의 다른 끝이나 삼각형의 수의 15~20개마다 기선을 설치하는 것을 검기선이라 하며 우리나라 지도를 측량할 때 1등 삼각망의 검기선을 200km마다 설치하였다.

③ 기선 설치의 위치

평탄한 곳이 좋으나 그렇지 않을 때에는 경사가 $\frac{1}{25}$ 이하라야 하고, 기선을 확대할 때에는 기선과 확대변이 직각이 되게 하며, 이 곳에 사변형을 사용하게 될 때에는 내각의 최소가 20° 이하가 되지 않도록 한다.

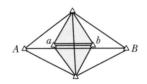

[그림 4-5] 기선의 확대

2) 삼각점 선점

① 가능한 한 측점수가 적고 세부측량에 이용가치가 커야 한다.
② 삼각형은 정삼각형에 가까울수록 좋으나 가능한 한 1개의 내각은 30~120° 이내로 한다.
③ 삼각점의 위치는 다른 삼각점과 시준이 잘 되어야 한다.
④ 견고한 땅이어야 하고 위치의 이동이 없고 침하하지 않는 곳이 좋다.
⑤ 많은 나무의 벌채를 요하거나 높은 측표를 요하는 지점은 가능한 한 피한다.
⑥ 삼각점은 측량구역 내에서 한쪽에 편중되지 않도록 고른 밀도로 배치한다.
⑦ 미지점은 최소 3개, 최대 5개의 기지점에서 정·반 양방향으로 시통이 되도록 한다.

(3) 조표 및 측표

① 조표란 삼각점의 위치를 땅 위에 나타내기 위하여 표지를 묻고, 다른 삼각점으로부터의 시준목표가 되는 시준표를 만드는 작업이다.
② 측표란 시준표가 되는 것으로 삼각점의 표지에는 나무말뚝 또는 표석을 묻는다. 우리나라의 기본측량에서 사용하고 있는 표석은 [그림 4-6]과 같다.
③ 시준표란 장애물로 인하여 측점의 시준이 안 될 때 관측할 수 있게 시준표를 설치하며 [그림 4-7]과 같다.

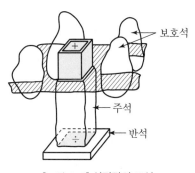

[그림 4-6] 삼각망의 표석

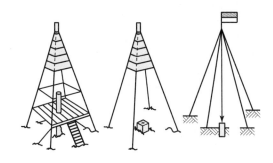

[그림 4-7] 시준표와 측기

(4) 각관측

1) 수평각관측

수평각은 기선과 함께 변장계산의 요소가 되므로 삼각측량의 목적, 정도에 따라 정밀하게 관측하여야 하며, 삼각측량에서는 정밀도가 높은 토털스테이션(TS)이 사용된다. 각관측방법은 정도에 따라 단측법, 배각법, 방향각법, 각관측법 등을 이용한다.

2) 편심(귀심)관측

① 삼각측량에서는 삼각점의 표석, 측표 및 기계의 중심이 연직선상에 일치되어 있는 것이 이상적이나 현지의 상황에 따라 이 조건이 만족되지 않는 조건하에서 측량하는 것을 편심관측이라 한다.

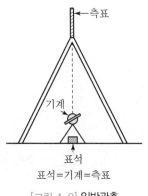

표석=기계=측표

[그림 4-8] 일반관측

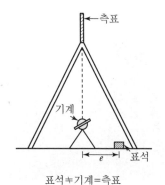

표석≠기계=측표

[그림 4-9] 편심관측(I)

② 편심측량 계산

$$\frac{e}{\sin x_1} = \frac{S_1'}{\sin(360° - \phi)}$$

$$x_1 = \sin^{-1}\frac{e\sin(360° - \phi)}{S_1'}$$

또는, $x_1'' = \frac{e\sin(360° - \phi)}{S_1'}\rho''$

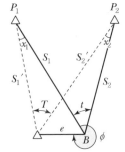

[그림 4-10] 편심관측(Ⅱ)

$$\frac{e}{\sin x_2} = \frac{S_2'}{\sin(360° - \phi + t)}$$

$$x_2 = \sin^{-1}\frac{e\sin(360° - \phi + t)}{S_2'}$$

또는, $x_2'' = \frac{e\sin(360° - \phi + t)}{S_2'}\rho''$

$$\therefore T = t + x_2 - x_1$$

여기서, S_1, S_2 : 시준거리

$e \leq S_1$, S_2이므로 $S_1' = S_1$, $S_2' = S_2$

T, t : 관측각
e : 편심거리
ϕ : 편심각

[그림 4-11] 삼각측량 및 삼변측량

(5) 조정계산

1) 각관측 3조건

삼각측량에서 각 삼각점의 모든 각관측은 다음 세 조건을 만족하여야 한다.
① 삼각망 중 각각 삼각형 내각의 합은 180°가 될 것(각조건)
② 한 측점 주위에 있는 모든 각의 총합은 360°가 될 것(점조건)
③ 삼각망 중에서 임의 한 변의 길이는 계산순서에 관계없이 동일할 것(변조건)

2) 조정에 필요한 조건식 수

① 각조건식 수 $K_1 = l - P + 1$
② 점조건식 수 $K_2 = a + P - 2l$
③ 변조건식 수 $K_3 = l - 2P + B + 2$
④ 조건식 총수 $K_4 = a + B - 2P + 3$, $K_4 = K_1 + K_2 + K_3$

여기서, l : 변의 수
B : 기선의 수
P : 삼각점의 수
a : 관측각의 수

3) 각종 삼각망의 조정 계산

① 사변형삼각망의 조정 계산

사변형삼각망	조정 계산방법
	• 각 조건에 의한 조정(제1조정) 　$\angle① + \angle② + \cdots + \angle⑧ = 360°$ 　$\angle① + \angle② = \angle⑤ + \angle⑥$ 　$\angle③ + \angle④ = \angle⑦ + \angle⑧$ • 변 조건에 의한 조정(제2조정) 　$\dfrac{\sin② \cdot \sin④ \cdot \sin⑥ \cdot \sin⑧}{\sin① \cdot \sin③ \cdot \sin⑤ \cdot \sin⑦} = 1$

② 유심삼각망의 조정 계산

유심삼각망	조정 계산방법
	• 각 조건에 의한 조정(제1조정) 　$\angle\alpha + \angle\beta + \angle\gamma = 180°$ • 점 조건에 의한 조정(제2조정) • 변 조건에 의한 조정(제3조정)

③ 단열삼각망 조정 계산

단열삼각망	조정 계산방법
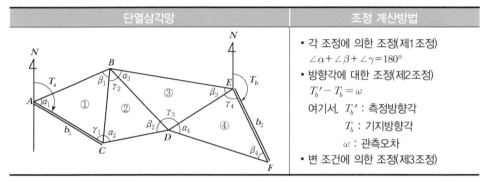	• 각 조정에 의한 조정(제1조정) $\angle\alpha + \angle\beta + \angle\gamma = 180°$ • 방향각에 대한 조정(제2조정) $T_b' - T_b = \omega$ 여기서, T_b' : 측정방향각 T_b : 기지방향각 ω : 관측오차 • 변 조건에 의한 조정(제3조정)

····06 지구의 곡률오차 및 빛의 굴절오차에 의한 오차

(1) 지구의 곡률에 의한 오차(구차)

지구가 회전타원체인 것에서 기인된 오차를 말하며, 이 오차만큼 크게 조정한다.

$$E_c = +\frac{S^2}{2R}$$

(2) 빛의 굴절에 의한 오차(기차)

지구 공간에 대기가 지표면에 가까울수록 밀도가 커지면서 생기는 오차를 말하며, 이 오차만큼 작게 조정한다.

$$E_\gamma = -\frac{KS^2}{2R}$$

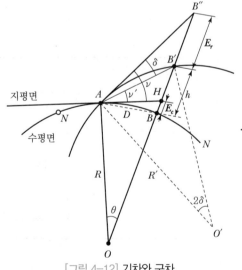

[그림 4-12] 기차와 구차

(3) 양차

구차와 기차의 합을 말한다.

$$\Delta E = E_c + E_\gamma = \frac{S^2}{2R} - \frac{KS^2}{2R} = \frac{(1-K)S^2}{2R}$$

여기서, E_c : 구차
E_γ : 기차
ΔE : 양차
R : 지구반경
S : 수평거리
K : 빛의 굴절계수

•••07 삼변측량의 개요

삼각측량에서 수평각을 관측하는 대신에 세 변의 길이를 측정하여 삼각점의 위치를 구하는 측량으로 최근 토털스테이션(TS), GNSS측량과 같은 관측기기를 이용하여 높은 정밀도의 삼변측량을 수행하고 있다.

•••08 삼변측량의 특징

(1) 변장만을 이용하여 삼각망을 구성한다(변의 길이를 정확히 측정).
(2) 삼각측량에 사용되는 기선의 확대·축소가 불필요하다.
(3) 적당한 각을 관측하여 삼각망의 오차를 점검할 수도 있다.
(4) 조건식 수가 적고, 조정이 오래 걸린다.
(5) 정확도를 높이기 위해서는 많은 복수변장 관측이 필요하다.

•••09 삼변측량의 원리

삼변측량은 cosine 제2법칙, 반각공식, 면적조건을 이용하여 변길이로부터 각을 구하고 이 각과 변길이에 의해 수평위치를 구한다. 관측값에 비하여 조건식이 적은 것이 단점이나 최근 일점에 대하여 복수변 길이를 연속 관측하여 조건수식의 수를 늘리고 기상보정을 하여 정확도를 높이고 있다.

(1) cosine 제2법칙

$$\cos A = \frac{b^2 + c^2 - a^2}{2bc}$$

$$\cos B = \frac{a^2 + c^2 - b^2}{2ac}$$

$$\cos C = \frac{a^2 + b^2 - c^2}{2ab}$$

[그림 4-13] cosine 제2법칙

(2) 반각공식

$$\sin\frac{A}{2} = \sqrt{\frac{(S-b)(S-c)}{bc}} \, , \, \cos\frac{A}{2} = \sqrt{\frac{S(S-a)}{bc}}$$

$$\tan\frac{A}{2} = \sqrt{\frac{(S-b)(S-c)}{S(S-a)}} \quad 단, \; S = \frac{1}{2}(a+b+c)$$

(3) 면적조건

$$\sin A = \frac{2}{bc}\sqrt{S(S-a)(S-b)(S-c)} \quad 단, \; S = \frac{1}{2}(a+b+c)$$

···10 삼변망

(1) 삼변측량에서는 변을 적게 관측하면 조건수식이 성립되지 않으므로 정밀도를 검증하기 위해서는 많은 잉여조건이 필요하게 되며, 이러한 잉여조건을 충족시키기 위해서는 복잡한 기하학적인 도형이 필요하게 된다.

(2) 이론적으로 유심오각형 또는 유심육각형 삼변망이 가장 이상적인 도형이나 실제로 현장에서는 모두 이러한 도형을 구성하기가 불가능하므로 추가 측선을 가진 유심사각형 또는 유심오각형이 실제적으로 가장 바람직한 삼변망이다.

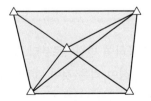 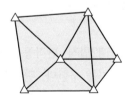

[그림 4-14] 삼변망

[그림 4-15] GNSS에 의한 삼변측량

••• 11 삼변측량의 조정

(1) 삼변망의 조정은 삼각망의 조정과 같이 간이조정법과 엄밀조정법으로 구분할 수 있으며, 간이법은 먼저 측정된 변을 사용하여 각을 계산하고 삼각측량 측정각 조정에 의해 좌표를 산정한다.

(2) 간이법은 정밀을 요하지 않는 저등급의 측량에만 사용하며 정밀한 측량의 경우에는 최소제곱법의 원리를 이용한다.

조건방정식법	도형에 내재된 기하학적 조건을 이용하여 조건방정식을 구성한 후 최소제곱법을 적용하여 최확값을 구하는 방법
관측방정식법	관측값을 이용하여 관측수와 동일한 수의 관측방정식을 구성한 후 최소제곱법을 적용하여 최확값을 구하는 방법

••• 12 기준점 성과표

기준점 성과표란 기준점의 성과를 모아서 기록한 표를 말하며, 측량지역 기준점 성과는 국토지리정보원에서 관리 배포하고 있다. 국토지리정보원 홈페이지 국가기준점 성과 발급 시스템에서 검색하고 유료로 다운받을 수 있다. 또한, 기준점과 수준점을 주소 및 좌표로 검색할 수 있고 기준점 상세정보를 확인한 후 구입할 수 있다.

| 기준점 성과표 주요 내용 |

기준점 상세 정보	기준점 성과표
• 등급 및 점의 종류 • 점의 번호 및 명칭 • 성과표 번호 • 수준점 경선 및 점번호 • 1/50,000 도엽번호 및 명칭 • 점의 소재지 • 토지소유자 주소 및 성명 • 기타	• 구분(삼각점/수준점…) • 점번호 • 도엽명칭(1/50,000) • 경·위도(위도/경도) • 직각좌표(X(N)/Y(E)/원점) • 표고 • 지오이드고 • 타원체고 • 매설년월

CHAPTER 04 실전문제

01 삼각측량과 다각측량에 대한 다음 설명 중 부적당한 것은?

㉮ 삼각측량은 주로 각을 실측하고 삼각점의 거리는 간접적으로 구해서 위치를 정한다.

㉯ 다각측량은 주로 각과 거리를 실측하여 점의 위치를 개별로 구한다.

㉰ 삼각점 상호의 곤란한 지역에서는 다각측량이 일반적으로 행해진다.

㉱ 다각측량으로 구한 위치는 근거리측량이므로 삼각점의 위치보다도 일반적으로 정확도가 좋다.

> 삼각측량은 각종 측량의 골격이 되는 기준점 위치를 sine법칙으로 정밀하게 결정하기 위하여 실시하는 측량법으로 최고의 정확도를 얻을 수 있다.

02 좌표계의 축척계수란 다음 중 어떤 의미인가?

㉮ 타원체면 위에 투영된 삼각점의 변장이다.

㉯ 평면상에 투영된 삼각점의 변장성과이다.

㉰ 타원체면상의 길이와 이에 대응하는 평면상 길이의 비이다.

㉱ 진북방향각과 자북방향각의 차에 대한 대수이다.

> 축척계수 $= \dfrac{s}{S}$
> $= \dfrac{\text{평면길이}}{\text{곡면길이}}$
>
> S (곡면길이)
> s (평면길이)

03 변길이가 40km인 정삼각형 ABC의 내각을 오차 없이 실측했을 때 내각의 합은?(단, R은 6,370km이다.)

㉮ $180° - 0.000031$

㉯ $180° - 0.000017$

㉰ $180° + 0.000009$

㉱ $180° + 0.000017$

> 구과량$(\varepsilon) = \dfrac{A}{R^2} = \dfrac{\frac{1}{2}\overline{BC}\sin A}{R^2}$
> $= \dfrac{\overline{BC}\sin A}{2R^2}$
> $= \dfrac{40 \times 40 \times \sin 60°}{2 \times 6,370^2}$
> $= 0.000017$
> $\therefore 180° + 0.000017$

04 삼각형 A, B, C의 변장이 각각 40km일 때 내각을 오차 없이 실측한 결과는?

㉮ 180°보다 크다.

㉯ 180°보다 클 때도 있고 작을 때도 있다.

㉰ 180°보다 작다.

㉱ 180°와 같다.

> 구면삼각형의 ABC의 내각을 A, B, C라 하면 이 내각의 합은 180°가 넘으며 이 차이를 구과량이라 한다.

05 그림과 같은 삼각측량에서 변장을 계산하기 위하여 log를 취하려 한다. 이때 대수를 이용하여 거리 $\overline{BC}$를 구하는 식 중 맞는 것은?

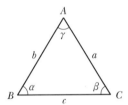

$$\frac{c}{\sin\gamma} = \frac{b}{\sin\beta} = \frac{a}{\sin\alpha} \rightarrow$$

$$\overline{BC}(c) = \frac{\sin\gamma}{\sin\alpha} \cdot a$$

$$\therefore \log\overline{BC} = \log\sin\gamma + \log\overline{AC}(a)$$
$$- \log\sin\alpha$$

㉮ $\log\overline{BC} = \log\sin\gamma + \log\sin\alpha - \log\overline{AB}$

㉯ $\log\overline{BC} = \log\sin\gamma + \log\overline{AC} - \log\sin\alpha$

㉰ $\log\overline{BC} = \log\sin\alpha - \log\sin\overline{AB} + \log\sin\gamma$

㉱ $\log\overline{BC} = \log\sin\alpha + \log\sin\overline{AB} - \log\sin\gamma$

06 다음과 같은 3각망에서 $\overline{CD}$의 거리는?

㉮ 383.022m

㉯ 433.013m

㉰ 500.013m

㉱ 577.350m

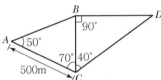

$$\frac{500}{\sin60°} = \frac{\overline{BC}}{\sin50°} = \frac{\overline{CD}}{\sin90°}$$

$$\therefore \overline{CD} = \frac{\sin90°}{\sin60°} \times 500$$
$$= 577.350m$$

07 다음 중 단열삼각망을 이용하는 측량은 어느 것인가?

㉮ 시가지의 측량을 위한 골조측량

㉯ 광활한 지역의 골조측량

㉰ 하천조사를 위한 골조측량

㉱ 복잡한 지형의 골조측량

단열삼각망은 폭이 좁고 거리가 먼 지역에 적합하다. 또한, 선형지역(하천, 노선) 측량의 골조측량에 주로 활용된다.

08 삼각측량에서 시간과 경비가 많이 소요되나 가장 정밀한 측량성과를 얻을 수 있는 삼각망은?

㉮ 단열삼각망　　　　㉯ 유심망

㉰ 사변형망　　　　㉱ 단삼각형

사변형망은 가장 정밀한 삼각측량을 할 수 있는 망이나, 경비와 시간이 많이 소요되므로 잘 사용하지 않는다.

09 유심다각망을 설명한 것 중 거리가 먼 것은?

㉮ 방대한 지역의 측량에 적합하다.

㉯ 동일 측점수에 비하여 포함면적이 가장 넓다.

㉰ 거리에 비하여 관측수가 적으므로 측량이 신속하고 측량비가 적으며, 조건식이 적어 정도가 낮다.

㉱ 육각형, 중심형 등이 있다.

◉ ㉰ : 단열삼각망

10 다음 중 삼각측량의 선점시 주의사항으로 옳지 않은 것은?

㉮ 측점수가 많아서 세부측량에 이용가치가 커야 한다.

㉯ 되도록 정삼각형에 가까운 것이 좋다.

㉰ 삼각점 상호 간의 시준이 잘 되고, 시준선이 불규칙한 광선의 영향을 받지 않아야 한다.

㉱ 정삼각형에 가깝게 하기 위해 나무를 많이 베거나 하지 않아야 한다.

◉ 가능한 한 측점수가 적고, 세부측량에 이용가치가 커야 한다.

11 삼각점을 선점할 때 피해야 할 장소로 중요도가 가장 적은 것은?

㉮ 편심관측을 요하는 곳

㉯ 많은 나무의 벌목을 요하는 곳

㉰ 기계나 측표가 동요하는 습지나 하상

㉱ 높은 측표를 요하는 곳

◉ 삼각점 선점시 고측표 및 많은 채벌을 할 경우에는 경비가 고가이므로 편심관측을 하는 것이 유리하다.

12 다음과 같이 기지점이 설치되어 있을 때 기지의 측점을 사용해서 Q점의 평면위치를 결정하려고 한다면 다음 중 제일 정도가 좋도록 사용하여야 할 기지점은 어느 것인가?

㉮ bcd

㉯ bcg

㉰ acd

㉱ bde

◉ 미지점을 결정하는 데는 기지점이 정삼각형에 가까울수록 정확도가 좋다.

a •   • c

               • d

b •   • Q

e •   • g

13 그림과 같은 삼각점의 선점도에 신점을 ○, 기지점을 ◎라 하면 신점의 위치는 3~4개의 주어진 점에서 평균계산을 행하는데 그림과 같이 평균계산방향이 화살표와 같을 때 신점의 평균차수는 1차점, 2차점, 3차점 등으로 구분한다. 그렇다면 3차점은 다음 중 어느 것인가?

㉠ ①점
㉡ ②점
㉢ ③점
㉣ ④점

평균차수란 신점을 기지점에서 직접 결정할 때 1차점, 2차점이 이용되면 2차점, 2차점이 이용되면 3차점이 된다. 그러므로 ① 일차점, ②와 ③ 이차점, ④ 3차점이 된다.

14 기선의 확대횟수는 다음 중 어느 것이 적합한가?

㉠ 1~6회   ㉡ 1~5회
㉢ 1~4회   ㉣ 1~3회

기선의 확대횟수는 소삼각측량에서는 1회로 하나 대삼각측량에서는 여러 번 확대하는 수가 있는데 1회 확대는 기선길이의 3배, 2회는 8배 이내이고, 10배 이상이 되지 않도록 하며, 확대횟수도 3회 이내로 한다.

15 삼각점 A에 기계를 설치하여 삼각점 B가 시준되지 않기 때문에 점 P를 관측하여 $T' = 68°32'15''$를 얻었을 때 보정각 T는?(단, $S = 1.3 \text{km}$, $e = 5 \text{m}$, $\phi = 302°56'$)

㉠ 69°21'09.2''
㉡ 68°48'07''
㉢ 68°21'09.2''
㉣ 69°18'07''

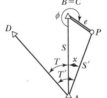

$$x'' = \rho'' \frac{e}{S} \sin(360° - \phi)$$
$$= 206,265'' \times \frac{5}{1,300} \sin 57°04'$$
$$= 665.8'' = 0°11'05.8''$$
$$\therefore T = T' - x''$$
$$= 68°32'15'' - 0°11'05.8''$$
$$= 68°21'9.2''$$

16 다음 그림에서 기지점 A에서 Q점 및 R점 방향에 장애물로 시준이 불가능해서 편심점 B에서 T'를 관측했다. 이 관측각 T'를 A에 있는 관측각 T로 고치기 위하여 편심거리 e 및 편심각 ϕ를 관측하여 다음 결과를 얻었다. 관측각 T는 얼마인가?($T' = 60°00'00''$, $\phi = 120°$, $e = 0.2 \text{m}$, $S_1 \fallingdotseq S_2 = 2,000 \text{m}$)

㉠ 59°59'26''
㉡ 60°00'34''
㉢ 60°00'00''
㉣ 60°00'17''

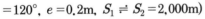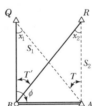

• $x_1'' = \dfrac{e \cdot \sin\phi}{S_1} \times \rho''$
$$= 206,265'' \times \frac{0.2}{2,000} \sin 120°$$
$$\fallingdotseq 17''$$

• $x_2'' = \dfrac{e \cdot \sin(\phi - T')}{S_2} \times \rho''$
$$= 206,265'' \times \frac{0.2}{2,000} \times \sin$$
$$(120° - 60°) \fallingdotseq 17''$$
$$\therefore T = T' + x_1'' - x_2''$$
$$= 60° + 17'' - 17'' = 60°$$

17 그림과 같이 $\angle CAB$를 관측할 때 B점 방향에 시통이 되지 않으므로 A점과 C점을 연결하는 직선상의 A'에 편심시켜서 관측을 행하여 표의 결과를 얻었다. $\angle CAB$는 얼마인가?

㉮ $58°57'01''$
㉯ $59°57'01''$
㉰ $60°57'01''$
㉱ $61°57'01''$

α	$60°00'00''$
e	1m
s'	1,000m

> $x'' = \rho'' \dfrac{e}{s'} \sin 120°$
> $\fallingdotseq 179'' \fallingdotseq 2'59''$
> $\therefore \angle CAB = \angle CA'B - x''$
> $= 60° - 2'59''$
> $= 59°57'01''$

18 평균오차 2km에 대한 삼각측량에 있어서 시준점의 편심에 대한 영향이 $11''$ 이내일 경우 편심거리는?

㉮ 약 0.11m ㉯ 약 0.81m ㉰ 약 0.42m ㉱ 약 0.22m

> $\theta'' = \dfrac{\Delta l}{D} \rho''$
> $\therefore \Delta l = \dfrac{\theta'' D}{\rho''} = \dfrac{11'' \times 2,000}{206,265''}$
> $= 0.107$m

19 측점 A에 Transit을 세우고 250m되는 거리에 있는 B점에 세운 Pole을 시준하였다. 이때 Pole이 말뚝 중심에서 좌로 1.5cm가 떨어져 있었다고 한다. 이에 대한 각도의 오차는 다음 중 어느 것인가?

㉮ $10.38''$ ㉯ $12.38''$ ㉰ $13.38''$ ㉱ $14.38''$

> $\theta'' = \dfrac{\Delta l}{D} \rho''$
> $= \dfrac{0.015 \times 206,265''}{250} = 12.38''$

20 데오드라이트를 사용하여 각을 정, 반 n회 측정하여 각의 평균자승오차 $\pm 2.7''$를 얻었다. 이 트랜싯으로 삼각측량을 실시할 때 삼각형의 폐합오차의 제한 정도는?

㉮ $10''$ ㉯ $15''$ ㉰ $20''$ ㉱ $25''$

> $M = \pm \sqrt{{m_1}^2 + {m_2}^2 + {m_3}^2}$
> $= \pm 2.7'' \sqrt{3} \fallingdotseq 4.8''$
> ※ 삼각형의 폐합차 제한은 적어도 평균제곱근오차의 2배는 되어야 하므로 $\pm 10''$가 적당하다.

21 방위각과 방향각의 차이는 다음 중 어느 것인가?

㉮ 방위각은 우회전하며, 방향각은 이와 반대이다.
㉯ 방위각은 진북을 기준으로 한 것이며, 방향각은 적도를 기준으로 한 것이다.
㉰ 방위각은 진북방향과 측선이 이루는 우회각이며, 방향각은 기준선과 측선과의 사잇각을 말한다.
㉱ 방위각과 방향각은 동일한 것이다.

> 방위각은 진북에서 어느 측선까지 시계 방향으로 관측한 각이며, 방향각은 임의의 기준에서 어느 측선까지 시계방향으로 관측한 값이다.

22 하나의 삼각형의 각 점에서 같은 정도로 측량하여 생긴 폐합오차
는 어떻게 처리하는가?

㉮ 각의 크기에 비례하여 배분한다.

㉯ 각의 크기에 반비례하여 배분한다.

㉰ 대변의 크기에 비례하여 배분한다.

㉱ 각의 크기에 관계없이 등배분한다.

> 각의 조정은 조건이 같은 경우에는
> 각의 대소에 관계없이 등배분하고, 조
> 건이 다른 경우에는 경중률에 의해 배
> 분한다.

23 삼각형의 3내각을 다른 정도 P로서 측정하여 다음 결과를 얻었
다. 각 A의 최확값은?(단, $\angle A = 40°31'25''$, $P_1 = 2$, $\angle B =$
$72°15'36''$, $P_2 = 1$, $\angle C = 67°13'23''$, $P_3 = 5$)

㉮ $40°31'10''$

㉯ $40°31'22''$

㉰ $40°31'19''$

㉱ $40°31'18''$

> 조건부 최확값 산정에서
> $\angle A + B + C = 180°$가 되어야 하므로
> $\angle A + B + C = 180°00'24''$이므로,
> 24″에 대한 조정이 필요하다.
>
> • 경중률
> $$= W_1 : W_2 : W_3 = \frac{1}{P_1} : \frac{1}{P_2} : \frac{1}{P_3}$$
> $$= \frac{1}{2} : \frac{1}{1} : \frac{1}{5} = 0.5 : 1 : 0.2$$
>
> • $\angle A$의 조정량
> $$= \frac{오차}{경중률의 합} \times 조정할\ 각의\ 경률$$
> $$= \frac{24''}{1.7} \times 0.5 = 7.06'' ≒ 7''$$
>
> ∴ $\angle A$의 최확값 $= 40°31'25'' - 7''$
> $= 40°31'18''$

24 어느 삼각형의 $\angle A = 92°21'20''$, $\angle B = 52°30'30''$, $\angle C = 35°$
$8'30''$이다. 각오차 20″의 배분을 어떻게 함이 좋은가?

㉮ $\angle A = 6''$, $\angle B = 7''$, $\angle C = 7''$

㉯ $\angle A = 7''$, $\angle B = 7''$, $\angle C = 6''$

㉰ $\angle A = 7''$, $\angle B = 6''$, $\angle C = 7''$

㉱ $\angle A = 8''$, $\angle B = 7''$, $\angle C = 5''$

> 조건이 같다고 가정할 때 조정량은
> 6.7″씩 등배분해야 하나 정수 보정하
> 므로 큰 각 순으로 조정량을 정수 배분
> 한다.

25 다음은 사변형 조정에서 고려될 수 있는 총 각방정식수와 실제 조
정에 사용되는 독립된 각방정식의 수를 나타낸다. 옳은 것은?(단,
변조정조건은 제외한다.)

㉮ 총각방정식수 5개, 조정에 필요한 각방정식수 2개

㉯ 총각방정식수 5개, 조정에 필요한 각방정식수 3개

㉰ 총각방정식수 7개, 조정에 필요한 각방정식수 3개

㉱ 총각방정식수 7개, 조정에 필요한 각방정식수 5개

> 삼각측량의 총 각조정식은
> $\angle 1 + (2 + 3) + 4 = 180°$
> $\angle 5 + (6 + 7) + 8 = 180°$
> $\angle (1 + 8) + 2 + 7 = 180°$
> $\angle 3 + (4 + 5) + 6 = 180°$
> $\angle 1 + 2 = \angle 5 + 6$
> $\angle 3 + 4 = \angle 7 + 8$
> $\angle 1 + 2 + 3 + 4 + 5 + 6 + 7 + 8 = 360°$
> 총 7개의 조정식이 있으나 실제 하단
> 의 3개만 이용한다.

26 그림에 표시한 삼각망에 있어서 ∠(1)부터 ∠(8)까지의 수평각 관측을 행하여 표의 결과를 얻었다. 폐합차의 대소가 관측의 정도에 관계한다면 각의 관측이 나쁜 것은 어느 것인가?

▷ 폐합차가 많은 △ACD, △ABD 삼각형 중 중복되는 각이 가장 관측 정도가 낮다.

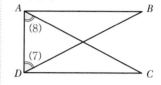

삼각형	ABC	ACD	ABD	BCD
폐합차	+6″	+20″	+18″	+8″

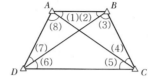

㉮ (1) 또는 (2) ㉯ (3) 또는 (4) ㉰ (5) 또는 (6) ㉱ (7) 또는 (8)

27 삼각측량에서 삼각망에 대한 도형의 강도(Strength of Figure)의 설명 중 잘못된 것은?

㉮ 삼각망의 동일한 정확도를 얻기 위해 계산한다.
㉯ 삼각측량의 예비작업에서 도형의 강도를 결정한다.
㉰ 도형의 강도는 관측정확도가 좋으면 값이 커진다.
㉱ 삼각망의 기하학적 정확도를 나타내준다.

▷ 도형의 강도(Strength of Figure)
• 삼각측량 계획의 예비작업에서 망에 대한 도형의 강도 결정이다.
• 망에 대한 동일한 정확도를 얻기 위함
• 도형의 강도는 망을 형성하고 있는 삼각형의 기하학적 강도, 각 또는 방향관측을 하는 지점의 수 및 망조정에 사용된 각과 변조건 수 등의 함수로 되어 있다.
• 강도(R)는 관측정확도와는 무관하다.
• 최적의 기하학적 조건과 적당한 조건수 그리고 관측식을 얻기 위함이다.

28 8개 각을 측정한 4변형 삼각망에서 각방정식에 의한 보정을 근사해법으로 한 짝수 보정각의 대수합($\sum \log \sin$)이 39.2826114, 홀수 보정각의 대수합이 39.2828331일 때 표차의 합 $(a) + (b)$ = 197.2였다면 변방정식에 의한 각 보정치의 절댓값은?

㉮ 11.2″ ㉯ 18.4″ ㉰ 22.5″ ㉱ 28.4″

▷ 조정량
$$= \frac{39.2826114 - 39.2828331}{197.2}$$
$$= 0.000001124$$
$\log \sin$이 7째 자리이므로 11.2″가 된다.

29 삼각측량 결과의 조정에 있어서 다음의 세 경우 $\log \sin \alpha$ 값의 1″에 대한 표차의 절댓값 크기를 옳게 설명한 것은?(단, $d_1 = \alpha$가 30°인 경우의 표차의 절댓값, $d_2 = \alpha$가 90°인 경우의 표차의 절댓값, $d_3 = \alpha$가 120°인 경우의 표차의 절댓값)

㉮ $d_3 > d_2 > d_1$ ㉯ $d_1 > d_2 > d_3$
㉰ $d_1 > d_3 > d_2$ ㉱ $d_1 = d_3 > d_2$

▷ 삼각측량에서 각관측의 정밀도는 각 자체의 대소에는 관계없으나 변의 길이계산에는 sine법칙을 사용하므로 $\sin 5°$로부터 90°까지의 변화를 대수표에서 조사해 보면 각도 1″의 변화에 대하여 대수 6자리에서의 변화는 다음과 같다.

sin	5°	10°	15°	20°	25°	30°
1″의 표차	24	12	7.9	5.8	4.5	3.6
sin	40°	50°	60°	70°	80°	90°
1″의 표차	2.6	1.8	1.2	0.7	0.4	0

30 삼각측량에서 B점의 좌표 $X_B = 50.000$m, $Y_B = 200.000$m, $\overline{BC}$의 길이 25.478315m, $\overline{BC}$의 방위각 $77°11'55.37''$일 때 C점의 좌표는?

㉮ $X_C = 26.1650$m, $Y_C = 205.6452$m

㉯ $X_C = 55.6450$m, $Y_C = 224.8450$m

㉰ $X_C = 74.1650$m, $Y_C = 194.3548$m

㉱ $X_C = 74.8450$m, $Y_C = 205.6450$m

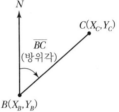

> C점의 좌표
> • $X_C = X_B + (l\cos\alpha)$
> $= 50 + (25.478315 \times \cos 77°11'55.37'')$
> $= 55.64524$m
> • $Y_C = Y_B + (l\sin\alpha)$
> $= 200 + (25.478315 \times \sin 77°11'55.37'')$
> $= 224.84504$m

31 다음 그림은 삼각측량의 결과이다. 방향각 T_{BA}, T_{CA}를 구한 다음 값 중 옳은 것은?

	T_{BA}	T_{CA}
㉮	$195°$	$195°$
㉯	$285°$	$330°$
㉰	$195°$	$330°$
㉱	$285°$	$240°$

> $\overline{AC}$의 방위각 $= 60°$, $\overline{CA}$의 방위각은 $\overline{AC}$ 방위각의 역방위각이므로
> • $\overline{CA}$의 방위각 $= 60° + 180° = 240°$
> • $\overline{AB}$의 방위각 $= 60° + 45° = 105°$
> • $\overline{BA}$의 방위각 $= 105° + 180° = 285°$

32 삼각수준측량에 의하여 산상의 어느 점의 높이를 구했을 때 이 점의 표고는?

㉮ 수준기준면이 지오이드(Geoid)면에서의 높이를 표시한다.

㉯ 직접수준측량에 의해 얻어지는 표고와 일치한다.

㉰ 표준회전타원체면에서의 높이를 나타낸다.

㉱ 지오이드면에서의 높이도 아니고 회전타원체면에서의 높이도 아니다.

> 삼각점의 높이는 직접수준측량 또는 간접수준측량으로 구할 수 있으며, 국가수준점을 기준으로 한다.

33 기선 $D = 20$m, 수평각 $\alpha = 80°$, $\beta = 70°$, 연직각 $V = 40°$를 측정하였다. 높이 H는?(단, A, B, C점은 동일 평면이다.)

㉮ 31.54m

㉯ 32.42m

㉰ 32.63m

㉱ 33.56m

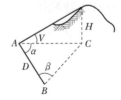

> $\dfrac{20}{\sin 30°} = \dfrac{\overline{AC}}{\sin 70°} \rightarrow$
> $\overline{AC} = 37.59$m
> $\tan V = \dfrac{H}{\overline{AC}}$
> $\therefore H = \overline{AC}\tan V = 37.59 \times \tan 40°$
> $= 31.54$m

34 삼변측량에 대한 설명 중 틀린 것은?

㉮ 삼각측량에서 수평각을 관측하는 대신에 삼변의 길이를 관측하여 삼각점의 위치를 정확히 구하는 측량이다.

㉯ 각측량의 수에 비하여 조건식의 수가 적고 측량값의 기상보정이 애매한 것이 결점이다.

㉰ 전파나 광파를 이용한 거리측량기가 발달하여 높은 정밀도로 장거리를 측량할 수 있게 됨으로써 삼변측량법이 연구되었다.

㉱ 삼변측량의 변장측정값에는 오차가 따르지 않는다고 생각한다.

> 삼변측량은 관측값에 오차가 따른다고 가정한다.

35 다음 삼변측량에 관한 설명 중 옳지 않은 것은?

㉮ 수평각 대신에 변장을 관측하여 삼각점의 위치를 구하는 측량이다.

㉯ 삼각점의 위치를 정할 때 변장측량법을 이용하면 대삼각망의 기선길이를 간접측량하기 때문에 기선삼각망의 확대를 할 필요가 없다.

㉰ 변의 길이만을 측정하여 삼각망(삼변측량)을 짤 수 있다.

㉱ 삼각망조정법의 기본원리는 삼각망의 도형이 단 한 개로 확정될 수 있게 기하학적 조건을 만족시키는 데는 변함이 없다.

> 기선길이를 직접 측정하므로 기선망의 확대를 할 필요가 없다.

36 삼각수준측량의 관측값에서 대기의 굴절오차(기차)와 지구의 곡률오차(구차)의 조정방법 중 옳은 것은?

㉮ 기차는 높게, 구차는 낮게 조정한다.

㉯ 기차는 낮게, 구차는 높게 조정한다.

㉰ 기차와 구차를 함께 높게 조정한다.

㉱ 기차와 구차를 함께 낮게 조정한다.

> 구차$=+\dfrac{S^2}{2R}$, 기차$=-\dfrac{KS^2}{2R}$
> 양차=구차+기차
> $=+\dfrac{S^2}{2R}-\dfrac{KS^2}{2R}$
> $=\dfrac{S^2(1-K)}{2R}$

37 평탄지역에서 15km 떨어진 지점을 관측하려면 양 지점의 측표의 높이를 얼마로 하면 되는가?

㉮ 1.77m ㉯ 17.7m ㉰ 1.50m ㉱ 15.0m

> 구차$=+\dfrac{S^2}{2R}$
> $=\dfrac{15^2}{2\times6,370}=0.0177km$
> $=17.7m$

38 수평거리가 10.4km되는 두 삼각형의 양 차는 얼마인가?(단, 지구의 반경은 6,371km, 대기 굴절계수는 0.13이다.)

㉮ 약 7.4m ㉯ 약 73.8m ㉰ 약 7.38m ㉱ 약 73.8m

> 양차(ΔE)$=\dfrac{(1-K)}{2R}S^2$
> $=\dfrac{(1-0.13)}{2\times6,371}\times10.4^2$
> $=0.00738km=7.38m$

정답 34 ㉱ 35 ㉯ 36 ㉯ 37 ㉯ 38 ㉰

실전문제 TIP

39 바닷가에 서서 바라볼 수 있는 수평선까지의 거리는?(단, 눈의 높이는 바다수면에서 약 1.5m, 지구의 반지름은 6,370km, 빛의 굴절계수 $K=0.14$)

㉮ 약 6.7km   ㉯ 약 3.7km   ㉰ 약 5.7km   ㉱ 약 4.7km

$$S = \sqrt{\frac{2Rh}{1-K}}$$
$$= \sqrt{\frac{2 \times 6,370 \times 0.0015}{1-0.14}}$$
$$= 4.71\text{km}$$

40 삼각수준측량에 있어서 1/50,000의 정도로 수준차를 허용할 경우 지구의 곡률을 고려하지 않아도 되는 시준거리는?(단, 공기의 굴절계수 $K=0.14$, $R=6,370$km)

㉮ 약 17m   ㉯ 약 25m   ㉰ 약 300m   ㉱ 약 600m

양차$(\Delta E) = \dfrac{S^2(1-K)}{2R}$

$\therefore S = \dfrac{h}{s} \cdot \dfrac{2R}{1-K}$
$= \dfrac{1}{50,000} \times \dfrac{2 \times 6,370 \times 1,000}{1-0.14}$
$= 296.3\text{m} \fallingdotseq 300\text{m}$

41 해면 위에서 두 배가 서로 반대 방향으로 출발했을 때 서로 보이는 한계까지의 수평거리는?(단, 속도는 같고 장애물이 없으며, 배의 높이는 각각 1.5m, 지구의 곡률반경 : 6,370km이다.)

㉮ 4.37km   ㉯ 6.74km   ㉰ 7.74km   ㉱ 8.74km

$S_1 + S_2 = \sqrt{2Rh} \times 2$
$= \sqrt{2 \times 6,370 \times 1,000 \times 1.5} \times 2$
$= 8,743\text{m} \fallingdotseq 8.74\text{km}$

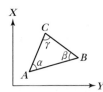

42 1등부터 3등까지의 삼각점을 16km²에 대하여 2점씩 설치하고 1등부터 4등까지의 삼각점을 2km²에 대하여 1점씩 설치할 때 80km²에는 몇 개의 4등 삼각점을 설치하는 것이 좋은가?

㉮ 40점   ㉯ 30점   ㉰ 20점   ㉱ 10점

$16 : 2 = 80 : x$ $\therefore$ $x = 10$개
1등부터 3등 삼각점까지는 80km²에 설치되므로 80km²에 대한 4등 삼각점은 40점이나 1등부터 3등까지의 삼각점을 빼면 30점이 된다.

43 점 C의 좌표를 구하기 위해 그림과 같이 A, B, C점에서 삼각측량을 실시하였다. 조정하여야 할 방정식은 무엇인가?(단, A, B점은 기지점이고, C점은 미지점이다.)

㉮ 각방정식
㉯ 각방정식, 측점방정식
㉰ 각방정식, 측점방정식, 변방정식
㉱ 각방정식, 측점방정식, 변방정식, 좌표조정

단열삼각망에 의한 미지점 좌표결정에는 각조정과 변조정 및 좌표조정을 하여야 하나, 삼각형이 하나인 단삼각망의 경우에는 변조정과 좌표조정을 할 수 없으므로 각조정만을 실시하여 미지점 C의 좌표를 구한다.

정답   39 ㉱   40 ㉰   41 ㉱   42 ㉯   43 ㉮

44 기선 답사에 관한 주의사항으로 옳지 않은 것은?

㉮ 3각망에는 일반적으로 1단에 기선을, 타단에 검기선을 설치한다.

㉯ 기선은 하천, 도로, 철도 등을 횡단하지 않게 한다.

㉰ 기선장의 정도는 곧 삼각측량의 정도와 연관되므로 되도록이면 짧게 한다.

㉱ 기선은 부근 삼각점에 연결이 가능한 곳을 선정한다.

○ 기선장의 정도는 삼각측량의 정도와 연관되므로 적당한 거리를 선정하되 정확한 관측이 요구된다.

45 삼각측량에 있어서 삼각점의 수평위치를 결정하는 요소는 무엇인가?

㉮ 거리와 방향각 ㉯ 고저차와 방향각

㉰ 밀도와 폐합비 ㉱ 폐합오차와 밀도

○ 삼각측량의 수평위치를 결정하려면 방향각과 거리를 알면 된다.

46 삼각측량에서 C점의 좌표는 얼마인가?

(단, 단위는 m, $\overline{AB} = 10\text{m}$)

㉮ (20.63, 17.14)

㉯ (16.14, 20.63)

㉰ (20.63, 16.14)

㉱ (17.14, 16.14)

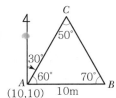

○ C점의 좌표

$$\overline{AC} = \frac{\sin 70°}{\sin 50°} \times 10 = 12.27\text{m}$$

$$\therefore \ C_X = A_X + (l\cos\theta)$$
$$= 10 + (12.27 \times \cos 30°)$$
$$= 20.63\text{m}$$
$$C_Y = A_Y + (l\sin\theta)$$
$$= 10 + (12.27 \times \sin 30°)$$
$$= 16.14\text{m}$$

47 1등 삼각측량을 하고자 할 때에 어떤 측각법이 가장 적당한가?

㉮ 조합각 관측법 ㉯ 방향각법

㉰ 배각법 ㉱ 단각법

○ 삼각측량의 각관측방법 중 가장 정도가 높은 관측법은 최소제곱법을 이용한 각관측방법(조합각관측방법)이다.

48 삼각망을 구성하는 데 있어서 내각을 작게 하는 것이 좋지 않은 이유를 가장 잘 설명하는 것은?

㉮ 한 삼각형에 있어서 작은 각이 있으면 반드시 다른 각 중에서 큰 각이 있기 때문이다.

㉯ 경도, 위도 또는 좌표계산이 불편하기 때문이다.

㉰ 한 기지변으로부터 타변을 Sine법칙으로 구할 때 오차가 많이 생기기 때문이다.

㉱ 측각하기가 불편하기 때문이다.

○ 각 측선의 수평각과 삼각측량의 기준이 되는 기선을 관측하여 sine 법칙에 의해 수평위치를 결정한다. 또한, 각관측의 정밀도는 각 자체의 대소에는 관계가 없으나 변의 길이 계산에서는 sine 법칙을 사용하므로 sin10°와 sin80°를 비교하면 약 30배의 영향을 미치므로 내각을 작게 하는 것은 좋지 않다.

49 삼각망의 조정계산에 있어 조건에 따른 설명이 틀린 것은?

㉮ 어느 한 측점 주위에 형성된 모든 각의 합은 360°이어야 한다.

㉯ 삼각망의 각 삼각형의 내각의 합은 180°이어야 한다.

㉰ 한 측점에서 측정한 여러 각의 합은 그 전체를 한 각으로 관측한 각과 같다.

㉱ 한 개 이상의 독립된 다른 경로에 따라 계산된 삼각형의 어느 한 변의 길이는 그 계산경로에 따라 달라야 한다.

> 삼각망 중에서 임의 한 변의 길이는 계산 순서에 관계없이 동일해야 한다.

50 삼각측량에서 기선 선정에 관한 설명으로 틀린 것은?

㉮ 기선은 삼각측량의 정확도에 영향을 미친다.

㉯ 기선길이의 최단한도는 1회 확대 변장의 $\frac{1}{10}$이 적당하다.

㉰ 소규모 삼각측량에서는 삼각망의 1변을 기선으로 한다.

㉱ 기선을 측정하는 지면의 경사는 $\frac{1}{25}$ 이하로 하는 것이 바람직하다.

> 기선설치의 위치
> • 평탄한 곳이 좋으나 그렇지 않을 때에는 지면의 경사가 1/25 이하가 바람직하다.
> • 기선을 확대할 때에는 기선과 확대변이 직각이 되게 한다.
> • 사변형을 사용하게 될 때에는 내각의 최소가 20° 이하가 되지 않도록 한다.

51 다음 그림의 측점 C에서 점 Q 및 점 P 방향에 장애물이 있어서 시준이 불가능하여 편심거리 e만큼 떨어진 (B)점에서 각 T를 관측했다. 측점 C에서의 측각 T'은?

㉮ $T' = T + x_1$

㉯ $T' = T - x_1$

㉰ $T' = T - x_1 - x_2$

㉱ $T' = T + x_1 - x_2$

> $T + x_1 = T' + x_2$
> $\therefore \ T' = T + x_1 - x_2$

52 삼변측량에 관한 설명으로 옳지 않은 것은?

㉮ 삼각점의 위치를 변장측정으로 구하는 측량이다.

㉯ 삼변측량도 기하학적 조건을 만족시킨다.

㉰ cosine 제2법칙이 이용된다.

㉱ 1개 각을 관측하기 위해서 정밀한 측각기가 필요하다.

> 삼변측량은 수평각 대신 삼변의 길이를 측정하여 삼각점의 위치를 구하는 측량으로 EDM, TS, GNSS를 이용한 거리측정기가 필요하다.

53 그림은 삼각측량에서의 좌표계산을 위한 것이다. A점의 좌표 (X_A, Y_A)를 알고 C점의 좌표를 계산하는 식으로 옳은 것은? (단, T는 방향각이고 S는 변장임)

◉ 다각측량의 위거 및 경거를 구하는 방법과 동일하다.

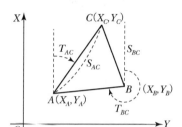

㉮ $X_C = X_A + S_{AC} \cos T_{AC}$, $Y_C = Y_A + S_{AC} \sin T_{AC}$

㉯ $X_C = X_A + S_{AC} \sin T_{AC}$, $Y_C = Y_A + S_{AC} \cos T_{AC}$

㉰ $X_C = X_A - S_{AC} \cos T_{AC}$, $Y_C = Y_A - S_{AC} \sin T_{AC}$

㉱ $X_C = Y_A + S_{AC} \cos T_{AC}$, $Y_C = X_A + S_{AC} \sin T_{AC}$

54 최소제곱법에 의한 관측값 조정에 대한 설명으로 옳지 않은 것은?

㉮ 같은 정밀도로 관측된 관측값에서 잔차제곱의 합이 최소일 때 최확값이 된다.

㉯ 오차의 빈도분포는 정규분포로 가정한다.

㉰ 관측값에는 과대오차 및 정오차는 모두 제거되고 우연오차만이 측정값에 남아 있는 것으로 가정한다.

㉱ 서로 다른 경중률로 관측된 관측값은 최소제곱법을 사용할 수 없다.

◉ 정밀도가 다른 경우에는 경중률을 고려하여 최확값을 산정할 수 있다.

• 측정 정밀도가 같은 조건일 때
$$\phi = v_1^2 + v_2^2 + \cdots + v_n^2 = \min$$

• 측정 정밀도가 다른 조건일 때
$$\phi = W_1 v_1^2 + W_2 v_2^2 + \cdots + W_n v_n^2$$
$$= \min$$

55 점 C와 D의 평면좌표를 구하기 위하여 기지 삼각점 A, B로부터 사변형삼각망에 의한 삼각측량을 실시하였다. 변조정에 앞서 각 조정 실시에 필요한 최소한의 조건식이 아닌 것은?

◉ ㉮, ㉯, ㉰가 사변형삼각망의 각조정(제1조정)이다.

㉮ $\alpha_1 + \alpha_2 = \alpha_5 + \alpha_6$

㉯ $\alpha_1 + \alpha_2 + \alpha_7 + \alpha_8 = 180°$

㉰ $\alpha_3 + \alpha_4 = \alpha_7 + \alpha_8$

㉱ $\sum_{i=1}^{8} \alpha_i = 360°$

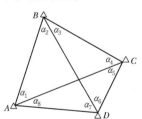

56 삼변측량에 대한 설명으로 옳지 않은 것은?

㉮ 삼변측량에서 변의 수가 증가함에 따라 많은 양의 보조기선 측량이 필요하다.

㉯ 삼변측량은 삼각측량보다 많은 조건식이 성립되므로 높은 정확도를 확보할 수 있는 장점이 있다.

㉰ 삼변측량에서는 변의 거리만을 관측하며 각은 계산에 의하여 구한다.

㉱ 이론적으로 삼변망에서 가장 이상적인 도형은 모든 점에서 서로 관측이 가능한 오각형과 육각형이다.

◉ 삼변측량은 삼각측량에 비해 조건수식이 적고 조정이 오래 걸린다.

57 삼변측량에 의하여 그림과 같은 삼각형의 3변 a, b, c를 측정하였다. ∠A의 값은?(단, a=10km, b=18km, c=15km)

㉮ 33°42′

㉯ 33°43′

㉰ 33°44′

㉱ 33°45′

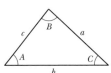

◉ cosine 제2법칙에 의해

$$\cos A = \frac{b^2 + c^2 - a^2}{2bc}$$

$$\therefore \angle A = \cos^{-1} \frac{b^2 + c^2 - a^2}{2bc}$$

$$= \cos^{-1} \frac{18^2 + 15^2 - 10^2}{2 \times 18 \times 15}$$

$$\fallingdotseq 33°45′$$

58 삼변측량에 관한 설명 중 옳지 않은 것은?

㉮ 삼변측량의 정확도는 삼변망이 정오각형 또는 정육각형의 도형을 이루었을 때 가장 이상적이다.

㉯ 삼변측량 시 cosine 제2법칙, 반각공식을 이용하면 변으로부터 각을 구할 수 있다.

㉰ 삼변측량 시 관측점에서 가능한 모든 점에 대한 변관측으로 조건식 수를 증가시키면 정확도를 향상시킬 수 있다.

㉱ 삼변측량에서 관측대상이 변의 길이이므로 삼각형의 내각의 크기가 10° 이하인 경우에도 매우 유용하다.

◉ 삼변측량 시 3내각이 60°에 가까우면 측각 및 계산상의 오차 영향을 줄일 수 있다.

59 그림에서 A, B, C는 기지점, O는 미지점일 때 관측값 α, β, γ, a, b, c로부터 $\sin\theta$를 구하는 공식은?

㉮ $\sin\theta = \dfrac{c\sin\gamma\sin\alpha}{b\sin\beta}$

㉯ $\sin\theta = \dfrac{c\sin\beta\sin\gamma}{b\sin\alpha}$

㉰ $\sin\theta = \dfrac{b\sin\gamma\sin\beta}{c\sin\alpha}$

㉱ $\sin\theta = \dfrac{b\sin\gamma\sin\alpha}{c\sin\beta}$

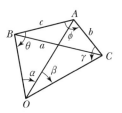

$\dfrac{\overline{AO}}{\sin\theta} = \dfrac{c}{\sin\alpha} \rightarrow$

$\overline{AO} = \dfrac{c\sin\theta}{\sin\alpha}$

$\dfrac{b}{\sin\beta} = \dfrac{\overline{AO}}{\sin\gamma} \rightarrow$

$\overline{AO} = \dfrac{b\sin\gamma}{\sin\beta}$

$\dfrac{c\sin\theta}{\sin\alpha} = \dfrac{b\sin\gamma}{\sin\beta}$

$\therefore \sin\theta = \dfrac{b\sin\gamma\sin\alpha}{c\sin\beta}$

60 그림과 같은 삼각형에서 거리를 관측한 결과 a = 2,000.00m, b = 1,400.00m이고, A점과 B점의 좌표가 각각 (2,000m, 2,000m), (3,000m, 2,100m)일 때, C점의 좌표를 구하기 위한 삼변측량 관측방정식으로 옳은 것은?

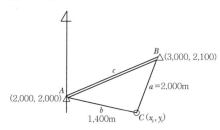

㉮ $2,000 + v_a = \sqrt{(3,000 - x_c)^2 + (2,100 - y_c)^2}$,
  $1,400 + v_b = \sqrt{(2,000 - x_c)^2 + (2,000 - y_c)^2}$

㉯ $1,400 + v_a = \sqrt{(3,000 - x_c)^2 + (2,100 - y_c)^2}$,
  $2,000 + v_b = \sqrt{(2,000 - x_c)^2 + (2,000 - y_c)^2}$

㉰ $2,000 - v_a = \sqrt{(3,000 - x_c)^2 + (2,100 - y_c)^2}$,
  $1,400 - v_b = \sqrt{(3,000 - x_c)^2 + (2,100 - y_c)^2}$

㉱ $1,400 - v_a = \sqrt{(2,000 - x_c)^2 + (2,000 - y_c)^2}$,
  $2,000 - v_b = \sqrt{(2,000 - x_c)^2 + (2,000 - y_c)^2}$

관측방정식에 의한 망 조정은 조건방정식에 의한 망 조정보다 훨씬 많은 방정식을 처리해야 하므로 과거에는 잘 사용되지 않았으나, 오늘날에는 컴퓨터의 발달에 힘입어 널리 이용되고 있다.

삼변측량을 하기 위한 기본 관측방정식은

$L_{ij} + V_{Lij}$

$= \{(X_j - X_i)^2 + (Y_j - Y_i)^2\}^{\frac{1}{2}}$

$\therefore 2,000 + \nu_a$

$= \sqrt{(3,000 - x_c)^2 + (2,100 - y_c)^2}$,

$1,400 + v_b$

$= \sqrt{(2,000 - x_c)^2 + (2,000 - y_c)^2}$

61 삼각측량에서 검기선에 대한 설명으로 옳은 것은?

㉮ 삼각측량에서 계산결과를 점검하기 위한 기선이다.

㉯ 삼각측량의 계산을 위하여 최초의 기준이 되는 측선이다.

㉰ 기선과 검기선의 길이는 같아야 한다.

㉱ 검기선을 이용하여 정밀 수준망에 연결한다.

◎ 검기선(Check Baseline)
삼각망에서 한 변에 기선을 설치하고, 관측각을 사용하여 그 기선으로부터 삼각망의 각 변의 길이를 계산하면 오차가 누적된다. 이 계산된 변길이가 관측 기선길이와 일치되는가를 점검하기 위하여 또는 삼각망 전체의 오차를 작게 할 목적으로 삼각망 기선의 반대편에 별도로 설치하는 기선이다. 보통 1등 삼각망에서는 200~250km 또는 삼각형 15~20개마다 설치한다.

실전문제 TIP

62 삼각측량에서 각관측의 오차는 sine법칙에 의한 변 길이의 정밀도에 영향을 주게 된다. 삼각망 조정을 위한 내각 10°에 대한 표차는 60°에 대한 표차의 몇 배인가?

㉮ 약 5배
㉯ 약 10배
㉰ 약 15배
㉭ 약 30배

> sin10°에 대한 1″의 표차는 약 12이고, sin60°에 대한 1″의 표차는 약 1.2이므로 약 10배의 차이가 발생한다.

63 삼각측량의 기선에 대한 설명으로 틀린 것은?

㉮ 공공측량에서의 기선 설치는 필수 요소이다.
㉯ 기지점이 하나도 없는 경우는 기선을 설치한다.
㉰ 기선의 위치 선정은 부근 삼각점에 연결이 가능한 곳을 선정한다.
㉭ 기선 확대는 1회 3~4배로 하고 횟수는 2회 정도로 한정한다.

> 공공측량은 일반적으로 기본측량 또는 타 공공측량 성과를 활용하므로 기선 설치는 필요에 따라 할 수 있다.

64 삼각측량에서 각 관측의 오차가 같을 경우 이 오차가 변의 길이에 미치는 영향에 대한 설명으로 옳은 것은?

㉮ 각이 작을수록 영향이 작다.
㉯ 각이 작을수록 영향이 크다.
㉰ 각의 크기에 관계없이 영향은 일정하다.
㉭ 각의 크기는 변 길이에 아무런 영향이 없다.

> 삼각측량에서 각오차가 변의 길이에 미치는 영향은 각이 작을수록 영향이 크다.

sin	1초의 표차	sin	1초의 표차
5°	24	40°	2.6
10°	12	50°	1.8
15°	7.9	60°	1.2
20°	5.8	70°	0.7
25°	4.5	80°	0.4
30°	3.6	90°	0

65 그림과 같은 단삼각망의 관측결과가 $\alpha = 58°43'25''$, $\beta = 45°16'30''$, $\gamma = 75°59'44''$라고 할 때 조정에 관한 설명으로 옳은 것은?(단, $\overline{AB}$는 기선임)

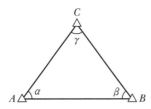

㉮ 폐합오차가 21″이므로 각 보정량 7″를 α, β, γ에 각각 더하여 보정한다.
㉯ 조건식의 총수는 2개이고 그중 1개는 각 조건식, 나머지 1개는 측점조건식이다.
㉰ 조건식의 총수는 1개이고 측점조건식이다.
㉭ 폐합오차가 없으므로 관측값 보정이 필요 없다.

> $E_\alpha = 180° - (\alpha + \beta + \gamma)$
> $\quad = 180° - (58°43'25'' + 45°16'30'' + 75°59'44'')$
> $\quad = 21''$
> 관측조건이 같다고 가정할 때 삼각형 내각의 합이 179° 59′ 39″로서 180″에 21″가 부족하므로 α, β, γ에 +7″씩을 보정한다.

정답 62 ㉯ 63 ㉮ 64 ㉯ 65 ㉮

실전문제 TIP

66 단열삼각망의 조정순서로 옳은 것은?

㉮ 각조정 → 변조정 → 좌표조정 → 방향각조정

㉯ 변조정 → 방향각조정 → 각조정 → 좌표조정

㉰ 각조정 → 좌표조정 → 방향각조정 → 변조정

㉱ 각조정 → 방향각조정 → 변조정 → 좌표조정

◉ 단열삼각망의 조정계산 순서
각조정(제1조정) → 방향각 조정(제2조정) → 변조정(제3조정) → 좌표조정(제4조정)

67 기지삼각점 A와 B로부터 C와 D의 평면좌표를 구하기 위하여 그림과 같이 사변형망을 구성하고 8개의 내각을 측정하는 삼각측량을 실시하였다. 조정하여야 할 방정식만으로 짝지어진 것은?

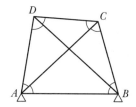

◉ 사변형삼각망의 조정계산방법은 각 조건에 의한 조정, 변 조건에 의한 조정으로 한다.

㉮ 각방정식, 변방정식

㉯ 변방정식, 측점방정식

㉰ 각방정식, 변방정식, 측점방정식

㉱ 각방정식, 변방정식, 측점방정식, 좌표방정식

68 그림과 같이 4개의 삼각망으로 둘러싸여 있는 유심삼각망에서 $\gamma_1 + \gamma_2 + \gamma_3 + \gamma_4 = 360°00'08''$에 대한 삼각망 조정 결과로 옳은 것은?

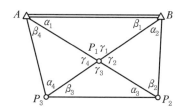

◉ 관측조건이 같다고 가정할 때 한 측점 주위에 있는 모든 각의 총합은 360°가 되어야 하므로 γ_1, γ_2, γ_3, γ_4에는 $-2''$씩을 α, β에는 $+1''$씩을 조정한다.

㉮ α_1에는 $-1''$, β_1에는 $-1''$, γ_1에는 $+2''$씩을 조정한다.

㉯ α_1에는 $-1''$, β_1에는 $-1''$, γ_1에는 $-2''$씩을 조정한다.

㉰ α_1에는 $+1''$, β_1에는 $+1''$, γ_1에는 $-2''$씩을 조정한다.

㉱ α_1에는 $+1''$, β_1에는 $+1''$, γ_1에는 $+2''$씩을 조정한다.

정답 66 ㉱ 67 ㉮ 68 ㉰

69 D점의 평면좌표를 구하기 위하여 그림과 같이 기지삼각점 A, B, C로부터 삼각측량을 하였다. 다음 중 이용 가능한 변방정식은? (단, 각의 명칭은 그림에 따르며, 일반적인 명칭 부여 방법과 다를 수 있다.)

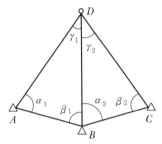

⑦ $\dfrac{\overline{AB}}{\overline{BC}} = \dfrac{\sin\alpha_1 \sin\alpha_2}{\sin\beta_1 \sin\beta_2}$

⑭ $\dfrac{\overline{AB}}{\overline{BC}} = \dfrac{\sin\beta_1 \sin\beta_2}{\sin\alpha_1 \sin\alpha_2}$

⑭ $\dfrac{\overline{AB}}{\overline{BC}} = \dfrac{\sin\gamma_1 \sin\beta_2}{\sin\alpha_1 \sin\gamma_2}$

⑭ $\dfrac{\overline{AB}}{\overline{BC}} = \dfrac{\sin\alpha_1 \sin\gamma_2}{\sin\gamma_1 \sin\beta_2}$

- $\overline{AB} = \dfrac{\sin\gamma_1}{\sin\alpha_1} \times \overline{BD}$

- $\overline{BC} = \dfrac{\sin\gamma_2}{\sin\beta_2} \times \overline{BD}$

$\therefore \dfrac{\overline{AB}}{\overline{BC}} = \dfrac{\dfrac{\sin\gamma_1}{\sin\alpha_1} \times \overline{BD}}{\dfrac{\sin\gamma_2}{\sin\beta_2} \times \overline{BD}}$

$= \dfrac{\sin\gamma_1 \cdot \sin\beta_2}{\sin\alpha_1 \cdot \sin\gamma_2}$

70 삼각측량을 실시하여 A점(1,000m, 1,600m), B점(3,300m, 3,100m), $\angle BAC = 62°$의 결과를 얻었다면 측선 $\overline{AC}$의 방위각(α_{AC})은?

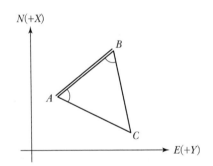

⑦ $33°6'41''$

⑭ $56°53'19''$

⑭ $95°6'41''$

⑭ $118°53'19''$

- $\overline{AB}$ 방위각(θ)

$\tan\theta = \dfrac{Y_B - Y_A}{X_B - X_A} \rightarrow$

$\theta = \tan^{-1}\dfrac{Y_B - Y_A}{X_B - X_A}$

$= \tan^{-1}\dfrac{3,100 - 1,600}{3,300 - 1,000}$

$= 33°06'41''(1상한)$

$\overline{AB}$ 방위각(θ) $= 33°06'41''$

$\therefore \overline{AC}$ 방위각 $= \overline{AB}$ 방위각 $+ \angle A$

$= 33°06'41'' + 62°00'00''$

$= 95°06'41''$

71 삼각측량에서 1대회 관측에 대한 설명으로 옳은 것은?

⑦ 망원경을 정위와 반위로 한 각을 두 번 관측

⑭ 망원경을 정위와 반위로 두 각을 두 번 관측

⑭ 망원경을 정위와 반위로 한 각을 네 번 관측

⑭ 망원경을 정위와 반위로 두 각을 네 번 관측

1대회 관측은 0°로 시작하는 정위 관측과 180°로 관측하는 반위로 한 각을 두 번 관측하는 방법이다.

정답 ◖ 69 ⑭ 70 ⑭ 71 ⑦

72 삼각 및 삼변측량에 대한 설명으로 옳지 않은 것은?

㉮ 삼각망의 조건식 수는 삼변망의 조건식 수보다 많다.

㉯ 삼변측량의 계산에는 코사인(cos) 제2법칙을 사용한다.

㉰ 삼각망의 조정 시 필요한 조건으로 측점조건, 각조건, 변조건 등이 있다.

㉱ 기하학적 도형조건으로 인해 삼변측량은 삼각측량방법을 완전히 대신할 수 있다.

> 삼변측량은 수평각을 관측하는 대신 3변의 길이를 관측한 후 cosine 제2법칙을 이용하여 삼각형의 내각을 구하는 방법이므로, 삼각측량방법을 완전히 대신할 수 없다.

정답 (72 ㉱

CHAPTER 05 다각측량

···01 개요

다각측량(Traverse Surveying)은 기준이 되는 측점을 연결하는 측선의 길이와 그 방향을 관측하여 측점의 수평위치를 결정하는 방법으로 지적측량, 각종 응용 및 조사측량에 널리 이용되는 측량이다.

···02 다각측량의 특징

(1) 삼각점이 멀리 배치되어 있어 좁은 지역에 세부측량의 기준이 되는 점을 추가 설치할 때 편리하다.
(2) 복잡한 시가지나 지형의 기복이 심하여 시준이 어려운 지역의 측량에 적합하다.
(3) 선로와 같이 좁고 긴 곳의 측량(도로, 수로, 철도 등)에 편리하다.
(4) 거리와 각을 관측하여 도식해법에 의하여 모든 점의 위치를 결정할 때 편리하다.
(5) 다각측량은 일반적으로 높은 정확도를 요하지 않는 골조측량에 이용한다.

···03 다각형 종류

(1) 폐합트래버스(Closed Traverse)

소규모 지역의 측량에 적합한 방법이며, 임의의 한 점에서 출발하여 최후에 다시 시작점에 폐합시키는 트래버스이다.

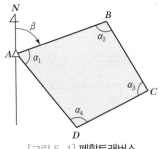

[그림 5-1] 폐합트래버스

(2) 결합트래버스(Decisive Traverse)

어떤 기지점에서 출발하여 다른 기지점에 결합시키는 방법이며, 대규모 지역의 정확성을 요하는 측량에 사용한다.

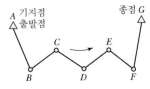

[그림 5-2] 결합트래버스

(3) 개방트래버스(Open Traverse)

임의의 한 점에서 출발하여 아무런 관계나 조건이 없는 다른 점에서 끝나는 트래버스이며 정도가 가장 낮다. 하천이나 노선의 기준점을 정하는데 이용하며 오차조정이 불가능하다.

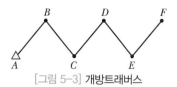

[그림 5-3] 개방트래버스

(4) 트래버스망(Traverse Net)

트래버스를 조합한 것으로서 넓은 지역에서 높은 정밀도의 기준점측량에 많이 이용된다. 다각망의 구성에는 Y형, X형, H형, θ형, A형 등이 있다.

[그림 5-4] 트래버스망

••• 04 다각측량의 작업순서

(1) 다각측량의 일반적 순서

계획 → 답사 → 선점 → 조표 → 거리/각관측 → 거리와 각관측 정확도의 균형 → 조정·계산

(2) 선점

다각측량의 선점은 계획에 따라 적절한 곳에 트래버스 측점을 선정하는 것을 말하며, 다음과 같은 사항을 고려하여야 한다.

① 기계를 세우거나 시준하기 좋고, 지반이 튼튼한 장소이어야 한다.

② 계속되는 측량, 특히 세부측량에 편리하여야 한다.

③ 측점 간의 거리는 가능한 한 같고, 큰 고저차가 없어야 한다.

④ 변의 길이는 될 수 있는 대로 길고, 측점의 수를 적게 하는 것이 좋으나, 변의 길이는 30~200m 정도로 한다.

⑤ 측점을 찾기 쉽고, 안전하게 보존될 수 있는 장소이어야 한다.

(3) 조표

영구 보전하기 위해서는 표석 또는 콘크리트의 말뚝을 사용하지만, 잠시 사용하는 경우에는 적당한 크기의 나무 말뚝을 사용한다.

(4) 각관측방법

1) 교각법(Intersection Angle Method)

어떤 측선이 그 앞의 측선과 이루는 각을 관측하는 것으로 내각과 외각을 관측하는 방법이다.

① 배각법(반복법)을 사용하여 측각의 정밀도를 높일 수 있다.

② 각 측점마다 독립하여 측각할 수 있으므로 작업순서에 관계하지 않는다.

③ 측각이 잘 되지 않아도 다른 각에 영향을 주지 않으며, 그 각만 재측량하여 점검할 수 있다.

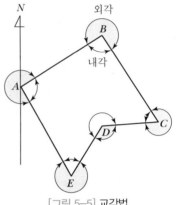

[그림 5-5] 교각법

2) 편각법(Deflection Angle Method)

각측선이 그 앞측선의 연장선과 이루는 각을 편각이라 하고, 그 편각을 관측하는 방법으로 철도, 도로, 수로 등 노선의 중심선측량에 주로 이용된다.

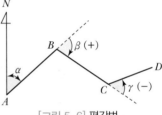

[그림 5-6] 편각법

3) 방위각법(전원법)

각측선의 진북방향과 이루는 방위각을 시계방향으로 관측하는 방법이다.

① 방위각을 관측하므로 계산과 제도가 편리하다.

② 한 번 오차가 생기면 끝까지 영향을 미친다.

③ 험준한 지형에는 부적합하다.

④ 신속히 관측할 수 있어 노선측량, 지형측량에 이용한다.

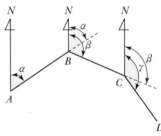

[그림 5-7] 방위각법

(5) 거리와 각관측 정확도의 균형

다각측량은 거리와 각도를 조합함으로써 다각점의 위치를 구하는 것으로 다각점의 정확도는 거리와 각의 관측 정확도에 따라 좌우된다. 그러므로 거리관측 정확도와 각관측 정확도의 균형을 고려함이 원칙이다.

$$\frac{\theta''}{\rho''} = \frac{\Delta l}{D}$$

여기서, D : 관측거리
Δl : 위치오차
θ'' : 측각오차

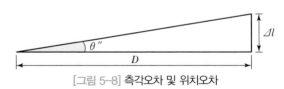

[그림 5-8] 측각오차 및 위치오차

••• 05 다각측량의 계산

(1) 순서

① 각관측값의 오차 점검
② 각관측값의 허용오차 범위 및 배분
③ 방위각 및 방위 계산
④ 위거 및 경거 계산
⑤ 다각형 폐합오차 및 폐합비
⑥ 폐합비의 허용범위
⑦ 폐합오자의 조성
⑧ 좌표 계산
⑨ 면적 계산

(2) 각관측오차 계산

1) 폐합트래버스

① 내각관측 시 : $E_\alpha = [\alpha] - 180°(n-2)$

② 외각관측 시 : $E_\alpha = [\alpha] - 180°(n+2)$

③ 편각관측 시 : $E_\alpha = [\alpha] - 360°$

여기서, E_α : 각오차
n : 관측각의 수
$[\alpha]$: $\alpha_1 + \alpha_2 + \alpha_3 + \cdots + \alpha_n$

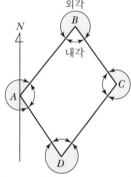

[그림 5–9] 폐합트래버스 각관측

2) 결합트래버스

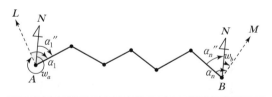

$$E_\alpha = w_a - w_b + [\alpha] - 180°(n+1)$$

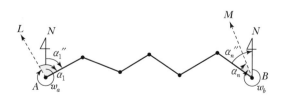

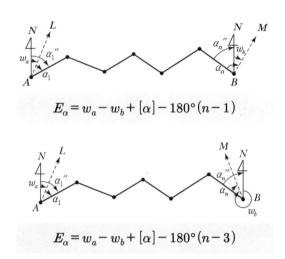

$$E_\alpha = w_a - w_b + [\alpha] - 180°(n-1)$$

$$E_\alpha = w_a - w_b + [\alpha] - 180°(n-3)$$

[그림 5-10] 결합트래버스의 측각오차

(3) 각관측값의 허용오차 한도 및 오차 배분

1) 허용오차 한도

$$E_\alpha = \pm \varepsilon_\alpha \sqrt{n}$$

여기서, E_α : n개 각의 각오차
ε_α : 1개 각의 각오차
n : 측각수

2) 허용오차

① 시가지 : $0.3\sqrt{n} \sim 0.5\sqrt{n}$(분)$= 20\sqrt{n} \sim 30\sqrt{n}$(초)
② 평지 : $0.5\sqrt{n} \sim 1\sqrt{n}$(분)$= 30\sqrt{n} \sim 60\sqrt{n}$(초)
③ 산지 : $1.5\sqrt{n}$(분)$= 90\sqrt{n}$(초)

3) 오차배분

① 각관측의 정확도가 같을 때는 오차를 각의 크기에 관계없이 등배분
② 각관측의 경중률이 다른 경우에는 그 오차를 경중률에 비례해서 배분
③ 변의 길이의 역수에 비례하여 배분

(4) 방위각 및 방위 계산

1) 방위각 계산

① 교각관측 시 방위각 계산방법

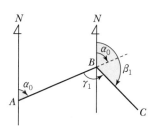

진행방향 : 시계방향
측각방향 : 우측
$\overline{BC}$의 방위각 $\beta_1 = \alpha_0 + 180° - \gamma_1$

[그림 5-11] 방위각 산정(I)

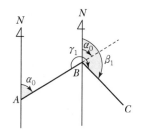

진행방향 : 시계방향
측각방향 : 좌측
$\overline{BC}$의 방위각 $\beta_1 = \alpha_0 - 180° + \gamma_1$

[그림 5-12] 방위각 산정(II)

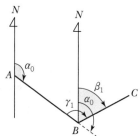

진행방향 : 반시계방향
측각방향 : 좌측
$\overline{BC}$의 방위각 $\beta_1 = \alpha_0 - 180° + \gamma_1$

[그림 5-13] 방위각 산정(III)

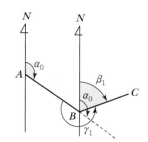

진행방향 : 반시계방향
측각방향 : 우측
$\overline{BC}$의 방위각 $\beta_1 = \alpha_0 + 180° - \gamma_1$

[그림 5-14] 방위각 산정(IV)

② 편각관측 시 방위각 계산방법

연장선에서 시계방향 관측각을 (+)편각, 반시계방향 관측
각을 (−)편각이라 정한다.

$$\beta = \alpha_0 + \alpha_1, \quad \gamma = \beta - \alpha_2$$

즉, 어느 측선의 방위각=하나 앞의 측선의 방위각±그 측
점의 편각

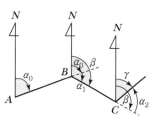

[그림 5-15] 방위각 산정(V)

2) 방위 계산

4개의 상한으로 나누어 남북선을 기준으로 하여 90° 이하 각도로 나타낸다.

방위각과 방위의 관계		
방위각	상한	방위
0~90°	제1상한	N0°~90°E
90~180°	제2상한	S0°~90°E
180~270°	제3상한	S0°~90°W
270~360°	제4상한	N0°~90°W

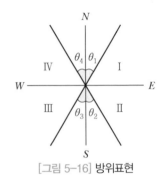

[그림 5-16] 방위표현

(5) 위거(Latitude) 및 경거(Departure) 계산

1) 위거

일정한 자오선에 대한 어떤 측선의 정사투영거리를 그의 위거라 하며 측선이 북쪽으로 향할 때 위거는 (+)로 하고 측선이 남쪽으로 향할 때 위거는 (−)로 한다.

2) 경거

일정한 동서선에 대한 어떤 측선의 정사투영거리를 그의 경거라 하며 측선이 동쪽으로 향할 때 경거는 (+)로 하고 측선이 서쪽으로 향할 때 경거는 (−)로 한다.

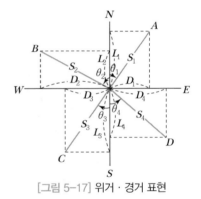

[그림 5-17] 위거 · 경거 표현

$$L_1 = + S_1\cos\theta_1, \quad D_1 = + S_1\sin\theta_1$$
$$L_2 = + S_2\cos\theta_2, \quad D_2 = - S_2\sin\theta_2$$

3) 경 · 위거 산정 목적

① 경거, 위거 계산결과로부터 폐합오차와 폐합비를 구하여 트래버스의 정밀도 확인 및 오차 조정을 한다.

② 경거, 위거로부터 합경거, 합위거를 구하면 이것이 원점으로부터 좌푯값이 되므로 트래버스의 제도를 합리적으로 할 수 있다.

③ 횡거와 배횡거를 계산하여 트래버스 면적을 계산할 수 있다.

(6) 폐합오차와 폐합비

1) 폐합오차

① 폐합트래버스

$$E = \sqrt{(\Delta l)^2 + (\Delta d)^2}$$

여기서, Δl : 위거오차
Δd : 경거오차
E : 폐합오차

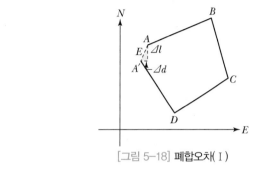

[그림 5-18] 폐합오차(Ⅰ)

② 결합트래버스

$$E = \sqrt{(\Delta l)^2 + (\Delta d)^2}$$
$$\begin{cases} \Delta l = X_n - (\Sigma L + X_1) \\ \Delta d = Y_n - (\Sigma D + Y_1) \end{cases}$$

[그림 5-19] 폐합오차(Ⅱ)

2) 폐합비

① 폐합비

$$폐합비 = \frac{폐합오차}{전거리} = \frac{\sqrt{(\Delta l)^2 + (\Delta d)^2}}{\Sigma l}$$

② 허용오차

• 폐합비의 허용범위
- 시가지 : $1/5,000 \sim 1/10,000$
- 평지 : $1/1,000 \sim 1/3,000$
- 완경사지 : $1/500 \sim 1/1,000$
- 복잡지형 : $1/300 \sim 1/500$

(7) 폐합오차의 조정

1) 컴퍼스법칙

각관측의 정도와 거리관측의 정도가 동일할 때 실시하는 방법으로 각 측선의 길이에 비례하여 오차를 배분한다.

① 위거오차 배분량(ε_l)

$$\varepsilon_l = E_L \times \frac{L}{[L]}$$

② 경거오차 배분량(ε_d)

$$\varepsilon_d = E_D \times \frac{L}{[L]}$$

여기서, $[L]$: 측선장의 합 L : 보정할 측선의 길이
        E_L : 위거오차 E_D : 경거오차
        ε_l : 위거조정량 ε_d : 경거조정량

2) 트랜싯법칙

각측량의 정밀도가 거리의 정밀도보다 높을 때 이용되며 위거, 경거의 오차를 각 측선의 위거 및 경거에 비례하여 배분한다.

① 위거오차 배분량(ε_l)

$$\varepsilon_l = E_L \times \frac{L}{\sum|L|}$$

② 경거오차 배분량(ε_d)

$$\varepsilon_d = E_D \times \frac{D}{\sum|D|}$$

여기서, $\sum|L|$: 위거절대치의 합 $\sum|D|$: 경거절대치의 합
        L : 보정할 측선의 위거 D : 보정할 측선의 경거
        ε_l : 위거조정량 ε_d : 경거조정량

(8) 좌표 계산

$$x_2 = x_1 + L_1, \quad y_2 = y_1 + D_1$$
$$x_3 = x_2 + L_2 = x_1 + L_1 + L_2$$
$$y_3 = y_2 + D_2 = y_1 + D_1 + D_2$$

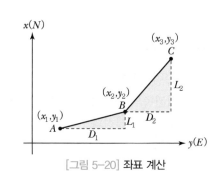

[그림 5-20] 좌표 계산

$$\overline{AB} = \sqrt{(x_2 - x_1)^2 + (y_2 - y_1)^2}$$

$$\tan\theta = \frac{y_2 - y_1}{x_2 - x_1}$$

$$\theta = \tan^{-1}\frac{y_2 - y_1}{x_2 - x_1}$$

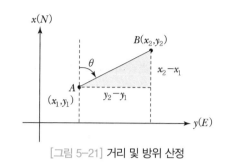

[그림 5-21] 거리 및 방위 산정

(9) 면적 계산

어떤 측선의 중점으로부터 기준선(남북자오선)에 내린 수선의 길이를 횡거라 한다. 다각측량에서 면적을 계산할 때 위거에 의히는데, 이때 횡거를 그대로 이용하면 계산이 불편하므로 횡거의 2배인 배횡거를 사용한다.

① 배횡거

- 제1측선의 배횡거＝그 측선의 경거
- 임의의 측선의 배횡거＝하나 앞 측선의 배횡거＋하나 앞 측선의 경거＋그 측선의 경거

② 면적(A)

$$A = \frac{1}{2} \times |\sum(배횡거 \times 위거)|$$

····06 다각측량의 응용

다각측량은 삼각측량의 대용으로 건설, 농림, 지적 그 밖의 기초공사 및 시공용 지도의 기준점 설치를 위해 널리 이용되고 있다.

(1) 노선측량에 응용

① 예정노선 지역의 대축척도 작성
② 노선중심선의 현지 설정
③ 시공용 종횡단면의 측량과 토공량 등의 산정

(2) 터널측량에 응용

터널의 양쪽에 예정된 입구를 잇는 중심선의 거리와 방위각을 구할 경우 지형의 악조건 때문에 중심선측량이나 삼각측량이 불가능하면 다각측량을 이용한다.

(3) 지적측량에 응용

지적용 기준점 설치에 널리 이용된다.

CHAPTER 05 실전문제

01 삼각측량과 다각측량에 대한 다음 설명 중 틀린 것은?

㉮ 다각측량으로 구한 위치는 근거리이므로 삼각측량에서 구한 위치보다 정밀도가 좋다.

㉯ 다각측량은 주로 각과 거리를 측정하여 점의 위치를 정한다.

㉰ 삼각점은 서로 시준이 곤란한 지역에서는 다각측량이 행해진다.

㉱ 삼각측량은 주로 각을 측정하고 삼각형의 거리는 대부분 계산에 의한다.

> 과거의 다각측량은 일반적으로 높은 정확도를 요하지 않는 골조측량에 이용되어 왔으나 최근 전자파거리측량기의 출현으로 거리관측의 정확도가 높아짐에 따라 고정밀도 다각망에 의한 수평위치 결정은 삼각측량이나 삼변측량성과에 준하는 성과를 얻을 수 있다.

02 다각측량의 필요성에 대한 사항 중 적당하지 않은 것은?

㉮ 삼각점만으로는 소정의 세부측량에서 기준점의 수가 부족할 때 충분한 밀도로 전개시키기 위해서 필요하다.

㉯ 시가지나 산림 등 시준이 좋지 않아 단거리마다 기준점이 필요할 때 행해진다.

㉰ 면적을 정확히 파악하고자 할 때 경계측량 등에 사용한다.

㉱ 삼각측량에 비해서 경비가 고가이나 정확도가 높다.

> 다각측량은 삼각점 위치를 정한 다음 삼각점을 기준으로 하여 측량하는 것으로 그 정도가 삼각측량보다 낮다.

03 한 측점에서 출발하여 트래버스를 만들면서 최후에 다시 출발점에 되돌아오는 트래버스는?

㉮ 결합트래버스   ㉯ 개방트래버스

㉰ 폐합트래버스   ㉱ 트래버스망

> 한 기지점에서 출발하여 노선을 구성하고 다시 출발점에 폐합되는 다각형의 한 형태를 폐합트래버스라 한다.

04 다각측량에 의하여 기준점의 위치를 결정하는 데 가장 좋은 방법은?

㉮ 한 삼각점에서 다른 삼각점에 결합하는 트래버스

㉯ 임의의 점에서 삼각점에 결합하는 트래버스

㉰ 정도가 높은 삼각점에서 출발하는 개방트래버스

㉱ 삼각점에서 동일 삼각점에 폐합하는 폐합트래버스

> 결합트래버스가 오차체크 및 조정에 가장 좋은 방법이다.

정답   01 ㉮   02 ㉱   03 ㉰   04 ㉮

05 다각측량에 관한 설명 중에서 맞지 않는 것은?

㉮ 트래버스 중 가장 정밀도가 높은 것은 결합트래버스로서 오차점 검이 가능하다.

㉯ 폐합오차 조정에서 각과 거리측량의 정확도가 비슷한 경우 트랜 싯 법칙으로 조정하는 것이 좋다.

㉰ 측점에 편심이 있는 경우 편심 방향이 측선에 직각일 때 가장 큰 각오차가 발생한다.

㉱ 폐합다각측량에서 편각을 관측하면 편각의 총합은 언제나 360° 가 되어야 한다.

⊙ 폐합오차 조정에서 각과 거리측량의 정도가 비슷한 경우에는 컴퍼스법칙 으로 조정하는 것이 좋다.

06 트래버스의 수평각측정방법 중 교각법의 특징이 아닌 것은?

㉮ 배각법에 의해서 정확도를 높일 수 있다.

㉯ 측점마다 독립해서 각관측할 수 있으므로 작업의 각관측 순서를 바꾸어도 좋다.

㉰ 각관측에 잘못이 있어도 다른 각에 영향을 주지 않으며, 이 각만 을 재측해서 점검할 수 있다.

㉱ 앞 측선의 연장선과 다음 측선이 이루는 각을 우회, 좌회각별로 측각함으로써 측선 방향을 대략 짐작할 수 있다.

⊙ 편각법은 앞측선의 연장선과 그 측 선이 이루는 각을 측정하는 것을 말 한다.

07 다음 방위각법 설명 중 부적당한 것은?

㉮ 방위각을 관측하므로 계산과 제도가 편리

㉯ 한 번 오차가 생기면 끝까지 영향을 미침

㉰ 험준한 지형에 적합

㉱ 신속히 관측할 수 있어 노선측량, 지형측량에 이용

⊙ 험준한 지형에는 방위각법이 부적당 하다.

08 방위각법이 교각법에 비하여 다음 결점 중 틀린 것은 어느 것인가?

㉮ 관측 도중에 생긴 오차가 최후까지 영향을 미친다.

㉯ 망원경 정·반 읽기가 평균이 안 된다.

㉰ 계산이 불편하다.

㉱ 오차의 검사가 곤란하다.

⊙ 방위각법은 방위각을 관측하므로 계 산과 제도가 편리하다.

09 트래버스망을 선점할 때 고려할 사항을 기술한 것 중 옳지 않은 것은?

㉮ 길이를 되도록 짧게 하여 선점할 것

㉯ 견고하고 관측이 용이할 것

㉰ 세부측량 시 이용이 편리하게 할 것

㉱ 교통으로 인한 측정장애가 없도록 할 것

> 선점 시 고려사항
> • 결합트래버스를 원칙으로 한다.
> • 시점과 종점은 단거리로 한다.
> • 측점 간의 거리는 되도록 같게 하고, 고저차가 심하지 않도록 한다.
> • 길이는 제한거리 내에서 될 수 있는 한 긴 것이 좋다.

10 트래버스측량 선점에 대한 유의사항으로써 부적당한 것은?

㉮ 좁은 지역은 결합트래버스, 넓은 지역은 폐합트래버스로 한다.

㉯ 측점위치는 보존하기 쉬운 장소, 장애물이 없는 장소일 것

㉰ 측점 간의 거리는 되도록 같고, 고저차가 적은 곳

㉱ 찾기 쉽고 세부측량에 이용이 편리할 것

> • 넓은 지역은 결합트래버스로 하고, 좁은 지역은 폐합트래버스로 한다.
> • 측점 간의 거리는 30~200m가 적당한 변장이다.

11 트래버스측량에 있어서 강 사이에 둔 측점 $\overline{AB}$ 간의 거리(약 300m)를 될 수 있는 한 빨리 약 1/3,000 정도 이상으로 측정하려고 한다. 다음 어느 방법이 적당한가?

㉮ 스타디아측량

㉯ 수평표척을 사용하는 방법

㉰ 삼각측량

㉱ 20″ 읽기 트랜싯을 사용하여 보조기선에 의한 방법

> ㉮ : 1/500~1/1,000 정도가 기대된다.
> ㉯ : 1/4,000~1/5,000 정도가 기대된다.
> ㉰ : 높은 정확도를 얻을 수 있으나 시간이 많이 소비된다.
> ㉱ : 정도가 낮다.

12 트래버스측량에서 절점 간의 평균거리를 200m, 내각의 측각오차를 ±20″라 한다. 거리관측과 각관측의 정도를 같게 하기 위해서는 거리관측의 오차가 얼마라야 하는가?

㉮ ±6cm ㉯ ±10cm

㉰ ±4cm ㉱ ±2cm

> $\dfrac{\Delta l}{D} = \dfrac{\theta''}{\rho''}$
>
> $\therefore \Delta l = \dfrac{\theta'' D}{\rho''} = \dfrac{20'' \times 200}{206,265''}$
>
> $= 0.02\text{m} = 2\text{cm}$

13 다각측량에서 측선장이 100m인 경우 트랜싯의 정치(치심)에 5mm의 편심을 허용한다면 관측각에 생기는 최대의 오차는 얼마인가?(단, 시준목표에는 편심이 없다.)

㉮ 5″ ㉯ 10″

㉰ 15″ ㉱ 20″

> $\dfrac{\Delta l}{D} = \dfrac{\theta''}{\rho''}$
>
> $\therefore \theta'' = 2\dfrac{\Delta l \rho''}{D}$
>
> $= 2 \times \dfrac{0.005 \times 206,265''}{100}$
>
> $= 20''$

정답 09 ㉮ 10 ㉮ 11 ㉯ 12 ㉱ 13 ㉱

14 다각노선의 각 절점에서 기계점의 설치오차는 없고 목표점의 설치오차가 10mm, 방향관측오차를 최대 10초로 한다면 절점 간의 거리는 적어도 몇 m 이상이어야 하는가?(단, 각 절점 간의 거리는 동일한 것으로 한다. $\rho'' = 2 \times 10^5$)

㉮ 100m

㉯ 150m

㉰ 200m

㉱ 250m

$\theta'' = \dfrac{\Delta l}{D} \rho''$

$\therefore D = \dfrac{\Delta l \rho''}{\theta''}$

$= \dfrac{10 \times 2 \times 10^5}{10''}$

$= 200,000\text{mm} = 200\text{m}$

15 기선측량 시 두 점의 경사도에 따른 허용정밀도를 $1/7,200$로 할 때 허용경사각은 몇 도인가?

㉮ $0° \ 57' \ 18''$

㉯ $0° \ 00' \ 29''$

㉰ $2° \ 05' \ 36''$

㉱ $3° \ 02' \ 54''$

$\dfrac{\Delta l}{D} = \dfrac{\theta''}{\rho''} \rightarrow$

$\dfrac{1}{7,200} = \dfrac{\theta''}{206,265''}$

$\therefore \theta'' = 28.65''$

$= 0°00'29''$

16 그림과 같이 삼각점 A, B를 연결하는 결합트래버스측량을 하여 다음 결과를 얻었다. 측각오차를 구한다면?(단, $T_A = 33°54'17''$, $T_B = 34°36'42''$, $(\beta) = 900°42'35''$)

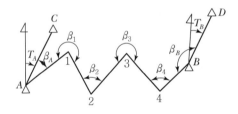

㉮ $-10''$

㉯ $+10''$

㉰ $-15''$

㉱ $+15''$

$\Delta\beta = T_A - T_B + [\beta] - 180°(n-1)$

$= 33°54'17'' - 34°36'42''$

$+ 900°42'35'' - 180°(6-1)$

$= 10''$

17 다음 그림과 같은 결합트래버스에서 A점 및 B점에서 각각 $\overline{AL}$ 및 $\overline{BM}$의 방위각이 기지일 때 측각오차를 표시하는 식은 어느 것인가?(단, 교각의 총합 $= (\alpha)$, 측점수 $= n$)

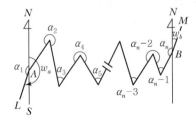

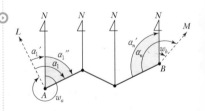

L 및 M이 차지하는 위치가 각각 α_1'' 및 α_n' 밖에 있으므로

$\therefore$ 측각오차$(\triangle\alpha)$
$= w_a + [\alpha] - 180°(n+1) - w_b$

㉮ $\Delta\alpha = w_a + [\alpha] - 180°(n-3) - w_b$

㉯ $\Delta\alpha = w_a + [\alpha] - 180°(n+2) - w_b$

㉰ $\Delta\alpha = w_a + [\alpha] - 180°(n+1) - w_b$

㉱ $\Delta\alpha = w_a + [\alpha] - 180°(n-1) - w_b$

18 다음 그림에서 $\overline{AC}$의 방위각은 35°20′38″, $\overline{BD}$의 방위각은 325°40′40″이고, 관측각의 총화가 830°20′20″, 측점 수가 6일 때 각 측점에 조정할 조정량은?

㉮ $-6'$

㉯ $+18''$

㉰ $-3''$

㉱ $+3''$

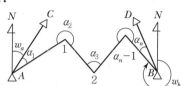

$\Delta\alpha = w_a - w_b + [\alpha] - 180°(n-3)$
$= 35°20'38'' - 325°40'40''$
$\quad + 830°20'20'' - 180°(6-3)$
$= 18''$

19 그림과 같은 다각측량을 실시할 때 각 협각(β_1, β_2, β_3, β_4)의 관측값의 표준편차는 ±10″이었다. $\beta_1 \sim \beta_4$로부터 계산에 의해 구한 방향각 T의 표준편차는 얼마인가?(단, A점에 있어서 C점의 방향각에는 오차가 없다고 한다.)

㉮ $\pm 5''$

㉯ $\pm 10''$

㉰ $\pm 20''$

㉱ $\pm 30''$

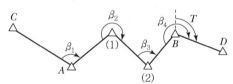

오차전파법칙에 의하여
$M = \pm 10''\sqrt{4} = \pm 20''$

20 다각측량에서 1각의 오차가 ±10″인 9개의 각이 있을 경우에 그 각오차의 총합은?

㉮ $10''$

㉯ $20''$

㉰ $40''$

㉱ $30''$

$M = \pm \sigma \sqrt{n}$

여기서, σ : 1각의 오차,
$\quad\quad n$: 각수
$\therefore M = \pm 10''\sqrt{9} = 30''$

21 시가지에서 25변형 트래버스측량을 하여 측각오차가 2′40″였다. 어떻게 처리하여야 하는가?

㉮ 변장에 역비례 배분한다.

㉯ 변장에 비례 배분한다.

㉰ 오차가 허용오차 이상이므로 재측하여야 한다.

㉱ 각의 크기에 따라 배분한다.

시가지에서의 허용오차
$30''\sqrt{n} \sim 20''\sqrt{n}$
$2'40'' > 30''\sqrt{n} = 2'30''$이므로 재측하여야 한다.

22 평탄지 트래버스측량에서 16변인 내각의 관측오차가 1′30″일 때 측각의 처리방법은?(단, 각관측 정도는 동일함)

㉮ 재측량한다.

㉯ 각의 크기에 비례하여 배분한다.

㉰ 각의 크기에 관계없이 등배분한다.

㉱ 변길이 역수에 비례하여 각각에 배분한다.

● 평탄지의 허용오차 기준

$$30''\sqrt{n}\sim60''\sqrt{n}$$
$$=30''\sqrt{16}\sim60''\sqrt{16}$$
$$=120''\sim240''$$

관측오차가 90″로 허용오차 내에 있으므로 각관측 정도가 동일한 경우에는 각의 크기에 관계없이 등배분한다.

23 그림과 같이 4개의 각을 동일 조건하에서 관측하였다. α, β, γ에 어떤 값을 조정해야 하는가?(단, $\alpha=40°$, $\beta=35°$, $\gamma=45°$, $\theta=120°00′20″$)

	α	β	γ
㉮	$+5''$	$+7''$	$6''$
㉯	$+7''$	$+6''$	$+5''$
㉰	$+5''$	$+5''$	$+5''$
㉱	$+7''$	$+7''$	$+6''$

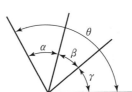

● 조정량 $=\dfrac{20''}{4}=5''$

24 자오선 수차와 방위각의 관계를 설명한 것 중 틀린 것은?

㉮ 자오선 간의 경로는 적도에서 가장 길고, 남북극에서 모인다.

㉯ 방위각은 어느 1점에서의 자오선 방향과 기타점의 방향과의 교각이다.

㉰ 직각좌표의 북방향은 측량원점에서의 자오선과 직교한다.

㉱ 어느 지점에서의 진북방향각, 즉 자오선과 직각좌표의 북방향과의 교각은 북으로 갈수록 커진다.

● 직각좌표의 북방향은 평면직각좌표 원점에서 자오선과 일치한다.

25 A점에서 B점에 대한 방향각 $T=193°20′34″$인 경우 $\overline{AB}$의 방위각은 다음 중 어느 것인가?(단, A점의 진북방향각은 서편 $0°18′23″$이다.)

㉮ $193° 38′ 57″$

㉯ $193° 02′ 11″$

㉰ $21° 38′ 57″$

㉱ $21° 02′ 11″$

● 방위각(α)
$=$방향각(T)$+$진북방향각(γ)
$=193°20′34''+0°18′23''$
$=193°38′57''$

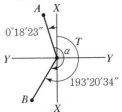

26 삼각점의 진북방향각에 대한 설명 중 옳지 않은 것은?

㉮ 진북방향각은 그 삼각점에 속하고 있는 측량원점의 자오선 방향으로부터 그 삼각점을 지나는 진북선까지의 방향각이다.

㉯ 삼각점이 측량원점의 자오선 동편에 있으면 진북방향각은 +이다.

㉰ 삼각점이 측량원점의 자오선 서편에 있으면 진북방향각은 +이다.

㉱ 삼각점이 측량원점의 자오선으로부터 동서로 멀리 떨어져 있으면 진북방향각의 절대치는 크다.

◉ 평면직각좌표계 원점으로부터 진북이 동편인 경우에 진북방향각은 (−), 서편한 경우에 진북방향각은 (+)이다.

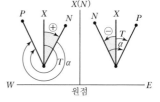

27 방위각의 설명 중 옳은 것은 어느 것인가?

㉮ 진북을 기준으로 한 방향각이다.

㉯ 자북을 기준으로 한 방향각이다.

㉰ 임의의 방향을 기준으로 한 방향각이다.

㉱ 지구의 회전축을 기준으로 한 방향각이다.

◉ 어느 지점에서의 진북은 그 지점을 지나는 자오선(경도선)이다. 방위각은 자오선을 기준으로 하여 시계 방향으로 돌린 방향각이다.

28 다음과 같은 폐합다각형에서 내각을 관측한 결과가 다음과 같다. $\overline{DA}$ 측선의 방위각은 얼마인가?

$\alpha_1 = 87°26'20''$	$\alpha_2 = 70°44'00''$
$\alpha_3 = 112°47'40''$	$\alpha_4 = 89°02'00''$

㉮ 50°48'40''

㉯ 138°15'00''

㉰ 230°48'40''

㉱ 318°15'00''

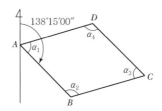

◉ $\overline{AD}$의 방위각
$= \overline{AB}$의 방위각$- \alpha_1$
$= 138°15'00'' - \alpha_1$
$= 138°15'00'' - 87°26'20''$
$= 50°48'40''$

∴ $\overline{DA}$의 방위각
$= \overline{AD}$의 방위각$+180°$
$= 58°48'40'' + 180°$
$= 230°48'40''$

29 다음 그림에서 $\overline{ED}$ 측선의 방위각은 얼마인가?

㉮ 329°50'

㉯ 295°45'

㉰ 212°24'

㉱ 115°45'

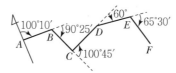

◉ • $\overline{BC}$ 방위각$= 100°10' + 90°25'$
$= 190°35'$
• $\overline{CD}$ 방위각$= 190°35' - 100°45'$
$= 89°50'$
• $\overline{DE}$ 방위각$= 89°50' + 60°$
$= 149°50'$
∴ $\overline{ED}$ 방위각$= 149°50' + 180°$
$= 329°50'$

정답 **26** ㉯ **27** ㉮ **28** ㉰ **29** ㉮

30 다음 그림에서 $\overline{BC}$의 방위각은?(단, $\overline{AB}$의 방위각은 115°25′20″, $\alpha = 66°17′12″$, $\gamma = 56°18′16″$)

㉮ 50°00′48″

㉯ 121°59′12″

㉰ 148°09′12″

㉱ 238°00′48″

$\angle\beta = 180° - (\alpha + \gamma) = 57°24′32″$

$\overline{AB}$ 방위각$=115°25′20″$

$\therefore$ $\overline{BC}$ 방위각$=115°25′20″ + 180°$
$\qquad - 57°24′32″$
$\qquad = 238°00′48″$

31 A, B 두 점의 좌표가 $X_A = 52.272$m, $Y_A = 76.273$m, $X_B = 53.782$m, $Y_B = 78.723$m일 때 $\overline{AB}$측선의 방위각은 얼마인가?

㉮ 31°38′48″

㉯ 301°38′48″

㉰ 121°38′12″

㉱ 58°21′12″

$\tan\theta = \dfrac{Y_B - Y_A}{X_B - X_A}$

$\therefore$ 방위$(\theta) = \tan^{-1}\dfrac{78.723 - 76.273}{53.782 - 52.272}$
$\qquad = 58°21′12″(1상한)$

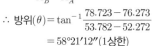

※ 1상한에서 방위각과 방위는 같다.

32 방위각이 145°35′36″일 때 역방위는?

㉮ $S\,34°24′24″\,E$

㉯ $E\,34°24′24″\,S$

㉰ $N\,34°24′24″\,W$

㉱ $W\,34°24′24″\,N$

방위$= (180°) - (145°35′36″)$
$\quad = S\,34°24′24″\,E$

$\therefore$ 역방위$= N\,34°24′24″\,W$

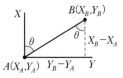

33 경·위거 용도로 옳지 않은 것은?

㉮ 오차 및 정도의 계산

㉯ 실측도의 좌표 계산

㉰ 오차의 합리적인 배분

㉱ 측점의 표고 계산

경·위거는 수평위치(X, Y)와 관계하므로 표고계산과는 무관하다.

34 측선거리가 100m, 방위각이 240°일 때 위거 및 경거를 계산한 값은?

   ㉮ 위거 +80.6m, 경거 +50.0m

   ㉯ 위거 +50.0m, 경거 +86.6m

   ㉰ 위거 -86.6m, 경거 -50.0m

   ㉱ 위거 -50.0m, 경거 -86.6m

• 위거 $= \overline{AB} \cdot \cos\theta$
$= 100 \times \cos 240° = -50\text{m}$

• 경거 $= \overline{AB} \cdot \sin\theta$
$= 100 \times \sin 240° = -86.6\text{m}$

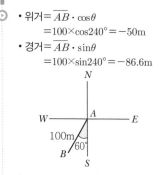

35 다음 다각측량에 관한 기술 중 옳지 않은 것은?

   ㉮ 방위각 330°, 거리 100m에 대한 경거의 값은 -50m이다.

   ㉯ 위거, 경거의 오차가 각각 3cm, 4cm일 때 폐합오차 E의 값은 0.05m이다.

   ㉰ 측선 총거리 100m, 폐합오차 0.05m일 때 정도는 1/3,000이다.

   ㉱ 16변의 다각측량오차 허용범위는 평지에서 2~4분이다.

정도 $= \dfrac{\text{오차}}{\text{전거리}} = \dfrac{0.05}{100} = \dfrac{1}{2,000}$

36 A 및 B점의 좌표가 $X_A = +69.30$, $Y_A = +123.56\text{m}$, $X_B = +153.47\text{m}$, $Y_B = +636.22\text{m}$이다. 그런데 A에서 B까지 결합 다각측량을 하여 계산해본 결과 합위거가 +84.30m, 합경거가 +512.62m이었다면, 이 측량의 폐합차는?

   ㉮ 0.18m   ㉯ 0.14m

   ㉰ 0.10m   ㉱ 0.08m

$X_A + \Sigma L = X_B$, $Y_B + \Sigma D = Y_B$ 가 되어야 하므로
$X_B - X_A = +84.17\text{m}$
$Y_B - Y_A = +512.66\text{m}$
∴ 폐합차 $= \sqrt{(84.30-84.17)^2 + (512.62-512.66)^2}$
$≒ 0.14\text{m}$

37 노선장이 3km되는 곳의 결합트래버스측량에서 폐합비의 제한을 1/3,000로 하면 허용되는 위치의 폐합차는?

   ㉮ 0.4m   ㉯ 0.6m

   ㉰ 0.8m   ㉱ 1.0m

폐합비 $= \dfrac{1}{3,000} = \dfrac{\text{폐합오차}}{\text{전거리}}$
$= \dfrac{E}{3,000}$
∴ $E = 1.0\text{m}$

38 어떤 트래버스측량에서 다음의 결과를 얻었다. 이때 폐합비는? (단, 거리의 총합은 1,240m, 위거의 폐합차는 -0.12m, 경거의 폐합차는 +0.23m이다.)

   ㉮ 1/4,500   ㉯ 1/4,679

   ㉰ 1/4,780   ㉱ 1/4,870

폐합비 $= \dfrac{\text{폐합오차}}{\text{전거리}}$
$= \dfrac{\sqrt{(0.12)^2 + (0.23)^2}}{1,240}$
$= \dfrac{1}{4,780}$

39 어떤 사각형의 전측선장이 900m일 때 폐합비를 1/6,000로 하기 위하여 축척 1/500 도면에서 폐합오차의 허용한도는?

㉮ 0.15mm ㉯ 0.3mm

㉰ 0.5mm ㉱ 0.8mm

폐합비 = $\dfrac{\text{폐합오차}}{\text{전거리}}$

$= \dfrac{1}{6,000} = \dfrac{E}{900} \rightarrow$

$E = 0.15\text{m}$

$\dfrac{1}{500} = \dfrac{\text{도상거리}}{0.15\text{m}}$

∴ 도상거리 = 0.3mm

40 트래버스측량에서 다음과 같은 값을 얻었다. 폐합비의 허용범위를 1/5,000이라 할 때 어떻게 하면 되는가?(단, 위거오차는 +0.20m, 경거오차는 −0.25m, 전 측선거리의 합이 2,500m이다.)

㉮ 재측한다.

㉯ 허용오차 안에 있다.

㉰ 거리만 재측한다.

㉱ 각만 재측한다.

$E = \sqrt{(\Delta l)^2 + (\Delta d)^2}$

$= \sqrt{(0.20)^2 + (-0.25)^2}$

$= 0.32\text{m}$

$R = \dfrac{E}{\sum l} = \dfrac{0.32}{2,500}$

$\dfrac{1}{7,812.5} < \dfrac{1}{5,000}$

∴ 허용오차 안에 있다.

41 다각측량의 오차에 관한 설명 중 틀린 것은?

㉮ 오차의 배분은 각관측의 정도가 같을 때에는 오차를 각의 대소에 관계없이 등배분한다.

㉯ 폐합오차는 $\sqrt{(\sum L)^2 + (\sum D)^2}$, 폐합비는 $\dfrac{\sqrt{(\sum L)^2 + (\sum D)^2}}{\sum S}$ 으로 구할 수 있다.

㉰ 변의 길이가 같지 않을 때에는 변길이에 비례하여 그 각각의 각에 배분한다.

㉱ 지형에 따른 허용오차 범위는 일반적으로 시가지는 $0.3'\sqrt{n}$ ~$0.5'\sqrt{n}$, 평탄지는 $0.5'\sqrt{n}$ ~$1'\sqrt{n}$, 산림지는 $1.5'\sqrt{n}$ 이다.

변의 길이가 같지 않을 때에는 변의 길이의 역수에 비례하여 배분한다.

42 트래버스의 조정에서 각과 거리의 정밀도가 거의 같을 경우의 조정법은?

㉮ 컴퍼스법칙

㉯ 트랜싯법칙

㉰ 등배분법칙

㉱ 오차전파법칙

• 컴퍼스법칙 : 각과 거리의 정밀도가 거의 같은 경우에 이용
• 트랜싯법칙 : 각의 정밀도가 거리의 정밀도보다 높을 경우에 이용

43 다음은 다각측량의 각관측에 관한 기술이다. 틀린 것은 어느 것인가?

㉮ 각관측 정도가 거리의 관측 정도보다 높은 경우는 트랜싯 법칙을 이용하여 폐합오차의 조정계산을 한다.

㉯ 편심요소의 측정에 있어서 편심각의 관측은 편심거리에 맞게 관측 정도를 변화시키는 것이 좋다.

㉰ 다각노선의 절점수가 많은 경우 노선 중간의 절점에서 먼 방향의 기지점 방향의 각관측을 행하므로 측각오차의 누적을 적게 할 수 있다.

㉱ 다각점의 표고를 삼각수준측량으로 구할 경우 트랜싯의 망원경 정·반 위치에서 고도각을 관측하는 것은 기차를 소거하기 위함이다.

> ⊙ 트랜싯의 망원경 정·반 위치에서 연직각을 관측하는 것은 구차, 연직분도반 눈금오차, 연직각의 정도 향상에 목적이 있다.

44 트래버스(Traverse)에서 임의 측선의 위거(경거) 조정값을 구하는 식이 옳은 것은?

㉮ $\dfrac{위거(경거)오차}{측선의총화} \times 그\ 측선의\ 측선길이$

㉯ $\dfrac{\sqrt{위거(경거)오차}}{측선의총화} \times 그\ 측선의\ 측선길이$

㉰ $\dfrac{위거(경거)오차}{위거(경거)\ 절댓값의\ 오차} \times 그\ 측선의\ 위거(경거)\ 절댓값$

㉱ $\dfrac{\sqrt{위거(경거)오차}}{위거(경거)\ 절댓값의\ 오차} \times 그\ 측선의\ 위거(경거)\ 절댓값$

> ⊙ 컴퍼스법칙
> • 조정량 = $\dfrac{위거(경거)오차}{측선의\ 총화}$
> $\times\ 그\ 측선의\ 길이$
>
> 트랜싯법칙
> • 조정량 = $\dfrac{위거(경거)오차}{위거(경거)\ 절댓값의\ 합}$
> $\times\ 그\ 측선의\ 위거(경거)$

45 다음과 같은 다각측량성과표에서 $\overline{CD}$측선 위거의 조정량이 옳은 것은?(단, 계산은 트랜싯법칙에 의한다.)

측선	거리	N	S	E	W
$\overline{AB}$	241.76	163.14		178.15	
$\overline{BC}$	196.14		193.86		28.85
$\overline{CD}$	443.02		244.84		369.21
$\overline{DE}$	226.33	202.74		100.20	
$\overline{EF}$	139.66	108.58			88.46
$\overline{FA}$	210.99		35.54	207.99	
계	1,457.90	474.46	474.24	486.34	486.52

㉮ $-0.04m$ ㉯ $-0.06m$ ㉰ $-0.08m$ ㉱ $-0.09m$

> ⊙ $\overline{CD}$측선의 위거조정량
> $= \dfrac{오차}{위거\ 절대치의\ 합}$
> $\times\ 조정할\ 측선의\ 위거$
> $= \dfrac{0.22}{474.46+474.24} \times (-244.84)$
> $= -0.06m$

46 어느 지점 P_1의 직각좌표가 $X_1 = -2,000$m, $Y_1 = 1,000$m이고, 다른 지점 P_2까지의 거리가 1,500m이며 P_1, P_2의 방위각이 60°이었다면 이때 P_2의 직각좌표는?

㉮ $X_2 = -1,250$m, $Y_2 = 2,299$m

㉯ $X_2 = -147.87$m, $Y_2 = 2,007.77$m

㉰ $X_2 = -2,299$m, $Y_2 = 1,250$m

㉱ $X_2 = -147.87$m, $Y_2 = 2,299$m

○ P_2의 직각좌표
• $X_2 = X_1 + (1,500 \times \cos 60°)$
  $= -2,000 + 750 = -1,250$m
• $Y_2 = Y_1 + (1,500 \times \sin 60°)$
  $= 1,000 + 1,299 = 2,299$m

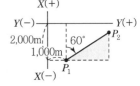

47 그림에서 D점의 경거는 얼마인가?

㉮ 58.826m

㉯ 58.743m

㉰ 57.622m

㉱ 57.436m

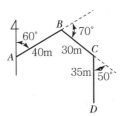

○
• B점의 경거(y_1)
  $= 40 \times \sin 60° = 34.641$m
• C점의 경거(y_2)
  $= y_1 + (30 \times \sin 130°) = 57.622$m
∴ D점의 경거(y_3)
  $= y_2 + (35 \times \sin 180°)$
  $= 57.622 + 0 = 57.622$m

48 방위각과 측선거리가 그림과 같을 때 $\overline{AD}$ 간의 거리는?

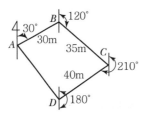

㉮ 35.80m   ㉯ 36.00m

㉰ 36.20m   ㉱ 36.40m

○
• 위거 = 측점 간 거리 × $\cos\alpha$
• 경거 = 측점 간 거리 × $\sin\alpha$
∴ $\overline{AD}$의 거리
  $= \sqrt{(26.16)^2 + (-25.31)^2}$
  $= 36.40$m

측선	위거	경거
$A-B$	25.98	15
$B-C$	−17.50	30.31
$C-D$	−34.64	−20
$D-A$	26.16	−25.31
	0	0

49 기지점 A에서 미지점 B까지의 거리와 방위각을 측정한 결과가 다음과 같았다. B점의 좌표는 얼마인가?(단, $X_A = 500$m, $Y_A = 600$m, $\overline{AB}$의 거리 $= 145.50$m, $\overline{AB}$의 방위각 $= 136°24'18''$이다.)

	X좌표(m)	Y좌표(m)
㉮	600.330	494.624
㉯	494.624	600.330
㉰	700.330	394.624
㉱	394.624	700.330

○ B점의 좌표
• $X_B = X_A - L$
  $= 500 - (l\cos\theta) = 394.624$m
• $Y_B = Y_A + D$
  $= 600 + (l\sin\theta)$
  $= 700.330$m (θ : 방위)

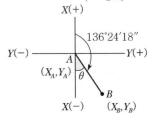

실전문제 ^{TIP}

50 트래버스측점 A의 좌표 XY가 (200, 200)이고, 측선의 길이가 100m일 때 B점의 좌표는?(단, $\overline{AB}$측선의 방위각은 195°이다.)

㉮ (98.5, 106.7)
㉯ (103.4, 174.1)
㉰ (−86.1, 145.8)
㉱ (92.4, −108.9)

B점의 좌표
• $X_B = X_A + (l\cos\theta)$
$= 200 + (100 \times \cos 195°)$
$= 103.4m$
• $Y_B = Y_A + (l\sin\theta)$
$= 200 + (100 \times \sin 195°)$
$= 174.1m$

51 그림과 같이 $\beta = 141°31'$, $S = 1,000m$일 때 P점의 X좌표는 얼마인가?(단, A점의 X좌표는 $+1,850m$, A점에서의 B점의 방향각 278°29'이다.)

㉮ $+1,350m$
㉯ $+1,850m$
㉰ $+2,350m$
㉱ $+2,850m$

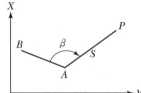

$\overline{AP}$의 방위각
$= 278°29' + 141°31' - 360° = 60°$
∴ $X_P = 1,850 + 1,000 \times \cos 60°$
$= +2,350m$

52 그림과 같은 트래버스에서 $\overline{AB}$의 거리는?(단, $X_a = 55.0m$, $Y_a = 113.50m$, $X_b = 145.70m$, $Y_b = 540.20m$임)

㉮ 436.23m
㉯ 419.50m
㉰ 414.67m
㉱ 404.79m

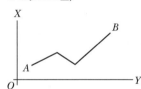

$\overline{AB} = \sqrt{(X_b - X_a)^2 + (Y_b - Y_a)^2}$
$= \sqrt{(145.70 - 55.0)^2 + (540.20 - 113.50)^2}$
$= 436.23m$

53 트래버스 노선이 거의 남북 방향일 때 방향각 및 거리의 오차가 X좌표, Y좌표에 미치는 영향으로서 옳은 것은?

㉮ 방향각에 오차가 있을 때는 X좌표 쪽에 대한 영향이 크다.
㉯ 거리에 오차가 있을 때는 X좌표 쪽에 대한 영향이 크다.
㉰ 거리에 오차가 있을 때는 Y좌표 쪽에 대한 영향이 크다.
㉱ 방향각에 오차가 있을 때는 X, Y좌표에 대한 영향은 같다.

$X = S\cos\theta$, $X_{\Delta S} = \Delta S\cos\theta$,
$X_{\Delta\alpha} = S(-\sin\theta)\dfrac{d\theta''}{\rho''}$
$Y = S\sin\theta$, $Y_{\Delta S} = \Delta S\sin\theta$,
$Y_{\Delta\alpha} = S\cos\theta\dfrac{d\theta''}{\rho''}$

남북 방향이므로 0°, 180°일 때 크게 발생하기 때문에 $\cos\theta$축이 영향을 많이 받는다.

54 A점 및 B점의 좌표가 다음 표와 같고, A점에서 B점까지 결합다 각측량을 하여 계산해본 결과 합위거가 $+84.30$m, 합경거가 $+512.62$m이었다면 이 측량의 폐합오차는?

㉮ 0.18m
㉯ 0.14m
㉰ 0.10m
㉱ 0.08m

측점 \ 좌표	X좌표	Y좌표
A점	69.30m	123.56m
B점	153.47m	636.22m

• 위거오차 $= (153.47 - 69.30)$
$= 84.17$m
• 경거오차 $= (636.22 - 123.56)$
$= 512.66$m
∴ 폐합오차 $= \sqrt{(84.30 - 84.17)^2 + (512.62 - 512.66)^2}$
$= 0.136 \fallingdotseq 0.14$m

55 좌표원점을 중심으로 $X = 150.25$m, $Y = -50.48$m일 때의 방위는?

㉮ $N\,71°25'\,W$
㉯ $N\,18°34'\,W$
㉰ $N\,71°25'\,E$
㉱ $N\,18°34'\,E$

$\tan\theta = \dfrac{Y}{X} = \dfrac{-50.48}{150.25} \fallingdotseq 0.336$
방위$(\theta) = \tan^{-1} 0.336 = 18°34'$
∴ 방위는 4상한이므로 $N\,18°34'\,W$

56 다음과 같은 Data를 현장에서 얻었다. 나무와 나무와의 거리 $\overline{CD}$의 값은 얼마인가?

$\angle BAC = 26°32'10''$ $AC = 32.80$m
$\angle BAD = 38°15'18''$ $AD = 28.74$m

㉮ 7.47m
㉯ 10.48m
㉰ 15.81m
㉱ 30.97m

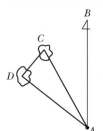

• C점의 좌표
$x_1 = 32.80 \times \cos 26°32'10''$
$= 29.345$m
$y_1 = 32.80 \times \sin 26°32'10''$
$= 14.6538$m
• D점의 좌표
$x_2 = 28.74 \times \cos 38°15'18''$
$= 22.5685$m
$y_2 = 28.74 \times \sin 38°15'18''$
$= 17.7947$m
∴ $\overline{CD} = \sqrt{(x_1 - x_2)^2 + (y_1 - y_2)^2}$
$= 7.47$m

57 기지점 A, B, C로부터 노선별로 트래버스측량을 실시하여 각각 P점의 좌표를 구했다. P점의 X좌표에 대한 최확치는 얼마인가?

노선	거리	X좌표
$A-P$	3km	$+5,234.54$m
$B-P$	4km	$+5,234.48$m
$C-P$	4km	$+5,234.40$m

㉮ $+5,234.40$m
㉯ $+5,234.46$m
㉰ $+5,234.48$m
㉱ $+5,234.54$m

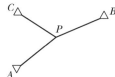

$W_1 : W_2 : W_3 = \dfrac{1}{S_1} : \dfrac{1}{S_2} : \dfrac{1}{S_3}$
$\dfrac{1}{3} : \dfrac{1}{4} : \dfrac{1}{4} = 0.3 : 0.25 : 0.25$
∴ X_P 최확값
$= \dfrac{(X_1 W_1) + (X_2 W_2) + (X_3 W_3)}{W_1 + W_2 + W_3}$
$= 5,234 + \dfrac{(0.54 \times 0.3) + (0.25 \times 0.48) + (0.25 \times 0.4)}{0.3 + 0.25 + 0.25}$
$\fallingdotseq +5,234.48$m

정답 54 ㉯ 55 ㉯ 56 ㉮ 57 ㉰

58 평면직각좌표계에서 두 점 간의 평균거리를 5,000.00m로 할 때 이에 대응하는 구면거리는 얼마인가?(단, $R = 6,370$km, Y좌표 평균값 52km, 축척계수 0.999933이다.)

- ㉮ 5,000.34m
- ㉯ 5,000.16m
- ㉰ 4,999.66m
- ㉱ 4,999.84m

$\frac{s}{S} = 0.999933 = \frac{5,000.00}{구면거리}$

∴ 구면거리(S) = 5,000.34m

59 트래버스측량에서 배횡거를 구하는 식 중 옳은 것은?(단, 구하려는 배횡거를 D, 하나 앞 측선의 배횡거를 E, 하나 앞 측선의 경거를 F, 하나 앞 측선의 위거를 G, 그 측선의 경거를 H, 그 측선의 위거를 I라 했을 경우이다.)

- ㉮ $D = E + 2H + 2G$
- ㉯ $D = E + F + H$
- ㉰ $D = E + G + I$
- ㉱ $D = E + F + 2H$

임의 측선의 배횡거=하나 앞 측선의 배횡거+하나 앞 측선의 경거+그 측선의 경거

60 A점이 좌표의 종축에 접하는 폐합트래버스측량에 있어서 아래와 같은 측량 결과를 얻었을 때 측선 $\overline{CD}$의 배횡거는?

- ㉮ 60.25m
- ㉯ 115.90m
- ㉰ 135.45m
- ㉱ 165.90m

측선	위거(m)	경거(m)
$\overline{AB}$	+65.39	+83.57
$\overline{BC}$	−34.57	+19.68
$\overline{CD}$	−65.43	−40.60
$\overline{DA}$	+34.61	−62.65

$B_n = B_{n-1} + D_{n-1} + D_n \rightarrow$
- $\overline{AB}$의 배횡거 = +83.57m
- $\overline{BC}$의 배횡거
  =83.57+83.57+19.68
  =186.82m
- ∴ $\overline{CD}$의 배횡거
  =186.82+19.68−40.60
  =165.90m

61 다각측량에 관한 설명 중에서 맞지 않는 것은?

- ㉮ 트래버스 중 가장 정밀도가 높은 것은 결합트래버스로서 오차점검이 가능하다.
- ㉯ 폐합오차 조정에서 각과 거리측량의 정확도가 비슷한 경우 트랜싯법칙으로 조정하는 것이 좋다.
- ㉰ 측점에 편심이 있는 경우 편심 방향이 측선에 직각일 때 가장 큰 각오차가 발생한다.
- ㉱ 폐합다각측량에서 편각을 관측하면 편각의 총합은 언제나 360°가 되어야 한다.

- 컴퍼스법칙 : 각관측의 정도와 거리관측의 정도가 동일할 때 이용
- 트랜싯법칙 : 각관측의 정밀도가 거리관측의 정밀도보다 높을 때 이용

62 그림과 같은 방위각과 내각의 경우 $\overline{BC}$의 방위각은?(단, $\overline{FA}$측선의 방위각은 120°, $\angle FAB = 85°$, $\angle ABC = 125°$)

㉮ 215°00′

㉯ 235°00′

㉰ 260°00′

㉱ 270°00′

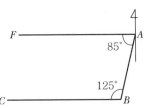

$\overline{AB}$의 방위각$=120°+180°-85°$
$=215°00′$
$\therefore \overline{BC}$의 방위각$=215°+180°-125°$
$=270°00′$

63 나침반을 사용하여 A지점에서 B, C의 방향각을 관측하여 다음 결과를 얻었다. $\angle BAC$는?(단, 방위 $\overline{AB}$ = N 32°E, $\overline{AC}$ = S 20°W)

㉮ $\angle BAC = 168°$

㉯ $\angle BAC = 57°$

㉰ $\angle BAC = 58°$

㉱ $\angle BAC = 103°$

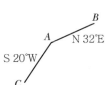

$\therefore \angle BAC = 58° + 90° + 20° = 168°$

64 오른쪽 그림에서 방위를 옳게 표시한 것은 다음 중 어느 것인가?

㉮ $\overline{OA}$의 방위 = N 60°E

㉯ $\overline{OB}$의 방위 = W 30°N

㉰ $\overline{OC}$의 방위 = S 70°W

㉱ $\overline{OD}$의 방위 = S 45°W

㉮ $\overline{OA}$의 방위 = N 60°E

㉯ $\overline{OB}$의 방위 = S 45°E

㉰ $\overline{OC}$의 방위 = S 20°W

㉱ $\overline{OD}$의 방위 = N 60°W

65 다음 표와 같은 폐합트래버스측량 결과를 얻었다. 여기서 결측된 $\overline{BC}$의 위거, 경거 및 거리를 구하라.(단, 오차는 무시한다.)

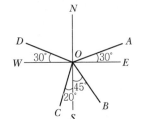

- $\overline{BC}$의 위거
 $=(85.40+54.65)-85.30$
 $=-54.75m$
- $\overline{BC}$의 경거
 $=(103.70)-(60.40+82.50)$
 $=39.20m$
- $\overline{BC}$의 거리
 $=\sqrt{L^2+D^2}$
 $=\sqrt{(-54.75)^2+(39.20)^2}$
 $=67.34m$

측선	위거		경거	
	N	S	E	W
$\overline{AB}$	85.40		103.70	
$\overline{BC}$				
$\overline{CD}$		85.30		60.40
$\overline{DA}$	54.65			82.50

	위거	경거	거리
㉮	54.75m,	−39.20m,	67.34m
㉯	−54.75m,	39.20m,	67.34m
㉰	−39.20m,	54.75m,	15.55m
㉱	39.20m,	54.75m,	15.55m

66 거리와 방향각에서 새로운 점의 X좌표 및 Y좌표를 $X = S\cos\alpha$, $Y = S\sin\alpha$로 구할 경우 S에 오차가 없고, 방향각 α에 $\pm5''$의 오차가 있다고 하면 X와 Y에 얼마쯤의 오차가 생기는가?(단, $S = 2,000\text{m}$, $\alpha = 45°$이다.)

㉮ $\pm1.2\text{cm}$ ㉯ $\pm2.4\text{cm}$

㉰ $\pm3.4\text{cm}$ ㉱ $\pm4.4\text{cm}$

$\bullet$ $X = S\cos\alpha \rightarrow dX = -S\sin\alpha \dfrac{d\alpha''}{\rho''}$

$\bullet$ $Y = S\sin\alpha \rightarrow dY = S\cos\alpha \dfrac{d\alpha''}{\rho''}$

$\therefore dX = -2,000\sin45° \dfrac{5''}{206,265''}$

$\qquad = \pm0.034\text{m} = \pm3.4\text{cm}$

$dY = 2,000\cos45° \dfrac{5''}{206,265''}$

$\qquad = \pm0.034\text{m} = \pm3.4\text{cm}$

67 트래버스측량에서 어떤 두 점의 관계위치를 구하기 위하여 일반적으로 사용하는 좌표는 어느 것인가?

㉮ 극좌표 ㉯ 직각좌표

㉰ 구면좌표 ㉱ 평면좌표

다각측량에서는 직각좌표로 어떤 두 점의 위치관계를 표시한다.

68 다각측량에서 조정계산을 하였더니 다음과 같은 결과를 얻었다. 이들의 값을 써서 면적을 구하면?

측선	조정위거		조정경거		배횡거	배면적	
	N(+)	S(−)	E(+)	W(−)		+	−
$\overline{AB}$	25.00		16.29				
$\overline{BC}$		19.62	31.78				
$\overline{CD}$		17.95		25.77			
$\overline{DA}$	12.57			22.30			

㉮ 459.58m^2 ㉯ 689.37m^2

㉰ 919.16m^2 ㉱ $1,378.74\text{m}^2$

배횡거=(전측선의 배횡거)+(전측선의 경거)+(그 측선의 경거) (1측선의 배횡거=제1측선의 경거)

$\bullet$ $\overline{AB} = 16.29\text{m}$

$\bullet$ $\overline{BC} = 16.29+16.29+31.78$ $= 64.36\text{m}$

$\bullet$ $\overline{CD} = 64.36+31.78-25.77$ $= 70.37\text{m}$

$\bullet$ $\overline{DA} = 70.37-25.77-22.30$ $= 22.30\text{m}$

배면적=배횡거×그 측선의 위거

$\bullet$ $\overline{AB} = 16.29×25.00 = 407.25\text{m}^2$

$\bullet$ $\overline{BC} = 64.36×(-19.62)$ $= -1,262.74\text{m}^2$

$\bullet$ $\overline{CD} = 70.37×(-17.95)$ $= -1,263.14\text{m}^2$

$\bullet$ $\overline{DA} = 22.30×12.57 = 280.31\text{m}^2$

$\therefore$ 면적$(A) = \dfrac{1}{2}×|$배면적$|$

$= \dfrac{1}{2}|(407.25+280.31$
$-1,262.74-1,263.14)|$

$= 919.16\text{m}^2$

69 다각측량에서 오차의 전파특성을 그림으로 표시한 것 중 옳은 것은 어느 것인가?

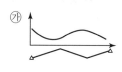
㉮

㉯

㉰

㉱

다각측량에서 오차의 전파를 그림으로 표시하면 다음과 같다.

$\bullet$ 결합트래버스

$\bullet$ 개방트래버스

70 트래버스망을 선점할 때 유의할 사항에 대한 설명으로 옳지 않은 것은?

㉮ 노선형(路線形) 트래버스는 결합 트래버스가 되지 않도록 할 것
㉯ 측량표가 안전하게 보존될 수 있는 곳일 것
㉰ 측점은 앞으로의 세부측량에 편리한 곳일 것
㉱ 측점은 관측할 때 지장이 없는 곳일 것

▶ 선점 시 고려사항
• 결합트래버스를 원칙으로 한다.
• 시점과 종점은 단거리로 한다.
• 측점 간의 거리는 되도록 같게 하고, 고저차가 심하지 않도록 한다.
• 길이는 제한거리 내에서 될 수 있는 한 긴 것이 좋다.

71 다음 설명 중에서 옳지 않은 것은?

㉮ 삼각수준측량의 관측값 중에서 굴절오차는 낮게, 곡률오차는 높게 조정한다.
㉯ 방위각은 진북방향과 측선이 이루는 우회각이며, 방향각은 기준선과 측선이 이루는 우회각을 말한다.
㉰ 배각법은 방향각법과 비교하여 읽기 오차의 영향을 많이 받는다.
㉱ 다각측량에 의하여 기준점의 위치를 결정하는 데 가장 정확한 방법은 결합트래버스 방법이다.

▶ 배각법은 방향각법과 비교하여 한 방향의 읽음오차의 영향을 줄이고자 실시하는 방법이다.

72 다각측량에서 수평각의 관측 방법에서 일명 협각법이라고도 하며, 어떤 측선이 그 앞의 측선과 이루는 각을 관측하는 방법을 무엇이라 하는가?

㉮ 배각법　　　　㉯ 편각법
㉰ 고정법　　　　㉱ 교각법

▶ 각관측방법
• 교각법 : 어떤 측선이 그 앞의 측선과 이루는 각을 관측하는 방법
• 편각법 : 각측선이 그 앞 측선의 연장선과 이루는 각을 편각이라 하고 그 편각을 관측하는 방법
• 배각법 : 수평각 관측에서 1개의 각을 2회 이상 관측하여 관측횟수로 나누어서 구하는 방법
• 고정법(부전법) : 방위각법으로 한 번의 잘못된 관측이 다음 관측에 누적된다는 단점과 여기서 얻어지는 방위각은 역방위각이기 때문에 180°를 감해야 하는 불편함이 있다.

73 두 점의 평면직각좌표계로부터 계산되는 측선의 방향은 다음 중 어느 것에 해당하는가?

㉮ 진북 방향각　　　㉯ 진북 방위각
㉰ 도북 방위각　　　㉱ 자북 방위각

▶ 평면직각좌표계로부터 계산된 성과는 도북방위각에서 산출된 것이다. 즉, 방향각이다.

74 방위각 287°33′20″의 역방위각은 얼마인가?

㉮ 72° 26′ 40″　　㉯ 107° 33′ 20″
㉰ 187° 33′ 20″　　㉱ 340° 26′ 40″

방위각=287°33′20″

∴ 역방위각=287°33′20″−180°
　　　　　　=107°33′20″

75 측점의 좌푯값이 A(−30, −40), B(+60, −80), C(+40, +20)일 때 측선 $\overline{CB}$의 방위는?

㉮ N 281° 18′ 36″ E　　㉯ S 101° 18′ 36″ E
㉰ S 171° 41′ 24″ W　　㉱ N 78° 41′ 24″ W

$$\tan\theta=\frac{Y}{X}=\frac{(-80)-20}{60-40}=5$$
방위(θ)$=\tan^{-1}5=78°41′24″$
∴ 방위는 4상한이므로
　N 78° 41′ 24″ W

76 다음과 같은 삼각망에서 $\overline{CD}$의 방위는?

㉮ S 12° 51′ 50″ E
㉯ S 12° 11′ 50″ W
㉰ S 23° 51′ 10″ E
㉱ S 23° 45′ 30″ W

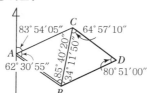

- ∠ACB
　$=180°-(62°30′55″+85°40′20″)$
　$=31°48′45″$
- $\overline{CD}$방위각
　$=83°54′05″+180°$
　　$-(31°48′45″+64°57′10″)$
　$=167°08′10″$
∴ $\overline{CD}$방위$=$S 12°51′50″E

77 방위각과 방위의 관계를 잘못 설명한 것은?

㉮ 0° < 방위각 < 90° = N 방위각 E
㉯ 90° < 방위각 < 180° = S (180° − 방위각) E
㉰ 180° < 방위각 < 270° = S (180° − 방위각) W
㉱ 270° < 방위각 < 360° = N (360° − 방위각) W

4개의 상한으로 나누어 남북선을 기준으로 하여 90° 이하 각도로 나타낸다.

- 방위각과 방위의 관계

방위각	상한	방위
0~90°	제1상한	N0°~90°E
90~180°	제2상한	S0°~90°E
180~270°	제3상한	S0°~90°W
270~360°	제4상한	N0°~90°W

78 다각측량에서 두 점(A, B)의 좌표를 (x_1, y_1), (x_2, y_2)라 할 때, 방위각 $\theta=\tan^{-1}\left|\dfrac{y_2-y_1}{x_2-x_1}\right|$에서 분모가 (−), 분자가 (+)값을 얻었다면 방위각은 몇 상한에 있는가?

㉮ 제1상한　　㉯ 제2상한
㉰ 제3상한　　㉱ 제4상한

① 위거(−) : 남쪽
② 경거(+) : 동쪽
∴ 제2상한

79 삼각측량을 하여 그림과 같은 결과를 얻었다. 이때 C점의 X좌표 (C_x)는?(단, A(100,10), B(150,200), $\theta = 30°11'00''$, $\overline{AC} = S = 980.65m$, 좌표의 단위는 m)

㉮ 50.92

㉯ −112.73

㉰ −161.07

㉱ −321.29

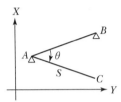

- $\overline{AB}$ 방위각 $= \tan^{-1}\dfrac{200-10}{150-100}$

  $= 75°15'23''$
- $\overline{AC}$ 방위각 $= \overline{AB}$방위각 $+ \theta$

  $= 105°26'23''$

$\therefore\ C_X = A_X + (S \cdot \cos\overline{AC}$방위각$)$

$= 100 + (980.65 \times \cos 105°26'23'')$

$= -161.07m$

80 그림과 같이 삼각측량을 실시하였다. 이때 P점의 좌표는 어느 것인 가?(단, $A_x = 81.847m$, $A_y = -30.460m$, $\theta_{AB} = 163°20'00''$, $\angle BAP = 60°$, $\overline{AP} = 600.00m$)

㉮ $P_x = -354.577m$, $P_y = -442.205m$

㉯ $P_x = -466.884m$, $P_y = -329.898m$

㉰ $P_x = -466.884m$, $P_y = -442.205m$

㉱ $P_x = -354.577m$, $P_y = -329.898m$

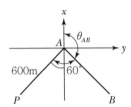

P점 방위각

$= \overline{AB}$ 방위각 $+ \angle BAP$

$= 223°20'00''$

$\therefore\ P_x = A_x + (l \cdot \cos\theta)$

$= 81.847 + (600 \times \cos 223°20')$

$= -354.577m$

$P_y = A_y + (l \cdot \sin\theta)$

$= -30.460 + (600 \times \sin 223°20')$

$= -442.205m$

81 트래버스 측점 B의 좌표는 (100, 100)이고 $\overline{BC}$측선의 길이는 100m 라 할 때, C점(x, y)의 좌표는?(단, $\overline{AB}$측선의 방위각은 100°, 좌표의 단위는 m이다.)

㉮ (13.4, 50)

㉯ (50, 12.5)

㉰ (70, 13.4)

㉱ (50, 70)

$\overline{BC}$ 방위각

$= \overline{AB}$방위각 $+ 180° - \angle B$

$= 100° + 180° - 70° = 210°$

$\therefore\ C_x = B_x + (l \cdot \cos\theta)$

$= 100 + (100 \times \cos 210°)$

$= 13.4m$

$C_y = B_y + (l \cdot \sin\theta)$

$= 100 + (100 \times \sin 210°)$

$= 50.0m$

82 다음은 트래버스 측량에서 폐합오차를 분배하는 컴퍼스 법칙과 트랜싯법칙을 설명한 것이다. 옳지 않은 것은?

㉮ 컴퍼스법칙은 거리의 정도와 각 관측의 정밀도가 같을 경우에 사용된다.

㉯ 컴퍼스법칙은 각 측선의 길이에 비례하여 배분하는 방법이다.

㉰ 트랜싯법칙은 거리의 오차를 평균 배분하는 방법이다.

㉱ 트랜싯법칙은 각 측량의 정밀도가 거리 측량의 정밀보다 좋을 경우에 이용된다.

트랜싯법칙은 위거, 경거의 오차를 각측선의 위거 및 경거에 비례하여 배분하는 방법이다.

83 트래버스측량의 각 관측 결과 기하학적 조건과 비교하여 허용오차 이내일 경우의 오차배분에 대한 설명 중 잘못된 것은?

㉮ 각 관측의 정확도가 같을 때는 오차를 각의 대소에 관계없이 등분하여 배분한다.

㉯ 각 관측의 경중률이 다를 경우에는 그 오차를 경중률에 따라 배분한다.

㉰ 각 관측은 경중률이 같을 경우에는 각의 크기에 비례하여 배분한다.

㉱ 변길이의 역수에 비례하여 각 관측각에 배분한다.

○ 경중률이 같을 때는 오차를 각의 대소에 관계없이 등배분한다.

84 어떤 지역을 다각측량하여 다음과 같은 세 점의 평면직각 좌표를 얻었다. 이 세 점으로 이루어지는 다각형 내부의 면적은 얼마인가?(단, A점 좌표(0m, 100m), B점 좌표(50m, 200m), C점 좌표(−200m, 250m))

㉮ 6,875m²   ㉯ 13,750m²

㉰ 27,500m²   ㉱ 55,000m²

○ 좌표법

측점	x	y	y_{n+1}
A	0	100	200
B	50	200	250
C	−200	250	100

측점	y_{n-1}	Δy	$x \Delta y$
A	250	−50	0
B	100	150	7,500
C	200	−100	20,000
계			27,500

$\therefore$ 면적(A)$= \dfrac{27,500}{2} = 13,750\text{m}^2$

85 다음 표의 배횡거 a의 값은 얼마인가?[단위 : m]

위거	경거	배횡거
4	3	3
2	2	8
−4	−4	a
6	3	·
·	·	·

㉮ a=6m   ㉯ a=13m

㉰ a=3m   ㉱ a=10m

○ • 제1측선의 배횡거
  =그 측선의 경거
• 임의의 측선의 경우
  =하나 앞 측선의 배횡거+하나 앞 측선의 경거+그 측선의 경거
  =8+2−4=6

실전문제

86 그림과 같이 점 A에서 출발하여 점 B에 연결하는 결합 트래버스 측량을 실시하여 다음과 같은 결과를 얻었다면 폐합비는 약 얼마인가?(단, S_i = 각 측선의 거리, α_i = 각 측선의 방위각)

$$\sum(S_i\cos\alpha_i) = 1,151.23\text{m}$$
$$\sum(S_i\sin\alpha_i) = 1,637.31\text{m}$$
$$\sum S_i = 3,182.27\text{m}$$

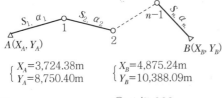

$$\begin{cases} X_A=3,724.38\text{m} \\ Y_A=8,750.40\text{m} \end{cases} \quad \begin{cases} X_B=4,875.24\text{m} \\ Y_B=10,388.09\text{m} \end{cases}$$

㉮ 1/4,000　　㉯ 1/5,000

㉰ 1/6,000　　㉱ 1/7,000

• 위거오차 = $X_B-(X_A+\sum$위거$)$
= $4,875.24-(3,724.38+1,151.23)$
= -0.37
• 경거오차 = $Y_B-(Y_A+\sum$경거$)$
= $10,388.09-(8,750.40+1,637.31)$
= 0.38
∴ 폐합비 = $\dfrac{\text{폐합오차}}{\text{전체거리}}$
= $\dfrac{\sqrt{(-0.37)^2+(0.38)^2}}{3,182.27}$
= $\dfrac{1}{6,000}$

87 $\overline{AB}$의 방위각과 관측각이 표와 같을 때, 그림에서 $\overline{CD}$측선의 방위각은?

$\overline{AB}$의 방위각	286° 15′ 14″
∠ABC의 관측각	116° 13′ 15″
∠BCD의 관측각	100° 38′ 27″

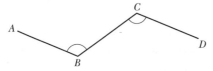

㉮ 270° 24′ 09″　　㉯ 270° 40′ 26″

㉰ 301° 50′ 02″　　㉱ 301° 54′ 01″

• $\overline{AB}$방위각 = 286°15′14″
• $\overline{BC}$방위각 = 286°15′14″−180°+116°13′15″ = 222°28′29″
∴ $\overline{CD}$방위각 = 222°28′29″+180°−100°38′27″ = 301°50′02″

88 북쪽을 X축으로 하는 좌표계에서 P_1과 P_2의 좌표가 $x_1=-11,328.58$m, $y_1=-4,891.49$m, $x_2=-11,616.10$m, $y_2=-5,240.83$m일 때 $\overline{P_1P_2}$의 평면거리 S와 방향각 T는?

㉮ $S=549.73$m, $T=129°27′21″$

㉯ $S=452.44$m, $T=50°32′40″$

㉰ $S=549.73$m, $T=309°27′21″$

㉱ $S=452.44$m, $T=230°32′40″$

• $\overline{P_1P_2}$ 거리(S)
= $\sqrt{(x_2-x_1)^2+(y_2-y_1)^2}$
= $\sqrt{[-11,616.10-(-11,328.58)]^2+[-5,240.83-(-4,891.49)]^2}$
= 452.44m
• $\overline{P_1P_2}$ 방향각(T)
$\tan^{-1}\dfrac{y_2-y_1}{x_2-x_1}$
= $\tan^{-1}\dfrac{-5,240.83-(-4,891.49)}{-11,616.10-(-11,328.58)}$
= 50°32′40″(3상한)
∴ $\overline{P_1P_2}$ 방향각(T)
= 180°+50°32′40″ = 230°32′40″

실전문제 TIP

89 트래버스측량에서 수평각 관측방법에 대한 설명으로 옳지 않은 것은?

㉮ 교각법은 어떤 측선이 그 앞의 측선과 이루는 각을 관측하는 방법이다.

㉯ 편각법은 어떤 측선이 그 앞 측선의 연장선과 이루는 각을 측정하는 방법이다.

㉰ 방위각법은 각 측선이 진북방향과 이루는 각을 반시계 방향으로 관측하는 방법이다.

㉱ 수평각을 관측하는 방법으로는 교각법이 많이 사용된다.

▶ 방위각법은 각 측선이 진북방향과 이루는 각을 시계방향으로 관측하는 방법이다.

90 배횡거법으로 다각형의 면적을 계산하고자 할 때 필요하지 않은 것은?

㉮ 전 측선의 배횡거   ㉯ 전 측선의 위거

㉰ 전 측선의 경거   ㉱ 그 측선의 위거

▶ • 임의의 측선의 배횡거=전 측선의 배횡거+전 측선의 경거+그 측선의 경거
• 배면적=배횡거×그 측선의 위거

91 방위각과 방향각에 대한 설명으로 옳은 것은?

㉮ 방위각은 우회전 관측각이며 방향각은 좌회전 관측각이다.

㉯ 방위각은 진북을 기준으로 한 것이며 방향각은 적도를 기준으로 한 것이다.

㉰ 방위각은 자오선을 기준으로 하며 방향각은 임의의 기준선을 기준으로 한다.

㉱ 방위각과 방향각은 동일한 것으로 사용지역에 따라 구별된다.

▶ 방위각과 방향각
• 방위각 : 진북자오선을 기준으로 하여 시계방향으로 잰 각
• 방향각 : 도북방향을 기준으로 어느 측선까지 시계방향으로 잰 각

92 트래버스측량에 있어서 어느 방향선의 자북방위각을 측정하여 216° 25′을 얻고 이 지점의 자침 편각이 서편 6° 40′이었다면 이 방향선의 진방위각은?

㉮ 116° 55′   ㉯ 119° 45′

㉰ 209° 45′   ㉱ 223° 05′

▶ 진방위각=자북방위각−서편각
   =216° 25′−6° 40′
   =209° 45′

93 기지점 A, B, C에서 출발하여 교점 P의 좌표를 구하기 위한 다각측량을 하였다. 교점 P의 최확값(x_0, y_0)은?(단, X_p, Y_p는 각 측점으로부터 계산한 P점의 좌표)

측선	거리(km)	X_P(m)	Y_p(m)
$A{\to}P$	2.0	+25.39	−51.87
$B{\to}P$	1.0	+25.35	−51.76
$C{\to}P$	0.5	+25.28	−51.72

㉮ $x_0 = +25.34$m , $y_0 = -51.78$m

㉯ $x_0 = +25.35$m , $y_0 = -51.75$m

㉰ $x_0 = +25.32$m , $y_0 = -51.82$m

㉱ $x_0 = +25.32$m , $y_0 = -51.75$m

● 경중률은 노선거리(S)에 반비례하므로 경중률 비를 취하면,

- $W_1 : W_2 : W_3 = \dfrac{1}{S_1} : \dfrac{1}{S_2} : \dfrac{1}{S_3}$

$\qquad = \dfrac{1}{2} : \dfrac{1}{1} : \dfrac{1}{0.5}$

$\qquad = 1 : 2 : 4$

$\therefore X_0 = \dfrac{X_A W_1 + X_B W_2 + X_C W_3}{W_1 + W_2 + W_3}$

$\qquad = 25.00 + \dfrac{(0.39 \times 1) + (0.35 \times 2) + (0.28 \times 4)}{1 + 2 + 4}$

$\qquad = 25.32$m

$Y_0 = \dfrac{Y_A W_1 + Y_B W_2 + Y_C W_3}{W_1 + W_2 + W_3}$

$\qquad = -51.00 + \dfrac{(-0.87 \times 1) + (-0.76 \times 2) + (-0.72 \times 4)}{1 + 2 + 4}$

$\qquad = -51.75$m

94 다각측량의 특징에 대한 설명으로 틀린 것은?

㉮ 측선의 거리는 될 수 있는 대로 같게 하고, 측점 수는 적게 하는 것이 좋다.

㉯ 거리와 각을 관측하여 점의 위치를 결정할 수 있다.

㉰ 세부기준점의 결정과 세부측량의 기준이 되는 골조측량이다.

㉱ 통합기준점 결정에 이용되는 측량방법이다.

● 통합기준점 결정에 이용되는 측량방법은 GNSS측량과 직접수준측량이다.

95 그림에서 교각 $\angle A$, $\angle B$, $\angle C$, $\angle D$의 크기가 다음과 같을 때 cd측선의 방위각은?

$\angle A = 100°10'$	$\angle B = 89°35'$
$\angle C = 79°15'$	$\angle D = 120°$

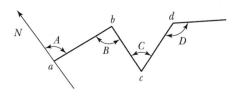

㉮ $00°10'$

㉯ $89°50'$

㉰ $180°10'$

㉱ $269°50'$

●

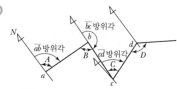

- $\overline{ab}$ 방위각= $\angle A = 100°10'$
- $\overline{bc}$ 방위각

$= \overline{ab}$ 방위각$+180° - \angle B$

$= 100°10' + 180° - 89°35'$

$= 190°35'$

$\therefore \overline{cd}$ 방위각

$= \overline{bc}$ 방위각$-180° + \angle C$

$= 190°35' - 180° + 79°15'$

$= 89°50'$

CHAPTER 06 수준(고저)측량

···01 개요

수준측량(Leveling)이라 함은 지구상에 있는 점들의 고저차를 관측하는 것을 말하며 레벨측량이라고도 한다. 표고는 등포텐셜면을 기준으로 하고 있어 장거리수준측량에는 중력, 지구곡률, 대기굴절 등을 보정한다.

···02 수준측량의 용어

(1) 수준면(Level Surface)

① 각 점들이 중력 방향에 직각으로 이루어진 곡면, 즉 지구표면이 물로 덮여 있을 때 만들어지는 형상의 표면으로 지오이드면이나 정수면과 같은 것을 말한다.

② 중력포텐셜이 동일한 곡면으로, 지오이드면이나 평균해수면을 말한다.

③ 해수면의 높이는 중력 이외에 조석, 조류, 기압, 해수밀도, 해수온도 등의 영향에 따라 변하는데, 장기간의 관측으로 평균을 구하면 주기적인 영향이 상쇄되어 거의 하나의 수준면에 이른다고 볼 수 있다.

④ 수준면은 수준측량에서 높이의 기준이 된다.

(2) 수준선(Level Line)

지구의 중심을 포함한 평면과 수평면이 교차하는 선을 말한다.

(3) 수평면(Horizontal Plane)

① 지표면상에서 연직선에 직교하는 평면으로, 수준면과 접하는 평면이다.

② 수평면은 레벨의 시준면이 되고, 또한 트랜싯으로 고저각을 잴 때 기준이 된다. 지평면이라고도 한다.

(4) 수평선(Horizontal Line)

수준선에 접하는 직선을 말한다. 정준된 레벨의 시준선은 수평선과 평행해야 한다. 지평선이라고도 한다.

(5) 지평면(Horizontal Plane)

① 수평면의 한 점에서 접하는 평면을 말한다.

② 지구 표면상에서 연직선에 직교하는 평면을 말하며, 고저각을 재는 기준이 된다.

(6) 지평선(Horizontal Line)

① 수평면의 한 점에서 접하는 직선을 말한다.

② 지구 표면상에서 연직선에 직교하는 직선이다. 지평면과 천구가 서로 접한 것처럼 보이는 선을 말한다.

(7) 기준면(Datum Level)

① 높이의 기준이 되는 수준면을 말한다(우리나라는 평균해수면을 기준면으로 한다).

② 측량의 기본이 되는 면으로 수직기준면(지오이드)과 수평기준면(회전타원체)으로 구분된다.

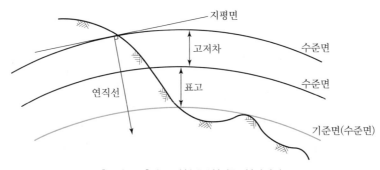

[그림 6-1] 수준면/수준선/기준면/지평면

(8) 수준점(Bench Mark)

① 수준원점으로부터 높이를 정확히 구하여 놓은 국가기준점으로, 수준측량의 기준이 되는 점이다.

② 우리나라는 전국의 국도와 도로를 따라 약 4km마다 1등 수준점을, 이를 기준으로 다시 약 2km마다 2등 수준점을 설치하였으며, 이들 수준점들에 대한 성과는 국토지리정보원에서 발행하고 있다.

(9) 수준망(Leveling Network)

① 수준점을 연결한 수준노선이 원점, 즉 출발점으로 돌아가거나 다른 표고의 수준점에 연결하여 망을 형성하는 것을 말한다.

② 여러 개의 인접한 수준환이 사방으로 연결되어 그물모양을 이룬 구조를 말한다.

③ 우리나라는 전국에 걸쳐 주요 국도를 따라 1등 수준망이 구축되어 있고, 1등 수준환 내에 2등 수준환이 구축되어 있다.

···03 수준측량의 분류

(1) 측량방법에 의한 분류

1) 직접수준측량(Direct Leveling)

레벨을 사용하여 2점에 세운 표척의 눈금차로부터 직접 고저차를 구한다.

2) 간접수준측량(Indirect Leveling)

레벨을 쓰지 않고 고저차를 구하는 측량방법이다.
① 삼각법
② 시거법
③ 평판앨리데이드
④ 기압수준측량
⑤ 중력에 의한 방법
⑥ 사진측량
⑦ GNSS 측량
⑧ InSAR 및 LiDAR에 의한 방법
⑨ 음향측심기에 의한 방법

3) 교호수준측량(Reciprocal Leveling)

강, 바다 등 접근 곤란한 2점 간의 고저차를 직접 또는 간접수준측량으로 구한다.

4) 약수준측량

간단한 레벨로써 정밀을 요하지 않는 점 간의 고저차를 구하는 방법이다.

(2) 측량 목적에 의한 분류

1) 고저차수준측량(Differential Leveling)

두 점 사이의 고저차를 구하는 측량이다.

2) 단면수준측량(Section Leveling)

① 종단측량(Profile Leveling) : 도로, 철도, 하천 등과 같이 일정한 선을 따라 측점의 높이와 거리를 관측하여 종단면도를 작성하는 측량이다.
② 횡단측량(Cross Leveling) : 도로, 철도, 하천 등의 각 측점에서 그 직각방향으로 고저차를 관측하여 횡단면도를 작성하는 측량이다.

•••04 레벨의 구조

(1) 망원경(Telescope)

1) 대물렌즈(Objective Lens)
① 시준할 목표물의 상을 십자면에 오게 하는 역할을 한다.
② 2중 렌즈를 사용(플린트렌즈, 크라운렌즈)하여 구면수차와 색수차를 제거한다.
③ 망원경의 배율은 대물렌즈와 접안렌즈의 초점거리의 비이다.

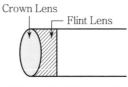

Crown Lens — Flint Lens

[그림 6-2] 대물렌즈 구조

2) 접안렌즈(Eye Lens)
십자선 위에 있는 물체의 상을 정립으로 확대하여 관측자의 눈에 선명하게 보이게 하는 역할을 한다.

(2) 기포관(Level Tube)

① 기포관의 구조
알코올과 에테르 같은 점성이 적은 액체를 넣어서 기포를 남기고 양단을 밀폐한 것이다.
② 기포관의 감도
기포관의 감도란 기포 1눈금(2mm)에 대한 중심각의 변화를 초로 나타낸 것으로

$$\frac{m}{R} = \frac{\Delta h}{D}, \; \theta = \frac{m}{R} = \frac{\Delta h}{D} \text{(라디안)}$$이고 $\theta = n\alpha''$이므로 기포관의 감도로 표시하면 다음과 같다.

$$\alpha'' = \frac{\Delta h}{nD}\rho'', \; \alpha'' = \frac{m}{nR}\rho''$$

여기서, R : 기포관의 반경
m : 기포관 이동거리
D : 수평거리
Δh : 위치오차
α'' : 기포관의 감도
ρ'' : $206,265''$

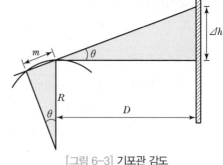

[그림 6-3] 기포관 감도

(3) 레벨의 조정

① 기포관축을 시준선에 평행하게 할 것($L /\!/ C$)
② 기포관축을 연직축에 수직하게 할 것($L \perp V$)

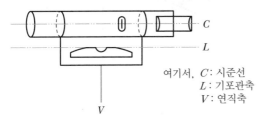

여기서, C : 시준선
L : 기포관축
V : 연직축

[그림 6-4] 레벨의 기본 구조

••• 05 직접수준측량

(1) 용어

① **기계고**(I.H : Instrument Height) : 기준면에서 망원경 시준선까지의 높이($H_A + a$)를 말한다.

② **후시**(B.S : Back Sight) : 기지점에 세운 표척의 읽음 값(a)을 말한다.

③ **전시**(F.S : Fore Sight) : 표고를 구하려는 점에 세운 표척의 읽음 값(b)을 말한다.

④ **이기점**(T.P : Turning Point) : 전시와 후시의 연결점을 말하며 이점이라고도 한다.

⑤ **중간점**(I.P : Intermediate Point) : 전시만을 취하는 점으로 표고를 관측할 점을 말하며, 그 점에 오차가 발생하여도 다른 측량할 지역에 전혀 영향을 주지 않는다.

⑥ **지반고**(G.H : Ground Height) : 기지점의 표고(H_A, H_B)이다.

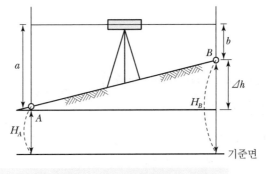

$$H_B = H_A + \Delta h = H_A + a - b$$

[그림 6-5] 직접수준측량(I)

(2) 원리

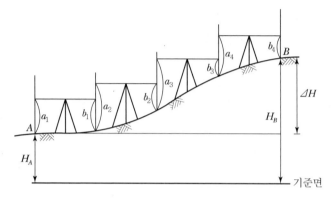

[그림 6-6] 직접수준측량(Ⅱ)

① 기계고＝기지점 지반고(G.H)＋후시(B.S)
② 미지점 지반고＝기계고(I.H)－전시(F.S)
③ 고저차＝후시(a)－전시(b)

$$\Delta H = (a_1 - b_1) + (a_2 - b_2) + (a_3 - b_3) + (a_4 - b_4)$$
$$= (a_1 + a_2 + a_3 + a_4) - (b_1 + b_2 + b_3 + b_4)$$
$$= \Sigma B.S - \Sigma F.S$$

즉, 차가 ⊕면 전시 방향이 높다는 의미이고, ⊖면 반대의 의미이다.

(3) 전시와 후시의 거리를 같게 취함(등시준거리)으로써 제거되는 오차

① 시준축오차(레벨 조정의 불완전으로 인한 오차) ⇒ 기계오차
② 지구의 곡률로 인한 오차(구차) 및 빛의 굴절로 인한 오차(기차) ⇒ 자연오차
③ 조준나사 작동에 의한 오차
※ 등거리로 관측하는 이유

$$\Delta H = (a - b)$$
$$= \{(a_1 - d\tan v) - (b_1 - d\tan v)\}$$
$$= a_1 - b_1$$

즉, 등거리로 관측하면 a_1, b_1을 관측하여도 기계오차 및 기차, 구차가 소거된다.

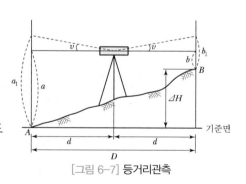

[그림 6-7] 등거리관측

(4) 직접수준측량의 적당한 시준거리

① 아주 높은 정확도의 수준측량 : 40m
② 보통 정확도의 수준측량 : 50~60m
③ 그 외의 수준측량 : 30~60m

(5) 야장기입법

① **고차식 야장법** : 전시의 합과 후시의 합의 차로서 고저차를 구하는 방법이다.
② **기고식 야장법** : 현재 가장 많이 사용하는 방법이다. 중간시가 많을 때 이용되며 종·횡단측량에 널리 이용되지만 중간시에 대한 완전검산이 어렵다.
③ **승강식 야장법** : 후시값과 전시값의 차가 ⊕이면 승란에 기입하고, ⊖이면 강란에 기입하는 방법이다. 완선검산이 가능하지만 계산이 복잡하고, 중간시가 많을 때는 불편하며 시간 및 비용이 많이 소요되는 단점이 있다.

(6) 직접측량 시 주의사항

① 표척은 1, 2개를 쓰고, 출발점에 세워둔 표척은 도착점에 세워둔다. 이를 위한 기계의 정치 수는 짝수회한다(표척의 영눈금 오차 소거).
② 표척과 기계와의 거리는 60m 내외를 표준으로 한다.
③ 전·후시의 표척거리는 등거리로 한다.
④ 관측은 보통 후시표척을 기준하고 망원경을 돌려 전시표척을 시준한다. 2회 시준 시는 후시 → 전시, 전시 → 후시로 한다.
⑤ 수준측량은 왕복관측을 원칙으로 한다.
⑥ 왕복관측할 때에는 그 왕복의 오차가 허용오차 초과 시 재측한다.

[그림 6-8] **구형레벨**

[그림 6-9] **신형레벨**

(7) 직접수준측량의 오차

정오차	부정오차(우연오차)	과실(착오)
• 시준축 오차(레벨 조정의 불완전) • 표척의 영 눈금오차 • 표척의 눈금 부정에 의한 오차 • 지구곡률오차(구차) • 광선의 굴절오차(기차)	• 시차에 의한 오차 • 기상변화에 의한 오차 • 기포관의 둔감 • 진동, 지진에 의한 오차	• 눈금의 오독 • 야장의 오기

(8) 직접수준측량의 최확값 산정 및 오차 조정

1) 정밀도 및 오차의 허용한계

거리 1km의 수준측량의 오차를 E라 하면, 거리 Skm의 수준측량의 오차의 합(M)은 다음과 같이 표시된다.

$$M = \pm E\sqrt{S}$$

여기서, E : 1km당 오차
S : 수준측량의 편도거리(km)

2) 우리나라 수준측량의 허용오차 한계

① 기본수준측량의 허용오차

구분	1등 수준측량	2등 수준측량	비고
왕복차	2.5mm $\sqrt{S}$	5.0mm $\sqrt{S}$	S는 관측거리(편도, km 단위)
환폐합차	2.0mm $\sqrt{S}$	5.0mm $\sqrt{S}$	

② 공공수준측량의 허용오차

구분	1등 수준측량	2등 수준측량	3등 수준측량	4등 수준측량
왕복차	2.5mm $\sqrt{S}$	5mm $\sqrt{S}$	10mm $\sqrt{S}$	20mm $\sqrt{S}$
환폐합차	2.5mm $\sqrt{S}$	5mm $\sqrt{S}$	10mm $\sqrt{S}$	20mm $\sqrt{S}$

3) 직접수준측량의 최확값 산정 및 오차 조정

① 직접수준측량의 최확값 산정 및 평균제곱근 오차 산정

동일 조건으로 두 점 간을 왕복관측한 경우에는 산술평균방식으로 최확값을 산정하고, 2점 간의 거리를 2개 이상의 다른 노선을 따라 측량한 경우에는 경중률을 고려한 최확값을 산정한다.

$$W_1 : W_2 : W_3 = \frac{1}{S_1} : \frac{1}{S_2} : \frac{1}{S_3}$$

$$H_0 = \frac{W_1 H_1 + W_2 H_2 + W_3 H_3}{W_1 + W_2 + W_3}$$

$$M = \pm \sqrt{\frac{[Wvv]}{[W](n-1)}}$$

여기서, H_0 : 최확값

M : 평균제곱근오차

W : 경중률

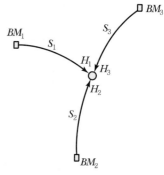

[그림 6-10] 최확값 산정

② 동일 기지점의 왕복관측 또는 다른 표고기준점에 폐합한 경우의 최확값 산정

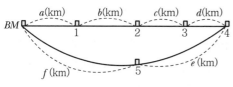

[그림 6-11] 왕복관측

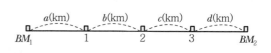

[그림 6-12] 편도관측

$$각\ 측점의\ 조정량 = \frac{폐합오차}{노선거리의\ 합} \times 조정할\ 측점까지\ 추가거리$$

$$각\ 측점의\ 최확값 = 각\ 측점의\ 관측값 \overset{\oplus}{\underset{\ominus}{}} 조정량$$

(9) 레벨의 말뚝 조정법

$$d = \frac{D+e}{D} [(a_1 - b_1) - (a_2 - b_2)]$$

여기서, a_1, b_1 : 시준선 오차에 의한 A, B 표척 읽음 값

a_2, b_2 : 등거리상에 있는 A, B 표척 읽음 값

d : B점 표척상에서 보정하여야 할 높이

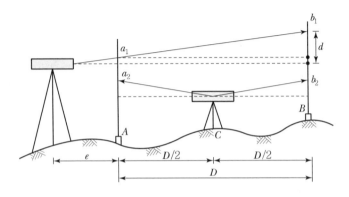

[그림 6-13] 말뚝 조정법(항정법)

···· 06 교호수준측량

2점 A, B의 고저차를 구할 때 전시와 후시를 같게 취하여 높이를 구하나 중간에 하천 등이 있으면 중앙에 레벨을 세울 수 없다. 이 경우 높은 정밀도를 요하지 않는 경우는 한쪽에서만 관측하여도 좋으나, 높은 정밀도를 필요로 할 경우에는 교호수준측량을 행하여 양단의 높이를 관측한다.

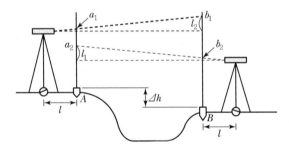

[그림 6-14] 교호수준측량

$$\Delta h = \frac{1}{2}\{(a_1 - b_1) + (a_2 - b_2)\}, \qquad H_B = H_A \begin{smallmatrix} \oplus \\ \ominus \end{smallmatrix} \Delta h$$

여기서, a_1, a_2 : A점의 표척 읽음 값
b_1, b_2 : B점의 표척 읽음 값

Reference 참고

▶ 교호수준측량으로 소거되는 오차
① 레벨의 시준축 오차(기계오차) : 시준선이 기포관 축에 평행하지 않음으로써 생기는 오차
② 지구의 곡률에 의한 오차 : 구차
③ 빛의 굴절에 의한 오차 : 기차

••• 07 간접수준측량

(1) 삼각수준측량

트랜싯을 사용하여 고저각과 거리를 관측하며 삼각법을 응용한 계산으로 2점의 고저차를 구하는 측량으로 직접수준측량에 비해 비용 및 시간이 절약되지만 정확도는 낮다.

$$H_P = H_A + D\tan\alpha + I + \frac{1-K}{2R}D^2$$

여기서, $\frac{1-K}{2R}D^2$: 양차

D : 시준거리

I : 기계고

H_A : 지반고

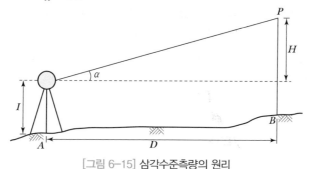

[그림 6-15] 삼각수준측량의 원리

(2) 기압수준측량

어떤 지점의 대기압이라 함은 그 상층에 있는 대기 중의 중량이므로 지표에서의 고저에 의하여 그 값이 달라진다. 이것을 이용하여 대기압을 측정하고 고저차를 구하는 것이 기압수준측량이다.

(3) GNSS Leveling에 의한 방법

GNSS 레벨링은 동일 노선상의 수준점에서 GNSS 관측을 하여 취득한 타원체고로부터 표고값을 감산함으로써 각각의 지오이드를 구하고, 이를 기준으로 동구간 내에서 각각의 GNSS 관측값에 지오이드고를 보간하여 표고를 간접계산한다.

(4) InSAR 및 LiDAR에 의한 방법

"사진측량 및 원격탐측편 참고"

(5) 음향측심기에 의한 방법

"응용측량편 참고"

■■■08 수준측량의 응용

(1) 종단측량

철도, 도로, 수로 등의 노선측량에는 20m(1Chain)마다 중심 말뚝을 박아 중심선을 확정하고, 그 중심선을 따라 높이의 변화를 측량하는 것을 종단측량이라 한다.
이 높이의 변화를 이용하여 도로의 구배결정, 절토고, 성토고 산정 등에 이용된다.

(2) 횡단측량

종단측량에 이용된 중심선상의 각 측점의 직각방향으로 관측하여 높이의 변화를 측량하는 것을 횡단측량이라 하며, 중심 말뚝에서의 거리와 높이를 관측하는 측량이다.
일반적으로 Hand Level을 이용하고, 높은 정확도의 측량에서는 레벨을 사용하며, 토공량 산정에 주로 이용된다.

CHAPTER 06 실전문제

Surveying Geo-Spatial Information

01 수준측량의 측량방법에 따른 분류에 속하지 않는 것은?

㉮ 직접수준측량 ㉯ 간접수준측량
㉰ 교호수준측량 ㉱ 고저수준측량

> • 측량방법에 따른 분류 : 직접수준측량, 간접수준측량, 교호수준측량, 약수준측량
> • 측량목적에 따른 분류 : 고저차수준측량, 종단측량, 횡단측량

02 수준면에 대해서 옳은 것은 어느 것인가?

㉮ 그 면 위에 각 점에서 중력 방향에 수직한 곡면
㉯ 어떤 점에서 지구의 중심 방향에 수직한 평면
㉰ 어떤 점에서 중력의 방향에 직각인 평면
㉱ 어떤 점을 통하여 지구를 대표하는 회전타원체면

> 정지된 해수면을 육지까지 연장하여 얻은 표면을 수준면이라 한다. 즉, 중력의 방향에 직각인 곡면이다.

03 지구상의 어떤 점에서 중력 방향에 90°를 이루는 평면은 무슨 면인가?

㉮ 수평면 ㉯ 지평면
㉰ 수준면 ㉱ 정수면

> 지평면이란 수평면의 한 점에서 접하는 평면을 말한다.

04 인하대학교 교정에 설치된 우리나라의 수준원점의 표고는 다음 어느 것인가?

㉮ 26.6871m ㉯ 26.6876m
㉰ 25.1968m ㉱ 25.6871m

> 1917년 인천광역시 화수동 1가 2번지에 설치했던 것을 1963년 1월에 국토지리정보원에서 인하대학교의 교정에 이동 설치하였다.

05 레벨의 구조상의 조건 중 가장 중요한 것은 어느 것인가?

㉮ 연직축과 기포관축이 직교되어 있을 것
㉯ 기포관축과 망원경의 시준선이 평행되어 있을 것
㉰ 표척을 시준할 때 기포의 위치를 볼 수 있게끔 되어 있을 것
㉱ 망원경의 배율과 수준기의 감도가 평행되어 있을 것

> 기포관축과 시준선의 평행은 어느 레벨의 조정에도 해당되는 중요한 조건이다.

정답 01 ㉱ 02 ㉮ 03 ㉯ 04 ㉮ 05 ㉯

06 덤피레벨의 조정에 관한 사항 중 옳지 않은 것은?

㉮ 기포관축이 연직축에 직교되어야 한다.

㉯ 십자횡선이 연직축에 직교되어야 한다.

㉰ 시준선은 기포관축에 평행이어야 한다.

㉱ 십자종선과 시준선은 평행이어야 한다.

○ 십자종선과 시준선은 직교되어야 한다.

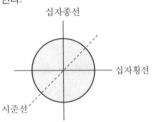

07 기포관의 감도는 무엇으로 표시하는가?

㉮ 기포관의 길이가 곡률 중심에 끼는 각

㉯ 기포관의 눈금의 양단이 곡률 중심에 끼는 각

㉰ 기포관의 1눈금이 곡률 중심에 끼는 각

㉱ 기포관의 1/2눈금이 곡률 중심에 끼는 각

○ 기포관의 감도는 기포 1눈금(2mm)에 대한 중심각의 변화로 나타낸다.

08 레벨로부터 40m 떨어진 곳에 세운 수준척의 읽음값이 1.125m이었다. 기포를 수준척의 방향으로 2눈금 이동하여 수준척을 읽으니 1.150m이었다면 이 기포관의 곡률반경은?(단, 기포관의 한 눈금의 길이는 2mm이다.)

㉮ 12.6m ㉯ 6.4m ㉰ 10.4m ㉱ 8.4m

○ $\dfrac{m}{R} = \dfrac{\Delta h}{D}$

$\therefore R = \dfrac{mD}{\Delta h} = \dfrac{2 \times 0.002 \times 40}{(1.150 - 1.125)}$
$= 6.4\text{m}$

09 200m 되는 곳에 표척을 세우고 기포가 중앙에 있을 때와 기포가 4눈금 이동했을 때의 양쪽을 읽어 그의 차를 0.08m라 할 때 이 기포관의 감도는?

㉮ 21″ ㉯ 31″ ㉰ 41″ ㉱ 51″

○ $\alpha'' = \dfrac{\Delta h}{nD} \rho''$

$= \dfrac{0.08 \times 206,265''}{4 \times 200} = 21''$

10 1눈금이 2mm이고, 감도가 30″인 레벨로서 거리 100m의 표척을 읽었더니 1.632m였다. 그런데 표척을 읽었을 때 기포가 2눈금 뒤로 가 있었다. 바른 표척의 독치는 얼마인가?(단, 표척은 연직으로 세웠음)

㉮ 1.604m ㉯ 1.661m ㉰ 1.923m ㉱ 1.544m

○ $\alpha'' = \dfrac{(h_2 - h_1)}{nD} \rho''$

$\therefore h_2 = \dfrac{\alpha'' nD + h_1 \rho''}{\rho''}$

$= \dfrac{(30'' \times 2 \times 100) + (1.632 \times 206,265'')}{206,265''}$

$= 1.661\text{m}$

11 기포관의 감도 20″의 레벨로 거리 100m인 점의 표척을 시준할 때 기포관에서 1/2 눈금의 오차가 있었다고 한다. 수준오차는?

㉮ 2.8mm ㉯ 3.8mm ㉰ 4.8mm ㉱ 5.8mm

○ $\alpha'' = \dfrac{\Delta h}{nD} \rho''$

$\therefore \Delta h = \dfrac{\alpha'' nD}{\rho''} = \dfrac{20'' \times 0.5 \times 100}{206,265''}$

$= 0.0048\text{m} = 4.8\text{mm}$

정답 ◁ 06 ㉱ 07 ㉰ 08 ㉯ 09 ㉮ 10 ㉯ 11 ㉰

실전문제 ^{TIP}

12 기포관의 감도 30″의 Y레벨로 A, B 2점 간의 고저차를 구하려 한다. 지금 기포관의 기포를 조정한 결과 ±0.1눈금의 오차가 생겼다. 이것으로 인한 고저차에 생기는 오차는 어느 정도로 되는가?(단, 표척거리는 평균 50m로 하며, A, B 2점 간의 거리는 1,600m이다.)

㉮ ±4mm ㉯ ±6mm ㉰ ±8mm ㉱ ±10mm

◉ 먼저 50m에 대한 Δh를 구하면
$$\alpha'' = \frac{\Delta h}{nD}\rho'' \rightarrow$$
$$\Delta h = \frac{\alpha'' nD}{\rho''} = 0.7\text{mm가 된다.}$$
1,600m에 대한 전구간 오차는 오차 전파법칙에 의해
$$\therefore M = \pm 0.7\text{mm} \sqrt{32} ≒ \pm 4\text{mm}$$

13 다음 수준측량의 용어설명 중 틀린 것은?

㉮ FS(전시) : 표고를 알고자 하는 곳에 수준척의 시준값
㉯ BS(후시) : 측량해 나가는 방향을 기준으로 기계의 후방을 시준한 값
㉰ TP(이점) : 기계를 옮기기 위하여 어떠한 점에서 전시와 후시를 취할 때의 점
㉱ IP(중간점) : 어떤 지점의 표고를 알기 위하여 수준척을 세워 전시를 취한 점

◉ 기지점에 세운 표척의 읽음값을 후시라 한다.(기계의 후방이 반드시 후시는 되지 않는다.)

14 기지점의 지반고 100.25m의 기지점에서의 후시 2.68m와 구점의 전시 1.27m를 읽었을 때 구점의 지반고는?

㉮ 98.84m
㉯ 101.66m
㉰ 97.57m
㉱ 101.52m

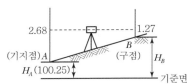

◉ $H_B = H_A$ + 후시 − 전시
$$= 100.25 + 2.68 - 1.27$$
$$= 101.66\text{m}$$

15 직접법으로 등고선을 측정하기 위하여 A점에 평판을 세우고 기계높이 1.4m를 얻었다. 어떤 점 P와 Q에 스타프를 세워 각각 2.88m, 0.85m를 얻었다면 이때 점 P의 등고선은 몇 m인가? (단, A점의 표고는 80.5m이다.)

㉮ 70.95
㉯ 78.25
㉰ 72.08
㉱ 79.02

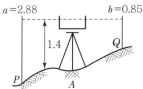

◉ $H_A + I = H_P + a$
$$\therefore H_P = H_A + I - a$$
$$= 80.5 + 1.4 - 2.88$$
$$= 79.02\text{m}$$

16 고저측량에서 시점의 지반고가 210.0m이고, 전시의 총화는 130.5m, 후시의 총화는 135.5m였을 때 종점의 지반고는 얼마인가?

㉮ 195.0m ㉯ 205.0m ㉰ 210.0m ㉱ 215.0m

◉ $H_B = H_A + \Sigma B.S - \Sigma F.S$
$$= 210.0 + 135.5 - 130.5 = 215\text{m}$$

정답 **12** ㉮ **13** ㉯ **14** ㉯ **15** ㉱ **16** ㉱

PART 01 PART 02 PART 03 PART 04 PART 05 부록

17 다음과 같은 측량결과에서 A점과 B점의 고저차는?

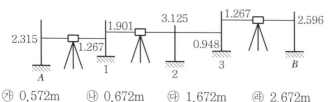

㉮ 0.572m ㉯ 0.672m ㉲ 1.672m ㉰ 2.672m

$$\triangle H = \Sigma B.S - \Sigma F.S(TP)$$
$$= (2.315 + 1.901 + 1.267)$$
$$\quad - (1.267 + 0.948 + 2.596)$$
$$= 0.672m$$

18 측점이 터널의 천장에 설치되어 있는 터널내수준측량에서 아래 그림과 같은 관측결과를 얻었다. A점의 지반고가 15.32m일 때, C점의 지반고는?

㉮ 16.49m

㉯ 16.32m

㉲ 14.49m

㉰ 14.32m

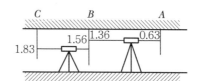

$$H_B = H_A - B.S + F.S$$
$$= 15.32m - 0.63 + 1.36$$
$$= 16.05m$$
$$\therefore \ H_C = H_B - B.S + F.S$$
$$= 16.05m - 1.56 + 1.83$$
$$= 16.32m$$
(※ 터널측량시 표척은 주로 천장에 부착하며 지반고 계산도 지상수준측량과 반대가 된다.)

19 고저측량시 중간시가 많을 경우 가장 많이 사용하는 야장기입법은 어느 것인가?

㉮ 고차식 기입법 ㉯ 기고식 기입법

㉲ 승강식 기입법 ㉰ 그란식 기입법

기고식 야장기입법은 종·횡단측량, IP가 많을 경우 등에 주로 이용되나 완전검산이 가능하지 않다.

20 완전한 검산을 할 수 있어 정밀한 측량에 이용되나 중간점이 많을 때는 계산이 복잡한 야장기입법은?

㉮ 고차식 ㉯ 기고식 ㉲ 횡단식 ㉰ 승강식

승강식 야장법은 후시값과 전시값의 차가 ⊕이면 승란에 기입하고 ⊖이면 강란에 기입하는 방법으로 완전검산이 가능하지만 계산이 복잡하며, 중간시가 많을 때는 불편하고 시간 및 비용이 많이 소요되는 단점이 있다.

21 도로구배 계산을 위한 수준측량 결과가 그림과 같을 때 A, B 두 점 간의 구배는?(단, A, B 두 점 간의 경사거리는 42m이다.)

㉮ 0.76%

㉯ 1.94%

㉲ 2.02%

㉰ 10.37%

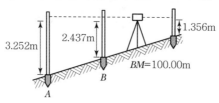

구배(%) $= \dfrac{H}{D} \times 100$

$$= \dfrac{0.815}{\sqrt{42^2 - 0.815^2}} \times 100$$
$$= 1.94\%$$

22 다음 수준측량 야장에서 측점 3의 지반고를 계산한 값은?(단, 측점 1의 지반고는 10.00m이다.)

측점	후시	전시		비고
		TP	IP	
1	0.95			
2			1.03	
3	0.90	0.36		
4			0.96	
5		1.05		

㉮ 10.59m   ㉯ 10.46m   ㉰ 9.92m   ㉱ 9.56m

> 측점 3의 지반고($GH_{③}$)
> $=10+0.95-0.36=10.59$m

23 측점 1에서 5까지 레벨측량을 했더니 아래 표와 같은 결과를 얻었다. 측점 5는 1보다 얼마나 높은가?

측점	후시(m)	전시(m)
No.1	0.862	–
No.2	1.295	1.324
No.3	1.007	0.381
No.4	1.463	2.245
No.5	–	2.139

㉮ -1.462m   ㉯ $+1.462$m   ㉰ -1.277m   ㉱ $+1.277$m

> 1점과 5점의 지반고차는
> $\Delta h = \Sigma(\text{후시합}) - \Sigma(TP\text{의 전시합})$
> $=4.627-6.089=-1.462$m
> 즉, $\ominus$는 전시 방향이 낮다는 의미이다.

24 레벨의 불완전 조정에 의한 오차를 제거하는 데 가장 주의해야 할 점은?

㉮ 전시, 후시 표척거리를 같게 한다.
㉯ 왕복 2회 관측하여 그 평균을 취한다.
㉰ 시준선거리를 될 수 있는 한 짧게 취한다.
㉱ 관측시의 기포가 항상 중앙에 오게 한다.

> 수준측량에서 전·후시거리를 같게 취함으로 제거되는 오차
> • 기계오차 : 레벨조정의 불완전
> • 구차 : 지구곡률오차
> • 기차 : 대기굴절오차

25 수준측량에서 전시거리와 후시거리를 같게 잡는 이유로서 가장 적당한 것은?

㉮ 측정작업이 간단하다.
㉯ 계산이 용이하다.
㉰ 기계오차와 대기굴절오차가 소거된다.
㉱ 과대오차를 줄일 수 있다.

> 수준측량에서 전·후시거리를 같게 취함으로 제거되는 오차
> • 기계오차 : 레벨조정의 불완전
> • 구차 : 지구곡률오차
> • 기차 : 대기굴절오차

26 레벨측량에서 전·후시거리를 같게 취해도 소거할 수 없는 오차는?

㉮ 지구의 곡률에 의한 오차   ㉯ 광선굴절에 의한 오차

㉰ 시차에 의한 오차   ㉱ 대물경의 노출에 의한 오차

수준측량에서 전·후시거리를 같게 취함으로 제거되는 오차
• 기계오차 : 레벨조정의 불완전
• 구차 : 지구곡률오차
• 기차 : 대기굴절오차

27 도로를 측설하기 위한 종단수준측량에서 조정이 불완전한 기계를 사용할 경우에 생기는 오차를 없애는 데 가장 좋은 방법은?

㉮ 왕복 2회 측정하여 평균을 한다.

㉯ 전시와 후시의 거리를 동일하게 한다.

㉰ 시준거리를 짧게 취한다.

㉱ 관측할 때 기포가 틀리면 정준나사로 조정한다.

수준측량에서 전·후시거리를 같게 취함으로 제거되는 오차
• 기계오차 : 레벨조정의 불완전
• 구차 : 지구곡률오차
• 기차 : 대기굴절오차

28 수준측량 오차 중에서 관측방법에 따라 소거 또는 작아지는 오차가 아닌 것은?

㉮ 시준선오차   ㉯ 지구곡률오차

㉰ 표척의 0눈금오차   ㉱ 표척눈금오차

• 시준선오차, 구차, 기차 등은 등시준거리를 취함으로써 소거 가능하다.
• 표척의 0눈금오차는 기계를 짝수로 정치하여 출발점에서 세운 표척을 도착점에 사용하면 소거된다.
• 표척눈금오차는 높이에 비례하여 변화한다.

29 다음은 수준측량에 관한 기술이다. 틀린 것은?

㉮ 출발점에 세운 표척을 필히 도착점에 세운다.

㉯ 레벨과 표척과의 거리를 길게 하면 능률과 정도가 향상된다.

㉰ 관측시에 표척의 양단 부근을 읽는 것은 피한다.

㉱ 직접수준측량은 간접수준측량보다 일반적으로 정도가 좋다.

수준측량에서 레벨과 표척과의 거리는 일반적으로 50~60m 정도를 표준으로 하고, 정도를 향상시키려면 등거리관측을 하여야 한다.

30 수준측량에서 가장 유의하여야 할 사항은 다음 중 어느 것인가?

㉮ 표척은 관측 정도에 미치는 영향이 크기 때문에 반드시 수직으로 세운다.

㉯ 반드시 왕복측량을 하고 관측값의 차가 허용오차 내에 있도록 한다.

㉰ 시준선장은 전·후시가 되도록 같게 한다.

㉱ 관측은 맑은 날에 하고 경사지를 피한다.

오차가 허용오차 범위 내에 들지 않으면 안 되므로 가장 유의할 사항으로 볼 수 있다.

31 레벨측량에서 레벨을 우수회 관측함으로써 없앨 수 있는 오차는?

㉮ 망원경의 시준축과 수준기축이 평행하지 않아 생기는 오차

㉯ 표척의 눈금이 정확하지 못하여 생기는 오차

㉰ 표척의 이음새의 부정확으로 생기는 오차

㉱ 표척의 0눈금의 오차

> 표척은 1, 2개를 쓰고, 출발점에 세워둔 표척은 도착점에 세워둔다. 이는 표척의 0눈금오차를 소거하기 위함이다.

32 간접수준측량에 대한 설명 중 틀린 것은?

㉮ 두 점 간의 기압차로 두 점의 고저차를 구하는 것

㉯ 스타디아측량으로 고저차를 구하는 것

㉰ 항공사진의 입체시에 따라 두 점의 거리차로 고저차를 구하는 것

㉱ 두 점 간의 연직각과 수평거리로 삼각법의 계산에 의하여 고저차를 구하는 것

> 입체시에 의한 방법으로 고저차를 구하는 것은 거리차가 아니고 시차차(ΔP)로 고저차를 구하는 것이다.

33 그림과 같이 $n=12.5$, $D=50$m, $S=1.50$m, $I=1.10$m, $H_A=26.85$m일 때 점 B의 표고 H_B를 구하면?

㉮ 31.10m

㉯ 31.60m

㉰ 32.70m

㉱ 34.20m

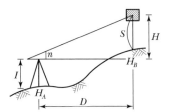

> $H=\dfrac{nD}{100}$ 이므로, $H=6.25$m
>
> $\therefore H_B=H_A+I+H-S$
>
> $\qquad =26.85+1.10+6.25-1.5$
>
> $\qquad =32.70$m

34 그림에서 다음과 같이 측정값을 얻었다. A, B의 고저차를 구하라. ($IH=1.35$m, $HP=1.65$m, $\alpha=30°$, $L=40.0$m)

㉮ +19.70m

㉯ −19.70m

㉰ +20.30m

㉱ −20.30m

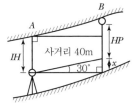

> 고저차(Δh)$=(HP+x-IH)$
>
> $\qquad =(1.65+20-1.35)$
>
> $\qquad =20.30$m
>
> 여기서, $\sin30°=\dfrac{x}{40}$
>
> $\qquad x=20$m

35 굴뚝의 높이를 구하고자 굴뚝과 연결한 직선상의 2점 A, B에서 굴뚝 정상의 경사각을 측정했더니 A에서는 30°, B에서는 45°이고, A, B 간의 거리는 22m였다. 굴뚝의 높이는?(단, A, B와 굴뚝 밑은 같은 높이이고, A와 B에 설치한 기계고는 다 같이 1m라 한다.)

㉮ 21.05m

㉯ 31.05m

㉰ 31.65m

㉱ 32.05m

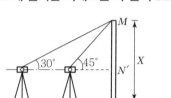

$\tan 45° = \dfrac{MN'}{Y}$, $MN' = Y$

$\tan 30° = \dfrac{MN'}{(22 + Y)}$,

$MN'(1 - \tan 30°) = 22\tan 30°$

$MN' = 30.05\text{m}$

∴ 굴뚝의 높이$= MN' + NN'$

$= 30.05\text{m} + 1\text{m}$

$= 31.05\text{m}$

36 교호수준측량의 장점이 아닌 것은?

㉮ 시준축오차 제거

㉯ 지구곡률오차 제거

㉰ 광선굴절오차 제거

㉱ 눈금반의 오차 제거

교호수준측량은 하천 양안의 고저차를 관측할 때 실시하며 시준축오차, 기차, 구차 등의 오차가 제거되어 높은 정밀도를 얻을 수 있는 방법이다.

37 다음 그림은 교호수준측량의 결과이다. B점의 표고를 구하면 얼마인가?(단, A점의 표고는 50m이다.)

㉮ 49.8m

㉯ 50.2m

㉰ 52.2m

㉱ 52.6m

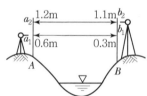

$\Delta H = \dfrac{1}{2}\{(a_1 - b_1) + (a_2 - b_2)\}$

$= \dfrac{1}{2}\{(0.6 - 0.3) + (1.2 - 1.1)\}$

$= 0.2\text{m}$

∴ $H_B = H_A + \Delta H$

$= 50 + 0.2 = 50.2\text{m}$

38 수평거리 18km일 때 광선의 굴절에 의한 오차를 구하면?(단, 광선의 굴절계수는 0.14, 지구의 곡률반경은 6,370km)

㉮ −21.87m

㉯ −6.12m

㉰ −5.36m

㉱ −3.56m

기차$(E_r) = -\dfrac{KS^2}{2R}$

$= -\dfrac{0.14 \times (18 \times 1,000)^2}{2 \times 6,370 \times 1,000}$

$= -3.56\text{m}$

39 폭 200m의 하천에서 교호수준측량을 한 결과이다. D점의 표고는 얼마인가?(단, A점의 표고는 2.545m이다.)

$A \to B$, $h = -0.512\text{m}$

레벨 P에서 $B \to C$, $h = -0.229\text{m}$

레벨 Q에서 $C \to B$, $h = +0.267\text{m}$

$C \to D$, $h = +0.636\text{m}$

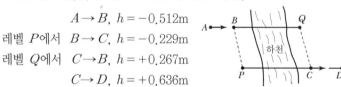

㉮ 3.941m

㉯ 3.421m

㉰ 2.941m

㉱ 2.421m

• $H_B = H_A + h$

$= 2.545 - 0.512 = 2.033\text{m}$

• BC 간의 고저차

$= -\dfrac{1}{2}(0.229 + 0.267)$

$= -0.248\text{m}$

• $H_C = H_B + h$

$= 2.033 - 0.248 = 1.785\text{m}$

∴ $H_D = H_C + h$

$= 1.785 + 0.636 = 2.421\text{m}$

40 표고 0m인 해변에서 눈높이 1.5m인 사람이 볼 수 있는 수평선의 거리는?(단, 지구반경은 6,370km로 하고, 굴절계수는 0.14로 한다.)

㉮ 3,240m ㉯ 4,524m ㉰ 4,714m ㉱ 5,123m

$$양차(h) = \frac{1-K}{2R}S^2$$

$$\therefore S = \sqrt{\frac{2hR}{1-K}}$$

$$= \sqrt{\frac{2 \times 1.5 \times 6,370,000}{1-0.14}}$$

$$= 4,713.91m$$

41 간접수준측량에서 수평거리 5km일 때의 지구의 곡률오차는?
(단, 지구의 곡률반경은 6,370km)

㉮ 0.862m ㉯ 1.962m ㉰ 3.925m ㉱ 4.862m

$$구차 = +\frac{S^2}{2R}$$

$$= +\frac{(5 \times 1,000)^2}{2 \times 6,370 \times 1,000}$$

$$= 1.962m$$

42 수준측량에서 시준선에 영향을 주는 빛의 굴절에 대한 사항 중 부적당한 것은 어느 것인가?

㉮ 평탄한 지형에서 기차의 영향에 대한 오차를 적게 하기 위하여 전시와 후시의 거리를 같게 한다.

㉯ 기차의 영향에 대한 오차는 맑은 날이 흐린 날보다 영향이 작다.

㉰ 경사지에서 기차의 영향을 작게 하기 위해 레벨 전시, 후시의 표척을 일직선상에 설치한다.

㉱ 기차의 영향에 대한 오차는 지표부근의 기온이 연직 방향에 일정하지 않을 때 발생한다.

기차의 영향은 맑은 날이 흐린 날보다 영향이 크다.

43 거리 80km에서 1등수준측량으로 엄밀히 측정하였다. 측정결과에는 어떤 보정을 가하는 것이 좋은가?

㉮ 광선의 굴절에 의한 오차

㉯ 지구표면의 곡률에 의한 오차

㉰ 지구의 타원형으로 인한 오차, 즉 중력의 차이에 의한 오차

㉱ 염동(炎動)에 의한 오차

엄밀한 1등수준측량으로 측량하였으므로 기차와 구차 및 염동에 의한 보정은 된 것으로 간주한다. 그러므로 지구 타원형에 의한 오차를 보정해야 한다.

44 다음 수준측량에 대한 사항 중 개인오차에 해당되는 것은 어느 것인가?

㉮ 표척 조정의 잘못에 의한 오차

㉯ 기포의 감도 불량

㉰ 지구곡률 및 빛의 굴절에 의한 오차

㉱ 온도변화에 의한 오차

표척 조정의 잘못에 의한 오차는 개인적인 오차이다.

45 그림과 같이 연직 방향에서 5m 높이의 곳이 25cm로 기울어진 수준척의 3m 높이를 레벨로 시준했을 때 실제의 높이는?

㉮ 2.996m

㉯ 3.996m

㉰ 0.150m

㉱ 0.410m

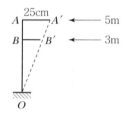

$\overline{BB'}$를 구하면

$3 : \overline{BB'} = 5 : 0.25 \rightarrow$

$\overline{BB'} = 0.15m$

$\therefore \overline{OB} = \sqrt{(\overline{OB'})^2 - (\overline{BB'})^2}$

$\quad = \sqrt{3^2 - 0.15^2} = 2.996m$

46 수준점 A, B 사이에 수준점 ①, ②, ③, ④를 1km 간격으로 신설한 후 왕복수준측량을 행하여 표의 결과를 얻었다. 왕복 관측값의 교차가 허용범위를 초과한 구간은 어느 것인가?(단, 교차의 허용범위는 10mm $\sqrt{S(\mathrm{km})}$ 이다.)

측점	관측값	측점	관측값
A	0.000m	B	0.000m
①	+13.156m	④	+6.591m
②	+9.263m	③	+4.309m
③	+15.635m	②	−2.071m
④	+17.928m	①	+1.831m
B	+11.328m	A	−11.334m

㉮ ①과 ②의 구간

㉯ ②와 ③의 구간

㉰ ③과 ④의 구간

㉱ ④와 B의 구간

교차계산

$$A \quad \begin{array}{ccc} 13.156 & ① \quad 3.893 & ② \quad 6.372 ③ \\ \hline 13.165 & 3.902 & 6.380 \\ 9mm & 9mm & 8mm \end{array}$$

$$\begin{array}{ccc} ③ \quad 2.293 & ④ \quad 6.600 & B \\ \hline 2.282 & 6.591 \\ 11mm & 9mm \end{array}$$

허용오차 = 10mm $\sqrt{1}$

$\quad = 10mm$ (1km당)

∴ 허용오차를 초과한 구간은 ③~④ 구간이다.

47 수준측량에서 고저의 오차는 거리와 어떤 관계가 있는가?

㉮ 거리의 제곱근에 비례한다.

㉯ 거리의 제곱근에 반비례한다.

㉰ 거리에 비례한다.

㉱ 거리에 반비례한다.

$E = K\sqrt{S}$ 이므로 거리의 제곱근에 비례한다.

48 그림과 같은 수준망의 관측을 행한 결과는 다음과 같다. 각각의 환의 폐합차를 구하라. 또, 재측을 필요로 하는 경우에는 어느 구간에 대하여 행하는가를 노선구간의 번호에 표시하라.(단, 이 수준측량의 폐합차의 제한은 $1.0\text{cm}\sqrt{S}$이다.(단, S는 km 단위)

선번호	고저차(m)	거리(km)	선번호	고저차(m)	거리(km)
(1)	+2.474	4.1	(6)	−2.115	4.0
(2)	−1.250	2.2	(7)	−0.378	2.2
(3)	−1.241	2.4	(8)	−3.094	2.3
(4)	−2.233	6.0	(9)	+2.822	3.5
(5)	+3.117	3.6			

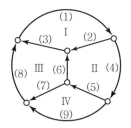

▶ 각 환의 폐합차 W를 구하면

Ⅰ. $W_{\rm I} = (1)+(2)+(3)$
$= +2.474-1.250-1.241$
$= -0.017\text{m}$

Ⅱ. $W_{\rm II} = -(2)+(4)+(5)+(6)$
$= +1.250-2.233+3.117$
$-2.115 = +0.019\text{m}$

Ⅲ. $W_{\rm III} = -(3)-(6)+(7)+(8)$
$= +1.241+2.115-0.378$
$-3.094 = -0.116\text{m}$

Ⅳ. $W_{\rm IV} = (5)+(7)-(9)$
$= +3.117-0.378-2.822$
$= -0.083\text{m}$

외주 $W_{\rm V} = (1)+(4)+(9)+(8)$
$= +2.474-2.233+2.822$
$-3.094 = -0.031\text{m}$

각 환의 폐합차 제한을 구하면

Ⅰ. $S_{\rm I} = 4.1+2.2+2.4 = 8.7\text{km}$
$1.0\sqrt{8.7} ≒ 2.9\text{cm}$

Ⅱ. $S_{\rm II} = 2.2+6.0+3.6+4.0$
$= 15.8\text{km}$
$1.0\sqrt{15.8} ≒ 4.0\text{cm}$

Ⅲ. $S_{\rm III} = 2.4+4.0+2.2+2.3$
$= 10.9\text{km}$
$1.0\sqrt{10.9} ≒ 3.3\text{cm}$

Ⅳ. $S_{\rm IV} = 3.6+2.2+3.5 = 9.3\text{km}$
$1.0\sqrt{9.3} ≒ 3.0\text{cm}$

외주 $S_{\rm V} = 4.1+6.0+3.5+2.3$
$= 15.9\text{km}$
$1.0\sqrt{15.9} ≒ 4.0\text{cm}$

∴ 각 환의 폐합차와 폐합차 제한을 비교하면 Ⅲ, Ⅳ구간에서 공통으로 존재하는 (7)노선을 재측하여야 한다.

49 아래 그림과 같은 폐합수준측량에서 화살표 방향으로 측량하여 $AB = +2.34\text{m}$, $BC = -1.25\text{m}$, $CD = +5.63\text{m}$, $DA = -6.70\text{m}$, $CA = -1.34\text{m}$와 같이 고저차를 얻었다. 이 측량 중 어느 구간의 정도가 가장 낮은가?

㉮ ABC
㉯ ACD
㉰ CA
㉱ $ABCD$

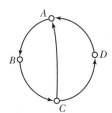

▶ 각 환의 폐합차 W를 구하면

• $W_{\rm I} = A \to B \to C \to D \to A$
$= 2.34-1.25+5.63-6.70$
$= 0.02\text{m}$

• $W_{\rm II} = A \to B \to C \to A$
$= 2.34-1.25-1.34$
$= -0.25\text{m}$

• $W_{\rm III} = A \to C \to D \to A$
$= 1.34+5.63-6.70$
$= 0.27\text{m}$

∴ Ⅱ, Ⅲ구간이 폐합차가 크므로 공통으로 존재하는 CA의 구간이 정도가 가장 낮다고 볼 수 있다.

실전문제 TIP

50 그림과 같은 수준망의 관측결과 다음과 같은 폐합오차를 얻었다. 정확도가 가장 높은 구간은?

구간	총거리(km)	폐합오차(mm)
I	20	20
II	16	18
III	12	15
IV	8	13

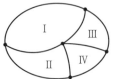

㉮ I 구간
㉯ II 구간
㉰ III 구간
㉱ IV 구간

> 1km 오차가 적은 사람이 가장 정확하다고 볼 수 있다.
> • I 구간 : $\delta = \pm \dfrac{20}{\sqrt{20}} = \pm 4.47$mm
> • II 구간 : $\delta = \pm \dfrac{18}{\sqrt{16}} = \pm 4.50$mm
> • III 구간 : $\delta = \pm \dfrac{15}{\sqrt{12}} = \pm 4.33$mm
> • IV 구간 : $\delta = \pm \dfrac{13}{\sqrt{8}} = \pm 4.60$mm

51 그림과 같은 수준망에서 독립된 조건식의 수는 몇 개인가?(단, (1), (2), (3), (4)는 미지점, A, B는 기지수준점이라고 할 때 모든 수준노선을 측정한 것으로 한다.)

㉮ 3개
㉯ 4개
㉰ 5개
㉱ 6개

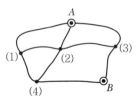

> 조건식수$(K) = r - (n-m)$
> $K = 9 - (6-2) = 5$개
> 여기서, r : 관측수
> n : 측점수
> m : 표고기지점수

52 시발기준점에서 여러 이점을 경유하여 140m 거리의 표고＝190.560m의 수준점에 결합을 시켰더니 190.577m의 표고를 얻었다. 시발점에서 거리가 60m 떨어진 이점에 대한 오차조정량은 얼마인가?

㉮ -0.002m
㉯ -0.007m
㉰ $+0.002$m
㉱ $+0.007$m

> 폐합오차$(E) = 190.56 - 190.577$
> $= -0.017$m
> 그러므로 -0.017을 거리에 비례조정하여 ⊖배분한다.
> ∴ 조정량$= \dfrac{60}{140} \times 0.017$
> $= -0.007$m

53 P점의 표고를 결정하기 위해 A, B, C의 수준점으로부터 수준측량을 한 결과 다음과 같은 관측값을 얻었다. P점의 표고의 최확치는?

수준점	거리	P점의 높이
A	4km	136.783m
B	3km	136.770m
C	2km	136.776m

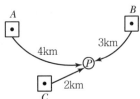

㉮ 136.776m
㉯ 136.783m
㉰ 136.758m
㉱ 136.744m

> $W_1 : W_2 : W_3 = \dfrac{1}{S_1} : \dfrac{1}{S_2} : \dfrac{1}{S_3}$
> $= \dfrac{1}{4} : \dfrac{1}{3} : \dfrac{1}{2}$
> $= 3 : 4 : 6$
> ∴ 최확값(H_P)
> $= \dfrac{W_1 H_1 + W_2 H_2 + W_3 H_3}{W_1 + W_2 + W_3}$
> $= 136.776$m

54 갑, 을 2사람이 A, B 2점 간의 고저차를 구하기 위하여 서로 다른 표척을 갖고 여러 번 왕복 측정한 A, B 2점 사이의 최확값은?(단, 갑 : 38.994 ± 0.008m, 을 : 39.003 ± 0.004m)

㉮ 39.006m ㉯ 39.004m

㉰ 39.001m ㉲ 38.997m

○ 경중률은 오차의 제곱에 반비례하므로 경중률 비를 취하면

$$W_1 : W_2 = \frac{1}{E_1^2} : \frac{1}{E_2^2}$$

$$= \frac{1}{8^2} : \frac{1}{4^2} = 1 : 4$$

∴ 최확값(H_o)

$$= \frac{W_1 H_1 + W_2 H_2}{W_1 + W_2} = 39.001\text{m}$$

55 P점의 높이를 직접수준측량에 의하여 $ABCD$의 4개의 수준점에서 관측한 결과는 다음과 같다. P의 최확값은 얼마인가?

> $A{\rightarrow}P = 45.348$m, $B{\rightarrow}P = 45.370$m,
> $C{\rightarrow}P = 45.351$m, $D{\rightarrow}P = 45.362$m
> 노선길이는 $A{\rightarrow}P$ 1km, $B{\rightarrow}P$ 2km,
> $C{\rightarrow}P$ 3km, $D{\rightarrow}P$ 4km이다.

㉮ 45.308m ㉯ 45.325m

㉰ 45.355m ㉲ 45.394m

○ $W_1 : W_2 : W_3 : W_4$

$$= \frac{1}{1} : \frac{1}{2} : \frac{1}{3} : \frac{1}{4} = 12 : 6 : 4 : 3$$

∴ P점의 최확값(H_p)

$$= 45.3 + \frac{(12 \times 0.048) + (6 \times 0.07)}{+ (0.051 \times 4) + (0.062 \times 3)}{12 + 6 + 4 + 3}$$

$$\fallingdotseq 45.355\text{m}$$

56 고저차측량에서 오차가 생겼을 때의 조정량은 다음 어느 식에 의하는가?(단, d_n : 조정량, l_n : 기점에서 어느 측점까지의 거리, l : 기점에서 종점까지의 거리, e : 폐합오차)

㉮ $d_n = e \times \dfrac{l}{l_n}$ ㉯ $d_n = l_n \times \dfrac{e}{2l}$

㉰ $d_n = e \times \dfrac{l_n}{l}$ ㉲ $d_n = l \times \dfrac{l_n}{e}$

○ 수준측량은 거리를 기본으로 하는 측량이므로 거리에 비례하여 조정한다.

57 높이 20.35m의 수준점(BM)으로부터 10km의 수준환에서의 수준측량을 행한 결과가 표와 같다면 BM_3에서의 수준점 높이의 최확값은?

수준점	BM_0으로부터 거리	높이의 관측값
BM_0	0	20.35m
BM_1	2	71.02m
BM_2	5	40.30m
BM_3	7	35.21m
BM_0	10	20.60m

㉮ 35.209m ㉯ 35.035m

㉰ 34.960m ㉲ 34.520m

○ • 폐합오차(E) $= 20.35 - 20.60$
$= -0.25$m
• BM_3 조정량
$$= \frac{\text{폐합오차}}{\text{전 노선거리}} \times \text{추가거리}$$
$$= \frac{0.25}{10} \times 7 = 0.175\text{m}$$
∴ 최확값 $= 35.21 - 0.175$
$= 35.035$m

58 거리와 고도각에서 $H = S \tan \alpha$로 구한다. 이때 거리에는 오차가 없고 고도각에만 $\pm 5''$의 오차가 있다면 거리 1,000m, 고도각 30°인 경우 고저차에는 어느 정도의 오차가 생기겠는가?

㉮ ± 1.0cm ㉯ ± 1.4cm ㉰ ± 1.7cm ㉱ ± 3.3cm

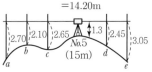

$H = S \tan \alpha$에서, H에 대해 α로 편미분하면

$$\therefore dH = S \sec^2 \alpha \, d\alpha = S \sec^2 \alpha \cdot \frac{d\alpha''}{\rho''}$$
$$= 1,000 \times \sec^2 30° \times \frac{\pm 5''}{206,265''}$$
$$= \pm 0.0323m = \pm 3.3cm$$

59 다음 표는 횡단측량의 야장이다. b점의 지반고는?(단, 기계고는 같고 측점 5의 지반고는 15m임)

㉮ 11.15m
㉯ 14.20m
㉰ 15.80m
㉱ 19.75m

측점	좌			중점	우	
	a	b	c		d	e
No.5	2.70	2.10	2.65	1.30	2.45	3.05
	19.6	12.50	5.00	0	4.50	18.0

야장을 참조하여 실제 지형을 나타내면
$\therefore b$의 지반고 $= 15 + 1.3 - 2.10$
$= 14.20m$

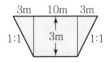

60 아래의 그림과 같이 도로 노선의 종단면도에서 측점 2의 절토 단면적을 구한 값이 맞는 것은?(단, 도로폭 10m, 절토구배 1 : 1, 성토구배 1 : 1.5(절토고 3m)이다.)

측점	1	2	3	4	5
거리	0	20	20	20	20
지반고	18	20	16	14	12
계획고	18	17	16	15	13

㉮ 32.5m² ㉯ 34.0m² ㉰ 36.5m² ㉱ 39.0m²

면적$(A) = \frac{10 + 16}{2} \times 3$
$= 39.0m^2$

61 거리가 100m 떨어진 A, B 두 점의 중간점에서 레벨로 두 점의 표척을 시준하니 $b_1 = 0.327$m, $a_1 = 0.995$m이고, 레벨을 $\overline{BA}$ 연직선상 3m 지점에 다시 세운 후 A와 B의 표척을 시준하니 $b_2 = 1.709$m, $a_2 = 2.339$m이었다. B점에서의 표척의 조정량은?

㉮ 0.039m ㉯ 0.0039m ㉰ 0.339m ㉱ 0.095m

조정량(d)
$= \frac{D + e}{D} \{(a_1 - b_1) - (a_2 - b_2)\}$
$= \frac{100 + 3}{100} \{(0.995 - 0.327) - (2.339 - 1.709)\}$
$= 0.039m$

62 덤피 레벨의 조정에서 말뚝조정법으로 검사한 결과 그 조정량 0.052m를 얻었다. A점과 D점의 거리는?

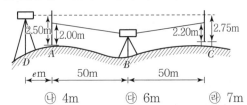

㉮ 3m ㉯ 4m ㉰ 6m ㉱ 7m

조정량(d)
$= \frac{D + e}{D} \{(a_1 - b_1) - (a_2 - b_2)\}$
$= \frac{100 + e}{100} \{(2.75 - 2.5) - (2.2 - 2.0)\}$
$0.052 = \frac{100 + e}{100} \times (0.05)$
$\therefore e = \frac{0.2}{0.05} = 4m$

실전문제

63 다음 레벨의 조정에서 실제표척값(d)은?(단, d 는 C점의 기계점으로부터 B점의 표척을 시준하여 수평으로 읽을 때의 값임)

㉮ 2.252m

㉯ 2.698m

㉰ 2.802m

㉱ 3.788m

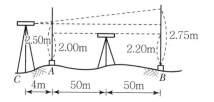

조정량(d)
$$= \frac{D+e}{D}\{(a_1-b_1)-(a_2-b_2)\}$$
$$= \frac{104}{100}\{(2.750-2.500)-(2.200$$
$$-2.000)\}$$
$$=0.052m$$
∴ 실제표척값$=2.750-0.052$
$$=2.698m$$

64 아래 그림과 같이 4점($P_1 \sim P_4$)의 표고를 결정하기 위하여 2점의 기지수준점(H_A, H_B)에 연결하는 8노선($X_1 \sim X_8$)의 수준측량을 실시하였다. 이때 조건식의 수는 몇 개인가?

㉮ 5개

㉯ 4개

㉰ 3개

㉱ 2개

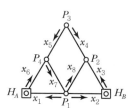

조건식 수
= 관측수－(측점수－표고기지점수)
= 8 － (6 － 2)＝4

65 다음 그림은 시준거리를 일정하게 한 수준측량에서 관측고저차의 표준편차(m)와 관측거리(S)와의 관계를 표시한 것이다. 가장 적당한 것은?

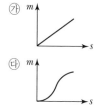

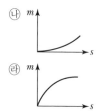

수준측량에서 관측고저차의 표준편차와 관측거리와의 관계는 $M=\pm E\sqrt{S}$ 이므로 S가 증가함에 따라 M은 제곱근에 비례하게 된다.

66 삼각수준측량을 할 때 구차와 기차로 인하여 생기는 높이에 대한 오차보정량 계산식은?(단, R = 지구의 반지름, S = 측점까지의 거리, K = 굴절률 계수이다.)

㉮ $S\tan\alpha - \frac{1-K}{2R}S^2$

㉯ $S\tan\alpha + \frac{1-K}{2R}S^2$

㉰ $S\cos\alpha + \frac{1-K}{2R}S^2$

㉱ $S\cos\alpha - \frac{1-K}{2R}S^2$

삼각수준측량은 트랜싯을 사용하여 고저각과 거리를 관측하고 삼각법을 응용한 계산으로 2점 간의 고저차를 구하는 측량이다.
∴ 오차보정량
$$= S\cdot\tan\alpha + \frac{1-K}{2R}\cdot S^2$$

67 다음의 수준측량방법 중 가장 정확한 측량방법은?

㉮ 수은기압계로 기압차의 동시 측정에 의한 방법

㉯ 트랜싯을 사용하여 삼각측량방법에 의할 때

㉰ 자동레벨과 표척으로 하는 수준측량

㉱ 순수한 물이 끓는점의 온도를 재는 방법

> ㉮, ㉯의 방법은 간접수준측량방법으로 정도가 낮은 방법이며, ㉰는 직접수준측량으로 비교적 정확도가 높은 방법이다.

68 레벨을 점검하기 위해 그림과 같이 C점에 설치하여 A, B 양 표척의 값을 읽었다. 그리고 레벨을 B, A 연장선상의 D점에 세우고 A, B 양 표척의 값을 읽었다면 이 점검은 무엇을 알아보기 위한 것인가?

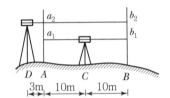

㉮ 시준선과 연직선이 직교하는지의 여부

㉯ 기포관축과 연직축이 수평한지의 여부

㉰ 시준선과 기포관축이 직교하는지의 여부

㉱ 시준선과 기포관축이 수평한지의 여부

> 항정법
> 평탄한 땅을 골라 약 100m 정도 떨어진 두 점에 말뚝을 박고 수준척을 세운 다음 두 점의 중간 및 연장선상에 레벨을 세우고 관측하여 기포관축과 시준축을 수평하게 맞추는 방법이다.

69 수준척을 사용할 때 주의해야 할 사항이 아닌 것은?

㉮ 수준척은 연직으로 세워야 한다.

㉯ 관측자가 수준척의 눈금을 읽을 때에는 표척수로 하여금 수준척이 기계를 향하여 앞·뒤로 조금씩 움직이게 하여 제일 큰 눈금을 읽어야 한다.

㉰ 표척수는 수준척의 밑바닥에 흙이 묻지 않도록 하고, 이음매에서 오차가 발생하지 않도록 하여야 한다.

㉱ 수준척을 세울 때는 지반의 침하여부에 주의하여야 하며, 침하하기 쉬운 곳에는 표척대를 놓고 그 위에 수준척을 세워야 한다.

> 관측자가 수준척의 눈금을 읽을 때에는 표척수로 하여금 수준척이 기계를 향하여 앞·뒤로 조금씩 움직이게 하며 제일 작은 눈금을 읽어야 한다.

70 표고 30m인 B.M의 후시가 Xm, 구하고자 하는 점의 중간시가 Ym일 때, 구하고자 하는 점의 지반고를 구하는 식은?

㉮ $30m - Xm + Ym$

㉯ $Xm + Ym$

㉰ $30m + Xm - Ym$

㉱ $Xm - Ym$

> $H = BM + Xm - Ym$
> $\therefore H = 30 + Xm - Ym$

71 수준측량의 활용분야에 해당하지 않는 것은?

㉮ 지형도 작성을 위한 등고선측량

㉯ 노선의 종 · 횡단측량

㉰ 터널의 중심선측량

㉱ 기준점 설치를 위한 삼각측량

> 삼각측량(Triangulation)
> 기선을 관측한 다음 각만을 관측하여 기선과 각에 의하여 수평위치를 결정하는 방법으로 삼각측량은 다각측량, 지형측량, 지적측량 등 기타 각종 측량에서 기준점의 위치를 삼각법으로 정밀하게 결정하기 위하여 실시하는 측량방법이다.

72 수준측량에 대한 설명으로 옳지 않은 것은?

㉮ 수평면이란 그 면상의 각 점에서 중력의 방향에 수직한 면으로서 지구의 형상에 따르는 일종의 곡면이다.

㉯ 지평면이란 어떤 한 점에서 수평면과 접하는 평면이며 보통 시준할 수 있는 거리에서는 수평면과 일치한다.

㉰ 표고란 높이의 기준인 수평면에서 어떤 점까지의 연직거리이다.

㉱ 수준점은 기준면으로부터 정확하게 높이를 관측하여 표시해둔 점이며 1등 수준점은 국도나 간선도로 약 20km마다 설치되어 있다.

> 1등 수준점은 전국 주요도로 주변 4km마다 설치되어 있다.

73 단일환의 수준망에서 관측결과로 생긴 허용오차 이내의 폐합오차를 보정하는 방법으로 옳은 것은?

㉮ 모든 점에 등배분한다.

㉯ 출발 기준점으로부터의 거리에 비례하여 배분한다.

㉰ 출발 기준점으로부터의 거리에 반비례하여 배분한다.

㉱ 각 점의 표고값 크기에 비례하여 배분한다.

> 동일 기지점의 왕복관측 또는 다른 표고기준점에 폐합한 경우 다음과 같이 조정한다.
> $$각측점의\ 조정량 = \frac{폐합오차}{노선거리의\ 합} \times 조정할\ 측점까지\ 추가거리$$

74 수준측량에서 발생하는 기계적 오차가 아닌 것은?

㉮ 삼각대의 느슨함에 따른 기기정치의 불완전

㉯ 표척의 기울기에 따른 오차

㉰ 표척 이음부의 불완전

㉱ 표척눈금의 부정확

> 표척의 기울기에 따른 오차는 직접 수준측량 시 발생하는 오차이다.

75 측량기기의 특징에 대한 설명으로 옳지 않은 것은?

㉮ 디지털 데오드라이트를 이용하여 각을 관측할 경우 각 읽음오차를 소거할 수 있다.

㉯ 전자파거리측량기(EDM)로 거리를 관측할 경우 온도, 습도, 기압에 대한 영향을 보정해야 정확한 거리를 측정할 수 있다.

㉰ 수준측량에 사용되는 레벨의 기포관 감도는 망원경의 확대배율로 표시한다.

㉱ 평판측량에서 사용되는 보통앨리데이드는 시준공의 직경과 시준사의 굵기에 의해 시준오차가 발생한다.

76 수준기인 기포관의 감도에 대한 설명으로 옳지 않은 것은?

㉮ 기포관의 감도란 기포가 1눈금 움직일 때 기포관 축이 경사되는 각도를 말한다.

㉯ 기포관의 감도가 좋을수록 정밀도는 높다.

㉰ 기포관의 감도는 기포관의 곡률반지름과 액체의 점성에 가장 큰 영향을 받는다.

㉱ 기포관의 기포 1눈금이 끼인 중심각이 작으면 정밀도가 떨어진다.

77 수준측량의 선점에서 유의해야 할 사항이 아닌 것은?

㉮ 가능한 한 위성측위에 지장이 없는 위치를 선정하는 것이 좋다.

㉯ 일반인의 접근이 어렵도록 교통량이 많은 도로 상에 선정한다.

㉰ 습지, 지반연약지 또는 성토지 등 침하가 일어날 우려가 있는 장소와 지하시설물이 있는 장소는 피한다.

㉱ 매설 및 관측 작업이 편리한 장소를 선정한다.

78 수준측량을 실시한 결과가 그림과 같을 때, B점의 표고는?(단, 단위 : m)

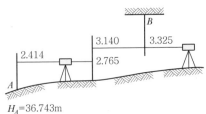

㉮ 36.207m　　㉯ 38.029m　　㉰ 42.857m　　㉱ 43.559m

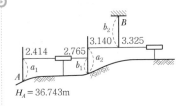

79 간접수준측량 방법에 해당되지 않는 것은?

㉮ 삼각수준측량 ㉯ 항공사진측량

㉰ 교호수준측량 ㉭ 기압수준측량

> ◉ 간접수준측량의 방법
> • 삼각수준측량
> • 앨리데이드에 의한 수준측량
> • 스타디아 측량에 의한 수준측량
> • 기압수준측량
> • 항공사진측량

80 레벨을 조정하기 위하여 그림과 같이 설치하여 $\overline{BC}=\overline{CD}=$ 50m, $\overline{AB}=10m$일 경우 B에서의 관측값이 $b_1=1.262m$, $b_2=1.726m$, D에서의 관측값이 $d_1=1.745m$, $d_2=2.245m$일 때 조정량은?

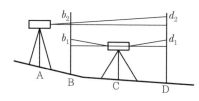

㉮ 0.0001rad ㉯ 0.0004rad

㉰ 0.0007rad ㉭ 0.0009rad

> ◉ 조정량(d)
> $$=\frac{D+e}{D}\{(b_1-d_1)-(b_2-d_2)\}$$
> $$=\frac{100+10}{100}\{(1.262-1.745)$$
> $$-(1.726-2.245)\}$$
> $$=0.0396m$$
> 여기서, 조정량을 라디안(radian)으로 표현하면,
> $$\therefore \frac{d}{D+e}=\frac{0.0396}{110}=0.0004rad$$

81 직접수준측량으로 편도 8km를 측량하여 ±20mm의 오차가 발생하였다면, 편도 2km를 관측할 경우에 발생할 수 있는 오차는?

㉮ ±20mm ㉯ ±10mm

㉰ ±5mm ㉭ ±2.5mm

> ◉ $M=\pm\delta\sqrt{S} \rightarrow \pm20=\pm\delta\sqrt{8}$
> $\pm\delta=\frac{20}{\sqrt{8}}=\pm7.1mm$(1km당 오차)
> ∴ 편도 2km에 대한 오차
> $(M)=\pm\delta\sqrt{S}=\pm7.1\sqrt{2}≒\pm10mm$

82 다음 표척의 읽음 값으로 옳은 것은?

㉮ 2.6m ㉯ 2.7m

㉰ 6.0m ㉭ 6.5m

> ◉ 표척의 읽음값=2.6m
> ※ 그림에서 숫자 6 위에 점이 2개 표시되어 있는 것은 2~3m 구간을 표시한다.

정답 79 ㉰ 80 ㉯ 81 ㉯ 82 ㉮

CHAPTER 07 지형측량

···01 개요

지표면상의 자연 및 인공적인 지물, 지모의 형태와 수평, 수직의 위치관계를 결정하여 그 결과를 일정한 축척과 도식으로 표현한 지도를 지형도(Topographical Map)라 하며 지형도를 작성하기 위한 측량을 지형측량이라 한다.

(1) 지물과 지모

① **지물** : 지표면 위의 자연적 · 인위적 물체, 즉 하천, 호수, 도로, 철도, 건축물 등
② **지모** : 산정, 구릉, 계곡, 평야 등 지표면의 기복 상태

···02 지형도

(1) 지형도 제작

지형도 제작을 위한 측량은 과거에는 지상측량에 의하여 제작되었지만, 근래 사진측량이 발달함에 따라 국토기본도 및 대규모 지형측량에는 항공사진측량이 이용되고, 최근에는 사진을 이용한 정사투영사진지도 제작이 연구되어 실용화되고 있다.

(2) 지형도의 종류

① **일반도**(General Map) : 자연, 인문, 사회 사항을 정확하고 상세하게 표현한 지도이며, 1/5,000 및 1/50,000 국토기본도, 1/25,000 토지이용도, 1/250,000 지세도, 1/1,000,000 대한민국 전도 등이 대표적인 일반도이다.
② **주제도**(Thematic Map) : 어느 특정한 주제를 강조하여 표현한 지도로서, 일반도를 기초로 한다. 토지이용도, 지질도, 토양도, 산림도, 관광도, 교통도, 도시계획도, 국토개발계획도 등이 있다.
③ **특수도**(Specific Map) : 특수한 목적에 사용되는 지도로서, 항공도, 해도, 대권항법도, 천기도, 사진지도, 입체 모형지도, 지적도 등이 있다.

> **Reference 참고**
>
> 위 종류는 지도표현방법에 의한 분류이며, 제작방법에 따라 실측도, 편집도, 집성도로 구분된다.

(3) 국가기본도(National Base Map)

국가기본도란 지물 및 지형에 대한 평면좌표와 표고의 3차원 좌표가 수록된 지형도로 한 나라의 준거적 지도를 말한다.

••• 03 지형의 표현방법

(1) 지형도에 의한 표시방법

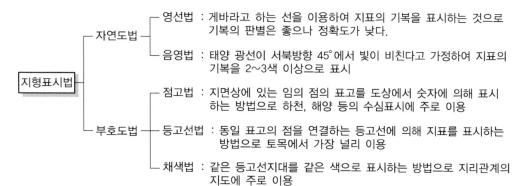

지형표시법
- 자연도법
  - 영선법 : 게바라고 하는 선을 이용하여 지표의 기복을 표시하는 것으로 기복의 판별은 좋으나 정확도가 낮다.
  - 음영법 : 태양 광선이 서북방향 45°에서 빛이 비친다고 가정하여 지표의 기복을 2~3색 이상으로 표시
- 부호도법
  - 점고법 : 지면상에 있는 임의 점의 표고를 도상에서 숫자에 의해 표시하는 방법으로 하천, 해양 등의 수심표시에 주로 이용
  - 등고선법 : 동일 표고의 점을 연결하는 등고선에 의해 지표를 표시하는 방법으로 토목에서 가장 널리 이용
  - 채색법 : 같은 등고선지대를 같은 색으로 표시하는 방법으로 지리관계의 지도에 주로 이용

(2) 입체모형에 의한 방법

실제 지형을 축소하여 제작하는 모형으로 전체 지형을 개략적으로 판단하는 데는 가장 좋은 방법이나 제작비가 비싸고 계측이 어렵다.

(3) 투시도에 의한 방법

투시도법에 의해 지형을 묘사하는 것으로 안내도 및 경관분석에 이용되지만 계측이 어렵다.

••• 04 등고선

(1) 등고선(Contour Line)의 종류

① 주곡선 : 기본 곡선으로서 가는 실선으로 표시
② 간곡선 : 완경사지에서 주곡선 사이가 너무 길 때 사용되며 파선으로 표시(주곡선 1/2)
③ 조곡선 : 점선으로 표시(주곡선 1/4, 간곡선 1/2)

④ 계곡선 : 지형의 상태와 판독을 쉽게 하기 위해서 주곡선 5개마다 굵은 실선(2호 실선)으로 표시

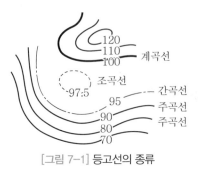

[그림 7-1] 등고선의 종류

(2) 등고선의 간격

등고선의 간격은 지도축척, 사용목적, 지형상태, 측량경비 등 종합적인 사항을 고려하여야 한다. 일반적으로 주곡선 간격은 소축척 시 $\dfrac{M}{2,000} \sim \dfrac{M}{2,500}$, 대축척 시 $\dfrac{M}{500} \sim \dfrac{M}{1,000}$ 을 기준으로 간격을 결정한다.

| 지형도 축척과 등고선 간격 |

(단위 : m)

축척 등고선 종류	1/1,000	1/2,500	1/5,000	1/10,000	1/25,000	1/50,000
주 곡 선	1	2	5	5	10	20
간 곡 선	0.5	1	2.5	2.5	5	10
조 곡 선	0.25	0.5	1.25	1.25	2.5	5
계 곡 선	5	10	25	25	50	100

(3) 등고선 간격 결정 시 주의사항

① 간격은 측량의 목적, 지형 및 지도의 축척 등에 따라 적당히 정한다.
② 간격을 좁게 하면 지형을 정밀하게 표시할 수 있으나, 소축척에서는 지형이 너무 밀집되어 확실한 지형을 나타내기가 어렵다.
③ 등고선 간격을 넓게 취하면 지형의 이해가 곤란하므로 일반적으로 주곡선 간격은 소축척 시 $\dfrac{M}{2,000} \sim \dfrac{M}{2,500}$, 대축척 시 $\dfrac{M}{500} \sim \dfrac{M}{1,000}$ 을 기준으로 간격을 결정한다.
④ 구조물의 설계나 토공량 산출에서는 간격을 좁게, 저수지측량, 노선의 예측, 지질도 측량의 경우에는 넓은 간격으로 한다.

(4) 등고선의 성질

① 동일 등고선상에 있는 모든 점은 같은 높이이다.

② 등고선은 도면 내·외에서 반드시 폐합하는 폐곡선이다(그림 (a)).

③ 지도의 도면 내에서 폐합하는 경우 등고선의 내부에 산꼭대기(산정) 또는 분지가 있다.

④ 2쌍의 등고선의 볼록부가 상대할 때는 볼록부 고개를 나타낸다(그림 (b)).

⑤ 높이가 다른 두 등고선은 동굴이나 절벽을 제외하고는 교차하지 않는다(그림 (c)).

⑥ 동등한 경사의 지표에서 양 등고선의 수평거리는 같다.

⑦ 같은 경사의 평면일 때는 평행한 직선이 된다.

⑧ 최대경사의 방향은 등고선과 직각으로 교차한다.

⑨ 등고선은 경사가 급한 곳에서는 간격이 좁고 완만한 경사에서는 넓다.

⑩ 등고선은 분수선과 직각으로 만난다.

⑪ 등고선의 수평거리는 산꼭대기 및 산밑에서 크고 산중턱에서는 작다.

⑫ 등고선이 능선을 직각방향으로 횡단한 다음 능선 다른 쪽을 따라 거슬러 올라간다(그림 (d)).

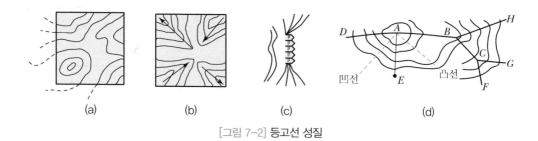

[그림 7-2] 등고선 성질

(5) 등고선 관측방법

1) 직접 관측법

① 레벨에 의한 방법

$$h_B = H_C + h_C - H_B$$

여기서, H_A, H_B, H_C : 표고
h_A, h_B, h_C : 표척고

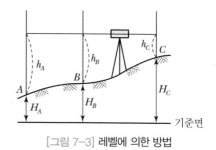

[그림 7-3] 레벨에 의한 방법

② 평판에 의한 방법

$$h_A = H_C + h_C - H_A$$

여기서, H_A, H_B, H_C : 표고
h_A, h_B, h_C : 표척고

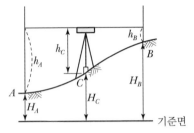

[그림 7-4] 평판에 의한 방법

③ 토털스테이션에 의한 방법

높이를 알고 있는 측점에 토털스테이션을 설치하
거나, 기준점을 관측하여 측점의 높이를 결정한다.

2) 간접 관측법

① 기지점의 표고를 이용한 계산법

$$H : D = h_1 : d_1, \ H : D = h_2 : d_2$$
$$\therefore d_1 = \frac{D}{H} \cdot h_1, \ \therefore d_2 = \frac{D}{H} \cdot h_2$$

여기서, H : A, B의 높이차
D : A, B의 수평거리
h_1, h_2 : A에서 높이차
d_1, d_2 : A에서 수평거리

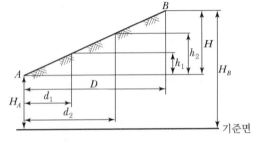

[그림 7-5] 양 기지점을 이용한 계산법

② 목측에 의한 방법

1/10,000 이하의 소축척 지형측량에 이용되며, 많은 경험이 필요하다.

③ 방안법(좌표점고법, 모눈종이법)

각 교점의 표고를 관측하고 그 결과로부터 등고선을 그리는 방법으로서 지형이 복잡한 곳에
이용된다.

④ 종단점법

지성선의 방향이나 주요한 방향의 여러 개의 측선에 대해서 기준점에서 필요한 점까지의 높
이를 관측하고 등고선을 그리는 방법으로 주로 소축척의 산지 등에 사용된다.

⑤ 횡단점법

노선측량의 평면도에 등고선을 삽입할 경우에 이용된다.

(6) 등고선의 오차

① 등고선의 위치오차

경사가 심한 산악지역에서는 등고선 높이의 오차가 크게 되고, 완경사지에서는 등고선의 위치가 벗어나기 쉽다.

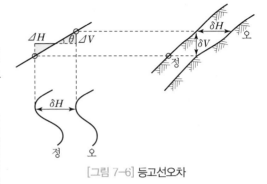

[그림 7-6] 등고선오차

$$\delta H = \Delta H + \frac{\Delta V}{\tan\theta} = \Delta H + \Delta V \cot\theta$$

$$\delta V = \Delta V + \Delta H \tan\theta$$

여기서, ΔH : 수평위치관측오차
ΔV : 높이관측오차
δH : 최대수평위치오차
δV : 최대높이오차

② 오차와 최소등고선 간격과의 관계

$$H \geq 2(dh + dl\tan\alpha)$$

여기서, dh : 높이오차
dl : 거리오차
α : 토지의 경사
H : 등고선의 최소간격

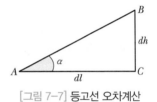

[그림 7-7] 등고선 오차계산

•••05 지성선

지형은 다수의 평면, 즉 凸선, 凹선, 경사변환선 및 최대경사선으로 이루어졌다고 생각할 때 이 평면의 접합부를 지성선(Topographical Line)이라 한다. 일명 지세선이라고도 한다.

(1) 凸선(능선)

凸선은 지표면의 가장 높은 곳을 연결한 선으로 빗물이 이것을 경계로 하여 좌우로 흐르게 되므로 분수선이라고도 한다.

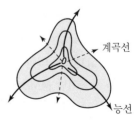

[그림 7-8] 계곡선과 능선

(2) 凹선(합수선)

凹선은 지표면의 가장 낮은 곳을 연결한 선으로 계곡선이라고도 한다.

(3) 경사변환선

동일 방향의 경사면에서 경사의 크기가 다른 두
면의 교선을 경사변환선이라 한다.

(4) 최대경사선

지표의 임의의 한 점에 있어서 그 경사가 최대로
되는 방향을 표시한 선을 말하며 등고선에 직각으
로 교차한다. 이는 물이 흐르는 방향으로 유하선
이라고도 한다.

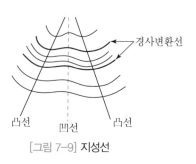

[그림 7–9] 지성선

····06 지형도 제작 및 이용

(1) 지상측량에 의한 지형도 제작순서

측량계획 → 조사 및 선점 → 기준점측량 → 세부측량 → 측량원도 작성 → 지도 편집
※ 기준점측량 순서 : 측지원점측량 → 수평 및 수직기준점측량 → 다각(도근점)측량

(2) 지형도 제작방법

1) 측량방법에 따른 분류

① 지상측량에 의한 방법
② GNSS+TS+노트북에 의한 방법
③ 사진측량에 의한 방법
④ 위성측량에 의한 방법
⑤ LiDAR에 의한 방법
⑥ 차량기반 MMS에 의한 방법
⑦ SAR 영상을 위한 방법
⑧ GNSS 및 멀티빔 음향 측심기에 의한 방법

2) 표현방법에 따른 분류

① 도해법에 의한 방법

② 수치법에 의한 방법

③ 영상지도에 의한 방법

④ 정사투영사진지도에 의한 방법

⑤ DEM에 의한 방법

(3) 지형도의 이용

지형도는 토목공사의 계획, 조사, 설계의 중요한 자료로써, 노선측량에 있어서는 도상 선정, 면적 및 토공량 산정 등에 이용된다.

1) 단면도 제작

지형도상에서 종·횡단면도 제작에 이용된다.

2) 등경사선의 관측

수평선에 대해서 일정한 경사를 가진 지표면상의 선을 등경사선이라 한다.

$$i(\%) = \frac{h}{D} \times 100(\%) \qquad \alpha = \tan^{-1}\left(\frac{h}{D}\right)$$

여기서, h : 등고선 간격

i : 등경사선의 경사

D : 수평거리

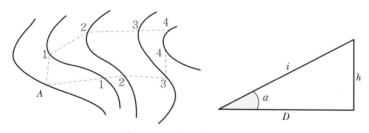

[그림 7-10] 등경사선 관측

3) 유역면적 산정

지점 유량의 산정이나 댐건설 수립 시 한 점에 모이는 유량을 산정하여 댐의 위치를 결정하려면 유역면적을 알아야 한다. 일반적으로 구적기를 사용하여 그 면적을 관측한다.

4) 체적 결정

① 양단면 평균법

$$V = \frac{h}{2}\left\{A_0 + A_n + 2(A_1 + A_2 + \ldots + A_{n-1})\right\}$$

② 각주 공식

$$V = \frac{h}{3}\left\{A_0 + A_n + 4\sum A_{홀수} + 2\sum A_{짝수}\right\}$$

여기서, h : 등고선 간격
A : 등고선 면적

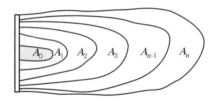

[그림 7-11] 등고선에 의한 체적 결정

5) 기타
① 위치 결정   ② 방향 결정
③ 거리 결정   ④ 토지이용개발
⑤ 편리한 교통체계 기여   ⑥ 쾌적한 생활환경 조성에 기여
⑦ 정보화 시대 자료 제공

···07 투영법

지구는 구면으로서 지구 표면의 일부에 국한하여 얻어진 측량의 결과를 편평한 종이 위에 어떤 모양으로 표시할 수 있겠는가 하는 문제를 취급하는 것이 투영법이다.
지구의 투영법은 사용목적에 의하여 여러 방법이 사용된다. 우리나라에서는 횡메르카토르도법(TM도법)을 사용하고 있다.

실전문제

01 지형도의 종류 중 주제도(Thematic Map)의 내용이 아닌 것은?

㉮ 지질도　　　　　　　㉯ 토양도

㉰ 지적도　　　　　　　㉴ 관광도

> **지형도의 종류**
> • 일반도 : 자연, 인문, 사회사항을 정확하고 상세하게 표현한 지도
> • 주제도 : 어느 특정한 주제를 강조하여 표현한 지도
> • 특수도 : 특수한 목적에 사용되는 지도
> ※ 지적도는 특수도에 속한다.

02 우리나라의 국토기본도가 아닌 것은?

㉮ 1/25,000　　　　　　㉯ 1/5,000

㉰ 1/15,000　　　　　　㉴ 1/50,000

> **우리나라의 주요 국토기본도의 종류**
> • 국토기본도 : 1/5,000, 1/25,000, 1/50,000
> • 토지이용도 : 1/25,000
> • 지세도 : 1/250,000
> • 대한민국 전도 : 1/1,000,000

03 지형의 표시법 중 지표면 또는 수면상에 일정한 간격으로 표고 또는 수심을 기입하는 방법은?

㉮ 등고선법　　㉯ 음영법　　㉰ 점고법　　㉴ 영선법

> 점고법은 지면상에 있는 임의 점의 표고를 도상에서 숫자에 의해 표시하는 방법으로 하천, 해양 등의 수심표시에 주로 이용된다.

04 지형도의 표시방법에서 부호적 도법에 해당하지 않는 것은?

㉮ 점고법　　㉯ 영선법　　㉰ 채색법　　㉴ 등고선법

> • 자연도법 : 영선법, 음영법
> • 부호도법 : 점고법, 등고선법, 채색법

05 건설현장에서 계획, 토공량 산정 등에 주로 사용하는 방법은 어느 것인가?

㉮ 점고법　　㉯ 등고선법　　㉰ 채색법　　㉴ 음영법

> 동일 표고의 점을 연결하는 등고선에 의해 지표를 표시하는 방법을 등고선법이라 하며, 토목분야에서 가장 널리 이용된다.

06 다음은 지형측량을 위한 외업의 준비계획에 관한 설명이다. 틀린 것은?

㉮ 항상 최고의 정확도를 표시할 수 있는 방법을 택한다.

㉯ 날씨 등의 외적조건의 변화를 고려하여 여유있는 작업일시를 취한다.

㉰ 가능한 한 조기에 오차를 발견할 수 있는 작업방법과 계산방법을 택한다.

㉴ 측량의 순서, 측량지역의 배분 및 연결방법 등에 대해 작업원 상호의 사전조정을 한다.

> 측량의 목적에 맞는 최적의 정확도를 검토하며, 필요 이상의 높은 정확도로 측량을 한다면 시간과 경비가 낭비된다.

정답　01 ㉰　02 ㉰　03 ㉰　04 ㉯　05 ㉯　06 ㉮

실전문제 TIP

07 지형의 표시방법에서 자연적 도법에 해당하는 것은?

㉮ 점고법   ㉯ 등고선법   ㉲ 채색법   ㉴ 영선법

> 지형표시방법에서 영선법, 음영법은 자연도법에 해당된다.

08 위도 45°에 있어서 경도 1″와 위도 1″ 차에 위선의 길이는 얼마인가?(단, 지구 $R=6,370$km인 구체로 한다.)

㉮ 11m   ㉯ 16m   ㉲ 22m   ㉴ 29m

> 위선(l)
> $$= \frac{\theta'' R}{\rho''} \cos \psi$$
> $$= \frac{1'' \times 6,370 \times 1,000}{206,265''} \times \cos 45°$$
> $$\fallingdotseq 22m$$

09 하천의 합류지역을 나타내는 등고선의 형태는?

㉮ A형   ㉯ V형   ㉲ W형   ㉴ M형

> 능선 : V자형, 계곡선 : A자형
> 하천의 합류지역 : M형

10 다음 중 지모의 내용이 아닌 것은?

㉮ 학교   ㉯ 계곡   ㉲ 구릉   ㉴ 凹지

> 지모
> 산정, 구릉, 계곡, 평야 등 지표면의 기복상태

11 주로 지역 내의 지성선의 위치 및 그 위 각 점의 표고를 실측 도시해서 이것을 기초로 현지에서 지형을 관찰하면서 적당하게 등고선을 삽입하는 방법은?

㉮ 횡단점법   ㉯ 기준점법
㉲ 좌표점법   ㉴ 종단점법

> 종단점법은 지성선의 방향이나 주요한 방향의 여러 개의 측선에 대해서 기준점에서 필요한 점까지의 높이를 관측하고 등고선을 그리는 방법으로 주로 소축척의 산지 등에 이용된다.

12 우리나라의 1/50,000 지형도에서 주곡선의 등고선 간격은?

㉮ 10m   ㉯ 20m
㉲ 15m   ㉴ 5m

> 등고선의 종류 및 간격

등고선 종류 ＼ 축척	1/ 5,000	1/ 10,000	1/ 25,000	1/ 50,000
주곡선	5	5	10	20
간곡선	2.5	2.5	5	10
조곡선	1.25	1.25	2.5	5
계곡선	25	25	50	100

13 합수선이라고도 하며 지표면의 최저부에 연하는 선은?

㉮ 계곡선   ㉯ 능선
㉲ 경사변환선   ㉴ 경사선

> 합수선은 지표면의 가장 낮은 곳을 연결한 선으로 계곡선이라고도 한다.

14 등고선의 간격을 결정할 때 고려되지 않은 사항은 어느 것인가?

㉮ 지형상황   ㉯ 축척
㉲ 비용   ㉴ 거리

> 등고선 간격을 결정할 때는 지형, 축척, 비용 등을 고려하여 결정하며, 측량거리와는 관계가 적다.

정답 07 ㉴ 08 ㉲ 09 ㉴ 10 ㉮ 11 ㉴ 12 ㉯ 13 ㉮ 14 ㉴

15 다음 설명한 지형도의 등고선 성질에 관하여 부적당한 것은 어느 것인가?

㉮ 등고선은 도면 내 혹은 밖에서 폐합하는 것이다.

㉯ 동일한 등고선상에 있는 모든 점의 높이는 같다.

㉰ 등고선은 일반적으로 상호 교차되지 않는다.

㉱ 등고선은 분수선과 직각으로 만난다.

○ 높이가 다른 두 등고선은 동굴이나 절벽을 제외하고는 교차하지 않는다.

16 다음 등고선의 성질 중 옳지 않은 것은?

㉮ 등고선은 분기하는 일이 없고 절벽 이외에는 교차하는 일이 없다.

㉯ 동일 등고선상의 모든 점은 기준면상 같은 높이에 있다.

㉰ 등고선은 하천, 호수, 계곡 등에서는 단절되고 도상에서 폐합하는 일이 없다.

㉱ 등고선은 최대 경사선에 직각이 되고, 분수선 및 계곡선에 직교한다.

○ 등고선은 도면 내외에서 반드시 폐합하며, 도면 내에서 폐합되는 경우에는 등고선의 내부에 산꼭대기(산정) 또는 분지가 있다.

17 다음 지형측량의 설명 중 옳지 않은 것은?

㉮ '등고선 간격이 Lm이다.'라는 말은 수직 방향에서 Lm 된다는 것이다.

㉯ 등고선 간격은 일반적으로 축척분모수의 $1/4,000 \sim 1/4,500$이다.

㉰ 주곡선 간격은 $1/50,000$ 지형도의 경우 20m이다.

㉱ 등고선은 분수선(능선)과 직각으로 만난다.

○ 등고선 간격은 일반적으로 축척분모수의 $1/2,000 \sim 1/2,500$이다.

18 등고선의 성질 중 옳지 않은 것은?

㉮ 동일 등고선상의 모든 점은 높이가 같으며, 한 등고선은 반드시 도면 내외에서 폐합한다.

㉯ 높이가 다른 등고선은 절벽이나 동굴을 제외하고는 교차하거나 합치하지 않는다.

㉰ 등고선이 도면 내에서 폐합하는 경우 산정이나 오목지가 되며, 오목지는 물이 없을 경우에는 저지의 방향으로 화살표를 하여 구분한다.

㉱ 최대 경사의 방향은 반드시 등고선과 직각으로 교차하며, 등고선이 지성선을 통과할 때는 지성선과 평행한다.

○ 최대 경사의 방향은 반드시 등고선과 직각으로 교차되며, 등고선이 지성선을 통과할 때는 지성선과 직교하게 된다.

19 중·소축척 지형도의 등고선 간격은 일반적으로 다음 중 어느 것인가?

㉮ 축척 분모수의 약 1/500
㉯ 축척 분모수의 약 1/1,000
㉰ 축척 분모수의 약 1/1,500
㉱ 축척 분모수의 약 1/2,000

> 등고선의 간격 결정에는 1/2,000~1/2,500을 기본단위(1m)로 한다.

20 등고선의 간격 및 기호에 대한 다음 설명 중 맞지 않는 것은?

㉮ 계곡선의 간격은 1/25,000일 때 50m이며, 굵은 실선으로 나타낸다.
㉯ 주곡선의 간격은 1/25,000일 때 20m이며, 가는 실선으로 나타낸다.
㉰ 간곡선의 간격은 1/50,000일 때 10m이며, 가는 파선으로 나타낸다.
㉱ 조곡선의 간격은 1/50,000일 때 5m이며, 가는 점선으로 나타낸다.

> 본문 '등고선 간격' 참조

21 다음 기술한 것 중 옳지 않은 것은?

㉮ 지성선 중 凹선은 지표면의 높은 곳을 이은 선으로 분수선이라 한다.
㉯ 최대 경사 변환선은 지표의 임의의 한 점에 있어서 그 경사가 최대로 되는 방향을 표시하는 선으로 유하선이라고도 한다.
㉰ 동등한 경사의 지표에서 양 등고선의 수평거리는 서로 같다.
㉱ 등고선에서 조곡선의 간격은 주곡선 간격의 1/4이며, 일반적으로 세점선으로 표시한다.

> 지성선 중 凸선은 지표면의 높은 곳을 이은 선으로 분수선이라 한다.

22 등고선에 관한 설명 중 옳지 않은 것은?

㉮ 주곡선은 지형을 나타내는 기본이 되는 곡선으로 간격은 중·소축척의 경우에 축척 분모수의 1/2,000로 나타낸다.
㉯ 간곡선은 주곡선 간격의 1/2로 표시하며, 주곡선만으로는 지모의 상태를 명시할 수 없는 장소에 가는 파선으로 나타낸다.
㉰ 조곡선은 간곡선 간격의 1/2로 표시하며, 표현이 부족한 곳에 가는 실선으로 나타낸다.
㉱ 계곡선은 지모의 상태를 파악하고 등고선의 고저차를 쉽게 판독할 수 있도록 주곡선 5개마다 굵은 실선으로 나타낸다.

> 조곡선은 점선으로 표시한다.

정답 19 ㉱ 20 ㉯ 21 ㉮ 22 ㉰

실전문제 TIP

23 1/50,000 국토기본도에서 500m의 산정과 300m의 산정 사이에는 주곡선이 몇 본 들어가는가?(단, 계곡선은 주곡선으로 간주한다.)

㉮ 8본   ㉯ 9본   ㉰ 10본   ㉱ 11본

그러므로 300m, 500m를 제외하면 9개가 된다.

24 등고선의 성질 중 틀린 것은?

㉮ 등고선의 수평거리는 산꼭대기 및 산 밑에서는 작고, 산중턱에서는 크다.

㉯ 최대경사의 방향은 등고선과 직각으로 교차한다.

㉰ 등고선이 능선을 직각 방향으로 횡단한 다음 능선 다른 쪽을 따라 거슬러 올라간다.

㉱ 등고선은 분수선과 직각으로 만난다.

산꼭대기 및 산 밑에서는 경사가 완만하기 때문에 등고선 간격은 크고, 산중턱에서는 경사가 급하기 때문에 등고선 간격은 작다.

25 다음의 등고선의 특성을 나타낸 것 중 옳지 않은 것은?

㉮ 능선은 V자형의 곡선이다.

㉯ 경사변환점은 능선과 계곡선이 만나는 점이다.

㉰ 계곡선은 A자형의 곡선이다.

㉱ 방향변환점은 능선 또는 계곡선의 방향이 변하는 지점이다.

경사변환점은 철선(凸) 및 요선(凹) 위에서 경사가 바뀌는 점을 말한다.

26 다음 중 지성선에 속하지 않는 것은?

㉮ 경사변환선   ㉯ 분수선

㉰ 지질변환선   ㉱ 합수선

지성선에는 능선(凸), 합수선(凹), 경사변환선, 최대 경사선 등이 있다.

27 다음 등고선의 그림에서 경사가 가장 급한 곳은 어느 것인가?

㉮ AB

㉯ AC

㉰ AD

㉱ AE

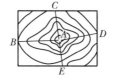

등고선 간격이 좁은 지역을 찾으면 된다.

28 지형측량의 순서 중 맞는 것은?

㉮ 측량계획 작성 → 도근점측량 → 세부측량 → 측량원도 작성

㉯ 측량계획 작성 → 도근점측량 → 측량원도 작성 → 세부측량

㉰ 측량계획 작성 → 세부측량 → 측량원도 작성 → 도근점측량

㉱ 측량계획 작성 → 측량원도 작성 → 도근점측량 → 세부측량

지상측량(일반측량)에 의한 지형도 제작순서
측량계획 → 조사 및 선점 → 기준점측량 → 세부측량 → 측량원도 작성 → 지도편집

정답   23 ㉯   24 ㉮   25 ㉱   26 ㉰   27 ㉱   28 ㉮

29 지형측량의 방법 중 골조측량에 해당하지 않는 것은 어느 것인가?

㉮ 삼각측량

㉯ 시거측량

㉰ 트래버스측량

㉱ 평판에 의해 트래버스 구성

> 시거측량은 평판측량과 마찬가지로 세부측량에 속한다.

30 다음 등고선측정방법 중 소축척으로 산지 등의 측량에 이용되는 방법은?

㉮ 종단점법   ㉯ 횡단점법   ㉰ 방안법   ㉱ 방사절측법

> 소축척의 산지 지형측량을 할 때는 종단점법이 널리 이용된다.

31 지형측량에 있어서의 세부측량방법이 되지 않는 것은 어느 것인가?

㉮ 트랜싯, 테이프 및 레벨에 의한 방법

㉯ 항공사진에 의한 방법

㉰ 평판에 의한 방법

㉱ 육분의에 의한 방법

> 육분의에 의한 측량은 주로 해양에서 위치를 결정하는 장비이며, 신속하나 정도는 낮다.

32 직접법으로 등고선을 측정하기 위하여 B점에 레벨을 세우고 표고가 53.85m P점에 세운 표척을 시준하여 1.28m를 얻었다. 50.25m인 등고선 위의 점 A를 정하려면 시준하여야 할 표척의 높이는?

㉮ 2.32m   ㉯ 4.88m   ㉰ 1.28m   ㉱ 3.60m

> $x = H_P + 1.28 - H_A$
> $= 53.85 + 1.28 - 50.25$
> $= 4.88m$

33 직접법으로 등고선을 측정하기 위하여 A점에 평판을 세우고 기계높이 1.2m를 얻었다. 어떤 점 P와 Q에 스타프를 세워 각각 2.68m, 0.85m를 얻었다면 이때 점 P의 등고선은 몇 m인가? (단, A점의 표고는 70.6m이다.)

㉮ 70.95m   ㉯ 69.12m   ㉰ 67.92m   ㉱ 72.08m

> $H_P = H_A + i - a$
> $= 70.6 + 1.2 - 2.68$
> $= 69.12m$

34 그림에서 표고가 605m, 625m이고 AB간의 수평거리가 50m일 때 620m 등고선의 수평거리는?

㉮ 27.5m

㉯ 37.5m

㉰ 47.5m

㉱ 57.5m

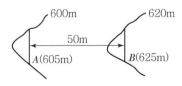

> $50 : 20 = D : 15$
> $\therefore D = \dfrac{50 \times 15}{20} = 37.5(m)$

35 1/50,000 지형도상에서 P점을 통하여 등고선과 직각인 직선이 180m와 160m 등고선과 만난 곳까지의 길이가 각각 8.5mm와 3.2mm일 때 P점의 높이는?

㉮ 163.77m   ㉯ 165.47m

㉰ 166.09m   ㉱ 167.36m

$585 : 20 = 160 : x$
$x = 5.47m$
$\therefore H_P = 160m + 5.47m$
$= 165.47m$

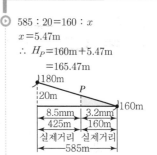

36 1 : 50,000 지형도상에서 A, B 두 점 간의 거리가 8.0cm이다. 축척이 다른 지형도상에서 동일한 A, B 두 점 간의 거리가 56.0cm라고 한다면 미지의 축척은 얼마인가?

㉮ 1/5,000   ㉯ 1/7,000

㉰ 1/10,000   ㉱ 1/14,000

$\dfrac{1}{50,000} = \dfrac{도상거리}{실제거리} = \dfrac{8.0}{실제거리}$
실제거리 $= 400,000$cm
$\therefore \dfrac{1}{m} = \dfrac{56}{400,000} ≒ \dfrac{1}{7,000}$

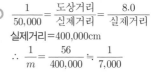

37 $\overline{AB}$ 간을 등경사지면으로 하고, A점의 표고는 36.5m, B점의 표고를 54.8m, $\overline{AB}$를 축척으로 도상에 옮긴 $\overline{ab}$의 길이는 74.5 mm이다. $\overline{ab}$선상에 표고 40m 지점을 표시하려면 a점으로부터의 도상거리는?

㉮ 10.9mm   ㉯ 11.5mm

㉰ 14.2mm   ㉱ 14.8mm

비례식을 적용하면
$74.5 : 18.3 = x : 3.5$
$\therefore x = \dfrac{74.5 \times 3.5}{18.3} = 14.25mm$

38 다음 그림에서 AB의 거리가 50m일 때 AB의 구배는 얼마인가?

㉮ 10%

㉯ 15%

㉰ 20%

㉱ 25%

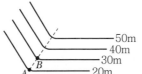

$i(\%) = \dfrac{H}{D} \times 100\%$
$= \dfrac{10}{50} \times 100\% = 20\%$

39 1 : 25,000 지형도상에서 어느 산정으로부터 산 밑까지의 수평거리가 5.6cm일 때 산정표고가 335.75m, 산 밑의 표고가 102.50m인 사면의 경사는?

㉮ 1/3   ㉯ 1/4

㉰ 1/6   ㉱ 1/7

수평거리를 실제거리로 환산하면
$\dfrac{1}{25,000} = \dfrac{5.6}{실제거리}$
실제거리 $= 25,000 \times 5.6$
$= 140,000cm = 1,400m$
$\therefore 경사(i) = \dfrac{h}{D} = \dfrac{233.25}{1,400} = \dfrac{1}{6}$

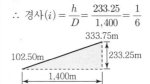

실전문제 TIP

40 1/50,000 지형도에서 4% 구배의 노선을 산정하려면 등고선 사이에 취해야 할 도상거리는 얼마인가?

㉮ 3mm ㉯ 4mm ㉰ 5mm ㉱ 10mm

$\dfrac{h}{D} \times 100(\%) \rightarrow D = \dfrac{100}{i} h$

여기서, h는 1/50,000지도에서 주곡선 간격은 20m이므로

$D = \dfrac{100}{i} h = \dfrac{100}{4} \times 20 = 500m$

$\therefore$ 도상거리$= \dfrac{500}{50,000} = 0.01m = 10mm$

41 축척 1/3,000의 지형도 편찬을 하는 데 축척 1/500 지형도를 이용하였다면 1/3,000 지형도의 1도면에 1/500 지형도가 몇 매 필요한가?

㉮ 49매 ㉯ 36매 ㉰ 25매 ㉱ 16매

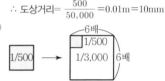

$\therefore$ 총 36매가 필요하다.

42 다음 중 옳은 것은?

㉮ 축척 1/500 도면상의 면적은 실제면적의 1/1,000이다.
㉯ 축척 1/600의 도면을 1/200으로 확대했을 때 도면의 크기는 3배가 된다.
㉰ 축척 1/300의 도면상 면적은 실제면적의 1/9,000이다.
㉱ 축척 1/500인 도면을 축척 1/1,000로 축소했을 때 도면의 크기는 1/4이 된다.

㉮ : $(1/500)^2 = 1/250,000$
㉯ : 9배
㉰ : $(1/300)^2 = 1/90,000$
㉱ : 1/4

43 1/5,000의 지형측량에서 등고선을 그리기 위한 측점에 높이의 오차가 2.0m였다. 그 지점의 경사각이 1°일 때 그 지점을 지나는 등고선의 오차는 얼마인가?

㉮ 3.5cm ㉯ 2.3cm
㉰ 2.1cm ㉱ 1.2cm

$\tan\theta = \dfrac{dh}{dl} \rightarrow$

$dl = \dfrac{dh}{\tan\theta} = \dfrac{2.0}{\tan 1°} = 114.6m$

그러므로 $\dfrac{1}{5,000} = \dfrac{도상거리}{114.6m}$

$\therefore$ 도상거리$= 114.6 \div 5,000$
$= 0.023m = 2.3cm$

44 1/50,000 지형측량에서 등고선의 위치오차를 평면 0.5mm, 높이 ±2m, 토지의 경사 45°에서 최소등고선간격은?

㉮ 25m ㉯ 30m ㉰ 37m ㉱ 54m

최소등고선간격
$H \geq 2(dh + dl \tan\alpha)$
$dl = 0.5 \times 50,000 = 25m$
$\therefore H \geq 2(2 + 25 \times \tan 45°) = 54m$

45 1/25,000의 지형측량에서 등고선을 그리기 위한 측점의 평면위치오차가 1.0mm이고, 높이관측오차는 2.5m, 그 지점의 경사가 30°라 할 때 이 측점의 진위치와의 변위량은 얼마인가?

㉮ 0.4mm ㉯ 0.6mm
㉰ 1.2mm ㉱ 2.4mm

$dl = 25,000 \times 0.001 = 25m,$
$\varepsilon = 29.33m$

그러므로 $\dfrac{1}{25,000} = \dfrac{도상거리}{29.33}$

$\therefore$ 도상거리$\fallingdotseq 1.2mm$

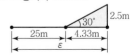

46 다음 지형도에서 노선을 선정하였을 때 절토를 나타내는 곳은?

㉮ ①
㉯ ②
㉰ ③
㉭ ④

○ 그림의 계획선상 ②는 능선(분수선), ③은 계곡이므로 성토는 계곡 부분에서, 절토는 능선에서 가능하다.

47 지형도상에서 그려야 할 지물이 많을 경우는 이 지물을 취사 선택하여야 하는데 그 요령 중에서 잘못된 것은?

㉮ 산지 안에 있는 모든 도로는 보통 생략한다.
㉯ 밭을 통과하는 도로는 일반적으로 생략한다.
㉰ 두 점을 잇는 주요 도로가 여러 개 있으면 몇 개는 생략한다.
㉭ 철도는 원칙적으로 생략하지 않는다.

○ 주요도로는 중요한 지물이므로 원칙적으로 생략하지 않는다.

48 메르카토르도법에 관한 다음 설명 중 맞지 않는 것은 어느 것인가?

㉮ 지구의 중심에 시점을 두고 적도에 접한 정원투영상에 투사 투영한 것이다.
㉯ 투영된 경위선의 현상은 경선은 일정간격의 평행 직선이고, 위선은 경선의 투영선에 직교하여 각 위선의 간격은 적도를 가르는 데 따라서 점차 증대한다.
㉰ 이 도법은 일종의 등각투영으로 이 투영도상에 두 점을 연결한 직선은 지구상의 등방위선을 나타낸다.
㉭ 이 도법에 의한 투영도의 위도 ϕ도에 있어서 몇 만분의 1로 표기할 필요가 있다.

○ 메르카토르도법은 등각원통도법이고, 지구의 중심에 시점을 두고 적도에 접한 정원투영법은 횡원통도법이다.

49 지도 투영에서 다면체 투영은 시점을 어디에 두어 지구상의 지물을 투영하는가?

㉮ 무한대의 거리
㉯ 지구 중심
㉰ 지표면상
㉭ 지상공간

○ 다면체도법은 일정한 위도차로 구획된 지구면의 각 부분마다 중심투영하는 방법으로 시점은 무한대 거리이다.

50 그림과 같은 지형도상에 AB와 같은 절단으로 나타나는 절단면도의 개략적인 모양은 다음 어느 것에 가까운가?

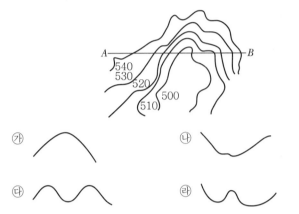

그림과 같은 지형도상의 AB 지형은 계곡형(합수형) 지형을 나타낸다.

㉮

㉯

㉰

㉱

51 다음 설명 중 옳지 않은 것은?

㉮ 등거리횡원통도법은 y값을 지구상의 거리와 같게 하는 도법이다.

㉯ 가우스 이중투영은 타원체에서 구체로 등각투영하고, 이 구체로부터 평면으로 등각횡원통투영을 하는 방법이다.

㉰ UTM은 지구를 회전타원체로 보고 80°N~80°S의 투영범위를 위도 6°, 경도 8°씩 나누어 투영한다.

㉱ 가우스−크뤼거도법은 회전타원체로부터 직접 평면으로 횡축등각원통도법에 의해 투영하는 방법이다.

UTM
- 경도 : 동경 180° 기준, 6° 간격(60등분)
- 위도 : 남북위 80°까지 포함 8° 간격(20등분)

52 주제도에 대한 설명 중 옳은 것은?

㉮ 어느 특정한 주제를 강조하여 표현한 지도로서 일반도를 기초로 하여 일정한 색채 또는 기호를 사용하여 표시하는 지도이다.

㉯ 다목적 지도라 불리면서 자연, 인문, 사회사상을 정확하고 상세하게 표현하는 지도이다.

㉰ 특수한 목적으로 사용하는 지도이다.

㉱ 실제 측량한 성과를 이용하여 제작하는 지도이다.

㉯ : 일반도
㉰ : 특수도

53 원 지형도(地形圖)를 확대하여 새로운 지형도를 제작할 때 다음 중 새로 확대된 지형도의 정밀도(精密度)가 좋은 순서대로 나열된 것은?

ⓐ 1/50,000 지형도를 확대하여 1/1,000의 지형도를 제작
ⓑ 1/25,000 지형도를 확대하여 1/3,000의 지형도를 제작
ⓒ 1/10,000 지형도를 확대하여 1/5,000의 지형도를 제작

㉮ ⓒ, ⓑ, ⓐ   ㉯ ⓐ, ⓑ, ⓒ
㉰ ⓐ, ⓒ, ⓑ   ㉱ ⓑ, ⓐ, ⓒ

> 대축척도를 확대하여 지형도를 제작하는 것이 정밀도가 좋다.

54 다음 설명 중 옳지 않는 것은?

㉮ 세부측량이란 골격(골조)측량에서 결정된 측선을 기준으로 지형이나 지물을 측정하는 것이다.
㉯ 지거란 측정하려고 하는 어떤 한점에서 기선에 내린 수선의 길이이다.
㉰ 계곡선은 지형을 표시하는 데 기준이 되는 등고선이므로 가는 실선으로 표시한다.
㉱ 용지측량이란 토지 및 경계 등에 대하여 조사하고 용지 취득 등에 필요한 자료 및 도면을 작성하는 것이다.

> 지형을 표시하는 데 기준이 되는 것은 등고선이고, 가는 실선으로 표시하는 것은 주곡선이라 한다.

55 사진측량에서 등고선의 정확도에 대한 설명 중 옳지 않은 것은?

㉮ 등고선의 정확도는 수평위치와 수직위치를 각각 정한다.
㉯ 지표면의 경사가 급할수록 수평위치오차는 커지고, 완만할수록 작아진다.
㉰ 수목이나 가옥의 영향에 따라 오차가 커진다.
㉱ 지표면의 경사가 완만할수록 수직위치의 정확도가 높다.

> 일반적으로 산악지나 산림이 우거진 지역에서는 등고선 수직오차가 크게 되고 완경사지에서는 등고선의 수평위치 오차가 커진다.

56 다음 중 지형도의 이용 분야가 아닌 것은?

㉮ 지적도면의 작성   ㉯ 등경사선의 도출
㉰ 면적의 도상측정   ㉱ 저수량 및 토공량의 산정

> 지형도의 이용 분야
> • 단면도 제작
> • 등경사선의 관측
> • 유역면적 산정
> • 체적 결정

57 지형을 표현하는 방법과 거리가 먼 것은?

㉮ TIN(Triangular Irregular Network)

㉯ DEM(Digital Elevation Model)

㉰ DTM(Digital Terrain Model)

㉱ WAN(Wide Area Network)

㉮ TIN : 불규칙삼각망으로 지형표현
㉯ DEM : 수치고도(표고)모형
㉰ DTM : 수치지형모형
㉱ WAN : 광역통신망

58 지형측량에서 등고선 기입을 위한 간접관측법에 해당되지 않는 것은?

㉮ 방안법

㉯ 종단점법

㉰ 기지점 표고를 이용한 방법

㉱ 종단측량의 결과를 이용한 방법

간접관측방법
• 기지점의 표고를 이용한 계산법
• 목측에 의한 방법
• 방안법
• 종단점법
• 횡단점법

59 지형의 표시법을 올바르게 설명한 것은?

㉮ 음영법 – 등고선의 사이를 같은 색으로 칠하여 색으로 표고를 구분하는 방법

㉯ 우모선법 – 짧고 거의 평행한 선을 이용하여 선의 간격 굵기, 길이, 방향 등에 의하여 지형의 기복을 표시하는 방법

㉰ 채색법 – 특정한 곳에서 일정한 방향으로 평행광선을 비칠 때 생기는 그림자를 바로 위에서 본 상태로 기복의 모양을 표시하는 방법

㉱ 등고선법 – 측정에 숫자를 기입하여 지형의 높낮이를 표시하는 방법

㉮ 음영법 : 광선이 서북방향 45°에서 빛이 비친다고 가정하여 지표의 기복을 2~3색 이상으로 표시하는 방법이다.
㉰ 채색법 : 같은 등고선 지대를 같은 색으로 표시하는 방법이다.
㉱ 등고선법 : 동일 표고의 점을 연결하는 등고선에 의해 지표를 표시하는 방법이다.

60 지형도 작성에서 지표면이 낮거나 움푹 패인 점을 연결한 선으로 합수선 또는 합곡선이라 부르는 선은?

㉮ 최대 경사선   ㉯ 철선(능선)   ㉰ 요선(계곡선)   ㉱ 경사변환선

요선(합수선)
요선은 지표면의 가장 낮은 곳을 연결한 선으로 계곡선이라고도 한다.

61 다음 설명 중 옳지 않은 것은?

㉮ 지성선은 토지기복이 되는 선으로 주로 산악에 있어서 요선, 철선, 경사변환점 등을 나타내는 선이다.

㉯ 경사변환선이란 지성선이 방향을 바꾸어 다른 방향으로 향하는 점 또는 분기하거나 합하여지는 점이다.

㉰ 능선이란 지표면이 높은 곳의 꼭대기 점을 연결한 선이다.

㉱ 계곡선은 지표면이 낮거나 움푹 패인 점을 연결한 선으로 합수선이라고도 한다.

동일 방향의 경사면에서 경사의 크기가 다른 두 면의 교선을 경사변환선이라고 한다.

62 축척 1 : 50,000 지형도에서 3% 기울기의 노선을 선정하려면 이 노선상의 주곡선 간 도상거리는?(단, 주곡선 간격은 20m임)

   ⑦ 20.4mm   ⑭ 13.3mm

   ⑭ 10.6mm   ⑭ 7.5mm

$$i(\%) = \frac{h}{D} \times 100 \rightarrow$$

$$D = \frac{100}{i} h = \frac{100}{3} \times 20 = 666.67\text{m}$$

$$\therefore \text{도상거리} = \frac{666.667}{50,000} = 0.0133\text{m}$$

$$= 13.3\text{mm}$$

63 지표면에 존재하는 각각의 주제가 지닌 실제 면적에 비례하여 지도상에 각각의 주제에 관한 면적을 배분하는 투영법은?

   ⑦ 등적투영법   ⑭ 등거리투영법

   ⑭ 등각투영법   ⑭ 원뿔투영법

⑦ 등적투영법 : 실제 면적에 비례하게 투영하는 방법이다.
⑭ 등거리투영법 : 지도상에 거리와 실제거리에 비례하게 투영하는 방법이다.
⑭ 등각투영법 : 지도상에 각과 실제의 각이 같게 투영하는 방법이다.
⑭ 원뿔투영법 : 지구의 어떤 위선에 원뿔면을 맞닿게 하여 그 위에 비치는 투영법이다.

64 보기 중 댐의 집수구역이 바르게 표시된 것은?

⑦    ⑭

⑭    ⑭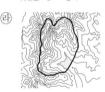

능선(최대경사선)을 연결한 ⑦ 그림이 댐의 집수구역으로 타당하다.

65 1/50,000 축척의 지형도를 1/25,000 축척의 지형도로부터 편집하였다면 여기에 사용한 방식은?

   ⑦ 확대방식   ⑭ 축소방식

   ⑭ 확대방식과 축소방식을 겸용   ⑭ 좌표방식

대축척지도(1/25,000)를 소축척지도(1/50,000)로 축소 편집할 수 있다.

66 지형도를 작성하기 위한 방법에 대한 설명으로 틀린 것은?

   ⑦ 토털스테이션에 의해 현장에서 지형도를 작성한다.

   ⑭ 항공사진측량에 의해 사진촬영을 한 후 실내에서 지형도를 작성한다.

   ⑭ SPOT 위성과 같은 입체 촬영이 가능한 위성자료를 이용하여 지형도를 작성한다.

   ⑭ GPS측량을 이용한 영상판독에 의해 지형도를 작성한다.

GPS측량은 신호를 이용하여 위치결정을 하는 측량으로 영상판독과는 무관하다.

67 등고선 간격이 2m인 지형도에서 94m 등고선상의 A점과 128m 등고선상의 B점을 연결하여 기울기 $\frac{8}{100}$의 도로를 개설하였다면 AB간 도로의 실제길이는 약 얼마인가?

㉮ 420m
㉯ 422m
㉰ 424m
㉭ 426m

$i(\%) = \frac{H}{D} \rightarrow \frac{8}{100} = \frac{H}{D}$

$D = \frac{34}{8} \times 100 = 425m$

$\tan\theta = \frac{H}{D}$

방위$(\theta) = \tan^{-1}\frac{H}{D} = \tan^{-1}\frac{34}{425}$

$\theta = 4°34'26''$

AB간 도로의 실제길이 x는

$\cos\theta = \frac{D}{x}$

$\therefore x = \frac{D}{\cos\theta} = \frac{425m}{\cos 4°34'26''}$

$\quad = 426.36 \fallingdotseq 426m$

68 1 : 50,000 지형도를 보면 도엽번호가 표기되어 있다. 다음 도엽번호에 대한 설명으로 틀린 것은?

$$NJ\ 52 - 11 - 18$$

㉮ 1 : 250,000 도엽을 28등분한 것 중 18번째 도엽번호를 의미한다.
㉯ N은 북반구를 의미한다.
㉰ J는 적도에서부터 알파벳으로 붙인 위도구역을 의미한다.
㉭ 52는 국가 고유 코드를 의미한다.

서경 180°를 기준으로 6° 간격으로 60개 종대로 구분하여 1~60까지 번호를 사용하며 우리나라는 51, 52 종대에 속한다. 그러므로, 52는 국가 고유 코드를 의미하는 것이 아니다.

69 1 : 25,000 지형도상에서 표고가 480m, 210m인 2점 사이에 케이블카를 설치하고자 한다. 도상의 2점 간 거리가 4cm였다. 처짐을 고려하지 않는다면 케이블의 길이는?

㉮ 0.963km
㉯ 1.036km
㉰ 1.723km
㉭ 2.026km

수평거리를 실제거리로 환산하면,

$\frac{1}{25,000} = \frac{4}{\text{실제거리}}$

실제거리$= 25,000 \times 4 = 100,000cm$
$\qquad\qquad = 1,000m$

$\therefore$ 케이블 길이

$= \sqrt{D^2 + H^2}$
$= \sqrt{1,000^2 + 270^2} = 1,036m$
$= 1.036km$

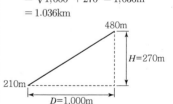

70 연속적인 측량이 가능한 토털스테이션을 사용하여 등고선을 측정하는 방법에 대한 설명으로 옳지 않은 것은?

㉮ 측점으로부터의 기계고를 측정한다.

㉯ 프리즘의 높이는 임의로 하여 수시로 변경하는 것이 편리하다.

㉱ 토털스테이션을 추적모드(Tracking Mode)로 설정하고 측정할 등고선의 높이를 입력한다.

㉲ 높이를 알고 있는 측점에 토털스테이션을 설치하거나, 기준점을 관측하여 측점의 높이를 결정한다.

> 토털스테이션을 측점에 설치하여 등고선을 관측 시 프리즘의 높이는 등고선의 높이를 측정하는 중요한 요소이므로 수시로 변경하는 것은 좋지 않다.

71 등고선의 종류와 지형도의 축척에 따른 등고선의 간격에 대한 설명으로 틀린 것은?

㉮ 주곡선은 지형표시의 기본이 되는 곡선으로 가는 실선을 사용하여 나타낸다.

㉯ 등고선의 간격은 측량의 목적 및 지역의 넓이, 작업에 관련한 경제성, 토지의 현황, 도면의 축척, 도면의 읽기 쉬운 정도 등을 고려하여 결정한다.

㉱ 계곡선은 등고선의 수 및 표고를 쉽게 읽도록 주곡선 5개마다 굵게 표시한 곡선으로 굵은 실선을 사용하며 축척 1 : 50,000 지형도의 경우 간격이 50m이다.

㉲ 간곡선은 주곡선의 $\frac{1}{2}$ 간격으로 삽입한 곡선으로 가는 파선으로 나타내며 축척 1 : 25,000 지형도에서는 5m 간격이다.

> 등고선의 종류 및 간격

등고선 종류 축척	주곡선	간곡선	조곡선	계곡선
1/5,000	5	2.5	1.25	25
1/10,000	5	2.5	1.25	25
1/25,000	10	5	2.5	50
1/50,000	20	10	5	100

계곡선은 지형의 상태와 판독을 쉽게 하기 위해서 주곡선 5개마다 굵은 실선으로 표시하며, 축척 1/50,000 지형도의 경우 간격이 100m이다.

72 다음 설명 중 옳지 않은 것은?

㉮ 지성선은 토지기복이 되는 선으로 주로 산악에 있어서 요선, 철선, 경사변환점 등을 나타내는 선이다.

㉯ 경사변환선이란 지성선이 방향을 바꾸어 다른 방향으로 향하는 점 또는 분기하거나 합하여지는 점이다.

㉱ 철선(능선)이란 지표면이 높은 곳의 꼭대기 점을 연결한 선이다.

㉲ 요선(계곡선)은 지표면이 낮거나 움푹 패인 점을 연결한 선으로, 합수선이라고도 한다.

> 동일 방향의 경사면에서 경사의 크기가 다른 두 면의 교선을 경사변환선이라 한다.

73 등고선 간의 최단 거리 방향이 의미하는 것은?

㉮ 최소 경사 방향을 표시한다.   ㉯ 최대 경사 방향을 표시한다.

㉰ 상향 경사를 표시한다.   ㉱ 하향 경사를 표시한다.

> ⊙ 등고선 간의 최단 거리 방향은 그 지표면의 최대 경사 방향을 나타낸다.

74 지형도 및 수치지형도에 대한 설명으로 옳지 않은 것은?

㉮ 지형도는 지표면상의 자연적 또는 인공적인 지형의 수평 또는 수직의 상호위치관계를 관측하여 그 결과를 일정한 축척과 도식으로 도면에 나타낸 것이다.

㉯ 지형도상에 표시되는 요소로 지형에는 지물과 지모가 있다.

㉰ 수치지형도의 축척은 일정하기 때문에 확대 및 축소하여 다양한 축척의 지형도를 만들 수 없다.

㉱ 수치지형도의 지형 및 지물은 레이어로 구분된다.

> ⊙ 수치지형도의 축척은 일정하기 때문에 확대 및 축소하여 다양한 축척의 지형도를 만들기 용이하다.

75 우리나라의 지형도에서 사용하고 있는 평면좌표의 투영법은?

㉮ 등각투영   ㉯ 등적투영

㉰ 등거투영   ㉱ 복합투영

> ⊙ 우리나라의 지형도에서 사용하고 있는 평면직각좌표계의 투영법은 횡메르카토르도법이자 등각투영법이다.

76 그림과 같은 지형도의 등고선에서 가장 급한 경사를 나타낸 선은?

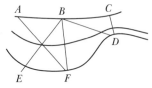

㉮ CD   ㉯ BF   ㉰ AF   ㉱ BD

> ⊙ 등고선은 경사가 급한 곳에서는 간격이 좁고, 완만한 경사에서는 간격이 넓다.

77 축척 1 : 10,000 지형도상에서 균일 경사면상에 40m와 50m 등고선 사이의 P점에서 40m와 50m 등고선까지의 최단거리가 각각 도상에서 5mm, 15mm일 때, P점의 표고는?

㉮ 42.5m   ㉯ 43.5m

㉰ 45.5m   ㉱ 47.5m

> ⊙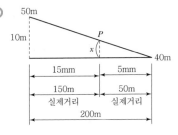
>
> $200 : 10 = 50 : x \rightarrow$
> $x = 2.5\text{m}$
> $\therefore H_p = 40 + 2.5 = 42.5\text{m}$

실전문제 *TIP*

78 어느 정사각형 형태의 지역에 대한 실제 면적이 A, 지형도상의 면적이 B일 때 이 지형도의 축척으로 옳은 것은?

㉮ $B : A$ ㉯ $\sqrt{B} : A$

㉰ $B : \sqrt{A}$ ㉱ $\sqrt{B} : \sqrt{A}$

⊙ $(\text{축척})^2 = \left(\dfrac{1}{m}\right)^2$
$= \dfrac{\text{지형도상 면적}(B)}{\text{실제 면적}(A)}$
∴ 축척 $= \sqrt{B} : \sqrt{A}$

79 축척 1 : 25,000인 우리나라 지형도의 한 도엽의 크기(경도×위도)는?

㉮ $1.25' \times 1.25'$ ㉯ $2.5' \times 2.5'$

㉰ $7.5' \times 7.5'$ ㉱ $15.0' \times 15.0'$

⊙ 국토지리정보원 발행지도의 도엽 크기
• 1/50,000 : 15′×15′
• 1/25,000 : 7′30″×7′30″
• 1/10,000 : 3′×3′

80 우리나라 수치지형도의 표기방법 중 7자리 숫자의 도엽번호는 축척이 얼마인가?

㉮ 1 : 50,000

㉯ 1 : 25,000

㉰ 1 : 10,000

㉱ 1 : 5,000

⊙ 도엽번호는 수치지도의 검색 및 관리 등을 위하여 각 축척별로 일정한 크기에 따라 분할된 지도에 부여하는 일련번호를 말한다. 예를 들면, 37705 1769은 37705라는 1/50,000 도엽에서 1°를 15′×15′ 분할한 16개 구획 중에서 05번째를 1/10,000으로 분획한 것 중 17번째 도엽을 다시 1/1,000으로 분획한 것 중 69번째 도엽을 뜻한다. 그러므로, 7자리(37705 17) 숫자의 도엽번호 축척은 1/10,0000이 된다.

81 A, B 두 점의 표고가 각각 118m, 145m이고, 수평거리가 270m 이며, AB 간은 등경사이다. A점으로부터 AB선상의 표고 120m, 130m, 140m인 점까지 각각의 수평거리는?

㉮ 10m, 110m, 210m

㉯ 20m, 120m, 220m

㉰ 20m, 110m, 220m

㉱ 10m, 120m, 210m

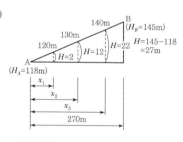

• $270 : 27 = x_1 : 2$
∴ $x_1 = 20\text{m}$
• $270 : 27 = x_2 : 12$
∴ $x_2 = 120\text{m}$
• $270 : 27 = x_3 : 22$
∴ $x_3 = 220\text{m}$

82 1 : 25,000 지형도에서 경사 30°인 지형의 두 점 간 도상 거리가 4mm로 표시되었다면 두 점 간의 실제 경사거리는?(단, 경사가 일정한 지형으로 가정한다.)

㉮ 50.0m ㉯ 86.6m

㉰ 100.0m ㉱ 115.5m

축척과 거리와의 관계

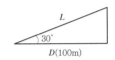

$$\frac{1}{m} = \frac{도상거리}{실제거리} \rightarrow$$

$$\frac{1}{25,000} = \frac{0.004}{실제거리}$$

실제거리 = 100m

$D = L \cdot \cos\theta$

∴ 실제 경사거리(L)

$$= \frac{D}{\cos\theta} = \frac{100}{\cos 30°} = 115.5m$$

83 수치표고모델(DEM)에 대한 설명으로 틀린 것은?

㉮ 격자의 구성 상태에 따라 정규격자형과 불규칙격자형으로 구분할 수 있다.

㉯ 불규칙삼각망은 모든 DEM 점들을 서로 연결하여 형성한 삼각형들의 집합체를 말한다.

㉰ 정규격자에 의한 등고선 작성은 격자점 사이에 급격한 경사지나 볼록한 지형 혹은 오목한 지형이 있을 경우의 표현에 불규칙격자형보다 적합하다.

㉱ 정규격자형은 작업 지역을 일정한 간격으로 구분하여 각 모서리 점의 표고를 표시하는 방법이다.

등고선 작성은 격자점 사이에 급격한 경사지나 볼록한 지형 혹은 오목한 지형이 있을 경우의 표현에는 정규격자형보다 불규칙격자형이 적합하다.

84 그림과 같이 사력댐을 건설하고자 한다. 사력댐 상단(진한 선)의 높이가 100m이고, 기울기는 상하류방향 모두 1 : 1이라고 할 때, 대략적인 성토범위로 가장 적절히 표시된 것은?

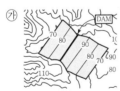

댐 상단높이 100m에서 상하류 방향 모두 1 : 1 기울기로 표시하였을 때 댐 상단높이값보다 모두 낮게 표현된 ㉯번 그림이 성토범위로 가장 적절하다.

CHAPTER 08 측량관계법규

본 내용은 공간정보의 구축 및 관리 등에 관한 법률/시행령/시행규칙과 국가공간정보 기본법에 관한 주요 내용을 정리한 것으로 법령에 관한 전체 조문은 국가법령정보센터(http : //www.law.go.kr)에서 확인할 수 있습니다.

I 공간정보의 구축 및 관리 등에 관한 법률

[시행일자 : 법률(2023. 11. 16. 법률 제19047호) / 시행령(2023. 6. 11. 대통령령 제33525호) /
시행규칙(2023. 6. 11. 국토교통부령 제1223호)]

···01 목적
법률 제1조

공간정보의 구축 및 관리 등에 관한 법률은 측량의 기준 및 절차와 지적공부(地籍公簿)·부동산종합공부(不動産綜合公簿)의 작성 및 관리 등에 관한 사항을 규정함으로써 국토의 효율적 관리 및 국민의 소유권 보호에 기여함을 목적으로 한다.

···02 법률상 용어의 정의
법률 제2조 / 시행령 제3조

(1) 공간정보

지상·지하·수상·수중 등 공간상에 존재하는 자연적 또는 인공적인 객체에 대한 위치정보 및 이와 관련된 공간적 인지 및 의사결정에 필요한 정보를 말한다.

(2) 측량

공간상에 존재하는 일정한 점들의 위치를 측정하고 그 특성을 조사하여 도면 및 수치로 표현하거나 도면상의 위치를 현지(現地)에 재현하는 것을 말하며, 측량용 사진의 촬영, 지도의 제작 및 각종 건설사업에서 요구하는 도면작성 등을 포함한다.

(3) 기본측량

모든 측량의 기초가 되는 공간정보를 제공하기 위하여 국토교통부장관이 실시하는 측량을 말한다.

(4) 공공측량

1) 국가, 지방자치단체, 그 밖에 대통령령으로 정하는 기관이 관계 법령에 따른 사업 등을 시행하기 위하여 기본측량을 기초로 실시하는 측량

2) 1) 외의 자가 시행하는 측량 중 공공의 이해 또는 안전과 밀접한 관련이 있는 측량으로서 대통령령으로 정하는 측량

① 측량실시지역의 면적이 1제곱킬로미터 이상인 기준점측량, 지형측량 및 평면측량

② 측량노선의 길이가 10킬로미터 이상인 기준점측량

③ 국토교통부장관이 발행하는 지도의 축척과 같은 축척의 지도 제작

④ 촬영지역의 면적이 1제곱킬로미터 이상인 측량용 사진의 촬영

⑤ 지하시설물 측량

⑥ 인공위성 등에서 취득한 영상정보에 좌표를 부여하기 위한 2차원 또는 3차원의 좌표측량

⑦ 그 밖에 공공의 이해에 특히 관계가 있다고 인정되는 사설철도 부설, 간척 및 매립사업 등에 수반되는 측량

(5) 지적측량

토지를 지적공부에 등록하거나 지적공부에 등록된 경계점을 지상에 복원하기 위하여 필지의 경계 또는 좌표와 면적을 정하는 측량을 말하며, 지적확정측량 및 지적재조사측량을 포함한다.

(6) 일반측량

기본측량, 공공측량 및 지적측량 외의 측량을 말한다.

(7) 측량기준점

측량의 정확도를 확보하고 효율성을 높이기 위하여 특정 지점을 측량기준에 따라 측정하고 좌표 등으로 표시하여 측량 시에 기준으로 사용되는 점을 말한다.

(8) 측량성과

측량을 통하여 얻은 최종 결과를 말한다.

(9) 측량기록

측량성과를 얻을 때까지의 측량에 관한 작업의 기록을 말한다.

(10) 지명

산, 하천, 호수 등과 같이 자연적으로 형성된 지형이나 교량, 터널, 교차로 등 지물·지역에 부여된 이름을 말한다.

(11) 지도

측량 결과에 따라 공간상의 위치와 지형 및 지명 등 여러 공간정보를 일정한 축척에 따라 기호나 문자 등으로 표시한 것을 말하며, 정보처리시스템을 이용하여 분석, 편집 및 입력·출력할 수 있도록 제작된 수치지형도(항공기나 인공위성 등을 통하여 얻은 영상정보를 이용하여 제작하는 정사영상지도를 포함한다)와 이를 이용하여 특정한 주제에 관하여 제작된 지하시설물도·토지이용현황도 등 대통령령으로 정하는 수치주제도를 포함한다.

(12) 지적공부

토지대장, 임야대장, 공유지연명부, 대지권등록부, 지적도, 임야도 및 경계점좌표등록부 등 지적측량 등을 통하여 조사된 토지의 표시와 해당 토지의 소유자 등을 기록한 대장 및 도면(정보처리시스템을 통하여 기록·저장된 것을 포함한다)을 말한다.

(13) 필지

대통령령으로 정하는 바에 따라 구획되는 토지의 등록단위를 말한다.

(14) 지번

필지에 부여하여 지적공부에 등록한 번호를 말한다.

(15) 지번부여지역

지번을 부여하는 단위지역으로서 동·리 또는 이에 준하는 지역을 말한다.

(16) 지목

토지의 주된 용도에 따라 토지의 종류를 구분하여 지적공부에 등록한 것을 말한다.

(17) 경계점

필지를 구획하는 선의 굴곡점으로서 지적도나 임야도에 도해 형태로 등록하거나 경계점좌표등록부에 좌표 형태로 등록하는 점을 말한다.

···03 측량 계획 및 기준 법률 제5·6·7·8조 / 시행령 제6·7·8조

(1) 측량기본계획 및 시행계획

① 국토교통부장관은 측량에 관한 기본 구상 및 추진 전략, 측량의 국내외 환경 분석 및 기술연구, 측량산업 및 기술인력 육성 방안, 그 밖에 측량 발전을 위하여 필요한 사항이 포함된 측량기본계획을 5년마다 수립하여야 한다.

② 국토교통부장관은 측량기본계획에 따라 연도별 시행계획을 수립·시행하고, 그 추진실적을 평가하여야 한다.

(2) 측량기준

1) 위치

위치는 세계측지계에 따라 측정한 지리학적 경위도와 높이(평균해수면으로부터의 높이를 말한다)로 표시한다. 다만, 지도 제작 등을 위하여 필요한 경우에는 직각좌표와 높이, 극좌표와 높이, 지구중심 직교좌표 및 그 밖의 다른 좌표로 표시할 수 있다.

① 세계측지계는 지구를 편평한 회전타원체로 상정하여 실시하는 위치측정의 기준으로서 다음의 요건을 갖춘 것을 말한다.

    ㉠ 회전타원체의 장반경 및 편평률은 다음과 같을 것

        • 장반경 : 6,378,137미터

        • 편평률 : 298.257222101분의 1

    ㉡ 회전타원체의 중심이 지구의 질량중심과 일치할 것

    ㉢ 회전타원체의 단축이 지구의 자전축과 일치할 것

2) 측량의 원점

측량의 원점은 대한민국 경위도원점 및 수준원점으로 한다. 다만, 섬 등 대통령령으로 정하는 지역에 대하여는 국토교통부장관이 따로 정하여 고시하는 원점을 사용할 수 있다.

① 대한민국 경위도원점 및 수준원점

    ㉠ 대한민국 경위도원점

        • 지점 : 경기도 수원시 영통구 월드컵로 92(국토지리정보원에 있는 대한민국 경위도원점 금속표의 십자선 교점)

        • 수치

            - 경도 : 동경 127도 03분 14.8913초

            - 위도 : 북위 37도 16분 33.3659초

            - 원방위각 : 165도 03분 44.538초(원점으로부터 진북을 기준으로 오른쪽 방향으로 측정한 우주측지관측센터에 있는 위성기준점 안테나 참조점 중앙)

ⓛ 대한민국 수준원점
- 지점 : 인천광역시 남구 인하로 100(인하공업전문대학에 있는 원점표석 수정판의 영 눈금선 중앙점
- 수치 : 인천만 평균해수면상의 높이로부터 26.6871미터 높이

② 원점의 특례

섬 등 대통령령으로 정하는 지역은 제주도, 울릉도, 독도 그 밖에 대한민국 경위도원점 및 수준원점으로부터 원거리에 위치하여 대한민국 경위도원점 및 수준원점을 적용하여 측량하기 곤란하다고 인정되어 국토교통부장관이 고시한 지역을 말한다.

③ 직각좌표의 기준

명칭	원점의 경위도	투영원점의 가산(加算)수치	원점축척계수	적용 구역
서부좌표계	경도 : 동경 125°00′ 위도 : 북위 38°00′	X(N) 600,000m Y(E) 200,000m	1.0000	동경 124°~126°
중부좌표계	경도 : 동경 127°00′ 위도 : 북위 38°00′	X(N) 600,000m Y(E) 200,000m	1.0000	동경 126°~128°
동부좌표계	경도 : 동경 129°00′ 위도 : 북위 38°00′	X(N) 600,000m Y(E) 200,000m	1.0000	동경 128°~130°
동해좌표계	경도 : 동경 131°00′ 위도 : 북위 38°00′	X(N) 600,000m Y(E) 200,000m	1.0000	동경 130°~132°

(3) 측량기준점의 종류

1) 국가기준점

측량의 정확도를 확보하고 효율성을 높이기 위하여 국토교통부장관이 전 국토를 대상으로 주요 지점마다 정한 측량의 기본이 되는 측량기준점이다.

① 우주측지기준점 : 국가측지기준계를 정립하기 위하여 전 세계 초장거리간섭계와 연결하여 정한 기준점

② 위성기준점 : 지리학적 경위도, 직각좌표 및 지구중심 직교좌표의 측정 기준으로 사용하기 위하여 대한민국 경위도원점을 기초로 정한 기준점

③ 수준점 : 높이 측정의 기준으로 사용하기 위하여 대한민국 수준원점을 기초로 정한 기준점

④ 중력점 : 중력 측정의 기준으로 사용하기 위하여 정한 기준점

⑤ 통합기준점 : 지리학적 경위도, 직각좌표, 지구중심 직교좌표, 높이 및 중력 측정의 기준으로 사용하기 위하여 위성기준점, 수준점 및 중력점을 기초로 정한 기준점

⑥ 삼각점 : 지리학적 경위도, 직각좌표 및 지구중심 직교좌표 측정의 기준으로 사용하기 위하여 위성기준점 및 통합기준점을 기초로 정한 기준점

⑦ 지자기점 : 지구자기 측정의 기준으로 사용하기 위하여 정한 기준점

2) 공공기준점

공공측량시행자가 공공측량을 정확하고 효율적으로 시행하기 위하여 국가기준점을 기준으로 하여 따로 정하는 측량기준점이다.

① **공공삼각점** : 공공측량 시 수평위치의 기준으로 사용하기 위하여 국가기준점을 기초로 하여 정한 기준점

② **공공수준점** : 공공측량 시 높이의 기준으로 사용하기 위하여 국가기준점을 기초로 하여 정한 기준점

3) 지적기준점

특별시장 · 광역시장 · 특별자치시장 · 도지사 또는 특별자치도지사나 지적소관청이 지적측량을 정확하고 효율적으로 시행하기 위하여 국가기준점을 기준으로 하여 따로 정하는 측량기준점이다.

① **지적삼각점** : 지적측량 시 수평위치 측량의 기준으로 사용하기 위하여 국가기준점을 기준으로 하여 정한 기준점

② **지적삼각보조점** : 지적측량 시 수평위치 측량의 기준으로 사용하기 위하여 국가기준점과 지적삼각점을 기준으로 하여 정한 기준점

③ **지적도근점** : 지적측량 시 필지에 대한 수평위치 측량 기준으로 사용하기 위하여 국가기준점, 지적삼각점, 지적삼각보조점 및 다른 지적도근점을 기초로 하여 정한 기준점

(4) 측량기준점 표지의 설치 및 관리

① 측량기준점을 정한 자는 측량기준점표지를 설치하고 관리하여야 한다.

② 측량기준점표지를 설치한 자는 대통령령으로 정하는 바에 따라 그 종류와 설치 장소를 국토교통부장관, 관계 시 · 도지사, 시장 · 군수 또는 구청장 및 측량기준점표지를 설치한 부지의 소유자 또는 점유자에게 통지하여야 한다. 설치한 측량기준점표지를 이전 · 철거하거나 폐기한 경우에도 같다.

③ 특별자치시장, 특별자치도지사, 시장 · 군수 또는 구청장은 국토교통부령으로 정하는 바에 따라 매년 관할 구역에 있는 측량기준점표지의 현황을 조사하고 그 결과를 시 · 도지사를 거쳐(특별자치시장 및 특별자치도지사의 경우는 제외한다) 국토교통부장관에게 보고하여야 한다. 측량기준점표지가 멸실 · 파손되거나 그 밖에 이상이 있음을 발견한 경우에도 같다.

④ 국토교통부장관은 필요하다고 인정하는 경우에는 직접 측량기준점표지의 현황을 조사할 수 있다.

⑤ 측량기준점표지의 형상, 규격, 관리방법 등에 필요한 사항은 국토교통부령으로 정한다.

●●● 04 기본측량 및 공공측량 법률 제12·16·17·18·21조 / 시행령 제12·13·16조 / 시행규칙 제13·21·22조

(1) 측량실시

1) 기본측량의 실시

① 기본측량은 모든 측량의 기초가 되는 공간정보를 제공하기 위하여 국토교통부장관이 실시하는 측량을 말한다.

② 국토교통부장관은 기본측량을 하려면 미리 측량지역, 측량기간, 그 밖에 필요한 사항을 시·도지사에게 통지하여야 한다. 그 기본측량을 끝낸 경우에도 같다.

③ 시·도지사는 기본측량의 실시에 따른 통지를 받았으면 지체 없이 시장·군수 또는 구청장에게 그 사실을 통지(특별자치시장 및 특별자치도지사의 경우는 제외한다)하고 대통령령으로 정하는 바에 따라 공고하여야 한다.

④ 기본측량의 방법 및 절차 등에 필요한 사항은 국토교통부령으로 정한다.

2) 공공측량의 실시

① 공공측량은 기본측량성과나 다른 공공측량성과를 기초로 실시하여야 한다.

② 공공측량의 시행을 하는 자(공공측량시행자)가 공공측량을 하려면 국토교통부령으로 정하는 바에 따라 미리 공공측량 작업계획서를 국토교통부장관에게 제출하여야 한다. 제출한 공공측량 작업계획서를 변경한 경우에는 변경한 작업계획서를 제출하여야 한다.

③ 공공측량시행자는 공공측량을 하려면 미리 측량지역, 측량기간, 그 밖에 필요한 사항을 시·도지사에게 통지하여야 한다. 그 공공측량을 끝낸 경우에도 또한 같다.

3) 공공측량 작업계획서

① 공공측량시행자는 공공측량을 하기 3일 전에 국토지리정보원장이 정한 기준에 따라 공공측량 작업계획서를 작성하여 국토지리정보원장에게 제출하여야 한다. 공공측량 작업계획서를 변경한 경우에도 또한 같다.

② **공공측량 작업계획서에 포함되어야 할 사항**
  - 공공측량의 사업명
  - 공공측량의 목적 및 활용 범위
  - 공공측량의 위치 및 사업량
  - 공공측량의 작업기간
  - 공공측량의 작업방법
  - 사용할 측량기기의 종류 및 성능
  - 사용할 측량성과의 명칭, 종류 및 내용
  - 그 밖에 작업에 필요한 사항

③ 국토지리정보원장은 공공측량 작업계획서를 검토한 후 수정할 필요가 있다고 판단하는 경우에는 공공측량시행자에 공공측량 작업계획서를 변경하여 제출할 것을 요구할 수 있다. 이 경우 공공측량시행자는 특별한 사유가 없으면 이에 따라야 한다.

④ 공공측량 작업계획서의 작성기준과 그 밖에 공공측량에 필요한 사항은 국토지리정보원장이 정하여 고시한다.

4) 기본측량 및 공공측량의 실시공고

① 기본측량 및 공공측량의 실시공고는 전국을 보급지역으로 하는 일간신문에 1회 이상 게재하거나 해당 특별시 · 광역시 · 특별자치시 · 도 또는 특별자치도의 게시판 및 인터넷 홈페이지에 7일 이상 게시하는 방법으로 하여야 한다.

② 실시공고에 포함되어야 할 사항

- 측량의 종류
- 측량의 목적
- 측량의 실시기간
- 측량의 실시지역
- 그 밖에 측량의 실시에 관하여 필요한 사항

(2) 측량성과

1) 성과 고시

① 기본측량성과 및 공공측량성과의 고시는 최종성과를 얻은 날부터 30일 이내에 하여야 한다. 다만, 기본측량성과의 고시에 포함된 국가기준점 성과가 다른 국가기준점 성과와 연결하여 계산될 필요가 있는 경우에는 그 계산이 완료된 날부터 30일 이내에 기본측량성과를 고시할 수 있다.

② 측량성과 고시에 포함되어야 할 사항

- 측량의 종류
- 측량의 정확도
- 설치한 측량기준점의 수
- 측량의 규모(면적 또는 지도의 장수)
- 측량실시의 시기 및 지역
- 측량성과의 보관 장소
- 그 밖에 필요한 사항

2) 성과 심사

① 기본측량

- 국토지리정보원장이 기본측량성과 검증기관에 기본측량성과의 검증을 의뢰하는 경우에는 검증에 필요한 관련 자료를 제공하여야 한다.

- 검증을 의뢰받은 기본측량성과 검증기관은 30일 이내에 검증 결과를 국토지리정보원장에게 제출하여야 한다.
- 기본측량성과의 검증절차, 검증방법 및 검증비용 등에 관한 사항은 국토지리정보원장이 정하여 고시한다.

② 공공측량
- 공공측량시행자는 공공측량성과 심사신청서에 공공측량성과 자료를 첨부하여 측량성과 심사수탁기관에 제출하여야 한다.
- 측량성과 심사수탁기관은 성과심사의 신청을 받은 때에는 접수일부터 20일 이내에 심사를 하고, 공공측량성과 심사결과서를 작성히여 국토지리정보원장 및 심사신청인에 통지하여야 한다. 다만, 다음의 어느 하나에 해당하는 경우에는 심사결과의 통지기간을 10일의 범위에서 연장할 수 있다.
  - 성과심사 대상지역의 기상악화 및 천재지변 등으로 심사가 곤란할 때
  - 지상현황측량, 수치지도 및 수치표고자료 등의 성과심사량이 면적 10제곱킬로미터 이상 또는 노선 길이 600킬로미터 이상일 때
  - 지하시설물도 및 수심측량의 심사량이 200킬로미터 이상일 때
- 공공측량의 성과심사에 필요한 세부기준은 국토지리정보원장이 정하여 고시한다.
- 공공측량성과를 사용하여 지도등을 간행하여 판매하려는 공공측량시행자는 해당 지도등의 크기 및 매수, 판매가격 산정서류를 첨부하여 해당 지도등의 발매일 15일 전까지 국토지리정보원장에게 통보하여야 한다.

③ 지도등 간행물의 종류
국토지리정보원장이 간행하는 지도나 그 밖에 필요한 간행물의 종류는 다음과 같다.
- 축척 1/500, 1/1,000, 1/2,500, 1/5,000, 1/10,000, 1/25,000, 1/50,000, 1/100,000, 1/250,000, 1/500,000 및 1/1,000,000의 지도
- 철도, 도로, 하천, 해안선, 건물, 수치표고 모형, 공간정보 입체모형(3차원 공간정보), 실내 공간정보, 정사영상 등에 관한 기본 공간정보
- 연속수치지형도 및 축척 1/25,000 영문판 수치지형도
- 국가인터넷지도, 점자지도, 대한민국전도, 대한민국주변도 및 세계지도
- 국가격자좌표정보 및 국가관심지점정보
- 정밀도로지도

3) 측량성과의 국외반출
① 누구든지 국토교통부장관의 허가 없이 기본측량(공공측량)성과 중 지도등 또는 측량용 사진을 국외로 반출하여서는 아니 된다.
② 다만, 외국 정부와 기본측량(공공측량)성과를 서로 교환하는 등 대통령령으로 정하는 경우에는 반출할 수 있다.

③ 국외반출 허용 예외 규정 : 기본측량(공공측량) 성과 중 외국 정부와 기본측량(공공측량)성과를 서로 교환하는 등 대통령령으로 정하는 경우는 다음과 같다.

- 대한민국 정부와 외국 정부 간에 체결된 협정 또는 합의에 따라 기본측량(공공측량)성과를 상호 교환하는 경우
- 정부를 대표하여 외국 정부와 교섭하거나 국제회의 또는 국제기구에 참석하는 자가 자료로 사용하기 위하여 지도나 그 밖에 필요한 간행물(지도등) 또는 측량용 사진을 반출하는 경우
- 관광객 유치와 관광시설 홍보를 목적으로 지도등 또는 측량용사진을 제작하여 반출하는 경우
- 축척 5만분의 1 미만인 소축척의 지도(수치지형도는 제외한다.)나 그 밖에 필요한 간행물을 국외로 반출하는 경우
- 축척 2만5천분의 1 또는 5만 분의 1 지도로서 「국가공간정보 기본법 시행령」 제24조제3항에 따른 보안성 검토를 거친 지도의 경우(등고선, 발전소, 가스관 등 국토교통부장관이 정하여 고시하는 시설 등이 표시되지 않은 경우로 한정한다)
- 기본측량 성과 중 축척 2만 5천 분의 1인 영문판 수치지형도로서 「국가공간정보 기본법 시행령」 제24조제3항에 따른 보안성 검토를 거친 지형도의 경우

···05 일반측량   법률 제22조

(1) 실시

일반측량은 기본측량성과 및 그 측량기록, 공공측량성과 및 그 측량기록을 기초로 실시하여야 한다.

(2) 일반측량 성과 및 기록 사본의 제출을 요구할 수 있는 경우

① 측량의 정확도 확보
② 측량의 중복 배제
③ 측량에 관한 자료의 수집 · 분석

···06 측량업 및 기술자   법률 제39 · 41 · 44조 / 시행령 제34조

(1) 측량기술자

1) 자격기준

① 「국가기술자격법」에 따른 측량 및 지형공간정보, 지적, 측량, 지도 제작, 도화 또는 항공사진 분야의 기술자격 취득자

② 측량, 지형공간정보, 지적, 지도 제작, 도화 또는 항공사진 분야의 일정한 학력 또는 경력을 가진 자

2) 의무

① 측량기술자는 신의와 성실로써 공정하게 측량을 하여야 하며, 정당한 사유 없이 측량을 거부하여서는 아니 된다.

② 측량기술자는 정당한 사유 없이 그 업무상 알게 된 비밀을 누설하여서는 아니 된다.

③ 측량기술자는 둘 이상의 측량업자에게 소속될 수 없다.

④ 측량기술자는 다른 사람에게 측량기술경력증을 빌려 주거나 자기의 성명을 사용하여 측량 입무를 수행하게 하여서는 아니 된다.

(2) 측량업의 종류

1) 측지측량업

2) 지적측량업

3) 항공촬영, 지도제작 등 대통령령으로 정하는 업종

① 공공측량업

② 일반측량업

③ 연안조사측량업

④ 항공촬영업

⑤ 공간영상도화업

⑥ 영상처리업

⑦ 수치지도제작업

⑧ 지도제작업

⑨ 지하시설물측량업

⑧••• 07 측량기기
법률 제92조 / 시행령 제97조 / 시행규칙 제101조

(1) 검사 원칙

측량업자는 트랜싯, 레벨, 그 밖에 대통령령으로 정하는 측량기기에 대하여 5년의 범위에서 대통령령으로 정하는 기간마다 국토교통부장관이 실시하는 성능검사를 받아야 한다.

(2) 성능검사의 대상 및 주기

① 트랜싯(데오드라이트) : 3년
② 레벨 : 3년
③ 거리측정기 : 3년
④ 토털스테이션(Total Station : 각도 · 거리 통합측량기) : 3년
⑤ 지피에스(GPS) 수신기 : 3년
⑥ 금속 또는 비금속 관로 탐지기 : 3년

(3) 성능검사의 방법

성능검사는 외관검사, 구조 · 기능검사 및 측정검사로 구분한다.

····08 벌칙
법률 제107 · 108 · 109 · 111조

(1) 3년 이하의 징역 또는 3천만 원 이하의 벌금에 해당하는 경우

측량업자로서 속임수, 위력, 그 밖의 방법으로 측량업과 관련된 입찰의 공정성을 해친 자

(2) 2년 이하의 징역 또는 2천만 원 이하의 벌금에 해당하는 경우

① 측량기준점표지를 이전 또는 파손하거나 그 효용을 해치는 행위를 한 자
② 고의로 측량성과를 사실과 다르게 한 자
③ 법률 제16조 또는 제21조를 위반하여 측량성과를 국외로 반출한 자
④ 측량업의 등록을 하지 아니하거나 거짓이나 그 밖의 부정한 방법으로 측량업의 등록을 하고 측량업을 한 자
⑤ 성능검사를 부정하게 한 성능검사대행자
⑥ 성능검사대행자의 등록을 하지 아니하거나 거짓이나 그 밖의 부정한 방법으로 성능검사대행자의 등록을 하고 성능검사업무를 한 자

(3) 1년 이하의 징역 또는 1천만 원 이하의 벌금에 해당하는 경우

① 무단으로 측량성과 또는 측량기록을 복제한 자
② 심사를 받지 아니하고 지도등을 간행하여 판매하거나 배포한 자
③ 측량기술자가 아님에도 불구하고 측량을 한 자
④ 업무상 알게 된 비밀을 누설한 측량기술자
⑤ 둘 이상의 측량업자에게 소속된 측량기술자

⑥ 다른 사람에게 측량업등록증 또는 측량업등록수첩을 빌려주거나 자기의 성명 또는 상호를 사용하여 측량업무를 하게 한 자

⑦ 다른 사람의 측량업등록증 또는 측량업등록수첩을 빌려서 사용하거나 다른 사람의 성명 또는 상호를 사용하여 측량업무를 한 자

⑧ 다른 사람에게 자기의 성능검사대행자 등록증을 빌려 주거나 자기의 성명 또는 상호를 사용하여 성능검사대행업무를 수행하게 한 자

⑨ 다른 사람의 성능검사대행자 등록증을 빌려서 사용하거나 다른 사람의 성명 또는 상호를 사용하여 성능검사대행업무를 수행한 자

(4) 과태료 부과기준 (300만 원 이하)

① 정당한 사유 없이 측량을 방해한 자

② 고시된 측량성과에 어긋나는 측량성과를 사용한 자

③ 거짓으로 측량기술자의 신고를 한 자

④ 측량업 등록사항의 변경신고를 하지 아니한 자

⑤ 측량업자의 지위 승계 신고를 하지 아니한 자

⑥ 측량업의 휴업 · 폐업 등의 신고를 하지 아니하거나 거짓으로 신고한 자

⑦ 측량기기에 대한 성능검사를 받지 아니하거나 부정한 방법으로 성능검사를 받은 자

⑧ 성능검사대행자의 등록사항 변경을 신고하지 아니한 자

⑨ 성능검사대행업무의 폐업신고를 하지 아니한 자

⑩ 정당한 사유 없이 제99조제1항에 따른 보고를 하지 아니하거나 거짓으로 보고를 한 자

⑪ 정당한 사유 없이 제99조제1항에 따른 조사를 거부 · 방해 또는 기피한 자

⑫ 정당한 사유 없이 제101조제7항을 위반하여 토지등에의 출입 등을 방해하거나 거부한 자

Ⅱ 국가공간정보 기본법

[시행일자 : 2022. 3. 17. 법률 제17942호]

•••01 목적

법 제1조

국가공간정보기본법은 국가공간정보체계의 효율적인 구축과 종합적 활용 및 관리에 관한 사항을 규정함으로써 국토 및 자원을 합리적으로 이용하여 국민경제의 발전에 이바지함을 목적으로 한다.

•••02 법률상 용어의 정의

법 제2조

(1) 공간정보

지상·지하·수상·수중 등 공간상에 존재하는 자연적 또는 인공적인 객체에 대한 위치정보 및 이와 관련된 공간적 인지 및 의사결정에 필요한 정보를 말한다.

(2) 공간정보데이터베이스

공간정보를 체계적으로 정리하여 사용자가 검색하고 활용할 수 있도록 가공한 정보의 집합체를 말한다.

(3) 공간정보체계

공간정보를 효과적으로 수집·저장·가공·분석·표현할 수 있도록 서로 유기적으로 연계된 컴퓨터의 하드웨어, 소프트웨어, 데이터베이스 및 인적자원의 결합체를 말한다.

(4) 관리기관

공간정보를 생산하거나 관리하는 중앙행정기관, 지방자치단체, 「공공기관의 운영에 관한 법률」 제4조에 따른 공공기관, 그 밖에 대통령령으로 정하는 민간기관을 말한다.

(5) 국가공간정보체계

관리기관이 구축 및 관리하는 공간정보체계를 말한다.

(6) 국가공간정보통합체계

기본공간정보데이터베이스를 기반으로 국가공간정보체계를 통합 또는 연계하여 국토교통부장관이 구축·운용하는 공간정보체계를 말한다.

(7) 공간객체등록번호

공간정보를 효율적으로 관리 및 활용하기 위하여 자연적 또는 인공적 객체에 부여하는 공간정보의 유일식별번호를 말한다.

••• 03 국가공간정보정책의 추진체계 법 제5·6조

(1) 국가공간정보정책 기본계획의 수립

1) 정부는 국가공간정보체계의 구축 및 활용을 촉진하기 위하여 국가공간정보정책 기본계획을 5년마다 수립하고 시행하여야 한다.

2) 기본계획에 포함되어야 할 사항
   ① 국가공간정보체계의 구축 및 공간정보의 활용 촉진을 위한 정책의 기본 방향
   ② 기본공간정보의 취득 및 관리
   ③ 국가공간정보체계에 관한 연구·개발
   ④ 공간정보 관련 전문인력의 양성
   ⑤ 국가공간정보체계의 활용 및 공간정보의 유통
   ⑥ 국가공간정보체계의 구축·관리 및 유통 촉진에 필요한 투자 및 재원조달 계획
   ⑦ 국가공간정보체계와 관련한 국가적 표준의 연구·보급 및 기술기준의 관리
   ⑧ 공간정보산업의 육성에 관한 사항
   ⑨ 그 밖에 국가공간정보정책에 관한 사항

3) 관계 중앙행정기관의 장은 기본계획에 포함되어야 할 사항 중 소관 업무에 관한 기관별 국가공간정보정책 기본계획을 작성하여 대통령령으로 정하는 바에 따라 국토교통부장관에게 제출하여야 한다.

4) 국토교통부장관은 관계 중앙행정기관의 장이 제출한 기관별 기본계획을 종합하여 기본계획을 수립하고 위원회의 심의를 거쳐 이를 확정한다.

(2) 국가공간정보위원회

1) 국가공간정보정책에 관한 사항을 심의·조정하기 위하여 국토교통부에 국가공간정보위원회를 둔다.

2) 국가공간정보위원회의 심의 사항

① 국가공간정보정책 기본계획의 수립·변경 및 집행실적의 평가

② 국가공간정보정책 시행계획의 수립·변경 및 집행실적의 평가

③ 공간정보의 활용 촉진, 유통 및 보호에 관한 사항

④ 국가공간정보체계의 중복투자 방지 등 투자 효율화에 관한 사항

⑤ 국가공간정보체계의 구축·관리 및 활용에 관한 주요 정책의 조정에 관한 사항

⑥ 그 밖에 국가공간정보정책 및 국가공간정보체계와 관련된 사항으로서 위원장이 부의하는 사항

3) 국가공간정보위원회의 구성

① 위원장을 포함하여 30인 이내의 위원으로 구성하며, 위원장은 국토교통부장관이 된다.

② 위원의 요건

• 국가공간정보체계를 관리하는 중앙행정기관의 차관급 공무원으로서 대통령령으로 정하는 자

• 지방자치단체의 장(특별시·광역시·특별자치시·도·특별자치도의 경우에는 부시장 또는 부지사)으로서 위원장이 위촉하는 자 7인 이상

• 공간정보체계에 관한 전문지식과 경험이 풍부한 민간전문가로서 위원장이 위촉하는 자 7인 이상

③ 위원의 임기는 2년으로 한다. 다만, 위원의 사임 등으로 새로 위촉된 위원의 임기는 전임 위원의 남은 임기로 한다.

4) 위원회는 심의 사항을 전문적으로 검토하기 위하여 전문위원회를 둘 수 있다.

5) 그 밖에 위원회 및 전문위원회의 구성·운영 등에 관하여 필요한 사항은 대통령령으로 정한다.

CHAPTER 08 실전문제

01 공간정보의 구축 및 관리 등에 관한 법률 제정의 목적에 해당되는 것은?

㉮ 국제적 기준의 측량 기술 확보에 기여

㉯ 공간정보의 활용 향상에 기여

㉰ 국민의 소유권 보호에 기여

㉱ 측량업자의 권익 향상에 기여

> 법률 제1조(목적)
> 공간정보의 구축 및 관리 등에 관한 법률은 측량의 기준 및 절차와 지적공부 · 부동산종합공부의 작성 및 관리 등에 관한 사항을 규정함으로써 국토의 효율적 관리 및 국민의 소유권 보호에 기여함을 목적으로 한다.

02 공간정보의 구축 및 관리 등에 관한 법률의 제정 목적에 대한 설명으로 가장 적합한 것은?

㉮ 국토개발의 중복 배제와 경비 절감에 기여함

㉯ 측량과 지적측량에 관한 규칙을 정함

㉰ 공간정보 구축의 기준 및 절차를 규정함

㉱ 국토의 효율적 관리 및 국민의 소유권 보호에 기여함

> 법률 제1조(목적)
> 공간정보의 구축 및 관리 등에 관한 법률은 측량의 기준 및 절차와 지적공부 · 부동산종합공부의 작성 및 관리 등에 관한 사항을 규정함으로써 국토의 효율적 관리 및 국민의 소유권 보호에 기여함을 목적으로 한다.

03 모든 측량의 기초가 되는 공간정보를 제공하기 위하여 국토교통부장관이 실시하는 측량은?

㉮ 국가측량   ㉯ 기본측량

㉰ 기초측량   ㉱ 공공측량

> 법률 제2조(정의)
> 기본측량이란 모든 측량의 기초가 되는 공간정보를 제공하기 위하여 국토교통부장관이 실시하는 측량을 말한다.

04 다음 중 용어에 대한 정의로 옳지 않은 것은?

㉮ 기본측량이란 국토개발을 위한 기초 자료가 되는 공간 정보를 제공하기 위하여 대통령이 실시하는 측량을 말한다.

㉯ 공공측량이란 국가, 지방자치단체, 그 밖에 대통령령으로 정하는 기관이 관계 법령에 따른 사업 등을 시행하기 위하여 기본측량을 기초로 실시하는 측량을 말한다.

㉰ 지적측량이란 토지를 지적공부에 등록하거나 지적공부에 등록된 경계점을 지상에 복원하기 위해 시행하는 측량을 말한다.

㉱ 일반측량이란 기본측량, 공공측량 및 지적측량 외의 측량을 말한다.

> 법률 제2조(정의)
> 기본측량이란 모든 측량의 기초가 되는 공간정보를 제공하기 위하여 국토교통부장관이 실시하는 측량을 말한다.

실전문제

05 공간정보의 구축 및 관리 등에 관한 법률에서 사용하는 용어의 정의로 옳지 않은 것은?

㉮ 기본측량이란 모든 측량의 기초가 되는 공간정보를 제공하기 위하여 대통령이 실시하는 측량을 말한다.

㉯ 측량성과란 측량을 통하여 얻은 최종 결과를 말한다.

㉰ 일반측량이란 기본측량, 공공측량 및 지적측량 외의 측량을 말한다.

㉱ 측량기록이란 측량성과를 얻을 때까지의 측량에 관한 작업의 기록을 말한다.

◉ 법률 제2조(정의)
기본측량이란 모든 측량의 기초가 되는 공간정보를 제공하기 위하여 국토교통부장관이 실시하는 측량을 말한다.

06 공간정보의 구축 및 관리 등에 관한 법률에 따른 용어의 정의로 옳은 것은?

㉮ 기본측량이란 모든 측량의 기초가 되는 공간정보를 제공하기 위하여 국토교통부장관이 실시하는 측량을 말한다.

㉯ 측량성과란 특정 성과를 얻을 때까지의 측량에 관한 작업의 기록을 말한다.

㉰ 측량업자라 함은 공간정보의 구축 및 관리 등에 관한 법률이 정하는 바에 따라 관련 업종에 종사하는 자를 말한다.

㉱ 측량기록이란 측량을 통하여 얻은 최종 결과 보고서를 말한다.

◉ 법률 제2조(정의)

07 공간정보의 구축 및 관리 등에 관한 법률에서의 측량의 정의로 가장 적합한 것은?

㉮ 공간상의 위치와 지형 및 지명 등 여러 공간정보를 일정한 축척에 따라 기호나 문자 등으로 표시하는 것을 말하며, 정보처리시스템을 이용하여 분석, 편집 및 입력·출력할 수 있도록 수치지형도나 수치주제도를 제작하는 과정이다.

㉯ 해상교통안전, 해양의 보전·이용·개발, 해양관할권의 확보 및 해양재해 예방을 목적으로 하는 수로측량·해양관측·항로조사 및 해양지명조사를 말한다.

㉰ 토지를 지적공부에 등록하거나 지적공부에 등록된 경계점을 지상에 복원하기 위하여 필지의 경계 또는 좌표와 면적을 정하는 제반의 작업을 말한다.

㉱ 공간상에 존재하는 일정한 점들의 위치를 측정하고 그 특성을 조사하여 도면 및 수치로 표현하거나 도면상의 위치를 현지에 재현하는 것을 말한다.

◉ 법률 제2조(정의)
측량이란 공간상에 존재하는 일정한 점들의 위치를 측정하고 그 특성을 조사하여 도면 및 수치로 표현하거나 도면상의 위치를 현지(現地)에 재현하는 것을 말하며, 측량용 사진의 촬영, 지도의 제작 및 각종 건설사업에서 요구하는 도면작성 등을 포함한다.

정답 **05** ㉮ **06** ㉮ **07** ㉱

08 공간정보의 구축 및 관리 등에 관한 법률에 따른 설명으로 옳지 않은 것은?

㉮ 모든 측량의 기초가 되는 공간정보를 제공하기 위하여 국토교통부장관이 실시하는 측량을 기본측량이라 한다.

㉯ 국가, 지방자치단체, 그 밖에 대통령령으로 정하는 기관이 관계 법령에 따른 사업 등을 시행하기 위하여 기본측량을 기초로 실시하는 측량을 공공측량이라 한다.

㉰ 공공의 이해 또는 안전과 밀접한 관련이 있는 측량은 기본측량으로 지정할 수 있다.

㉱ 일반측량은 기본측량, 공공측량 및 지적측량 외의 측량을 말한다.

> 법률 제2조(정의)
> 공공측량은 국가, 지방자치단체, 그 밖에 대통령령으로 정하는 기관이 관계 법령에 따른 사업 등을 시행하기 위하여 기본측량을 기초로 실시하는 측량을 말한다. 또한, 상기 외의 자가 시행하는 측량 중 공공의 이해 또는 안전과 밀접한 관련이 있는 측량으로서 대통령령으로 정하는 측량을 말한다.

09 공간정보의 구축 및 관리 등에 관한 법률에서 정의한 측량성과란?

㉮ 측량을 통하여 얻은 지형측량의 최종성과만을 말한다.

㉯ 측량을 통하여 얻은 최종결과를 말한다.

㉰ 측량을 통하여 얻은 삼각점의 최종결과치만을 말한다.

㉱ 측량을 통하여 얻은 수준점의 최종결과치만을 말한다.

> 법률 제2조(정의)
> 측량성과란 측량을 통하여 얻은 최종결과를 말한다.

10 측량기록의 정의로 옳은 것은?

㉮ 당해 측량에서 얻은 최종결과

㉯ 측량계획과 실시결과에 관한 공문기록

㉰ 측량을 끝내고 내업에서 얻은 최종결과의 심사기록

㉱ 측량성과를 얻을 때까지의 측량에 관한 작업의 기록

> 법률 제2조(정의)
> 측량기록이란 측량성과를 얻을 때까지의 측량에 관한 작업의 기록을 말한다.

11 "측량기록"의 용어 정의로 옳은 것은?

㉮ 측량성과를 얻을 때까지의 측량에 관한 작업의 기록

㉯ 측량기본계획 수립의 작업기록

㉰ 측량을 통하여 얻은 최종결과

㉱ 측량 외업에서의 작업기록

> 법률 제2조(정의)
> 측량기록이란 측량성과를 얻을 때까지의 측량에 관한 작업의 기록을 말한다.

12 공간정보의 구축 및 관리 등에 관한 법률에 따른 용어에 대한 정의로 옳지 않은 것은?

㉮ 필지 : 대통령령으로 정하는 바에 따라 구획되는 토지의 등록단위를 말한다.

㉯ 측량기록 : 측량성과를 얻을 때까지의 측량에 관한 작업의 기록을 말한다.

㉰ 토지의 표시 : 지적공부에 토지의 소재·지번·지목·면적·경계 또는 좌표를 등록한 것을 말한다.

㉱ 지도 : 측량 결과에 따라 공간상의 위치와 지형 및 지명 등 여러 공간정보를 일정한 축척에 따라 기호나 문자 등으로 표시한 것으로 수치지형도와 수치주제도는 제외된다.

법률 제2조(정의)
지도란 측량 결과에 따라 공간상의 위치와 지형 및 지명 등 여러 공간정보를 일정한 축척에 따라 기호나 문자 등으로 표시한 것을 말하며, 정보처리시스템을 이용하여 분석, 편집 및 입력·출력할 수 있도록 제작된 수치지형도(항공기나 인공위성 등을 통하여 얻은 영상정보를 이용하여 제작하는 정사영상지도를 포함한다)와 이를 이용하여 특정한 주제에 관하여 제작된 지하시설물도·토지이용현황도 등 대통령령으로 정하는 수치주제도를 포함한다.

13 다음 중 공간정보의 구축 및 관리 등에 관한 법률상 지도라 할 수 없는 것은?

㉮ 수치지형도   ㉯ 정사영상지도

㉰ 수치주제도   ㉱ 해도

법률 제2조(정의)
지도란 측량 결과에 따라 공간상의 위치와 지형 및 지명 등 여러 공간정보를 일정한 축척에 따라 기호나 문자 등으로 표시한 것을 말하며, 수치지형도, 정사영상지도, 수치주제도를 포함한다.

14 공간정보의 구축 및 관리 등에 관한 법률상 용어의 정의로 옳지 않은 것은?

㉮ 지적측량이란 토지를 지적공부에 등록하거나 지적공부에 등록된 경계점을 지상에 복원하기 위하여 필지의 경계 또는 좌표와 면적을 정하는 측량을 말한다.

㉯ 지번이란 작성된 지적도의 등록번호를 말한다.

㉰ 일반측량이란 기본측량·공공측량 및 지적측량 외의 측량을 말한다.

㉱ 측량성과란 측량을 통하여 얻은 최종결과를 말한다.

법률 제2조(정의)
지번이란 필지에 부여하여 지적공부에 등록한 번호를 말한다.

15 측량기본계획은 누가 수립하는가?

㉮ 국무총리   ㉯ 국토지리정보원장

㉰ 측량계획기관   ㉱ 국토교통부장관

법률 제5조(측량기본계획 및 시행계획)
국토교통부장관은 측량기본계획을 5년마다 수립하여야 한다.

16 국토교통부장관은 측량기본계획을 몇 년마다 수립하여야 하는가?

㉮ 3년   ㉯ 5년   ㉰ 7년   ㉱ 10년

법률 제5조(측량기본계획 및 시행계획)
국토교통부장관은 측량기본계획을 5년마다 수립하여야 한다.

정답 12 ㉱ 13 ㉱ 14 ㉯ 15 ㉱ 16 ㉯

실전문제 ^{TIP}

17 측량기본계획에 포함되지 않는 사항은?

㉮ 측량의 국내외 환경 분석 및 기술 연구

㉯ 측량에 관한 기본구상 및 추진전략

㉰ 측량기술의 향상 및 기본측량의 추진계획

㉱ 측량산업 및 기술인력 육성방안

◉ 법률 제5조(측량기본계획 및 시행계획)

국토교통부장관은 다음 각 호의 사항이 포함된 측량기본계획을 5년마다 수립하여야 한다.
1. 측량에 관한 기본구상 및 추진 전략
2. 측량의 국내외 환경 분석 및 기술 연구
3. 측량산업 및 기술인력 육성방안
4. 그 밖에 측량 발전을 위하여 필요한 사항

18 국토교통부장관은 5년마다 측량기본계획을 수립해야 하는데 이때 포함되지 않는 사항은?

㉮ 측량에 관한 기본구상 및 추진전략

㉯ 측량의 국내외 환경 분석 및 기술 연구

㉰ 측량산업 및 기술인력 육성방안

㉱ 우주측지기술의 도입 및 활용에 관한 사항

◉ 법률 제5조(측량기본계획 및 시행계획)

국토교통부장관은 다음 각 호의 사항이 포함된 측량기본계획을 5년마다 수립하여야 한다.
1. 측량에 관한 기본구상 및 추진전략
2. 측량의 국내외 환경 분석 및 기술 연구
3. 측량산업 및 기술인력 육성방안
4. 그 밖에 측량 발전을 위하여 필요한 사항

19 우리나라의 측량의 기준을 기술한 다음 사항 중 적당치 않은 것은?

㉮ 위치는 필요한 경우에는 직각좌표와 높이, 극좌표와 높이, 지구중심 직교좌표로 표시할 수 있다.

㉯ 측량의 원점은 세계측지계에 의한다.

㉰ 섬 등 대통령령으로 정하는 지역에 대해서는 따로 정하여 고시한 원점을 사용할 수 있다.

㉱ 위치는 지리학적 경위도와 평균해수면으로부터의 높이로 표시한다.

◉ 법률 제6조(측량기준)

측량의 원점은 대한민국 경위도원점 및 수준원점으로 한다. 다만, 섬 등 대통령령으로 정하는 지역에 대하여는 국토교통부장관이 따로 정하여 고시하는 원점을 사용할 수 있다.

20 공공측량과 기본측량에서 측량기준에 해당되지 않는 것은?

㉮ 평균해수면으로부터의 높이

㉯ 지리학적 경위도

㉰ 직각좌표 및 극좌표

㉱ 수평곡면상의 평균값

◉ 법률 제6조(측량기준)

위치는 세계측지계에 따라 측정한 지리학적 경위도와 높이(평균해수면으로부터의 높이를 말한다.)로 표시한다. 다만, 지도제작 등을 위하여 필요한 경우에는 직각좌표와 높이, 극좌표와 높이, 지구중심 직교좌표 및 그 밖의 다른 좌표로 표시할 수 있다.

21 측량의 원점값의 결정, 직각좌표의 기준은 어떻게 정하는가?

㉮ 대통령령으로 정한다.

㉯ 국토지리정보원장이 정한다.

㉰ 국토교통부장관이 고시한다.

㉱ 공간정보산업협회장이 정한다.

◉ 법률 제6조(측량기준)

세계측지계, 측량의 원점값의 결정 및 직각좌표의 기준 등에 필요한 사항은 대통령령으로 정한다.

정답 17 ㉰ 18 ㉱ 19 ㉯ 20 ㉱ 21 ㉮

실전문제 TIP

22 측량기준점을 크게 3가지로 구분할 때에 이에 속하지 않는 것은?

㉮ 국가기준점 ㉯ 지적기준점

㉰ 공공기준점 ㉱ 수로기준점

◉ 법률 제7조(측량기준점)
측량기준점은 다음의 구분에 따른다.
1. 국가기준점 : 측량의 정확도를 확보하고 효율성을 높이기 위하여 국토교통부장관이 전 국토를 대상으로 주요 지점마다 정한 측량의 기본이 되는 측량기준점
2. 공공기준점 : 공공측량시행자가 공공측량을 정확하고 효율적으로 시행하기 위하여 국가기준점을 기준으로 하여 따로 정하는 측량기준점.
3. 지적기준점 : 특별시장 · 광역시장 · 특별자치시장 · 도지사 또는 특별자치도지사나 지적소관청이 지적측량을 정확하고 효율적으로 시행하기 위하여 국가기준점을 기준으로 하여 따로 정하는 측량기준점

23 측량기준점을 크게 3가지로 구분할 때, 그 분류로 옳은 것은?

㉮ 삼각점, 수준점, 지적점

㉯ 위성기준점, 수준점, 삼각점

㉰ 국가기준점, 공공기준점, 지적기준점

㉱ 국가기준점, 공공기준점, 일반기준점

◉ 법률 제7조(측량기준점)
측량기준점은 국가기준점, 공공기준점, 지적기준점으로 구분한다.

24 측량기준점에 대한 설명 중 옳지 않은 것은?

㉮ 측량기준점은 국가기준점, 공공기준점, 지적기준점으로 구분된다.

㉯ 국토교통부장관은 필요하다고 인정하는 경우에는 직접 측량기준점표지의 현황을 조사할 수 있다.

㉰ 측량기준점표지의 형상, 규격, 관리방법 등에 필요한 사항은 대통령령으로 정한다.

㉱ 측량기준점을 정한 자는 측량기준점표지를 설치하고 관리하여야 한다.

◉ 법률 제8조(측량기준점표지의 설치 및 관리)
1. 측량기준점을 정한 자는 측량기준점표지를 설치하고 관리하여야 한다.
2. 측량기준점표지를 설치한 자는 대통령령으로 정하는 바에 따라 그 종류와 설치 장소를 국토교통부장관, 관계 시 · 도지사, 시장 · 군수 또는 구청장 및 측량기준점표지를 설치한 부지의 소유자 또는 점유자에게 통지하여야 한다. 설치한 측량기준점표지를 이전 · 철거하거나 폐기한 경우에도 같다.
3. 특별자치시장, 특별자치도지사, 시장 · 군수 또는 구청장은 국토교통부령으로 정하는 바에 따라 매년 관할 구역에 있는 측량기준점표지의 현황을 조사하고 그 결과를 시 · 도지사를 거쳐(특별자치시장 및 특별자치도지사의 경우는 제외한다) 국토교통부장관에게 보고하여야 한다. 측량기준점표지가 멸실 · 파손되거나 그 밖에 이상이 있음을 발견한 경우에도 같다.
4. 국토교통부장관은 필요하다고 인정하는 경우에는 직접 측량기준점

정답 22 ㉱ 23 ㉰ 24 ㉰

실전문제 TIP

표지의 현황을 조사할 수 있다.
5. 측량기준점표지의 형상, 규격, 관리방법 등에 필요한 사항은 국토교통부령으로 정한다.

25 기본측량에 대한 설명으로 잘못된 것은?

㉮ 기본측량의 방법 및 절차 등에 필요한 사항은 대통령령으로 정한다.
㉯ 모든 측량의 기초가 되는 공간정보를 제공하기 위한 측량이다.
㉰ 원칙적으로 국토교통부장관이 실시한다.
㉱ 공공측량의 기준이 된다.

법률 제12조(기본측량의 실시 등)
기본측량의 방법 및 절차 등에 필요한 사항은 국토교통부령으로 정한다.

26 지도 등을 간행하여 판매하거나 배포할 수 없는 자에 해당되지 않는 것은?

㉮ 피성년후견인
㉯ 피한정후견인
㉰ 관련 규정을 위반하여 금고 이상의 실형을 선고받고 그 집행이 끝나거나 집행이 면제된 날부터 2년이 지나지 아니한 자
㉱ 관련 규정을 위반하여 금고 이상의 형의 집행유예를 선고받고 그 집행유예기간이 끝난 날부터 2년이 지나지 아니한 자

법률 제15조(기본측량성과 등을 사용한 지도 등의 간행)
다음의 어느 하나에 해당하는 자는 지도 등을 간행하여 판매하거나 배포할 수 없다.
1. 피성년후견인 또는 피한정후견인
2. 「공간정보의 구축 및 관리 등에 관한 법률」, 「국가보안법」 또는 「형법」 제87조부터 제104조까지의 규정을 위반하여 금고 이상의 실형을 선고받고 그 집행이 끝나거나(집행이 끝난 것으로 보는 경우를 포함한다) 집행이 면제된 날부터 2년이 지나지 아니한 자
3. 「공간정보의 구축 및 관리 등에 관한 법률」, 「국가보안법」 또는 「형법」 제87조부터 제104조까지의 규정을 위반하여 금고 이상의 형의 집행유예를 선고받고 그 집행유예기간 중에 있는 자

27 공공측량의 실시에 대한 설명으로 옳은 것은?

㉮ 기본측량성과만을 기초로 실시한다.
㉯ 기본측량성과나 일반측량성과를 기초로 실시한다.
㉰ 기본측량성과나 다른 공공측량성과를 기초로 실시한다.
㉱ 다른 공공측량성과나 일반측량성과를 기초로 실시한다.

법률 제17조(공공측량의 실시 등)
공공측량은 기본측량성과나 다른 공공측량성과를 기초로 실시하여야 한다.

28 공공측량에 관한 공공측량 작업계획서를 작성하여야 하는 자는?

㉮ 측량협회   ㉯ 측량업자
㉰ 공공측량시행자   ㉱ 국토지리정보원장

법률 제17조(공공측량의 실시 등)
공공측량의 시행을 하는 자가 공공측량을 하려면 국토교통부령으로 정하는 바에 따라 미리 공공측량 작업계획서를 국토교통부장관에게 제출하여야 한다. 제출한 공공측량 작업계획서를 변경한 경우에는 변경한 작업계획서를 제출하여야 한다.

정답   25 ㉮   26 ㉱   27 ㉰   28 ㉰

29 공공측량시행자는 공공측량을 하려면 미리 측량지역, 측량기간, 그 밖에 필요한 사항을 누구에게 통지하여야 하는가?

㉮ 시 · 도지사

㉯ 지방국토관리청장

㉰ 국토지리정보원장

㉱ 시장 · 군수

○ 법률 제17조(공공측량의 실시 등)
공공측량 시행자는 공공측량을 하려면 미리 측량지역, 측량기간, 그 밖에 필요한 사항을 시 · 도지사에게 통지하여야 한다. 그 공공측량을 끝낸 경우에도 또한 같다.

30 공공측량에 관한 설명으로 옳지 않은 것은?

㉮ 선행된 공공측량의 성과를 기초로 측량을 실시할 수 있다.

㉯ 선행된 일반측량의 성과를 기초로 측량을 실시할 수 있다.

㉰ 공공측량시행자는 제출한 공공측량 작업계획서를 변경한 경우에는 변경한 작업계획서를 제출하여야 한다.

㉱ 공공측량시행자는 공공측량을 하려면 미리 측량지역, 측량기간, 그 밖에 필요한 사항을 시 · 도지사에게 통지하여야 한다.

○ 법률 제17조(공공측량의 실시 등)
공공측량은 기본측량성과나 다른 공공측량성과를 기초로 실시하여야 한다.

31 공공측량 실시에 대한 설명 중 옳지 않은 것은?

㉮ 공공측량은 기본측량성과나 다른 공공측량성과를 기초로 실시하여야 한다.

㉯ 공공측량시행자는 공공측량을 하려면 미리 공공측량 작업계획서를 제출하여야 한다.

㉰ 지방국토관리청장은 공공측량의 정확도를 높이거나 측량의 중복을 피하기 위하여 필요하다고 인정되면 공공측량시행자에게 공공측량에 관한 장기계획서 또는 연간 계획서의 제출을 요구할 수 있다.

㉱ 공공측량시행자는 공공측량을 하려면 미리 측량지역, 측량기간, 그 밖에 필요한 사항을 시 · 도지사에게 통지하여야 한다.

○ 법률 제17조(공공측량의 실시 등)
㉰ : 국토교통부장관은 공공측량의 정확도를 높이거나 측량의 중복을 피하기 위하여 필요하다고 인정하면 공공측량시행자에게 공공측량에 관한 장기 계획서 또는 연간 계획서의 제출을 요구할 수 있다.

32 공공측량 시행자는 공공측량의 측량성과를 얻었을 때에는 지체 없이 그 사본을 다음의 누구에게 송부하여야 하는가?

㉮ 관할 경찰서장

㉯ 측량작업기관

㉰ 국토교통부장관

㉱ 시 · 도지사

○ 법률 제18조(공공측량성과의 심사)
공공측량 시행자는 공공측량성과를 얻은 경우에는 지체 없이 그 사본을 국토교통부장관에게 제출하여야 한다.

정답 29 ㉮ 30 ㉯ 31 ㉰ 32 ㉰

실전문제 TIP

33 일반측량은 무엇을 기초로 하여 실시하는 것을 원칙으로 하는가?

㉮ 기본측량의 측량성과와 측량기록만으로 한다.

㉯ 공공측량의 측량성과와 측량기록만으로 한다.

㉰ 기본측량 또는 공공측량의 측량성과와 측량기록을 기초로 한다.

㉱ 공공측량 또는 일반측량의 측량성과와 측량기록을 기초로 한다.

◉ 법률 제22조(일반측량의 실시 등)
일반측량은 기본측량 성과 및 그 측량기록, 공공측량성과 및 그 측량기록을 기초로 실시하여야 한다.

34 일반측량을 시행하는 데 기초로 할 수 없는 자료는?

㉮ 기본측량성과 ㉯ 일반측량성과

㉰ 공공측량성과 ㉱ 공공측량기록

◉ 법률 제22조(일반측량의 실시 등)
일반측량은 기본측량성과 및 그 측량기록, 공공측량성과 및 그 측량기록을 기초로 실시하여야 한다.

35 일반측량성과 및 일반측량기록 사본의 제출을 요구할 수 있는 경우에 해당되지 않는 것은?

㉮ 측량의 기술 개발을 위하여

㉯ 측량의 정확도 확보를 위하여

㉰ 측량의 중복 배제를 위하여

㉱ 측량에 관한 자료의 수집·분석을 위하여

◉ 법률 제22조(일반측량의 실시 등)
다음 사항의 목적을 위하여 필요하다고 인정되는 경우에는 일반측량을 한 자에게 그 측량성과 및 측량기록 사본을 제출하게 할 수 있다.
1. 측량의 정확도 확보
2. 측량의 중복 배제
3. 측량에 관한 자료의 수집, 분석

36 국토교통부장관은 특정 목적을 위하여 필요하다고 인정되는 경우에 일반측량을 한 자에게 측량성과 및 측량기록의 사본 제출을 요구할 수 있다. 다음 중 그 목적에 해당되지 않는 것은?

㉮ 측량의 중복 배제

㉯ 측량성과 심사의 편의

㉰ 측량의 정확도 확보

㉱ 측량에 관한 자료의 수집 및 분석

◉ 법률 제22조(일반측량의 실시 등)
다음 사항의 목적을 위하여 필요하다고 인정되는 경우에는 일반측량을 한 자에게 그 측량성과 및 측량기록사본을 제출하게 할 수 있다.
1. 측량의 정확도 확보
2. 측량의 중복 배제
3. 측량에 관한 자료의 수집, 분석

37 측량기술자에 대한 설명으로 옳지 않은 것은?

㉮ 측량기술자는 다른 사람에게 자기의 성명을 사용하여 측량업무를 수행하게 하여서는 아니 된다.

㉯ 지적, 지도제작, 도화 또는 항공사진 분야의 일정한 학력만을 가진 자는 측량기술자로 볼 수 없다.

㉰ 측량기술자는 신의와 성실로 공정하게 측량을 실시해야 하며 정당한 사유 없이 측량을 거부하여서는 아니 된다.

㉱ 측량기술자는 둘 이상의 측량업체에 소속될 수 없다.

◉ 법률 제39조(측량기술자)
측량기술자는 다음 각 호의 어느 하나에 해당하는 자로서 대통령령으로 정하는 자격기준에 해당하는 자이어야 하며, 대통령령으로 정하는 바에 따라 그 등급을 나눌 수 있다.
1. 「국가기술자격법」에 따른 측량 및 지형공간정보, 지적, 측량, 지도 제작, 도화(圖畵) 또는 항공사진 분야의 기술자격 취득자
2. 측량, 지형공간정보, 지적, 지도 제작, 도화 또는 항공사진 분야의 일정한 학력 또는 경력을 가진 자

38 측량기술자의 의무에 대한 설명으로 잘못된 것은?

㉮ 측량기술자는 신의와 성실로써 공정하게 측량을 하여야 하며, 정당한 사유 없이 측량을 거부하여서는 아니 된다.

㉯ 측량에 관한 자료의 수집 및 분석을 하여야 한다.

㉰ 측량기술자는 둘 이상의 측량업자에게 소속될 수 없다.

㉱ 측량기술자는 다른 사람에게 측량기술 경력증을 빌려주거나 자기의 성명을 사용하여 측량업무를 수행하게 하여서는 아니된다.

> **법률 제41조(측량기술자의 의무)**
> 측량기술자의 의무는 다음과 같다.
> 1. 측량기술자는 신의와 성실로써 공정하게 측량을 하여야 하며, 정당한 사유 없이 측량을 거부하여서는 아니 된다.
> 2. 측량기술자는 정당한 사유 없이 그 업무상 알게 된 비밀을 누설하여서는 아니 된다.
> 3. 측량기술자는 둘 이상의 측량업자에게 소속될 수 없다.
> 4. 측량기술자는 다른 사람에게 측량기술경력증을 빌려주거나 자기의 성명을 사용하여 측량업무를 수행하게 하여서는 아니 된다.

39 측량기술자의 업무정지 사유에 해당되지 않는 것은?

㉮ 근무처 등의 신고를 거짓으로 한 경우

㉯ 다른 사람에게 측량기술경력증을 빌려준 경우

㉰ 다른 사람에게 측량기술자가 자기의 성명을 사용하여 측량업무를 수행하게 한 경우

㉱ 측량기술자가 한정치산자에 해당하는 경우

> **법률 제42조(측량기술자의 업무정지 등)**
> 국토교통부장관은 측량기술자가 다음의 어느 하나에 해당하는 경우에는 1년 이내의 기간을 정하여 측량업무의 수행을 정지시킬 수 있다.
> 1. 근무처 및 경력 등의 신고 또는 변경신고를 거짓으로 한 경우
> 2. 다른 사람에서 측량기술경력증을 빌려주거나 자기의 성명을 사용하여 측량업무를 수행하게 한 경우

40 측량기술자의 업무정지 사유에 해당되지 않는 것은?

㉮ 근무처 등의 신고를 거짓으로 한 경우

㉯ 다른 사람에게 측량기술경력증을 빌려준 경우

㉰ 경력 등의 변경신고를 거짓으로 한 경우

㉱ 측량기술자가 자격증을 분실한 경우

> **법률 제42조(측량기술자의 업무정지 등)**

41 측량업의 종류에 해당하지 않는 것은?

㉮ 기본측량업   ㉯ 공공측량업

㉰ 연안조사측량업   ㉱ 지적측량업

> **법률 제44조(측량업의 등록)**
> 측량업은 다음과 같이 구분한다.
> 1. 측지측량업
> 2. 지적측량업
> 3. 그 밖에 항공촬영, 지도제작 등 대통령령으로 정하는 업종
>
> **시행령 제34조(측량업의 종류)**
> 법 제44조 중 항공촬영, 지도제작 등 대통령령으로 정하는 업종은 다음과 같다.
> 1. 공공측량업
> 2. 일반측량업
> 3. 연안조사측량업
> 4. 항공촬영업
> 5. 공간영상도화업

정답 38 ㉯ 39 ㉱ 40 ㉱ 41 ㉮

실전문제 **TIP**

6. 영상처리업
7. 수치지도제작업
8. 지도제작업
9. 지하시설물측량업

42 다음 중 측량업의 종류와 관계없는 것은?

㉮ 측지측량업

㉯ 공간영상도화업

㉰ 항공촬영업

㉱ 지도편집판매업

▶ 법률 제44조(측량업의 등록)
측량업은 측지측량업, 지적측량업, 그 밖에 항공촬영, 지도제작 등 대통령령으로 정하는 업종으로 구분한다.

시행령 제34조(측량업의 종류)
항공촬영, 지도제작 등 대통령령으로 정하는 업종은 공공측량업, 일반측량업, 연안조사측량업, 항공촬영업, 공간영상도화업, 영상처리업, 수치지도제작업, 지도제작업, 지하시설물측량업이다.

43 공간정보의 구축 및 관리 등에 관한 법률에서 정의한 측량업의 종류에 속하지 않는 것은?

㉮ 영상처리업   ㉯ 연안조사측량업

㉰ 지도제작업   ㉱ 기본측량업

▶ 시행령 제34조(측량업의 종류)

44 측량업종은 크게 측지측량업, 지적측량업, 그 밖에 항공촬영, 지도제작 등 대통령령으로 정하는 업종으로 구분할 수 있다. 다음 중 항공촬영, 지도제작 등 대통령령으로 정하는 업종에 해당되지 않는 것은?

㉮ 일반측량업   ㉯ 수치지도제작업

㉰ 수로조사업   ㉱ 지하시설물측량업

▶ 시행령 제34조(측량업의 종류)

45 측량업 등록의 결격사유로 잘못된 것은?

㉮ 피성년후견인 또는 피한정후견인

㉯ 금고 이상의 선고를 받고 그 집행이 종료된 날부터 3년이 경과되지 아니한 자

㉰ 측량업의 등록이 취소된 후 2년이 지나지 아니한 자

㉱ 임원 중에 피한정 후견인이 있는 법인

▶ 법률 제47조(측량업 등록의 결격 사유)
다음의 어느 하나에 해당하는 자는 측량업의 등록을 할 수 없다.
1. 피성년후견인 또는 피한정후견인
2. 이 법이나 「국가보안법」 또는 「형법」 제87조부터 제104조까지의 규정을 위반하여 금고 이상의 실형을 선고받고 그 집행이 끝나거나(집행이 끝난 것으로 보는 경우를 포함한다) 집행이 면제된 날부터 2년이 지나지 아니한 자
3. 이 법이나 「국가보안법」 또는 「형법」 제87조부터 제104조까지의 규정을 위반하여 금고 이상의 형의 집행유예를 선고받고 그 집행유예 기간 중에 있는 자
5. 제52조에 따라 측량업의 등록이 취소(제47조 제1호에 해당하여 등록

이 취소된 경우는 제외한다)된 후 2
년이 지나지 아니한 자
5. 임원 중에 제1호부터 제4호까지의
어느 하나에 해당하는 자가 있는
법인

46 측량업자의 신고의무에 대한 설명으로 틀린 것은?

㉮ 측량업자인 법인이 파산 또는 합병 외의 사유로 해산한 때에는
그 청산인

㉯ 측량업자가 폐업한 때에는 측량업자였던 개인

㉰ 측량업자가 사망한 때에는 그 상속인

㉱ 측량업자가 휴업후 업무를 재개한 경우 해당 측량업자

⊙ 법률 제48조(측량업의 휴업·폐업
등 신고)

47 측량업을 폐업한 경우에 측량업자는 그 사유가 발생한 날로부터
최대 며칠 이내에 신고하여야 하는가?

㉮ 10일　　　　　㉯ 15일

㉰ 20일　　　　　㉱ 30일

⊙ 법률 제48조(측량업의 휴업·폐업
등 신고)
다음 각 호의 어느 하나에 해당하는
자는 국토교통부령 또는 해양수산부
령으로 정하는 바에 따라 국토교통부
장관, 해양수산부장관, 시·도지사
또는 대도시 시장에게 해당 각 호의
사실이 발생한 날부터 30일 이내에 그
사실을 신고하여야 한다.
1. 측량업자인 법인이 파산 또는 합병
   외의 사유로 해산한 경우 : 해당 법
   인의 청산인
2. 측량업자가 폐업한 경우 : 폐업한
   측량업자
3. 측량업자가 30일을 넘는 기간 동안
   휴업하거나, 휴업 후 업무를 재개
   한 경우 : 해당 측량업자

48 측량업자인 법인이 파산 또는 합병 외의 사유로 해산한 때 법인은
그 사유가 발생한 날로부터 며칠 이내에 신고해야 하는가?

㉮ 30일　　　　　㉯ 20일

㉰ 10일　　　　　㉱ 7일

⊙ 법률 제48조(측량업의 휴업·폐업
등 신고)

49 다음 중 그 사유가 발생한 날부터 30일 이내에 신고하지 않아도 되
는 것은?

㉮ 측량업자의 지위를 승계한 경우

㉯ 지점의 소재지가 변경된 경우

㉰ 측량업 등록증을 분실하여 재발급하는 경우

㉱ 측량업자인 법인이 파산 또는 합병 외의 사유로 해산한 경우

⊙ ㉮ : 공간정보의 구축 및 관리 등에
관한 법률 제46조(측량업자의 지
위 승계)
측량업자가 그 사업을 양도하거
나 사망한 경우 또는 법인인 측량
업자의 합병이 있는 경우에는 그
사업의 양수인·상속인 또는 합
병 후 존속하는 법인이나 합병에
따라 설립된 법인은 종전의 측량
업자의 지위를 승계한다. 측량업
자의 지위를 승계한 자는 그 승계

사유가 발생한 날부터 30일 이내에 대통령령으로 정하는 바에 따라 국토교통부장관, 해양수산부장관, 시·도지사 또는 대도시 시장에게 신고하여야 한다.
- ㉯ : 공간정보의 구축 및 관리 등에 관한 법률 시행령 제37조(등록사항의 변경) 측량업의 등록을 한 자는 등록사항 중 다음의 어느 하나에 해당하는 사항을 변경하였을 때에는 법 제44조제4항에 따라 변경된 날부터 30일 이내에 국토교통부령으로 정하는 바에 따라 변경신고를 하여야 한다. 다만, 제4호에 해당하는 사항을 변경한 때에는 그 변경이 있은 날부터 90일 이내에 변경신고를 하여야 한다.
  - 주된 영업소 또는 지점의 소재지
  - 상호
  - 대표자
  - 기술인력 및 장비
- ㉱ : 공간정보의 구축 및 관리 등에 관한 법률 제48조(측량업의 휴업·폐업 등 신고)
  다음의 어느 하나에 해당하는 자는 국토교통부령 또는 해양수산부령으로 정하는 바에 따라 국토교통부장관, 해양수산부장관, 시·도지사 또는 대도시 시장에게 해당 각 호의 사실이 발생한날부터 30일 이내에 그 사실을 신고하여야 한다.
  - 측량업자인 법인이 파산 또는 합병 외의 사유로 해산한 경우 : 해당 법인의 청산인
  - 측량업자가 폐업한 경우 : 폐업한 측량업자
  - 측량업자가 30일을 넘는 기간 동안 휴업하거나, 휴업 후 업무를 재개한 경우 : 해당 측량업자

50 측량업의 등록취소 등의 관련 사항 중 1년 이내의 기간을 정하여 영업정지를 명할 수 있는 경우가 아닌 것은?

㉮ 과실로 인하여 측량을 부정확하게 한 경우
㉯ 정당한 사유 없이 1년 이상 휴업한 경우
㉰ 측량업 등록사항의 변경신고를 하지 아니한 경우
㉱ 거짓이나 그 밖의 부정한 방법으로 측량업의 등록을 한 경우

법률 제52조(측량업의 등록취소 등)
1. 측량업의 영업정지사항
- 고의 또는 과실로 측량을 부정확하게 한 경우
- 정당한 사유 없이 측량업의 등록을 한 날로부터 1년 이내에 영업을 시작하지 아니하거나 계속하여 1년 이상 휴업한 경우
- 측량업 등록사항의 변경신고를 하지 아니한 경우
- 지적측량업자가 업무 범위를 위반하여 지적측량을 한 경우

- 지적측량업자가 제50조를 위반한 경우
- 제51조를 위반하여 보험가입 등 필요한 조치를 하지 아니한 경우
- 지적측량업자가 제106조 제2항에 따른 지적측량 수수료를 같은 조 제3항에 따라 고시한 금액보다 과다 또는 과소하게 받은 경우
- 다른 행정기관이 관계 법령에 따라 영업정지를 요구한 경우

2. 측량업의 등록취소사항
- 거짓이나 그 밖의 부정한 방법으로 측량업의 등록을 한 경우
- 측량업의 등록기준에 미달하게 된 경우. 다만, 일시적으로 등록기준에 미달되는 등 대통령령으로 정하는 경우는 제외한다.
- 측량업등록의 결격사유가 있는 경우
- 다른 사람에게 자기의 측량업등록증 또는 측량업등록수첩을 빌려주거나 자기의 성명 또는 상호를 사용하여 측량업무를 하게 한 경우
- 영업정지기간 중에 계속하여 영업을 한 경우
- 국가기술자격법 제15조제2항을 위반하여 측량업자가 측량기술자의 국가기술자격증을 대여받은 사실이 확인된 경우

51 측량업의 등록을 반드시 취소하여야 하는 경우에 해당되지 않는 것은?

㉮ 영업정지기간 중에 계속하여 영업을 한 경우

㉯ 거짓이나 그 밖의 부정한 방법으로 측량업의 등록을 한 경우

㉰ 정당한 사유 없이 측량업의 등록을 한 날부터 1년 이내에 영업을 시작하지 아니하거나 계속하여 1년 이상 휴업한 경우

㉱ 다른 사람에게 자기의 측량업등록증 또는 측량업등록수첩을 빌려주거나, 자기의 성명 또는 상호를 사용하여 측량업무를 하게 한 경우

▶ 법률 제52조(측량업의 등록취소 등)
국토교통부장관, 시·도지사 또는 대도시 시장은 다음의 경우 측량업의 등록을 취소하여야 한다.
1. 거짓이나 그 밖의 부정한 방법으로 측량업의 등록을 한 경우
2. 측량업의 등록기준에 미달하게 된 경우. 다만, 일시적으로 등록기준에 미달되는 등 대통령령으로 정하는 경우는 제외한다.
3. 측량업등록의 결격사유 중 어느 하나에 해당하게 된 경우
4. 다른 사람에게 자기의 측량업등록증 또는 측량업등록수첩을 빌려주거나 자기의 성명 또는 상호를 사용하여 측량업무를 하게 한 경우
5. 영업정지기간 중에 계속하여 영업을 한 경우
6. 국가기술자격법 제15조제2항을 위반하여 측량업자가 측량기술자의 국가기술자격증을 대여받은 사실이 확인된 경우

실전문제 TIP

52 측량업 등록취소 사유로 틀린 것은?

㉮ 다른 사람에게 자기의 등록증을 대여한 때

㉯ 고의로 측량을 부정확하게 한 경우

㉰ 다른 사람에게 자기의 등록수첩을 대여한 때

㉱ 허위 기타 부정한 방법으로 측량업의 등록을 한 때

○ 법률 제52조(측량업의 등록취소 등)

53 측량기기의 성능검사의 기준에 관한 설명으로 옳은 것은?

㉮ 한국국토정보공사는 성능검사를 위한 적합한 시설과 장비를 갖추고 성능검사대행자가 실시하는 검사를 받아야 한다.

㉯ 국가교정업무 전담기관의 교정을 받은 측량기기로서 국토교통부장관이 성능검사 기준에 적합하다고 인정한 경우는 성능검사를 받은 것으로 본다.

㉰ 측량업자는 2년 이상 경과한 장비에 대하여 국토교통부장관이 실시하는 성능검사를 받아야 한다.

㉱ 측량기기 성능검사는 측량기기 성능검사대행자와 공간정보산업협회에서 실시한다.

○ 법률 제92조(측량기기의 검사)

㉮ : 한국국토정보공사는 성능검사를 위한 적합한 시설과 장비를 갖추고 자체적으로 검사를 실시하여야 한다.

㉰ : 측량업자는 트랜싯, 레벨, 그 밖에 대통령령으로 정하는 측량기기에 대하여 5년의 범위에서 대통령령으로 정하는 기간마다 국토교통부장관이 실시하는 성능검사를 받아야 한다.

㉱ : 성능검사대행자로 등록한 자는 국토교통부장관의 성능검사업무를 대행할 수 있다.

54 측량업자가 속임수, 위력, 그 밖의 방법으로 측량업과 관련된 입찰의 공정성을 해친 자의 벌칙은?

㉮ 300만원 이하의 과태료

㉯ 1년 이하의 징역 또는 1,000만 원 이하의 벌금

㉰ 2년 이하의 징역 또는 2,000만 원 이하의 벌금

㉱ 3년 이하의 징역 또는 3,000만 원 이하의 벌금

○ 법률 제107조(벌칙)

55 다음 중 가장 무거운 벌칙의 기준이 적용되는 자는?

㉮ 측량성과를 위조한 자

㉯ 입찰의 공정성을 해친 자

㉰ 측량기준점표지를 파손한 자

㉱ 측량업 등록을 하지 아니하고 측량업을 영위한 자

○ 법률 제107조(벌칙)

측량업자로서 속임수, 위력, 그 밖의 방법으로 측량업과 관련된 입찰의 공정성을 해친 자는 3년 이하의 징역 또는 3천만 원 이하의 벌금에 처한다.

정답 52 ㉯ 53 ㉯ 54 ㉱ 55 ㉯

실전문제 **TIP**

56 공간정보의 구축 및 관리 등에 관한 법률에 의한 벌칙으로 2년 이하의 징역 또는 2천만 원 이하의 벌금에 해당되지 않는 것은?

㉮ 측량업자로서 속임수, 위력, 그 밖의 방법으로 측량업과 관련된 입찰의 공정성을 해친 자

㉯ 성능검사대행자의 등록을 하지 아니하거나 거짓이나 그 밖의 부정한 방법으로 성능검사 대행자의 등록을 하고 성능검사 업무를 한 자

㉰ 고의로 측량성과를 사실과 다르게 한 자

㉱ 성능검사를 부정하게 한 성능검사대행자

> 법률 제107조(벌칙)
> 측량업자로서 속임수, 위력, 그 밖의 방법으로 측량업과 관련된 입찰의 공정성을 해친 자는 3년 이하의 징역 또는 3천만 원 이하의 벌금에 처한다.
>
> 법률 제108조(벌칙)
> 다음 각 호의 어느 하나에 해당하는 자는 2년 이하의 징역 또는 2천만 원 이하의 벌금에 처한다.
> 1. 측량기준점표지를 이전 또는 파손하거나 그 효용을 해치는 행위를 한 자
> 2. 고의로 측량성과를 사실과 다르게 한 자
> 3. 측량성과를 국외로 반출한 자
> 4. 측량업의 등록을 하지 아니하거나 거짓이나 그 밖의 부정한 방법으로 측량업의 등록을 하고 측량업을 한 자
> 5. 성능검사를 부정하게 한 성능검사대행자
> 6. 성능검사대행자의 등록을 하지 아니하거나 거짓이나 그 밖의 부정한 방법으로 성능검사대행자의 등록을 하고 성능검사업무를 한 자

57 "측량기준점표지를 이전 또는 파손하거나 그 효용을 해치는 행위를 한 자"에 대한 벌칙은?

㉮ 1년 이하의 징역 또는 1천만 원 이하의 벌금

㉯ 2년 이하의 징역 또는 2천만 원 이하의 벌금

㉰ 3년 이하의 징역 또는 3천만 원 이하의 벌금

㉱ 5년 이하의 징역 또는 5천만 원 이하의 벌금

> 법률 제108조(벌칙)

58 측량성과를 고의로 사실과 다르게 한 자의 벌칙은?

㉮ 2년 이하의 징역 또는 2,000만 원 이하의 벌금에 처한다.

㉯ 1년 이하의 징역 또는 1,000만 원 이하의 벌금에 처한다.

㉰ 300만 원 이하의 벌금에 처한다.

㉱ 300만 원 이하의 과태료에 처한다.

> 법률 제108조(벌칙)

59 부정한 방법으로 측량업의 등록을 한 자의 벌칙은?

㉮ 300만 원 이하의 과태료를 부과한다.

㉯ 1년 이하의 징역 또는 1,000만 원 이하의 벌금에 처한다.

㉰ 2년 이하의 징역 또는 2,000만 원 이하의 벌금에 처한다.

㉱ 3년 이하의 징역 또는 3,000만 원 이하의 벌금에 처한다.

> 법률 제108조(벌칙)

정답 56 ㉮ 57 ㉯ 58 ㉮ 59 ㉰

실전문제 *TIP*

60 측량업의 등록을 하지 않고 측량업을 영위한 자에 대한 벌칙은?

㉮ 1년 이하의 징역 또는 1,000만 원 이하의 벌금
㉯ 2년 이하의 징역 또는 2,000만 원 이하의 벌금
㉰ 3년 이하의 징역 또는 3,000만 원 이하의 벌금
㉱ 300만 원 이하의 과태료에 처한다.

⊙ 법률 제108조(벌칙)

61 "성능검사를 부정하게 한 성능검사대행자"에 대한 벌칙은?

㉮ 1년 이하의 징역 또는 1천만 원 이하의 벌금
㉯ 2년 이하의 징역 또는 2천만 원 이하의 벌금
㉰ 3년 이하의 징역 또는 3천만 원 이하의 벌금
㉱ 5년 이하의 징역 또는 5천만 원 이하의 벌금

⊙ 법률 제108조(벌칙)

62 2년 이하의 징역 또는 2천만 원 이하의 벌금에 해당하는 경우는?

㉮ 성능검사를 부정하게 한 성능검사대행자
㉯ 무단으로 측량성과 또는 측량기록을 복제한 자
㉰ 심사를 받지 아니하고 지도 등을 간행하여 판매하거나 배포한 자
㉱ 측량기술자가 아님에도 불구하고 측량을 한 자

⊙ 법률 제108조(벌칙)
다음 각 호의 어느 하나에 해당하는 자는 2년 이하의 징역 또는 2천만 원 이하의 벌금에 처한다.
1. 측량기준점 표지를 이전 또는 파손하거나 그 효용을 해치는 행위를 한 자
2. 고의로 측량성과를 사실과 다르게 한 자
3. 측량성과를 국외로 반출한 자
4. 측량업의 등록을 하지 아니하거나 거짓이나 그 밖의 부정한 방법으로 측량업의 등록을 하고 측량업을 한 자
5. 성능검사를 부정하게 한 성능검사대행자
6. 성능검사 대행자의 등록을 하지 아니하거나 거짓이나 그 밖의 부정한 방법으로 성능검사대행자의 등록을 하고 성능검사업무를 한 자

63 2년 이하의 징역 또는 2천만 원 이하의 벌금에 해당되지 않는 사항은?

㉮ 측량기준점표지를 이전 또는 파손한 자
㉯ 성능검사를 부정하게 한 성능검사대행자
㉰ 법을 위반하여 측량성과를 국외로 반출한 자
㉱ 측량성과 또는 측량기록을 무단으로 복제한 자

⊙ 법률 제108조(벌칙)
㉱ : 1년 이하의 징역 또는 1천만 원 이하의 벌금에 해당한다.

실전문제

64 무단으로 측량성과 또는 측량기록을 복제한 자에 대한 벌칙으로 옳은 것은?

㉮ 3년 이하의 징역 또는 3,000만 원 이하의 벌금

㉯ 2년 이하의 징역 또는 2,000만 원 이하의 벌금

㉰ 1년 이하의 징역 또는 1,000만 원 이하의 벌금

㉱ 300만 원 이하의 과태료

◉ 법률 제109조(벌칙)
다음 각 호의 어느 하나에 해당하는 자는 1년 이하의 징역 또는 1천만 원 이하의 벌금에 처한다.
1. 무단으로 측량성과 또는 측량기록을 복제한 자
2. 심사를 받지 아니하고 지도 등을 간행하여 판매하거나 배포한 자
3. 측량기술자가 아님에도 불구하고 측량을 한 자
4. 업무상 알게 된 비밀을 누설한 측량기술자 또는 수로기술자
5. 둘 이상의 측량업자에게 소속된 측량기술자 또는 수로기술자
6. 다른 사람에게 측량업등록증 또는 측량업등록수첩을 빌려주거나 자기의 성명 또는 상호를 사용하여 측량업무를 하게 한 자
7. 다른 사람의 측량업등록증 또는 측량업등록수첩을 빌려서 사용하거나 다른 사람의 성명 또는 상호를 사용하여 측량업무를 한 자
8. 지적측량수수료 외의 대가를 받은 지적측량기술자
9. 거짓으로 다음 각 목의 신청을 한 자
   가. 신규등록 신청
   나. 등록전환 신청
   다. 분할 신청
   라. 합병 신청
   마. 지목변경 신청
   바. 바다로 된 토지의 등록말소 신청
   사. 축척변경 신청
   아. 등록사항의 정정 신청
   자. 도시개발사업 등 시행지역의 토지이동 신청
10. 다른 사람에게 자기의 성능검사대행자 등록증을 빌려주거나 자기의 성명 또는 상호를 사용하여 성능검사대행업무를 수행하게 한 자
11. 다른 사람의 성능검사대행자 등록증을 빌려서 사용하거나 다른 사람의 성명 또는 상호를 사용하여 성능검사대행업무를 수행한 자

65 측량업자의 벌칙 중 1년 이하의 징역 또는 1,000만 원 이하의 벌금에 처할 수 있는 내용은?

㉮ 정당한 사유 없이 측량의 실시를 방해한 자

㉯ 고시된 측량성과에 어긋나는 측량성과를 사용한 자

㉰ 무단으로 측량성과를 복제한 자

㉱ 측량업 등록사항의 변경신고를 하지 아니한 자

◉ 법률 제109조(벌칙)

정답 64 ㉰ 65 ㉰

66 심사를 받지 않고 지도 등을 판매 또는 배포한 자에 대한 벌칙으로 옳은 것은?

⑦ 2년 이하의 징역 또는 2,000만 원 이하의 벌금에 처한다.

⑭ 1년 이하의 징역 또는 1,000만 원 이하의 벌금에 처한다.

⑮ 300만 원 이하의 과태료에 처한다.

⑯ 300만 원 이하의 벌금에 처한다.

◉ 법률 제109조(벌칙)

67 벌칙규정에 대한 설명으로 옳지 않은 것은?

⑦ 심사를 받지 아니하고 지도 등을 간행하여 판매하거나 배포한 자는 1년 이하의 징역 또는 2천만 원 이하의 벌금에 처한다.

⑭ 다른 사람에게 측량업등록증 또는 측량업등록수첩을 빌려주거나 자기의 성명 또는 상호를 사용하여 측량업무를 하게 한 자는 1년 이하의 징역 또는 1천만 원 이하의 벌금에 처한다.

⑮ 측량업자로서 속임수, 위력(威力) 그 밖의 방법으로 측량업과 관련된 입찰의 공정성을 해친 자는 3년 이하의 징역 또는 3천만 원 이하의 벌금에 처한다.

⑯ 성능검사를 부정하게 한 성능검사대행자는 2년 이하의 징역 또는 2천만 원 이하의 벌금에 처한다.

◉ 법률 제109조(벌칙)
심사를 받지 아니하고 지도 등을 간행하여 판매하거나 배포한 자는 1년 이하의 징역 또는 1천만 원 이하의 벌금에 처한다.

68 측량기술자가 아님에도 불구하고 공간정보의 구축 및 관리 등에 관한 법률에서 정하는 측량을 한 자에 대한 벌칙기준으로 옳은 것은?

⑦ 3년 이하의 징역 또는 3천만 원 이하의 벌금

⑭ 2년 이하의 징역 또는 2천만 원 이하의 벌금

⑮ 1년 이하의 징역 또는 1천만 원 이하의 벌금

⑯ 300만 원 이하의 과태료

◉ 법률 제109조(벌칙)

69 측량에 관한 벌칙 중 300만 원 이하의 과태료에 처할 수 있는 사항은?

⑦ 부정한 방법으로 측량업의 등록을 한 자

⑭ 부정한 방법으로 성능검사를 받은 자

⑮ 부정한 방법으로 성능검사를 한 자

⑯ 고의로 측량성과를 사실과 다르게 한 자

◉ 법률 제111조(과태료)
다음의 어느 하나에 해당하는 자에게는 300만 원 이하의 과태료를 부과한다.
1. 정당한 사유 없이 측량을 방해한 자
2. 측량성과에 어긋나는 측량성과를 사용한 자
3. 거짓으로 측량기술자 또는 수로기술자의 신고를 한 자
4. 측량업 등록사항의 변경신고를 하지 아니한 자
5. 측량업자 또는 수로사업자의 지위

승계 신고를 하지 아니한 자
6. 측량업 또는 수로사업의 휴업ㆍ폐업 등의 신고를 하지 아니하거나 거짓으로 신고한 자
7. 측량기기에 대한 성능검사를 받지 아니하거나 부정한 방법으로 성능검사를 받은 자
8. 성능검사대행자의 등록사항 변경을 신고하지 아니한 자
9. 성능검사대행업무의 폐업신고를 하지 아니한 자
10. 정당한 사유 없이 제99조제1항에 따른 보고를 하지 아니하거나 거짓으로 보고를 한 자
11. 정당한 사유 없이 제99조제1항에 따른 조사를 거부ㆍ방해 또는 기피한 자
12. 정당한 사유 없이 제101조제7항을 위반하여 토지등에의 출입 등을 방해하거나 거부한 자

70 300만 원 이하의 과태료에 해당되는 벌칙은?

㉮ 측량업등록증을 대여한 자

㉯ 기본측량성과를 고의로 사실과 상이하게 한 자

㉰ 성능검사를 부정하게 한 자

㉱ 정당한 사유 없이 토지등에의 출입 등을 방해하거나 거부한 자

법률 제111조(과태료)

71 300만 원 이하의 과태료 부과 대상이 아닌 것은?

㉮ 정당한 사유 없이 측량을 방해한 자

㉯ 측량기술자가 아님에도 불구하고 측량을 한 자

㉰ 측량업 등록사항의 변경신고를 하지 아니한 자

㉱ 거짓으로 측량기술자의 신고를 한 자

법률 제111조(과태료)
㉯ : 1년 이하의 징역 또는 1천만 원 이하의 벌금에 처한다.

72 정당한 사유 없이 측량을 방해한 자에 대한 벌칙 기준은?

㉮ 3년 이하의 징역 또는 3천만 원 이하의 벌금

㉯ 2년 이하의 징역 또는 2천만 원 이하의 벌금

㉰ 1년 이하의 징역 또는 1천만 원 이하의 벌금

㉱ 300만 원 이하의 과태료

법률 제111조(과태료)
정당한 사유 없이 측량을 방해한 자는 300만 원 이하의 과태료에 처한다.

정답 70 ㉱ 71 ㉯ 72 ㉱

73 공공측량으로 지정할 수 있는 측량에 관한 설명 중 옳은 것은?

㉮ 측량노선의 길이가 5km 이상인 기준점측량

㉯ 측량실시지역의 면적이 500m² 이상인 기준점측량

㉰ 촬영지역의 면적이 1km² 이상인 측량용 사진의 촬영

㉱ 측량노선의 길이가 1km 이상인 기준점측량

▶ 시행령 제3조(공공측량)

국토교통부장관이 지정하여 고시하는 공공측량은 아래와 같다.

1. 측량실시지역의 면적이 1제곱킬로미터 이상인 기준점측량, 지형측량 및 평면측량
2. 측량노선의 길이가 10킬로미터 이상인 기준점측량
3. 국토교통부장관이 발행하는 지도의 축척과 같은 축척의 지도 제작
4. 촬영지역의 면적이 1제곱킬로미터 이상인 측량용 사진의 촬영
5. 지하시설물 측량
6. 인공위성 등에서 취득한 영상정보에 좌표를 부여하기 위한 2차원 또는 3차원의 좌표측량
7. 그 밖의 공공의 이해에 특히 관계가 있다고 인정되는 사설 철도부설, 간척 및 매립사업 등에 수반되는 측량

74 공공측량으로 지정할 수 있는 측량으로 옳지 않은 것은?

㉮ 측량노선의 길이가 5km 이상인 기준점측량

㉯ 측량노선의 길이가 10km 이상인 기준점측량

㉰ 측량실시지역의 면적이 1km² 이상인 기준점측량

㉱ 국토교통부장관이 발행하는 지도의 축척과 같은 축척의 지도제작

▶ 시행령 제3조(공공측량)

75 공공측량의 정의에 대한 설명 중 아래의 "각 호의 측량"에 대한 기준으로 옳지 않은 것은?

「대통령령으로 정하는 측량」이란 다음 각 호의 측량 중 국토교통부장관이 지정하여 고시하는 측량을 말한다.

㉮ 측량실시지역의 면적이 1제곱킬로미터 이상인 기준점측량, 지형측량 및 평면측량

㉯ 촬영지역의 면적이 10제곱킬로미터 이상인 측량용 사진의 촬영

㉰ 국토교통부장관이 발행하는 지도의 축척과 같은 축척의 지도 제작

㉱ 인공위성 등에서 취득한 영상정보에 좌표를 부여하기 위한 2차원 또는 3차원의 좌표측량

▶ 시행령 제3조(공공측량)

대통령령으로 정하는 측량이란 다음의 측량 중 국토교통부장관이 지정하여 고시하는 측량을 말한다.

1. 측량실시지역의 면적이 1제곱킬로미터 이상인 기준점측량, 지형측량 및 평면측량
2. 측량노선의 길이가 10킬로미터 이상인 기준점측량
3. 국토교통부장관이 발행하는 지도의 축척과 같은 축척의 지도 제작
4. 촬영지역의 면적이 1제곱킬로미터 이상인 측량용 사진의 촬영
5. 지하시설물 측량
6. 인공위성 등에서 취득한 영상정보에 좌표를 부여하기 위한 2차원 또는 3차원의 좌표측량
7. 그 밖에 공공의 이해에 특히 관계가 있다고 인정되는 사설철도 부설, 간척 및 매립사업 등에 수반되는 측량

76 공공측량의 정의에 의해 아래와 같이 「대통령령으로 정하는 측량」을 지정할 때, 각 호의 측량에 해당되지 않는 것은?

> 「대통령령으로 정하는 측량」이란 다음 각 호의 측량 중 국토교통부장관이 지정하여 고시하는 측량을 말한다.

㉮ 측량실시지역의 면적이 10제곱킬로미터인 지형측량
㉯ 측량노선의 길이가 5킬로미터인 기준점측량
㉰ 촬영지역의 면적이 5제곱킬로미터인 측량용 사진의 촬영
㉱ 공공의 이해에 특히 관계가 있다고 인정되는 사설철도의 부설, 간척 및 매립사업 등에 수반되는 측량

⊙ 시행령 제3조(공공측량)

77 공간정보의 구축 및 관리 등에 관한 법률에서 규정하는 수치주제도에 속하지 않는 것은?

㉮ 지하시설물도   ㉯ 수치지적도
㉰ 행정구역도   ㉱ 토지피복지도

⊙ 시행령 제4조(수치주제도의 종류)
별표 1
수치주제도의 종류에는 지하시설물도, 토지이용현황도, 토지적성도, 국토이용계획도, 도시계획도, 도로망도, 수계도, 하천현황도, 지하수맥도, 행정구역도, 산림이용기본도, 임상도, 지질도, 토양도, 식생도, 생태·자연도, 자연공원현황도, 토지피복지도, 관광지도, 풍수해보험관리지도, 재해지도 등이 있다.

78 측량기준에서 국토교통부장관이 따로 정하여 고시하는 원점을 사용할 수 있는 '섬 등 대통령령으로 정하는 지역'에 해당되지 않는 곳은?

㉮ 울릉도   ㉯ 거제도
㉰ 독도   ㉱ 제주도

⊙ 시행령 제6조(원점의 특례)
섬 등 대통령령으로 정하는 지역은 다음과 같다.
1. 제주도
2. 울릉도
3. 독도
4. 그 밖에 대한민국 경위도원점 및 수준원점으로부터 원거리에 위치하여 대한민국 경위도원점 및 수준원점을 적용하여 측량하기 곤란하다고 인정되어 국토교통부장관이 고시한 지역

79 우리나라 측량의 기준으로써 위치 측정의 기준인 세계 측지계에 대한 설명으로 옳지 않은 것은?

㉮ 지구를 편평한 회전타원체로 상정하여 실시하는 위치측정의 기준이다.
㉯ 극지방의 지오이드가 회전타원체 면과 일치하여야 한다.
㉰ 회전타원체의 단축이 지구의 자전축과 일치하여야 한다.
㉱ 회전타원체의 장반경은 6,378.137미터이다.

⊙ 시행령 제7조(세계측지계 등)
세계측지계(世界測地系)는 지구를 편평한 회전타원체로 상정하여 실시하는 위치측정의 기준으로서 다음의 요건을 갖춘 것을 말한다.
1. 회전타원체의 장반경(張半徑) 및 편평률(扁平率)은 다음 각 목과 같을 것
   가. 장반경 : 6,378,137미터
   나. 편평률 : 298.257222101분의 1
2. 회전타원체의 중심이 지구의 질량중심과 일치할 것
3. 회전타원체의 단축(短軸)이 지구의 자전축과 일치할 것

정답 76 ㉯ 77 ㉯ 78 ㉯ 79 ㉯

80 세계측지계의 요건으로 잘못된 것은?

㉮ 회전타원체의 편평률은 299.152813분의 1

㉯ 회전타원체의 장반경은 6,378,137미터

㉰ 회전타원체의 중심은 지구의 질량 중심과 일치할 것

㉱ 회전타원체의 단축이 지구의 자전축과 일치할 것

시행령 제7조(세계측지계 등)
회전타원체의 편평률은
298.257222101분의 1이다.

81 측량의 기준에 대한 설명으로 옳지 않은 것은?

㉮ 세계측지계는 지구를 회전타원체로 상정하여 회전체의 장축이 지구의 자전축과 일치하여야 한다.

㉯ 측량의 원점은 대한민국 경위도원점 및 수준원점으로 한다.

㉰ 수로조사에서 간출지의 높이와 수심은 기본수준면을 기준으로 측량한다.

㉱ 해안선은 해수면이 약최고고조면에 이르렀을 때의 육지와 해수면과의 경계로 표시한다.

시행령 제7조(세계측지계 등)
세계측지계는 지구를 회전타원체로 상정하여 회전체의 단축이 지구의 자전축과 일치하여야 한다.

82 우리나라 위치측정의 기준이 되는 세계측지계에 대한 설명이다. ( ) 안에 알맞은 용어로 짝지어진 것은?

> 회전타원체의 ( )이 지구의 자전축과 일치하고, 중심은 지구의 ( )과 일치할 것

㉮ 장축, 투영중심 ㉯ 단축, 투영중심

㉰ 장축, 질량중심 ㉱ 단축, 질량중심

시행령 제7조(세계측지계 등)
세계측지계는 지구를 편평한 회전타원체로 상정하여 실시하는 위치측정의 기준으로서 다음의 요건을 갖춘 것을 말한다.
1. 회전타원체의 장반경 및 편평률은 다음 각 목과 같을 것
  가. 장반경 : 6,378,137미터
  나. 편평률 : 298.257222101분의 1
2. 회전타원체의 중심이 지구의 질량 중심과 일치할 것
3. 회전타원체의 단축이 지구의 자전축과 일치할 것

83 공공측량에 있어서 직각좌표 기준과 명칭 및 적용범위가 틀린 것은?

㉮ 동부좌표계 : 적용구역 동경 122~124도

㉯ 서부좌표계 : 적용구역 동경 124~126도

㉰ 동해좌표계 : 적용구역 동경 130~132도

㉱ 중부좌표계 : 적용구역 동경 126~128도

시행령 제7조(세계측지계 등) 별표 2
동부좌표계 : 적용구역 동경 128~130°

실전문제

84 직각좌표의 기준 중 동해좌표계의 적용구역으로 옳은 것은?

㉮ 동경 126~128°
㉯ 동경 128~130°
㉰ 동경 130~132°
㉱ 동경 132~134°

시행령 제7조(세계측지계 등)
별표 2
〈직각좌표계 원점〉

명칭	적용 구역
서부좌표계	동경 124~126°
중부좌표계	동경 126~128°
동부좌표계	동경 128~130°
동해좌표계	동경 130~132°

85 각 좌표계에서의 직각좌표는 TM(Transverse Mercator, 횡단 머케이터) 방법으로 표시한다. 이 좌표의 조건으로 틀린 것은?

㉮ X축은 좌표계 원점의 자북선에 일치한다.
㉯ 진북방향을 정(+)으로 표시한다.
㉰ Y축은 X축에 직교하는 축으로 진동방향을 정(+)으로 한다.
㉱ 직각좌표계의 원점 좌표는 (X=0, Y=0)으로 한다.

시행령 제7조(세계측지계 등) 별표 2
각 좌표계에서의 직각좌표는 TM (Transverse Mercator, 횡단 머케이터) 방법으로 표시하고, 원점의 좌표는(X=0, Y=0˚)으로 한다.
X축은 좌표계 원점의 자오선에 일치하여야 하고, 진북방향을 정(+)으로 표시하며, Y축은 X축에 직교하는 축으로서 진동방향을 정(+)으로 한다.

86 우리나라의 측량기준으로 세계측지계에 따른 직각좌표에 대한 설명으로 틀린 것은?

㉮ 서부좌표계, 중부좌표계, 동부좌표계, 동해좌표계가 있다.
㉯ 각 좌표계에서의 직각좌표는 가우스상사 이중투영법으로 표시한다.
㉰ X축은 좌표계 원점의 자오선에 일치한다.
㉱ 투영원점의 가산 수치는 X(N) 600,000m, Y(E) 200,000m이다.

시행령 제7조(세계측지계 등) 별표 2
각 좌표계에서의 직각좌표는 T·M (Transverse Mercator, 횡단 머케이터) 방법으로 표시한다.

87 세계측지계로의 지도 제작 시 사용되는 직각좌표계 투영원점 가산수치로 옳은 것은?

㉮ X(N) : 600,000m, Y(E) : 200,000m
㉯ X(N) : 500,000m, Y(E) : 200,000m
㉰ X(N) : 600,000m, Y(E) : 100,000m
㉱ X(N) : 500,000m, Y(E) : 100,000m

시행령 제7조(세계측지계 등) 제3항 관련 별표 2

직각좌표계 원점

명칭	원점의 경위도	투영 원점의 가산(加算)수치
서부좌표계	경도 : 동경125°00′ 위도 : 북위 38°00′	X(N) 600,000m, Y(E) 200,000m
중부좌표계	경도 : 동경127°00′ 위도 : 북위 38°00′	X(N) 600,000m, Y(E) 200,000m
동부좌표계	경도 : 동경129°00′ 위도 : 북위 38°00′	X(N) 600,000m, Y(E) 200,000m

정답 84 ㉰ 85 ㉮ 86 ㉯ 87 ㉮

동해 좌표계	경도 : 동경131°00′ 위도 : 북위 38°00′	X(N) 600,000m, Y(E) 200,000m

명칭	원점 축척 계수	적용구역
서부 좌표계	1.0000	동경 124° ~ 126°
중부 좌표계	1.0000	동경 126° ~ 128°
동부 좌표계	1.0000	동경 128° ~ 130°
동해 좌표계	1.0000	동경 130° ~ 132°

88 측량기준점을 크게 3가지로 구분할 때 이에 속하지 않는 것은?

㉮ 국가기준점 ㉯ 공공기준점

㉰ 지적기준점 ㉭ 수로기준점

시행령 제8조(측량기준점의 구분)
측량기준점은 다음과 같이 구분한다.
1. 국가기준점 : 우주측지기준점, 위성기준점, 수준점, 중력점, 통합기준점, 삼각점, 지자기점, 수로기준점, 영해기준점
2. 공공기준점 : 공공삼각점, 공공수준점
3. 지적기준점 : 지적삼각점, 지적삼각보조점, 지적도근점

89 측량기준점 중 국가기준점이 아닌 것은?

㉮ 위성기준점 ㉯ 통합기준점

㉰ 공공수준점 ㉭ 삼각점

시행령 제8조(측량기준점의 구분)

90 측량기준점 중 국가기준점이 아닌 것은?

㉮ 공공수준점 ㉯ 중력점

㉰ 지자기점 ㉭ 삼각점

시행령 제8조(측량기준점의 구분)

91 측량기준점에서 국가기준점에 해당되지 않는 점은?

㉮ 지자기점 ㉯ 수로기준점

㉰ 지적기준점 ㉭ 통합기준점

시행령 제8조(측량기준점의 구분)

92 국가기준점 중 지리학적 경위도, 직각좌표, 지구중심 직교좌표, 높이 및 중력 측정의 기준으로 사용하기 위하여 위성기준점, 수준점 및 중력점을 기초로 정한 기준점은?

㉮ 삼각점 ㉯ 경위도원점

㉰ 통합기준점 ㉭ 지자기점

시행령 제8조(측량기준점의 구분)
통합기준점은 지리학적 경위도, 직각좌표, 지구중심 직교좌표, 높이 및 중력 측정의 기준으로 사용하기 위하여 위성기준점, 수준점 및 중력점을 기초로 정한 기준점이다.

93 측량기준점에 대한 설명 중 잘못된 것은?

㉮ 삼각점은 공공측량시 평면위치의 기준으로 사용하기 위해 국가 기준점을 기초로 하여 정한 기준점이다.

㉯ 지자기점은 지구자기 측정의 기준으로 사용하기 위하여 정한 기준점이다.

㉰ 중력점은 중력 측정의 기준으로 사용하기 위하여 정한 기준점이다.

㉱ 수준점은 높이 측정의 기준으로 사용하기 위하여 대한민국수준 원점을 기초로 정한 기준점이다.

> 시행령 제8조(측량기준점의 구분)
> 삼각점은 지리학적 경위도, 직각좌표 및 지구중심 직교좌표 측정의 기준으로 사용하기 위하여 위성기준점 및 통합기준점을 기초로 정한 기준점이다.

94 측량기준점의 국가기준점에 대한 설명으로 옳은 것은?

㉮ 수준점 : 수로조사 시 해양에서의 수평위치와 높이, 수심 측정 및 해안선 결정, 기준으로 사용하기 위한 기준점

㉯ 중력점 : 지구자기 측정의 기준으로 사용하기 위하여 정한 기준점

㉰ 통합기준점 : 지리학적 경위도, 직각좌표 및 지구중심 직교좌표 의 측정 기준으로 사용하기 위하여 대한민국 경위도원점을 기초 로 정한 기준점

㉱ 삼각점 : 지리학적 경위도, 직각좌표 및 지구중심 직교좌표 측정 의 기준으로 사용하기 위하여 위성기준점 및 통합기준점을 기초 로 정한 기준점

> 시행령 제8조(측량기준점의 구분)
> ㉮ : 수로기준점
> ㉯ : 지자기점
> ㉰ : 위성기준점

95 기본측량의 실시공고를 해당 특별시 · 광역시 · 도 또는 특별자치 도의 게시판 및 인터넷 홈페이지에 게시하는 방법으로 할 경우 며 칠 이상 게시하여야 하는가?

㉮ 7일   ㉯ 15일
㉰ 30일   ㉱ 60일

> 시행령 제12조(측량의 실시공고)
> 기본측량의 실시공고와 공공측량의 실시공고는 전국을 보급지역으로 하는 일간신문에 1회 이상 게재하거나 해당 특별시 · 광역시 · 도 또는 특별 자치도의 게시판 및 인터넷 홈페이지에 7일 이상 게시하는 방법으로 해야 한다.

96 측량의 실시공고에 대한 사항으로 ( )에 알맞은 것은?

공공측량의 실시공고는 전국을 보급지역으로 하는 일간신문에 1회 이상 게재하거나, 해당 특별시 · 광역시 · 특별자치시 · 도 또는 특별 자치도의 게시판 및 인터넷 홈페이지에 ( ) 이상 게시하는 방법으로 하여야 한다.

㉮ 7일   ㉯ 14일
㉰ 15일   ㉱ 30일

> 시행령 제12조(측량의 실시공고)

정답 **93** ㉮ **94** ㉱ **95** ㉮ **96** ㉮

실전문제 TIP

97 기본측량의 실시공고에 포함되어야 하는 사항으로 옳은 것은?

㉮ 측량의 정확도

㉯ 측량의 실시지역

㉰ 측량성과의 보관 장소

㉱ 설치한 측량기준점의 수

> 시행령 제12조(측량의 실시공고)
> 기본측량 및 공공측량의 실시공고에는 다음의 사항이 포함되어야 한다.
> 1. 측량의 종류
> 2. 측량의 목적
> 3. 측량의 실시기간
> 4. 측량의 실시지역
> 5. 그 밖에 측량의 실시에 관하여 필요한 사항

98 기본측량의 경우 측량의 실시공고를 하여야 하는데 다음 중 공고 사항에 포함되지 않는 것은?

㉮ 측량의 목적　　　　　㉯ 측량의 실시지역

㉰ 측량의 실시기간　　　㉱ 측량의 정확도

> 시행령 제12조(측량의 실시공고)

99 기본측량 실시공고에 포함되어야 할 사항이 아닌 것은?

㉮ 측량의 실시지역　　　㉯ 측량기술자의 명단

㉰ 측량의 목적　　　　　㉱ 측량의 종류

> 시행령 제12조(측량의 실시공고)

100 기본측량의 실시공고 내용 중 필수적 사항이 아닌 것은?

㉮ 측량의 종류　　　　　㉯ 측량의 실시자

㉰ 측량의 실시기간　　　㉱ 측량의 실시지역

> 시행령 제12조(측량의 실시공고)

101 공공측량의 실시공고에 포함되어야 할 사항이 아닌 것은?

㉮ 측량의 종류

㉯ 측량의 목적

㉰ 측량의 규모

㉱ 측량의 실시기간

> 시행령 제12조(측량의 실시공고)
> 공공측량의 실시공고에는 측량의 종류, 측량의 목적, 측량의 실시기간, 측량의 실시지역, 그 밖에 측량의 실시에 관하여 필요한 사항이 포함되어야 한다.

102 기본측량과 공공측량의 실시공고에 필수적 사항이 아닌 것은?

㉮ 측량의 성과 보관 장소

㉯ 측량의 실시기간

㉰ 측량의 목적

㉱ 측량의 종류

> 시행령 제12조(측량의 실시공고)
> 기본측량 및 공공측량의 실시공고에는 다음의 사항이 포함되어야 한다.
> 1. 측량의 종류
> 2. 측량의 목적
> 3. 측량의 실시기간
> 4. 측량의 실시지역
> 5. 그 밖에 측량의 실시에 관하여 필요한 사항

정답　97 ㉯　98 ㉱　99 ㉯　100 ㉯　101 ㉰　102 ㉮

103 기본측량의 측량성과 고시에 포함되어야 하는 사항이 아닌 것은?

㉮ 측량의 종류

㉯ 측량성과의 보관 장소

㉰ 설치한 측량기준점의 수

㉱ 사용 측량기기의 종류 및 성능

> 시행령 제13조(측량성과의 고시)
> 기본측량 및 공공측량의 측량성과의 고시에는 다음의 사항이 포함되어야 한다.
> 1. 측량의 종류
> 2. 측량의 정확도
> 3. 설치한 측량기준점의 수
> 4. 측량의 규모(면적 또는 지도의 장수)
> 5. 측량실시의 시기 및 지역
> 6. 측량성과의 보관 장소
> 7. 그 밖에 필요한 사항

104 기본측량의 경우 측량성과를 고시하여야 하는데 다음 사항 중 고시에 포함되지 않는 것은?

㉮ 측량의 종류 및 정확도

㉯ 측량실시의 시기 및 지역

㉰ 측량성과의 보관 장소

㉱ 측량성과의 보존연한

> 시행령 제13조(측량성과의 고시)

105 다음 중 기본측량의 측량성과 고시사항에 해당되지 않는 것은?

㉮ 측량의 종류

㉯ 측량실시의 시기 및 지역

㉰ 측량을 실시한 기술자 명단

㉱ 측량성과의 보관 장소

> 시행령 제13조(측량성과의 고시)

106 국토지리정보원장은 대통령령이 정하는 바에 의하여 기본측량의 측량성과를 고시해야 하는데 측량성과의 고시 내용에 포함될 사항이 아닌 것은?

㉮ 측량실시의 시기 및 지역

㉯ 측량성과의 보관 장소

㉰ 임시로 설치하는 측량표지의 수

㉱ 측량의 정확도

> 시행령 제13조(측량성과의 고시)

107 공공측량 측량성과의 고시사항에 포함되지 않는 것은?

㉮ 측량의 종류

㉯ 측량의 정확도

㉰ 측량성과의 보관 장소

㉱ 측량성과의 보존 기간

> 시행령 제13조(측량성과의 고시)
> 측량성과의 고시에는 다음의 사항이 포함되어야 한다.
> 1. 측량의 종류
> 2. 측량의 정확도
> 3. 설치한 측량기준점의 수
> 4. 측량의 규모(면적 또는 지도의 장수)
> 5. 측량실시의 시기 및 지역
> 6. 측량성과의 보관 장소
> 7. 그 밖에 필요한 사항

108 기본측량성과 및 공공측량성과의 고시는 최종성과를 얻은 날부터 며칠 이내에 하여야 하는가?

㉮ 15일 　　㉯ 30일 　　㉰ 45일 　　㉱ 60일

> 시행령 제13조(측량성과의 고시)
> 기본측량성과의 고시와 공공측량성과의 고시는 최종성과를 얻은 날부터 30일 이내에 하여야 한다.

정답 　103 ㉱　104 ㉱　105 ㉰　106 ㉰　107 ㉱　108 ㉯

실전문제

109 국토교통부장관의 허가 없이 기본측량성과 중 지도를 국외로 반출할 수 있는 경우는?

㉮ 측량용 항공사진

㉯ 정부 간 합의에 의해 상호 교환하는 경우

㉰ 학교를 대표하여 국제 세미나에 참석하는 경우

㉱ 외국인이 휴대할 경우

⊙ 시행령 제16조(기본측량성과의 국외반출)
다음의 경우 국토교통부장관의 허가 없이 국외로 반출할 수 있다.
1. 대한민국정부와 외국정부 간에 체결된 협정 또는 합의에 따라 기본측량성과를 상호교환하는 경우
2. 정부를 대표해서 외국정부와 교섭하거나 국제회의 또는 국제기구에 참석하는 자가 자료로 사용하기 위하여 반출하는 경우
3. 관광객의 유치와 관광시설 홍보를 목적으로 지도 등 또는 측량용사진을 제작하여 반출하는 경우
4. 축척 5만 분의 1 미만인 소축척의 지도(수치지형도는 제외한다)등을 국외로 반출하는 경우
5. 축척 2만 5천 분의 1 또는 5만 분의 1 지도로서 보안성 검토를 거친 지도의 경우
6. 축척 2만 5천 분의 1인 영문판 수치지형도로서 보안성 검토를 거친 지형도의 경우

110 국토교통부장관의 허가 없이 지도를 해외로 반출할 수 없는 경우 중 옳지 않은 것은?

㉮ 정부를 대표하여 국제회의 또는 국제기구에 참석하는 자가 자료로 사용할 경우

㉯ 1 : 5,000 미만의 소축척도를 반출하는 경우

㉰ 외국정부와의 체결된 협정 또는 합의에 의하여 상호 교환하는 경우

㉱ 관광객의 유치와 관광시설의 선전을 목적으로 제작하여 반출하는 경우

⊙ 시행령 제16조(기본측량성과의 국외반출)

111 기본측량성과 중 지도 및 측량용 사진을 허가 없이 국외로 반출할 수 있는 경우에 대한 설명으로 틀린 것은?

㉮ 대한민국정부와 외국정부 간에 체결된 협정 또는 합의에 의하여 상호 교환하는 경우

㉯ 정부를 대표하여 외국정부와 교섭하거나 국제회의 또는 국제기구에 참석하는 자가 자료로 사용하기 위하여 반출하는 경우

㉰ 관광객의 유치와 관광시설의 선전을 목적으로 제작된 지도를 국외로 반출하는 경우

㉱ 축척 5만 분의 1 이상의 축척도로 제작된 지도를 국외로 반출하는 경우

⊙ 시행령 제16조(기본측량성과의 국외반출)

정답 109 ㉯ 110 ㉯ 111 ㉱

112 기본측량성과의 국외 반출 금지의 예외 조항으로 "외국 정부와 기본측량성과를 서로 교환하는 등 대통령령으로 정하는 경우"에 해당되지 않는 것은?

㉮ 정부를 대표하여 외국 정부와 교섭하거나 국제회의 또는 국제기구에 참석하는 자가 자료로 사용하기 위하여 지도나 그 밖에 필요한 간행물 또는 측량용 사진을 반출하는 경우

㉯ 관광객 유치와 관광시설 홍보를 목적으로 지도나 그 밖에 필요한 간행물 또는 측량용 사진을 제작하여 반출하는 경우

㉰ 축척 1/50,000 미만인 소축척의 수치지형도를 국외로 반출하는 경우

㉱ 축척 1/25,000인 지도로서 「국가공간정보 기본법 시행령」 제24조 제3항에 따른 보안성 검토를 거친 지도의 경우(등고선, 발전소, 가스관 등 국토교통부장관이 정하여 고시하는 시설 등이 표시되지 않은 경우로 한정한다.)

시행령 제16조(기본측량성과 및 공공측량성과의 국외 반출)
"외국 정부와 기본측량성과를 서로 교환하는 등 대통령령으로 정하는 경우"란 다음 각 호의 경우를 말한다.
1. 대한민국 정부와 외국 정부 간에 체결된 협정 또는 합의에 따라 기본측량성과를 상호 교환하는 경우
2. 정부를 대표하여 외국 정부와 교섭하거나 국제회의 또는 국제기구에 참석하는 자가 자료로 사용하기 위하여 지도나 그 밖에 필요한 간행물(이하 "지도 등"이라 한다) 또는 측량용 사진을 반출하는 경우
3. 관광객 유치와 관광시설 홍보를 목적으로 지도 등 또는 측량용 사진을 제작하여 반출하는 경우
4. 축척 5만 분의 1 미만인 소축척의 지도(수치지형도는 제외한다. 이하 이 조에서 같다)나 그 밖에 필요한 간행물을 국외로 반출하는 경우
5. 축척 2만 5천 분의 1 또는 5만 분의 1 지도로서 「국가공간정보 기본법 시행령」 제24조 제3항에 따른 보안성 검토를 거친 지도의 경우(등고선, 발전소, 가스관 등 국토교통부장관이 정하여 고시하는 시설 등이 표시되지 않은 경우로 한정한다.)
6. 축척 2만 5천 분의 1인 영문판 수치지형도로서 「국가공간정보 기본법 시행령」 제24조 제3항에 따른 보안성 검토를 거친 지형도의 경우

113 법률에 따라 성능검사를 받아야 하는 측량기기가 아닌 것은?

㉮ 거리측정기
㉯ 평판
㉰ 금속관로 탐지기
㉱ 레벨

시행령 제97조(성능검사의 대상 및 주기 등)
성능검사를 받아야 하는 측량기기와 검사주기는 다음과 같다.
1. 트랜싯(데오드라이트) : 3년
2. 레벨 : 3년
3. 거리측정기 : 3년
4. 토털스테이션(Total Station : 각도-거리 통합측량기) : 3년
5. 지피에스(GPS) 수신기 : 3년
6. 금속 또는 비금속 관로 탐지기 : 3년

114 측량기기의 성능검사 대상과 주기로 옳은 것은?

㉮ 레벨 및 거리 측정기 : 4년
㉯ GPS 수신기 : 3년
㉰ 토털스테이션 : 2년
㉱ 금속 또는 비금속 관로 탐지기 : 1년

시행령 제97조(성능검사의 대상 및 주기 등)

115 측량기기인 토털스테이션(Total Station)과 지피에스(GPS) 수신기의 성능검사 주기는?

㉮ 1년　　　　　　　　　　㉯ 2년
㉰ 3년　　　　　　　　　　㉱ 5년

⊙ 시행령 제97조(성능검사의 대상 및 주기 등)

116 레벨 등 성능검사를 받아야 하는 측량기기는 그 성능검사를 몇 년마다 하여야 하는가?

㉮ 3년　　　　　　　　　　㉯ 2년
㉰ 1년　　　　　　　　　　㉱ 수시

⊙ 시행령 제97조(성능검사의 대상 및 주기 등)

117 성능검사를 받아야 하는 측량기기 중 금속 또는 비금속 관로 탐지기의 성능검사 주기로 옳은 것은?

㉮ 1년　　　　　　　　　　㉯ 2년
㉰ 3년　　　　　　　　　　㉱ 5년

⊙ 시행령 제97조(성능검사의 대상 및 주기 등)

118 측량기기 중에서 트랜싯(데오드라이트), 레벨, 거리측정기, 토털스테이션, 지피에스(GPS) 수신기, 금속 또는 비금속 관로 탐지기의 성능검사 주기는?

㉮ 2년　　　　　　　　　　㉯ 3년
㉰ 5년　　　　　　　　　　㉱ 10년

⊙ 시행령 제97조(성능검사의 대상 및 주기 등)

119 기본측량성과 검증기관의 인력 및 장비 보유기준으로 옳은 것은?

㉮ 토털스테이션(1급) : 2대 이상
㉯ GPS 수신기(1급) : 3대 이상
㉰ 고급기술자 : 1인 이상
㉱ 중급기술자 : 2인 이상

⊙ 시행령 제104조(권한의 위탁 등) 별표 12
측량성과 심사수탁기관의 인력 · 장비 보유기준
〈장비〉
1. GPS수신기(1급) : 3대 이상
2. 토털 스테이션(1급) : 1대 이상
3. 레벨(1급) : 1대 이상
4. 금속 관로 탐지기(탐사 깊이 3미터를 기준으로 정확도가 평면위치 ±20센티미터 이내, 깊이 ±30센티미터 이내인 것) : 1대 이상
5. 비금속 관로 탐지기(탐사 깊이 3미터를 기준으로 정확도가 평면위치 ±20센티미터 이내, 깊이 ±30센티미터 이내인 것) : 1대 이상
6. 지하영상레이더 탐사기 : 1대 이상
7. 맨홀탐지기 : 1대 이상
8. 도화기 : 1대 이상

정답　115 ㉰　116 ㉮　117 ㉰　118 ㉯　119 ㉯

9. 출력장치 : 1대 이상
10. 자동독취기(스캐너) : 1대 이상
11. 수치지도 입력 · 출력 및 GPS 데이터 처리 소프트웨어 : 1식

〈기술인력〉
1. 특급기술인 : 1명 이상
2. 고급기술인 : 3명 이상
3. 중급기술인 : 1명 이상
4. 초급기술인 : 1명 이상
5. 정보처리기사 자격 취득자 : 1명 이상
6. 고급기능사
   • 도화기능사 : 2명 이상
   • 지도제작기능사 : 1명 이상

120 측량기준점표지 중 삼각점반석의 평면크기로 옳은 것은?

㉮ 27cm × 27cm   ㉯ 29cm × 29cm

㉰ 30cm × 30cm   ㉱ 35cm × 35cm

◉ 시행규칙 제3조(측량기준점표지의 형상) 별표 1
삼각점표지(단위 : 센티미터)

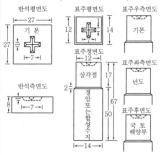

※ 1개의 표주와 반석으로 구성한다.

121 삼각점표석의 표주상면의 한 변의 길이는?

㉮ 10cm   ㉯ 12cm

㉰ 15cm   ㉱ 20cm

◉ 시행규칙 제3조(측량기준점표지의 형상) 별표 1

122 삼각점표석의 표주상면 및 반석의 한 변의 길이는 얼마인가?

㉮ 표주 : 12cm, 반석 : 27cm

㉯ 표주 : 20cm, 반석 : 30cm

㉰ 표주 : 30cm, 반석 : 15cm

㉱ 표주 : 30cm, 반석 : 30cm

◉ 시행규칙 제3조(측량기준점표지의 형상) 별표 1

123 다음 중 공공삼각점 표석의 표주 상단에 표시되어 있는 기호는?

㉮ 원(○)   ㉯ 십자(+)

㉰ 삼각점(△)   ㉱ 점(•)

◉ 시행규칙 제3조(측량기준점표지의 형상) 별표 1

정답 120 ㉮ 121 ㉯ 122 ㉮ 123 ㉯

124 그림과 같은 평면도의 받침판 표지를 갖고 있는 국가기준점은?

㉮ 위성기준점
㉯ 통합기준점
㉰ 삼각점
㉱ 수준점

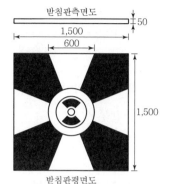

반침판측면도

50

1,500

600

1,500

반침판평면도

○ 시행규칙 제3조(측량기준점표지의 형상) 별표 1

125 기본측량성과의 검증을 위해 검증을 의뢰받은 기본측량성과 검증 기관은 며칠 이내에 검증결과를 국토지리정보원장에게 제출하여 야 하는가?

㉮ 10일　　　　　　㉯ 20일
㉰ 30일　　　　　　㉱ 60일

○ 시행규칙 제11조(기본측량성과의 검증)

126 국토지리정보원장이 간행하는 지도나 그 밖에 필요한 간행물의 종류가 아닌 것은?

㉮ 축척 1/600, 1/1,500, 1/20,000, 1/200,000 및 1/2,000,000 의 지도
㉯ 국가인터넷지도, 점자지도, 대한민국전도, 대한민국주변도 및 세계지도
㉰ 철도, 도로, 하천, 해안선, 건물, 수치표고모형, 실내공간정보, 정사영상 등에 관한 기본 공간정보
㉱ 국가격자좌표정보 및 국가관심지점정보

○ 시행규칙 제13조(지도 등 간행물의 종류)
법 제15조제1항에 따라 국토지리원 장이 간행하는 지도나 그 밖에 필요한 간행물의 종류는 다음과 같다.
1. 축척 1/500, 1/1,000, 1/2,500, 1/5,000, 1/10,000, 1/25,000, 1/50,000, 1/100,000, 1/250,000, 1/500,000 및 1/1,000,000의 지도
2. 철도, 도로, 하천, 해안선, 건물, 수 치표고모형, 공간정보 입체모형(3 차원 공간정보), 실내공간정보, 정 사영상 등에 관한 기본 공간정보
3. 연속수치지형도 및 축척 1/25,000 영문판 수치 지형도
4. 국가인터넷지도, 점자지도, 대한민국 전도, 대한민국주변도 및 세계지도
5. 국가격자좌표정보 및 국가관심지 점정보

127 국토지리정보원장이 간행하는 지도의 축척이 아닌 것은?

㉮ 1 : 25,000　　　　㉯ 1 : 2,500
㉰ 1 : 1,500　　　　㉱ 1 : 1,000

○ 시행규칙 제13조(지도등 간행물의 종류)

128 다음 중 국토지리정보원장이 간행하는 지도의 축척이 아닌 것은?

⑦ 1 : 1,000
㉯ 1 : 3,000
㉰ 1 : 5,000
㉴ 1 : 10,000

> 시행규칙 제13조(지도등 간행물의 종류)

129 국토지리정보원장이 간행하는 지도의 축척이 아닌 것은?

⑦ 1 : 100,000
㉯ 1 : 50,000
㉰ 1 : 20,000
㉴ 1 : 10,000

> 시행규칙 제13조(지도등 간행물의 종류)

130 지도나 그 밖에 필요한 간행물(이하 "지도 등"이라 표현)의 간행 심사에 대한 설명으로 옳지 않은 것은?

⑦ 기본측량 성과 등을 활용하여 지도 등을 간행하여 판매하거나 배포하려는 자는 국토교통부장관의 심사를 받아야 한다.

㉯ 지도 등을 간행하려는 자는 사용한 기본측량 성과 또는 측량기록을 지도 등에 명시하여야 한다.

㉰ 측량성과 심사수탁기관이 지도 등의 심사를 할 때에는 도로, 철도 등 주요 지형·지물의 표시 등이 적정한지 여부를 심사한다.

㉴ 심사를 받고 간행한 지도 등을 수정하여 간행할 경우에는 수정 간행한 지도의 사본 제출 등의 절차를 생략할 수 있다.

> 시행규칙 제17조(지도 등의 간행심사) 심사를 받고 지도 등을 간행한 자는 그 지도 등을 수정하여 간행한 경우에는 수정 간행한 지도 등의 사본을 측량성과 심사수탁기관에 제출하여야 한다.
>
> 법률 제15조(기본측량성과 등을 사용한 지도 등의 간행)

131 공공측량 시행자는 공공측량을 하기 며칠 전에 공공측량 작업계획서를 제출하여야 하는가?

⑦ 3일
㉯ 7일
㉰ 15일
㉴ 30일

> 시행규칙 제21조(공공측량 작업계획서의 제출) 공공측량 시행자는 공공측량을 하기 3일 전에 국토지리정보원장이 정한 기준에 따라 공공측량 작업계획서를 작성하여 국토지리정보원장에게 제출하여야 한다. 공공측량 작업계획서를 변경한 경우에도 또한 같다.

132 공공측량 시행자가 공공측량을 실시하고자 하는 경우에는 작업계획서를 작성하여야 하는데 이때 이 작업계획서에 반드시 포함되어야 할 사항이 아닌 것은?

⑦ 사업명
㉯ 목적 및 활용범위
㉰ 작업방법
㉴ 사용할 측량기기의 성능검사내용에 관한 사항

> 시행규칙 제21조(공공측량 작업계획서의 제출) 공공측량의 작업계획서에 포함되어야 할 사항은 사업명, 목적 및 활용범위, 위치 및 사업량, 작업기간, 작업방법, 사용할 측량기기의 종류 및 성능, 사용할 측량성과의 명칭·종류 및 내용 등이다.

실전문제 TIP

133 공공측량 작업계획서에 포함되어야 할 사항이 아닌 것은?

㉮ 사용할 측량기기의 종류 및 성능

㉯ 공공측량의 작업방법

㉰ 공공측량의 사업명

㉱ 공공측량의 성과심사 수탁기관

○ 시행규칙 제21조(공공측량 작업계획서의 제출)
공공측량 작업계획서에 포함되어야 할 사항은 다음과 같다.
1. 공공측량의 사업명
2. 공공측량의 목적 및 활용범위
3. 공공측량의 위치 및 사업량
4. 공공측량의 작업기간
5. 공공측량의 작업방법
6. 사용할 측량기기의 종류 및 성능
7. 사용할 측량성과의 명칭, 종류 및 내용
8. 그 밖에 작업에 필요한 사항

134 공공측량성과 심사수탁기관은 성과심사의 신청접수일로부터 통상적으로 며칠 이내에 심사결과를 통지해야 하는가?

㉮ 10일　　㉯ 20일

㉰ 30일　　㉱ 60일

○ 시행규칙 제22조(공공측량성과의 심사)
측량성과 심사수탁기관은 성과심사의 신청을 받은 때에는 접수일부터 20일 이내에 심사를 하고 공공측량성과 심사결과서를 작성하여 국토지리정보원장 및 심사신청인에 통지하여야 한다.

135 측량성과 심사수탁기관은 공공측량성과 심사의 신청을 받은 때에는 접수일로부터 20일 이내에 심사를 하여야 한다. 다만, 특정한 경우에 통지기간을 10일의 범위에서 연장할 수 있는데, 이 경우에 해당되지 않는 것은?

㉮ 노선길이 600킬로미터 이상일 때

㉯ 지하시설물도 및 수심측량의 심사량이 200킬로미터 이상일 때

㉰ 성과심사 대상지역의 기상악화 및 천재지변 등으로 심사가 곤란할 때

㉱ 지상현황측량, 수치지도 및 수치표고자료 등의 성과심사량이 면적 5제곱킬로미터 이상일 때

○ 시행규칙 제22조(공공측량성과의 심사)
측량성과 심사수탁기관은 성과심사나 신청을 받은 때에는 접수일로부터 20일 이내에 심사를 하고 공공 측량성과 심사결과서를 작성하여 국토지리정보원장 및 심사신청인에 통지하여야 한다. 다만, 다음의 경우 심사 결과의 통지기간을 10일의 범위에서 연장할 수 있다.
1. 성과심사 대상지역의 기상악화 및 천재지변 등으로 심사가 곤란할 때
2. 지상현황측량, 수치지도 및 수치표고자료 등의 성과 심사량이 면적 10제곱킬로미터 이상 또는 노선 길이 600킬로미터 이상일 때
3. 지하시설물도 및 수심측량의 심사량이 200킬로미터 이상일 때

136 공공측량성과 심사 시 측량성과 심사수탁기관이 심사결과의 통지기간을 10일의 범위에서 연장할 수 있는 경우로 옳지 않은 것은?

㉮ 지상현황측량, 수치지도 및 수치표고자료 등의 성과심사량이 면적 10제곱킬로미터 이상일 때

㉯ 성과심사 대상지역의 기상악화 및 천재지변 등으로 심사가 곤란할 때

㉰ 성과심사 대상지역의 측량성과가 오차가 많을 때

㉱ 지하시설물도 및 수심측량의 심사량이 200킬로미터 이상일 때

시행규칙 제22조(공공측량성과의 심사)
측량성과 심사수탁기관은 성과심사나 신청을 받은 때에는 접수일로부터 20일 이내에 심사를 하고 서식의 공공측량성과 심사결과서를 작성하여 국토지리정보원장 및 심사신청인에 통지하여야 한다. 다만, 다음의 경우 심사결과의 통지기간을 10일의 범위에서 연장할 수 있다.
1. 성과심사 대상지역의 기상악화 및 천재지변 등으로 심사가 곤란할 때
2. 지상현황측량, 수치지도 및 수치표고자료 등의 성과심사량이 면적 10제곱킬로미터 이상 또는 노선길이 600킬로미터 이상일 때
3. 지하시설물도 및 수심측량의 심사량이 200킬로미터 이상일 때

137 측량성과 심사수탁기관이 심사결과의 통지기간을 연장할 수 있는 경우에 대한 설명으로 옳지 않은 것은?

㉮ 성과심사 대상지역의 기상악화 및 천재지변 등으로 심사가 곤란할 때

㉯ 지상현황측량, 수치지도 및 수치표고자료 등의 성과심사량이 면적 10제곱킬로미터 이상일 경우

㉰ 수치지도 및 수치표고자료의 성과심사량이 노선 길이 100킬로미터 이상일 때

㉱ 지하시설물도 및 수심측량의 심사량이 200킬로미터 이상일 때

시행규칙 제22조(공공측량성과의 심사)

138 공공측량의 성과심사에 필요한 세부기준은 누가 정하여 고시하는가?

㉮ 국토교통부장관　　㉯ 시·도지사
㉰ 국토지리정보원장　㉱ 공간정보산업협회장

시행규칙 제22조(공공측량성과의 심사)
공공측량의 성과심사에 필요한 세부기준은 국토지리정보원장이 정하여 고시한다.

139 공공측량성과를 사용하여 지도 등을 간행하여 판매하려는 공공측량시행자는 해당 지도 등의 필요한 사항을 발매일 며칠 전까지 누구에게 통보하여야 하는가?

㉮ 7일 전, 국토관리청장
㉯ 7일 전, 국토지리정보원장
㉰ 15일 전, 국토관리청장
㉱ 15일 전, 국토지리정보원장

시행규칙 제24조(공공측량성과 등의 간행)
공공측량성과를 사용하여 지도등을 간행하여 판매하려는 공공측량시행자는 해당 지도 등의 크기 및 매수, 판매가격 산정서류를 첨부하여 해당 지도 등의 발매일 15일 전까지 국토지리정보원장에게 통보하여야 한다.

정답 136 ㉰ 137 ㉰ 138 ㉰ 139 ㉱

140 측량기기의 검사에 관한 사항으로 틀린 것은?

㉮ 성능검사의 방법, 절차 기타 성능검사에 관하여 필요한 세부사항은 국토교통부령으로 정한다.

㉯ 성능검사는 외관검사, 구조 · 기능검사 및 측정검사로 구분하여 행한다.

㉰ 성능검사를 받지 아니한 측량기기를 사용하여 측량을 하여서는 아니 된다.

㉱ 성능검사의 신청을 하고자 하는 자는 성능검사를 받아야 하는 당해 측량기기를 제시하여야 한다.

○ 시행규칙 제101조(성능검사의 방법 등)
성능검사의 방법, 절차 그 밖에 성능검사에 필요한 세부사항은 국토지리정보원장이 정하여 고시한다.

141 다음 중 측량기기 성능검사 방법의 구분으로 잘못된 것은?

㉮ 분해검사   ㉯ 외관검사

㉰ 구조 · 기능검사   ㉱ 측정검사

○ 시행규칙 제101조(성능검사의 방법 등)

142 측량기기의 성능검사에 필요한 방법 및 절차 기타 성능검사에 필요한 세부사항을 정하는 사람은?

㉮ 국토개발원장   ㉯ 국토지리정보원장

㉰ 국토교통부장관   ㉱ 도시계획국장

○ 시행규칙 제101조(성능검사의 방법 등)

143 측량기기의 성능검사는 외관검사, 구조 · 기능 검사 및 측정검사로 구분된다. 토털스테이션의 구조 · 기능검사 항목이 아닌 것은?

㉮ 연직축 및 수평축의 회전상태

㉯ 수평각 및 연직각의 정확도

㉰ 기포관의 부착 상태 및 기포의 정상적인 움직임

㉱ 광학구심장치 점검

○ 시행규칙 제101조(성능검사의 방법 등) 별표 8
트랜싯(데오드라이트) 구조 · 기능검사 항목은 연직축 및 수평축의 회전상태, 기포관의 부착 상태 및 기포의 정상적인 움직임, 광학구심장치 점검, 최소눈금이며, 측정검사 항목은 수평각의 정확도, 연직각의 정확도이다.

144 다음 중 GPS수신기의 구조 · 기능검사 항목인 것은?

㉮ 연직축의 회전상태

㉯ 위상차 점검

㉰ 광학구심장치 점검

㉱ 수신기 및 안테나, 케이블 이상 유무

○ 시행규칙 제101조(성능검사의 방법 등) 별표 8
GPS 수신기의 구조 · 기능검사 항목은 수신기 및 안테나, 케이블 이상 유무이며, 측정검사항목은 기선측정비교, 1 · 2주파 확인이다.

정답   140 ㉮   141 ㉮   142 ㉯   143 ㉯   144 ㉱

실전문제

145 다음 중 트랜싯(데오드라이트)의 구조·기능검사 항목이 아닌 것은?

㉮ 연직축 및 수평축의 회전상태

㉯ 수평각 및 연직각의 정확도

㉰ 기포관의 부착 상태 및 기포의 정상적인 움직임

㉱ 최소눈금

> 시행규칙 제101조(성능검사의 방법 등) 별표 8
> 트랜싯(데오드라이트) 구조·기능검사 항목은 연직축 및 수평축의 회전상태, 기포관의 부착 상태 및 기포의 정상적인 움직임, 광학구심장치 점검, 최소눈금이며, 측정검사 항목은 수평각의 정확도, 연직각의 정확도이다.

146 지도도식규칙의 제정 목적이 아닌 것은?

㉮ 지형·지물 및 지명 등을 나타내는 기호나 문자 등의 표시방법의 통일

㉯ 지도의 축척을 결정

㉰ 지도의 정확하고 쉬운 판독에 기여

㉱ 지도의 도식에 관한 기준을 정함

> 지도도식규칙 제1조(목적)
> 측량성과를 이용하여 간행하는 지도의 도식에 관한 기준을 정하여 지형·지물 및 지명 등을 나타내는 기호나 문자 등의 표시방법의 통일을 기함으로써 지도의 정확하고 쉬운 판독에 이바지함을 목적으로 한다.

147 지도도식규칙에 대한 설명으로 옳지 않은 것은?

㉮ 측량성과를 이용하여 간행하는 지도의 도식에 관한 기준을 정한 것이다.

㉯ 기본측량 및 공공측량의 성과로서 지도를 간행하는 경우에 적용한다.

㉰ 기본측량 및 공공측량 성과를 간접으로 이용하는 지도간행물에는 적용하지 않는다.

㉱ 군사용의 지도와 그 간행물에 대하여는 적용하지 않을 수 있다.

> 지도도식규칙 제2조(적용범위)
> 기본측량 및 공공측량의 성과를 직접 또는 간접으로 이용하여 지도에 관한 간행물을 발간하는 경우에 적용한다.

148 지도도식규칙을 적용하지 않아도 되는 경우는?

㉮ 군사용의 지도와 그 간행물

㉯ 기본측량 및 공공측량의 성과로서 지도를 간행하는 경우

㉰ 기본측량의 성과를 이용하여 지도에 관한 간행물을 발간하는 경우

㉱ 공공측량의 성과를 이용하여 지도에 관한 간행물을 발간하는 경우

> 지도도식규칙 제2조(적용범위)
> 이 규칙은 다음 각 호의 1에 해당하는 경우에 이를 적용한다. 다만, 군사용의 지도와 그 간행물에 대하여는 적용하지 아니할 수 있다.
> 1. 기본측량 및 공공측량의 성과로서 지도를 간행하는 경우
> 2. 기본측량 및 공공측량의 성과를 직접 또는 간접으로 이용하여 지도에 관한 간행물을 발간하는 경우

정답 145 ㉯ 146 ㉯ 147 ㉰ 148 ㉮

149 다음 사항 중 지도도식규칙에 정의한 용어 및 적용범위에 대한 설명으로 옳은 것은?

㉮ 지도라 함은 지구상의 특정 지형 및 지세를 총람하기 편리하게 지모 및 지물을 일정한 기호와 축척으로 표시한 도면이다.

㉯ 도식이라 함은 지도에 표기하는 지형·지물 및 지명 등을 나타내는 상징적인 기호나 문자 등의 크기, 모양, 색상 및 그 배열방식 등을 말한다.

㉰ 일반측량의 성과로서 지도를 간행하는 경우에도 적용된다.

㉱ 군사용의 지도와 그 간행물에 대하여도 반드시 적용하여야 한다.

150 지도도식규칙에서 사용하는 용어 중 도곽의 정의로 옳은 것은?

㉮ 지도의 내용을 둘러싸고 있는 2중의 구획선을 말한다.

㉯ 각종 지형공간정보를 일정한 축척에 의하여 기호나 문자로 표시한 도면을 말한다.

㉰ 지물의 실제현상 또는 상징물을 표현하는 선 또는 기호를 말한다.

㉱ 지도에 표기하는 지형·지물 및 지명 등을 나타내는 상징적인 기호나 문자 등의 크기, 색상 및 배열방식을 말한다.

151 지도도식규칙에 따라 지도의 외도곽 바깥쪽에 표시되는 것이 아닌 것은?

㉮ 편집연도　　㉯ 도엽번호
㉰ 행정구역경계　　㉱ 인쇄연도 및 축척

152 국가공간정보체계의 효율적인 구축과 종합적 활용 및 관리에 관한 사항을 규정함으로써 국토 및 자원을 합리적으로 이용하여 국민경제의 발전에 이바지함을 목적으로 하는 것은?

㉮ 국토기본법
㉯ 공간정보산업진흥법
㉰ 국가공간정보 기본법
㉱ 국토의 계획 및 이용에 관한 법률

㉮ : 지도도식규칙 제3조(정의) 지도라 함은 지표면, 지하, 수중 및 공간의 위치와 지형·지물·지명 및 행정구역경계 등의 각종 지형공간정보를 일정한 축척에 의하여 기호나 문자 등으로 표시한 도면을 말한다.

㉯ : 지도도식규칙 제2조(적용범위) 기본측량 및 공공측량의 성과로서 지도를 간행하는 경우 적용된다.

㉰ : 지도도식규칙 제2조(적용범위) 군사용의 지도와 그 간행물에 대하여는 적용하지 아니할 수 있다.

지도도식규칙 제3조(정의) 지도도식규칙에서 사용하는 용어의 정의는 다음과 같다.
1. "지도"라 함은 지표면·지하·수중 및 공간의 위치와 지형·지물·지명 및 행정구역경계 등의 각종 지형공간정보를 일정한 축척에 의하여 기호나 문자 등으로 표시한 도면을 말한다.
2. "도식"이라 함은 지도에 표기하는 지형·지물 및 지명 등을 나타내는 상징적인 기호나 문자 등의 크기·모양·색상 및 그 배열방식 등을 말한다.
3. "도곽"이라 함은 지도의 내용을 둘러싸고 있는 2중의 구획선을 말한다.

지도도식규칙 제8조(지도의 표시방법) 지도의 내도곽 안쪽에는 지형·지물·지명 및 행정구역경계 등과 그에 관한 주기를 표시하고, 외도곽 바깥쪽에는 도엽명·도엽번호·인접지역 색인·행정구역 색인·범례·발행자·편집연도·수정연도·인쇄연도 및 축척 등을 표시한다.

국가공간정보기본법 제1조(목적)

153 국가공간정보 기본법에 따라 "지상·지하·수상·수중 등 공간상에 존재하는 자연적 또는 인공적인 객체에 대한 위치정보와 이와 관련된 공간적 인지 및 의사결정에 필요한 정보"로 정의되는 것은?

㉮ 지리정보 ㉯ 속성정보
㉰ 공간정보 ㉱ 지형정보

> 국가공간정보 기본법 제2조(정의)
> 공간정보란 지상·지하·수상·수중 등 공간상에 존재하는 자연적 또는 인공적인 객체에 대한 위치정보 및 이와 관련된 공간적 인지 및 의사결정에 필요한 정보를 말한다.

154 국가공간정보 기본법에 의한 정의로 옳지 않은 것은?

㉮ 공간정보체계란 공간정보를 효율적으로 관리 및 활용하기 위하여 자연적 또는 인공적 객체에 부여하는 공간정보의 유일식별번호를 말한다.

㉯ 공간정보란 지상·지하·수상·수중 등 공간상에 존재하는 자연적 또는 인공적인 객체에 대한 위치정보 및 이와 관련된 공간적 인지 및 의사결정에 필요한 정보를 말한다.

㉰ 공간정보데이터베이스란 공간정보를 체계적으로 정리하여 사용자가 검색하고 활용할 수 있도록 가공한 정보의 집합체를 말한다.

㉱ 국가공간정보체계란 관리기관이 구축 및 관리하는 공간정보체계를 말한다.

> 국가공간정보 기본법 제2조(정의)
> 공간정보체계란 공간정보를 효과적으로 수집·저장·가공·분석·표현할 수 있도록 서로 유기적으로 연계된 컴퓨터의 하드웨어, 소프트웨어, 데이터베이스 및 인적 자원의 결합체를 말한다.

155 국가공간정보 기본법에서 다음과 같이 정의된 용어는?

> 공간정보를 효과적으로 수집·저장·가공·분석·표현할 수 있도록 서로 유기적으로 연계된 컴퓨터의 하드웨어, 소프트웨어, 데이터베이스 및 인적 자원의 결합체를 말한다.

㉮ 공간정보데이터베이스
㉯ 공간정보체계
㉰ 국가공간정보통합체계
㉱ 공간객체

> 국가공간정보 기본법 제2조(정의)
> 1. "공간정보"란 지상·지하·수상·수중 등 공간상에 존재하는 자연적 또는 인공적인 객체에 대한 위치정보 및 이와 관련된 공간적 인지 및 의사결정에 필요한 정보를 말한다.
> 2. "공간정보데이터베이스"란 공간정보를 체계적으로 정리하여 사용자가 검색하고 활용할 수 있도록 가공한 정보의 집합체를 말한다.
> 3. "공간정보체계"란 공간정보를 효과적으로 수집·저장·가공·분석·표현할 수 있도록 서로 유기적으로 연계된 컴퓨터의 하드웨어, 소프트웨어, 데이터베이스 및 인적 자원의 결합체를 말한다.
> 4. "관리기관"이란 공간정보를 생산하거나 관리하는 중앙행정기관, 지방자치단체, 「공공기관의 운영에 관한 법률」 제4조에 따른 공공기관(이하 "공공기관"이라 한다), 그 밖에 대통령령으로 정하는 민간기관을 말한다.

실전문제 TIP

5. "국가공간정보체계"란 관리기관이 구축 및 관리하는 공간정보체계를 말한다.

6. "국가공간정보통합체계"란 제19조 제3항의 기본공간정보데이터베이스를 기반으로 국가공간정보체계를 통합 또는 연계하여 국토교통부장관이 구축·운용하는 공간정보체계를 말한다.

7. "공간객체등록번호"란 공간정보를 효율적으로 관리 및 활용하기 위하여 자연적 또는 인공적 객체에 부여하는 공간정보의 유일식별번호를 말한다.

156 아래와 같이 정의되는 용어로 옳은 것은?

공간정보를 체계적으로 정리하여 사용자가 검색하고 활용할 수 있도록 가공한 정보의 집합체를 말한다.

㉮ 공간정보체계
㉯ 공간객체등록
㉰ 공간정보데이터베이스
㉱ 국가공간정보통합체계

▶ 국가공간정보 기본법 제2조(정의)
공간정보데이터베이스란 공간정보를 체계적으로 정리하여 사용자가 검색하고 활용할 수 있도록 가공한 정보의 집합체를 말한다.

157 국가공간정보 기본법에 따라 "공간정보를 효율적으로 관리 및 활용하기 위하여 자연적 또는 인공적 객체에 부여하는 공간정보의 유일식별번호"로 정의되는 것은?

㉮ 유일정보번호
㉯ 객체고유등록번호
㉰ 공간객체등록번호
㉱ 객체관리번호

▶ 국가공간정보 기본법 제2조(정의)
공간객체등록번호란 공간정보를 효율적으로 관리 및 활용하기 위하여 자연적 또는 인공적 객체에 부여하는 공간정보의 유일식별번호를 말한다.

158 국가공간정보 기본법에 대하여 ( ) 안에 공통적으로 들어갈 용어로 알맞은 것은?

• 관리기관의 장은 해당 기관이 관리하고 있는 ( )가/이 최신 정보를 기반으로 유지될 수 있도록 노력하여야 한다.
• 관리기관의 장은 해당 기관이 생산 또는 관리하는 공간정보가 다른 기관이 생산 또는 관리하는 공간정보와 호환이 가능하도록 공간정보와 관련한 표준 또는 기술 기준에 따라 ( )를/을 구축·관리하여야 한다.

㉮ 공간정보데이터베이스
㉯ 위성측위시스템
㉰ 국가공간정보센터
㉱ 한국국토정보공사

▶ 국가공간정보 기본법 제2조(정의)
공간정보데이터베이스란 공간정보를 체계적으로 정리하여 사용자가 검색하고 활용할 수 있도록 가공한 정보의 집합체를 말한다.

정답 156 ㉰ 157 ㉰ 158 ㉮

실전문제

159 국가공간정보 기본법에서 사용하는 용어 중 공간정보데이터베이스의 정의로 옳은 것은?

㉮ 공간정보를 효과적으로 수집·저장·가공·분석·표현할 수 있도록 서로 유기적으로 연계된 컴퓨터의 하드웨어, 소프트웨어 및 인적자원의 결합체를 말한다.

㉯ 공간정보를 효율적으로 관리 및 활용하기 위하여 자연적 또는 인공적 객체에 부여하는 공간정보의 식별체계를 말한다.

㉰ 공간정보를 체계적으로 정리하여 사용자가 검색하고 활용할 수 있도록 가공한 정보의 집합체를 말한다.

㉱ 지상·지하·수상·수중 등 공간상에 존재하는 자연적 또는 인공적인 객체에 대한 위치정보 및 이와 관련된 공간적 인지 및 의사결정에 필요한 정보를 말한다.

◉ 국가공간정보 기본법 제2조(정의)

㉮ 공간정보체계 : 공간정보를 효과적으로 수집·저장·가공·분석·표현할 수 있도록 서로 유기적으로 연계된 컴퓨터의 하드웨어, 소프트웨어, 데이터베이스 및 인적자원의 결합체를 말한다.

㉯ 공간객체등록번호 : 공간정보를 효율적으로 관리 및 활용하기 위하여 자연적 또는 인공적 객체에 부여하는 공간정보의 유일식별번호를 말한다.

㉰ 공간정보 : 지상·지하·수상·수중 등 공간상에 존재하는 자연적 또는 인공적인 객체에 대한 위치정보 및 이와 관련된 공간적 인지 및 의사결정에 필요한 정보를 말한다.

02

사진측량 및 원격탐측

제1장 총론
제2장 사진의 기하학적 이론 및 해석
제3장 사진측량의 공정
제4장 수치사진측량
제5장 사진판독 및 응용
제6장 원격탐측

CHAPTER 01 총론

···01 개요

사진측량(Photogrammetry)은 사진영상을 이용하여 피사체에 대한 정량적 · 정성적 해석을 하는 학문이다.

(1) **정량적 해석** : 피사체에 대한 위치와 크기, 형상해석
(2) **정성적 해석** : 환경 및 자원문제를 조사, 분석, 처리하는 특성해석 및 현상변화(변화탐지)

···02 사진측량의 역사

종류 \ 구분	세대	연대	특징
사진측량	제1세대	1850~1900년	개척기
	제2세대	1900~1950년	기계적 사진측량(수동)
	제3세대	1950년~현재	해석적 사진측량(반자동)
	제4세대	1970년~현재	디지털 사진측량(자동)

···03 사진측량의 장 · 단점

(1) 장점

① 정량적 · 정성적인 측량이 가능하다.
② 동적인 측량이 가능하다.
③ 측량의 정확도가 균일하다.
④ 접근하기 어려운 대상물의 측량이 가능하다.
⑤ 분업화에 의한 작업능률성이 높다.
⑥ 축척 변경이 용이하다.
⑦ 시간(T)을 포함한 4차원(X, Y, Z, T) 측량이 가능하다.
⑧ 경제적이다(대규모).
※ 동일 면적에서 현황측량 대비 80% 이상 경비 절감 가능

> Reference 참고

➤ 사진측량의 정확도

$X,\ Y = (10 \sim 30\mu) \times$ 축척분모수$(m) = \left(\dfrac{10}{1,000} \sim \dfrac{30}{1,000}\right)\text{mm} \times m$

$H =$ 촬영고도(H)의 $0.1 \sim 0.2\text{‰} = \left(\dfrac{1}{10,000} \sim \dfrac{2}{10,000}\right) \times H$

(2) 단점

① 시설비용이 많이 든다.
② 피사체 식별이 난해한 경우도 있다.
③ 기상조건 및 태양고도 등의 영향을 받는다.

···04 사진측량의 분류

(1) 촬영 방향에 의한 분류

① **수직사진**(Vertical Photography)
　광축이 연직선과 거의 일치하도록 상공에서 촬영한 경사각 3° 이내의 사진
② **경사사진**(Oblique Photography)
　광축이 연직선 또는 수평선에 경사지도록 촬영한 경사각 3° 이상의 사진
　• 저각도 경사사진 : 지평선이 찍히지 않는 사진
　• 고각도 경사사진 : 지평선이 나타나는 사진
③ **수평사진**(Horizontal Photography)
　광축이 수평선에 거의 일치하도록 지상에서 촬영한 사진

> Reference 참고

항공사진측량에 의한 지형도 제작시에는 거의수직사진에 의한 촬영이다.

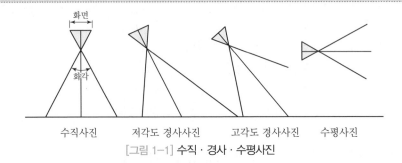

[그림 1-1] 수직 · 경사 · 수평사진

(2) 측량방법에 의한 분류

① **항공사진측량**(Aerial Photogrammetry) : 지형도 작성 및 판독에 주로 이용

② **지상사진측량**(Terrestrial Photogrammetry) : 건조물 및 시설물의 형태와 변위 관측, 건물의 정면도, 입면도 제작에 주로 이용

③ **수중사진 촬영**(Underwater Photogrammetry) : 플랑크톤양, 수질조사, 해저 기복상황, 수중식물의 활력도에 주로 이용

④ **원격탐측**(Remote Sensing) : 환경 및 자원문제에 주로 이용

⑤ **비지형 사진측량**(Non-topography Photogrammetry) : X선, 모아레사진, 홀로그래픽 등을 이용한 의학, 고고학, 문화재 조사에 주로 이용

(3) 화각에 따른 분류

종 류	화각(렌즈각)	사용 목적	비 고
초광각사진	약 120°	소축척 도화용	완전평지에 이용
광각사진	약 90°	일반지형도 제작, 판독용	경제적
보통각사진	약 60°	산림 조사용	산악지대, 도심지 촬영, 정면도 제작
협각사진	약 60° 이하	특수한 대축척용, 판독용	특수한 정면도 제작

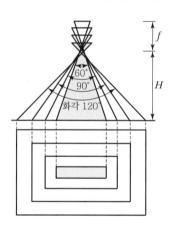

[그림 1-2] 화각의 종류

(4) 필름에 의한 분류

① **팬크로**(Panchro)**사진** : 가장 일반적으로 사용되는 흑백사진(지형도 제작용)

② **적외선**(Infrared)**사진** : 지질, 토양, 수자원, 산림조사 판독에 사용

③ **팬인플러**(Paninfra)**사진** : 팬크로사진과 적외선사진의 조합

④ **천연색**(Color)**사진** : 판독용

⑤ 위색(False Color)사진 : 식물의 잎은 적색, 그 외는 청색으로 제작하여 생물 및 식물의 연구 조사에 널리 이용

(5) 도화축척에 의한 분류

① 대축척 도화사진 : 축척은 1/500~1/3,000, 촬영고도 800m 이내의 저공 촬영
② 중축척 도화사진 : 축척은 1/5,000~1/25,000, 촬영고도 800~3,000m에서 촬영
③ 소축척 도화사진 : 축척은 1/50,000~1/100,000, 촬영고도 3,000m 이상에서 촬영

[그림 1-3] 항공사진측량을 위한 비행기와 항공사진

···05 사진측량의 활용

사진측량은 사진의 영상을 이용하여 피사체에 대한 정량적·정성적 해석을 하는 학문으로서 지형도 제작뿐만 아니라 토지, 자원, 환경 및 사회기반시설 등 다양한 분야에 활용된다.

(1) 토지

① 국토기본도 및 지형도 제작
② 토지이용도 및 도시계획도 작성
③ 지적도 재정비
④ 해안선 및 해저수심 조사

(2) 자원

① **지하자원** : 지질조사 및 광물자원 조사
② **농업자원** : 농작물의 종별 분포 및 수확량 조사
③ **산림자원** : 산림의 식종, 치산 등 산림자원 조사
④ **수산자원** : 관개배수, 어군의 이동상황 및 분포 등 조사

(3) 환경

　① **오염조사** : 대기, 수질, 해양 등
　② **토양조사** : 식물의 활력 조사, 토양의 함수비 및 효용도 조사
　③ **해양환경조사** : 수온, 조류, 파속 등
　④ **기상조사** : 태풍, 구름, 풍향 및 천기 예보
　⑤ **경관분석**
　⑥ **방재대책·피해조사** : 홍수피해, 병충해, 적설량, 해수침입, 삼림화재, 연약지반 조사 등
　⑦ **도시조사** : 도시온도, 도시발달과 분포상태, 인구분포, 건축물 단속, 적정재산세 과세 등

(4) 사회기반시설(토목·건축의 시설물) 분야

　① 토목·건축시설물의 변위 관측
　② 도로시설물 관리
　③ 건설공사 공정사진 촬영 및 준공도면 제작

(5) 기타

　① 고고학, 문화재 보존과 복원
　② 의상, 의학 및 인체공학
　③ 교통조사 : 교통량, 주행방향, 교통사고, 도로상태 조사
　④ 산업생산품 설계 및 제품 조사
　⑤ 군사(이동, 분포, 작전 등)적 이용
　⑥ 사회문제 연구 : 사건사고 조사 등
　⑦ 우주개발

CHAPTER
01
실전문제

01 사진측량의 특성 중 옳은 것은?

㉮ 실내작업이 많고, 고가의 장비가 소요되기 때문에 비경제적이다.

㉯ 기선이 없으므로 정확도가 높은 도화기가 있으면 작도할 수 있다.

㉲ 대체로 정확도가 균일하며 사진축척 분모가 클수록 경제적이다.

㉴ 지상기준점이 없어도 정확도가 높은 도화기가 있으면 작도할 수 있다.

> 사진측량은 대체로 정확도가 균일하며 사진축척 분모가 클수록 소축척이므로 경제적이다.

02 초점거리 150mm, 비행고도 4,500m인 항공사진에서 사진측정의 평면오차 한계는?

㉮ 0.5~1.0m   ㉯ 0.3~0.9m

㉲ 0.7~1m   ㉴ 0.8~2.4m

> $\dfrac{1}{M} = \dfrac{0.15}{4,500} = \dfrac{1}{30,000}$
>
> ∴ 평면오차 한계(x, y)
> $= (10\mu \sim 30\mu) \times m$
> $= \left(\dfrac{10}{1,000} \sim \dfrac{30}{1,000} \right) \text{mm} \times m$
> $= \left(\dfrac{10}{1,000} \sim \dfrac{30}{1,000} \right) \text{mm} \times 30,000$
> $= 300 \sim 900 \text{mm}$
> $= 0.3 \sim 0.9 \text{m}$

03 다음 항공사진에 대한 설명 중 잘못된 것은?

㉮ 연직사진이 아니면 도화할 수 없다.

㉯ 산악지 같은 지형의 상은 변형되어 찍힌다.

㉲ 촬영각도가 기울어지면 같은 사진 내에서도 축척이 일정하지 않다.

㉴ 주점, 연직점, 등각점의 특수 3점이 있다.

> 항공사진측량에 의한 지형도제작시 엄밀수직사진은 실제 어려우므로 거의 3° 이내의 수직사진이 이용된다.

04 다음은 항공사진에 대한 설명이다. 틀린 것은 어느 것인가?

㉮ 고각도 경사사진이란 화면에 지평선이 찍혀져 있는 사진을 말한다.

㉯ 항공사진을 촬영방법에 의해 분류하면 수직사진, 경사사진으로 구분되는 데 그 경계는 약 3°이다.

㉲ 천연색사진은 항공사진측정 중 가장 많이 사용되는 것으로서 지도작성뿐만 아니라 지질, 토양, 수자원 및 삼림조사 등의 판독작업에 널리 이용된다.

㉴ 위색사진은 생물 및 식물의 연구나 조사 등에 특히 유용하다.

> 항공사진측량에 가장 많이 이용되는 사진은 팬크로사진(흑백사진)으로 지형도제작에 널리 이용된다.

정답 01 ㉲ 02 ㉯ 03 ㉮ 04 ㉲

실전문제 TIP

05 항공사진 화면의 경사각은 몇 도를 한계로 하는가?

㉮ 3°　　　　　　　　　　　㉯ 5°

㉰ 10°　　　　　　　　　　㉭ 20°

○ 수직사진과 경사사진의 한계는 3° 이다.

06 항공사진을 촬영고도 $H = 8,000\text{m}$의 상공에서 촬영하였을 때 고도에서의 상대오차는?

㉮ 0.7~1.4m　　　　　　　㉯ 0.8~1.6m

㉰ 0.6~1.7m　　　　　　　㉭ 0.5~1.5m

○ 높이오차(H)
$$= (0.1 \sim 0.2\text{‰}) \times H$$
$$= \left(\frac{1}{10,000} \sim \frac{2}{10,000}\right) \times H$$
$$= \left(\frac{1}{10,000} \sim \frac{2}{10,000}\right) \times 8,000$$
$$= 0.8 \sim 1.6\text{m}$$

07 초점거리 150mm, 축척 1/30,000 항공사진에서 사진측정의 고도에서의 상대오차는?

㉮ 0.35~0.70m　　　　　　㉯ 0.45~0.90m

㉰ 0.55~1.10m　　　　　　㉭ 0.65~1.30m

○ $\frac{1}{m} = \frac{f}{H} \rightarrow \frac{1}{30,000} = \frac{0.15}{H}$
$\rightarrow H = 4,500\text{m}$

∴ 높이오차(H)
$$= \left(\frac{1}{10,000} \sim \frac{2}{10,000}\right) \times H$$
$$= \left(\frac{1}{10,000} \sim \frac{2}{10,000}\right) \times 4,500$$
$$= 0.45 \sim 0.90\text{m}$$

08 지도제작에 주로 사용되는 항공사진은?

㉮ 거의수직사진(Near Vertical Photograph)

㉯ 엄밀수직사진(Absolute Vertical Photograph)

㉰ 지상사진(Terrestrial Photograph)

㉭ 저경사사진(Low Oblique Photograph)

○ 항공사진측량에 의한 지형도 제작시 엄밀수직사진은 실제 어려우므로 3° 이내의 거의수직사진이 이용된다.

09 소축척 도화용으로 많이 사용되는 카메라는?

㉮ 협각카메라　　　　　　　㉯ 보통각카메라

㉰ 광각카메라　　　　　　　㉭ 초광각카메라

○ ㉮ 협각카메라 : 특수한 대축척 도화용, 판독용
㉯ 보통각카메라 : 삼림조사용
㉰ 광각카메라 : 일반도화, 판독용
㉭ 초광각카메라 : 소축척 도화용

10 초광각사진기의 렌즈의 화각은?

㉮ 150°　　　　　　　　　　㉯ 120°

㉰ 90°　　　　　　　　　　㉭ 60°

○ 화각(렌즈각) : 초광각 120°, 광각 90°, 보통각 60°, 협각 60° 이하

11 비행고도가 일정할 때에 보통각, 광각, 초광각 등 세 가지 사진기로 사진을 찍었을 때에 사진축척이 가장 작은 것은?

㉮ 초광각사진　　　　　　　㉯ 광각사진

㉰ 보통각사진　　　　　　　㉭ 협각사진

○ 초광각사진기가 가장 포괄면적이 넓고, 초점거리가 짧으므로 축척이 가장 작다.

정답 **05** ㉮ **06** ㉯ **07** ㉯ **08** ㉮ **09** ㉭ **10** ㉯ **11** ㉮

PART 01　PART 02　PART 03　PART 04　PART 05　부록

12 항공사진 분석을 위하여 고층건물이 밀집한 도시지역을 촬영하고 자 할 때 가장 적합한 항공사진 카메라는?

㉮ 보통각카메라　　　　　㉯ 광각카메라

㉰ 초광각카메라　　　　　㉱ 인공위성카메라

> 보통각사진기는 산악지대, 도심지 촬영, 정면도제작 등에 많이 이용된다.

13 항공사진 촬영에 있어서 초광각렌즈사진기는 어느 곳에 적당한가?

㉮ 도시지역　　　　　　　㉯ 산악지역

㉰ 산림지역　　　　　　　㉱ 평야지대

> 초광각사진기는 완전평지에 이용된다.

14 다음 중 과고감이 가장 크게 나타나는 사진기는?

㉮ 초광각사진기　　　　　㉯ 광각사진기

㉰ 보통각사진기　　　　　㉱ 모두 같다.

> 초광각사진기가 기선−고도비(B/H) 가 가장 크므로 과고감이 크다.

15 초광각사진기의 이점이 아닌 것은?

㉮ 포괄면적이 넓다.

㉯ 표고측정의 정확도가 크다.

㉰ 비행고도가 낮다.

㉱ 사각 부분(Dead Area)이 생긴다.

> 초광각사진기로 촬영하면 화각이 크 므로 촬영기선길이가 길어져 사각 부 분이 생길 우려가 있다.

16 사진측정용 카메라의 렌즈와 보통각카메라의 렌즈를 비교한 것 중 잘못된 것은 어느 것인가?

㉮ 사진측정용 카메라 렌즈의 초점거리가 짧다.

㉯ 사진측정용 카메라 렌즈의 수차가 극히 적다.

㉰ 사진측정용 카메라 렌즈의 해상력과 선명도가 높다.

㉱ 사진측정용 카메라 렌즈의 화각이 크다.

> 사진측정용 카메라 렌즈의 초점거리 가 길다.

17 다음은 항공사진의 종류이다. 이 중 지질, 토양, 수자원 및 삼림조 사 등의 판독에 많이 이용되고 있는 것은?

㉮ 팬크로사진　　　　　　㉯ 적외선사진

㉰ 천연색사진　　　　　　㉱ 위색사진

> 적외선사진은 지질, 토양, 수자원, 산림조사, 판독 등에 활용된다.

정답 12 ㉮　13 ㉱　14 ㉮　15 ㉱　16 ㉮　17 ㉯

18 사진의 크기와 촬영고도가 같을 경우 초광각사진기에 의한 촬영 지역의 면적은 광각의 경우 약 몇 배가 되는가?

㉮ 0.3배　　　　　　　　㉯ 1배

㉰ 3배　　　　　　　　　㉱ 5배

> 사진의 크기(a)와 촬영고도(H)가 같을 경우 초광각 사진기에 의한 촬영면적은 광각사진기의 경우에 약 3배가 넓게 촬영된다. 또한, 광각사진기에 의한 촬영면적은 보통각 사진기에 약 2배가 넓게 촬영된다.
> $$A_초 : A_광 = (ma)^2 : (ma)^2$$
> $$= \left(\frac{H}{f_초}a\right)^2 : \left(\frac{H}{f_광}a\right)^2$$
> 여기서, 초광각카메라(f) : 약 88mm
> 광각카메라(f) : 약 150mm
> 보통각카메라(f) : 약 210mm

19 사진측량에 대한 설명으로 맞지 않는 것은?

㉮ 정량적인 관측은 물론 정성적 해석이 가능하다.

㉯ 사진을 이용하여 임의 지점의 평면위치와 높이를 동시에 측정할 수 있다.

㉰ 지상에서 촬영한 사진은 사용할 수 없다.

㉱ 작은 범위의 측량에는 비경제적이다.

> 지상사진측량은 지상에서 촬영한 사진을 이용하여 건조물, 시설물의 형태 및 변위 관측을 위한 측량방법이다.

20 사진측량은 4차원 측량이 가능한데 다음 중 4차원 측량에 해당하지 않는 것은?

㉮ 거푸집에 대하여 주기적인 촬영으로 변형량을 구한다.

㉯ 동적인 물체에 대한 시간 별 움직임을 체크한다.

㉰ 4가지의 각각 다른 구조물을 동시에 측량할 수 있다.

㉱ 용광로의 열변형을 주기적으로 측정한다.

> 4차원 측량은 시간별로 촬영이 가능하다는 의미이므로 ㉰는 관계가 멀다.

21 다음 사항 중 사진측량의 특징과 관계없는 것은?

㉮ 축척이 같은 경우 면적이 넓을수록 경제적이다.

㉯ 시설비가 적게 들고 외업이 많다.

㉰ 동체(動體) 관측이 가능하다.

㉱ 접근이 어려운 지역의 측량이 가능하다.

> 사진측량의 장단점
> • 장점
> 　－정량, 정성적 측량 가능
> 　－동적측량 가능(X, Y, Z, T)
> 　－정확도 균일
> 　－접근하기 어려운 대상물 측량 가능
> 　－분업화에 의한 작업능률성 높음
> 　－축척변경 용이
> 　－넓을수록 경제적
> • 단점
> 　－시설비용이 많이 소요됨
> 　－피사체 식별이 난해한 경우도 있음
> 　－기상 영향 받음

22 축척이 서로 다른 두 장의 광각사진(A, B)상에 지상 10m의 교량이 각각 1mm(A)와 2mm(B)로 나타났다면 이 두 사진 A, B의 축척비($A : B$)는?

㉮ 2 : 1

㉯ 4 : 1

㉰ 1 : 2

㉭ 1 : 4

$M = \dfrac{1}{m} = \dfrac{l}{L} = \dfrac{f}{H} \rightarrow$

$\dfrac{1}{m} = \dfrac{1}{10,000}$ ················· (A)

$\dfrac{1}{m} = \dfrac{2}{10,000} = \dfrac{1}{5,000}$ ···· (B)

∴ 축척비($A : B$) = 1 : 2

23 다음 중 병충해 조사 및 삼림조사, 홍수지역의 판독 등에 가장 적합한 사진은?

㉮ 팬크로 사진

㉯ 적외선 사진

㉰ 자외선 사진

㉭ 컬러 사진

적외선 사진은 지질, 토양, 수자원, 삼림조사 판독에 사용된다.

24 다음 중 사진측량의 특징과 관계가 없는 것은?

㉮ 정량적 및 정성적인 해석이 가능하다.

㉯ 4차원 측량이 가능하다.

㉰ 실내작업보다 현장작업량이 많다.

㉭ 정확도의 균일성이 있다.

사진측량의 특징

장점	단점
• 정량적 및 정성적 측량 가능 • 동적인 측량 가능 • 균일한 측량의 정확도 • 난접근(비접근) 지역의 측량 가능 • 분업화에 의해 작업이 효율적 • 축척변경 용이 • 4차원 측량 가능 (X, Y, Z, T) • 경제적	• 시설비용이 고가 • 피사체의 식별이 난해한 경우 발생 • 기상조건, 태양고도의 영향

25 다음 중 사진측량의 장점에 해당되지 않는 것은?

㉮ 축척 변경이 용이하다.

㉯ 기준점이 없어도 정도가 높은 도화기로 절대좌표를 환산할 수 있다.

㉰ 넓은 지역의 경우 평판측량보다 신속하게 결과를 얻을 수 있다.

㉭ 실내작업이 많고 분업화되어 능률적이다.

사진측량의 장단점
• 장점
  – 정량적 및 정성적 측량
  – 동적인 측량이 가능
  – 균일한 측량의 정확도
  – 난접근(비접근) 지역의 측량 가능
  – 분업화에 의해 작업이 효율적
  – 축척 변경이 용이
  – 4차원 측량이 가능(X,Y,Z,T)
  – 경제적
• 단점
  – 시설의 비용이 고가
  – 피사체의 식별이 난해한 경우 발생
  – 기상조건, 태양고도의 영향
• 사진측량
  소수의 지상기준점을 활용하여 무수히 많은 사진상의 절대좌표 추출

26 사진측량 정확도에 관한 내용으로 옳은 것은?

㉮ 사진 1매에서의 축척은 다를 수 있으므로 정확도가 균일하지 못하다.

㉯ 종래의 측량방법과 달리 상대오차가 매우 불량하다.

㉰ 표고에 대한 정확도는 촬영고도(H)의 $0.1 \sim 0.2‰$ 정도이다.

㉱ 수평위치에 대한 정확도는 주점기선장(B)의 $10 \sim 30 \mu m$ 정도이다.

27 항공사진측량에 의한 지도 제작시 정확도 향상 방법으로 옳지 않은 것은?

㉮ 지상기준점 밀도를 증가시킨다.

㉯ 성능이 높은 도화기를 사용한다.

㉰ 대축척사진을 이용한다.

㉱ 비행고도를 높인다.

실전문제 TIP

● 사진측량의 특징

장점	단점
• 정량적 및 정성적 측량 가능 • 동적인 측량 가능 • 균일한 측량의 정확도 • 난접근(비접근) 지역의 측량 가능 • 분업화에 의해 작업이 효율적 • 축척변경 용이 • 4차원 측량 가능 (X, Y, Z, T) • 경제적	• 시설비용이 고가 • 피사체의 식별이 난해한 경우 발생 • 기상조건, 태양고도의 영향

• X, Y(수평)
$$= (10 \sim 30\mu) \times 축척분모수(m)$$
$$= \left(\frac{10}{1,000} \sim \frac{30}{1,000}\right)mm \times m$$

• H(수직)
$$= 촬영고도(H) 의 0.1 \sim 0.2‰$$
$$= \left(\frac{1}{10,000} \sim \frac{2}{10,000}\right) \times H$$

● 사진측량의 정확도

• $X, Y = (10 \sim 30\mu) \times 축척분모수(m)$
$$= \left(\frac{10}{1,000} \sim \frac{30}{1,000}\right)mm \times m$$

• $H = 촬영고도(H)의 0.1 \sim 0.2‰$
$$= \left(\frac{1}{10,000} \sim \frac{2}{10,000}\right) \times H$$

→ 대축척일수록 정확도 향상

사진축척$(M) = \frac{1}{m} = \frac{l}{L} = \frac{f}{H}$

※ 비행고도가 증가하면 소축척 사진이 되며 소축척일수록 정확도 저하

정답 26 ㉰ 27 ㉱

28 촬영방향에 따라 분류할 때 사진상에 지평선이 나타나 있는 항공사진은 어느 사진인가?

㉮ 수직사진

㉯ 고각도 경사사진

㉰ 저각도 경사사진

㉱ 편각사진

> ▶ 촬영방법에 의한 사진측량의 분류
> • 수직 사진(Vertical Photography)
>   광축이 연직선과 거의 일치하도록 상공에서 촬영한 경사각 3° 이내의 사진
> • 경사 사진(Oblique Photography)
>   광축이 연직선 또는 수평선에 경사지도록 촬영한 경사각 3° 이상의 사진
>   − 저각도 경사사진 : 지평선이 찍히지 않는 사진
>   − 고각도 경사사진 : 지평선이 나타나는 사진
> • 수평 사진(Horizontal Photography)
>   광축이 수평선에 거의 일치하도록 지상에서 촬영한 사진
>
>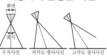
> 수직사진 저각도 경사사진 고각도 경사사진 수평사진
>
> ※ 항공사진측량으로 지형도 제작시에는 거의 수직사진에 의한 촬영

29 사진의 크기가 같은 광각 사진과 보통각 사진과의 비교 설명에서 ( ) 안에 알맞은 말로 짝지어진 것은?

> 촬영고도가 같은 경우 광각 사진의 축척은 보통각 사진의 사진축척보다 (①), 그러나 1장의 사진에 넣은 면적은 (②), 촬영축척이 같으면 촬영고도는 광각 사진 쪽이 보통각 사진보다 (③), 그러나 촬영된 면적은 (④).

㉮ ① 크다 ② 작다 ③ 낮다 ④ 같다

㉯ ① 작다 ② 크다 ③ 높다 ④ 크다

㉰ ① 작다 ② 크다 ③ 낮다 ④ 같다

㉱ ① 크다 ② 작다 ③ 높다 ④ 작다

> ▶ 항공사진 촬영용 사진기의 성능
>
> | 종류 | 화각 | 초점거리 (mm) |
> |---|---|---|
> | 보통각 사진기 | 60° | 210 |
> | 광각 사진기 | 90° | 150 |
> | 초광각 사진기 | 120° | 88 |

30 동일한 촬영고도에서 수직사진을 촬영할 경우 가장 넓은 지역이 촬영되는 사진기는?

㉮ 협각렌즈 사진기

㉯ 보통각렌즈 사진기

㉰ 광각렌즈 사진기

㉱ 초광각렌즈 사진기

> ▶ 화각이 120°인 초광각렌즈 사진기로 촬영하였을 때 가장 넓은 지역이 촬영된다.

정답 28 ㉯ 29 ㉰ 30 ㉱

31 항공사진측량을 위하여 초점거리 200mm의 사진기로 1 : 20,000의 입체사진을 촬영했을 때 일반적으로 허용되는 정확도의 범위를 올바르게 산정한 것은?

㉮ 수평거리(X, Y) 정확도는 0.2~0.6m, 수직위치(H) 정확도는 0.4~0.8m

㉯ 수평거리(X, Y) 정확도는 1.2~1.4m, 수직위치(H) 정확도는 1.2~1.6m

㉰ 수평거리(X, Y) 정확도는 0.6~1.0m, 수직위치(H) 정확도는 0.2~0.6m

㉱ 수평거리(X, Y) 정확도는 0.2~0.4m, 수직위치(H) 정확도는 0.8~1.2m

◉ 항공사진측량 정확도의 범위
• $X, Y = (10 \sim 30\mu) \times$ 축척분모수(m)
$= \left(\dfrac{10}{1,000} \sim \dfrac{30}{1,000}\right) \text{mm} \times m$

∴ $X, Y = \left(\dfrac{10}{1,000} \sim \dfrac{30}{1,000}\right) \text{mm}$
$\times 20,000$
$= 0.2 \sim 0.6\text{m}$

• $H = $ 촬영고도(H)의 $0.1 \sim 0.2$‰
$= \left(\dfrac{1}{10,000} \sim \dfrac{2}{10,000}\right) \times H$

$M = \dfrac{1}{m} = \dfrac{f}{H}$

$\rightarrow H = mf = 20,000 \times 200\text{mm}$
$= 4,000\text{m}$

∴ $H = \left(\dfrac{1}{10,000} \sim \dfrac{2}{10,000}\right) \times 4,000\text{m}$
$= 0.4 \sim 0.8\text{m}$

32 한 장의 사진 내에서 축척의 변화가 없이 균일한 사진은?

㉮ 경사사진　　㉯ 수직사진
㉰ 수렴사진　　㉱ 정사사진

◉ 정사사진
지표면의 비고에 의하여 발생하는 사진상의 각 점의 왜곡을 보정하여 사진상에서 항상 동일 축척이 되도록 만든 사진이다.

33 항공사진측량에 사용되는 광각 카메라에 대한 설명으로 옳지 않은 것은?

㉮ 렌즈 피사각이 120° 정도이다.
㉯ 초점거리가 152mm 정도이다.
㉰ 사진크기가 23cm × 23cm이다.
㉱ 일반도화 및 판독에 적합하다.

◉ 광각 카메라의 렌즈 피사각은 90° 정도이다.

34 항공사진촬영을 표와 같이 실시했을 때, 사진축척이 큰 것부터 순서대로 나열된 것은?

구분	촬영고도	사용 장비
A	4,000m	초광각 카메라
B	3,500m	광각 카메라
C	3,000m	보통각 카메라

㉮ A, B, C　　㉯ A, C, B
㉰ B, C, A　　㉱ C, B, A

◉
• 초광각 카메라
사진축척
$= \dfrac{f}{H} = \dfrac{0.088}{4,000} = \dfrac{1}{45,454}$

• 광각 카메라
사진축척
$= \dfrac{f}{H} = \dfrac{0.15}{3,500} = \dfrac{1}{23,333}$

• 보통각 카메라
사진축척
$= \dfrac{f}{H} = \dfrac{0.21}{3,000} = \dfrac{1}{14,285}$

※ 사진축척이 크다는 것은 대축척을 의미하므로 보통각, 광각, 초광각 순이다.

35 같은 고도에서 보통각 카메라(초점거리 21cm, 사진크기 18cm×18cm, 피사각 60°)로 찍은 사진과 광각 카메라(초점거리 15cm, 사진크기 23cm×23cm, 피사각 90°)로 찍은 사진의 포괄면적 비는 약 얼마인가?

㉮ 1 : 5

㉯ 1 : 4

㉰ 1 : 3

㉱ 1 : 2

$A_{보통} : A_{광각}$

$= \left(\dfrac{Ha}{f}\right)^2 : \left(\dfrac{Ha}{f}\right)^2$

$= \left(\dfrac{H \times 18}{21}\right)^2 : \left(\dfrac{H \times 23}{15}\right)^2 ≒ 1 : 3$

36 사진측량 중 건축물, 교량 등의 변위를 관측하고 문화재 및 건물의 정면도, 입면도 제작에 이용되는 사진측량은?

㉮ 항공사진측량

㉯ 수치지형모형

㉰ 지상사진측량

㉱ 원격탐측

지상사진측량은 지상에서 촬영한 사진을 이용하여 건조물, 시설물의 형태 및 변위 관측을 위한 측량 방법이다.

37 지형적 조건이 동일하고 항공사진의 축척이 같을 때 기복변위량이 가장 작게 나타나는 사진은?

㉮ 보통각사진

㉯ 광각사진

㉰ 초광각사진

㉱ 경사사진

기복변위(Δr)는 초점거리가 길수록 변위량이 작게 나타나므로 초점거리가 긴 보통각사진이 기복변위량이 가장 작게 나타난다.

$\left(\Delta r = \dfrac{h}{H} \cdot r = \dfrac{h}{m \cdot f} \cdot r\right)$

38 고도 2,100m 상공에서 광각(초점거리＝150mm)과 보통각(초점거리＝210mm)의 카메라로 동시에 촬영할 때 지상에 있는 14m의 교량은 사진상에 각각 얼마로 나타나는가?

㉮ 2.1mm, 1.5mm

㉯ 1.0mm, 1.4mm

㉰ 4.2mm, 2.8mm

㉱ 0.1mm, 0.2mm

· 광각의 경우

$\dfrac{0.15}{2,100} = \dfrac{x}{14}$

∴ $x = 0.001m = 1mm$

· 보통각의 경우

$\dfrac{0.21}{2,100} = \dfrac{x}{14}$

∴ $x = 0.0014m = 1.4mm$

39 사진측량에서 일반적으로 허용되는 항공사진측량의 정확도 범위로 옳은 것은?

㉮ 수평위치 : 촬영축척 분모수에 대해 $40 \sim 50 \mu m$
　　수직위치 : 촬영고도의 $0.01 \sim 0.02\%$

㉯ 수평위치 : 촬영축척 분모수에 대해 $10 \sim 30 \mu m$
　　수직위치 : 촬영고도의 $0.05 \sim 0.1\%$

㉰ 수평위치 : 촬영축척 분모수에 대해 $40 \sim 50 \mu m$
　　수직위치 : 촬영고도의 $0.05 \sim 0.1\%$

㉱ 수평위치 : 촬영축척 분모수에 대해 $10 \sim 30 \mu m$
　　수직위치 : 촬영고도의 $0.01 \sim 0.02\%$

> ⊙ 사진측량의 정확도
> • 수평위치(X, Y)
> 　$= (10 \sim 30 \mu m) \times$ 축척분모수(m)
> • 수직위치(H)
> 　= 촬영고도의 $0.1 \sim 0.2\%$
> 　= 촬영고도의 $0.01 \sim 0.02\%$

40 항공사진측량의 특징에 대한 설명으로 옳지 않은 것은?

㉮ 사진은 충실히 촬영시점의 상황을 재현한다.

㉯ 측량대상지역에 대한 촬영고도가 같을 경우 광각사진이 보통각 사진보다 축척이 크다.

㉰ 대상물에 직접 접근할 필요가 없기 때문에 산악지역 등의 측량에 적합하다.

㉱ 단시일에 넓은 지역을 촬영할 수 있기 때문에 성과에 동시성이 있고 균일한 정밀도를 유지시킬 수 있다.

> ⊙ 촬영고도가 같은 경우 광각사진의 축척은 보통각 사진의 축척보다 작다.

41 사진 크기와 촬영고도가 같을 때, A카메라의 초점거리는 88mm, B카메라의 초점거리는 152mm라면 A카메라에 의한 촬영면적은?(단, B카메라에 의한 촬영면적 $= S$)

㉮ $0.3S$ 　　　　　㉯ $0.6S$
㉰ $1.7S$ 　　　　　㉱ $3S$

> ⊙ $A_{카메라} : B_{카메라}$
> $= (ma)^2 : (ma)^2$
> $= \left(\dfrac{H}{f}a\right)^2 : \left(\dfrac{H}{f}a\right)^2$
> $= \left(\dfrac{H}{0.088}a\right)^2 : \left(\dfrac{H}{0.152}a\right)^2$
> $= 3 : 1$
> 사진의 크기(a)와 촬영고도(H)가 같을 경우 $A_{카메라}$에 의한 촬영면적은 $B_{카메라}$의 경우보다 약 3배가 넓게 촬영된다.

42 사진측량의 특징에 대한 설명으로 틀린 것은?

㉮ 정량적 및 정성적 측량이 가능하다.

㉯ 동적인 대상물의 측량이 가능하다.

㉰ 작업의 자동화로 과정이 단순하고 현장에서 오류를 발견하기 쉽다.

㉱ 해상도만 만족하면 축척변경이 용이하다.

> ⊙ 사진측량은 분업화에 의한 작업능률성이 높으나, 후처리에 시간이 많이 소요되고 현장에서 오류를 발견하기 어렵다.

CHAPTER 02 사진의 기하학적 이론 및 해석

···01 탐측기(Sensor)

탐측기(Sensor)는 전자기파를 수집하는 장비로서 수동적 탐측기(Passive Sensor)와 능동적 탐측기(Active Sensor)로 구분되며, 수동적 탐측기는 대상물에서 방사되는 전자기파를 수집하는 방식이고, 능동적 탐측기는 전자기파를 발사하여 대상물에서 반사되는 전자기파를 수집하는 방식이다.

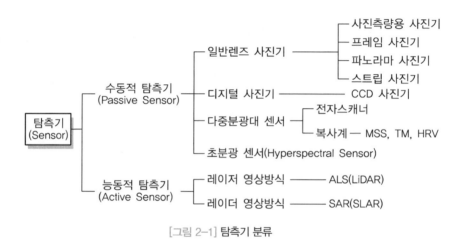

[그림 2-1] 탐측기 분류

(1) 일반렌즈 사진기

① 사진 측량용 사진기
사진 측량용 사진기는 지상 측량용 사진기와 항공 측량용 사진기가 있다. 측량용 사진기는 사진지표가 있는 사진기에 의하여 중심투영 영상을 얻는다.

② 프레임 사진기
프레임 사진기에는 단일렌즈방식과 다중렌즈방식이 있다.

③ 파노라마 사진기
약 120° 피사각을 가진 초광각렌즈와 렌즈 앞에 장치한 프리즘이 회전하거나 렌즈 자체의 회전에 의하여 비행방향에 직각방향으로 넓은 피사각을 촬영한다.

④ 스트립 사진기
항공기의 진행과 동시에 연속적으로 미소폭을 통하여 영상을 롤(Roll)필름에 스트립으로 기록하는 사진기이다.

(2) 디지털 사진기

디지털 카메라는 필름 없이 전자센서(CCD)를 이용하여 영상을 감지하며 그 영상 정보를 JPEG, TIFF, Raw 포맷, GIF 등의 디지털 이미지 파일형식으로 저장하는 사진기를 말한다. 항공사진측량에는 선형 및 면형 디지털 항공 측량 사진기가 있다.

(3) 다중분광대 사진기

① 다중사진기(Multi-Camera 방식)

여러 대의 사진기를 사용하는 방법으로 각각의 사진기에는 각각 다른 필터와 필름이 구비되어 있다.

② 다중렌즈(Multilens 방식) 사진기

단일 사진기에 여러 개의 렌즈와 필터를 조합시키고 1대의 큰 필름상에 각각 다른 분광대의 흑백사진을 촬영하는 것이다.

(4) 초분광 센서(Hyperspectral Sensor)

하이퍼스펙트럴 영상은 일반적으로 $5 \sim 10nm$에 해당하는 좁은 대역폭을 가지며 $36 \sim 288$ 정도의 밴드 수로 대략 $0.4 \sim 14.52 \mu m$ 영역의 파장대를 관측하여 자료를 취득하는 방식이다.

(5) LiDAR(Light Detection and Ranging)

레이저에 의한 대상물 위치 결정방법으로 기상조건에 좌우되지 않고 산림이나 수목지대에서도 투과율이 높다(제5장 참조).

(6) SLAR(Side Looking Airborne Radar)/SAR

극초단파를 이용하여 극초단파 중 레이더파를 지표면에 주사하여 반사파로부터 2차원 영상을 비행기에 의해 얻는 탐측기를 SLAR이라 한다. 또한, 위성에 탑재된 탐측기를 SAR라 한다(제6장 참조).

[그림 2-2] LiDAR 장비

···02 항공사진 측량용 사진기의 특징

측량용 사진기는 일반사진기와 비교하여 다음과 같은 특징이 있다.

(1) 초점길이가 길다.

(2) 렌즈 지름이 크다.

(3) 수차가 극히 적으며 왜곡수차가 있더라도 보정판을 이용하여 수차를 제거한다.

(4) 해상력과 선명도가 높다.

(5) 화각이 크다.

(6) 주변부라도 입사하는 광량의 감소가 거의 없다.

(7) 거대하고 중량이 크다.

(8) 셔터의 속도는 1/100~1/1,000초이다.

(9) 파인더(Finder)로 사진의 중복도를 조정한다.

[그림 2-3] 디지털 카메라

···03 디지털 항공사진측량 사진기

(1) 디지털 항공사진측량 사진기의 종류

① 선형(Push broom) 디지털 항공측량 사진기

선형배열(Linear Array) CCD 센서는 센서요소가 일렬로 배열된 기하학적 형태를 가지고
있으며, 센서를 밀고 가듯이 촬영하기 때문에 Push broom Scanner라고도 한다. 선형 배
열 센서는 제작이 간단하고 무결점, 노출의 전자적 제어, 다중분광영역의 감지 등에 있어 우
수한 특성을 가지고 있다.

② 면형(Frame) 디지털 항공측량 사진기

면형배열(Frame Array) CCD 센서는 센서요소가 사각형 형태의 행과 열로 배열된 구조를

가지고 있으며, 진행방향으로 일정한 면적의 영상을 촬영하기 때문에 Area Array 센서 또는 Matrix Array 센서라고도 한다.

(2) 디지털 항공사진측량 사진기의 장단점

장점	단점
• 신속한 결과물의 이용 • 필름을 사용하지 않으므로 이에 들어가는 현상비용, 운영비용과 공간, 시간의 절감 • 필름으로부터 영상을 획득하기 위한 스캐닝 과정을 생략함으로써 오차의 발생 방지 • 컴퓨터 파일로 존재함으로써 필름의 훼손이 없어 보관과 유지관리가 편리 • 비행촬영계획부터 자동화된 과정을 거치므로 영상의 품질관리 용이 • 보완지역 검열에 있어 이미지 처리 소프트웨어를 사용해 간편히 삭제 가능 • 일반 지형도 제작은 물론 GIS 분야, RS 응용분야, 시급성을 요하는 재난 재해 분야, 사회간접자본시설 분야 등에 활용성이 높음	• 보통의 지상사진과 달리 항공사진은 항공기가 빠르게 움직이기 때문에 연속적인 각 사진이 약간 다른 시점에서 얻어짐. 따라서 각 영상에 기록된 지리적 영역이 서로 달라지게 되므로 각각의 영상을 등록하는 것이 필요 • 공간해상도면에서 기존의 항공사진을 대체하기 위해서는 많은 저장 공간이 요구됨 • 가격이 고가

(3) 측량용 사진기의 검정

사진측량의 정확도를 높이기 위해서는 검정(Calibration)을 통해 내부표정요소를 획득하여야 한다. 사진기의 검정 데이터에는 주점의 위치(사진지표의 좌푯값), 초점거리, 렌즈왜곡 등이 있다.

••••04 촬영용 항공기 특징

(1) 안정성이 좋을 것

(2) 시계가 좋을 것

(3) 비행속도는 적당히 바꿀 수 있고 요구되는 속도를 얻을 수 있을 것

(4) 상승속도가 클 것

(5) 상승한계가 높을 것

(6) 항공거리가 길 것

(7) 이착륙거리가 짧을 것

(8) 카메라 탑재를 위하여 넓은 구멍을 낼 수 있을 것

(9) 적재량이 많고 공간이 넓을 것

(10) 비행 경비가 저렴할 것

⋯⋯05 항공사진 보조자료 및 촬영 보조기계

항공측량용 카메라에서 얻는 영상으로 피사체에 대한 정량적 및 정성적 해석을 하기 위한 항공사진에는 위치결정과 도면화를 하기 위하여 각종 보조자료 및 촬영보조기계가 활용된다.

(1) 항공사진촬영용 카메라의 종류

① 초광각 카메라 : 소축척 평지 지형도 제작에 이용
② 광각 카메라 : 일반적 지형도 제작에 이용
③ 보통각 카메라 : 산악지 및 도심지 지형도 제작에 이용
④ 협각 카메라 : 특수한 대축척 지형도 제작에 이용

(2) 항공사진의 보조자료

① 초점거리 : 정확한 축척결정이나 도화에 중요한 요소로 이용
② 촬영고도 : 정확한 축척결정에 이용
③ 고도차 : 앞 고도와의 차를 기록
④ 사진번호 : 촬영 순서를 구분하는 데 이용
⑤ 수준기 : 촬영시 카메라의 경사 상태를 알아보기 위해 부착
⑥ 촬영시간 : 셔터를 누르는 순간 시각을 표시
⑦ 지표 : 여러 형태로 표시되어 있으며 필름 신축 보정시 이용

(3) 촬영보조기계

① 수평사진기 : 주 카메라의 광축에 직각방향으로 부착시킨 소형 카메라
② 자이로스코프 : 비행기의 동요 등이 카메라에 주는 영향을 막기 위하여 이용
③ 고도차계 : U자관을 이용하여 촬영점 간의 기압차를 측정하여 촬영점 간의 고도차 환산
④ APR 장치 : 비행고도 자기 기록계
⑤ FMC : 비행기 흔들림이나 움직이는 물체 등에서 촬영시 발생되는 Shifting 현상 제거 장치
⑥ Hiran/Aerodist : 방향각 관측

⋯⋯06 사진의 기하학적 특성

(1) 중심투영(Central Projection)

사진의 상은 피사체로부터 반사된 광이 렌즈 중심을 직진하여 평면인 필름면에 투영되어 나타

나는데, 즉 피사체, 렌즈 중심 및 필름상의 영상점이 일직선상에 있다고 하는 기하학이 유일한 조건이다. 이를 공선조건이라 하고 이와 같은 투영을 중심투영이라 하며, 사진은 중심투영의 원리이다.

① 왜곡수차(Distortion) : 이론적인 중심투영에 의하여 만들어진 점과 실제 점의 변위를 왜곡수차라 한다.

② 왜곡수차 보정 : 포로-코페(Porro-Koppe)의 방법, 보정판을 사용하는 방법, 화면거리를 변화시키는 방법 등이 있다.

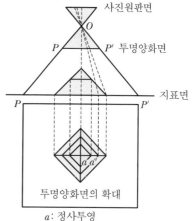

a : 정사투영
$a-a'$: 왜곡수차
a' : 중심투영

[그림 2-4] 중심투영

(2) 정사투영(Ortho Projection)

항공사진과 지도는 지표면이 평탄한 곳에서는 지도와 사진이 같으나 지표면의 높낮이가 있는 경우에는 사진의 형상이 지도와 다르다. 항공사진이 중심투영인 것에 대해 지도는 정사투영이다.

(3) 항공사진의 특수 3점

① 주점(Principal Point) : 사진의 중심점으로서 렌즈 중심으로부터 화면에 내린 수선의 발, 즉 렌즈의 광축과 사진면이 교차하는 m점이다.

② 연직점(Nadir Point) : 렌즈 중심으로부터 지표면에 내린 수선의 발, 주점에서 연직점까지의 거리는

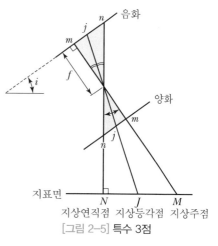

[그림 2-5] 특수 3점

$(\overline{mn}) = f\tan i$이고, 사진상의 비고점은 연직점을 중심으로 한 방사선상에 있다.

③ 등각점(Isocenter) : 주점과 연직선이 이루는 각을 2등분한 선, 주점에서 등각점까지의 거리는

$(\overline{mj}) = f\,\tan\dfrac{i}{2}$이고, 등각점에서는 경사각 i에 관계없이 수직사진의 축척과 같다.

Reference 참고

수직사진은 주점을, 고저차가 큰 지형의 수직 및 경사사진에서는 연직점을, 평탄한 지역의 경사사진에서는 등각점을 각 관측의 중심점으로 사용

(4) 기복변위(Relief Displacement)

지표면에 기복이 있을 경우 연직으로 촬영하여도 축척은 동일하지 않으며 사진면에서 연직점을 중심으로 방사상의 변위가 생기는데 이를 기복변위라 한다.

$$\Delta r = \frac{h}{H}r, \quad \Delta r = \frac{f}{H}\Delta R, \quad \Delta r_{max} = \frac{h}{H}r_{max}$$

여기서, Δr : 변위량
r : 화면 연직점에서의 거리(연직점에서 정상점까지 거리)
ΔR : 지상변위량
H : 비행고도
h : 비고
r_{max} : 최대화면 연직점에서의 거리$\left(\frac{\sqrt{2}}{2}a\right)$
a : 사진의 크기

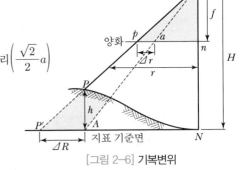

[그림 2-6] 기복변위

- **기복변위의 특징** -

① 기복변위는 비고(h)에 비례한다.
② 기복변위는 촬영고도(H)에 반비례한다.
③ 연직점으로부터 상점까지의 거리에 비례한다.
④ 표고차가 있는 물체에 대한 사진의 중점으로부터의 방사상의 변위를 말한다.
⑤ 돌출비고에서는 내측으로, 함몰지는 외측으로 조정한다.
⑥ 정사투영에서는 기복변위가 발생하지 않는다.
⑦ 지표면이 평탄하면 기복변위가 발생하지 않는다.

(5) 공선·공면조건

① 공선조건
공간상의 임의의 점과 그에 대응하는 사진상의 점 및 사진기의 촬영 중심이 동일 직선상에 있어야 할 조건이 공선조건이다.

② 공면조건
두 개의 투영 중심과 공간상의 임의의 점 P의 두 상점이 동일 평면상에 있기 위한 조건이 공면조건이다.

••• 07 사진의 입체시

(1) 입체시

1) 입체시 일반

① 정입체시

중복사진을 명시거리(약 25cm 정도)에서 왼쪽 사진을 왼쪽 눈으로, 오른쪽의 사진을 오른쪽 눈으로 보면 좌우가 하나의 상으로 융합되면서 입체감을 얻게 된다. 즉, 높은 곳은 높게, 낮은 곳은 낮게 입체시뇌는 현상을 말한다.

② 역입체시

입체시 과정에서 높은 곳은 낮게, 낮은 곳은 높게 보이는 현상을 말한다.

- 정입체시되는 한 쌍의 사진에 좌우 사진을 바꾸어 입체시하는 경우
- 정상적인 여색입체시 과정에서 색안경의 적과 청을 좌우로 바꾸어 볼 경우

2) 입체시 조건

① 광축은 거의 동일 수평면 내에 있어야 한다.
② 입체시를 위해 충분히 중복되어 있어야 한다.
③ 2매의 사진축척이 거의 같아야 한다.
④ 기선고도비가 클수록 좋다.

3) 입체시 방법

① 육안에 의한 입체시

중복사진을 왼쪽 그림은 왼쪽 눈으로, 오른쪽 그림은 오른쪽 눈으로 입체시를 얻는 방법을 말한다.

② 인공 입체시

- 입체경에 의한 입체시 : 입체경에 의하여 입체시하는 방법, 렌즈식 입체시와 반사식 입체시가 있다.
- 여색입체시 : 1쌍의 입체사진의 오른쪽은 적색으로, 왼쪽은 청색으로 현상하여 이 사진의 왼쪽은 적색, 오른쪽은 청색인 안경으로 보면 정입체시를 얻는다.
- 편광입체시 : 2쌍의 영상을 입체시하는 방법 중 서로 직교하는 두 개의 편광광선이 한 개의 편광면을 통과할 때 그 편광면이 진동방향과 일치하는 광선만 통과하고, 직교하는 광선은 통과하지 못하는 성질을 이용하는 입체시를 말한다.
- 순동입체시
- 컴퓨터상 입체시
- 컬러 입체시

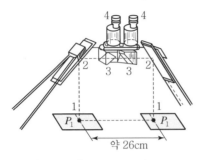

[그림 2-7] 반사식 입체경 구조

[그림 2-8] 반사식 입체경

4) 입체상의 변화

① 입체상은 촬영기선이 긴 경우가 촬영기선이 짧은 경우보다 더 높게 보인다.

② 렌즈의 초점거리가 긴 쪽의 사진이 짧은 쪽의 사진보다 더 낮게 보인다.

③ 같은 촬영기선에서 촬영하였을 때 낮은 촬영고도로 촬영한 사진이 높은 고도로 촬영한 경우보다 더 높게 보인다.

④ 눈의 위치가 약간 높아짐에 따라 입체상은 더 높게 보인다.

(2) 시차(Parallax)

한 쌍의 사진상에 있어서 동일 점에 대한 상점이 연직하에서 만나야 되는 일점에서 생기는 종횡의 시각적인 오차를 시차($\overline{A'A''}$)라 한다. 시차(P)의 X성분을 횡시차(P_x), Y성분을 종시차(P_y)라 한다. 가장 안정한 입체시가 이루어지는 것은 비행방향과 평행하도록 상응하는 두 점을 위치시키는 것이다. 이 방향이 비행경로와 평행하게 놓이지 않으면 y시차(P_y)가 발생한다. y시차는 눈의 피로를 가져오며 y시차가 커지면 입체시를 방해하게 된다.

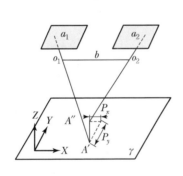

[그림 2-9] 시차

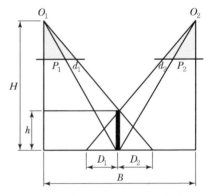

[그림 2-10] 수직사진의 기하학적 관계

- 시차의 특징 -

- 입체 모델에서 비행고도의 차이 및 경사사진의 영향으로 나타난다.
- 입체모델에서 표고가 높은 곳이 낮은 곳보다 시차가 크다.
- 시차는 촬영기선을 기준으로 비행방향 성분을 횡시차, 비행방향에 직각인 성분을 종시차라 한다.
- 종시차는 대상물 간 수평위치 차이를 반영하며, 종시차가 커지면 입체시를 방해하게 된다.

(3) 시차차(Parallax Difference)

관측위치의 변동으로 인하여 대상물의 상이 사진상의 주점에 대하여 변위되어 촬영된 것으로, 두 점 사이의 시차차는 두 점 사이의 높이차에 기인한다. 비행고도, 촬영기선길이, 초점거리 등과 시차차의 관계를 규정하여 높이를 보다 용이하게 계산할 수 있다.

- 시차차 관련 공식 -

- 봉의 높이(비고)를 구하면

$$h = \frac{H}{P_r + \Delta p} \Delta p$$

여기서, H : 비행고도
Δp : 시차차$(P_a - P_r)$
P_a : 정상 시차
P_r : 기준면 시차
b_o : 주점기선길이

- 기준면의 시차 대신 주점기선길이를 관측한 경우

$$h = \frac{H}{b_o + \Delta p} \Delta p$$

- 시차차가 기준면의 시차보다 무시할 정도로 작을 때

$$h = \frac{H}{b_o} \Delta p$$

(4) 과고감(Vertical Exaggeration)

과고감은 인공입체시를 하는 경우 과장되어 보이는 정도이다. 항공사진에서 입체시하면 같은 축척의 실제모형을 보는 것보다 상이 약간 높게 보인다. 즉, 평면 축척에 비하여 수직 축척이 크게 되기 때문이다.

1) 특징

① 항공사진을 입체시한 경우 과고감은 촬영에 사용한 렌즈의 초점거리, 사진의 중복도에 따라 변한다(인접 사진과의 주점길이가 과고감에 영향을 미친다).
② 과고감은 부상도와 관찰자의 경험이나 심리 또는 생리적 작용 등이 복잡하게 합하여 생기는 것이다.
③ 과고감은 지표면의 기복을 과장하여 나타낸 것으로 낮고 평탄한 지역에서의 지형 판독에 크게 도움이 된다.
④ 과고감은 사면의 경사가 실제보다도 급하게 보이기 때문에 오판하지 않도록 하는 주의가 필요하다.
⑤ 과고감은 필요에 따라 사진판독 요소로서 사용될 수 있다.

2) 과고감(V)

$$V = \frac{\dfrac{B}{H}}{\dfrac{b}{h}} = \frac{Bh}{Hb}$$

여기서, b : 안기선 길이
h : 눈에서 취해진 입체 모델까지 거리
B : 촬영기선 길이
H : 촬영고도

3) 과고감 발생에 영향을 주는 요소

① 촬영고도와 기선길이 : 과고감은 기선고도비(B/H)에 비례한다.
② 사진의 초점거리 : 과고감은 사진의 초점거리에 반비례한다.
③ 사진의 축척과 중복도 : 과고감은 같은 카메라로 촬영 시 종중복도에 반비례한다.

(5) 카메론 효과

입체사진 위에서 이동한 물체를 입체시하면, 그 운동 때문에 물체가 상의 시차를 발생하므로 운동이 기선방향이면 물체가 뜨거나 가라앉아 보이는데, 이 현상을 카메론 효과라 한다.

···08 사진측량에 이용되는 좌표계

(1) 사진측량의 단위

① 광속(Bundle)

각 사진의 광속을 처리 단위로 취급한다.

② 모델(Model)

다른 위치로부터 촬영되는 2매 1조의 입체사진으로부터 만들어지는 모델을 처리단위로 한다.

③ 복합모델(Strip)

서로 인접한 모델을 결합한 복합모델, 즉 Strip을 처리 단위로 한다.

④ 블록(Block)

사진이나 Model의 종횡으로 접합된 모형이거나 스트립이 횡으로 접합된 형태로 종·횡접합 모형이라고도 한다.

(2) 사진측량 좌표계 규정

좌표계에 대한 정의는 1960년 열린 국제 사진측정학회(ISPRS)에서 통일하여 사용하고 있는 것을 원칙으로 하고 현재는 다음과 같은 규정을 택하고 있다.

① 오른손 좌표계(Right-Hand Coordinate System)를 사용한다.

② 좌표축의 회전각은 X, Y, Z축을 정방향으로 하여 시계방향을 (+)로 하며 각 축에 대해 각각 ω, ϕ, κ라는 기호를 사용한다.

③ X축은 비행방향으로 놓아 제1축으로, Y축은 X축의 직각방향인 제2축으로, Z축은 제3축으로 상방향으로 한다.

④ 원칙적으로 필름면은 양화면(Positive)으로 하나, 도화기의 구조에 따라 반드시 이에 따르지는 않는다.

(3) 사진측량에 이용되는 좌표계 종류

해석사진측량에서 이용되는 좌표계에는 기계, 지표, 사진, 사진기, 모델, 코스, 절대 및 측지좌표계로 구분되며 이 좌표의 변환을 위해서는 다양한 변환방법이 활용된다.

1) 기계좌표계(x'', y'') ⇒ Comparator 좌표계

① 평면좌표를 측정하는 Comparator 등의 장치에 고정되어 있는 원점과 좌표축을 갖는 2차원 좌표계이다.

② 일반적으로 사진상의 모든 x'', y'' 좌표가 (+)값을 갖도록 좌표계가 설치된다.

2) 지표좌표계(x', y') ⇒ Helmert 변환, 내부표정

① 지표에 주어지는 고유의 좌표값을 기준으로 하여 정해지는 2차원 좌표계이다.

② 원점의 위치는 일반적으로 사진의 4모퉁이 또는 4변에 있는 지표중심이 원점이 된다.

③ 지표중심(사진중심)으로부터 비행방향축의 변을 $x'(+)$로 한다.

3) 사진좌표계(x, y) ⇒ 대기 굴절, 필름 왜곡, 렌즈 왜곡 보정, 지구곡률

① 주점을 원점으로 하는 2차원 좌표계이다.

② x, y 축은 지표좌표계의 x', y'축과 각각 평행을 이루며, 일반적으로 지표중심과 주점 사이에는 약간의 차이가 있다.

③ 지표중심과 주점 차이의 원인이 되는 왜곡은 렌즈왜곡, 필름왜곡, 대기굴절, 지구곡률 등이 영향을 미친다($10\mu m$ 이내).

4) 사진기좌표계(x', y', z') ⇒ 회전변환

① 렌즈중심(투영중심)을 원점으로 하는 x', y'축은 사진좌표계의 x, y축에 각각 평행하고 z'축은 좌표계에 의해 얻는다.

② 사진촬영시 기울기(경사)는 일반적으로 z'축, y'축, x'축의 좌표축을 각각 κ, φ, ω의 순으로 축차 회전하는 것을 말한다.

5) 모델좌표계(x, y, z) ⇒ 상호표정

① 2매 1조의 입체사진으로부터 형성되는 입체상을 정의하기 위한 3차원 좌표계로 원점은 좌사진의 투영중심을 취한다.

② 모델좌표계의 축척은 각 모델마다 임의로 구성된다.

6) 코스(Course) 좌표계(X′, Y′, Z′) ⇒ 접합표정

복수모델좌표계를 인접한 모델에 접속할 때의 조건을 이용하여 하나의 좌표계로 통일할 때에 사용되는 3차원 직교좌표계이다.

7) 절대좌표계(X, Y, Z) ⇒ 절대표정

모델의 실공간을 정하는 3차원 직교좌표계이다.

8) 측지좌표계(E, N, H) ⇒ 곡률보정

지구상의 위치를 나타내기 위하여 통일적으로 설정되어 있는 좌표계로서 위도, 경도, 높이로 표시한다(3차원 직교좌표계가 아니다.).

(4) 좌표 변환

① 2차원 등각사상 변환(Conformal Transformation)

등각사상 변환은 직교기계 좌표에서 관측된 지표좌표계를 사진좌표계로 변환할 때 이용된다. 또한, 이 변환은 변환 후에도 좌표계의 모양이 변화하지 않으며 이 변환을 위해서는 최소한 2점 이상의 좌표를 알고 있어야 한다. 점의 선택시 가능한 한 멀리 떨어져 있는 점이

변환의 정확도를 향상시키며, 2점 이상의 기준점을 이용하게 되고 최소제곱법을 적용하면 더욱 정확한 해를 얻을 수 있다. 2차원 등각사상 변환은 축척 변환, 회전변환, 평행변위 세 단계로 이루어진다.

$$\begin{bmatrix} x \\ y \end{bmatrix} = SR_\theta \begin{bmatrix} x'' \\ y'' \end{bmatrix} + \begin{bmatrix} x_o \\ y_o \end{bmatrix}$$

여기서, S : 축척
R_θ : 회전각
$x_o,\ y_o$: 이동량(원점 미소 변위)

② 2차원 부등각사상 변환(Affine Transformation)

Affine 변환은 2차원 등각사상 변환에 대한 축척에서 $x,\ y$ 방향에 대해 축척인자가 다른 미소한 차이를 갖는 변환으로 비록 실제 모양은 변화하지만 평행선은 Affine 변환 후에도 평행을 유지한다. Affine 변환은 비직교인 기계좌표계에서 관측된 지표좌표계를 사진좌표계로 변환할 때 이용된다. 또한, Helmert 변환과 자주 사용되어 선형 왜곡 보정에 이용된다.

$$\begin{bmatrix} x \\ y \end{bmatrix} = SR_\theta R_\delta \begin{bmatrix} x'' \\ y'' \end{bmatrix} + \begin{bmatrix} x_o \\ y_o \end{bmatrix}$$

여기서, S : 축척
R_θ : 회전각
R_δ : 비직교성에 의한 각
$x_o,\ y_o$: 이동량(원점 미소 변위)

③ 3차원 회전 변환

회전 변환은 사진기의 기울기를 표현하는 데 이용되며, 경사사진 사진기의 사진좌표계와 경사가 없는 사진기의 좌표계 사이의 관계를 구하는 데 이용된다. 즉, 기울어진 사진기 좌표계의 사진상의 점 $P(x,\ y,\ -f)$를 기울어지지 않은 사진기 좌표계로의 변환이며, 기울어지지 않은 사진기 좌표계(편의상 모델 좌표계)와 모델 좌표계는 평행이다.

$$\begin{bmatrix} x' \\ y' \\ z' \end{bmatrix} = R_{\kappa,\ \varphi,\ \omega} \begin{bmatrix} x \\ y \\ z \end{bmatrix}$$

여기서, $x',\ y',\ z'$: 변환좌표계
$x,\ y,\ z$: 기울어진 좌표계
R : 회전변환계수

④ 항공사진측량에 의한 3차원 위치 결정

$$\begin{bmatrix} X_G \\ Y_G \\ Z_G \end{bmatrix} = SR_{\kappa,\ \varphi,\ \omega} \begin{bmatrix} x_m \\ y_m \\ z_m \end{bmatrix} + \begin{bmatrix} x_o \\ y_o \\ z_o \end{bmatrix}$$

여기서, $X_G,\ Y_G,\ Z_G$: 지상좌표
$x_m,\ y_m,\ z_m$: 모델좌표
$x_o,\ y_o,\ z_o$: 원점이동량(원점 미소 변위)

CHAPTER 02 실전문제

01 사진렌즈에 관계된 수차로서 판독에는 관계없지만 정확도 관점에서 관계가 많은 수차는?

㉮ 색수차 ㉯ 구면수차
㉰ 변환수차 ㉱ 왜곡수차

> 이론적인 중심투영에 의하여 만들어진 점과 실제점의 변위를 왜곡수차라 하며, 사진측량의 정확도에 영향을 미친다.

02 항공사진에서 화면거리는?

㉮ 화면과 화면과의 거리
㉯ 화면과 기준면과의 거리
㉰ 중심투영점에서 사진면에 이르는 직교거리
㉱ 사진면에서 기준면에 이르는 거리

> 카메라의 투영중심에서 화면까지의 수선의 길이를 화면거리라 한다.

03 다음 항공사진의 특수 3점에 해당되지 않는 것은?

㉮ 주점(主點) ㉯ 연직점(鉛直點)
㉰ 등각점(等角點) ㉱ 표정점(標定點)

> 항공사진의 특수 3점
> • 주점 : 사진의 중심점으로서 렌즈 중심으로부터 화면에 내린 수선의 발
> • 연직점 : 렌즈 중심으로부터 지표면에 내린 수선의 발
> • 등각점 : 주점과 연직선이 이루는 각을 2등분한 선

04 다음은 주점에 대한 설명이다. 틀린 것은?

㉮ 렌즈 중심으로부터 사진에 내린 수선의 발이다.
㉯ 렌즈의 광축과 사진면이 교차하는 점이다.
㉰ 항공사진에선 마주보는 지표의 연결교차점이 일반적 주점이다.
㉱ 사진의 중심으로 경사사진에서 연직점과 일치한다.

> 경사사진에서 주점과 연직점은 일치하지 않는다.

05 사진면에 직교하는 광선과 중력선이 이루는 협각을 2등분해서 사진면에 관통하는 점은 다음 중 어느 것인가?

㉮ 등각점 ㉯ 연직점
㉰ 중심점 ㉱ 부점

> 항공사진에서 광선과 연직선이 이루는 각의 2등분선이 사진면과 만나는 점을 등각점이라 한다.

정답 01 ㉱ 02 ㉰ 03 ㉱ 04 ㉱ 05 ㉮

실전문제 TIP

06 항공사진의 주점과 연직점, 등각점에 대한 설명이다. 틀린 것은?

㉮ 주점은 렌즈의 광축과 사진면이 교차하는 점이다.

㉯ 평탄한 지역은 경사사진에서는 등각점을 각관측 중심으로 사용한다.

㉰ 경사사진의 축척은 경사각에 관계없이 주점으로 수직사진과 같이 계산한다.

㉱ 지상연직점은 렌즈 중심으로부터 지표에 내린 수선의 발이다.

> 등각점에서는 경사각에 관계없이 수직사진의 축척과 같다.

07 항공사진에서 등각점을 측각 중심으로 하는 경우와 가까운 것은?

㉮ 화면의 경사가 3° 이내에서 비고가 클 때

㉯ 지면이 평탄하며 화면의 경사가 클 때

㉰ 엄밀한 연직사진 또는 화면의 경사가 3° 이내에서 지면의 비고가 크지 않을 때

㉱ 화면의 경사 및 지면의 비고가 똑같이 클 때

> 특수 3점 이용
> • 주점 : 화면의 경사가 3° 이내에서 비고가 작을 때
> • 연직점 : 화면의 경사가 3° 이상에서 비고가 클 때
> • 등각점 : 지면이 평탄하고 화면의 경사가 클 때

08 항공사진 촬영용 사진기에 관한 사항을 다음에 열거하였다. 옳지 않은 것은?

㉮ 사진기의 종류로는 보통각사진기, 광각사진기, 초광각사진기가 있으며, 초점거리는 각각 210mm, 152mm, 88mm 정도이다.

㉯ 수차가 극히 적으며, 왜곡수차가 있더라도 역의 왜곡수차를 가진 보정판을 이용함으로써 수차를 없앨 수 있다.

㉰ 해상력과 선명도가 높으며, 주변부라도 입사하는 광량의 감소가 거의 없다.

㉱ 파인더(Finder)로 사진의 중복도를 조정하며, 셔터의 속도는 보통 1/60초이다.

> 항공사진측량용 사진기의 셔터속도는 $1/100 \sim 1/1,000$초까지 조절할 수 있다.

09 파인더(Finder)에 지표를 이용하여 무엇을 구하는가?

㉮ 주점   ㉯ 표정점

㉰ 연직점   ㉱ 부점

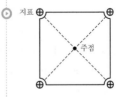

10 항공사진은 다음 어떤 원리에 의한 지형·지물의 상인가?

㉮ 정사투영(Orthogonal Projection)

㉯ 평행투영(Parallel Projection)

㉰ 등적투영(Equal Area Projection)

㉱ 중심투영(Central Projection)

> 항공사진은 중심투영이고, 지도는 정사투영이다.

정답 06 ㉰ 07 ㉯ 08 ㉱ 09 ㉮ 10 ㉱

11 항공사진의 기복변위(Relief Desplace Method)와 관계가 없는 것은?

㉮ 지형·지물의 기복

㉯ 중심투영

㉰ 정사투영

㉱ 지형·지물의 높이에 비례한다.

> 정사투영에서는 기복변위가 발생하지 않는다.

12 항공사진을 촬영할 때 바람으로 인하여 촬영항공기의 진행 방향이 계획코스와 일치하지 못하고, 수평회전하는 경우 이 각을 무엇이라고 하는가?

㉮ 회전각　　　　㉯ 경사각

㉰ 수평각　　　　㉱ 편류각

> 비행 중 기류에 의하여 항공기가 밀리게 되는데, 이를 편류라 한다.

13 기복변위에 대한 설명 중 틀린 것은?

㉮ 기복변위는 축척과 아무 관계가 없다.

㉯ 지형의 고저변화로 인하여 사진상에 동일 지물의 위치변위가 생기는 것

㉰ 기준면상의 저면위치와 정점위치가 중심투영을 거치기 때문에 사진상에 나타나는 위치가 달라지는 것

㉱ $\frac{\Delta R}{R} = \frac{\Delta r}{r} = \frac{\Delta z}{z}$ 로 나타낸다.

> 기복변위는 축척과 깊은 관계가 있다. 즉, H가 높을수록 기복변위는 적고 H가 낮을수록 기복변위 영향은 크다.

14 다음은 항공사진의 기복변위에 관한 설명이다. 틀린 것은?

㉮ 기복변위는 중심투영 때문에 생긴다.

㉯ 변위량은 촬영고도에 비례한다.

㉰ 변위량은 지형·지물의 비고에 비례한다.

㉱ 변위량은 사진주점에서 상이 생기는 거리에 비례한다.

> $\Delta r = \frac{h}{H} \cdot r$ 이므로 촬영고도에 반비례한다.

15 렌즈 왜곡수차(Distortion)에서 방사수차(Radial Distortion)와 접선수차(Tangential Distortion)에 관한 다음 사항 중 옳지 않은 것은?

㉮ 렌즈 지름에 직교하는 방향의 성분을 접선수차라 하며 그 값은 ±2.5㎛이다.

㉯ 방사수차는 ±10㎛이다.

㉰ 접선수차는 방사수차의 약 1/10 정도이므로 특별한 경우를 제외하고는 무시한다.

㉱ 렌즈 왜곡에서는 반드시 접선수차만을 고려해야 한다.

> 일반적으로 방사변형만 고려하고 접선변형은 특수한 경우만을 제외하고는 무시한다.

정답 11 ㉰　12 ㉱　13 ㉮　14 ㉯　15 ㉱

16 촬영고도 1,500m로 촬영한 축척 1/10,000의 편위수정사진이 있다. 지상연직점으로부터 300m인 곳에 있는 비고 500m의 산정은 몇 mm 변위로 찍혀져 있는가?

㉮ 5mm   ㉯ 6mm

㉲ 8mm   ㉣ 10mm

> 실제 연직점거리를 사진상의 연직점거리로 환산하면
> $$\frac{1}{10,000} = \frac{r}{300}$$
> $$\rightarrow r = 0.03\text{m}$$
> $$\therefore \Delta r = \frac{h}{H} \cdot r$$
> $$= \frac{500}{1,500} \times 0.03 = 0.01\text{m}$$
> $$= 10\text{mm}$$

17 비고 70m의 구릉지에서 주점거리 210mm의 사진기로 촬영한 사진의 크기가 23cm×23cm이고, 축척이 1/40,000이다. 이 사진의 비고에 의한 최대변위는?

㉮ 1.3mm   ㉯ 2.6mm

㉲ 3.8mm   ㉣ 4.5mm

> • $\Delta r_{max} = \dfrac{h}{H} \cdot r_{max}$
> • $r_{max} = \dfrac{\sqrt{2}}{2} a = \dfrac{0.23}{2} \times \sqrt{2}$
> $= 0.163\text{m}$
> • $H = m \cdot f = 40,000 \times 0.210$
> $= 8,400\text{m}$
> $\therefore \Delta r_{max} = \dfrac{70}{8,400} \times 0.163$
> $= 0.0013\text{m} = 1.3\text{mm}$

18 화면거리 15cm, 화면의 크기 23cm×23cm의 카메라에 의하여 촬영된 축척 1/20,000의 항공사진이 있다. 사진은 등고도 연직사진이며 촬영기준면은 0m, 인접 사진과의 중복도가 60%일 때 높이 30m의 철탑이 주점기선의 중앙에 있다. 철탑의 정점의 뿌리에 대하여 편위한 양은 밀착사진상에서 얼마인가?

㉮ 0.23mm   ㉯ 0.46mm

㉲ 0.69mm   ㉣ 0.92mm

> $\dfrac{1}{m} = \dfrac{f}{H} \rightarrow \dfrac{1}{20,000} = \dfrac{0.15}{H}$
> $\rightarrow H = 3,000\text{m}$
> 주점기선 길이$(b_o) = a\left(1 - \dfrac{p}{100}\right)$
> $= 0.23 \times 0.4$
> $= 0.092\text{m}$
>
> 철탑이 주점기선의 중앙에 있으므로 사진상 주점으로부터의 거리는 $\dfrac{b_o}{2}$ 이므로 r은 0.046m에 있다.
> $\therefore$ 기복변위$(\Delta r) = \dfrac{h}{H} \cdot r$
> $= \dfrac{30}{3,000} \times 0.046$
> $= 0.00046\text{m}$
> $= 0.46\text{mm}$

19 평탄지에서 축척 1/20,000 카메라의 화면거리 15cm로 촬영한 사진상에서 철탑의 길이 4.8mm, 주점에서 철탑꼭지까지의 거리 40cm로 측정되었다. 이 철탑의 높이는?

㉮ 24mm   ㉯ 36m

㉲ 36mm   ㉣ 24m

> $H = m \cdot f = 20,000 \times 0.15$
> $= 3,000\text{m}$
> 기복변위$(\Delta r) = \dfrac{h}{H} \cdot r$
> $\therefore h = \dfrac{\Delta r \cdot H}{r}$
> $= \dfrac{0.0048 \times 3,000}{0.4}$
> $= 36\text{m}$

20 평탄한 토지를 시속 180km의 항공기에서 화면거리 152mm인 카메라로 촬영한 항공사진이 있다. 이 사진의 연직점으로부터 10cm 떨어진 위치에 찍힌 굴뚝의 실제 높이는 60m이었다. 이때 사진상에서 굴뚝의 변위는 얼마로 나타나는가?(단, 허용흔들림의 양은 사진상에서 0.01m, 최장노출시간은 1/0.2초, 사진크기는 23cm×23cm이다.)

㉮ 1.0mm

㉯ 1.2mm

㉰ 1.6mm

㉱ 2.0mm

$$T_l = \frac{\Delta sm}{V} = \frac{1}{0.2}$$

$$= \frac{10 \times \dfrac{H}{152}}{180 \times \dfrac{1,000}{3,600} \times 1,000}$$

$$\rightarrow H = 3,800,000 mm = 3,800 m$$

$$\therefore \Delta r = \frac{h}{H} \cdot r$$

$$= \frac{60}{3,800} \times 100 = 1.6 mm$$

21 공간상의 임의의 점(X_P, Y_P, Z_P)과 그에 대응하는 사진상의 점 및 사진기의 촬영 중심(X_O, Y_O, Z_O)이 동일 직선 상에 있어야 하는 조건은?

㉮ 공면조건

㉯ 공선조건

㉰ 회전변환조건

㉱ 수렴조건

공선조건은 공간상에 존재하는 임의의 점 P에서 출발한 빛은 투영중심을 지나 필름면상의 점(P)에 맺는데, 이 세 점을 일직선 상에 존재하도록 하는 조건이다.

22 엄밀수직항공사진에서는 사진중심점(Principal Point), 연직점(Nadir Point) 및 (   )이 한 점에 일치한다. 다음 중 (   )에 가장 알맞은 말은?

㉮ 사진 지표(Fiducial Mark)

㉯ 노출중심점(Perspective Center)

㉰ 지상기준점(Ground Control Point)

㉱ 등각점(Isocenter)

엄밀수직항공사진에서는 주점, 연직점 및 등각점이 한 점에 일치한다.

23 다음 탐측기 중에서 능동적 탐측기(Active Sensor)에 속하는 것은?

㉮ 단일사진기

㉯ SLAR

㉰ 다중주파장대사진기

㉱ 고체 주사기

SLAR은 주로 항공기에 레이더 센서를 탑재하여 지상의 2차원 영상을 획득하는 능동적 센서이다.

24 촬영용 항공기에 관한 설명 중 틀린 것은?

㉮ 항속거리 및 이·착륙거리가 길어야 한다.

㉯ 안정성 및 시계가 좋아야 한다.

㉰ 비행속도를 적당하게 바꿀 수 있고 요구되는 속도를 얻을 수 있어야 한다.

㉱ 상승속도가 빠르고, 상승한계가 높아야 한다.

촬영용 항공기는 이·착륙거리가 짧아야 한다.

정답 20 ㉰ 21 ㉯ 22 ㉱ 23 ㉯ 24 ㉮

25 다음 용어에 대한 설명으로 옳은 것은?

㉮ 블록(Block) : 촬영비행 진행 방향으로 연속된 모델

㉯ 스트립(Strip) : 촬영비행 횡방향으로 연속된 모델

㉱ 모델(Model) : 중복된 한 쌍의 사진에 의하여 입체시되는 부분

㉲ 주점기선길이 : 임의의 사진의 주점과 연직점과의 거리

○ ㉮ 블록 : 사진이나 모델의 종·횡으로 접합된 모형
㉯ 스트립 : 서로 인접한 모델을 결합한 복합 모델
㉱ 주점기선길이 : 서로 이웃하는 촬영점 사이를 연결하는 선분

26 사진의 중심점으로서 항공사진 촬영에서 중심투영점을 지나는 광선이 사진면과 수직으로 만나는 점을 무엇이라 하는가?

㉮ 연직점 ㉯ 주점

㉱ 등각점 ㉲ 부점

○ 항공사진의 특수 3점
• 주점 : 사진의 중심점으로서 렌즈 중심으로부터 화면에 내린 수선의 발
• 연직점 : 렌즈 중심으로부터 지표면에 내린 수선의 발
• 등각점 : 주점과 연직선이 이루는 각을 2등분한 선

27 완전한 수직사진(경사각 0°)이라면 다음 설명 중 옳은 것은?

㉮ 주점, 등각점, 연직점이 모두 일치한다.

㉯ 주점과 등각점은 일치하나 연직점은 일치하지 않는다.

㉱ 등각점과 연직점은 일치하나 주점은 일치하지 않는다.

㉲ 모두 일치하지 않는다.

○ 엄밀수직사진에서 주점, 연직점, 등각점은 일치한다.

28 중심투영에 의해 촬영되는 사진의 투영 특성과 대상물의 높이에 의해 사진 상에 대상물의 평면위치가 이동하여 나타나는 현상은?

㉮ 과고감 ㉯ 대기굴절

㉱ 렌즈왜곡 ㉲ 기복변위

○ 기복변위
지표면에 기복이 있을 경우 연직으로 촬영하여도 축척은 동일하지 않으며 사진면에서 연직점을 중심으로 방사상의 변위가 생기는데 이를 기복변위라 한다.

29 항공사진측량에서 사진상에 나타난 기복변위를 이용하여 굴뚝의 높이를 측정하고자 할 때 알아야 할 값으로만 짝지어진 것은?

㉮ 필름의 크기, 피사체의 연직점으로부터 상점까지의 거리, 기복변위량

㉯ 촬영고도, 기복변위량, 비행기의 속도

㉱ 기복변위량, 촬영고도, 피사체의 연직점으로부터 상점까지의 거리

㉲ 초점거리, 사진의 경사각, 기복변위량

○ 기복변위 $(\Delta r) = \dfrac{h}{H} \cdot r$

여기서, h : 비고
H : 비행고도
r : 화면연직점에서 거리

30 다음 사진측량과 관련된 용어에 대한 설명으로 옳은 것은?

㉮ 한 쌍의 중복된 사진으로 입체시 되는 지역을 모형(Model)이라 한다.

㉯ 사진이 촬영 횡방향 길이로 접합되어 있는 형태를 스트립이라 한다.

㉰ 사진이 촬영 종방향 길이로 접합되어 있는 형태를 블록이라 한다.

㉱ 편류각이라 함은 지구의 자기장과 관련이 있다.

> ▶ 다른 위치로부터 촬영되는 2매 1조의 입체사진으로부터 만들어지는 지역을 모델(Model)이라 한다.

31 센서를 크게 수동방식과 능동방식의 센서로 분류할 때 능동방식 센서에 속하는 것은?

㉮ TV카메라

㉯ 광학스캐너

㉰ 레이더

㉱ 마이크로파 복사계

> ▶ 센서
> • 능동적 센서(Active Sensor)
>   대상물에 전자기파를 발사한 후 반사되는 전자기파 수집
>   ex) Laser, Radar
> • 수동적 센서(Passive Sensor)
>   대상물에서 방사되는 전자기파 수집
>   ex) 광학 사진기

32 항공사진에 나타나는 사진지표를 서로 마주보는 것끼리 연결한 직선의 교점은?

㉮ 연직점

㉯ 주점

㉰ 등각점

㉱ 중력점

> ▶ 항공사진에 나타나는 사진지표를 서로 마주보는 것끼리 연결한 직선의 교점을 주점이라 한다.
>
>

33 사진상의 (10, 10)mm 위치에 도로선의 교차점이 관측되었다. 이 지점의 X좌표값을 지상좌표계로 160m로 가정할 때, 이 지점의 Y좌표 값은?(단, 주점의 위치는 (−1, 1)mm이고, 투영중심은 (50, 50, 1,530)m이며, 사진좌표계와 지상좌표계의 모든 좌표축의 방향은 일치한다.)

㉮ Y=140m

㉯ Y=160m

㉰ Y=−140m

㉱ Y=−160m

> • 사진상 주점 : $m(-1mm, 1mm)$
> • 사진상 한 점 : $P(10mm, 10mm)$
> • 투영중심 : $O(50m, 50m, 1,530m)$
> • 지상의 X좌표 : $X=160m$
>
> $\Delta x = 10-(-1) = 11mm$
> $\Delta y = 10-1 = 9mm$
> $\Delta X = 160-50 = 110m$
> $\Delta Y = Y-50$
>
> $\Delta x : \Delta X = \Delta y : (Y-50)$
> $0.011 : 110 = 0.009 : (Y-50)$
> $0.011Y - 0.55 = 0.99$
> $\therefore Y = 140m$
>
>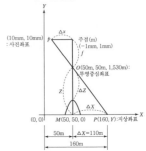

실전문제 TIP

34 카메라의 촬영경사(i)가 2°, 초점거리(f)가 153mm로 평탄한 토지를 촬영한 공중사진이 있다. 이 사진에서 주점(m)에서 등각점(j)까지의 거리는?

㉮ 1.6mm

㉯ 2.2mm

㉰ 2.7mm

㉱ 5.3mm

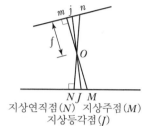

지상연직점(N) 지상주점(M)
지상등각점(J)

$i = 2°$, $f = 153$mm

$\therefore \overline{mj} = f \tan \dfrac{i}{2}$

$= 153\text{mm} \times \tan\left(\dfrac{2°}{2}\right)$

$= 2.7$mm

---

35 항공사진의 기복변위에 대한 설명으로 옳지 않은 것은?

㉮ 촬영고도에 비례한다.

㉯ 표고차가 있는 물체에 대한 사진 중심으로부터의 방사상 변위를 말한다.

㉰ 지형지물의 높이에 비례한다.

㉱ 연직점으로부터 상점까지의 거리에 비례한다.

기복변위
• 기복변위는 비고(h)에 비례
• 기복변위는 비행고도(H)에 반비례
• 돌출비고(凸)부분에서는 내측으로 조정, 함몰지(凹)부분에서는 외측으로 조정

---

36 사진지표의 용도가 아닌 것은?

㉮ 사진의 신축 측정　　㉯ 주점의 위치 결정

㉰ 해석적 내부표정　　㉱ 지구의 곡률 보정

사진지표(Fiducial Marks)
사진의 네 모서리 또는 네 변의 중앙에 있는 표지를 말한다. 사진의 지표를 이용하여 해석 전 내부표정의 사진의 신축, 주점의 위치결정 등에 활용된다.

---

37 항공사진측량 촬영용 항공기에 요구되는 조건으로 옳지 않은 것은?

㉮ 안정성이 좋을 것

㉯ 상승 속도가 클 것

㉰ 이착륙 거리가 길 것

㉱ 적재량이 많고 공간이 넓을 것

촬영용 항공기의 요구 조건
• 안정성
• 용이한 조작성
• 좋은 시계 확보
• 요구 속도 충족
• 큰 상승 속도
• 높은 상승 한계
• 긴 항공거리
• 짧은 이륙거리
• 넓은 적재 공간

---

38 다음 중 항공사진의 보조자료와 거리가 먼 것은?

㉮ 사진지표(Fiducial Mark)

㉯ 부점(Floating Mark)

㉰ 촬영고도

㉱ 수준기

항공사진의 보조자료는 초점거리, 촬영고도, 고도차, 사진번호, 수준기, 지표 등이 기록되어야 한다.

실전문제

39 주점거리 15cm, 사진의 크기 23cm×23cm, 종중복도 60%, 사진축척 1/20,000일 때 기선고도비는?

㉮ 1.00
㉯ 0.31
㉰ 0.61
㉱ 2.61

$\cdot\ B = ma\left(1 - \dfrac{p}{100}\right)$

$= 20{,}000 \times 0.23 \times \left(1 - \dfrac{60}{100}\right)$

$= 1{,}840\text{m}$

$\cdot\ H = m \cdot f$

$= 20{,}000 \times 0.15$

$= 3{,}000\text{m}$

$\therefore$ 기선고도비$\left(\dfrac{B}{H}\right) = \dfrac{1{,}840}{3{,}000} = 0.61$

40 다음은 항공사진의 기선고도비이다. 어느 것이 표고측정 정확도가 가장 좋은가?

㉮ 1.0
㉯ 0.8
㉰ 0.6
㉱ 0.5

기선고도비가 크면 과고감이 크게 되므로 표고관측 정확도가 좋다

41 비행고도 5,484m에서 촬영한 2매의 연속 연직사진에서 주점기선 길이가 68.55mm일 때 등고선 간격 20m에 해당되는 시차차는?

㉮ 0.16mm
㉯ 0.25mm
㉰ 0.63mm
㉱ 1.60mm

$h = \dfrac{H}{b_o}\Delta p$

$\therefore\ \Delta p = \dfrac{h}{H} \times b_o$

$= \dfrac{20}{5{,}484} \times 0.06855$

$= 0.00025\text{m}$

$= 0.25\text{mm}$

42 역입체시에 대한 설명 중 틀린 것은?

㉮ 정입체시 할 수 있는 사진을 오른쪽과 왼쪽 위치를 바꿔 놓을 때
㉯ 정입체시 할 수 있는 사진을 반대위치에서 입체시 할 때
㉰ 여색입체사진을 청색과 적색의 색안경을 좌우로 바꿔서 볼 때
㉱ 멀티플렉스의 모델을 좌우의 색안경을 교환해서 입체시 할 때

역입체시
높은 것은 낮게, 낮은 것은 높게 보이는 현상
• 정입체시 되는 한쌍의 사진에 좌우사진을 바꾸어 입체시하는 경우
• 정상적인 입체시 과정에서 색안경의 적과 청을 좌우로 바꾸어 볼 경우

43 사진을 입체시하여 보았을 때 입체상의 변화를 기술한 것 중 옳지 않은 것은?

㉮ 촬영기선이 긴 경우가 짧은 때보다 더 높게 보인다.
㉯ 렌즈의 초점거리가 긴 쪽의 사진이 짧은 쪽의 사진보다 더 낮게 보인다.
㉰ 같은 카메라로 촬영고도를 변경하며 같은 촬영기선에서 촬영할 때 낮은 촬영고도로 촬영한 사진이 촬영고도가 높은 경우보다 더 낮게 보인다.
㉱ 눈의 위치가 약간 높아짐에 따라 입체상은 더 높게 보인다.

기선고도비(B/H)가 클수록 과고감이 커지므로 B가 같은 경우 낮은 고도로 촬영한 사진이 높은 고도로 촬영한 사진보다 더 높게 보인다.

정답 39 ㉰ 40 ㉮ 41 ㉯ 42 ㉯ 43 ㉰

실전문제 TIP

44 입체시에 대한 설명 중 옳지 않은 것은?

㉮ 2매의 사진이 입체감을 나타내기 위해서는 사진축척이 거의 같고 촬영한 사진기의 광축이 거의 동일 평면 내에 있어야 한다.

㉯ 여색입체사진이 오른쪽은 적색, 왼쪽은 청색으로 인쇄되었을 때 오른쪽에 적색, 왼쪽에 청색의 안경으로 보아야 바른 입체시가 된다.

㉰ 렌즈의 화면거리가 길 때가 짧을 때보다 입체상이 더 낮게 보인다.

㉱ 입체시 과정에서 본래의 고저가 반대가 되는 현상을 역입체시라 한다.

○ 역입체시가 되는 경우
- 정입체시 되는 한 쌍의 사진에 좌우 사진을 바꾸어 입체시하는 경우
- 정상적인 여색입체시 과정에서 색안경의 적과 청을 바꾸어 볼 경우 (즉, ㉯의 경우 역입체시가 된다)

45 색깔이 다른 한 쌍의 중복사진을 그와 반대되는 색안경으로 보면 어떻게 되는가?

㉮ 입체시가 안 된다. ㉯ 여색입체시가 된다.
㉰ 표정을 할 수 있다. ㉱ 시차 소거가 가능하다.

○ 여색입체시는 1쌍의 입체사진의 오른쪽은 적색으로, 왼쪽은 청색으로 현상하여 이 사진의 왼쪽에 적색, 오른쪽에 청색의 안경으로 보면 정입체시를 얻을 수 있다.

46 한 쌍(Pair)의 항공사진을 좌우로 떼어놓고 입체시하는 경우 지면의 기복은 다음 중 어느 것과 관계가 있는가?

㉮ 비고감이 적어진다. ㉯ 고저를 분별하기 힘들다.
㉰ 비고감이 커진다. ㉱ 바른 모양으로 보인다.

○ 사진을 좌우로 멀게 하면 비고감이 커 보이고, 가깝게 하면 낮게 보인다.

47 입체감을 얻기 위한 입체사진의 조건 중 맞지 않는 것은?

㉮ 두 매의 사진축척은 모델형성을 위해 다른 것이 더 양호하다.

㉯ 기선고도비(B/H)가 적당한 값이어야 한다.

㉰ 한 쌍의 사진을 촬영한 사진기의 광축은 거의 동일 평면에 있어야 한다.

㉱ 축척차 5% 이상은 좋지 않다.

○ 입체감을 얻기 위해서는 두 매의 사진축척은 거의 같은 것이 양호하다.

48 촬영고도 3,000m 항공사진에 나타난 연통의 정상의 시차를 측정하니 17.32mm이고, 밑부분의 시차를 측정하니 15.85mm이었다. 이 연통의 높이는?

㉮ 225.8m ㉯ 254.7m
㉰ 245.8m ㉱ 234.7m

○ $h = \dfrac{H}{P_r + \Delta p} \Delta p$

$= \dfrac{H \times (P_a - P_r)}{P_r + (P_a - P_r)}$

$= \dfrac{3,000 \times 1,000 \times (17.32 - 15.85)}{15.85 + (17.32 - 15.85)}$

$= 254,618.9mm = 254.6m$

49 촬영고도 7,500m, 사진 Ⅰ의 주점기선장은 56.5mm, 사진 Ⅱ의 주점기선장은 57.3mm일 때 시차차 1.55mm인 그림자의 고저차는?

㉮ 170.25m   ㉯ 184.30m

㉰ 204.31m   ㉱ 224.25m

$$h = \frac{H}{b_o}\Delta p$$
$$= \frac{7,500 \times 1,000 \times 1.55}{\dfrac{56.5 + 57.3}{2}}$$
$$= 204,305.80 \text{mm} \fallingdotseq 204.31 \text{m}$$

50 촬영고도 750m의 밀착 연직사진이 있다. 이 사진에서 비고 15m에 대한 시차차는 얼마인가?(단, 화면거리 $f = 15$cm, 화면크기 23cm×23cm, 중복도 60%)

㉮ 3.68mm   ㉯ 7.36mm

㉰ 1.84mm   ㉱ 2.76mm

$$b_o = a(1 - \frac{p}{100}) = 230 \times (1 - 0.6)$$
$$= 92 \text{mm}$$
$$\therefore \Delta p = \frac{b_o}{H}h = \frac{92 \times 15 \times 1,000}{750 \times 1,000}$$
$$= 1.84 \text{mm}$$

51 주점거리 210mm, 사진면의 크기 18cm×18cm의 사진기로 촬영한 평지의 항공사진의 주점기선 길이를 측정한 바, 70mm였다. 이 사진의 축척을 1/20,000로 하면 이 사진 중의 비고 50m에 대한 시차차는?

㉮ 0.12mm   ㉯ 0.83mm

㉰ 1.2mm   ㉱ 8.3mm

$$H = mf$$
$$= 20,000 \times 0.21$$
$$= 4,200 \text{m}$$
$$\therefore \Delta p = \frac{b_o}{H}h$$
$$= \frac{0.07 \times 50}{4,200} = 0.00083 \text{m}$$
$$= 0.83 \text{mm}$$

52 비행고도가 2,100m이고 인접 중복사진의 사진 주점기선거리는 72mm일 때 시차차가 1.6mm인 건물의 높이는?

㉮ 23m   ㉯ 34m

㉰ 47m   ㉱ 51m

$$h = \frac{H}{b_o}\Delta p$$
$$= \frac{2,100}{0.072} \times 0.0016$$
$$= 46.66 \text{m}$$
$$\fallingdotseq 47 \text{m}$$

53 입체도화기에 의하여 등고선을 그리는 경우 등고선의 높이에 대한 오차를 등고선 간격의 1/2 이내라고 하면 측정하는 시차차의 오차는?(단, 도화축척 1/5,000, 초점거리 $f = 150$mm, 화면크기 23cm×23cm, 종중복도 60%, 등고선 간격 2m, 사진축척 1/20,000)

㉮ 0.3mm 이내로 하여야 한다.

㉯ 0.003mm 이내로 하여야 한다.

㉰ 0.03mm 이내로 하여야 한다.

㉱ 3.0mm 이내로 하여야 한다.

- 촬영고도(H)
  $= mf$
  $= 0.15 \times 20,000 = 3,000 \text{m}$
- 촬영기선거리(B)
  $= ma(1 - \dfrac{p}{100})$
  $= 20,000 \times 0.23 \times 0.4 = 1,840 \text{m}$
- 비고의 오차(dh) $= \dfrac{2}{2} = 1\text{m}$

$$\therefore (dp) = \frac{Bf}{H^2}dh$$
$$= \frac{1,840 \times 0.15 \times 1}{3,000^2}$$
$$= 0.00003 \text{m} = 0.03 \text{mm}$$

정답   49 ㉰   50 ㉰   51 ㉯   52 ㉰   53 ㉰

실전문제 ^{TIP}

54 사람이 두 눈으로 물체를 보는 경우 멀리 볼 수 있는 수렴각의 최소한계를 20″라 하고, 안기선장(Eye Base)을 65mm라 할 때 원근감을 느낄 수 있는 최대한의 거리는?

㉮ 185m ㉯ 450m

㉰ 560m ㉱ 670m

$\theta'' = \dfrac{\Delta h}{D} \rho''$

$\therefore D = \dfrac{\Delta h \cdot \rho''}{\theta''}$

$\quad = \dfrac{65\text{mm} \times 206,265''}{20''}$

$\quad \fallingdotseq 670\text{m}$

55 보통 사람의 눈은 안기선이 65mm, 명시거리가 250mm라 할 때 광각카메라의 주점기선장이 92mm, 초점거리가 150mm이면 광각카메라에서의 과고감은 약 몇 배인가?

㉮ 1.3배 ㉯ 2.4배

㉰ 3.5배 ㉱ 5.0배

• $\dfrac{b}{h} = \dfrac{65}{250} = \dfrac{1}{3.85}$

• $\dfrac{B}{H} = \dfrac{92}{150} = \dfrac{1}{1.63}$

$\therefore$ 과고감$(V) = \dfrac{\dfrac{B}{H}}{\dfrac{b}{h}} = \dfrac{1}{1.63} \times 3.85$

$\quad = 2.4$배

56 항공사진을 입체시(立體視)하여 관찰할 때 여러 가지 현상이 발생하는데 다음의 설명 중 잘못된 것은?

㉮ 무조건 같은 사진을 두 장 놓고 입체시할 경우 입체감은 생기지 않는다.

㉯ 입체감은 실물보다 일반적으로 과장되어 보인다.

㉰ 사진으로부터 눈을 멀게 하면 입체상은 더욱 급하고 높게 보인다.

㉱ 사진을 좌우로 멀리 놓으면 낮게 보이고 가깝게 하면 급하게 보인다.

사진을 실체시할 때 사진과의 사이를 멀게 하면 실제 지물이 높게 보이고, 이와 반대면은 낮게 보인다.

57 입체시에 대한 설명으로 틀린 것은?

㉮ 광축은 거의 동일 수평면 내에 있어야 한다.

㉯ 입체시를 위해 충분히 중복되어 있어야 한다.

㉰ 2매의 사진축척이 거의 같아야 한다.

㉱ 기선고도비가 약 2.5가 되어야 한다.

B를 촬영기선 길이라 하고, H를 기선으로부터 피사체까지 거리라 할 때 B/H가 적당한 값이어야 하며, 그 값은 약 0.25 정도이다.

58 과고감에 대한 다음 설명 중 틀린 것은?

㉮ 입체시할 때 평면축척보다 수직축척이 크게 나타나는 현상이다.

㉯ 입체시할 때 눈의 위치가 약간 높아지면 과고감이 더 커진다.

㉰ 과고감은 기선고도비에 비례한다.

㉱ 과고감은 동일 촬영조건시 종중복도에 비례한다.

• 과고감은 동일 촬영조건시 종중복도에 반비례한다.

• $\dfrac{B}{H}$에서 기선-고도비가 크면, 과고감이 크고, 작으면 과고감이 작다.

• $\dfrac{B}{H} = \dfrac{ma(1-p)}{H}$에서 p가 클 때, 기선-고도비 값이 작으므로 과고감은 종중복도와 반비례한다.

59 항공사진을 입체시할 경우 과고감 발생에 영향을 주는 요소와 거리가 먼 것은?

㉮ 사진의 명암과 그림자   ㉯ 촬영고도와 기선길이

㉰ 중복도   ㉱ 사진기의 초점거리

○ 과고감은 입체사진에서 수직스케일이 수평스케일보다 크게 나타나는 정도로서, 산의 높이 등이 실제보다 과장되어 보이는 현상을 말하며, 사진의 명암과 그림자는 과고감과는 무관하다.

60 항공사진 입체시 방법이 아닌 것은?

㉮ 육안 입체시   ㉯ 여색 입체시

㉰ 배색 입체시   ㉱ 입체경 입체시

○ 입체시 방법
- 육안에 의한 입체시
- 인공 입체시
  - 기구에 의한 입체시 : 입체경, 도화기
  - 여색 입체시 : 좌(청), 우(적)
- 편광 입체시
- Color 입체시
- Computer 입체시

61 정밀도화기로 입체시하면서 사진상의 지형지물을 도면화하고 표고를 측정하기 위해 사용하는 점을 무엇이라고 하는가?

㉮ 지표   ㉯ 부점

㉰ 자침점   ㉱ 표정점

○ 부점
부점(Floating Mark)은 관측표(Measuring Mark)라고도 하며 입체시에 의하여 공간 내 점의 위치를 측정하기 위하여 사용하는 미세한 목표점을 의미하며 사진상에서 지형과 높이를 결정하기 위해 사용한다.

62 다음 중 카메론 효과가 발생하는 경우는?

㉮ 입체사진상의 이동 물체가 촬영기선 방향으로 이동한 경우

㉯ 입체사진상의 이동 물체가 촬영기선의 직각 방향으로 이동한 경우

㉰ 도화기의 부점이 물체보다 위에 떠 있을 경우

㉱ 도화기의 부점이 물체보다 아래에 가라앉아 있을 경우

○ 카메론 효과
입체사진 위에서 이동한 물체를 입체시하는 경우 그 운동 때문에 물체상의 시차를 발생시키고 그 운동이 기선 방향이면 물체가 뜨거나 가라앉아 보이는 현상이다.

63 한 쌍의 입체모델에서 왼쪽 사진에 찍힌 도로상의 어느 차량이 오른쪽 사진에서는 주점기선에 대해 위쪽으로 이동한 상태로 촬영되었다. 이 모델을 입체시하면 차량은 어떻게 보이는가?

㉮ 도로에 안착한 상태로 보인다.

㉯ 도로 위에 떠 있는 상태로 보인다.

㉰ 도로 아래로 가라앉아 있는 상태로 보인다.

㉱ 입체시가 되지 않고 두 개의 차량으로 보인다.

○ 이 경우에는 종시차(y)가 발생하여 입체시가 되지 않고 두 개의 차량으로 보인다.

64 초점거리 150mm 카메라로 $\dfrac{1}{20,000}$ 축척의 항공사진을 수직으로 촬영하고 이 사진의 연직점으로부터 어떤 건물의 정상을 측정하였더니 39mm, 이 건물의 하단으로부터 정상까지의 변위량이 1.3mm였다. 이 건물의 높이는?

㉮ 50m
㉯ 100m
㉰ 150m
㉱ 200m

$f=150mm$, $m=2,000m$,
$r=39mm$, $\Delta r=1.3mm$

축척$(M)=\dfrac{1}{m}=\dfrac{f}{H}$

$\quad=\dfrac{1}{20,000}=\dfrac{150mm}{H}$

$\rightarrow H=3,000m$

∴ 건물의 높이$(h)=\dfrac{H}{r}\Delta r$

$\quad=\dfrac{3,000m}{39mm}\times1.3mm=100m$

65 입체시를 할 때 입체시가 되는 부분의 과고감을 크게 하기 위한 방법은?

㉮ 종중복도를 감소시킨다.
㉯ 종중복도를 증가시킨다.
㉰ 횡중복도를 감소시킨다.
㉱ 횡중복도를 증가시킨다.

기선고도비가 크면 과고감이 크다.

$\dfrac{B}{H}=\dfrac{m\left(1-\dfrac{p}{100}\right)}{H}$

그러므로 종중복도(p)가 작아져야 기선－고도비가 커지므로 과고감을 크게 하기 위해서는 종중복도를 감소시킨다.

66 시차에 대한 설명으로 틀린 것은?

㉮ 입체모델에서 표고가 높은 곳이 낮은 곳보다 시차가 더 크다.
㉯ 시차는 촬영기선을 기준으로 비행방향 성분을 횡시차, 비행방향에 직각인 성분을 종시차라 한다.
㉰ 종시차가 존재하는 대상물은 입체시가 되지 않는다.
㉱ 횡시차는 대상물 간 수평위치 차이를 반영한다.

종시차는 대상물 간 수평위치 차이를 반영하고 종시차가 커지면 입체시를 방해하게 된다.

67 도화기로 등고선을 그릴 때 등고선의 높이 오차를 3m 이내로 하려면 측정하는 시차차의 오차는 최대 몇 mm 이내이어야 하는가?(단, 사진축척＝1 : 35,000, 초점거리＝150mm, 사진크기＝23cm×23cm, 사진의 중복도＝60%)

㉮ 0.01mm
㉯ 0.05mm
㉰ 0.1mm
㉱ 0.5mm

• 비행고도 $H=m\cdot f$
$\qquad=35,000\times0.15$
$\qquad=5,250m$
• $b_o=a(1-p)$
$\quad=0.23\times0.4=0.092m$
• $\Delta h=3m$
• $h=\dfrac{H}{b_o}\Delta p \rightarrow \Delta p=\dfrac{b_o h}{H}$
∴ $\Delta p_h=\dfrac{b_o\Delta h}{H}$
$\qquad=\dfrac{0.092\times3}{5,250}≒0.00005m$
$\qquad\qquad≒0.05mm$

68 평탄지의 축척 1 : 20,000 항공사진의 연직사진에 찍힌 직육면체 빌딩의 벽 상(上)변과 벽 하(下)변의 길이가 사진상에서 각각 20.0mm와 19.8mm이었다면 이 빌딩의 높이는 약 얼마인가?(단, 항공 카메라의 초점거리는 15cm이고, 벽 상변과 하변의 실제 길이는 같다.)

㉮ 15m   ㉯ 20m
㉰ 25m   ㉱ 30m

$$h = \frac{H}{p_r + \Delta p} \Delta p$$
$$= \frac{0.15 \times 20,000}{19.8 + 0.2} \times 0.2 = 30m$$

여기서, $\Delta p = P_a - P_r$
$= 20.0 - 19.8$
$= 0.2mm$

69 초점거리가 150mm이고 사진축척이 1 : 10,000인 수직 항공사진에서 탑(Tower)의 높이를 계산하려고 한다. 주점에서 탑의 밑부분까지 거리가 9cm, 탑의 꼭대기까지 거리가 10cm일 때 이 탑의 실제 높이는?

㉮ 10m   ㉯ 15m
㉰ 100m   ㉱ 150m

$$h = \frac{H}{P_r + \Delta p} \cdot \Delta p$$
$$= \frac{1,500}{0.09 + (0.1 - 0.09)} \times (0.1 - 0.09)$$
$$= 150m$$

여기서,
$H = m \cdot f$
$= 10,000 \times 0.15 = 1,500m$
P_r : 기준면 시차
P_a : 정상 시차
$\triangle p$: 시차차$(P_a - P_r)$

70 초점거리 150mm 카메라로 촬영고도 1,800m, 촬영기선장 960m로 연직촬영한 입체모델이 있다. A점의 시차를 관측한 결과 기준면(표고 0m)의 시차보다 10mm 더 크게 관측되었다면, 엄밀계산법으로 구한 A점의 표고는?

㉮ 150m   ㉯ 175m
㉰ 200m   ㉱ 225m

• $\frac{1}{m} = \frac{f}{H} = \frac{0.15}{1,800} = \frac{1}{12,000}$
• $b_0 = \frac{B}{m} = \frac{960}{12,000} = 0.08m$
∴ $h = \frac{H}{b_0 + \Delta p} \cdot \Delta p$
$$= \frac{1,800}{0.08 + 0.01} \times 0.01 = 200m$$

71 2쌍의 영상을 입체시하는 방법 중 서로 직교하는 두 개의 편광 광선이 한 개의 편광면을 통과할 때 그 편광면의 진동방향과 일치하는 광선만 통과하고, 직교하는 광선을 통과 못하는 성질을 이용하는 입체시의 방법은?

㉮ 여색입체방법   ㉯ 편광입체방법
㉰ 입체경에 의한 방법   ㉱ 순동입체방법

편광입체방법은 서로 직교하는 진동면을 갖는 2개의 편광광선이 1개의 편광면을 통과할 때, 그 편광면의 진동방향과 일치하는 진행방향의 광선만 통과하고 여기에 직교하는 광선은 통과하지 못하는 편광의 성질을 이용하는 방법이다.

72 카메라의 검정 데이터(Calibration Data)에 해당되는 것은?

㉮ 사진지표의 좌표값   ㉯ 연직점의 좌표
㉰ 대기 보정량   ㉱ 사진축척

카메라의 검정 데이터에는 주점(사진지표의 좌푯값), 초점거리, 렌즈왜곡 등이 있다.

73 입체시를 할 때 계곡이 솟아오른 능선으로 보이고, 산봉우리가 푹 꺼진 분지로 보이는 경우는?

㉮ 기선길이가 너무 짧은 경우

㉯ 음화와 양화가 섞여 있는 경우

㉰ 입체시되는 사진의 좌우가 바뀐 경우

㉱ 좌우 사진에 심한 축척 차이가 있는 경우

> **역입체시**
> 입체시 과정에서 높은 것은 낮게, 낮은 것은 높게 보이는 현상을 말한다.
> • 정입체시되는 한 쌍의 사진에 좌우 사진을 바꾸어 입체시하는 경우
> • 정상적인 여색입체시 과정에서 색안경의 적과 청을 좌우로 바꾸어 볼 경우

74 내부표정에서 선형등각사상변환식(Linear Conformal Transformation 또는 Similarity Transformation)을 사용할 때 계산할 수 없는 것은?

㉮ 사진의 회전   ㉯ 사진의 변형

㉰ 사진의 축척   ㉱ 사진의 이동

> **내부표정**
> 도화기의 투영기에 촬영 당시와 똑같은 상태로 양화건판을 정착시키는 작업이다. 또한, 등각사상변환은 직교기계좌표에서 관측된 지표좌표계를 사진좌표로 변환할 때 이용된다. 등각사상변환은 축척변환, 회전변환, 평행변위 세 단계로 이루어진다.

75 다음 중 해석적 내부표정에 사용되는 부등각사상변환(Affine Transformation)은 어느 것인가?(단, X, Y는 사진좌표, x, y는 관측좌표, x_0, y_0는 원점미소변위, a, b는 미지계수를 나타낸다.)

㉮ $X = a_1 x^2 + b_1 y^2 + x_0$ $Y = b_2 x^2 + a_2 y^2 + y_0$

㉯ $X = a_1 x + a_2 y + x_0$ $Y = b_1 x + b_2 y + y_0$

㉰ $X = a_1 x + a_2 y + a_3 xy + x_0$ $Y = b_1 x + b_2 y + b_3 xy + y_0$

㉱ $X = a_1 x + a_2 y + a_3 xy + a_4 x^2 + a_5 y^2 + x_0$

$Y = b_1 x + b_2 y + b_3 xy + b_4 x^2 + b_5 y^2 + y_0$

> **부등각 사상변환**
> 비직교 기계좌표에서 관측된 지표좌표를 사진좌표로 변환할 때 이용
> $x'' = a_1 x + b_1 y + x_0$
> $y'' = a_2 x + b_2 y + y_0$
> ※ 미지수 a_1, a_2, b_1, b_2, x_0, y_0(6변수 변환)
>
> cf) 등각사상변환
> $x'' = ax + by + x_0$
> $y'' = -bx + ay + y_0$
> ※ 미지수 a, b, x_0, y_0(4변수 변환)

76 기계좌표(x_m, y_m)를 사진좌표(x_p, y_p)로 변환하기 위한 내부표정을 수행하기 위해 다음과 같은 좌표변환식을 사용하였다.

$$\begin{pmatrix} x_p \\ y_p \end{pmatrix} = \begin{pmatrix} a_{11} & a_{12} \\ a_{21} & a_{22} \end{pmatrix} \begin{pmatrix} x_m \\ y_m \end{pmatrix} + \begin{pmatrix} x_T \\ y_T \end{pmatrix}$$

만일 기계좌표와 사진좌표계가 정확히 일치할 경우(즉, 기계좌표계와 사진좌표계가 동일한 경우)에 변화식의 요소로 옳은 것은?

㉮ $a_{11} = 1$, $a_{12} = 1$, $a_{21} = 1$, $a_{22} = 1$, $x_T = 1$, $y_T = 1$

㉯ $a_{11} = 1$, $a_{12} = 1$, $a_{21} = 1$, $a_{22} = 1$, $x_T = 0$, $y_T = 0$

㉰ $a_{11} = 0$, $a_{12} = 0$, $a_{21} = 0$, $a_{22} = 0$, $x_T = 1$, $y_T = 1$

㉱ $a_{11} = 1$, $a_{12} = 0$, $a_{21} = 0$, $a_{22} = 1$, $x_T = 0$, $y_T = 0$

> 기계좌표와 사진좌표가 정확히 일치하기 위해서는 행렬식에서 (x_m, y_m)과 (x_p, y_p)가 정확히 일치하여야 한다. 행렬식에서 원래의 값과 결과값이 동일하기 위해서는 단위행렬로 구성된 행렬식과 연산하여야 하며 2차원 행렬인 경우 단위행렬은 $\begin{pmatrix} 1 & 0 \\ 0 & 1 \end{pmatrix}$이다.
> 또한 단위행렬과 연산을 한 후 변화가 없기 위해서 차기 항에 대한 값이 모두 0으로 구성된 행렬과의 연산을 하여야 변화가 발생하지 않게 된다.
> 따라서,
> $\begin{pmatrix} a_{11} & a_{12} \\ a_{21} & a_{22} \end{pmatrix} = \begin{pmatrix} 1 & 0 \\ 0 & 1 \end{pmatrix}$, $\begin{pmatrix} x_T \\ y_T \end{pmatrix} = \begin{pmatrix} 0 \\ 0 \end{pmatrix}$

정답 73 ㉰ 74 ㉯ 75 ㉯ 76 ㉱

77 사진 측량에서 말하는 모형(Model)은 무엇을 뜻하는가?

⑦ 촬영지역을 대표하는 부분

㉯ 한 쌍의 중복된 사진으로 입체시되는 부분

㉰ 촬영사진 중 수정 모자이크된 부분

㉴ 촬영된 각각의 사진 한 장이 포괄하는 부분

> 모델(Model)
> 다른 위치로부터 촬영되는 2매 1조의 입체사진으로부터 만들어지는 부분을 말한다.

78 항공사진에 대한 설명으로 틀린 것은?

⑦ 항공사진으로 지도를 만들 수 없다.

㉯ 항공사진은 지면에 비고가 있으면 그 상은 변형되어 찍힌다.

㉰ 항공사진은 지면에 비고가 있으면 연직사진이어도 렌즈의 중심과 지상점의 높이의 차가 다르고 축척은 변화한다.

㉴ 항공사진은 경사져 있으면 지면이 평탄하더라도 사진의 경사의 방향에 따라 한쪽은 크고 다른 쪽은 작게 되어 축척은 일정하지 않다.

> 항공사진을 도화하면 지도가 만들어진다.

79 광각사진기를 이용하여 수직 촬영한 경우, 그림의 건물 높이는? (단, 촬영고도＝400m, $r=10$cm, $\varDelta r=1$cm)

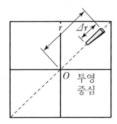

⑦ 4m ㉯ 10m ㉰ 20m ㉴ 40m

> $$\varDelta r = \frac{h}{H} \cdot r$$
> $$\therefore h = \frac{\varDelta r \cdot H}{r} = \frac{1\text{cm} \times 400\text{m}}{10\text{cm}} = 40\text{m}$$

80 다음 중 사진측량용 카메라의 특징으로 옳지 않은 것은?

⑦ 초점거리가 일반카메라에 비해 길다.

㉯ 렌즈왜곡이 적으며 보정이 가능하다.

㉰ 셔터스피드는 1/100~1/1,000초 정도이다.

㉴ 피사각(화각)이 적으며, 렌즈 지름도 작다.

> 사진측량용 카메라는 일반 카메라에 비해 화각이 크고, 렌즈 지름이 크다.

81 사진좌표를 결정하기 위해 사용하는 좌표변환식에 포함되지 않는 미지변수는?

⑦ 사진의 축척 ㉯ 사진의 회전각

㉰ 렌즈의 왜곡량 ㉴ 좌표원점의 이동량

> 사진좌표를 결정하기 위한 2차원 변환은 축척, 회전, 평행변위 등 3단계로 이루어진다.

정답 77 ㉯ 78 ⑦ 79 ㉴ 80 ㉴ 81 ㉰

82 그림은 측량용 항공사진기의 방사렌즈 왜곡을 나타내고 있다. 사진좌표가 $x = 3$cm, $y = 4$cm인 점에서 왜곡량은?(단, 주점의 사진좌표는 $x = 0$, $y = 0$이다.)

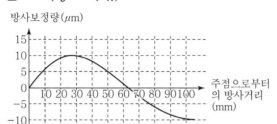

㉮ 주점 방향으로 5μm ㉯ 주점 방향으로 10μm
㉰ 주점 반대방향으로 5μm ㉱ 주점 반대방향으로 10μm

> 렌즈의 방사왜곡은 상의 위치가 주점으로부터 방사방향을 따라 왜곡되어 나타나는 것을 말한다.
> 즉, 방사왜곡량이 (+)이면 주점 반대방향, (−)이면 주점 방향의 왜곡량이 된다.
> 방사거리를 구하면, $r = \sqrt{3^2 + 4^2}$
> $= 5$cm $= 50$mm이므로 그림에서 방사왜곡량을 구하면 5μm가 된다.

83 그림은 기복변위식을 유도하기 위한 도식을 나타낸 것이다. Δr과 ΔR의 관계식으로 바른 것은?

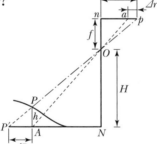

㉮ $\Delta r = \dfrac{H}{f}\Delta R$
㉯ $\Delta r = \dfrac{f}{H}\Delta R$
㉰ $\Delta r = \dfrac{f}{r}\Delta R$
㉱ $\Delta r = \dfrac{r}{H}\Delta R$

> $H : f = \Delta R : \Delta r$
> $\therefore \Delta r = \dfrac{f}{H}\Delta R$

84 다음 중 사진측량에 대한 설명으로 옳은 것은?

㉮ 엄밀 수직 항공사진의 경우에는 주점, 연직점 및 등각점이 서로 일치한다.
㉯ 등각점에서는 경사에 관계없이 경사사진의 축척과 같은 축척으로 된다.
㉰ 주점에서 방사 왜곡량이 가장 크다.
㉱ 흑백필름을 사용하는 경우 렌즈의 색수차는 발생하지 않는다.

> 엄밀 수직 항공사진의 경우에는 주점, 연직점 및 등각점이 서로 일치한다.

85 완벽한 수직사진에 있는 한 점의 사진기좌표를 (X, Y, Z)이라고 하고, Z축을 기준으로 κ만큼 회전할 때 얻어진 사진기좌표를 $(X_\kappa, Y_\kappa, Z_\kappa)$라고 할 때, 이 사진기좌표의 관계를 올바르게 나타낸 것은?

㉮ $\begin{bmatrix} X_\kappa \\ Y_\kappa \\ Z_\kappa \end{bmatrix} = \begin{bmatrix} 1 & 0 & 0 \\ 0 & \cos\kappa & \sin\kappa \\ 0 & -\sin\kappa & \cos\kappa \end{bmatrix} \begin{bmatrix} X \\ Y \\ Z \end{bmatrix}$

㉯ $\begin{bmatrix} X_\kappa \\ Y_\kappa \\ Z_\kappa \end{bmatrix} = \begin{bmatrix} 1 & 0 & 0 \\ 0 & \cos\kappa & -\sin\kappa \\ 0 & \sin\kappa & \cos\kappa \end{bmatrix} \begin{bmatrix} X \\ Y \\ Z \end{bmatrix}$

㉰ $\begin{bmatrix} X_\kappa \\ Y_\kappa \\ Z_\kappa \end{bmatrix} = \begin{bmatrix} \cos\kappa & \sin\kappa & 0 \\ -\sin\kappa & \cos\kappa & 0 \\ 0 & 0 & 1 \end{bmatrix} \begin{bmatrix} X \\ Y \\ Z \end{bmatrix}$

㉱ $\begin{bmatrix} X_\kappa \\ Y_\kappa \\ Z_\kappa \end{bmatrix} = \begin{bmatrix} \cos\kappa & \sin\kappa & 0 \\ \sin\kappa & \cos\kappa & 0 \\ 0 & 0 & 1 \end{bmatrix} \begin{bmatrix} X \\ Y \\ Z \end{bmatrix}$

> 한 축에 대한 회전(3차원 좌표변환)
> • X축에 관한 회전(ω)
> $$\begin{bmatrix} X' \\ Y' \\ Z' \end{bmatrix} = \begin{bmatrix} 1 & 0 & 0 \\ 0 & \cos\omega & \sin\omega \\ 0 & -\sin\omega & \cos\omega \end{bmatrix} \begin{bmatrix} X \\ Y \\ Z \end{bmatrix} = R_\omega \begin{bmatrix} X \\ Y \\ Z \end{bmatrix}$$
> • Y축에 관한 회전(ϕ)
> $$\begin{bmatrix} X' \\ Y' \\ Z' \end{bmatrix} = \begin{bmatrix} \cos\phi & 0 & -\sin\phi \\ 0 & 1 & 0 \\ \sin\phi & 0 & \cos\phi \end{bmatrix} \begin{bmatrix} X \\ Y \\ Z \end{bmatrix} = R_\phi \begin{bmatrix} X \\ Y \\ Z \end{bmatrix}$$
> • Z축에 관한 회전(κ)
> $$\begin{bmatrix} X' \\ Y' \\ Z' \end{bmatrix} = \begin{bmatrix} \cos\kappa & \sin\kappa & 0 \\ -\sin\kappa & \cos\kappa & 0 \\ 0 & 0 & 1 \end{bmatrix} \begin{bmatrix} X \\ Y \\ Z \end{bmatrix} = R_\kappa \begin{bmatrix} X \\ Y \\ Z \end{bmatrix}$$
> 여기서, X, Y, Z : 회전 전의 좌표
> X', Y', Z' : 회전 후의 좌표

86 한 쌍의 중복사진에 있어서 2개의 투영중심과 양 사진의 대응되는 상점(像點)이 동일 평면상에 있기 위한 필요충분 조건을 무엇이라 하는가?

㉮ 공선조건 ㉯ 공면조건
㉰ 수령조건 ㉱ 회전변환조건

> 공면조건은 두 개의 투영중심(O_1, O_2)과 공간상의 임의의 점 P의 두 상점(P_1, P_2)이 동일 평면상에 있기 위한 조건이다.

87 사진좌표계를 결정하는 데 필요하지 않은 사항은?

㉮ 사진지표의 좌표 ㉯ 좌표변환식
㉰ 주점의 좌표 ㉱ 연직점의 좌표

> 사진좌표계는 주점을 원점으로 하는 2차원 좌표계로 연직점의 좌표는 필요하지 않다.

88 해석식 도화의 공선조건식에 대한 설명으로 틀린 것은?

㉮ 지상점, 영상점, 투영중심이 동일한 직선 상에 존재한다는 조건이다.
㉯ 하나의 사진에서 충분한 지상기준점이 주어진다면, 외부표정요소를 계산할 수 있다.
㉰ 하나의 사진에서 내부, 상호, 절대표정요소가 주어지면, 지상점이 투영된 사진 상의 좌표를 계산할 수 있다.
㉱ 내부표정요소 및 절대표정요소를 구할 때 이용할 수 있다.

> 내부표정요소는 초점거리(f), 주점위치(x_0, y_0)로 자체 검정자료에 의해 얻어진다.

89 지상좌표계로 좌표가 (50m, 50m)인 건물의 모서리가 사진상의 (11mm, 11mm) 위치에 나타났다. 사진의 주점의 위치는(1mm, 1mm)이고, 투영중심은(0m, 0m, 1,530m)이라면 이 사진의 축척은?(단, 사진좌표계와 지상좌표계의 모든 좌표축의 방향은 일치한다)

㉮ 1 : 1000
㉯ 1 : 2000
㉰ 1 : 5000
㉱ 1 : 10000

> 사진축척(M)
> $$= \frac{1}{m} = \frac{\text{도상거리}}{\text{실제거리}} = \frac{10}{50 \times 1,000}$$
> $$= \frac{1}{5,000}$$

90 사진지표가 없는 일반 사진기로 해석적 사진측량을 수행할 경우 정밀좌표측정기의 기계좌표와 지상좌표 간의 변환식 결정에 가장 적합한 식은?

㉮ 투영 변환식
㉯ 직접선형 변환식
㉰ 부등각사상 변환식
㉱ 선형등각사상 변환식

> 비측량사진기(일반사진기)를 해석 모델로 사용하는 경우 직접 선형변환 방법이 지상기준점 배치를 최적화하는 데 효율적인 방법이다.

91 해석적 내부표정에서 Affine 변환식으로 보정할 수 없는 현상은?

㉮ 좌표축이 회전된 경우
㉯ X축과 Y축의 축척이 서로 다른 경우
㉰ 좌표 원점이 평행이동된 경우
㉱ 곡면을 평면으로 보정할 경우

> Affine 변환은 2차원 등각 사상변환에 대한 축척에서 x, y방향에 대해 축척인자가 다른 미소한 차이를 갖는 변환으로 회전, 축척, 원점 평행이동의 세 단계로 이루어진다. 변환 후 실제 모양은 변하지만 평행선은 변환 후에도 평행을 유지한다. 곡면을 평면으로 보정할 경우에는 투영변환식을 사용하면 된다.

92 초점거리 150mm인 항공사진기로 촬영경사 5grad 각도로 평지를 촬영하였다. 사진의 등각점은 주점으로부터 최대경사선상 몇 mm인 곳에 위치하는가?

㉮ 5.9mm
㉯ 6.5mm
㉰ 11.8mm
㉱ 13.1mm

> $$\overline{mj} = f\tan\frac{i}{2} = 150 \times \tan\frac{4.5°}{2}$$
> $$= 5.9\text{mm}$$
> ※ $1^g = 0.9°$

93 어느 지역의 비고가 100m인 곳에서 촬영한 연직사진의 축척이 1 : 25,000일 때 이 사진의 비고에 의한 최대 변위량은?(단, 사진의 크기는 23cm×23cm, 초점거리 210mm이다.)

㉮ 0.15cm
㉯ 0.31cm
㉰ 0.43cm
㉱ 0.71cm

> 최대 기복 변위량(Δr_{max})
> $$= \frac{h}{H} \times r_{max}$$
> 여기서, $r_{max} = \frac{\sqrt{2}}{2}a$
> $$\therefore \Delta r_{max} = \frac{h}{H} \times r_{max}$$
> $$= \frac{h}{H} \times \frac{\sqrt{2}}{2}a$$
> $$= \frac{100}{25,000 \times 0.21} \times 16.26$$
> $$= 0.31\text{cm}$$

94 측량용 사진기의 검정자료(Calibration Data)에 포함되지 않는 것은?

㉮ 주점의 위치 ㉯ 초점거리
㉰ 렌즈왜곡량 ㉱ 좌표변환식

> 좌표변환식은 측량용 사진기의 검정
> 자료와는 관계가 없다.

95 모델좌표계를 지상좌표계로 변환하는 표정은 무엇이며, 이때 필요한 좌표는?

㉮ 상호표정 – 지상기준점 좌표
㉯ 상호표정 – 공액점 좌표
㉰ 절대표정 – 지상기준점 좌표
㉱ 절대표정 – 공액점 좌표

> 절대표정은 상호표정이 끝난 입체모
> 형을 지상기준점을 이용하여 지상좌
> 표계와 일치하도록 하는 작업이다.

96 지상기준점과 사진좌표를 이용하여 외부표정요소를 계산하기 위해 필요한 식은?

㉮ 공선조건식
㉯ Similarity 변환식
㉰ Affine 변환식
㉱ 투영변환식

> 하나의 사진에서 충분한 지상기준점
> 과 사진좌표가 주어진다면 공선조건
> 식에 의해 외부표정요소(X_0, Y_0,
> Z_0, κ, ϕ, ω)를 계산할 수 있다.

97 사진측량의 내부표정에서 사용 가능한 방법은?

㉮ 3차원 상사변환(3–Dimensional Similarity Transformation)
㉯ 의사부등각사상변환(Pseudo Affine Transformation)
㉰ 공면조건(Coplanarity Condition)
㉱ 공선조건(Collinearity Condition)

> 내부표정
> 내부표정은 기계좌표에서 사진좌표
> 를 얻기 위한 수치적 방법이며 좌표변
> 환 방법으로는 Helmert 변환, 등각사
> 상변환, 부등각사상변환 등이 있다.

98 공선조건식에 포함되는 변수가 아닌 것은?

㉮ 지상점의 좌표 ㉯ 상호표정요소
㉰ 내부표정요소 ㉱ 외부표정요소

> 공선조건식은
> $$x = x_0 - f\frac{m_{11}(X-X_0) + m_{12}(Y-Y_0) + m_{13}(Z-Z_0)}{m_{31}(X-X_0) + m_{32}(Y-Y_0) + m_{33}(Z-Z_0)}$$
> 로 X, Y, Z는 지상점의 좌표,
> x_0, f는 내부표정요소,
> $m_{11}, m_{12}, \cdots, X_0, Y_0, Z_0$는 외부표정
> 요소이다.

99 다음 그래프는 측량용 항공사진기의 방사렌즈 왜곡을 나타내고 있다. 사진좌표가 $x=6cm$, $y=-8cm$인 점에서 왜곡량은?(단, 주점의 사진좌표는 $x=0$, $y=0$이다.)

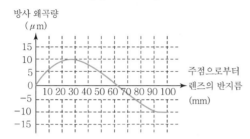

방사 왜곡량 (μm)

주점으로부터 렌즈의 반지름 (mm)

㉮ 주점 방향으로 $5\mu m$

㉯ 주점 방향으로 $10\mu m$

㉰ 주점 반대방향으로 $5\mu m$

㉱ 주점 반대방향으로 $10\mu m$

> 렌즈의 방사왜곡은 상의 위치가 주점으로부터 방사방향을 따라 왜곡되어 나타나는 것을 말한다. 즉, 방사왜곡량이 $(+)$이면 주점 반대방향, $(-)$이면 주점방향의 왜곡량이 된다.
> 방사거리를 구하면,
> $r = \sqrt{6^2+(-8)^2} = 10cm = 100mm$
> 이므로,
> 그림에서 방사왜곡량을 구하면 -10 μm가 된다.

100 내부표정에 대한 설명 중 옳지 않은 것은?

㉮ 3차원 Similarity 변환을 사용한다.

㉯ 내부표정을 수행하면, 사진상의 모든 점의 위치를 사진좌표계로 표현할 수 있다.

㉰ 기계좌표계와 사진좌표계와의 기하학적 관계를 수립한다.

㉱ 사진상에 나타난 사진지표(Fiducial Marks)를 측정해야 한다.

> 내부표정은 기계좌표에서 사진좌표를 얻는 과정으로 좌표변환에는 2차원 Helmert 변환, 등각사상변환, 부등각 사상변환 등이 이용된다.

101 초점거리 150mm, 사진의 크기 23cm×23cm의 카메라로 찍은 항공사진의 경사각이 15°이면 이 사진의 연직점(Nadir Point)과 주점(Principal Point)과의 사진상에서의 거리는?(단, 연직점은 사진 중심점으로부터 방사선(Radial Line) 위에 있다.)

㉮ 40.2mm   ㉯ 50.0mm

㉰ 75.0mm   ㉱ 100.5mm

> 사진의 연직점과 주점과의 거리($\overline{mn}$)
> $= f \cdot \tan i$
> $= 150 \times \tan 15°$
> $= 40.2mm$

102 상호표정 수행 후 형성되는 좌표계는?

㉮ 사진좌표계   ㉯ 절대좌표계

㉰ 모델좌표계   ㉱ 지도좌표계

> 상호표정은 사진좌표로부터 사진기 좌표를 구한 다음 모델좌표를 구하는 단계적 방법이다.

103 항공사진측량용 디지털카메라 중 선형 배열 카메라(Linear Array Camera)에 대한 설명으로 틀린 것은?

㉮ 선형의 CCD 소자를 이용하여 지면을 스캐닝 하는 방식이다.

㉯ 각각의 라인별로 중심투영의 특성을 가진다.

㉰ 각각의 라인별로 서로 다른 외부표정요소를 가진다.

㉱ 촬영방식은 기존의 아날로그 카메라와 동일하게 대상 지역을 격자형태로 촬영한다.

촬영방식이 기존의 아날로그 카메라와 동일한 대상 지역을 격자형태로 촬영한 카메라를 면형(Frame Array) 카메라라 한다.

104 초점거리가 서로 다른 2대의 사진기로 취득한 2장의 사진에 대해 공선 조건식을 적용하는 경우에 대한 설명으로 옳은 것은?

㉮ 1쌍의 공선조건식에 2개의 초점거리를 평균한 값을 사용한다.

㉯ 1쌍의 공선조건식에 서로 다른 초점거리를 그대로 사용한다.

㉰ 1쌍의 공건조건식에 왼쪽 사진의 초점거리를 선택하여 사용한다.

㉱ 1쌍의 공건조건식에 오른쪽 사진의 초점거리를 선택하여 사용한다.

초점거리가 다른 2대의 사진기로 취득한 2장의 사진은 서로 다른 초점거리를 그대로 사용하여 공선조건식을 적용한다.

105 사진기 검정자료(Calibration Data)로부터 직접 얻을 수 없는 정보는?

㉮ 초점거리 ㉯ 렌즈의 왜곡량

㉰ 등각점 ㉱ 주점

측량용 사진기의 검정자료에는 주점 위치, 초점거리, 렌즈 왜곡량 등이 포함된다.

106 입체모델을 구성하는 두 사진의 투영 중심과 임의의 지상점, 그리고 지상점에 대한 각 사진의 공액점이 동일 평면상에 존재해야 한다는 조건은?

㉮ 공선조건 ㉯ 공면조건

㉰ 수렴조건 ㉱ 회전변환조건

공면조건은 한 쌍의 중복사진에 있어서 2개의 투영 중심과 양 사진의 대응되는 상점이 동일 평면 내에 있기 위한 조건을 말한다.

107 항공사진에서 발생하는 현상이 아닌 것은?

㉮ 기복변위 ㉯ 과고감

㉰ Image motion ㉱ 주파수 단절

주파단절은 GNSS 측량 시 발생하는 현상이다.

실전문제 **TIP**

108 항공사진측량용 디지털카메라의 특징에 대한 설명으로 옳지 않은 것은?

㉮ 필름으로부터 영상을 획득하기 위한 스캐닝 과정이 필요 없다.

㉯ 비행촬영계획부터 자동화된 과정을 거치므로 영상의 품질관리가 용이하다.

㉰ 가격이 저렴하고, 자료처리에 요구되는 메모리가 줄어든다.

㉱ 신속한 결과물의 이용이 가능하다.

> 디지털 항공사진측량 사진기는 가격이 고가이고, 기존의 항공사진을 대체하기 위해서는 많은 저장공간이 요구된다.

109 광속조정법(Bundle Adjustment)을 이용하여 항공삼각측량을 수행할 경우, 사진 3장이 중복된 부분에서 2점에 대한 지상좌표와 각각의 사진좌표를 측정할 경우 생성되는 공선조건식의 수는?

㉮ 4개   ㉯ 6개

㉰ 12개   ㉱ 24개

> 광속조정법에서의 기본적인 수학모형식은 공선조건을 이용한다. 사진좌표(x, y)에 관한 공선조건식은 외부표정요소$(\kappa, \varphi, \omega, X_0, Y_0, Z_0)$와 지상좌표 (X, Y, Z)의 9개 미지함수로 표현된다. 그러므로 2점에 대한 지상좌표와 각각의 사진좌표를 측정할 경우 생성되는 공선조건식의 수는 외부표정요소 6개와 지상좌표 6개이므로 12개의 공선조건식이 생성된다.

110 어느 높이에서 촬영한 연직사진 A와 그 2배의 높이에서 동일 카메라로 촬영한 사진 B와의 관계에 대하여 설명한 것 중 옳지 않은 것은?(단, 사진의 중복도는 모두 60%이다.)

㉮ 한 장의 사진에 촬영된 면적은 B는 A의 4배, 촬영기선장은 B는 A의 2배이다.

㉯ 사진상에 동일 위치에 찍힌 동일 높이의 산정의 비고에 의한 변위는 B쪽이 A쪽보다 크다.

㉰ 평지의 사진축척은 B는 A의 1/2배이다.

㉱ B는 A보다 비고의 측정정밀도가 나쁘게 된다.

> • 기복변위 영향으로 B쪽이 A보다 낮다.
> • $\Delta r = \dfrac{h}{H} \cdot r$이므로 H가 높을수록 기복변위 영향은 적다.

111 공간좌표 변환에 사용되는 Affine 식에 대한 다음 설명 중 옳지 않은 것은?

㉮ 미지수가 6개이다.   ㉯ 등각 사상변환이다.

㉰ 좌표계의 회전이 포함된다.   ㉱ 원점의 이동이 포함된다.

> Affine 변환은 부등각 사상변환이다.

112 항공사진에서 공선조건을 어긋나게 하는 요소가 아닌 것은?

㉮ 대기의 굴절률   ㉯ 지표면의 기복

㉰ 필름의 편평도   ㉱ 렌즈왜곡

> 항공사진에서 공선조건을 어긋나게 하는 요소에는 렌즈왜곡, 대기굴절, 지구곡률, 필름 변형 등이 있다.

정답   108 ㉰   109 ㉰   110 ㉯   111 ㉯   112 ㉯

113 연직사진의 사진좌표계(x, y)와 지상좌표계(X, Y)가 그림과 같이 구성되었다. 지상좌표계를 사진좌표계로 변환하기 위한 3차원 회전행렬로 옳은 것은?

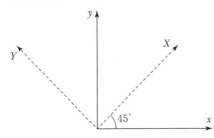

㉮ $R = \begin{bmatrix} 1/\sqrt{2} & -1/\sqrt{2} & 0 \\ 1/\sqrt{2} & 1/\sqrt{2} & 0 \\ 0 & 0 & 1 \end{bmatrix}$

㉯ $R = \begin{bmatrix} 1/\sqrt{2} & 1/\sqrt{2} & 0 \\ -1/\sqrt{2} & 1/\sqrt{2} & 0 \\ 0 & 0 & 1 \end{bmatrix}$

㉰ $R = \begin{bmatrix} 1/\sqrt{2} & 1/\sqrt{2} & 0 \\ 1/\sqrt{2} & -1/\sqrt{2} & 0 \\ 0 & 0 & 1 \end{bmatrix}$

㉱ $R = \begin{bmatrix} 1/\sqrt{2} & 1/\sqrt{2} & 0 \\ 0 & 1 & 0 \\ 1/\sqrt{2} & 1/\sqrt{2} & 0 \end{bmatrix}$

> 지상좌표계를 사진좌표계로 변환하기 위한 3차원 회전행렬
> • Z축에 관한 회전(R)
> $$R = \begin{bmatrix} \cos45° & -\sin45° & 0 \\ \sin45° & \cos45° & 0 \\ 0 & 0 & 1 \end{bmatrix}$$
> $$= \begin{bmatrix} 1/\sqrt{2} & -1/\sqrt{2} & 0 \\ 1/\sqrt{2} & 1/\sqrt{2} & 0 \\ 0 & 0 & 1 \end{bmatrix}$$

114 상호표정요소를 해석적인 방법으로 구할 때 종시차방정식의 관측값으로 필요한 자료는?

㉮ 공액점의 y좌표
㉯ 공액점의 x좌표
㉰ 연직점의 z좌표
㉱ 연직점의 x좌표

> 상호표정요소를 해석적인 방법으로 구할 때 종시차방정식의 관측값으로 필요한 자료는 공액점의 y좌표이다.

115 해발 1,200m에서 초점거리 153mm로 촬영한 경사사진에서 최대경사선을 따라 활주로가 촬영되어 있다. 사진상에서 활주로의 폭이 주점에서 4.5mm, 등각점에서 4.6mm, 연직점에서 4.7mm였다면 이 활주로의 해발고도는 약 얼마인가?(단, 활주로의 실제 폭은 34m로 일정하고 경사가 없다.)

㉮ 44m
㉯ 69m
㉰ 93m
㉱ 116m

> • 경사사진에서 등각점을 이용하면 수직사진의 축척과 동일하므로, 축척을 구하면 다음과 같다.
> 사진축척(M) $= \dfrac{1}{m} = \dfrac{l}{L}$
> $= \dfrac{0.0046}{34}$
> $≒ \dfrac{1}{7,391.3}$
> • 해발고도(h) $= H - (m \cdot f)$
> $= 1,200 - (7,391.3 \times 0.153)$
> $= 69.13 ≒ 69m$

116 지상측량용 사진기를 이용하여 건축물의 3차원 측량을 수행할 경우에 고려하지 않아도 될 사항은?

㉮ 렌즈의 왜곡
㉯ 초점거리
㉰ 기준점의 정확도
㉱ Image Motion 보정

> 이미지 모션(Image Motion) 보정은 항공사진측량에서 영상흘림현상을 제거하기 위한 보정이다.

CHAPTER 03 사진측량의 공정

••••01 사진측량에 의한 지형도 제작 순서

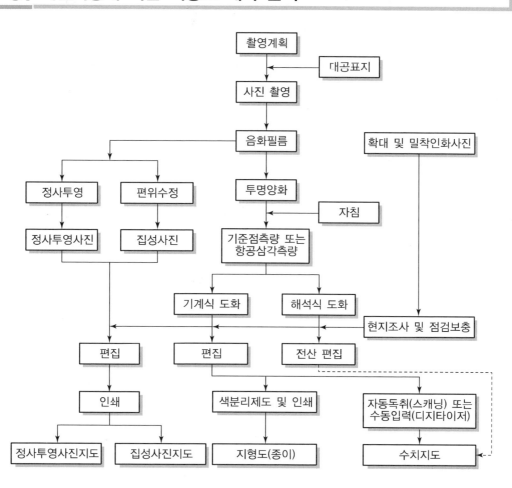

[그림 3-1] 사진측량에 의한 지형도 제작 순서

••••02 촬영계획

사진측량은 촬영용 카메라, 항공기 및 촬영보조기계, 촬영계획 등을 상호 연관하여 효과적인 측량이 되도록 하여야 한다. 촬영계획을 세우는 데는 우선 다음과 같은 사항을 고려해야 한다.

(1) 사진축척(Photo Scale)

$$M = \frac{1}{m} = \frac{l}{L} = \frac{f}{H}$$

여기서, M : 축척
　　　　m : 축척의 분모수
　　　　l : 화면에서 두 점 간의 거리
　　　　L : 지상에서 두 점 간의 거리
　　　　f : 초점거리
　　　　H : 촬영고도

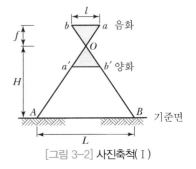

[그림 3-2] 사진축척(Ⅰ)

※ 기준면상에 비고가 있는 경우

$$M = \frac{1}{m} = \frac{f}{H \underset{\ominus}{\oplus} h}$$

여기서, h : 비고

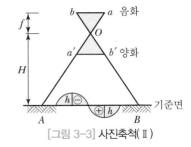

[그림 3-3] 사진축척(Ⅱ)

> **Reference 참고**
>
> 비행고도(H)의 10~20%의 비고차가 있을 때는 산악지역으로 보고 2단 촬영하여 축척을 정한다.

(2) 중복도(Over Lap) 및 촬영기선길이(Air Base)

1) 중복도

① **종중복(Over Lap)**
   촬영진행 방향에 따라 중복시키는 것을 말하며, 일반적으로 보통 60%를 중복시키고 최소한 50% 이상은 중복시켜야 한다.

② **횡중복(Side Lap)**
   촬영진행 방향에 직각으로 중복시키는 것을 말하며, 일반적으로 횡중복은 30%를 중복시키고 최소한 5% 이상은 중복시켜야 한다.

2) 촬영기선길이

1코스의 촬영 중 임의의 촬영점으로부터 다음 촬영점까지의 실제거리를 촬영 종기선길이(B) 라 하며, 코스 간격을 나타내는 C_o를 촬영 횡기선길이라 한다.

- 촬영 종기선길이(B) $= mb_o = ma\left(1 - \dfrac{p}{100}\right)$

- 촬영 횡기선길이(C_o) $= ma\left(1 - \dfrac{q}{100}\right)$

여기서, p : 종중복(%)
q : 횡중복(%)
b_o : 주점기선길이

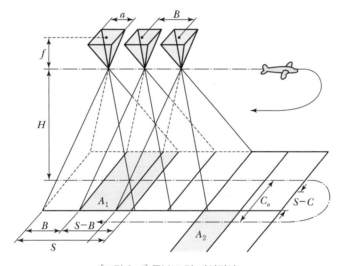

[그림 3-4] 중복도 및 기선길이

> **Reference 참고**
>
> ① 사진측량에서 산악지역은 한 모델 또는 사진상의 비고차가 10% 이상인 지역을 말한다.
> ② 산악지역이나 고층 빌딩이 밀집된 시가지 촬영방법은 10~20% 이상 중복도를 높여 촬영하거나 2단 촬영한다.

(3) 촬영고도(Flight Height)

촬영고도는 사진축척과 사용 사진기의 초점거리가 결정되면 계산할 수 있으며, 촬영기준면은 계획지역 내의 저지면을 기준으로 하여 촬영고도를 결정한다. 또한 지도 제작에 이용하려는 도화기와 요구하는 등고선의 간격에 의해 촬영고도를 결정할 수 있다.

$$H = C \cdot \Delta h$$

여기서, C : 도화기에 따른 상수
Δh : 등고선 간격

(4) 촬영코스

① 촬영코스는 촬영지역을 완전히 덮고 코스 사이의 중복도를 고려하여 결정한다.
② 일반적으로 넓은 지역을 촬영할 경우에는 동서 방향으로 직선코스를 취하여 계획한다.
③ 도로, 하천과 같은 선형 물체를 촬영할 때는 이것에 따른 직선코스를 조합하여 촬영한다.
④ 지역이 남북으로 긴 경우는 남북 방향으로 촬영코스를 계획하며, 일반적으로 코스길이의 연장은 보통 30km를 한도로 한다.

(5) 표정점 배치(Distribution of Points)

일반적으로 대지표정(절대표정)에 필요한 최소표정점은 삼각점(x, y) 2점과 수준점(z) 3점이며, 스트립 항공삼각측량인 경우 표정점은 각 코스의 최초의 모델(중복부)에 4점, 최후의 모델에 최소한 2점, 중간에 4~5 모델째마다에 1점을 둔다.

(6) 촬영일시

촬영은 구름이 없는 쾌청일인 오전 10시부터 오후 2시경까지의 태양각이 45° 이상인 경우에 최적이며 계절별로는 늦가을부터 초봄까지가 최적기이다. 우리나라의 연평균 쾌청일수는 80일이다.

(7) 촬영카메라 선정

동일 촬영고도의 경우 광각사진기 쪽이 축척은 작지만 촬영면적이 넓고 또한 일정한 구역을 촬영하기 위한 코스 수나 사진매수가 적어 경제적이다.

(8) 촬영계획도 작성

기존의 소축척지도(일반적으로 1/50,000 지형도)상에 촬영계획도를 작성하고, 축척은 촬영축척의 1/2 정도의 지형도로 택하는 것이 적당하다.

(9) 사진 및 모델의 매수, 기준점측량 작업량

1) 사진의 실제면적 계산
① 사진이 한 매인 경우

$$A = (a \cdot m)(a \cdot m) = a^2 \cdot m^2 = \frac{a^2 H^2}{f^2}$$

2) 유효면적(A_o) 계산

① 단코스(Strip)의 경우

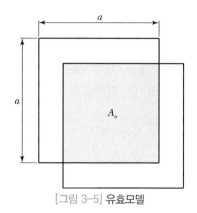

[그림 3-5] 유효모델

$$A_o = (ma)^2\left(1 - \frac{p}{100}\right)$$

② 복코스(Block)의 경우

$$A_o = (ma)^2\left(1 - \frac{p}{100}\right)\left(1 - \frac{q}{100}\right)$$

3) 사진매수 및 총모델수 계산

① 안전율을 고려한 경우

$$사진매수(N) = \frac{F}{A_o} \times (1 + 안전율)$$

여기서, F : 촬영대상지역의 면적
A_o : 유효면적

② 안전율을 고려하지 않았을 경우

• 종모델수$(D) = \dfrac{S_1}{B} = \dfrac{S_1}{ma\left(1 - \dfrac{p}{100}\right)}$

• 횡모델수$(D') = \dfrac{S_2}{C_o} = \dfrac{S_2}{ma\left(1 - \dfrac{q}{100}\right)}$

• 단코스의 사진매수$(N) = D + 1$

• 복코스의 사진매수$(N) = (D + 1) \times D'$

• 총모델수 $= D \times D'$

여기서, S_1 : 코스의 종방향 길이 S_2 : 코스의 횡방향 길이
B : 촬영 종기선의 길이 C_o : 촬영 횡기선의 길이

4) 지상기준점측량의 작업량

• 삼각점수 = 총모델수 × 2
• 수준측량 = {촬영횡기선 길이 × (2 + 코스의 수 × 2) + 촬영코스 종방향 길이 × 2}km

●●● EXAMPLE ●●

문제 초점거리가 150mm인 광각사진기로 촬영고도 3,000m에서 종중복도 60%, 횡중복도 30%로 가로 50km, 세로 30km인 지역을 촬영하려고 한다. 사진크기가 23cm×23cm일 때 촬영계획을 수립하라.(단, 안전율 30%)

풀이

사진축척$(M) = \dfrac{1}{m} = \dfrac{f}{H} = \dfrac{0.15}{3,000} = \dfrac{1}{20,000}$

촬영 종기선길이$(B) = ma\left(1 - \dfrac{p}{100}\right) = 20,000 \times 0.23 \times \left(1 - \dfrac{60}{100}\right) = 1,840\text{m}$

촬영 횡기선길이$(C_o) = ma\left(1 - \dfrac{q}{100}\right) = 20,000 \times 0.23 \times \left(1 - \dfrac{30}{100}\right) = 3,220\text{m}$

① 안전율을 고려한 경우

- 유효면적$(A_o) = (ma)^2\left(1 - \dfrac{p}{100}\right) \cdot \left(1 - \dfrac{q}{100}\right) = 5.925\text{km}^2$

- 사진매수$(N) = \dfrac{F}{A_o} \times 1.3 = 329.11 \rightarrow 330$매

② 안전율을 고려하지 않은 경우

- 종모델수$(D) = \dfrac{S_1}{B} = \dfrac{50}{1.84} = 27.17 \rightarrow 28$모델

- 횡모델수$(D') = \dfrac{S_2}{C_o} = \dfrac{30}{3.22} = 9.32 \rightarrow 10$코스

- 총모델수$= D \times D' = 280$모델

- 사진매수$= (D+1) \times D' = 290$매

- 삼각점수$= $ 총모델수$\times 2 = 280 \times 2 = 560$점

- 수준측량거리$= 3.22 \times (2 + 10 \times 2) + 50 \times 2 = 170.84\text{km}$

●●● 03 촬영

항공사진촬영은 항공기에서 항공사진 측량용 사진기를 이용하여 항공사진 또는 영상을 촬영하는 것을 말한다. 필름의 노출과 현상, 사진의 인화, 건조까지의 사진처리와 디지털 항공사진을 제작, 출력하는 과정을 포함한다.

(1) 촬영방법

① 촬영비행에는 항공기의 조종사 이외에 촬영사가 동승하여 카메라의 조작과 촬영을 한다.
② 촬영은 지정된 코스에서 코스 간격의 10% 이상의 차이가 없도록 한다.

③ 고도는 지정고도에서 5% 이상 낮게 혹은 10% 이상 높게 진동하지 않도록 하며 일정 고도로 촬영한다.

④ 비행 중 기류에 의하여 항공기가 밀리게 되는데 이를 편류라 한다.

⑤ 사진 간의 회전각은 5° 이내, 촬영시 카메라의 경사는 3° 이내로 한다.

(2) 노출시간(Exposure Time)

$$T_l = \frac{\Delta s m}{V}, \quad T_s = \frac{B}{V}$$

여기서, T_l : 최장노출시간

T_s : 최소노출시간 간격

Δs : 흔들림의 양

m : 축척 분모수

B : 촬영기선길이 $\left\{ ma\left(1 - \frac{p}{100}\right)\right\}$

V : 비행기 초속(m/sec)

(3) 촬영비행조건(항공사진측량작업 내규 중 항공사진촬영 관련 규정 제3장 제23조)

① 촬영비행은 시정이 양호하고 구름 및 구름의 그림자가 사진에 나타나지 않도록 맑은 날씨에 하는 것을 원칙으로 한다.

② 촬영비행은 태양고도가 산지에서는 30° 평지에서는 25° 이상일 때 행하며 험준한 지형에서는 음영부에 관계없이 영상이 잘 나타나는 태양고도의 시간에 행하여야 한다.

③ 촬영비행은 예정 촬영고도에서 가급적 일정한 높이로 직선이 되도록 한다.

④ 계획촬영 코스로부터 수평이탈은 계획촬영 고도의 15% 이내로 한하고 계획고도로부터의 수직이탈은 5% 이내로 한다. 단, 사진축척이 1/5,000 이상일 경우에는 수직이탈 10% 이내로 할 수 있다.

⑤ GPS/INS 장비를 이용하여 촬영하는 경우 GPS 기준국은 촬영대상지역내 GPS상시관측소를 이용하고, 작업반경 30km 이내에 GPS상시관측소가 없을 경우 별도의 지상 GPS 기준국을 설치하여야 한다.

⑥ GPS 기준국은 GPS상시관측소를 이용하는 경우를 제외하고, 다음에 유의하여 설치 및 관측을 하여야 한다.

• 수신 앙각(Angle of Elevation)이 15도 이상인 상공시야 확보

• 수신간격은 항공기용 GPS와 동일하게 1초 이하의 데이터 취득

• 수신하는 GPS 위성의 수는 5개 이상, GPS 위성의 PDOP(Positional Dilution of Precision)는 3.5 이하

⑦ GPS 기준국의 최종 측량성과 산출은 국토지리정보원에 설치한 국가기준점과 GPS상시관측소를 고정점으로 사용하여야 한다.

(4) 항공사진 재촬영 요인의 판정기준(항공사진측량작업 내규 중 항공사진촬영 관련 규정 제3장 제26조)

① 항공기의 고도가 계획촬영고도의 15% 이상 벗어날 때
② 촬영 진행 방향의 중복도가 53% 미만인 경우가 전 코스 사진 매수의 1/4 이상일 때
③ 인접한 사진축척이 현저한 차이가 있을 때
④ 인접 코스 간의 중복도가 표고의 최고점에서 5% 미만일 때
⑤ 구름이 사진에 나타날 때
⑥ 적설 또는 홍수로 인하여 지형을 구별할 수 없어 도화가 불가능하다고 판정될 때
⑦ 필름의 불규칙한 신축 또는 노출 불량으로 입체시에 지장이 있을 때
⑧ 촬영시 노출의 과소, 연기 및 안개, 스모그(Smog), 촬영 셔터(Shutter)의 기능 불능, 현상 처리의 부적당 등으로 사진의 영상이 선명하지 못할 때
⑨ 보조자료(고도, 시계, 카메라번호, 필름번호) 및 사진지표가 사진상에 분명하지 못할 때
⑩ 후속되는 작업 및 정확도에 지장이 있다고 인정될 때
⑪ 지상 GPS기준국과 항공기에서 수신한 GPS 신호가 단절되어 GPS 데이터 처리가 불가능할 때
⑫ 디지털항공사진 카메라의 경우 촬영코스 당 지상표본거리(GSD)가 당초 계획하였던 목표값보다 큰 값이 10% 이상 발생하였을 때

···04 기준점측량

(1) 기준점(표정점)의 선점

① 표정점은 X, Y, H가 동시에 정확하게 결정되는 점을 선택한다.
② 상공에서 잘 보이면서 명료한 점을 선택한다.
③ 시간적 변화가 없는 점을 선택한다.
④ 급한 경사와 가상점을 사용하지 않는 점을 선택한다.
⑤ 헐레이션(Halation)이 발생하지 않는 점을 선택한다.
⑥ 지표면에서 기준이 되는 높이의 점을 선택한다.
⑦ 표정점은 종접합점, 횡접합점, 표정기준점(지상기준점)을 말하며 항공사진의 표정에 사용되는 것으로 상호표정이나 접합표정에 사용되는 경우는 사진상에서 명료하게 알 수만 있다면 그 표정점의 위치나 높이는 알지 못해도 좋다. 그러나 절대표정에 사용하는 경우 표정점의 X, Y, Z를 알고 있어야 한다.

⑧ 사진의 가장자리에 너무 가까운 점은 필름 건판의 수축이나 빛의 희석의 영향을 받아서 정도 가 나빠질 위험이 있으므로 되도록 원판상의 가장자리에서 1cm 이상 떨어진 점을 택한다.

(2) 표정점의 종류(사진측량에서 필요한 점)

1) 자연점(Natural Point)
지상기준점, 종·횡접합점은 자연물체로서 사진상에 명확히 나타나고 정확히 관측할 수 있는 점을 선택(돌, 관목, 도로교차로 등)한다.

2) 지상기준점(Ground Control Point)
지상측량으로 직접 현지에 측설한 점을 말한다.

3) 대공표지(Air Target)
항공사진에 관측용 기준점의 위치를 정확하게 표시하기 위하여 촬영 전에 지상에 설치한 표 지를 말한다.

① 대공표지의 선점 시 유의사항
- 사진상에 명확하게 보이기 위해서는 주위의 색상과 대조가 되어야 한다.
- 상공은 45° 이상의 각도를 열어 두어야 한다.
- 대공표지의 사진상의 크기는 촬영 후 사진상에 $30\mu m$ 정도가 나타나야 한다.

② 대공표지의 크기
- 주로 베니어합판, 목재판 등을 이용한다.
- 대공표지의 크기는 $d = \dfrac{1}{TM} \fallingdotseq \dfrac{m}{T}(m)$ 로 한다.

> 여기서, d : 대공표지의 최소한의 크기
> M : 사진축척
> m : 축척분모수
> T : 촬영축척에 대한 상수

- 촬영축척이 1/20,000에서 T가 40,000이고, 그 이하의 소축척에서는 T를 30,000으로 택하는 것이 우리나라 지세에 적합하며, 유럽에서는 T를 60,000으로 채택하고 있다. (1/20,000(촬영축척) ⇒ 50cm 이상, 1/10,000 ⇒ 25cm 이상)

③ 대공표지의 형상
- 기준점(십자형)
- 표정점(삼각형)
- 필계점(정방형)

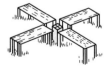  

(a) 기준점　　(b) 표정점　　(c) 필계점

[그림 3-6] 대공표지의 형상

④ 대공표지를 할 경우
- 사진상에서 정확하게 그 위치를 결정하고자 하는 점
- 항공삼각측량을 위하여 필요로 하는 지상기준점

⑤ 대공표지를 생략하는 경우
- 대공표식을 하고자 하는 점이 자연점으로, 표식을 설치하지 않고도 사진상에 명료하게 확인되는 점
- 그 위치가 촬영 후에 확인되는 다른 점에서 쉽게 편심측정되는 경우
- 장소가 촬영 후의 자침작업으로도 좋은 경우

4) 보조기준점(종접합점)

항공삼각측량 과정에서 스트립을 형성하기 위하여 사용되는 점(연속된 세 사진상에 나타남)을 말한다.

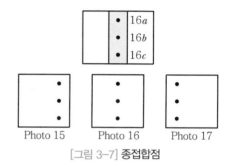

[그림 3-7] 종접합점

① 상하 접합점은 ω의 조정이 잘 되도록 모델의 모서리 가까이에 선택함이 좋다.
② 항공삼각측량의 결과로 얻어진 좌표값에 의하여 도화작업과정의 하나인 절대표정이 행하여진다.
③ 경우에 따라서는 동일 점이 종접합점과 횡접합점으로 사용된다.
④ 보통 모델당 1점씩을 택하나, 경우에 따라 수 개 모델당 1점씩을 택할 수도 있다.
⑤ 이들 점들은 스트립 사이의 횡중복 부분의 중심에 위치한다.

5) 횡접합점(Tie Point)

항공삼각측량 과정 중 스트립을 인접 스트립에 연결시켜 블록을 형성하기 위한 점

6) 자침점(Prick Point)

각 점들이 인접 사진에 옮겨지는 점(최대정확요구) → 산림지역이나 사막지역에 특히 유용

(3) 지상기준점측량의 관측(항공사진측량 작업규정)

1) T·S 측량

① 수평각, 연직각 및 거리 관측은 1시준마다 동시에 실시하는 것을 원칙으로 한다.
② 수평각 관측은 1시준 1읽음, 망원경 정·반의 관측을 1대회로 한다.
③ 연직각 관측은 1시준 1읽음, 망원경 정·반의 관측을 1대회로 한다.
④ 거리 관측은 1시준 2읽음을 1Set(세트)로 한다. 거리 관측시 기상관측(온도, 기압)은 거리 관측 개시 직전 또는 종료 직후에 실시한다.

⑤ 관측 대회 수는 다음 표와 같다.

항목	구분, 기기	1km 이상	1km 미만	
		1급 TS	1급 TS	2급 TS
수평각 관측	읽음 단위	1″	1″	10″
	대회 수	2	2	3
	수평눈금	0°, 90°	0°, 90°	0°, 90°, 120°
연직각 관측	읽음 단위	1″	1″	10″
	대회 수	1		
거리 관측	읽음 단위	1mm		
	세트 수	2		

⑥ 수평관측에 있어서 1조의 관측방향 수는 5방향 이하로 한다.

⑦ 기록은 데이터레코드를 이용한다.

2) GPS 관측

① 관측망도에는 동시에 복수의 GPS 측량기를 이용하는 관측(이하 "세션"이라 한다.)계획을 기록한다.

② 관측은 기지점 및 구하는 점을 연결하는 노선이 폐합된 다각형을 구성하여 다음과 같이 실시한다.
 • 다른 세션의 조합에 의한 점검을 위하여 다각형을 형성한다.
 • 다른 세션에 의한 점검을 위하여 1변 이상의 중복관측을 실시한다.

③ 관측은 1개의 세션을 1회 실시한다.

④ 관측시간은 다음 표를 표준으로 한다.

관측방법	관측시간	데이터 수신 간격	비고
정지측위	30분 이상	30초 이하	1급 기준점 측량(10km 미만), 2급 기준점 측량

⑤ GPS 위성의 작동상태, 비행정보 등을 고려하여 한곳으로 몰려 있는 위성배치의 사용은 피한다.

⑥ 수신 고도각은 15°를 표준으로 한다.

⑦ GPS 위성의 수는 동시에 4개 이상을 사용한다. 다만 신속정지측위일 경우에는 5개 이상으로 한다.

(4) 편심요소의 측정 제한(항공사진측량 작업규정)

편심거리	측정장비		측각단위	측거단위	측각횟수
	수평각	수평거리			
50m 미만	1″독	강권척	1″	1cm	2배각

(5) 평면기준점 오차의 한계(항공사진측량 작업규정)

도화축척	표준편차
1/500~1/600	±0.1m 이내
1/1,000~1/1,200	〃
1/2,500~1/3,000	±0.2m 이내
1/5,000~1/6,000	〃
1/10,000 이하	±0.5m 이내

(6) 표고기준점 오차의 한계(항공사진측량 작업규정)

도화축척	표준편차
1/500~1/600	±0.05m 이내
1/1,000~1/1,200	±0.10m 이내
1/2,500~1/3,000	±0.15m 이내
1/5,000~1/6,000	±0.2m 이내
1/10,000 이하	±0.3m 이내

····05 표정(Orientation)

표정(Orientation)은 가상값으로부터 소요의 최확값을 구하는 단계적인 해석작업을 말하며, 사진측량에서는 사진기와 사진 촬영시 주위 사정으로 엄밀수직사진을 얻을 수 없으므로 촬영점의 위치나 사진기의 경사 및 사진축척 등을 구하여 촬영시의 사진기와 대상물 좌표계의 관계를 재현하는 것을 말한다.

(1) 표정의 종류

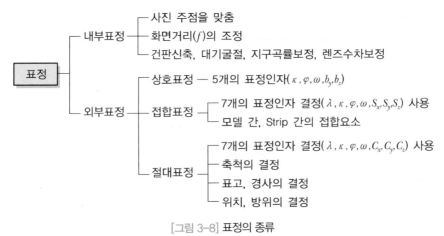

[그림 3-8] 표정의 종류

(2) 필요성

① 엄밀수직사진 불가능
② 각기 다른 경사와 다른 축척
③ 촬영 당시 사진기와 대상물 좌표계와의 재현

(3) 내부표정(Inner Orientation)

내부표정이란 도화기의 투영기에 촬영시와 동일한 광학관계를 갖도록 양화 필름을 정착시키는 작업이다. 사진의 주점을 도화기의 촬영 중심에 일치시키고 초점거리를 도화기 눈금에 맞추는 작업이 기계적 내부표정 방법이며, 상좌표로부터 사진좌표를 구하는 수치처리를 해석적 내부표정 방법이라 한다.

(4) 상호표정(Relative Orientation)

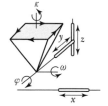

대상물과의 관계는 고려하지 않고 좌우 사진의 양 투영기에서 나오는 광속이 이루는 종시차를 소거하여 1모델 전체가 완전 입체시가 되도록 하는 작업을 기계식 표정이라 하며, 좌우에 사진좌표를 주어서 공선조건에 의하여 미지변량을 구하는 해석적 표정으로 구분된다.

상호표정인자 → $\kappa,\ \varphi,\ \omega,\ b_y,\ b_z$(5개)

[그림 3-9] 표정요소운동

1) 회전 표정인자($\kappa,\ \varphi,\ \omega$)

① κ의 작용(z축)

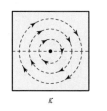

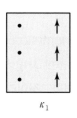
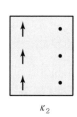

κ κ_1 κ_2

[그림 3-10] κ 운동

② φ의 작용(y축)

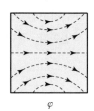

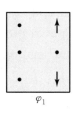
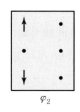

φ φ_1 φ_2

[그림 3-11] φ 운동

③ ω의 작용(x축)

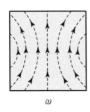 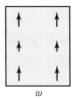

[그림 3-12] ω 운동

④ b_y의 작용

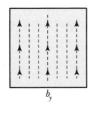 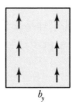

[그림 3-13] b_y 운동

⑤ b_z의 작용

 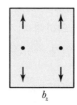

[그림 3-14] b_z 운동

(5) 접합표정(Successive Orientation)

한 쌍의 입체사진 내에서 한쪽의 표정인자는 전혀 움직이지 않고 다른 한쪽만 움직여 그 다른 쪽에 접합시키는 표정법을 접합표정이라 한다.

접합표정인자 → κ, φ, ω, S_x, S_y, S_z, λ

(6) 절대표정(Absolute Orientation)

절대표정은 대지표정이라고도 하며, 상호표정이 끝난 모델을 피사체 기준점 또는 지상 기준점을 이용하여 피사체 좌표계 또는 지상 좌표계와 일치하도록 하는 작업이다. 절대표정은 축척의 결정, 수준면(경사조정)의 결정, 위치 결정 순서로 한다.

절대표정인자 → κ, φ, ω, C_x, C_y, C_z, λ

(7) 불완전 모델의 결정

산악지역의 불완전 모델에는 ω, φ의 인자가 상호관계에 있다.

···06 항공삼각측량

입체도화기 및 정밀좌표 관측기에 의하여 사진상에 무수한 점들의 좌표$(x,\ y,\ z)$를 관측한 다음 소수의 지상기준점 성과를 이용하여 측정된 무수한 점들의 좌표를 전자계산기, 블록조정기 및 해석적 방법으로 절대좌표를 환산해 내는 기법을 항공삼각측량이라고 한다.

(1) 장점

① 시간, 경비 절감
② 표정점 감소
③ 높은 정도
④ 경제성 도모

(2) 항공삼각측량의 3차원 항공삼각측량법

1) 기계법(입체도화기)

① 에어로폴리곤법(Aeropolygon)
② 독립모델법(Independent Model)
③ 스트립 및 블록 조정(Strip 및 Block Adjustment)

2) 해석법(정밀좌표관측기)

① 스트립 및 블록 조정(Strip 및 Block Adjustment)
② 독립모델법(Independent Model)
③ 광속법(Bundle Adjustment)

(3) 항공삼각측량의 조정방법

항공삼각측량에는 조정의 기본단위로서 사진, 입체모형(Model) 및 종접합모형(Strip)이 있으며, 이것을 기본단위로 하는 항공삼각측량 조정방법에는 광속조정법(Bundle Adjustment), 독립모델법(IMT), 다항식조정법(Polynomial Method) 등이 있다.

1) 다항식법(Polynomial Method)

스트립(Strip)을 단위로 하여 블록(Block)을 조정하는 것으로, 스트립마다 접합표정 또는 개략의 절대표정을 한 후, 복스트립에 포함된 기준점과 횡접합점을 이용하여 각 스트립의 절대표정을 다항식에 의한 최소제곱법으로 결정하는 방법이다.

2) 독립모델법(Independent Model Triangulation ; IMT)

① 각 모델을 단위로 하여 접합점과 기준점을 이용하여 여러 모델의 좌표를 조정하는 방법에 의하여 절대좌표로 환산하는 방법이다.

② 다항식에 비하여 기준점 수가 감소되며, 전체적인 정확도가 향상되므로 큰 블록 조정에 이용되었다. 그러나 광속조정법이 개발됨에 따라 다항식법과 독립모형법은 별로 사용되지 않고 있다.

3) 광속법(Bundle Adjustment)

① 광속법은 상좌표를 사진좌표로 변환시킨 다음 사진좌표로부터 직접 절대좌표를 구하는 것으로 종횡접합모형(Block) 내의 각 사진상에 관측된 기준점과 접합점의 사진좌표를 이용하여 최소제곱법으로 각 사진의 외부표정 요소 및 접합점의 최확값을 결정하는 방법이다.

② 각 점의 사진좌표가 관측값으로 이용되므로 다항식법이나 독립모형법에 비해 정확도가 가장 양호하며 조정능력이 높은 방법이다.

③ 수동적인 작업은 최소이나 계산과정이 매우 복잡한 방법이다.

④ 내부표정만으로 항공삼각측량이 가능한 최신의 방법이다.

[그림 3-15] 항공삼각측량 점이사기

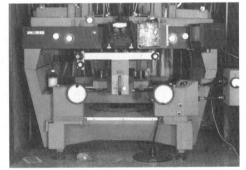

[그림 3-16] 기계식 도화기(A-10)

[그림 3-17] 해석식 도화기(P-2)

(4) 대지표정 평면위치 및 표고 교차(세부도화) : 항공사진측량 작업규정

도화축척	평면위치의 교차	표고의 차
1/500	0.15m 이내	0.15m 이내
1/1,000	0.20m 이내	0.17m 이내
1/2,500	0.40m 이내	0.30m 이내
1/5,000	0.8m 이내	0.6m 이내
1/10,000	1.0m 이내	1.2m 이내
1/25,000	1.5m 이내	2.0m 이내

•••07 편위수정과 사진지도

(1) 편위수정

항공사진은 카메라의 촬영방향이 반드시 연직이 아니므로 사진상에 일종의 변위가 생기게 되고 축척도 일정하지 않다. 또한, 항공기의 동요 때문에 축척도 조금씩 변화하고 있다. 이와 같이 사진의 경사와 축척을 바로 수정하여 축척을 통일시키고 변위가 없는 연직사진으로 수정하는 작업으로 편위수정이라 하며, 일반적으로 편위수정에는 4개의 표정점이 필요하다.

1) 편위수정 조건

① 기하학적 조건 : 소실점 조건
② 광학적 조건 : Newton의 렌즈 조건
③ 샤임플러그의 조건 : 화면과 렌즈 주면과 투영면의 연장이 항상 한 선에서 일치하도록 하는 조건

2) 편위수정기계

대표적인 편위수정기계는 Zeiss사의 자동편위수정기 SEG-V형이다.

(2) 사진지도

사진지도는 지도와 다르며 사진을 직접 보는 것이므로 지도에서는 표현될 수 없는 여러 가지 것을 알 수 있으므로 조사용으로 특히 유용하다.
① 약조정집성사진지도 : 사진기의 경사에 의한 변위, 지표면의 비고에 의한 변위를 수정하지 않고 사진을 그대로 붙여 접합한 사진지도
② 반조정집성사진지도 : 일부의 수정만 거친 사진지도
③ 조정집성사진지도 : 사진기의 경사에 의한 변위를 수정하고, 축척도 조정된 사진지도
④ 정사투영사진지도 : 사진기의 경사, 지표면의 비고를 수정하였을 뿐만 아니라 등고선이 삽입된 사진지도

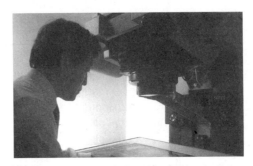

[그림 3-18] 편위수정기

····08 도화(Mapping)

항공삼각측량을 통해 지상좌표로 변환된 항공사진에서 촬영된 지형·지물을 도화기라는 장비를 이용하여 지도화할 수 있으며, 이러한 도면화 작업을 도화라 한다.

(1) 기계식 도화기

촬영된 실체 양화필름으로 부터 종이 형태의 지도를 그려내는 도화기로 과거에는 많이 사용되었으나 지금은 사용하지 않고 있다.

(2) 해석식 도화기

촬영된 실체 양화필름으로부터 종이지도나 컴퓨터에서 사용가능한 수치지도를 그려내는 도화기로 지금은 사용빈도가 점점 줄고 있다.

(3) 수치식 도화기

디지털카메라로 촬영된 원시영상을 디지털 형태로 변환된 실체시 정사사진으로부터 컴퓨터에서 활용이 가능한 수치지도를 그려내는 도화기를 말한다.

[그림 3-19] 수치사진측량 시스템

CHAPTER 03 실전문제

실전문제 TIP

01 사진축척을 결정하는 데 고려할 필요가 없는 것은?

㉮ 사용 목적, 사진기의 성능   ㉯ 도화축척, 등고선 간격
㉰ 사용사진기, 소요 정도   ㉱ 지방적 특색, 기상관계

○ 사진의 축척을 결정하는 데 지방적 특색과 기상관계는 무관한 사항이다.

02 항공사진의 축척에 대한 설명 중 옳은 것은?

㉮ 카메라의 화면거리에 비례하고 비행고도에 반비례한다.
㉯ 카메라의 화면거리에 반비례하고 비행고도에 비례한다.
㉰ 카메라의 화면거리에 반비례하고 비행고도에 반비례한다.
㉱ 카메라의 화면거리에 반비례하고 비행고도에 상승비례한다.

○ $M = \dfrac{1}{m} = \dfrac{f}{H}$
　여기서, M : 축척
　　　　　m : 축척 분모수
　　　　　H : 비행고도
　　　　　f : 화면거리

03 주점거리 25.0cm의 사진기로 지면으로부터의 촬영고도 3,600m에서 촬영한 연직사진의 축척은?

㉮ 1/1,200   ㉯ 1/1,440
㉰ 1/12,000   ㉱ 1/14,400

○ $M = \dfrac{f}{H} = \dfrac{0.25}{3,600} = \dfrac{1}{14,400}$

04 화면거리 150mm의 카메라로 평지로부터 7,000m의 높이에서 찍은 수직사진이 있다. 이 사진상에 기준면 아래 비고 500m의 사진축척은?

㉮ 1/40,000   ㉯ 1/50,000
㉰ 1/60,000   ㉱ 1/70,000

○ 기준면 아래이므로
$M = \dfrac{1}{m} = \dfrac{f}{H} = \dfrac{f}{H \pm h} \rightarrow$
$\dfrac{1}{m} = \dfrac{f}{H+h}$ 를 적용하면
$\quad = \dfrac{0.15}{7,000+500} = \dfrac{0.15}{7,500}$
$\quad = \dfrac{1}{50,000}$

05 그림과 같이 연직사진에서 연직고도 4,530m에서 촬영했을 때 B 점의 축척은?(단, 화면거리는 150mm)

㉮ 1/3,040
㉯ 1/30,000
㉰ 1/45,600
㉱ 1/50,000

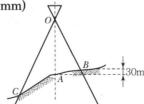

○ $M = \dfrac{1}{m} = \dfrac{f}{H-h}$
$\quad = \dfrac{0.15}{4,530-30}$
$\quad = \dfrac{1}{30,000}$

정답 01 ㉱ 02 ㉮ 03 ㉱ 04 ㉯ 05 ㉯

06 주점거리가 180mm인 사진기로 비고 600m 지점의 기념탑을 1/20,000의 사진축척으로 촬영한 연직사진이 있다. 촬영고도는 얼마인가?

$M = \dfrac{1}{m} = \dfrac{f}{H-h}$

$\therefore H = (mf) + h$
$= (20,000 \times 0.18) + 600$
$= 4,200\text{m}$

  ㉮ 4,000m   ㉯ 4,200m
  ㉲ 4,400m   ㉱ 4,600m

07 표고 200m의 평탄한 토지를 사진축척 1/10,000로 촬영한 연직사진의 촬영고도, 즉 해발고도는 몇 m인가?(단, 카메라의 화면거리는 150mm이다.)

$M = \dfrac{1}{m} = \dfrac{f}{H}$
$= \dfrac{1}{10,000} = \dfrac{0.15}{H} \rightarrow$
$H = 1,500\text{m}$
$\therefore$ 해발고도 $= 1,500 + 200$
$\qquad = 1,700\text{m}$

  ㉮ 1,700m   ㉯ 1,500m
  ㉲ 1,300m   ㉱ 1,100m

08 지상고도 2,000m의 비행기 위에서 초점거리 152.7mm의 사진기로 촬영한 수직항공사진에서 길이 50m인 교량의 사진상의 길이는?

$M = \dfrac{1}{m} = \dfrac{f}{H} = \dfrac{l}{L}$
$= \dfrac{152.7}{2,000 \times 1,000} = \dfrac{l}{50 \times 1,000}$
$\therefore l \fallingdotseq 3.8\text{mm}$

  ㉮ 0.26mm   ㉯ 3.8mm   ㉲ 2.6mm   ㉱ 0.38mm

09 항공사진 촬영계획도의 축척은 촬영축척의 어느 정도를 택하는 것이 적당한가?

촬영계획도는 사진축척의 $\dfrac{1}{2}$을 표준으로 한다.

  ㉮ 1/2   ㉯ 1/3   ㉲ 1/4   ㉱ 1/5

10 항공사진의 축척을 정하는 방법 중 옳은 것은?

항공사진의 기준면 설정은 일반적으로 저지면, 즉 평지를 기준으로 정한다.

  ㉮ 산정과 산정의 2점 간의 거리로부터 축척을 정한다.
  ㉯ 평지의 2점 간의 거리로부터 축척을 정한다.
  ㉲ 산정과 평지의 2점 간의 거리로부터 축척을 정한다.
  ㉱ 산정의 2점 간과 평지의 2점 간의 거리의 평균이다.

11 높은 산이 많은 지역을 정확한 지형도로 같은 높이의 산 정상의 2개의 점을 사용하여 결정하는 항공사진축척과 골짜기의 아주 고저차가 없는 명료한 지물 두 개를 사용하여 결정하는 항공사진축척의 분모수는 다음 중 어느 것이 옳은가?

골짜기 지물에서 결정하는 것이 항공사진 축척의 분모수가 크다. 즉, 촬영기준면은 일반적으로 저지면을 기준으로 한다.

  ㉮ 산꼭지에서 결정하는 편이 크다.
  ㉯ 골짜기 지물에서 결정하는 편이 크다.
  ㉲ 양방이 같다.
  ㉱ 중앙부 지물에서 결정하는 편이 작다.

정답   06 ㉯   07 ㉮   08 ㉯   09 ㉮   10 ㉯   11 ㉯

12 사진 촬영에 있어서 비고가 촬영고도의 몇 %를 넘으면 촬영고도를 변경하여 2단 촬영을 하는가?

㉮ 20% ㉯ 30% ㉰ 40% ㉱ 50%

> 비행고도의 10~20%의 비고차가 있을 때는 산악지역으로 보고 2단 촬영하여 축척을 정한다.

13 항공사진측정에서 산악지역이라 함은 무엇인가?

㉮ 산이 많은 지역
㉯ 산지(山地)모델상이 지형의 고저차가 촬영고도의 10% 이상인 지역
㉰ 평탄지역에 비하여 경사조정이 편리한 곳
㉱ 표정시 산정과 협곡에 시차분포가 균일한 곳

> 항공사진 측정에서 비행고도(H)의 10~20%의 비고차가 있을 때는 산악지역으로 간주한다.

14 광각카메라(Wide Angle Camera)를 사용하여 고층 빌딩이 밀접한 지역의 항공사진을 촬영하고자 한다. 사각지대(Dead Area)를 최소화하기 위한 촬영방법은?

㉮ 종중복도를 60%로 한다.
㉯ 고도를 최대한으로 낮춘다.
㉰ 종중복도를 45%로 하고 항공기의 속도를 최대한 줄인다.
㉱ 종중복도를 최대한 크게 한다.(예 : 80~90%)

> 산악지역의 촬영방법은 2단 촬영 및 중복도를 10~20% 이상 높여 촬영한다.
> 일반적인 중복도가 60%이므로 산악지역에서는 80~90%의 중복도가 타당하다.

15 항공사진을 입체시할 때는 다음 중 어느 사진이 필요한가?

㉮ 비행코스(Coures)가 인접 코스와 60% 중복되어 있는 2장의 사진
㉯ 같은 비행코스 중 연속되지 않는 2장의 사진
㉰ 같은 비행코스 중 연속된 2장의 사진
㉱ 특수한 입체경이라면 1장의 사진으로 입체시가 가능하다.

> 항공사진을 입체시할 때는 같은 비행코스의 연속된 2장의 사진이 필요하다.

16 사진의 중복도 중 틀린 것은?

㉮ 일반적으로 종중복도는 60%
㉯ 일반적으로 횡중복도는 30%
㉰ 산악이나 고층건물이 많은 시가지는 10~20%
㉱ 중복도가 클수록 경제적이다.

> 중복도가 클수록 사진매수 및 계산량이 많아 비경제적이다.

17 항공사진측량에서 60% 중복을 하는 이유는?

㉮ 물체의 판독을 쉽게 하기 위하여
㉯ 주점을 구하기 위하여
㉰ 주점이 이웃사진에도 찍히기 위하여
㉱ 연직점이 이웃사진에도 찍히기 위하여

> 사진측량에 있어서 촬영경로 내의 인접사진 간에 입체시를 위하여 최소한 50% 이상의 중복이 되어야 하나, 일반적으로는 60% 이상 중복되도록 촬영해야 한다.

정답 12 ㉮ 13 ㉯ 14 ㉱ 15 ㉰ 16 ㉱ 17 ㉰

18 축척 1/20,000의 등고도 연직사진이 있다. 화면거리 15cm, 화면 크기 23cm×23cm, 밀착 사진상에서 주점 기선장을 측정하였더니 100mm였다. 인접 사진과의 중복도는?

㉮ 55% ㉯ 57%

㉰ 60% ㉱ 62%

○ 주점기선길이$(b_o) = a\left(1 - \dfrac{p}{100}\right)$

$10 = 23 \times (1 - p)$

$\therefore p = 57\%$

19 화면거리 150mm, 화면의 크기 23cm×23cm의 카메라를 사용하여 촬영고도 4,500m에서 촬영된 평지의 등고도 연직사진이 있다. 서로 이웃하는 2장의 사진에서 주점 간 거리를 1/25,000 지형도상에서 측정하니 96.6mm인 경우 이 두 사진의 종중복도는?

㉮ 55% ㉯ 60%

㉰ 65% ㉱ 70%

○ • 촬영고도(H)지역의 사진축척

$\dfrac{1}{m} = \dfrac{f}{H} = \dfrac{0.15}{4,500} = \dfrac{1}{30,000}$

• 주점기선길이(b_o)

$\dfrac{1}{25,000} : 96.6 = \dfrac{1}{30,000} : b_o$

$b_o = 80.5\text{mm}$

• $b_o = a(1 - p) \rightarrow$
$80.5 = 230(1 - p)$

$\therefore p = 0.65$ 이므로 종중복도는 65% 이다.

20 1코스의 촬영 중 한 개의 촬영점으로부터 다음 촬영점까지의 종방향 거리를 나타낸 용어는?

㉮ 종중복도
㉯ 촬영기선길이 또는 촬영종기선장
㉰ 촬영코스길이
㉱ 최소소요노출시간

○ 서로 이웃하는 두 촬영점 사이의 거리를 촬영기선장 또는 촬영종기선 길이라 한다.

21 항공사진측량에서 스트립(Strip)에 대한 설명 중 틀린 말은?

㉮ 촬영 비행코스와 같은 의미이다.
㉯ 촬영 비행진행 방향으로 연속된 모델
㉰ 블록(Block)은 스트립의 횡방향으로 이루어진 것이다.
㉱ 블록과는 무관하다.

○ 스트립이 2개 이상이면 복스트립이라하며, 이것을 블록(Block)이라고도 한다.

22 항공사진측량 중 스트립을 인접 스트립에 연결시켜 블록의 형성을 목적으로 하는 점은?

㉮ 표정점 ㉯ 자침점
㉰ 횡접합점 ㉱ 종접합점

○ 표정점의 종류에는 자연점, 지상기준점, 대공표지, 종접합점, 횡접합점, 자침점 등이 있다. 횡접합점은 스트립을 인접 스트립에 연결시켜 블록을 형성하기 위한 점이다.

실전문제 TIP

23 항공사진 촬영에 대한 일반사항 중 적합하지 않은 것은?

㉮ 촬영 방향은 남북을 원칙으로 하나 부득이한 경우 동서로 한다.

㉯ 진행 방향 중복은 60%로 한다.

㉰ 코스 간 중복은 30%로 한다.

㉱ 지형상 큰 기복차가 없을 때는 동일 비행고도를 취한다.

> 촬영 방향은 동서 방향을 원칙으로 하되 지역이 남북으로 긴 경우는 남북 방향으로 한다.

24 종중복도 60%, 횡중복도 30%일 때 촬영 종기선의 길이와 촬영 횡기선의 길이와의 비는 얼마인가?

㉮ 7 : 4　　㉯ 2 : 1　　㉰ 3 : 1　　㉱ 4 : 7

> $ma\left(1-\dfrac{60}{100}\right) : ma\left(1-\dfrac{30}{100}\right)$
> $= 0.4 : 0.7 = 4 : 7$

25 화면의 크기 23cm×23cm, 사진의 화면거리 15cm, 사진축척 1/5,000, 횡중복도(Side Lap) 30%, 종중복도(Over Lap) 60%로 할 때 코스 간격(촬영 횡기선장)은?

㉮ 805m　　㉯ 1,150m　　㉰ 1,610m　　㉱ 2,484m

> 촬영 횡기선길이(C_o)
> $= ma\left(1-\dfrac{q}{100}\right)$
> $= 5,000 \times 0.23(1-0.3)$
> $= 805\mathrm{m}$

26 표정점 간의 실제길이가 1,800m이고, 모델축척이 1/5,000이다. 그러나 모델상에서 표정점 간 거리가 371.8mm일 때 기선의 길이가 216.31mm라 한다. 기선의 길이에 관한 수정된 값은 얼마인가?

㉮ 210.00mm

㉯ 210.22mm

㉰ 209.00mm

㉱ 209.44mm

> 모델상의 표정점거리를 실제거리로 환산하면
> $\dfrac{1}{5,000} = \dfrac{371.8}{\text{실제거리}}$
> 실제거리 $= 1,859\mathrm{m}$
> 비례식에 의하여 기선길이의 수정된 값을 구하면
> $1,859 : 216.31$
> $= 1,800 : \text{수정 기선길이}$
> $\therefore$ 수정 기선길이 $= 209.44\mathrm{mm}$

27 축척 1/30,000의 항공사진을 C-계수가 1,200인 도화기로서 도화작업을 할 때 등고선의 최소간격은 얼마인가?(단, 사진 화면거리는 21cm임)

㉮ 약 2.5m

㉯ 약 3m

㉰ 약 4m

㉱ 약 5m

> $H = C \cdot \Delta h$
> $\therefore \Delta h = \dfrac{H}{C} = \dfrac{m \cdot f}{C}$
> $= \dfrac{30,000 \times 0.21}{1,200}$
> $= 5.25\mathrm{m}$

28 항공사진 촬영에서 넓은 지역 촬영시 비행 방향 중 옳은 것은?

㉮ 동남 방향　　　　㉯ 남북 방향

㉰ 북남 방향　　　　㉱ 동서 방향

> 일반적으로 넓은 지역을 촬영할 경우에는 동서방향으로 직선코스를 취하여 계획한다.

정답　23 ㉮　24 ㉱　25 ㉮　26 ㉱　27 ㉱　28 ㉱

29 항공사진 촬영시각은 태양각이 최저 몇 도 이상일 때 적합한가?

㉮ 5~10°
㉯ 15~20°
㉰ 30~45°
㉱ 60~80°

> 촬영은 구름이 없는 쾌청일인 오전 10시부터 오후 2시경까지의 태양각이 30~45° 이상인 경우에 최적이다.

30 사진 촬영시기로서 가장 부적당한 것은?

㉮ 태양고도가 낮은 아침, 저녁은 그림자가 길어서 낮은 지물도 잘 나타나서 좋다.
㉯ 태양고도는 지평선에서 30% 이상 될 때에 택하는 것이 좋다.
㉰ 촬영시간은 대체로 10~14시경이 좋다.
㉱ 홍수 및 적설 등으로 지표상태에 이상이 있을 때는 재해목적이 아니면 촬영해서는 안 된다.

> 오전 10시부터 오후 2시경까지의 태양각이 45° 이상인 경우에 최적이다.

31 항공사진 촬영작업조건 중 틀린 것은?

㉮ 촬영코스의 방향은 동서의 방향으로 하는 것을 원칙으로 한다.
㉯ 동일 코스에 속하는 중복된 사진화면은 코스 방향에 대하여 6할의 화면이 중복되는 것을 원칙으로 한다.
㉰ 코스와 코스의 중복된 사진화면은 코스 방향에 직각된 방향에 대하여 3할의 화면이 중복하는 것을 원칙으로 한다.
㉱ 사진화면의 수평면에 대한 경사는 될 수 있는 대로 0°에 가깝게 하고 부득이한 경우에는 10° 이내에 있도록 노력한다.

> 연직사진이 아니면 3° 이내의 거의 수직사진이 되도록 한다.

32 사진 촬영할 경우 주의사항에 해당하지 않는 것은?

㉮ 촬영코스는 직선이어야 하며, 계획코스에 대해 좌우의 편류는 촬영폭의 5° 이내가 되도록 한다.
㉯ 촬영비행은 등고도, 등속의 직선비행을 하여야 하며, 기체의 전후 좌우의 진동은 생기지 않아야 한다.
㉰ 촬영고도의 차는 동일 코스 내에서 ±50m, 동일 계획고도의 코스 상호 간에는 30m, 촬영일을 달리할 때는 20m 이내가 되도록 한다.
㉱ 노출시간은 되도록 1/300초보다 빠르게 하고 공기 중의 먼지 등의 영향을 방지하기 위하여 필터를 사용한다.

> 촬영은 지정된 코스에서 코스 간격 10% 이상의 차이가 없도록 하고, 고도는 지정고도에서 5% 이상 낮게, 혹은 10% 이상 높게 진동하지 않도록 하며 일정고도로 촬영한다.
> • 편류각(α)=5° 이내
> • 앞뒤 사진간의 회전각은 5° 이내
> • 촬영시 카메라 경사는 3° 이내

실전문제 *TIP*

33 다음 설명 중 옳지 않은 것은?

㉮ 촬영코스는 동서 방향으로 하고 남북으로 긴 경우에는 남북 방향으로 촬영코스를 계획하며, 일반적으로 코스의 연장은 보통 30km를 한도로 한다.

㉯ 표정점은 각 코스의 최초의 모델에 4점, 최후 모델에는 최소한 2점을 둔다.

㉰ 촬영은 쾌청일 10~14시가 좋고 우리나라의 쾌청일수는 약 80일이다.

㉱ 카메라의 선정시 시가지는 보통각, 일반도화용으로는 광각, 특수한 대축척 도화용으로는 초광각을 사용한다.

⊙ 특수한 대축척 도화용 사진기는 협각사진기가 이용된다.

34 사진측정에 있어서 촬영에 관한 설명 중 옳지 않은 것은?

㉮ 항공사진은 지상에 대하여 연직 방향으로 종중복 60%, 횡중복 30%로 하여 촬영하는 것이 일반적이다.

㉯ 지상사진은 사진기의 광축을 직각수평, 편각수평 및 수렴수평으로 하여 촬영한다.

㉰ 측량용 촬영 사진기에는 항공사진측량용 사진기, 지상사진측량용 사진기, 입체사진측량용 사진기, 다중파장대측량용 사진기 등이 있다.

㉱ 측량용 사진기의 촬영은 구름 없는 이른 아침이나 해지기 1시간 전에 행하는 것이 이상적이다.

⊙ 촬영은 구름이 없는 오전 10시부터 오후 2시경까지 태양각이 45° 이상인 경우에 최적이다.

35 항공사진 촬영에 있어서 1코스의 길이는 촬영 축척, 코스 유지의 난이 등에 따라 다르나 중축척은 일반적인 경우 몇 km로 하는 것이 적당한가?

㉮ 약 10km ㉯ 약 20km

㉰ 약 30km ㉱ 약 80km

⊙ 일반적으로 코스길이의 연장은 보통 30km를 한도로 한다.

36 화면의 크기 20cm×15cm, 초점거리 25cm, 촬영고도 5,480m일 때 이 화면의 포괄면적은?

㉮ 44.4km² ㉯ 34.4km²

㉰ 24.4km² ㉱ 14.4km²

⊙ $M = \dfrac{1}{m} = \dfrac{f}{H} = \dfrac{0.25}{5,480} = \dfrac{1}{21,920}$

$\therefore A = (ma) \times (mb)$
$= (21,920 \times 0.2)$
$\times (21,920 \times 0.15)$
$= 14,414,592 m^2 \fallingdotseq 14.4 km^2$

정답 33 ㉱ 34 ㉱ 35 ㉰ 36 ㉱

37 화면의 크기 23cm×23cm의 항공사진의 화면축척이 1/20,000일 때 이 화면에 포괄되는 실제면적은?

㉮ 10.58km²

㉯ 42.32km²

㉰ 21.16km²

㉱ 11.58km²

$$A = (ma)^2$$
$$= (20,000 \times 0.23)^2$$
$$= 21,160,000\text{m}^2$$
$$= 21.16\text{km}^2$$

38 평지를 촬영고도 4,500m에서 촬영한 밀착사진의 종중복도가 60%, 횡중복도가 30%일 때 이 연직사진의 유효모델의 면적을 구하면?(단, 화면크기 23cm×23cm, 화면거리 150mm)

㉮ 1.33km²

㉯ 13.3km²

㉰ 133km²

㉱ 1,333km²

$$\frac{1}{m} = \frac{f}{H} = \frac{0.15}{4,500} = \frac{1}{30,000}$$
$$\therefore A_o = (ma)^2\left(1-\frac{p}{100}\right)\left(1-\frac{q}{100}\right)$$
$$= (30,000 \times 0.23)^2$$
$$\left(1-\frac{60}{100}\right)\left(1-\frac{30}{100}\right)$$
$$= 13,330,800\text{m}^2 ≒ 13.33\text{km}^2$$

39 화면거리가 150mm인 카메라로써 비행고도 6,000m에서 촬영한 엄밀수직항공사진이 있다. 종중복도(Over Lap)가 60%일 때 한 모델의 실제면적은?(단, 23cm×23cm의 광각사진이다.)

㉮ 9.66km²

㉯ 33.856km²

㉰ 15.46km²

㉱ 18.56km²

$$A_o = (ma)^2\left(1-\frac{p}{100}\right)$$
$$= \left(\frac{H}{f}a\right)^2\left(1-\frac{p}{100}\right)$$
$$= \left(\frac{6,000}{0.15}\times0.23\right)^2 \times 0.4$$
$$= 33,856,000\text{m}^2$$
$$= 33.856\text{km}^2$$

40 촬영고도 3,000m인 항공사진의 연속 10장의 단일코스 입체면적은 얼마인가?(단, 화면의 크기는 23cm×23cm, 화면거리는 15cm, 종중복도는 60%이다.)

㉮ 76.2km²

㉯ 84.6km²

㉰ 114.3km²

㉱ 127.0km²

1모델의 유효면적(A_o)
$$= (ma)^2\left(1-\frac{p}{100}\right)$$
$$= \left(\frac{H}{f}a\right)^2\left(1-\frac{p}{100}\right)$$
$$= \left(\frac{3,000}{0.15}\times0.23\right)^2 \times 0.4$$
$$= 8,464,000\text{m}^2$$
$$= 8.464\text{km}^2$$
∴ 연속 10장의 입체면적(A)
$$= 8.464 \times (10-1) = 76.2\text{km}^2$$
※ 스트립 구성에 있어서 면적 산정은 사진매수에서 한 장을 뺀 부분의 면적이 입체면적이 된다.

41 수직항공사진상에 나타난 교량의 길이가 0.2mm이고 이 교량의 실제길이는 13m이다. 카메라의 초점거리가 150mm이고 화면의 크기는 18cm×18cm이다. 이 사진 한 장에 포괄되는 토지의 면적은 몇 km²인가?

㉮ 172.70km² ㉯ 169.87km²
㉰ 156.89km² ㉱ 136.89km²

$$\text{축척}\left(\frac{1}{m}\right) = \frac{\text{도상거리}}{\text{실제거리}}$$
$$= \frac{0.2\text{mm}}{13,000\text{mm}}$$
$$= \frac{1}{65,000}$$
$$\therefore A = (ma)^2$$
$$= (65,000 \times 0.18)^2$$
$$= 136,890,000\text{m}^2$$
$$= 136.89\text{km}^2$$

42 비고 300m이고 20km×40km인 장방형지역을 해발고도 3,300m에서 화면거리 152mm의 카메라로 촬영했을 때 필요한 사진매수는?(단, 종중복도 60%, 횡중복도 30%, 23cm×23cm, 입체모델의 면적으로 간이법에 의한 계산을 한다.)

㉮ 139매 ㉯ 140매
㉰ 181매 ㉱ 281매

$$\bullet\ M = \frac{1}{m} = \frac{f}{H-h}$$
$$= \frac{0.152}{3,300-300} = \frac{1}{19,737}$$
$$\bullet\ A_o = (ma)^2\left(1-\frac{p}{100}\right)\left(1-\frac{q}{100}\right)$$
$$= (19,737 \times 0.23)^2$$
$$\left(1-\frac{60}{100}\right)\left(1-\frac{30}{100}\right)$$
$$= 5,770,002\text{m}^2 \fallingdotseq 5.77\text{km}^2$$

• 사진매수를 안전율을 고려하지 않고 간이법으로 구하면
$$\therefore\ \text{사진매수} = \frac{F}{A_o}$$
$$= \frac{20 \times 40}{5.77}$$
$$= 138.65$$
$$\fallingdotseq 139\text{매}$$

43 표고가 700m이고, 20km×40km인 장방형의 구역을 해발고도 3,700m에서 주점거리 210mm의 카메라로 촬영하였다. 이때 필요한 사진매수는?(단, 종중복도 60%, 횡중복도 30%, 사진면 크기 23cm×23cm, 안전율 30%이다.)

㉮ 343매 ㉯ 344매
㉰ 345매 ㉱ 346매

$$\text{사진매수} = \frac{F}{A_o}(1+\text{안전율})$$
$$= \frac{S_1 \times S_2}{(ma)^2\left(1-\frac{p}{100}\right)\left(1-\frac{q}{100}\right)}(1+\text{안전율})$$
$$= \frac{20 \times 40 \times 10^6}{(0.23 \times 14,286)^2\left(1-\frac{60}{100}\right)\left(1-\frac{30}{100}\right)}$$
$$\times (1+0.3) = 344.03 \fallingdotseq 345\text{매}$$
$$\left(\frac{1}{m} = \frac{0.21}{3,700-700} = \frac{1}{14,286}\right)$$

44 어느 구역의 사진측량 경비를 계산하기 위하여 1스트립의 모델 수를 구하니 22모델, 코스수는 7코스였다면 이 구역에서 필요로 하는 총사진매수는?

㉮ 22 ㉯ 23
㉰ 154 ㉱ 161

$$\text{사진매수} = (\text{종모델수}+1)$$
$$\times (\text{횡모델수})$$
$$= (22+1) \times 7 = 161\text{매}$$

정답 **41** ㉱ **42** ㉮ **43** ㉰ **44** ㉱

45 사진측량에서 말하는 모델이란?

㉮ 한 장의 사진이다.

㉯ 편위수정한 사진이다.

㉰ 한 쌍의 사진으로 실체시되는 부분이다.

㉱ 어느 지역을 대표할 만한 사진이다.

> ◉ 모델이란 다른 위치로부터 촬영되는 2매 1조의 입체사진으로부터 만들어지는 처리단위를 말한다.

46 가로 30km, 세로 20km인 장방형의 토지를 축척 1/40,000의 항공사진으로 종중복(p) 60%, 횡중복(q) 30%일 경우 총 모델수는?(단, 사진의 크기는 23cm×23cm이다.)

㉮ 26모델

㉯ 9모델

㉰ 46모델

㉱ 36모델

> ◉ • 종모델수
> $$= \frac{S_1}{B} = \frac{S_1}{(ma)\left(1 - \dfrac{p}{100}\right)}$$
> $$= \frac{30 \times 1,000}{(40,000 \times 0.23)\left(1 - \dfrac{60}{100}\right)}$$
> $$= 8.15 ≒ 9모델$$
>
> • 횡모델수
> $$= \frac{S_2}{C_o} = \frac{S_2}{(ma)\left(1 - \dfrac{q}{100}\right)}$$
> $$= \frac{20 \times 1,000}{(40,000 \times 0.23)\left(1 - \dfrac{30}{100}\right)}$$
> $$= 3.1 ≒ 4코스$$
> ∴ 총 모델수=종모델수×횡모델수
> $$= 9 \times 4 = 36모델$$

47 어떤 대지를 항공측량하여 70모델을 얻었다. 이때 필요한 최소 삼각점은?

㉮ 70점

㉯ 105점

㉰ 140점

㉱ 210점

> ◉ 삼각점수=총모델수×2
> $$= 70 \times 2 = 140점$$

48 두 변의 길이가 동서 20km, 남북 15km인 정방형의 지역을 횡중복도 30%, 종중복도 60%로 촬영하였다. 이 작업에 필요한 삼각점의 수는 최소 몇 점이 있어야 하는가?(단, 사진의 크기 23cm×23cm, 화면거리 210mm, 촬영고도 4,200m이다.)

㉮ 150점

㉯ 130점

㉰ 110점

㉱ 90점

> ◉ $$M = \frac{1}{m} = \frac{0.21}{4,200} = \frac{1}{20,000}$$
> • 종모델수
> $$= \frac{S_1}{B} = \frac{S_1}{(ma)\left(1 - \dfrac{p}{100}\right)}$$
> $$= \frac{20 \times 1,000}{20,000 \times 0.23 \times 0.4} = 10.87$$
> $$≒ 11모델$$
>
> • 횡모델수
> $$= \frac{S_2}{C_o} = \frac{S_2}{(ma)\left(1 - \dfrac{q}{100}\right)}$$
> $$= \frac{15 \times 1,000}{20,000 \times 0.23 \times 0.7} = 4.66$$
> $$≒ 5코스$$
> • 총 모델수=11×5=55모델
> ∴ 삼각점수=55×2=110점

정답 45 ㉰ 46 ㉱ 47 ㉰ 48 ㉰

49 동일한 구역을 같은 사진기를 이용하여 촬영할 때 비행고도를 2배 높이면 전체 사진매수는 어느 정도 줄어드는가?

㉮ 1/2

㉯ 1/4

㉰ 1/6

㉭ 1/8

⊙ 비행고도를 2배 높이면 사진매수는 가로, 세로를 곱하여 $\frac{1}{4}$로 줄어든다.

50 절대표정에 필요한 최소의 기준점 수는?

㉮ 3점의 (x, y)좌표 및 2점의 z좌표

㉯ 2점의 (x, y)좌표 및 1점의 z좌표

㉰ 3점의 (x, y, z)좌표 및 2짐의 z좌표

㉭ 2점의 (x, y, z)좌표 및 1점의 z좌표

⊙ 절대표정에 필요한 최소표정점은 삼각점(x, y) 2점과 수준점(z) 3점이다.

51 항공삼각측정에서 스트립을 구성하기 위해 사용되는 점은?

㉮ 자연점

㉯ 대공표식

㉰ 종접합점

㉭ 자침점

⊙ 항공삼각측량 과정에서 스트립을 형성하기 위하여 사용되는 점을 보조기준점(Pass Point)이라고도 한다.

52 대공표지에 관한 내용이다. 다음 중 틀린 것은 어느 것인가?

㉮ 흰 페인트를 칠한 판에 그림자가 지지 않도록 지면에서 약간 높게 설치하는 것이 가장 적합하다.

㉯ 상공은 45° 이상 열어 두어서는 안 된다.

㉰ 촬영 후 사진상에서 30 μm 정도의 반점으로 나타나도록 한다.

㉭ 각종 페인트나 에나멜, 베니어판, 목재판, 나무말뚝 등이 쓰인다.

⊙ 대공표식은 상공에서 잘 보이도록 45° 이상의 각도로 열어두어야 한다.

53 대공표지에 대한 다음의 설명 중 옳지 않은 것은?

㉮ 대공표지는 상공을 향하여 45° 이상으로 열어두어야 하며, 사진상에서 30 μm 정도의 반점으로 나타나도록 하는 것이 좋다.

㉯ 대공표지란 항공사진에 측정용 기준면 점의 위치를 정확히 표시하기 위하여 지상에 설치하는 표지를 말한다.

㉰ 표지가 정방형인 경우의 최소크기는 축척 분모수에 비례하며 촬영축척에 대한 상수에 반비례한다.

㉭ 그 위치가 촬영 후에 확인되는 다른 점으로부터 쉽게 편심 관측되는 경우라도 반드시 대공표지를 하여야 한다.

⊙ 표지를 설치하고자 하는 지점에 설치하기 곤란한 경우에는 편심관측이 가능하면 편심하여 설치하여도 된다.

54 자연을 그대로 표정점으로 이용할 경우 다음 중 적당하지 않은 것은?

㉮ 4차선 도로의 중앙점 　　㉯ 테니스 코트의 모서리
㉰ 전답의 모서리 　　㉱ 작은 도로의 교차로

자연점은 자연 물체로서 사진상에 명확히 나타나고 정확히 관측할 수 있는 점을 선택하여야 한다. 4차선 도로의 중앙점은 사진상에서 명확히 구분할 수 없는 점이다.

55 다음 중 표정점의 선점에 관한 사항 중 틀린 것은?

㉮ 경사가 급한 지표면이나 경사변환선상을 택해서는 안 된다.
㉯ 시간적으로 변화하는 것들은 안 된다.
㉰ 표정점은 되도록 원판 가장자리에 나타나는 점을 취하여야 한다.
㉱ 지표면에서 기준이 되는 높이의 점이어야 한다.

사진의 가장자리에 너무 가까운 점은 필름원판의 수축이나 빛의 굴절영향을 받아서 정도가 나빠질 위험이 있으므로 표정점은 되도록이면 원판상의 가장자리에서 1cm 이상 떨어져 나타나는 점을 취하는 것이 바람직하다.

56 사진상의 주점이나 표정점 등 각 점의 위치를 인접한 사진상에 옮기는 작업을 무엇이라 하는가?

㉮ 도화 　　㉯ 표정
㉰ 점이사 　　㉱ 입체시

사진상의 주점이나 표정점 등 제 점의 위치를 인접한 사진상에 옮기는 작업을 점이사라 한다.

57 축척 1/25,000의 항공사진을 시속 180km로 촬영할 경우 허용 흔들림을 사진상에서 0.01mm로 한다면 최장노출시간은?

㉮ 1/50초 　　㉯ 1/100초
㉰ 1/200초 　　㉱ 1/250초

$$T_l = \frac{\Delta s \cdot m}{V}$$
$$= \frac{0.01 \times 25,000}{180 \times 1,000,000mm \times \frac{1}{3,600}}$$
$$= \frac{250}{50,000} = \frac{1}{200} 초$$

58 15cm 화면거리의 광각카메라로써 촬영고도 3,000m에서 시속 180km의 운항속도로 항공사진을 촬영할 때에 사진 노출점 간의 최소소요시간은?(단, 사진화면의 크기는 23cm×23cm이고, 진행 방향의 중복도(Forwards Over Lap)는 60%이다.)

㉮ 36.8초 　　㉯ 40.6초
㉰ 50.5초 　　㉱ 60.3초

$$T_S = \frac{B}{V} = \frac{ma\left(1 - \frac{p}{100}\right)}{V}$$
$$= \frac{1,840m}{50m/sec} = 36.8초$$
※ $V = 180/3.6 = 50m/sec$
$$m = \frac{H}{f} = 20,000$$

실전문제 *TIP*

59 사진 촬영할 경우 주의사항에 해당되는 것은?

㉮ 촬영코스는 직선이어야 하며, 계획코스에 대해 좌우의 편류는 촬영 폭의 30° 이내가 되도록 한다.

㉯ 촬영비행은 등고도, 등속의 직선비행을 하여야 하며 기체의 전후, 좌우의 진동은 생기지 않아야 한다.

㉰ 촬영고도의 차는 동일 코스 내에서 ±50m, 동일 계획고도의 코스 상호 간에는 30m, 촬영일을 달리할 때는 20m 이내가 되도록 한다.

㉱ 노출시간은 되도록 1/200초보다 빠르게 하고 공기 중의 먼지 등의 영향을 방지하기 위하여 필터를 사용할 것

⊙ 촬영고도는 지정고도에서 5% 이상 낮게 혹은 10% 이상 높게 진동하지 않도록 하며 일정 고도로 비행하면서 촬영한다.

60 항공사진을 촬영하는 데 있어서 최장노출시간에 대한 최소노출시간의 값을 1/4,600로 하려면 허용흔들림의 양은?(단, 사진크기 23cm × 23cm, 종중복도 60%, 횡중복도 30%)

㉮ 0.0009mm

㉯ 0.014mm

㉰ 0.02mm

㉱ 0.035mm

⊙

$$\frac{T_l}{T_s} = \frac{\dfrac{\Delta sm}{V}}{\dfrac{B}{V}}$$

$$= \frac{\Delta sm}{B} = \frac{\Delta sm}{ma\left(1 - \dfrac{p}{100}\right)}$$

$$= \frac{1}{4,600} = \frac{\Delta s}{a\left(1 - \dfrac{p}{100}\right)}$$

$$\therefore \Delta s = \frac{230 \times (1 - 0.6)}{4,600}$$

$$= 0.02\text{mm}$$

61 다음 입체사진의 표정에 관한 설명 중 옳지 않은 것은?

㉮ 내부표정이란 도화기의 투영기에 촬영 당시와 똑같은 상태로 양화건판을 정착시키는 작업으로서 화면거리와 주점에 대한 작업이다.

㉯ 상호표정이란 사진상의 종시차 및 횡시차를 소거하여 목표 지형물의 상대적 위치를 맞추는 작업으로서 인자로는 κ, φ, ω, b_y, b_x, b_z가 있다.

㉰ 대지표정이란 축척, 수준면, 위치, 방위, 경사를 결정하는 작업으로서 표정인자로는 λ, φ, Ω, κ, C_x, C_y, C_z의 7개가 있다.

㉱ 접합표정이란 한 쌍의 입체사진 내에서 한쪽만의 표정인자를 움직여서 다른 사진에 접합시키는 표정법으로 표정인자는 λ, κ, φ, ω, S_x, S_y, S_z가 있다.

⊙ 상호표정은 양 투영기에서 나오는 광속이 촬영 당시 촬영면에 이루어지는 종시차를 소거하여 목표 지형물에 상대위치를 맞추는 작업으로 κ, φ, ω, b_y, b_z의 5개 인자를 이용한다.

62 촬영된 사진을 본래의 기하학적 형태로서 재현시키기 위하여 표정을 하는데 이 과정 중에서 옳지 않은 것은?

㉮ 내부표정은 사진의 주점과 화면거리의 조정을 하는 작업이다.

㉯ 상호표정은 κ, φ, ω, b_y, b_z의 표정인자로 종시차를 소거하는 방법이다.

㉰ 절대표정은 축척의 결정, 수준면의 결정, 위치의 결정을 하는 작업이다.

㉱ 접합표정은 한장 한장의 사진만을 접하는 작업이다.

> 접합표정은 한 쌍의 입체사진 내에서 한쪽 표정인자는 전혀 움직이지 않고 다른 한쪽만 움직여 그 다른 쪽에 접합시키는 표정법이다.

63 다음 내부 표정에 대한 설명 중 옳은 것이 아닌 것은?

㉮ 사진의 중심표정을 해야 한다.

㉯ 상호표정을 하기 전에 해야 한다.

㉰ 축척과 경사를 바로 잡아야 한다.

㉱ 사진의 화면거리를 맞추어야 한다.

> 축척과 경사를 결정하는 것은 절대표정방법이다.

64 다음 중 내부표정과 관계되지 않는 것은?

㉮ 사진상의 특정 지물의 지상좌표(Terrestrial Coordinate)를 알아야 한다.

㉯ 도화기 카메라의 초점거리를 사진의 화면거리와 같게 한다.

㉰ 사진의 중심점과 도화기 사진판(Photocarrier)의 중심점을 일치시킨다.

㉱ 중심표정을 할 때에는 사진판의 지표(Fiducial Mark)를 이용한다.

> 사진상의 특정 지물의 지상좌표를 필요로 하는 표정은 절대표정이다.

65 대지표정이 완전히 끝났을 때 사진모델과 실지 모델의 관계는?

㉮ 상사(相似) ㉯ 일치(一致)

㉰ 합동(合同) ㉱ 대응(對應)

> 대지표정(절대표정)을 통하여 축척과 경사조정을 끝내면 사진 Model과 지형 Model과는 상사관계가 이루어진다.
> (상사 : 모양이 서로 비슷함)

66 다음 중 대지표정(Absolute Orientation)에 대한 설명으로 합당한 것은?

㉮ 축척을 맞추고 높이를 바로잡는 작업이다.

㉯ Y방향 시차를 소거하는 작업이다.

㉰ X방향 시차를 소거하는 작업이다.

㉱ 화면거리를 맞추는 작업이다.

> ㉮ : 절대표정
> ㉯ : 상호표정
> ㉱ : 내부표정

정답 62 ㉱ 63 ㉰ 64 ㉮ 65 ㉮ 66 ㉮

67 상호표정과 관계가 깊은 것은?

㉮ 횡시차를 소거하는 것

㉯ 종시차를 소거하는 것

㉰ 종횡시차를 소거하는 것

㉱ 화면거리 조정과 표정작업이다.

○ 양 투영기에서 나오는 광속이 촬영 당시 촬영면상에 이루어지는 종시차를 소거하여 목표물의 상대적 위치를 맞추는 작업을 상호표정이라 한다.

68 항공사진측량에서 상호표정을 실시하려고 한다. 아래 표정인자 조합 중 상호표정을 할 수 없는 것은?

㉮ $\kappa_1,\ \kappa_2,\ \omega_1,\ b_{z1},\ \varphi_1$ ㉯ $\kappa_1,\ \kappa_2,\ \omega_1,\ \omega_2,\ \varphi_2$

㉰ $\omega_1,\ \omega_2,\ \varphi_2,\ b_{y1},\ \kappa_2$ ㉱ $\kappa_1,\ \omega_1,\ \varphi_1,\ \varphi_2,\ b_{x2}$

○ 상호표정은 5개의 독립한 표정인자에 의하여 종시차를 소거해가는 것으로 세부적으로 보면, $\kappa_1,\ \kappa_2,\ \varphi_1,\ \varphi_2,$ $\omega,\ b_y,\ b_z$의 7개의 인자를 적절하게 조합하여야 한다. b_{x2}는 상호표정인자와 관계없다.

69 다음 중 상호표정인자는 어느 것인가?

㉮ $b_x,\ \lambda,\ \Omega,\ \varphi,\ \omega$ ㉯ $b_x,\ b_z,\ \kappa,\varphi,\omega$

㉰ $b_z,\ b_y,\ \kappa,\varphi,\ \omega$ ㉱ $\kappa,\ \varphi,\ \omega,\ b_x,\ b_z$

○ 상호표정인자는 $\kappa,\ \varphi,\ \omega,\ b_y,\ b_z$ 이다.

70 양 투영기(한 모델을 이루는 좌우사진)에서 나오는 광속이 촬영 당시 촬영면상에 이루어지는 종시차를 소거하여 목표 지형물의 상대적 위치를 맞추는 작업을 무엇이라 하는가?

㉮ 접합표정   ㉯ 대지표정

㉰ 상호표정   ㉱ 거리표정

○ 한 쌍의 입체사진에서 대응하는 점으로부터 나온 광선이 모두 교차하도록 좌우사진의 상호 위치를 정하여 맞추는 작업을 상호표정이라 한다.

71 표정요소 중 $\varphi_1,\ \varphi_2$ 를 조합하면 어느 표정요소의 운동과 같은 효과가 있는가?

㉮ ω ㉯ κ_1 ㉰ κ_2 ㉱ b_z

○

72 다음 그림은 도화기의 어느 표정요소의 움직임을 표시한 것이다. 옳은 것은?

㉮ b_z

㉯ b_y

㉰ φ

㉱ ω

○

φ 작용

73 다음 중 κ_1으로써 소거시킬 수 있는 시차는 어느 것인가?

㉮

㉯

㉰

㉱

⊙ ㉮ : κ_2
㉯ : b_y
㉰ : b_z
㉱ : κ_1

74 다음과 같은 모델상에서 상호표정인자는 어느 것을 이용해야 하는가?

㉮ φ''
㉯ ω
㉰ b_y
㉱ φ'

⊙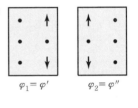

$\varphi_1 = \varphi'$ $\qquad$ $\varphi_2 = \varphi''$

75 다음 상호표정의 그림은 어느 인자로 조정이 가능한가?

㉮ φ''
㉯ κ'
㉰ b_y
㉱ ω

⊙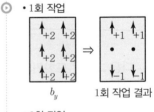

φ $\qquad$ $\varphi_2 = \varphi''$

76 다음과 같은 시차를 소거하기 위하여 옳은 것은?

㉮ ω
㉯ b_z
㉰ κ
㉱ φ

⊙ b_z의 작용을 나타내고 있다.

77 다음 그림과 같은 모델을 2회의 작업으로 종시차를 완전히 소거시킬 수 있는 인자는 어느 것인가?

㉮ κ, φ
㉯ κ, b_z
㉰ b_y, b_z
㉱ b_x, b_y

⊙ • 1회 작업

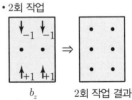

b_y $\qquad$ 1회 작업 결과

• 2회 작업

b_z $\qquad$ 2회 작업 결과

78 산악지역이나 불완전 모델에서 표정인자 간의 관계는?

㉮ φ 만이 관계가 크다.

㉯ ω 만이 관계가 크다.

㉰ φ, ω 와의 상관관계가 매우 크다.

㉱ 평탄한 지역과 다를 바 없다.

> ◉ 산악지역의 불완전 모델에는 ω, φ 의 인자가 상호관계에 있다.

79 상호표정인자 중에서 b_y 를 움직이면 다음 그림의 모델에서 각 점의 시차는 어떻게 변동하는가?

㉮ ①, ②, ③, ④, ⑤ 각 점과 같은 크기의 시차가 같은 방향으로 생긴다.

㉯ ①, ②, ③, ④, ⑤, ⑥ 각 점과 같은 크기의 시차가 다른 방향으로 생긴다.

㉰ ①, ②, ③, ④, ⑤, ⑥ 각 점에 크기가 다른 시차가 같은 방향으로 생긴다.

㉱ ①, ②, ③, ④, ⑤, ⑥점에 크기가 같은 시차가 같은 방향으로 생긴다.

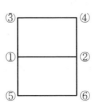

> ◉ b_y 의 작용
>
>

80 다음은 표정인자의 운동을 열거한 것이다. 틀린 것은?

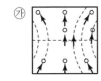

㉰ $-h\left(1+\dfrac{x^2}{h^2}\right)d_\omega$ ㉱ $+h\left(1+\dfrac{y^2}{h^2}\right)d_\omega$

> ◉ 본 문제는 ω 의 작용을 설명한 것으로서
> - 횡방향 : $+\dfrac{xy}{h}d_\omega$
> - 종방향 : $+h\left(1+\dfrac{y^2}{h^2}\right)d_\omega$

81 상호표정에서 과잉수정계수(o, c, f)와 관계없는 것은?

㉮ $\dfrac{1}{2}\dfrac{h^2}{d^2}$ ㉯ $\dfrac{1}{2}\left(\dfrac{h^2}{d^2}-1\right)$

㉰ $\dfrac{1}{2}\left(\dfrac{h^2}{d^2}+1\right)$ ㉱ ω 에 관계있다.

> ◉ 과잉수정계수는 ω 와 관계하며 다음 식으로 나타낼 수 있다.
> $$k' = \dfrac{1}{2}\left(\dfrac{h^2}{d^2}-1\right)$$

82 다음 표정인자의 조합에서 접합표정을 할 수 있는 것은?

㉮ κ_1, κ_2, ω, φ_1 ㉯ κ_1, κ_2, ω_1, b_x, φ_1

㉰ κ_1, κ_2, b_y, φ_1, ω_1, ω_2 ㉱ λ, κ, φ, ω, S_x, S_y, S_z

> ◉ 한 쌍의 입체사진 내에서 한쪽의 표정인자는 전혀 움직이지 않고, 다른 한쪽만 움직여 그 다른 쪽에 접합시키는 표정법을 접합표정이라 한다.
> 접합표정인자 :
> κ, φ, ω, S_x, S_y, S_z, λ

83 항공삼각측정(Aerotriangulation)의 설명 중 가장 타당한 것은?

㉮ 항공기에서 지상 목표물에 전자파를 송수신하여 수행하는 삼각
측량

㉯ 항공사진에서 정밀도화기 및 정밀좌표측정기에 의하여 관측된 많은
좌표군을 소수의 대응 지상 기준점 성과를 이용하여 사진좌표를
대지상 좌표(혹은 측지좌표)로 조정, 전환하는 작업

㉰ 도화기를 이용하여 사진의 좌표를 삼각측량 원리에 의하여 수행
하는 측량

㉱ 항공사진에 선점된 점의 평면좌표를 측정하는 작업으로서 전자
정보처리 조직에 의한 측량

> 항공삼각측량(Aerotriangulation)
> 입체도화기 및 정밀좌표 관측기에 의
> 하여 사진상의 무수한 점들의 좌표(X,
> Y, Z)를 관측한 다음, 소수의 지상기준
> 점 성과를 이용하여 관측된 사진상의
> 무수한 점들의 좌표를 전자계산기, 블
> 록조정기 및 해석적 방법으로 절대좌
> 표로 환산해 내는 방법이다.

84 항공삼각측량(Aerial Triangulation)에서 광속 조정(Bundle Adjustment)의 최소단위는?

㉮ 모델좌표　　　　　㉯ 스트립좌표
㉰ 사진좌표　　　　　㉱ 블록좌표

> 광속법은 상좌표를 사진좌표로 변환
> 시킨 다음 사진좌표로부터 직접 절대
> 좌표를 구하는 방법이다.

85 항공삼각측량시 평면기준점의 배치가 그림과 같을 경우 다음 중
가장 큰 잔차가 남는 지점은?

㉮ ①
㉯ ②
㉰ ③
㉱ ④

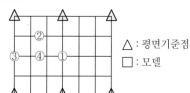

△ : 평면기준점
□ : 모델

> Block 배치 계획
> • 삼각점(△ (x,y)) 배치 : 외곽 배치
> －축척 조정에 관계
> • 수준점(□ (z)) 배치 : 횡방향 배치
> －경사 조정에 관계
> → 삼각점을 가장 큰 잔차가 존재하는
> 외곽 주변으로 배치하여 축척을 조
> 정하여야 하므로 ①~④ 중 외곽에
> 해당되는 ③번이 가장 큰 잔차가 남
> 는 지점이다.

86 다음 중 도화작업 순서가 맞는 것은?

> ① 내부표정 ② 상호표정 ③ 대지표정 ④ 평면 및 등고선 묘사

㉮ ①→②→③→④　　　　㉯ ②→①→③→④
㉰ ①→④→②→③　　　　㉱ ①→③→②→④

> 도화작업 순서
> 내부표정 → 상호표정 → 대지표정 →
> 세부도화

87 각 입체모형을 단위로 하여 접합점과 기준점을 이용하여 여러 입
체모형의 좌표들을 조정법에 의한 절대좌표로 환산하는 방법은?

㉮ Aeropolygon법　　　　㉯ Independent Model법
㉰ Bundle Adjustment법　㉱ Block Adjustment법

> 입체모형을 단위로 하는 조정법을
> 독립모델(Independent Model)법이
> 라 한다.

88 편위수정과 관계없는 것은?

㉮ 사진지도 제작과 밀접한 관계가 있다.

㉯ 거의수직사진을 엄밀수직사진으로 고치는 작업이다.

㉰ 특히 산악지역이 유리하다.

㉱ 4점의 평면좌표를 이용하여 편위수정을 한다.

> 편위수정은 비고 10~20%, 경사각 3° 이내에서는 축척과 경사의 영향이 적으므로 주점을 그대로 이용해도 그 영향은 적다. 편위수정은 경사사진을 엄밀수직사진으로 수정하는 작업이다.

89 편위수정에 있어서 만족해야 할 3가지 조건을 기술한 내용 중 옳지 않은 것은?

㉮ 기하학적 조건   ㉯ 광학적 조건

㉰ 샤임플러그 조건   ㉱ 템플릿 조건

> 편위수정은 사진의 경사와 축척을 통일시키고 변위가 없는 연직사진으로 수정하는 작업을 말하며, 일반적으로 3~4개의 표정점이 필요하다.
> ※ 편위수정 조건
> • 기하학적 조건
> • 광학적 조건
> • 샤임플러그 조건

90 편위수정기로 항공사진을 편위수정 할 때 최소한 몇 점의 기준점이 필요한가?

㉮ 3~4점   ㉯ 4~5점

㉰ 5~6점   ㉱ 6~7점

> 편위 수정기로 항공사진을 편위수정 할 때 최소한 3~4점의 기준점이 필요하다.

91 편위수정 작업을 하는 데만 사진 한 장에 소요되는 기준점좌표에 대한 다음 설명 중 옳은 것은?

㉮ 최소한 3점(x, y)의 좌표가 필요하나, 작업편의상 4점(x, y)의 좌표를 사진 네 모퉁이에 택한다.

㉯ 최소한 3점(x, y, z)의 좌표가 필요하나, (x, y, z)의 좌표를 사진 네 모퉁이에 택한다.

㉰ 최소한 4점(x, y)의 좌표가 필요하다.

㉱ 최소한 3점(x, y, z)의 좌표면 충분하다.

> 편위수정에는 일반적으로 4개의 표정점이 필요하고 최소한 3점은 있어야 한다.

92 편위수정에 대한 설명 중 맞는 것은?

㉮ 경사변위의 수정   ㉯ 기복변위의 수정

㉰ 비고의 수정   ㉱ 시차의 수정

> 편위수정은 사진의 경사와 축척을 통일시키고 변위가 없는 연직사진으로 수정하는 작업을 말한다.

93 일반적으로 많이 이용되며 가장 경제적인 사진지도는?

㉮ 약조정사진지도   ㉯ 정사투영사진지도

㉰ 조정집성사진지도   ㉱ 평행투영사진지도

> 조정집성사진도는 사진의 축척을 일치시키고, 다시 사진기의 경사에 의한 변위를 수정하여 모자이크한 것으로 일반적으로 많이 이용된다. 따라서 지표면의 비고가 별로 없는 평지에서는 사진상의 평면위치는 지도로서의 정확도로 생각하여도 좋다.

94 편위수정을 거친 사진을 집성하여 만든 사진지도는?

㉮ 중심투영사진지도
㉯ 약조정집성사진지도
㉰ 반조정집성사진지도
㉱ 조정집성사진지도

⊙ 조정집성사진지도는 사진기의 경사에 의한 변위를 수정하고 축척도 조정된 사진지도이다.

95 도시계획, 토지개량 등 전반을 알고 전체의 계획을 세울 경우 특히 효과적으로 이용할 수 있는 사진지도는?

㉮ 약조정집성사진지도
㉯ 조정집성사진지도
㉰ 정사투영사진지도
㉱ 반조정집성사진지도

⊙ 사진지도는 지도와는 다르며, 사진을 직접 보는 것이므로 지도로서는 표현될 수 없는 여러 가지의 것을 알 수 있으므로 조사용으로 특히 유용하다. 또한, 전반적인 계획을 수립할 경우 약조정집성사진지도를 이용하는 경우가 시간 및 경제성에 유리하다.

96 절대표정에서 2개의 표정점 사이의 축척화한 길이는 $S_g = 366.5$mm 이고 모델상에서의 측정된 표정점 간의 거리 $S_m = 371.8$mm일 때의 기선길이가 $b_x = 216.31$mm라 한다. 다음 중 b_x의 수정값은?

㉮ 213.23mm
㉯ 214.32mm
㉰ 217.23mm
㉱ 218.32mm

⊙ $371.8 : 216.31 = 366.5 : x$
∴ $x = 213.23$mm

97 항공사진 현상처리 순서로서 다음 중 가장 알맞은 것은 어느 것인가?

㉮ 현상-정착-수세-건조
㉯ 현상-수세-정착-건조
㉰ 건조-현상-정착-수세
㉱ 현상-건조-정착-수세

⊙ 촬영을 끝낸 필름은 될 수 있는 한 빨리 현상하여야 한다. 항공사진 현상은 현상-정착-수세-건조 순으로 처리되며, 건조 중에도 장력에 의한 신축이 생기지 않도록 해야 한다.

98 항공사진 촬영성과 중 재촬영하지 않아도 되는 것은?

㉮ 촬영코스의 수평이탈이 계획촬영고도의 10% 이하일 때
㉯ 인접 코스 간의 중복도가 표고의 최고점에서 5% 미만일 때
㉰ 촬영 진행 방향의 중복도가 53% 미만일 때
㉱ 촬영 진행 방향의 중복도가 68~77%가 되는 모델이 전 코스 사진 매수의 1/4 이상일 때

⊙ 촬영코스의 수평이탈이 계획촬영고도의 15% 이상인 경우 재촬영한다.

99 항공삼각측량에서 표정점에 관한 설명 중 틀린 것은?

㉮ 표정점은 X, Y, H가 동시에 정확하게 결정될 수 있는 점이어야 한다.
㉯ 경사가 급한 지표면이나 경사변환선상의 선점이어야 한다.
㉰ 표정점은 사진상에 나타난 점과 그와 대응되는 점과의 상관성을 해석하기 위한 점이다.
㉱ 사진상의 표고표정점 주위에 적어도 약 30cm 정도 평탄하고 급격한 색조의 변화가 없어야 한다.

⊙ 표정점을 선점할 경우 가급적 급한 경사와 가상점은 사용하지 않도록 한다.

실전문제 **TIP**

100 사진측량으로 지형도를 제작할 때 필요 없는 공정은?

㉮ 사진 촬영
㉯ 수정모자이크
㉰ 기준점측량
㉱ 세부도화

> 수정모자이크는 사진지도 제작시 필요한 공정이다.

101 실체도화기로 등고선을 그릴 때 등고선의 높이 오차를 등고선 간격의 1/2 이내로 하려면 측정하는 시차차의 오차는 몇 mm 이내로 해야 하는가?(단, 도화축척 : 1/10,000, 사진축척 : 1/35,000, 화면거리 : 150mm, 화면크기 : 23cm×23cm, 사진의 중복도 : 60%, 등고선 간격 : 6m)

㉮ 0.05mm
㉯ 0.5mm
㉰ 0.01mm
㉱ 0.1mm

> • 촬영고도(H)
> $= m \cdot f$
> $= 35,000 \times 0.15 = 5,250\text{m}$
> • 촬영종기선길이(B)
> $= m \cdot a \left(1 - \dfrac{p}{100}\right)$
> $= 35,000 \times 0.23\left(1 - \dfrac{60}{100}\right)$
> $= 3,220\text{m}$
> • 비고의 오차$(dh) = \dfrac{6}{2} = 3\text{m}$
> $\therefore \ dp = \dfrac{B \cdot f}{H^2} dh$
> $= \dfrac{3,220 \times 0.15 \times 3}{5,250^2}$
> $= 0.00005\text{m} \fallingdotseq 0.05\text{mm}$

102 다음은 항공삼각측량의 조정에 대한 사항이다. 틀린 것은?

㉮ 사진을 기본단위로 조정하는 것을 번들 조정이라 한다.
㉯ 모델을 기본단위로 조정하는 것을 독립모델조정이라 한다.
㉰ 스트립을 기본단위로 조정하는 것을 다항식 조정이라 한다.
㉱ 독립모델법은 각 모델의 모델좌표가 독립적임을 의미하는 것은 아니다.

> 독립모델법은 각 입체모형을 단위로 하여 접합점과 기준점을 이용하여 여러 입체모형의 좌표들을 조정방법에 의하여 절대표정좌표로 환산하는 방법이다. 즉, 독립모델법은 각 모델의 모델좌표가 독립적으로 처리된다.

103 인접한 2개 사진 및 입체모형에 공통적인 요소를 이용하여 입체모형의 경사와 축척을 통일시켜 1개의 통일된 스트립의 좌표계로 변환하는 작업은?

㉮ 내부표정
㉯ 상호표정
㉰ 접합표정
㉱ 절대표정

> • 한 쌍의 입체사진 내에서 한쪽의 표정인자는 전혀 움직이지 않고 다른 한쪽만 움직여 그 다른 쪽에 접속시키는 표정법을 접합표정이라 한다.
> • 인접한 입체모형의 경사와 축척을 통일시켜 1개의 통일된 스트립좌표계로 변환하는 작업을 접합표정이라 한다.

104 다음은 도화작업의 진행과정을 표시한 것이다. 맞는 것은 어느 것인가?

㉮ 상호표정 – 대지표정 – 평면 및 등고선 그리기 – 원도완성
㉯ 대지표정 – 상호표정 – 평면 및 등고선 그리기 – 원도완성
㉰ 상호표정 – 평면 및 등고선 그리기 – 대지표정 – 원도완성
㉱ 대지표정 – 평면 및 등고선 그리기 – 상호표정 – 원도완성

> 표정의 순서
> 내부표정 – 상호표정 – 접합표정 – 절대표정(대지표정)

정답 100 ㉯ 101 ㉮ 102 ㉱ 103 ㉰ 104 ㉮

105 세부도화시 지형·지물을 도화하는 가장 적합한 순서는?

㉮ 도로 → 수로 → 건물 → 식물

㉯ 건물 → 수로 → 식물 → 도로

㉰ 식물 → 건물 → 도로 → 수로

㉱ 도로 → 식물 → 건물 → 수로

◉ 세부도화는 선형물, 단독물체, 등고선, 기타 순서에 의하여 그린다.

106 사진지도에 대한 설명 중 틀린 것은?

㉮ 편위수정된 사진을 집성하여 만든 지도이다.

㉯ 정사투영사진지도(Ortho Photo Map)가 가장 좋은 사진지도이다.

㉰ 일반지도를 사진 촬영한 것이다.

㉱ 사진지도의 등고선 또는 지점 표고는 보통 지도의 그것에 비하여 정확도가 낮다.

◉ 사진지도는 사진을 모두 합하여 지도처럼 만든 것을 말한다.

107 편위수정법에 대한 설명 중 틀린 것은?

㉮ 사진의 경사를 수정한다.

㉯ 사진의 축척을 수정한다.

㉰ 토지의 기복이 심한 곳에 대하여 선의 틀어짐을 수정한다.

㉱ 평탄한 지형에 많이 이용된다.

◉ 편위수정법은 주로 산악지역(기복이 심한 곳)에 이용된다.
※ 경사와 축척을 수정해야 할 곳은 평지보다 기복이 심한 지역이다.

108 사진측량에서 능률에 영향을 주는 요소가 아닌 것은?

㉮ 도화기 ㉯ 사진축척

㉰ 도화축척 ㉱ 지형도

◉ 지형도는 사진측량을 함으로써 최종적으로 얻어지는 성과물이다.

109 도화축척에 의한 표고기준점의 오차한계로 옳은 것은?

	도화축척	표준편차
㉮	$\dfrac{1}{500} \sim \dfrac{1}{600}$	±0.10m 이내
㉯	$\dfrac{1}{1,000} \sim \dfrac{1}{1,200}$	±0.10m 이내
㉰	$\dfrac{1}{2,500} \sim \dfrac{1}{3,000}$	±0.10m 이내
㉱	$\dfrac{1}{5,000} \sim \dfrac{1}{6,000}$	±0.10m 이내

◉ 표고기준점 오차의 한계(항공사진측량 작업규정)

도화축척	표준편차 (표고기준점)
1/500~1/600	±0.05m 이내
1/1,000~1/1,200	±0.10m 이내
1/2,500~1/3,000	±0.15m 이내
1/5,000~1/6,000	±0.20m 이내

110 항공사진에 의한 지도제작시 도화에 관한 설명 중 틀린 것은?

㉮ 도지는 신축비가 0.05% 이하인 것을 사용한다.

㉯ 사용하는 도지는 두께 0.5mm 이상의 폴리에스테르 시트만을 사용한다.

㉰ 도화축척은 원칙적으로 최종 도면의 축척과 동일하여야 한다.

㉱ 절대표정 후 평면위치의 교차는 도상 0.4m 이내이어야 한다.

> 사용하는 도지는 신축도가 일반적으로 0.05% 이하의 것을 사용하고 크기는 110cm×80cm를 표준으로 한다.

111 항공사진상에 빌딩이 촬영되어 있다. 사진 축척은 1 : 3,000이고 사진상에 표현된 그 빌딩의 그림자 길이는 1.2cm이다. 빌딩의 실제 높이는 얼마인가?(단, 사진촬영 시점의 태양고도각(Sun Elevation Angle)은 55°라고 가정한다.)

㉮ 25.21m ㉯ 38.41m

㉰ 51.41m ㉱ 64.21m

빌딩의 높이
55°
그림자의 길이
1.2cm × 3,000 × tan55°
=5,141.33cm ≒ 51.41m

112 항공사진측량에 의하여 제작된 수치지도의 위치 정확도에 영향을 주는 요소와 가장 거리가 먼 것은?

㉮ 도화기의 정확도 ㉯ 지상기준점의 정확도

㉰ 사진의 축척 ㉱ 지도 레이어의 개수

> • 지도의 레이어는 수치지도의 위치 정확도와 무관하다.
> • 층(Layer) : 한 주제를 다루는 데 중첩되는 다양한 자료들로 한 커버러지의 자료파일이다.

113 항공사진의 축척을 결정하는 요건과 가장 거리가 먼 것은?

㉮ 도화기의 성능 및 정밀도

㉯ 지도의 축척 및 등고선 간격

㉰ 비행기의 상승한도 및 항속시간

㉱ 지상기준점의 배치상태

> 지상기준점의 배치상태는 축척 결정과 관계없고, 절대좌표산정의 정확도에 영향을 미친다.

114 표정점 측량에서 선점 시에 특히 유의해야 할 사항으로 옳지 않은 것은?

㉮ 사진상에 명확하게 볼 수 있는 점이라야 한다.

㉯ 상공에서 잘 볼 수 있고 평탄한 곳의 점이 좋다.

㉰ 상공에서 잘 볼 수만 있다면 측선을 연장한 가상점(假想点)이 좋다.

㉱ 수애선과 같이 시간적으로 변화하지 않는 점이어야 한다.

> 표정점(기준점) 선점
> • 표정점은 X, Y, H가 동시에 정확하게 결정되는 점을 선택
> • 상공에서 잘 보이면서 명료한 점 선택
> • 시간적 변화가 없는 점
> • 급한 경사와 가상점을 사용하지 않는 점
> • 헐레이션(Halation)이 발생하지 않는 점 선택
> • 지표면에서 기준이 되는 높이의 점

115 자침점(Prick Point)에 대한 설명으로 틀린 것은?

㉮ 사진의 중심점으로서 렌즈의 중심으로부터 사진면에 내린 수선이 만나는 점을 말한다.

㉯ 정확하게 분별할 수 있는 자연점이 없는 지역, 예를 들어 산림지역이나 사막지역에 특히 유용하다.

㉰ 스트립에 있어서 세 사진 중 가운데 사진에서 한 번 자침되면 이들 점을 인접사진에 옮길 필요는 없다.

㉱ 횡접합점의 자침점은 각 스트립에서의 관측을 동시에 할 수 없으므로 인접스트립에 점이사(Point Transfer)를 한다.

> 렌즈의 중심으로부터 사진면에 내린 수선이 만나는 점은 주점이다.

116 카메라의 노출시간이 $\dfrac{1}{100} \sim \dfrac{1}{300}$ 초인 카메라로 축척 1/25,000의 항공사진을 촬영할 때 영상의 허용 흔들림량을 0.02mm로 하려면 비행기의 촬영운항 속도로 가장 알맞은 것은?

㉮ 180km/h~540km/h ㉯ 200km/h~600km/h

㉰ 220km/h~660km/h ㉱ 240km/h~680km/h

> $T_i = \dfrac{\Delta s m}{V}$
>
> - $\dfrac{1}{100} = \dfrac{0.02 \times 25,000}{V}$
> $\therefore V = 180 \text{km/h}$
> - $\dfrac{1}{300} = \dfrac{0.02 \times 25,000}{V}$
> $\therefore V = 540 \text{km/h}$

117 해석적인 사진표정 중 내부표정에서 고려해야 할 사항이 아닌 것은?

㉮ 렌즈의 왜곡 ㉯ 피사체의 표고

㉰ 대기굴절 ㉱ 지구의 곡률

> 내부표정 시 고려사항
> - 사진 주점을 맞춘다.
> - 화면거리(f)의 조정
> - 건판신축, 대기굴절, 지구곡률보정, 렌즈수차보정

118 해석적 내부표정에서의 주된 작업내용은?

㉮ 관측된 상좌표로부터 사진 좌표로 변환하는 작업

㉯ 3차원 가상 좌표를 계산하는 작업

㉰ 1개의 통일된 블록 좌표계로 변환하는 작업

㉱ 표고 및 경사를 결정하는 작업

> 내부표정(Inner Orientation)
> 도화기의 투영기에 촬영시와 동일한 광학관계를 갖도록 양화필름을 정착시키는 작업이며, 사진의 주점을 도화기의 촬영 중심에 일치시키고 초점거리를 도화기 눈금에 맞추는 작업이 기계적 내부표정 방법이며, 상좌표로부터 사진좌표를 구하는 수치처리를 해석적 내부표정 방법이라 한다.

119 사진기준점 측량에서 입체모형좌표값을 계산하는 과정은?

㉮ 내부표정 ㉯ 상호표정

㉰ 절대표정 ㉱ 외부표정

> 상호표정은 내부표정에서 얻어진 사진좌표를 이용하여 모델좌표를 얻기 위한 과정이다.

정답 115 ㉮ 116 ㉮ 117 ㉯ 118 ㉮ 119 ㉯

120 상호표정의 불완전 모형을 설명한 것으로 가장 적합한 것은?

㉮ 입체모형에서 회전인자를 사용할 수 없는 모형

㉯ 입체모형에서 공면조건이 없는 모형

㉰ 입체모형에서 일부가 구름이나 수면으로 가려져 상호표정에 필요한 6점을 이상적으로 배치할 수 없는 모형

㉱ 입체모형에서 평행변위부 수정을 위하여 기계적 방법을 사용하여야 하는 모형

○ 상호표정의 불완전모형이란 입체모형 일부가 구름이나 수면으로 가려져 상호표정에 필요한 6점을 이상적으로 배치할 수 없는 모형을 말한다.

121 다음 중 (C)에 들어갈 표정은 무엇인가?

표정점은 (A)나 (B)에 사용되는 경우는 지상의 수평위치나 수직위치를 알지 못해도 상관없으나 (C)에 사용되는 경우는 수평위치나 수직위치를 반드시 알아야 한다.

㉮ 내부표정 ㉯ 상호표정

㉰ 접합표정 ㉱ 절대표정

○ 설대표정(대지표정)은 축척의 결정, 수준면의 결정, 위치의 결정을 한다.

122 항공사진측량에 대한 설명 중 틀린 것은?

㉮ 스트립이 2개 이상이면 복 스트립이라 한다.

㉯ 블록은 스트립이 횡방향으로 접합된 형태이다.

㉰ 스트립은 촬영진행방향으로 접합된 형태이다.

㉱ 스트립이 3개 이상인 것을 모형이라 한다.

○ 스트립이 2~3개 이상인 것은 블록이라 한다.

123 도화작업의 주의사항으로 틀린 것은?

㉮ 등고선 도화시에 언제나 높이값이 큰 편으로부터 움직여 맞추도록 한다.

㉯ 도화시에 관측은 입체적인 과고감이 가능한 한 큰 상태에서 행하는 편이 높이의 관측정확도가 좋다.

㉰ 프리즘의 위치를 가능한 한 작은 과고감이 생기게 배치한다.

㉱ 눈의 피로를 적게 하기 위해 핀트를 정확히 맞춘다.

○ ㉯와 같은 이유로 프리즘의 위치를 가능한 한 큰 과고감이 생기게 배치한다.

124 샤임플러그(Scheimpflug) 조건은 다음 중 어느 단계에서 고려하여야 하는가?

㉮ 내부표정
㉯ 편위수정
㉰ 사진촬영
㉭ 촬영계획

편위수정
사진의 경사와 축척을 바로 수정하여 축척을 통일시키고 변위가 없는 연직 사진으로 수정하는 작업이며, 일반적으로 4개의 표정점이 필요하다.

편위수정 조건
• 기하학적 조건 : 소실점 조건
• 광학적 조건 : Newton의 렌즈 조건
• 샤임플러그 조건 : 화면과 렌즈주면과 투영면의 연장이 항상 한 선에서 일치하도록 한다.

125 어느 모델의 상호표정 직후 X-방향의 기선길이 b_x가 225.0mm였다. 이때 지상거리 471.0m 간격의 지상기준점 A, B에 대한 모델상 거리가 398.9mm로 관측되었다. 1/1,200 축척으로 도화하려면 b_x를 얼마로 수정하여야 하는가?

㉮ 217.8mm
㉯ 221.4mm
㉰ 225.1mm
㉭ 228.7mm

$398.9 : 225.0 = 392.5 : x$

$\therefore x = 221.4mm$

$\left(\dfrac{1}{m} = \dfrac{도상거리}{실제거리} \rightarrow \dfrac{1}{1,200} = \dfrac{x'}{471} \right)$

$\therefore x' = 0.3925m = 392.5mm$

126 항공사진 촬영계획에 대한 설명 중 맞는 것은?

㉮ 일반적으로 종중복도 30%, 횡중복도 60%로 계획한다.
㉯ 비고가 촬영고도의 20%를 초과할 경우에는 2단 촬영을 한다.
㉰ 일반적으로 넓은 지역 촬영시는 남북방향으로 촬영경로를 계획한다.
㉭ 절대표정을 위한 최소 표정점 수는 수평위치 기준점 3점, 수직위치 기준점 2점이다.

항공사진 촬영계획시 고려사항
㉮ : 일반적으로 종중복도 60%, 횡중복도 30%로 계획한다.
㉰ : 일반적으로 넓은 지역 촬영시는 동서방향으로 직선코스를 취하여 계획한다.
㉭ : 절대표정을 위한 최소 표정점은 삼각점(x, y) 2점과 수준점(z) 3점이다.

127 다음의 괄호 안에 들어갈 말이 맞게 짝지어진 것은?

같은 사진기를 이용하여 촬영할 경우 촬영되는 폭은 촬영고도에 ( )하고, 촬영면적은 ( )에 비례하며, 사진축척은 촬영고도에 ( )한다.

㉮ 반비례 – 촬영고도 – 반비례
㉯ 반비례 – 촬영고도의 제곱 – 비례
㉰ 비례 – 촬영고도 – 비례
㉭ 비례 – 촬영고도의 제곱 – 반비례

사진축척$(M) = \dfrac{1}{m} = \dfrac{f}{H} = \dfrac{l}{L}$

$\therefore L = \dfrac{H}{f} \times l \rightarrow L \propto H$

$\therefore A = L^2 = \left(\dfrac{H}{f} \times l \right)^2$

$\rightarrow A \propto H^2$

$\therefore M = \dfrac{f}{H} \rightarrow M \propto \dfrac{1}{H}$

128 가장 넓은 면적이 촬영된 사진은?

㉮ 사진기의 초점거리가 100mm, 촬영고도가 500m인 수직사진

㉯ 사진기의 초점거리가 100mm, 촬영고도가 1,000m인 수직사진

㉰ 사진기의 초점거리가 150mm, 촬영고도가 500m인 수직사진

㉱ 사진기의 초점거리가 150mm, 촬영고도가 1,000m인 수직사진

사진축척$(M) = \dfrac{1}{m} = \dfrac{f}{H} = \dfrac{l}{L} \rightarrow$

$L = \dfrac{H}{f} \times l \rightarrow A = L^2 = \left(\dfrac{H}{f}\right)^2 \times l^2$

㉮ : $A_1 = \left(\dfrac{500}{100}\right)^2 \times l^2 = 25l^2$

㉯ : $A_2 = \left(\dfrac{1,000}{100}\right)^2 \times l^2 = 100l^2$

㉰ : $A_3 = \left(\dfrac{500}{150}\right)^2 \times l^2 = 11.11l^2$

㉱ : $A_4 = \left(\dfrac{1,000}{150}\right)^2 \times l^2 = 44.44l^2$

129 초점거리 153.7mm, 사진크기 23cm × 23cm의 항공사진상에서 삼각점 a, b의 거리는 145.0mm이고 이에 대응하는 지상 삼각점 A, B의 좌표(X, Y)와 표고 H는 표와 같다. 사진 내의 대부분을 차지하는 평탄한 지면의 표고가 50m일 때 이 평지에 대한 축척은 얼마인가?

삼각점	X(m)	Y(m)	H(m)
A	12,265.4	21,533.9	359.4
B	13,858.4	21,454.0	354.8

㉮ $\dfrac{1}{10,000}$

㉯ $\dfrac{1}{12,000}$

㉰ $\dfrac{1}{13,000}$

㉱ $\dfrac{1}{15,000}$

f : 153.7mm, a : 23cm

사진상 $\overline{ab}$의 거리 : 145.0mm

• 실제 $\overline{AB}$의 거리

$= \sqrt{(X_1 - X_2)^2 + (Y_1 - Y_2)^2}$

$= \sqrt{(12,265.4 - 13,858.4)^2 + (21,533.9 - 21,454.0)^2}$

$= 1,595.0$m

• $\overline{AB}$의 평균 표고

$= \dfrac{359.4\text{m} + 354.8\text{m}}{2} = 357.1$m

• 사진축척

$\dfrac{1}{m} = \dfrac{145\text{mm}}{1,595\text{m}} = \dfrac{1}{11,000}$

• 이때, 촬영고도는

$H = m \cdot f = 11,000 \times 0.1537 ≒ 1,691$m

• 따라서, 표고 50m의 촬영고도는

$H' = 1,691 + (357 - 50) = 1,998$m

$\therefore \dfrac{1}{m'} = \dfrac{f}{H'} = \dfrac{0.1537}{1,998} ≒ \dfrac{1}{13,000}$

130 표정기준점 측량의 일반적인 필요(소요)정확도로 옳은 것은?(단, M_o는 도화축척분모수, Δh는 최소등고선간격)

㉮ 수평위치 표정기준점의 소요정확도 : $0.5\sqrt{M_o}$(cm)

　수직위치 표정기준점의 소요정확도 : $10\Delta h$(cm)

㉯ 수평위치 표정기준점의 소요정확도 : $0.1\sqrt{M_o}$(cm)

　수직위치 표정기준점의 소요정확도 : $50\Delta h$(cm)

㉰ 수평위치 표정기준점의 소요정확도 : $0.1\sqrt{M_o}$(cm)

　수직위치 표정기준점의 소요정확도 : $10\Delta h$(cm)

㉱ 수평위치 표정기준점의 소요정확도 : $0.5\sqrt{M_o}$(cm)

　수직위치 표정기준점의 소요정확도 : $50\Delta h$(cm)

블록 조정에 있어서 표정기준점 설치에 필요한 정확도

• 수평위치 표정기준점의 소요정확도(ε_p)의 한계 : $0.5\sqrt{M_o}$(cm)

• 수직위치 표정기준점의 소요정확도(ε_p)의 한계 : $0.1\Delta h$(m)

131 광각 카메라를 사용하여 축척 1/20,000 사진을 만들었을 때 등고선 간격이 2m이었다면 C 계수는?(단, 초점거리는 150mm이다.)

㉮ 1,000   ㉯ 2,000

㉰ 1,500   ㉱ 2,500

$M : 1/20,000, \ f : 150mm, \ \Delta h : 2m$ 촬영고도(H)

- 사진축척과 사진기의 초점거리로 계산

$$M = \frac{1}{m} = \frac{f}{H}$$

$$\rightarrow H = m \times f = 20,000 \times 0.15m$$
$$= 3,000m$$

- $H = C \cdot \Delta h$
  여기서, C : 도화기에 따른 상수
  Δh : 등고선 간격

$$\therefore \ C = \frac{H}{\Delta h} = \frac{3,000m}{2m} = 1,500$$

132 항공사진 촬영시 중복도를 증가시킬 경우 얻을 수 있는 효과는?

㉮ 도화 작업량을 줄일 수 있다.

㉯ 과고감을 크게 할 수 있다.

㉰ 확대 도화를 할 수 있다.

㉱ 사각부의 영향을 줄일 수 있다.

입체영상 획득을 위한 사진중복도

- 중복도 정의 : 입체시를 얻기 위한 종, 횡 방향의 중복
- 종류
  - 종중복 : 촬영진행방향으로 중복, 보통 60% 중복, 최소 50% 이상
  - 횡중복 : 촬영경로간의 중복, 보통 30% 중복, 최소 5% 이상
- 특수한 경우
  산악지역 및 고층빌딩이 밀집된 지역 : 2단 촬영 또는 사각부를 없애기 위해 중복도를 10~20% 이상 증가

133 지상기준점으로 사용하기 위해 대공표지를 설치하고자 한다. 만약 항공사진기가 초광각 카메라(화각 : 120°)이고, 표정기준점 설치 위치의 주위에 높이가 10m인 건물이 있다면 건물에서 최소 몇 미터 이상 떨어진 곳에 대공표지를 설치해야 하는가?

㉮ 약 10.00m   ㉯ 약 14.14m

㉰ 약 17.32m   ㉱ 약 19.45m

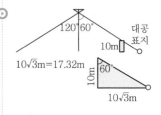

134 항공사진 재촬영이 필요한 경우가 아닌 것은?

㉮ 인접한 사진의 축척이 현저한 차이가 있을 때

㉯ 인접 코스 간의 중복도가 표고의 최고점에서 3% 정도일 때

㉰ 구름이 사진에 나타날 때

㉱ 촬영코스의 수평이탈이 계획 촬영고도의 3% 정도일 때

항공사진 재촬영 요인의 판정기준 (항공사진측량작업 내규 중 항공사진 촬영 관련 규정 제3장 제26조)

- 항공기의 고도가 계획촬영고도의 15% 이상 벗어날 때
- 촬영 진행 방향의 중복도가 53% 미만인 경우가 전 코스 사진 매수의 1/4 이상일 때
- 인접한 사진축척이 현저한 차이가 있을 때
- 인접 코스 간의 중복도가 표고의 최고점에서 5% 미만일 때
- 구름이 사진에 나타날 때

정답 131 ㉰ 132 ㉱ 133 ㉰ 134 ㉱

135 다음 사진측량에 관한 설명 중 옳지 않은 것은?

㉮ 사진의 상은 중심투영에 의한 상이 된다.

㉯ 내부표정이란 도화기의 투영기에 촬영 당시와 똑같은 상태로 양화건판을 정착시키는 작업을 말한다.

㉰ 불완전 모델이란 계획된 중복도로 촬영하지 않으므로 촬영대상지역이 나타나지 않는 모델을 말한다.

㉱ 절대표정은 축척, 수준면, 위치 결정을 하는 작업이다.

> ◉ 입체모델은 때때로 그 일부가 수면이나 구름으로 가려져서 상호표정에 사용하는 6점을 이상적으로 배치할 수 없는 모델을 불완전 모델이라 한다.

136 표정점 및 지상기준점에 대한 설명으로 틀린 것은?

㉮ 상호표정이나 접합표정에 사용되는 표정점은 수평위치나 수직위치를 알지 못해도 가능하나, 절대표정에 사용되는 경우에는 수평위치나 수직위치를 반드시 알아야 한다.

㉯ 지상기준점에서 수평위치기준점은 삼각점이나 측량을 통해 얻은 좌표점으로 구할 수 있으며, 표고기준점(수직위치기준점)은 수준점이나 간이수준점 등에서 얻을 수 있다.

㉰ 절대표정을 위해 최소한 2점의 수직 및 수평위치를 알고 있는 표정점이 있어야 하며, 표고기준점 2점과 수평위치기준점 1점이 있어도 무방하다.

㉱ 지상기준점은 될 수 있으면 서로 떨어져 적당한 분포를 이루며 사진상에서 명료한 판단관측이 가능해야 한다.

> ◉ 표정점
> • 선점
>   − X, Y, H 가 동시에 정확하게 결정되는 점
>   − 상공에서 잘 보이면서 명확한 점
>   − 시간적 변화가 없는 점
>   − 급한 경사와 가상점이 아닌 점
> • 절대표정에 필요한 최소 표정점
>   − 삼각점(x, y) 2점
>   − 수준점(z) 3점

137 항공사진 도화작업에서 표정(Orientation)에 관한 설명으로 틀린 것은?

㉮ 내부표정−초점거리의 조정 및 주점의 일치

㉯ 상호표정−7개의 표정인자(λ, ϕ, Ω, K, C_x, C_y, C_z)

㉰ 절대표정−축척, 경사의 조정 및 위치의 결정

㉱ 접합표정−모델 간, Strip 간의 접합요소

> ◉ 표정
> • 내부표정
>   상좌표로부터 사진좌표를 얻기 위한 좌표의 변환
> • 외부표정
>   − 상호표정
>   기본조건 : 공선조건, 공면조건
>   5개의 표정인자(κ, ϕ, ω, b_y, b_z)
>   − 접합표정
>   모델과 모델, 스트립과 스트립 간 접합
>   7개의 표정인자(λ, κ, ϕ, ω, S_x, S_y, S_z)
>   − 절대(대지)표정
>   축척(방위), 표고(경사) 조정
>   7개의 표정인자(λ, κ, ϕ, ω, C_x, C_y, C_z)

138 상호표정에서 과잉수정을 위한 속도율은?(단, 표정점의 투영거리 : 종간격 길이＝$h : d = 4 : 2$)

㉮ 0.6 　　　　　　㉯ 0.8

㉰ 1.0 　　　　　　㉲ 1.2

상호표정 과잉수정의 속도율

$$SR = \frac{h \cdot dw}{h\left(1 + \dfrac{d^2}{h^2}\right)dw}$$

$$= \frac{1}{1 + \dfrac{d^2}{h^2}}$$

$$= \frac{1}{1 + \dfrac{2^2}{4^2}} = 0.8$$

139 해석적 항공삼각측량에 사용되는 방법으로 블록을 구성하는 여러 장의 사진을 동시에 조정하는 데 적합한 것은?

㉮ 다항식 조정법 　　　㉯ 독립입체모델법

㉰ 광속조정법 　　　　㉲ 기본조정법

광속조정법(Bundle Adjustment)
상좌표를 사진좌표로 변환시킨 다음 사진좌표로부터 직접 절대좌표를 구하는 방법이다.

140 복수의 입체모델에 대해 입체모델 각각에 상호표정을 행한 뒤에 접합점 및 기준점을 이용하여 각 입체모델의 절대표정을 수행하는 항공삼각측량의 블록 조정방법은?

㉮ 독립모델법 　　　　㉯ 광속조정법

㉰ 다항식 조정법 　　　㉲ 에어로 폴리건법

독립모델법(Independent Model)

복수의 입체모델에 대해 입체모델 각각에 상호표정을 행한 뒤에 접합점 및 기준점을 이용하여 각 입체모델의 절대표정을 수행하는 방법이다.

141 항공사진의 편위수정(Rectification)에 대한 설명으로 옳은 것은?

㉮ 편위수정 작업은 기준점의 좌표를 이용하지 않고도 가능하다.

㉯ 편위수정 작업을 거친 사진은 사진상의 각 점의 상대적 축척이 균일하다.

㉰ 편위수정 작업은 세부도화작업을 하기 위한 필수 작업과정이다.

㉲ 편위수정 작업은 실체 도화기로 그 작업을 수행한다.

편위수정(Rectification)
사진의 경사와 축척을 수정하여 통일된 축척과 변위 없는 연직사진을 제작하는 작업을 말한다.

142 도화기의 발달과정 경로를 옳게 나열한 것은?

㉮ 기계식도화기 – 해석식도화기 – 수치도화기

㉯ 수치도화기 – 해석식도화기 – 기계식도화기

㉰ 기계식도화기 – 수치도화기 – 해석식도화기

㉲ 수치도화기 – 기계식도화기 – 해석식도화기

사진측량을 이용한 지도제작
• 기계식 입체도화기 : 초기에 사진측량을 이용한 지도제작에 쓰인 기계
• 해석식 입체도화기 : 복잡한 입체광학과 정확한 관측기계를 통합한 기계
• 수치 입체도화기 : 컴퓨터 기반의 지도제작과 사진측량학이 결합한 기계

143 도화(Plotting)의 정확도에 대한 설명으로 옳지 않은 것은?

㉮ 수직 위치의 정확도는 일반적으로 기선비 또는 중복도에 의해서 변화된다.

㉯ 60% 중복의 경우를 표준으로 생각했을 때 표정오차는 0.15~0.20‰ $H(H$는 촬영고도) 정도이다.

㉰ 지적측량 등 대축척 도화의 경우에는 높은 정확도를 필요로 하지 않는다.

㉱ 입체모델의 중복도가 커지면 표고정확도는 낮아진다.

> 지적측량 등 대축척 도화의 경우에는 높은 정확도를 필요로 한다.
> ※ 입체모델의 중복도가 커지면 기선 −고도비의 값이 적어지므로 표고 정확도는 낮아진다.

144 항공사진측량의 작업에 속하지 않는 것은?

㉮ 대공표지 설치 ㉯ 세부도화
㉰ 사진기준점 측량 ㉱ 천문측량

> 지형도의 작성순서
> 촬영계획 → 대공표지 설치 → 기준점 측량 → 사진 촬영 → 인화 → 도화 → 지도 및 사진지도 제작

145 측량용 항공사진기로 한 장의 사진을 촬영하였다. 이 경우 대상물의 지상좌표로부터 사진좌표를 결정하기 위해 필요한 요소로 이루어진 것은?

㉮ 내부표정 요소와 외부표정 요소
㉯ 편위수정 요소와 상호표정 요소
㉰ 상호표정 요소와 절대표정 요소
㉱ 편위수정 요소와 절대표정 요소

> 항공사진을 통해 촬영한 한 장의 사진에서 대상물의 지상좌표로부터 사진좌표를 결정하기 위해서는 내부표정요소(주점위치, 초점거리)와 외부표정요소($\kappa, \varphi, \omega, X_o, Y_o, Z_o$)가 필요하다.

146 지상기준점이 반드시 필요한 표정은?

㉮ 내부표정 ㉯ 상호표정
㉰ 접합표정 ㉱ 절대표정

> 절대표정은 지상좌표로 환산하는 과정이므로 반드시 소수의 지상기준점이 필요하다.

147 사진측량의 결과분석을 위한 현지점검에 관한 설명으로 옳지 않은 것은?

㉮ 항공사진측량으로 제작된 지도의 정확도를 검사하기 위한 측량은 충분한 편의(偏倚)가 발생하도록 지도의 일부분에만 실시한다.

㉯ 현지측량은 지도에 나타난 면적에 산재해 있는 충분히 많은 검사점들을 포함해야 한다.

㉰ 현장에서 조사된 항목은 되도록 조건에 모두 만족하는 것을 원칙으로 한다.

> 사진측량의 결과분석을 위한 현지점검은 편위가 발생하지 않도록 지도에 나타난 면적에 분포되어 있는 많은 검사점을 포함해야 한다.

정답 143 ㉰ 144 ㉱ 145 ㉮ 146 ㉱ 147 ㉮

8000

실전문제 TIP

㉣ 그림자가 많고, 표면의 빛의 반사로 인해 영상의 명암이 제한된 지역의 경우는 편집과정에서 오차가 생기기 쉬우므로, 오차가 의심되는 지역을 조사한다.

148 항공삼각측량 기법과 특징에 대한 설명이 옳은 것은?

㉮ 독립입체모형법 – 내부표정만으로 항공삼각측량이 가능한 간단한 방법이다.

㉯ 다항식법 – 계산이 간단하고 정확도가 가장 높은 방법이다.

㉰ 번들조정법 – 수동적인 작업은 최소이나 계산과정이 매우 복잡한 방법이다.

㉱ 스트립조정법 – 상호표정을 실시하지 않아도 실시할 수 있는 방법이다.

항공삼각측량의 조정방법
- 다항식법 : 다른 방법에 비해 필요한 기준점의 수가 많게 되고 정확도는 저하된다. 단, 계산량은 다른 방법에 비해 적게 소모된다.
- 독립모델법 : 다항식법에 비해 기준점 수가 감소되며, 전체적인 정확도가 향상되나 광속법이 개발되므로 별로 이용되지 않는다.
- 광속법(번들조정법) : 다항식법이나 독립모형법에 비해 정확도가 양호하며 조정능력이 높다. 그러나 계산과정이 복잡한 방법이다.

149 운항속도가 180km/hr인 항공기로 축척 1 : 20,000의 사진을 종중복도 60%로 설정하여 촬영하기로 계획을 수립했다. 이때 종중복도가 70%로 변경된다면 인접사진 간의 촬영시간 간격(최소노출시간)은 원래 간격의 몇 %가 되어야 하는가?

㉮ 75% ㉯ 90%
㉰ 110% ㉱ 125%

- $T_{S_1} = \dfrac{B}{V}$

$= \dfrac{ma(1-p)}{V}$

$= \dfrac{20,000 \times 0.23 \times 0.4}{180 \times 1/3.6}$

$= 36.8$초

- $T_{S_2} = \dfrac{B}{V}$

$= \dfrac{ma(1-p)}{V}$

$= \dfrac{20,000 \times 0.23 \times 0.3}{180 \times 1/3.6}$

$= 27.6$초

36.8초 : 100% = 27.6초 : x

∴ $x = 75\%$

150 상호표정에서 b_z를 미소조작할 경우 임의의 점(x, y)에 생기는 횡시차 dp_x, 종시차 dp_y의 식으로 옳은 것은?(단, h : 투영거리, db_z : b_z의 이동량)

㉮ $dp_x = \dfrac{x}{h}db_z,\ dp_y = \dfrac{y}{h}db_z$

㉯ $dp_x = ydb_z,\ dp_y = xdb_z$

㉰ $dp_x = \dfrac{h}{x}db_z,\ dp_y = \dfrac{h}{y}db_z$

㉱ $dp_x = \dfrac{x}{y}db_z,\ dp_y = \dfrac{y}{x}db_z$

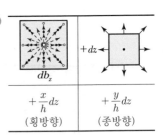

db_z	$+dz$
$+\dfrac{x}{h}dz$ (횡방향)	$+\dfrac{y}{h}dz$ (종방향)

실전문제 TIP

151 다음 수식은 어느 표정에 필요한 것인가?

$$\begin{pmatrix} X_G \\ Y_G \\ Z_G \end{pmatrix} = S \begin{pmatrix} r_{11}\,r_{12}\,r_{13} \\ r_{21}\,r_{22}\,r_{23} \\ r_{31}\,r_{32}\,r_{33} \end{pmatrix} \begin{pmatrix} X_m \\ Y_m \\ Z_m \end{pmatrix} + \begin{pmatrix} X_T \\ Y_T \\ Z_T \end{pmatrix}$$

여기서, $(X_G,\ Y_G,\ Z_G)$: 지상좌표, S는 축척

$(r_{11},\,r_{12},\,\cdots,\,r_{33})$: 회전행렬

$(X_m,\ Y_m,\ Z_m)$: 모델좌표

$(X_T,\ Y_T,\ Z_T)$: 원점이동량

㉮ 내부표정 ㉯ 외부표정
㉰ 상호표정 ㉱ 절대표정

절대표정은 상호표정이 끝난 한 쌍의 입체사진 모델에 대하여 축척 결정, 수준면 결정, 위치 결정을 하는 작업이다. 즉, 절대좌표(지상좌표)를 얻는 과정이다. 이 과정을 행렬로 표시하면 다음과 같다.

$$\begin{pmatrix} X_G \\ Y_G \\ Z_G \end{pmatrix} = SR \begin{pmatrix} x_m \\ y_m \\ z_m \end{pmatrix} + \begin{pmatrix} X_o \\ Y_o \\ Z_o \end{pmatrix}$$

여기서, $X_G,\ Y_G,\ Z_G$: 지상좌표
$x_m,\ y_m,\ z_m$: 모델좌표
$X_o,\ Y_o,\ Z_o$: 원점이동량
S : 축척계수
R : 회전행렬

152 대공표지의 크기가 사진상에서 $30\mu m$ 이상이어야 한다고 할 때, 사진축척이 1 : 20,000이라면 대공표지의 크기는 최소 얼마 이상이어야 하는가?

㉮ 50cm 이상 ㉯ 60cm 이상
㉰ 70cm 이상 ㉱ 80cm 이상

$\dfrac{1}{m} = \dfrac{l}{L}$
∴ 대공표지의 크기(L)
$= m \times L = 20,000 \times 30$
$= 600,000 \mu m = 600 mm$
$= 60 cm$ 이상

153 항공사진측량에서 지상기준점 측량에 대한 설명으로 옳은 것은?
㉮ 도화축척 1/10,000 이하의 축척에서의 평면기준점의 표준편차는 ±0.5m 이내이다.
㉯ 기계를 설치할 수 없어서 편심요소를 측정할 경우 편심거리는 100m 미만으로 제한한다.
㉰ GPS 관측 시 데이터 수신간격은 50초 이하로 한다.
㉱ 토털스테이션을 이용한 연직각 관측시 대회수는 2회로 한다.

지상기준점 측량 관측에서 도화축척 1/10,000 이하 축척에서의 평면기준점의 표준편차는 ±0.5m 이내이다.
㉯ : 편심거리는 50m 미만으로 제한한다.
㉰ : 데이터 수신간격은 30초 이하로 한다.
㉱ : 관측 시 대회수는 1회로 한다.

154 항공삼각측량에서 해석 및 수치법에 의한 해석법이 아닌 것은?
㉮ 독립모델 조정법 ㉯ 광속 조정법
㉰ 도해 사선법 ㉱ 다항식 조정법

도해 사선법은 기계적 해석법이다.

155 다음 중 측량용 항공사진의 내부표정 수행 시 내부표정이 불가능한 경우는?

㉮ 3개의 사진지표(Fiducial Mark)만 식별이 가능한 경우

㉯ 사진기 검증 데이터가 없는 경우

㉰ 좌표측정기의 좌표축이 정확하게 수직이 아닌 경우

㉱ 필름이 수축에 의해 변형이 발생한 경우

▶ 내부표정은 상좌표로부터 사진좌표를 구하는 작업으로 내부표정요소인 주점의 위치와 초점거리가 필요하다. 그러므로 사진기 검증 데이터가 없는 경우 내부표정은 불가능하다.

156 절대표정을 위한 기준점의 개수와 배치로 가장 적합하지 않은 것은?(단, ○는 수직기준점(z), □는 수평기준점(x, y), △는 3차원기준점(x, y, z)를 의미하며 대상지역은 거의 평면에 가깝다고 가정한다.

㉮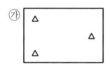

㉯

㉰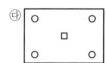

㉱

▶ 절대표정을 위한 기준점 배치 삼각(□ : x, y)점은 블록 주변(외곽)에 배치하는 것이 좋다. 수준(○ : z)점은 블록의 처음, 중간, 마지막에 횡방향으로 설치한다. 일반적으로 절대표정에 필요로 하는 최소 표정점은 삼각(x, y) 2점과 수준점(z) 3점이다.

157 사진기준점에 대한 설명으로서 옳은 것은?

㉮ 연결점(Pass Point)은 인접모델 간의 중복부분 중간에 위치하여야 한다.

㉯ 연결점(Pass Point)과 결합점(Tie Point)은 별도로 선점해야 하며 동일점으로 해서는 안 된다.

㉰ 연결점(Pass Point)은 엄밀하게 선점해야 하므로 디지털 항공사진의 경우에도 자동매칭에 의한 방법을 적용하지 않는다.

㉱ 결합점(Tie Point)의 위치는 주점 부근이어야 한다.

▶ 연결점(Pass Point)은 우선 각 사진의 주점 부근에 점을 선점하고 그 상하 양측에 대체로 주점기선길이와 같은 길이인 장소에 두 점을 선점한다.

158 다음 중 입체 도화기로 절대표정을 할 때 기준점 선점으로 가장 좋은 형태는?

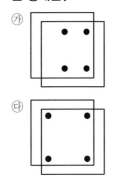

⊙ 입체도화기로 절대표정을 할 때 기준점 선점은 가장 많은 잔차가 존재하는 외곽 주변에 선점하여 조정해야 양호한 결과를 얻을 수 있다.

159 공면조건을 이용하여 결정할 수 있는 표정은?

㉮ 내부표정　　　　㉯ 상호표정
㉰ 절대표정　　　　㉱ 접합표정

⊙ 상호표정을 수행하는 방법
• 공선조건을 이용하는 방법
• 공면조건을 이용하는 방법
• 종시차를 소거하는 방법
　(그루버의 기계적 방법)

160 1 : 10,000 축척의 항공사진에서 $1cm^2$로 나타난 운동장이 있다. 이 사진의 축척을 2.5배 확대 했을 경우 확대사진에서 운동장의 크기는?

㉮ $6.25cm^2$　　　　㉯ $4.00cm^2$
㉰ $2.50cm^2$　　　　㉱ $0.40cm^2$

⊙ 축척을 2.5배 확대했을 경우 확대사진에서 운동장의 크기는 $2.5 \times 2.5 = 6.25cm^2$이다.

161 사진측량에서 Z좌표의 정확도를 높이는 방법과 거리가 먼 것은?

㉮ 축척이 큰 사진을 사용한다.
㉯ 사진좌표의 정확도를 높인다.
㉰ 촬영고도가 높은 사진을 사용한다.
㉱ 기선고도비가 큰 모델을 사용한다.

⊙ 촬영고도가 높은 사진은 소축척 지형도로 제작되므로 Z좌표의 정확도가 낮아진다.

162 상호표정을 수행하는 방법이 아닌 것은?

㉮ 공면조건을 이용하는 방법　　㉯ 종시차를 소거하는 방법
㉰ 그루버의 기계적 방법　　㉱ 지상 기준점을 이용하는 방법

⊙ 상호표정은 공선·공면 조건을 이용하는 수치·해석적 상호표정과 종시차 소거 및 그루버의 방법을 이용하는 기계적 방법이 있다.

정답　158 ㉰　159 ㉯　160 ㉮　161 ㉰　162 ㉱

163 내부표정에서 투영점을 찾기 위하여 설정하여야 하는 2가지 요소는?

㉮ 카메라의 종류, 촬영고도
㉯ 사진지표, 촬영고도
㉰ 촬영위치, 촬영고도
㉱ 주점, 초점거리

> 내부표정요소는 주점과 초점거리이다.

164 항공사진측량의 공정 순서를 바르게 나열한 것은?

㉠ 기준점 측량　　㉡ 대공표지 설치　　㉢ 편집
㉣ 항공삼각측량　　㉤ 계획준비　　　　㉥ 도화
㉦ 촬영

㉮ ㉤－㉠－㉣－㉦－㉡－㉥－㉢
㉯ ㉤－㉠－㉡－㉣－㉦－㉢－㉥
㉰ ㉤－㉦－㉠－㉡－㉢－㉣－㉥
㉱ ㉤－㉡－㉦－㉠－㉣－㉥－㉢

> 항공사진측량의 일반적 순서
> 계획 및 준비 → 대공표지 설치 → 항공사진 촬영 → 기준점 측량 → 항공삼각측량 → 수치도화 → 편집

165 입체도화기에 의한 표정 작업에서 일반적으로 오차의 파급효과가 가장 큰 것은?

㉮ 절대표정
㉯ 접합표정
㉰ 상호표정
㉱ 내부표정

> 상호표정은 도화기상에서 입체시에 방해를 주는 모델의 y방향 시차를 소거하는 작업을 말하며, 상호표정에 오차가 많이 발생하면 사진측량 전반적 과정에 영향을 크게 준다.

166 고도 3,000m에서 초점거리 150mm, 사진 크기 23cm × 23cm인 카메라를 이용하여 사진촬영을 하였다. 촬영경로가 3개이고 촬영경로당 9개의 입체모델이 촬영되어 있다면, 사진측량 대상지역의 크기는?(단, 종중복도는 60%, 횡중복도는 30%이다.)

㉮ 16.56km × 9.66km
㉯ 18.40km × 9.66km
㉰ 16.56km × 13.80km
㉱ 18.40km × 13.80km

> • 사진축척(M)
> $$M = \frac{1}{m} = \frac{f}{H} = \frac{0.15}{3,000} = \frac{1}{20,000}$$
> • 종모델 수 $= \dfrac{S_1}{B} = \dfrac{S_1}{ma(1-p)}$
> $$9 = \frac{S_1}{20,000 \times 0.23 \times (1-0.6)}$$
> $$\therefore S_1 = 16.56\text{km}$$
> • 횡모델 수 $= \dfrac{S_2}{C_o} = \dfrac{S_2}{ma(1-q)}$
> $$3 = \frac{S_2}{20,000 \times 0.23 \times (1-0.3)}$$
> $$\therefore S_2 = 9.66\text{km}$$
> 그러므로, 사진측량 대상지역의 크기는 16.56km × 9.66km이다.

167 대공표지에 관한 설명으로 틀린 것은?

㉮ 대공표지의 재료로는 합판, 알루미늄, 합성수지, 직물 등으로 내구성이 강하여 후속작업이 완료될 때까지 보존될 수 있어야 한다.

㉯ 대공표지는 항공사진에 표정용 기준점의 위치를 정확하게 표시하기 위하여 촬영 전에 설치한 표지를 말한다.

㉰ 대공표지의 설치장소는 상공에서 보았을 때 30° 정도의 시계를 확보할 수 있어야 한다.

㉱ 지상에 적당한 장소가 없을 때에는 수목 또는 지붕 위에 설치할 수도 있다.

● 대공표지의 설치장소는 상공에서 보았을 때 45° 이상의 시계를 확보할 수 있어야 한다.

168 동일한 축척으로 촬영된 공중사진을 일정한 축척으로 편위수정하여 집성사진(Mosaic)을 만들 때 작업하기가 가장 용이한 것은 어느 사진기를 사용할 때인가?(단, 기타 조건은 동일하다.)

㉮ 보통각 사진기　　　㉯ 광각 사진기
㉰ 초광각 사진기　　　㉱ 사진기의 종류와 무관하다.

● 보통각 사진기는 초점길이가 다른 사진기에 비해 길므로 기복변위에 따른 영상변위를 감소시키며 높은 비행고도에도 불구하고 대축척사진을 얻을 수 있어 집성사진을 만들 때 용이한 사진기이다.

169 상호표정요소를 계산하기 위하여 측정하여야 할 공액점의 최소 개수는?

㉮ 2개　　㉯ 3개　　㉰ 4개　　㉱ 5개

● 상호표정인자는 κ, φ, ω, b_y, b_z로서 표정을 하기 위해서는 표정점(공액점)이 5점 있으면 가능하다.

170 초점거리 200mm의 카메라로 지상에서 한 변의 길이가 30cm인 대공표지를 사진상에서 30μm 이상의 크기로 나타나게 하고자 할 때, 한계비행고도는?

㉮ 1,500m　　㉯ 1,700m
㉰ 2,000m　　㉱ 2,500m

● 사진축척(M)
$= \frac{1}{m} = \frac{l}{L} = \frac{30}{300,000} = \frac{1}{10,000}$
● $\frac{1}{m} = \frac{f}{H}$
∴ $H = m \cdot f = 10,000 \times 0.2$
$= 2,000$m
※ 1μm $= \frac{1}{1,000}$ mm

171 항공사진측량의 표정에 관한 설명 중 옳지 않은 것은?

㉮ 기복변위식을 사용하여 상호표정요소를 구할 수 있다.
㉯ 공선조건식을 사용하여 외부표정요소를 구할 수 있다.
㉰ 사진지표(Fiducial Mark)를 관측하여 내부표정을 수행할 수 있다.
㉱ 지상기준점을 이용하여 외부표정요소를 구할 수 있다.

● 사진측량의 표정은 가상의 값에서 최확값을 구하는 단계적 방법으로 크게 내부표정과 외부표정으로 구분되며, 내부표정에는 사진의 지표가 이용되고, 외부표정에는 공선 및 공면조건을 이용한다.

172 대공표지에 대한 설명으로 옳은 것은?

㉮ 사진의 네 모서리 또는 네 변의 중앙에 있는 표식

㉯ 평균해수면으로부터 높이를 정확히 구해 놓은 고정된 표지나 표식

㉰ 항공사진에 표정용 기준점의 위치를 정확하게 표시하기 위하여 촬영 전에 지상에 설치한 표지

㉱ 삼각점, 수준점 등의 기준점의 위치를 표시하기 위하여 돌로 설치된 측량표지

○ 대공표지는 지상의 표정 기준점으로 사진에 그 위치가 명료하게 나타나도록 사진 촬영 전에 지상에 설치하는 표지를 말한다.

173 정밀도화기나 정밀좌표관측기로 대공표지의 위치를 측량할 때, 촬영축척 1 : 20,000에서 정사각형 대공표지의 최소크기는?(단, 촬영축척에 대한 상수(T)는 40,000이다.)

㉮ 0.25m 　　　 ㉯ 0.5m

㉰ 1m 　　　 ㉱ 1.5m

○ 대공표지의 최소크기$(d) = \dfrac{m}{T}$
$$= \dfrac{20,000}{40,000}$$
$$= 0.5\,\text{m}$$

174 사진측량에서 표정에 관한 설명 중 옳은 것은?

㉮ 회전요소만을 사용하여 상호표정을 수행할 수도 있다.

㉯ 상호표정에서 모델 내에 적절히 배치된 4점에 종시차가 없으면 종시차는 모두 소거되었다고 할 수 있다.

㉰ 절대표정은 6개의 변환요소를 결정하는 과정이다.

㉱ 표정단계 중 절대표정은 지상기준점을 필요로 하지 않는다.

○ 상호표정은 회전요소만을 사용하여 수행할 수 있으며, 상호표정인자로는 $\kappa,\ \varphi,\ \omega,\ b_y,\ b_z$이 있다.

175 표정작업에서 발생한 불완전 입체모형에 대한 설명으로 옳지 않은 것은?

㉮ 원인은 구름, 수면 등일 경우가 많다.

㉯ 표정점의 기준은 일반적으로 6점이다.

㉰ 표정점의 배치와 관련이 있다.

㉱ 일반적으로 절대표정에 관련된다.

○ 표정작업에서 발생한 불완전 입체모형에 대한 것은 일반적으로 상호표정에 관련된다.

176 절대표정에 대한 설명으로 옳지 않은 것은?

㉮ 한 입체모델에서 수평위치 기준점 2점, 수직위치 기준점 3점이면 절대표정이 가능하다.

㉯ 지상기준점이 없는 경우에는 횡접합점(Tie Point)과 공면조건식으로 절대표정을 수행한다.

㉰ 상호표정으로 생성된 3차원 모델과 지상좌표계의 기하학적 관계를 수립한다.

㉱ 절대표정을 수행하면 횡접합점(Tie Point)에 대한 지상점 좌표를 계산할 수 있다.

> 절대표정은 지상좌표로 환산하는 과정이므로 반드시 소수의 지상기준점이 필요하다.

177 다음 중 조정집성영상지도 제작에 가장 적합한 영상(사진)은?

㉮ 경사사진　　　　㉯ 초광각사진
㉰ 파노라믹사진　　㉱ 정사사진

> 조정집성영상지도는 편위수정을 거친 사진지도이므로 정사사진에 가깝다.

178 사진의 표정과정에 대한 설명 중 옳지 않은 것은?

㉮ 내부표정은 공선조건식을 이용하여 수립한다.

㉯ 상호표정은 중복사진의 각각의 사진좌표계 사이의 3차원적인 기하학적 관계를 수립한다.

㉰ 절대표정은 상호표정으로 생성된 3차원 모델과 지상좌표계 사이의 기하학적 관계를 수립한다.

㉱ 내부표정은 기계좌표계와 사진좌표계 사이의 2차원적인 기하학적 관계를 수립한다.

> 내부표정은 기계좌표에서 사진좌표를 얻는 과정으로, 좌표변환에는 등각사상변환, 부등각사상변환 등이 이용된다.

179 도화축척, 항공사진축척, 화소의 지상표본거리(Ground Sample Distance) 간의 관계가 틀린 것은?

구분	도화축척	항공사진축척	지상표본 거리
가	1/500~1/600	1/3,000~1/4,000	8cm 이내
나	1/1,000~1/1,200	1/5,000~1/8,000	30cm 이내
다	1/5,000	1/18,000~1/20,000	42cm 이내
라	1/25,000	1/37,500	80cm 이내

㉮ 가　　　　㉯ 나
㉰ 다　　　　㉱ 라

> 항공사진측량 작업규정
> [별표 3] 도화축척, 항공사진축척, 지상표본거리와의 관계

도화축척	항공사진축척	지상표본 거리(GSD)
1/500~1/600	1/3,000~1/4,000	8cm 이내
1/1,000~1/1,200	1/5,000~1/8,000	12cm 이내
1/2,500~1/3,000	1/10,000~1/15,000	25cm 이내
1/5,000	1/18,000~1/20,000	42cm 이내
1/10,000	1/25,000~1/30,000	65cm 이내
1/25,000	1/37,500	80cm 이내

180 사진을 조정의 기본단위로 하는 항공삼각측량 방법은?

㉮ 독립입체모형법

㉯ 광속(번들) 조정법

㉰ 다항식법

㉱ 스트립 조정법

○ 광속법은 상좌표를 사진좌표로 변환시킨 다음 사진좌표로부터 직접 절대좌표를 구하는 방법이다.

181 항공사진의 촬영 요령에 대한 설명으로 옳지 않은 것은?

㉮ 촬영경로는 노선을 구분하여 직선코스로 한다.

㉯ 광범위한 지역은 동서 직선방향으로 코스를 정한다.

㉰ 동일 코스 내의 인접 사진 간의 중복은 60% 정도로 한다.

㉱ 인접 코스 간의 중복도는 평지에서 50%, 산지에서 20% 정도로 한다.

○ 중복도는 촬영 진행방향으로 60%, 인접코스 간 30%를 표준으로 하며, 필요에 따라 촬영 진행방향으로 80%, 인접 코스 간 50%까지 중복하여 촬영할 수 있다.

182 상호표정에 대한 설명으로 틀린 것은?

㉮ 한 쌍의 중복사진에 대한 상대적인 기하학적 관계를 수립한다.

㉯ 적어도 5쌍 이상의 Tie Points가 필요하다.

㉰ 상호표정을 수행하면 Tie Points에 대한 지상점 좌표를 계산할 수 있다.

㉱ 공선조건식을 이용하여 상호표정요소를 계산할 수 있다.

○ • 상호표정을 수행하면 Tie Points에 대한 모델좌표를 계산할 수 있다.
• Tie Points에 대한 지상점 좌표를 계산할 수 있는 표정은 절대표정이다.

183 항공사진측량의 촬영비행 조건으로 옳은 것은?(단, 항공사진측량 작업규정 기준)

㉮ 구름 및 구름의 그림자에 관계없이 기온이 25℃ 이상인 날씨에 촬영한다.

㉯ 촬영비행은 영상이 잘 나타나도록 지형에 맞춰 수시로 촬영고도를 변화시킨다.

㉰ 태양고도가 산지에서는 30°, 평지에서는 25° 이상일 때 촬영한다.

㉱ 계획 촬영코스로부터의 수평이탈은 계획촬영 고도의 30% 이내로 촬영한다.

○ 항공사진측량 작업규정 제3장 제23조(촬영비행조건)
촬영비행은 태양고도가 산지에서는 30°, 평지에서는 25° 이상일 때 행하며 험준한 지형에서는 음영부에 관계없이 영상이 잘 나타나는 태양고도의 시간에 행하여야 한다.

184 평탄한 지면을 초점거리 150mm, 사진크기 23cm×23cm로 촬영한 연직항공사진이 있다. 촬영고도 1,800m, 종중복도 60%로 촬영한 경우, 연속된 10매의 사진에서 입체시 가능한 부분의 실제면적(모델면적)은?

㉮ 27.5km²

㉯ 28.9km²

㉰ 30.5km²

㉱ 45.7km

종중복도가 60%이므로 모델상의 주점 간의 종중복도는 40%가 되며, 양쪽 10%씩 주점의 외측부분이 있다. 연속된 10매의 사진(9모델)으로부터 총중복도를 계산해 보면
$\{(40\times9)+(10\times2)\}=380\%$
가 된다.

• 사진축척(M)
$$=\frac{1}{m}=\frac{f}{H}=\frac{0.15}{1,800}=\frac{1}{12,000}$$

∴ 입체시 가능한 부분의 실제면적(A)
$$=(ma)^2\times총중복도$$
$$=(12,000\times0.23)^2\times3.8$$
$$=28,946,880m^2$$
$$=28.9km^2$$

185 60%의 종중복도로 촬영한 5장의 연속된 항공사진에서 가운데(3번째) 사진에 나타나는 종접합점의 최대 개수는?

㉮ 3점

㉯ 6점

㉰ 9점

㉱ 12점

종접합점은 스트립 형성을 위하여 사용되는 점으로 연속된 3장의 사진상에 나타난다. 그러므로 3번째 사진상에는 최대 3×3 = 9점이 나타난다.

186 대공표지에 대한 설명으로 틀린 것은?

㉮ 대공표지는 사진상에서 정확하게 그 위치를 결정하고자 할 때 설치한다.

㉯ 설치 장소의 상공은 45° 이상의 시계를 확보하여야 한다.

㉰ 대공표지를 하고자 하는 점의 자연점으로 표지를 설치하지 않고도 사진상에 명료하게 확인되는 경우에는 생략할 수 있다.

㉱ 대공표지는 항공사진 촬영이 끝나면 즉시 철거하여야 한다.

대공표지는 가설표지로 항공사진 재촬영 및 후속작업이 끝날 때까지 그대로 둔다.

187 축척 $1:50,000$ 지형도에서 종방향 × 횡방향 $= 18cm \times 36cm$의 도화구역이 있다. 이것을 촬영축척 $1:20,000$, 종중복도 60%, 횡중복도 30%, 사진의 크기 $23cm \times 23cm$로 촬영할 경우에 사진 수는?(단, 촬영코스수를 계산하는 정밀계산에 의한다.)

㉮ 36장 ㉯ 33장

㉰ 30장 ㉱ 27장

○ 사진축척$(M) = \dfrac{1}{m} = \dfrac{l}{L}$

• 종방향(S_1)

$$\dfrac{1}{m} = \dfrac{l}{L} \rightarrow \dfrac{1}{50,000} = \dfrac{0.18}{L}$$

$L(S_1) = 9,000m = 9km$

• 횡방향(S_2)

$$\dfrac{1}{m} = \dfrac{l}{L} \rightarrow \dfrac{1}{50,000} = \dfrac{0.36}{L}$$

$L(S_2) = 18,000m = 18km$

• 종모델수(D)

$$= \dfrac{S_1}{B} = \dfrac{S_1}{ma(1-p)}$$

$$= \dfrac{9,000}{20,000 \times 0.23 \times (1-0.60)}$$

$$= 4.89$$

$\doteqdot 5$모델

• 횡모델수(D')

$$= \dfrac{S_2}{C_o} = \dfrac{S_2}{ma(1-q)}$$

$$= \dfrac{18,000}{20,000 \times 0.23 \times (1-0.30)}$$

$$= 5.59$$

$\doteqdot 6$코스

∴ 사진매수$(N) = (D+1) \times D'$

$$= (5+1) \times 6$$

$$= 36$$장

CHAPTER 04. 수치사진측량

···01 개요

수치사진측량(Digital Photogrammetry)은 수치영상(Digital Image)을 이용하여 컴퓨터상에서 대상물에 대한 정보를 해석하고 취득한다는 점이 기존 항공사진이나 지상사진 등에 아날로그 형태의 자료를 이용하는 해석사진측량과 차이가 있고, 수치사진측량 자료는 다양하게 응용될 수 있는 첨단 사진측량 방법이다. 특히, 사진측량의 일련의 과정에 대한 자동화를 목적으로 연구가 진행되며 관측과정의 자동화와 실시간 3차원 측량기법 개발 등이 활발히 이루어지고 있다.

···02 특징

(1) 자료에 대한 처리 범위가 넓다.
(2) 기존 아날로그 형태의 자료보다 취급이 용이하다.
(3) 광범위한 형태의 영상을 생성할 수 있다.
(4) 수치 형태로 자료가 처리되므로 지형공간정보체계에 쉽게 적용된다.
(5) 기존 해석사진측량보다 경제적이며 효율적이다.
(6) 자료의 교환 및 유지관리가 용이하다.

···03 수치사진측량의 작업순서

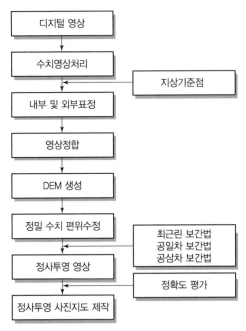

[그림 4-1] 수치사진측량의 작업 흐름도

···04 자료취득방법

(1) 인공위성센서에 의한 직접취득방법

(2) 기존 사진을 주사하는 간접취득방법

···05 수치영상처리(Digital Image Processing)

한 영상의 해상력을 증진시키기 위해 영상질의 저하원인이 되는 노이즈(Noise)를 제거하거나 최소화시키며, 영상의 왜곡을 보정하고, 영상을 강조하여 특징을 추출하고 분류하므로 영상을 해석할 수 있게 하는 작업의 전반적인 과정을 수치영상처리라 한다.

(1) 수치영상과 영상좌표계

① 수치영상(Digital Image)

수치영상은 요소(Element) g_{ij}를 가지는 2차원 행렬 G로 구성된다. 수치영상은 픽셀번호와 라인번호의 행렬 형태로 나타내며, 하나의 작은 셀을 영상소(Pixel)라 한다. 영상소의 크기는 영상소의 해상도에 해당하고, 지상에 대응하는 거리를 지상해상도라 한다.

② 영상좌표계(Image Coordinate System)

디지털 영상을 사진측량에 이용하기 위해 영상소의 위치와 x, y좌표계 사이의 관계를 나타내기 위한 좌표계를 영상좌표계라 한다.

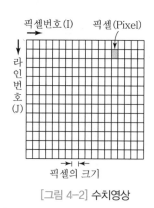

[그림 4-2] 수치영상

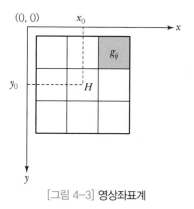

[그림 4-3] 영상좌표계

(2) 영상 특성(Image Characteristics)

영상 특성을 나타내는 데는 대표적으로 영상의 통계적 속성을 표현하는 평균과 표준편차, 엔트로피, 히스토그램, 모멘트 등이 있다.

① 평균과 표준편차

평균값(g_a)은 영상 전체의 밝기값이며, 표준편차(σ)는 영상의 대비를 나타낸다. 작은 수는 낮은 대비값을 가진 편평한(flat) 영상을 가리키며, 이것은 낮은 자료량을 가진 영상이다. 영상의 평균 밝기값(g_a)과 표준편차(σ)는 다음과 같이 정의된다.

$$g_a = \frac{1}{R \cdot C} \sum_{x=0}^{R-1} \sum_{y=0}^{C-1} g(x, y)$$

$$\sigma = \sqrt{\frac{1}{R \cdot C} \sum_{x=0}^{R-1} \sum_{y=0}^{C-1} (g(x, y) - g_a)^2}$$

여기서, R : 행의 수 C : 열의 수

② 엔트로피(Entropy)

자료량을 표현하는 데 있어 전달의 효율을 나타내는 양을 엔트로피라 하며, 디지털 영상에서는 밝기값에 대한 불확실성을 관측한다. 즉, 특정한 무늬 구조를 가지지 않는 무작위 영상에 대해서는 엔트로피 값이 크게 된다. 엔트로피가 최대인 지역을 정합점으로 선택하는 기법은 엔트로피가 갖는 특성인 정보량이 최대인 곳을 선택한다. 정보량이 많은 곳은 영상소의 변화확률이 높은 지역으로 영상에서는 경계선, 윤곽선일 가능성이 높은 영역이다.

③ 히스토그램(Histogram)

영상의 히스토그램은 영상정보에 관한 여러 가지 작업을 수행하는 데 중요한 요소가 된다. 히스토그램은 가로에 밝기값, 세로에 영상소 개수로 축을 잡고 정량화된 밝기값을 누적 밀도함수로 표현한다.

④ 모멘트(Moment)

어떤 축을 기준으로 한 값들의 분포 척도이다.

(3) 영상개선 및 복원(Image Enhancement And Restoration)

영상의 개선과 복원은 관측자를 위한 영상의 외향을 향상시키는 것으로서 주관적 처리이며, 전형적인 대화 형식으로 수행된다. 영상의 품질을 높이기 위해서는 적합한 방법과 매개변수를 선택해야 한다.

① 평활화(Smoothing)

잡영이나 은폐된 부분을 제거함으로써 매끄러운 외양의 영상을 만들어 내는 기술

② 선명화(Sharpening)

영상의 형상을 보다 뚜렷하게 함

③ 결점 보정화(Correcting Defect)

영상의 결함을 고침(밝기값의 큰 착오를 제거)

(4) 영상개선 및 복원기법(방법)

1) 히스토그램 수정

① 명암대비 확장(Contrast Stretching)기법

영상을 디지털화할 때는 가능한 밝기값을 최대한 넓게 사용해야 좋은 품질의 영상을 얻을 수 있다. 영상 내 픽셀의 최솟값, 최댓값의 비율을 이용하여 고정된 비율로 영상을 낮은 밝기와 높은 밝기로 펼쳐 주는 기법을 말한다.

- 선형대비 확장기법
- 부분대비 확장기법
- 정규분포 확장기법

② 히스토그램 균등화(평활화)

히스토그램 균등화는 영상 밝기값의 분포를 나타내는 히스토그램이 균일하게 되도록 변환하는 처리이다. 즉, 출력할 때의 영상이 각 밝기값에서 동일한 개수의 영상소를 가지도록 영상의 밝기값을 분포시키도록 하는 것을 말한다. 너무 밝거나, 어두운 영상 또는 편향된 영상의 개선에 이용된다.

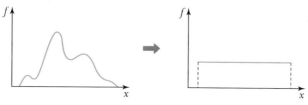

[그림 4-4] 히스토그램 균등화(평활화)

2) 연산기법

① 평활화 연산기법

필터를 이용하여 잡영을 줄이거나(삭제하거나) 해상도를 줄이는 연산기법으로 주로 가우스 필터가 이용된다.

② 선명화 연산기법

경우에 따라 경계선을 강조하기 위하여 고주파 요소로 영상의 작은 세부항목까지 개선을 요구하는 경우가 있다. 선명화는 공간 영역이나 주파수 영역에서 수행된다.

③ 미분 연산기법

작은 구역 안에서 발생되는 밝기값의 변화를 감지하는 데 이용된다.

3) 영상보정(Image Correction)

영상보정은 사진기나 스캐너의 결함으로 발생한 가영상의 결함을 제거하기 위한 것으로 중앙값 필터에 의한 잘못된 영상소의 제거, 중앙값 필터에 의한 잘못된 행이나 열의 제거, 이동평균법, 최댓값 필터법 등이 있다.

① 중앙값 필터에 의한 잘못된 영상소의 제거(Median Method)

이웃 영상소 그룹의 중앙값을 결정하여 영상소 변형을 제거하는 방법이다. 잡음만을 소거할 수 있는 기법으로 가장 많이 사용되는 기법이며, 어떤 영상소 주변의 값을 작은 값부터 재배열한 후 가장 중앙에 위치한 값을 새로운 값으로 설정한 후 치환하는 방법이다.

영상 입력

11	8	14	24	14	24
13	11	15	7	16	25
21	4	11	21	10	21
18	12	17	19	99	27
9	11	19	13	29	14
17	14	12	22	12	22

정렬된 영상

7	10	11	15	16	17	19	21	99

중앙값

영상 출력

11	8	14	24	14	24
13	11	15	7	16	25
21	4	11	16	10	21
18	12	17	19	99	27
9	11	19	13	29	14
17	14	12	22	12	22

[그림 4-5] 중앙값 연산의 예

② 중앙값 필터에 의한 잘못된 행이나 열의 제거

실제 디지털 영상은 사진기나 스캐너의 기능 불량으로 가끔 행과 열을 손상시킬 수 있다. 이것을 파악하는 방법으로서 영상에서 주변의 행과 열은 비슷한 밝기값 분포를 갖는다는 가정하에 상관인자를 구하여 상관인자가 낮은 행이나 열을 잘못된 것으로 보고 제거하는 방법이다.

③ 이동평균법(Moving Average Method)

어떤 영상소의 값을 주변의 평균값을 이용하여 바꾸어 주는 방법으로 영상 전역에 대해서도 값을 변경하므로 노이즈뿐만 아니라 테두리도 뭉개지는 단점이 발생한다.

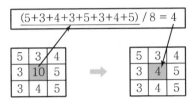

[그림 4-6] 이동평균법 연산의 예

④ 최댓값 필터법(Maximum Filter)

영상에서 한 화소의 주변들에 윈도를 씌워서 이웃 화소들 중에서 최댓값을 출력 영상에 출력하는 필터링 방법이다.

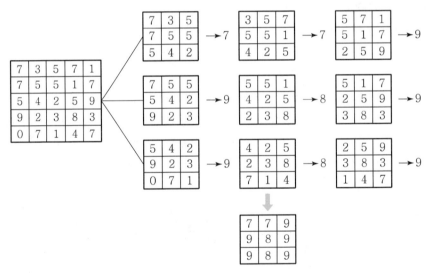

3×3 크기로 적용한 결과

[그림 4-7] 최댓값 필터법 연산의 예

(5) 주파수 공간에 대한 필터링

수치영상처리에서 공간영역과 주파수영역 간에 기본적인 연결을 구성하는 방법에는 푸리에 (Fourier), 호텔링(Hotelling), 발쉬(Walsh) 변환이 있다. 영상처리기술을 이해하는 데 중요한 내용이다.

1) 기본식

주파수 공간에 대한 필터링은 푸리에 변환(Fourier Transformation)식으로 표현되며, G에 역변환을 실시하여 필터링 후의 영상을 얻을 수 있다.

$$G(\zeta, \eta) = F(\zeta, \eta) + H(\zeta, \eta)$$

여기서, F : 원영상의 푸리에 변환
H : 필터링 함수
G : 출력영상의 푸리에 변환

2) 필터링 함수의 종류

① Low Pass Filter

낮은 주파수의 공간 주파수 성분만을 통과시켜서, 높은 주파수 성분을 제거하는 데 이용된다. 일반적으로 영상의 잡음 성분은 대부분 높은 주파수 성분에 포함되어 있으므로 잡음 제거의 목적에 이용할 수 있다.

② High Pass Filter

고주파수 성분만을 통과시키며 대상물의 윤곽 강조 등에 이용할 수 있다.

③ Bend Pass Filter

일정 주파수 대역의 성분만 보존하므로 일정 간격으로 출현하는 물결 모양의 잡음을 추출(제거)하는 데 이용된다.

(6) 공간 필터의 종류와 특징(결과)

공간 필터	Sobel	Preneit	Laplacian	Smoothing	Median	High Pass	Sharpening
특징(결과)	Edge 추출	Edge 추출	Edge 추출	평활화	잡음 제거	Edge 강조	선명한 영상

(7) 영상 재배열

영상의 재배열은 수치영상이 기하학적 변환을 위해 수행되고 원래의 수치영상과 변환된 수치영상 관계에 있어 영상소의 중심이 정확히 일치하지 않으므로 영상소를 일대일 대응관계로 재배열할 경우 영상의 왜곡이 발생한다. 일반적으로 원영상에 현존하는 밝기값을 할당하거나 인접 영상의 밝기값들을 이용하여 보간하는 것을 말한다.

–방법–

1) Nearest Neighbor Interpolation(최근린 보간법)

　① 가장 가까운 거리에 근접한 영상소의 값을 택하는 방법

　② 장점 : 원영상의 데이터를 변질시키지 않음(계산이 가장 빠름)

　③ 단점 : 부드럽지 못한 영상을 획득

2) Bilinear Interpolation(공1차 보간법)

　① 인접한 4개 영상소까지의 거리에 대한 가중평균값을 택하는 방법

　② 장점 : 여러 영상소로 구성되는 출력으로 부드러운 영상 획득

　③ 단점 : 새로운 영상소를 제작하므로 Data가 변질

3) Bicubic Interpolation(공3차 보간법)

　① 인접한 16개 영상소를 이용하여 보정식에 의해 계산

　② 장점 : 최근린 보간법보다 부드럽고 공1차 보간법보다 선명한 영상 취득

　③ 단점 : 보간하는 데 많은 시간 소요

4) Non-linear Interpolation(비선형 보간법)

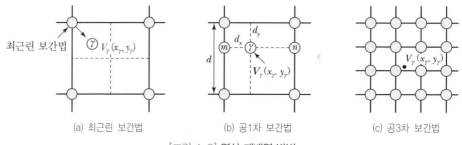

(a) 최근린 보간법　　　　(b) 공1차 보간법　　　　(c) 공3차 보간법

[그림 4-8] 영상 재배열 방법

■■■ 06 에피폴라기하(Epipolar Geometry)

최근 수치사진측량 기술이 발달함에 따라 입체사진에서 공액점을 찾는 공정은 점차 자동화되어 가고 있으며, 공액요소 결정에 에피폴라기하를 이용한다. 에피폴라선은 공액점 결정에서 탐색영역을 크게 감소시켜 준다.

⸱⸱⸱07 영상정합(Image Matching)

사진 측정학에서 가장 기본적인 과정은 입체사진의 중복 영역에서 공액점을 찾는 것이라 할 수 있으며, 아날로그나 해석적 사진측정에서는 이러한 점을 수작업으로 식별하였으나 수치사진측정기술이 발달함에 따라 이러한 공정은 점차 자동화되고 있다. 영상정합은 영상 중 한 영상의 한 위치에 해당하는 실제의 객체가 다른 영상의 어느 위치에 형성되는가를 발견하는 작업으로서 상응하는 위치를 발견하기 위해서 유사성 측정을 이용한다.

(1) 정합방법과 정합요소와의 관계

영상정합 방법	유사성 관측	영상정합 요소
영역기준정합	상관성, 최소제곱법	밝기값
형상기준정합	비용함수	경계
관계형 정합	비용함수	대상물의 점, 선, 면, 밝기값

(2) 영역기준정합

오른쪽 사진의 일정한 구역을 기준영역으로 설정한 후, 이에 해당하는 왼쪽 사진의 동일 구역을 일정 범위 내에서 이동시키면서 찾아내는 원리를 이용하는 기법이다. 밝기값 상관법과 최소제곱법이 있다.

－특징－

① 주변 픽셀들의 밝기값 차이가 뚜렷한 경우 영상정합이 용이하다.

② 불연속 표면에 대한 처리가 어렵다.

③ 계산량이 많아서 시간도 많이 소요된다.

④ 선형 경계를 따라서 중복된 정합점들이 발견될 수 있다.

(3) 형상기준정합

상응점을 발견하기 위한 기본자료로서 특징(Edge 정보)을 이용한다.

(4) 관계형 정합

영상에 나타나는 특징들을 선이나 영역 등의 부호적 표현을 이용하여 묘사하고 이러한 객체들뿐만 아니라 객체들끼리의 관계까지도 포함하여 정합을 수행한다.

···08 수치지형모형(Digital Terrain Model)

수치지형모형은 지표면상에서 규칙 및 불규칙적으로 관측된 3차원 좌표값을 보간법 등의 자료처리 과정을 통하여 불규칙한 지형을 기하학적으로 재현하고 수치적으로 해석하는 기법이다.

(1) 종류

1) DEM
   ① 수치표고모형(Digital Elevation Model)
   ② 공간상에 나타난 지표의 연속적인 기복변화를 수치적으로 표현

2) DSM
   ① 수치표면모형(Digital Surface Model)
   ② 공간상 표면의 형태를 수치적으로 표현(나무, 건물의 높이 등)

3) DTM
   ① 수치지형모형(Digital Terrain Model)
   ② 표고뿐 아니라 지표의 다른 속성까지 포함하여 표현한 것

(2) 수치지형모형의 주요 요소

① 자료취득은 가장 효율적인 방법으로 하여야 한다.
② 가능한 한 최소의 자료로 지형을 근사화시켜야 한다.
③ 충분한 정확도를 유지하여야 한다.
④ 보간은 간단하고 단시간 내에 지형을 근사화시켜야 한다.

(3) 자료취득방법

① 기존 지형도를 사용하는 방법
② 사진측량 및 원격탐측에 의한 방법
③ 음향측심기에 의한 방법
④ LiDAR/GNSS/관성측량에 의한 방법

(4) 지형표현(추출)방법

① **격자방식** : 지형이 넓은 경우 효과적
② **등고선방식** : 기존 지형도를 사용하여 자료를 추출하는 경우 효과적
③ **단면방식** : 도로 개설시 효과적
④ **임의방식** : 지형의 주요점, 즉 산정, 계곡 등의 지성선을 빠뜨리지 않고 추출할 수 있음

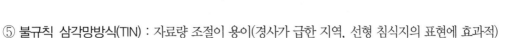
⑤ **불규칙 삼각망방식(TIN)** : 자료량 조절이 용이(경사가 급한 지역, 선형 침식지의 표현에 효과적)

(5) 격자법(Raster)

규칙적인 격자의 교차점에서 고도를 저장하며, 기준점들의 불규칙한 집합으로부터 보간기법을 거쳐야 한다.
① 고도만 저장하므로 자료구조가 간단하다.
② 배열처리를 적용함에 있어서 계산이 빠르다.
③ 표면을 보간하기 위해서는 계산해야 할 방정식 체계가 매우 크다.
④ 측정한 점의 값이 보존되지 않는다.

(6) 불규칙 삼각망(TIN)

불규칙 삼각망은 수치모형이 갖는 자료 중복을 줄일 수 있으며, 지형공간 정보체계와 수치지도 제작 및 등고선 처리 프로그램과 같은 여러 분야에 효과적으로 적용되는 방법이다.
① 기복의 변화가 적은 지역에서 절점 수를 적게 함
② 기복의 변화가 심한 지역에서 절점 수를 증가시킴
③ 자료량 조절이 용이
④ 중요한 위상 형태를 필요한 정확도에 따라 해석
⑤ 경사가 급한 지역에 적당
⑥ 선형 침식이 많은 하천 지형의 적용에 특히 유용
⑦ 격자형 자료의 단점인 해상력 저하, 해상력 조절, 중요한 정보의 상실 가능성 해소
⑧ 어떠한 연속적인 필드에서도 적용

(7) 보간방법

① **선형보간법** : 지형이 직선적으로 변화하는 것으로 간주
② **곡선보간법** : 단면별로 수집된 점으로부터 지형변화에 상당하는 곡선식
③ **곡면보간법** : 지형을 수학적 곡면으로 간주

(8) 활용

① 토공량 산정(절·성토량 추정)/쓰레기매립장 내 추정
② 지형의 경사와 곡률, 사면방향 결정
③ 등고선도와 3차원 투시도(지형기복 상태를 가시적으로 평가)
④ 노선의 자동설계(대체 노선 평가)
⑤ 유역면적 산정(최대경사선의 추적)
⑥ 지질학, 삼림, 기상 및 의학 등

 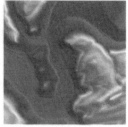

(a) DSM(Digital Surface Model)　　(b) DTM(Digital Terrain Model)

[그림 4-9] DSM과 DTM

···09 정밀수치 편위수정

인공위성이나 항공사진에서 수집된 영상자료와 수치고도모형 자료를 이용하여 정사투영사진을 생성하는 방법으로 수치고도모형 자료가 입력용으로 사용되는가 출력용으로 사용되는가의 구분에 의해 직접법과 간접법으로 구분된다.

(1) 직접법

주로 인공위성 영상을 기하보정할 때 사용되는 방법으로 지상좌표를 알고 있는 대상물의 영상좌표를 관측하여 각각의 출력영상소의 위치를 결정하는 방법이다.

(2) 간접법

수치고도모형 자료에 의해 출력 영상소의 위치가 이미 결정되어 있으므로 입력 영상에서 밝기값을 찾아 출력 영상소 위치에 나타내는 방법으로 항공사진을 이용하여 정사투영영상을 생성할 때 주로 이용된다.

(3) 정밀수치 편위수정방법의 특징

구분 \ 방법	직접법	간접법
단계	• 영상좌표($x,\ y$)를 이용하여 수치고도모형($X,\ Y$) 좌표를 결정 • 영상의 밝기값을 가장 가까운 수치고도모형 자료의 격자에 할당	• 수치고도모형($X,\ Y$) 좌표로부터 영상좌표($x,\ y$)를 결정 • 보간법(최근린 보간, 공1차 보간, 공3차 보간)에 의해 영상의 밝기값을 추정 • 보간된 밝기값을 수치고도모형 자료의 각 격자에 할당
장점	영상의 밝기값은 변하지 않음	모든 수치고도모형 자료가 밝기값을 가짐
단점	수치고도모형 자료의 모든 격자가 영상의 밝기값을 가지는 것이 아니기 때문에 인접한 격자로부터 밝기값을 보간해야 됨	• 영상의 밝기값 보간에 시간이 소비됨 • 최종 편위수정된 영상은 밝기값의 보간에 의해 원영상과 동일하지 않음

····10 정사투영 영상 생성

정밀 수치 편위수정에 의한 정사투영 영상의 생성 과정은 광속조정법(Bundle Adjustment)에 의해 항공사진의 외부표정요소를 결정하고 영상정합과정을 통해 DEM을 생성하며 생성된 DEM 자료를 토대로 공선조건식을 이용한 사진좌표를 결정하는 것이다. 사진좌표는 다시 부등각 사상변환 (Affine 변환)에 의해 영상좌표로 변환되며, 영상좌표의 밝기값을 보간을 통해 결정한 후, DEM 좌표의 각 위치에 옮김으로써 정사투영 영상을 생성하게 된다.

····11 정사투영 사진지도

정사투영 사진지도는 지형도와 동일한 축척을 지니면서도 사진의 형태로 나타나 있으므로 현장감이 양호함과 동시에 판독이 용이하므로 차세대의 지형도로 이용될 가능성이 매우 크다. 또한, 지형공간정보체계의 기본 지형공간 정보자료로 이용되어 그 효용성이 매우 크다.

····12 응용

(1) 자동항공삼각측량에 응용
(2) 자동수치고도모형에 응용
(3) 수치정사투영 영상 생성에 응용
(4) 실시간 3차원 측량에 응용
(5) 각종 주제도 작성에 응용

CHAPTER 04 실전문제

01 다음 중 영상지도 제작에 가장 적합한 영상(사진)은?

㉮ 경사사진

㉯ 초광각사진

㉰ 파노라믹사진

㉱ 정사사진

> 영상지도는 편위수정을 거친 사진지도이므로 정사사진에 가깝다.

02 Push broom 방식의 항측용 디지털 카메라는 각 라인마다 기하학적 조건이 조금씩 변하기 때문에 각 라인에 대한 외부표정요소를 구해야 한다. 이를 위해 사용되는 장비는?

㉮ LiDAR

㉯ Radar

㉰ GPS/INS

㉱ Level

> GPS/INS 장비를 이용하여 각 라인에 대한 외부표정요소(X_0, Y_0, Z_0, κ, ϕ, ω)를 직접 취득한다.

03 수치도화기(디지털 도화기)에 가장 적합한 입체시 방법은?

㉮ 여색입체시

㉯ 편광입체시

㉰ 순동입체시

㉱ 컬러입체시

> 편광입체시
> (Vectograph Stereoscopic)
> 서로 직교하는 진동면을 갖는 2개의 편광 광선이 1개의 편광면을 통과할 때, 그 편광면의 진동방향과 일치하는 진행방향의 광선만 통과하고 여기에 직교하는 광선은 통과하지 못하는 편광의 성질을 이용하여 입체시하는 방법

04 지상기준점의 사용을 최소화하여 항공삼각측량을 수행하기 위해 항공기에 탑재되어야 할 장비는?

㉮ 다중파장센서(또는 다중분광센서)

㉯ 적외선 카메라

㉰ 토털스테이션

㉱ GPS와 INS(관성항법장치)

> GPS/INS(관성항법장치) 장비가 동시에 장착되어 측정 순간마다의 정확한 비행기의 위치와 자세정보를 얻을 수 있다.

05 1 : 1,000 지형도를 작성하기 위하여 축척 1 : 5,000 항공사진을 촬영하였다. 이 사진을 1,200dpi로 스캐닝하여 생성된 영상에서 한 픽셀의 실제 크기는?

㉮ 5.25cm

㉯ 10.5cm

㉰ 21cm

㉱ 42cm

> dpi(dot per inch)
> 1inch=2.54cm
> • 사진의 스캐닝 해상도=$\dfrac{2.54}{1,200}$
> • 실제 픽셀의 크기
> =$\dfrac{2.54}{1,200} \times 5,000 = 10.58$cm

정답 **01** ㉱ **02** ㉰ **03** ㉯ **04** ㉱ **05** ㉯

06 3차 중첩 보간법(Cubic Convolution)을 최근린보간법(Nearest Neighbor Interpolation)과 비교할 때 그 설명으로 옳은 것은?

㉮ 출력 영상소의 평균과 표준편차가 입력 영상소의 평균과 표준편차와 잘 맞는다.

㉯ 자료값의 최댓값과 최솟값이 손실되지 않는다.

㉰ 계산이 가장 쉽고 빠르다.

㉱ 출력영상이 매끄럽지 못하다.

> 공3차 보간법은 최근린보간법에서 나타날 수 있는 지표면의 불연속 표현을 줄일 수 있고, 공1차 보간법보다 더 양질의 영상을 제공하나, 시간이 많이 소요된다.

07 위성영상의 기하보정시 사용하는 재배열 방법으로서, 내삽점 주위 4점의 화소값을 이용하여 가중평균값으로 내삽하는 방법은?

㉮ 들로네 삼각법(Delaunay Triangulation)

㉯ 공1차 내삽법(Bilinear Interpolation)

㉰ 최근린 내삽법(Nearest Neighbor Interpolation)

㉱ 3차 회선법(Cubic Convolution)

> 공1차 내삽법에서 편위수정된 영상소 자료값은 재변환된 좌표위치와 입력영상 내의 가장 가까운 4개의 영상소 사이의 거리에 의하여 처리한다.

08 다음 중 수치영상개선(Enhancement) 방법이 아닌 것은?

㉮ 영상연화(Image Smoothing)

㉯ 영상첨예화(Image Sharpening)

㉰ 영상의 결함보정화(Correcting Defect)

㉱ 의사색을 이용한 영상처리(Pseudo-color Image Processing)

> 수치영상개선은 관측자를 위한 외향을 향상시키는 것으로 평활화(Smoothing), 선명화(Sharpening), 결함보정화(Correcting Defect) 등이 있다.

09 수치사진측량의 영상정합(Image Matching)에 대한 설명 중 틀린 것은?

㉮ 입체영상 중 한 영상의 대상물이 다른 영상의 어느 위치에 존재하는가를 탐색하는 작업을 말한다.

㉯ 대응점을 찾기 위해 유사성 관측기법을 이용한다.

㉰ 영상정합은 항공삼각측량의 접합점 및 연결점 탐색시 이용한다.

㉱ 최소제곱정합법(Least Squares Matching)은 형상기준정합(Feature Based Matching)에 속한다.

> 최소제곱정합법(Least Squares Matching)은 영역기준정합(Area Based Matching)에 속한다.

10 공액조건에 대한 설명으로 틀린 것은?

㉮ 영상정합을 수행할 때 검색범위를 줄여준다.

㉯ 공액면은 2개의 투영중심과 하나의 지상점으로 정의된다.

㉰ 공액선은 공액면과 각각의 영상면의 교선을 의미한다.

㉱ 하나의 지상점에 대응하는 각각의 영상의 공액선은 서로 평행하다.

> 하나의 지상점에 대응하는 각각의 영상의 공액선은 사진좌표계 x축에 평행하지 않는다.
> ※ 실제 적용에서 디지털 영상의 행과 공액선을 평행하게 만드는 것이 도움이 된다. 이것을 입체상의 정규화라 한다.

11 수치사진측량(Digital Photogrammetry)에서 상호표정의 자동화를 위해 요구되는 기법은?

㉮ 디지타이징

㉯ 좌표등록

㉰ 영상정합

㉱ 직접표정

> 수치사진측량에서 상호표정의 자동화를 위해 요구되는 기법은 영상정합이다.
> ※ 영상정합(Image Matching)은 입체영상 중 한 영상의 한 위치에 해당하는 실제의 대상물이 다른 영상의 어느 위치에 형성되었는가를 발견하는 작업으로서, 상응하는 위치를 발견하기 위해서 유사성 관측을 이용한다.

12 수치지형모형자료의 자료기반구축에서 임의로 분포된 실측 자료점을 이용하여 격자형 자료를 생성하거나, 항공사진, 인공위성 영상의 기준점자료를 이용하여 영상소를 재배열할 경우에 사용되는 보간법 중 입력격자상에서 가장 가까운 영상소의 밝기값을 이용하여 출력격자로 변환시키는 방법은?

㉮ 최근린보간법 ㉯ 공1차보간법

㉰ 공2차보간법 ㉱ 공3차보간법

> 최근린보간법
> 입력격자상 가장 가까운 영상소의 밝기를 이용하여 출력격자로 변환하는 방법이다.

최근린좌표 ㉮ $V_\gamma (x_\gamma, y_\gamma)$

13 영상을 모자이크할 경우에 모자이크된 영상 내에서 경계선이 보이게 된다. 이 경계선을 중심으로 일정한 폭을 설정하여 영상을 부드럽게 처리할 수 있는 방법은?

㉮ 영상 와핑(Image Warping)

㉯ 영상 페더링(Image Feathering)

㉰ 영상 스트레칭(Image Stretching)

㉱ 히스토그램 평활화(Histogram Equalization)

> Image Feathering은 선택영역 가장자리(경계부분)를 배경화면과 섞어 부드럽게 만들어 주는 작업이다. Photoshop 등에서 많이 이용된다.

14 수치영상자료는 대개 8비트로 표현된다. pixel 값의 그레이레벨 범위로 옳은 것은?

㉮ 0~63 ㉯ 1~64

㉰ 0~255 ㉱ 1~256

> Digital Number는 수치영상의 하나의 픽셀수치로 대상물의 상대적인 반사나 발산을 표현하는 양으로 정수 8bit영상에서 DN 값의 범위는 0~255이다.

15 다음 중 수치영상의 영상변환 방법이 아닌 것은?

㉮ 푸리에(Fourier) 변환

㉯ 호텔링(Hotelling) 변환

㉰ 특성(Character) 변환

㉱ 월쉬(Walsh) 변환

> 수치영상처리에서 공간영역과 주파수영역 간의 기본적인 연결을 구성하는 방법에는 푸리에, 호텔링, 월쉬 변환이 있다. 영상처리기술을 이해하는 데 중요한 내용이다.

정답 11 ㉰ 12 ㉮ 13 ㉯ 14 ㉰ 15 ㉰

실전문제 ^{TIP}

16 다음과 같은 3×3 크기의 수치영상에 중앙값필터(Median Filter)를 적용할 경우 정중앙 픽셀에 할당될 값은?

㉮ 100
㉯ 167
㉰ 201
㉱ 212

204	212	234
201	100	198
167	200	210

◉ 영상보정은 사진기나 스캐너의 결함으로 발생한 가영상의 결함을 제거하는 게 목적이다.
중앙값 필터와 주파수 영역의 필터는 주로 영상결함을 제거하는 데 이용된다.

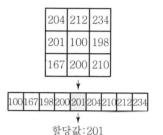

할당값 : 201

17 수치영상의 정합기법 중 하나인 영역기준정합의 단점이 아닌 것은?

㉮ 불연속 표면에 대한 처리가 어렵다.
㉯ 계산량이 많아서 시간이 많이 소요된다.
㉰ 선형 경계를 따라서 중복된 정합점들이 발견될 수 있다.
㉱ 주변 픽셀들의 밝기값 차이가 뚜렷한 경우 영상정합이 어렵다.

◉ 주변 픽셀들의 밝기값 차이가 뚜렷한 경우 영상정합이 용이하다.

18 수치사진측량의 장점에 대한 설명으로 옳지 않은 것은?

㉮ 사진에 나타나지 않은 지형지물의 판독이 가능하다.
㉯ 다양한 결과물의 생성이 가능하다.
㉰ 자동화에 의해 효율성이 증가한다.
㉱ 작업비용이 절감된다.

◉ 수치사진측량은 기존의 해석사진측량에서 처리가 곤란했던 광범위한 형태의 영상을 생성하며 경제적이고 효율적인 방법이나 사진에 나타나지 않은 지형·지물의 판독은 불가능하다.

19 다음 중 지리정보자료를 메타데이터로 가지는 정사투영영상을 저장할 수 없는 영상포맷은?

㉮ GeoTIFF
㉯ GeoJpeg
㉰ Erdas IMG
㉱ Photoshop PSD

◉ Photoshop PSD는 포토샵의 전용 포맷방식으로, 포토샵에서 다루는 모든 레이어 파일, 채널, 패스 등을 모두 저장할 수 있는 포토샵 전용 파일 포맷방식이다.

20 항공사진측량에서 항공기에 GPS(위성측위 시스템) 수신기를 탑재하여 촬영할 경우에 GPS로부터 얻을 수 있는 정보는?

㉮ 내부표정요소
㉯ 상호표정요소
㉰ 절대표정요소
㉱ 외부표정요소

◉ 항공사진측량에서 항공기에 GPS 수신기를 탑재할 경우 비행기의 위치 (X_0, Y_0, Z_0)를 얻을 수 있으며, 관성측량장비(INS)까지 탑재한 경우 $(\kappa, \varphi, \omega)$를 얻을 수 있다. 즉, (X_0, Y_0, Z_0) 및 $(\kappa, \varphi, \omega)$를 사진측량의 외부표정요소라 한다.

정답 16 ㉰ 17 ㉱ 18 ㉮ 19 ㉱ 20 ㉱

21 다음과 같은 3×3 크기의 영상자료에 Sobel Edge 추출 연산자를 적용하면 중앙 위치에 할당될 값은?

㉮ 8
㉯ 9
㉰ 10
㉱ 11

4	6	9
7	2	8
3	9	4

Sobel Edge 추출 연산자를 적용하여 중앙 위치(M)에 할당될 값을 구하면,

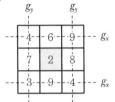

- $g_x = \dfrac{\partial f}{\partial x}$
  $= \{3+(2\times9)+4\}$
  $\quad -\{4+(2\times6)+9\}$
  $= 0$
- $g_y = \dfrac{\partial f}{\partial y}$
  $= \{9+(2\times8)+4\}$
  $\quad -\{4+(2\times7)+3\}$
  $= 8$

$\therefore M_{(x,y)} = g_x + g_y = 0+8 = 8$

즉, 중앙 위치(M)에 할당될 값은 8이다.

4	6	9
7	8	8
3	9	4

22 항공사진을 스캐닝하여 영상을 만들고자 한다. 축척 1 : 25,000의 항공사진을 스캐닝하여 영상소(Pixel) 하나의 공간 해상력이 26.5cm가 되도록 하려면 스캐닝 해상력(dpi)은 얼마로 설정하여야 하는가?

㉮ 600dpi
㉯ 1,200dpi
㉰ 2,400dpi
㉱ 4,800dpi

스캐닝 해상력(dpi)
$=25,000/10.433≒2,400$dpi
※(1inch→2.54cm)→26.5cm
$=10.433$inch

23 다음과 같은 영상에 3×3 평균필터를 적용하면 영상에서 행렬 (2, 2)의 위치에 생성되는 영상소 값은?

㉮ 32
㉯ 35
㉰ 36
㉱ 40

45	120	24
35	32	12
22	16	18

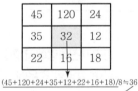

45	120	24
35	32	12
22	16	18

$(45+120+24+35+12+22+16+18)/8≒36$

45	120	24
35	36	12
22	16	18

실전문제 TIP

24 정사투영 사진지도의 특징으로 틀린 것은?

㉠ 지도와 동일한 투영법으로 생성된다.
㉡ 사진을 수치형상모형에 투영하여 생성한다.
㉢ 사진을 2차원 좌표변환하여 생성한다.
㉣ 지표면의 비고에 의한 변위가 제거되었다.

⊙ 정사투영 사진지도는 사진기의 경사, 지표면의 비고를 수정하였을 뿐만 아니라 등고선이 삽입된 지도로 사진을 수치고도모형에 투영한 다음 공간 보간법을 이용하여 영상 재배열 후 생성된 지도이므로, 2차원 좌표 변환과는 관련이 없다.

25 수치영상처리 기법 중 특징 추출과 판독에 도움이 되기 위하여 영상의 가시적 판독성을 증강시키기 위한 일련의 처리과정을 무엇이라 하는가?

㉠ 영상분류(Image Classification)
㉡ 정사보정(Ortho Rectification)
㉢ 자료융합(Data Merging)
㉣ 영상강조(Image Enhancement)

⊙ 수치영상처리기법 중 특징 추출과 판독에 도움이 되기 위하여 영상의 가시적 판독성을 증강시키기 위한 일련의 처리과정을 영상강조(Image Enhancement)라 한다.

26 축척이 1 : 5,000인 항공사진을 1,200dpi로 스캐닝하여 생성된 영상에서 한 픽셀의 실제 크기(공간해상도)는?

㉠ 5.25cm ㉡ 10.58cm
㉢ 21cm ㉣ 42cm

⊙ 1점의 크기
$= \dfrac{2.54}{1,200} = 0.0021167\text{cm}$
$\dfrac{1}{m} = \dfrac{l}{L}$
$\therefore L = 0.0021167 \times 5,000 = 10.58\text{cm}$
※ dpi : dot per inch
  1inch=2.54cm

27 정사영상 제작을 위한 수치미분편위수정 과정에서 제거되는 오차가 아닌 것은?

㉠ 영상의 내부표정 오차 ㉡ 영상의 센서 노이즈
㉢ 지형의 기하학적 왜곡 ㉣ 센서 자체에 의한 왜곡

⊙ 영상의 센서 노이즈는 영상처리 과정에서 제거된다.

28 항공사진 또는 위성영상의 도화장비 중 하나로 이미 수치화된 입체쌍 영상을 직접 컴퓨터 하드디스크에 저장하고 입체모니터에 디스플레이시킨 후 양쪽 눈의 시현주파수가 다르게 설계된 입체경을 착용함으로써 입체시 상태에서 도화작업을 실시하는 방법으로 최근 사용추세가 늘어난 도화장비는?

㉠ 기계식 도화기(Analog Stereoplotter)
㉡ 디지털도화기(Digital Stereoplotter)
㉢ 간이도화기(Hand Stereoplotter)
㉣ 해석식 도화기(Analytical Stereoplotter)

⊙ 수치도화기
촬영된 한 쌍의 사진을 이용하여 사진에 촬영된 내용물들을 전산화된 파일의 형태로 그려내는 도화장비이다.

정답 24 ㉢ 25 ㉣ 26 ㉡ 27 ㉡ 28 ㉡

29 8bit grey level(0~255)을 가진 수치영상의 최소 픽셀값이 79, 최대 픽셀값이 156이다. 이 수치영상에 선형대조비확장(Linear Contrast Stretching)을 실시할 경우 픽셀값 123의 변화된 값은?(단, 계산에서 소수점 이하 값은 무시(버림)한다.)

㉮ 143 ㉯ 144 ㉰ 145 ㉱ 146

명암대비 확장기법(선형대비 확장기법)
영상을 디지털화할 때는 가능한 한 밝기값을 최대한 넓게 사용해야 좋은 품질의 영상을 얻을 수 있다. 영상 내 픽셀의 최소, 최댓값의 비율을 이용하여 고정된 비율로 영상을 낮은 밝기와 높은 밝기로 펼쳐주는 기법을 말한다.

- $g_2(x, y) = [g_1(x, y) + t_1]t_2$
  여기서,
  $g_1(x, y)$: 원 영상의 밝기값
  $g_2(x, y)$: 새로운 영상의 밝기값
  t_1, t_2 : 변환 매개 변수
- $t_1 = g_2^{min} - g_1^{min} = 0 - 79$
  $= -79$
- $t_2 = \dfrac{g_2^{max} - g_2^{min}}{g_1^{max} - g_1^{min}} = \dfrac{255 - 0}{156 - 79}$
  $= 3.31$

원 영상의 밝기값 123의 변환 밝기값 산정
$\therefore g_2(x, y) = [g_1(x, y) + t_1]t_2$
$= [123 - 79] \times 3.31$
$= 145.64 ≒ 145$
즉, 원 영상의 123 밝기값은 145 밝기값으로 변환된다.

30 디지털 카메라로 취득된 항공사진을 이용하여 수치지도를 제작하고자 할 때 사용되는 도화기로 적합한 것은?

㉮ 기계식 도화기 ㉯ 전자식 도화기
㉰ 해석 도화기 ㉱ 수치 도화기

수치 도화기는 수치영상을 이용하여 컴퓨터상에서 대상물을 해석하고 수치지도를 제작하는 최신 도화기이다.

31 도화기 또는 좌표측정기에 의하여 항공사진상에서 측정된 구점의 모델좌표 또는 사진좌표를 지상기준점 및 GPS/INS 외부표정 요소를 기준으로 지상좌표로 전환시키는 작업을 무엇이라 하는가?

㉮ 지상기준점측량 ㉯ 항공삼각측량
㉰ 세부도화 ㉱ 가편집

항공삼각측량
입체도화기 및 정밀좌표관측기에 의하여 사진상에 무수한 점들의 좌표를 관측한 다음, 소수의 지상기준점 성과를 이용하여 측정된 무수한 점들의 좌표를 컴퓨터에 의해 절대좌표 및 측지좌표를 환산해내는 방법이다.

32 수치정사영상(Digital Ortho Image)을 제작하기 위해 직접적으로 필요한 자료가 아닌 것은?

㉮ 수치지도 ㉯ 수치표고모델(DEM)
㉰ 외부표정요소 ㉱ 촬영된 원래 영상

수치정사영상을 제작하기 위해 직접적으로 필요한 자료는 수치표고모델(DEM), 외부표정요소, 원영상 등이 필요하다.

정답 29 ㉰ 30 ㉱ 31 ㉯ 32 ㉮

33 수치영상에서 표정을 자동화하기 위하여 필요한 방법은?

㉮ 영상정합

㉯ 영상융합

㉰ 영상분류

㉱ 영상압축

> 수치영상에서 표정을 자동화하기 위해서는 영상정합이 중요한 요소가 된다.

34 다음 중 제작과정에서 수치표고모형(DEM)이 필요한 사진지도는?

㉮ 정사투영사진지도

㉯ 약조정집성사진지도

㉰ 반조정집성사진지도

㉱ 조정집성사진지도

> 정사투영사진지도는 영상정합과정을 통해 DEM을 생성하며, 생성된 DEM 자료를 토대로 수치편위수정에 의해 정사투영영상을 생성하게 된다.

35 자동 상호표정을 위하여 영상에서 특징선을 검색하고자 할 때 영상처리기법으로 가장 적절한 방법은?

㉮ 선형 스트레치 기법

㉯ 히스토그램 평활화 기법

㉰ 쇼벨(Sobel) 경계선 필터 기법

㉱ 로패스(Low pass) 필터 기법

> 영상처리에서 에지(Edge) 추출방법으로는 Sobel, Preneit, Rebert, Laplacian, Canny 방법 등이 있다. 이 중 윤곽선 검출의 대표적인 미분연산자를 이용하는 Sobel 방법이 대표적인 방법이다.

36 항측용 디지털 카메라에 의한 영상을 이용하여 직접 수치지도를 제작하는 과정에 필요한 과정이 아닌 것은?

㉮ 정위치 편집

㉯ 일반화 편집

㉰ 구조화 편집

㉱ 현지보완측량

> 영상을 이용하여 직접 수치지도를 제작하는 과정에는 자료취득(기존 지형도, 항공사진측량, LiDAR 등)과 지형공간정보의 표현(정위치 편집, 구조화 편집) 및 현지보완측량이 필요하며, 수치영상을 취득하였을 경우 영상처리 및 영상정합방법이 추가된다.

37 시간에 대한 함수를 주파수에 대한 함수로 변환하는 선형 변환의 일종으로 널리 사용되는 영상 변환방법은?

㉮ 푸리에(Fourier) 변환

㉯ 호텔링(Hotelling) 변환

㉰ 특성(Character) 변환

㉱ 월쉬(Walsh) 변환

> 푸리에 변환은 영상자료를 공간 영역에서 주파수 영역으로 변환하는 방법이다. 주파수 공간에 대한 필터링은 일반적으로 푸리에 변환식으로 표현되며, G에 역변환을 실시하여 필터링 후 영상을 얻을 수 있다.
>
> $G(\xi, \eta) = F(\xi, \eta) + H(\xi, \eta)$
>
> 여기서, F : 원영상의 푸리에 변환
> G : 출력영상의 푸리에 변환
> H : 필터링 함수

38 x방향 경사도를 알아내기 위한 필터는?(단, 필터의 가로 방향 (→)을 x축, 세로 방향(↑)을 y축으로 한다.)

㉮

1	1	1
1	1	1
1	1	1

㉯

−1	−1	−1
−1	9	−1
−1	−1	−1

㉰

0	0	0
−1	0	1
0	0	0

㉱

0	1	0
0	0	0
0	−1	0

> 음영기복(Plastic Shaded-relief)
> 가장 효과적인 경계 강조 기법으로 이 것을 양각처리(Embossing)라고 하는데, 양각처리된 경계는 동서방향 양각처리(Emboss East)나 북서방향 양각처리(Emboss Northwest)와 같은 양각필터를 통해 얻을 수 있다.
> ex) • 동서방향 양각처리
>
> | 0 | 0 | 0 |
> |---|---|----|
> | 1 | 0 | −1 |
> | 0 | 0 | 0 |
>
> • 북서방향 양각처리
>
> | 0 | 0 | 1 |
> |----|---|---|
> | 0 | 0 | 0 |
> | −1 | 0 | 0 |
>
> 그러므로, x방향은 서동방향이므로
>
> | 0 | 0 | 0 |
> |----|---|---|
> | −1 | 0 | 1 |
> | 0 | 0 | 0 |

39 다음 사항 중 옳지 않은 것은?

㉮ 지상사진은 항공사진에 비하여 높이의 정도가 높다.

㉯ 사진측정에서의 평면오차는 일반적으로 사진상에서 $10\sim30\mu m$ 이다.

㉰ 표정점은 최소한 3~4점이 필요하다.

㉱ 수치지형모델(DTM)은 기준점이 없어도 임의 점의 좌표를 얻을 수 있는 가장 정밀한 좌표측정기이다.

> 수치지형모델은 자료추출방법, 보간법 적용에 따라 그 정확도는 다르다. 즉, 수치지형모델은 지형상의 규칙 및 불규칙적으로 관측된 3차원 좌표값을 보간법 등의 자료처리 과정을 통하여 불규칙한 지형을 기하학적으로 재현하여 지형을 근사적으로 해석하는 방법이다.

40 DTM(수치지형모델)에 대한 설명 중 옳지 않은 것은?

㉮ 지형자료를 능률적인 방법으로 얻은 것이며, 가능한 한 적은 수의 점에서 소요의 정도로 지형을 근사화시킬 것

㉯ 계산기 내에서 모델의 조립 및 구하려는 점의 삽입에 요하는 시간 이 적을 것

㉰ 사진에 의하여 만들어진 입체모델을 프로필로 스코프가 부착된 사진측정도화기를 이용하는 방법과 지형도가 이미 있는 경우 지형도상에서 필요한 임의의 점의 좌표를 재는 방법이 있다.

㉱ 수치지형모델에서는 단면의 집합에 의한 표현법, 곡면에 의한 표현법 및 등고선에서 점을 뽑는 방법은 그다지 중요한 것이 아니다.

> 수치지형모형에서 자료 취득방법은 정확도, 시간, 비용에 영향을 많이 미친다.

41 다음의 수치지형모델(DTM)에 관한 설명 중 옳지 않은 것은?

㉮ DTM에 쓰이는 지형자료는 능률적으로 얻어져야 한다.

㉯ DTM은 입체사진모델에 의해서만 가능하다.

㉰ 적은 점으로써 높은 정도를 유지할 수 있어야 한다.

㉱ 계산기 내에서의 소요시간이 적어야 한다.

> ◉ DTM은 입체사진모델, 기존 지형도, LiDAR 및 기타 방법을 이용하여 DTM을 구축할 수 있다.

42 수치지형모형의 자료추출방법 중 경제적이면서 비교적 정확도가 좋은 방법은?

㉮ 지형도 이용방법

㉯ 직접 측량하여 취득하는 방법

㉰ 기존 항공사진을 이용하는 방법

㉱ 우주선에 탑재된 레이더, 레이저를 이용하는 방법

> ◉ ㉮ : 경제적이나 정확도가 낮다.
> ㉯ : 정확도는 좋으나 시간, 비용이 많이 소비된다.
> ㉰ : 경제적이며 비교적 정확하다.
> ㉱ : 정확하나 장비가격 및 운영비가 고가이다.

43 지형도, 항공사진을 이용하여 대상지의 3차원 좌표를 취득, 경관해석, 노선선정, 택지조성, 환경 설계 등에 이용되는 방법은?

㉮ 수치지형모형

㉯ 지형공간정보체계

㉰ 원격탐측

㉱ 도시정보체계

> ◉ 수치지형모형(DTM)
> 적당한 밀도로 분포한 지상점의 위치 및 높이를 이용하여 지형을 수학적으로 근사 표현한 모형이다.

44 DTM(Digital Terrain Model)방식 중 사각형으로 지형점을 추출하는 방식으로 지형이 넓을 때 가장 많이 이용되는 것은?

㉮ Contour Line 방식

㉯ Grid 방식

㉰ Random Point 방식

㉱ Section 방식

> ◉ DTM의 자료추출방법에서 격자방식(Grid Method)은 가장 간단한 방법으로 넓은 지형의 해석에 유리하나 자료입력량이 많다는 단점을 지니고 있다.

45 수치표고모형(DEM)으로부터 얻을 수 있는 자료들로만 짝지어진 것은?

㉮ 사면방향도, 경사도에 대한 분석도

㉯ 수계도, 토지피복도

㉰ 가시권에 대한 분석도, 도로망도

㉱ 표고분석도, 역세권 분석도

> ◉ DEM은 경사도, 사면방향도, 경사 및 단면 분석, 절토량과 성토량 산정 등 다양한 분야에 활용된다.

46 다음 중 수치지형모형(DTM)으로부터 추출할 수 있는 정보라고 볼 수 없는 것은?

㉮ 경사분석도　　㉯ 가시권 분석도
㉰ 사면방향도　　㉱ 토지이용도

DTM은 지형만을 표현한 것으로 토지이용도 같은 피복의 활용상태는 추출할 수 없다.

47 수치표고모델(DEM ; Digital Elevation Model)의 응용분야에 대한 설명으로 관계가 없는 것은?

㉮ 도시의 성장을 분석하기 위한 시계열정보
㉯ 도로의 부지 및 댐의 위치선정
㉰ 수치 지형도 작성에 필요한 고도정보
㉱ 3D를 통한 광산, 채석장, 저수지 등의 설계

도시의 성장을 분석하기 위한 시계열 정보는 사진 및 위성영상에 의해 정보를 얻을 수 있다.

48 수치표고모형(DEM)으로부터 얻어지는 자료가 아닌 것은?

㉮ 경사도　　㉯ 교통량 분포
㉰ 향(Aspect) 계산　　㉱ 등고선

DEM은 지형만을 표현하므로 교통량 분포와 같은 자료는 취득하지 못한다.

49 3차원 공간 위에 세 점으로 정의한 삼각형의 조합에 의하여 지표면을 표현하는 방식은?

㉮ 불규칙삼각망(TIN) 방식
㉯ 격자(Grid) 방식
㉰ 임의점 추출(Random Point) 방식
㉱ 등고선(Contour Line) 방식

불규칙삼각망(TIN ; Triangulated Irregular Network)
공간을 불규칙한 삼각형으로 분할하여 모자이크 모형 형태로 생성된 일종의 공간자료 구조로서, 삼각형의 꼭짓점들은 불규칙적으로 벌어진 절점을 형성한다.

50 벡터구조로서 지형데이터의 표현을 위한 위상을 갖추고 있는 수치표고자료의 표현방식은?

㉮ 불규칙삼각망(TIN)
㉯ 수치고도모형(DEM)
㉰ 수치표면모형(DSM)
㉱ 수치선형그래프(DLG)

불규칙삼각망(TIN)은 벡터구조로서 지형데이터의 표현을 위한 위상을 갖추고 있다.

51 불규칙삼각망(TIN)에 의해 지형을 표현하는 방식의 특징을 나타낸 것들 중 맞지 않는 것은?

㉮ 벡터구조로 지형데이터의 표현을 위한 위상을 갖는다.

㉯ 격자방식과 비교하여 비교적 적은 자료량을 사용하여 전반적인 지형의 형태를 나타낼 수 있다.

㉰ 고도값의 표현에 있어서 동일한 밀도의 동일한 크기의 격자를 사용한다.

㉱ 격자방식보다 비교적 손쉬운 자료의 편집과 실시간 지표면의 모델링 등 다양한 기능을 제공한다.

> 컴퓨터를 통해 수치적으로 지형을 표현하는 방법에는 격자법과 불규칙삼각망 등이 있다. 동일한 밀도의 동일한 크기로 지형을 표현하는 것은 격자법이다.

52 수치지도의 등고선 레이어를 이용하여 수치지형모델을 생성할 경우 필요한 자료처리 방법은?

㉮ 보간법   ㉯ 일반화 기법

㉰ 분류법   ㉱ 자료압축법

> DEM 작업순서
> • 자료의 취득 : 기존지형도, 항공사진측량 등
> • 자료의 추출 : 격자형, TIN, 등고선법 등
> • 보간 : 점보간, 선보간, 면보간
> → 등고선의 CAD 파일을 이용하여 DEM을 생성하는 경우 입력된 CAD 자료를 이용하여 각종 보간식에 의해 생성

53 주변의 알려진 값을 이용하여 값이 알려지지 않은 지점의 값을 추정하는 것을 공간추정 혹은 보간(Interpolation)이라 한다. 다음 중 보간법과 관련이 없는 것은?

㉮ 슬리버(Sliver)

㉯ 추이 분석(Trend Analysis)

㉰ TIN(Triangular Irregular Network)

㉱ 무빙 애버리지(Moving Average)

> 슬리버(Sliver)는 보간방법이 아니라 수동방식에 의한 지형도 입력시 발생하는 오차이다.

54 DEM의 활용내용에 해당되지 않는 것은?

㉮ 도로의 노선설계 및 댐의 위치선정

㉯ 지형의 통계적 분석과 비교

㉰ 3차원 개발 및 설계

㉱ 토질도 등의 주제도 작성

> DEM의 응용
> • 표고
> • 면적, 체적
> • 지형의 경사와 곡률
> • 사면의 방향
> • 등고선도와 3차원 투시도
> • 토공량 산정
> • 노선 자동설계
> • 최대경사선의 추적으로부터 유역면적 산정
> • 지질학, 삼림, 기상 및 의학 등 다양하게 이용

55 다음 중 TIN에 대한 설명으로 맞지 않는 것은?

㉮ 적은 자료로서 복잡한 지형을 효율적으로 나타낼 수 있다.

㉯ 세 점으로 연결된 불규칙 삼각형으로 구성된 삼각망이다.

㉰ TIN모형을 이용하여 경사의 크기(Gradient)나 경사의 방향(Aspect)을 계산할 수 있다.

㉱ 격자구조로서 연결성이나 위상정보가 존재하지 않는다.

> ☞ TIN은 불규칙 삼각망이다.

56 TIN(Triangular Irregular Network)에 대한 설명으로 틀린 것은?

㉮ 어떠한 연속필드에도 적용할 수 있다.

㉯ 측정한 점의 값은 보존되지 않는다.

㉰ 델로니 삼각망(Delaunay Triangulation)으로 분할한다.

㉱ 수치표고모델(DTM : Digital Terrain Model)을 구성하는 방법 중 하나이다.

> ☞ 측정된 점의 값은 컴퓨터에 저장되어 다양하게 지형을 표현한다.
> 즉, TIN은 입력된 자료점의 표고가 유지된다는 특징이 있다.

57 격자형 수치표고모형(Raster DEM)과 비교할 때, 불규칙 삼각망 수치표고모형(Triangulated Irregular Network DEM)의 특징으로 옳은 것은?

㉮ 표고값만 저장되므로 자료량이 적다.

㉯ 밝기값(Gray Value)으로 표고를 나타낼 수 있다.

㉰ 불연속선을 삼각형의 한 변으로 나타낼 수 있다.

㉱ 보간에 의해 만들어진 2차원 자료이다.

> ☞ 불규칙 삼각망은 수치모형이 갖는 자료의 중복을 줄일 수 있으며, 격자형 자료의 단점인 해상력 저하, 해상력 조절, 중요한 정보의 상실 가능성을 해소할 수 있다.

58 위성영상을 활용하여 수치표고모델(DEM)을 생성하는 순서로 옳은 것은?

㉮ 입체 영상 획득 → 영상 정합 → 카메라 모델링 → 높이값 보간 → DEM 생성

㉯ 입체 영상 획득 → 높이값 보간 → 카메라 모델링 → 영상 정합 → DEM 생성

㉰ 입체 영상 획득 → 카메라 모델링 → 영상 정합 → 높이값 보간 → DEM 생성

㉱ 입체 영상 획득 → 카메라 모델링 → 높이값 보간 → 영상 정합 → DEM 생성

> ☞ 위성영상을 이용하여 DEM을 생성할 경우에는 입체영상을 획득하고 내부·외부 표정단계인 카메라 모델링을 거쳐 영상을 정합하고 내삽법에 의해 높이값을 보간하는 수치편위수정 단계를 거쳐 DEM을 생성한다.

실전문제 TIP

59 수치고도모형(Digital Elevation Model)의 생성방법이 아닌 것은?

㉮ 단일 고해상도 위성영상을 좌표변환하여 생성한다.

㉯ 항공라이다에서 취득한 3차원 좌표를 격자화하여 생성한다.

㉰ 위성 SAR 영상에 Radar Interferometry 기법을 적용하여 생성한다.

㉱ 중복항공영상에 영상정합을 통해 생성한 3차원 좌표를 격자화하여 생성한다.

> 수치고도모형은 공간상에 나타난 연속적인 기복변화를 수치적(x, y, z)으로 표현한 방법으로 단일 고해상도 위성영상은 2차원 좌표로 표현되므로 수치고도모형 생성방법과는 거리가 멀다.

60 숲 지역에서 수치표고모형(DEM) 데이터를 추출하기 위한 방법 중 가장 정확도가 높은 방법은?

㉮ 항공사진측량   ㉯ 항공레이저측량

㉰ 기존 수치지도이용   ㉱ 위성영상자료이용

> 항공레이저측량은 지형도 제작, 특히 표고자료를 요구하는 데 많이 이용되며 대축척의 수치표고모델, 숲관리, 연안측량, 도시계획, 재해방재 등에 주로 활용된다.

61 수치지도로부터 수치지형모델(DTM)을 생성하려고 한다. 어떤 레이어가 필요한가?

㉮ 건물 레이어   ㉯ 하천 레이어

㉰ 도로 레이어   ㉱ 등고선 레이어

> 수치지도의 등고선 레이어 표고값을 이용하여 다양한 보간법을 통해 수치지형모델(DTM)을 생성한다.

62 위성영상이나 항공사진의 가시적 판독성을 향상시킬 목적으로 여러 가지 화질향상기법이 이용된다. 다음 중 영상의 대조비향상기법이라 볼 수 없는 것은?

㉮ 선형대조비확장기법(Linear Contrast Stretching)

㉯ 부분대조비확장기법(Piecewise Contrast Stretching)

㉰ 정규분포확장기법(Gaussian Stretching)

㉱ 중앙값필터링기법(Median Filtering)

> 중앙값필터링기법은 이웃 영상소 중앙값을 결정하여 영상소 변형을 제거하는 방법이며 잡음만을 소거할 수 있는 기법으로서 가장 많이 사용되는 공간필터링기법 중 하나이다.

63 수치사진측량기법으로 DEM(Digital Elevation Model)을 자동으로 생성하려고 할 때, 다음 중 가장 적합한 영상은?

㉮ 팬크로매틱 영상   ㉯ 에피폴라 영상

㉰ 경사영상   ㉱ 모자이크 영상

> 수치사진측량기법으로 DEM(Digital Elevation Model)을 자동으로 생성시 입체영상을 구성하는 두 영상의 기하학적 상관관계를 나타내는 개념으로 입체모델을 구성하는 에피폴라 영상이 가장 적합한 영상이다.

64 어떤 지역 영상의 일부 화솟값이다. 3×3 윈도우 크기의 평활화 필터(smoothing filter)를 적용한 결과로 옳은 것은?(단, 평균화 연산에 의하며, 계산은 반올림하여 결정한다.)

4	1	5	5	6
4	4	5	6	6
5	4	7	10	10
0	9	10	9	10
6	8	9	10	10

㉮
4	5	7
5	7	8
6	8	9

㉯
3	4	4
4	4	5
4	5	7

㉰
4	6	6
5	7	7
7	8	9

㉱
5	7	7
7	8	9
8	9	10

4	1	5
4	4	5
5	4	7

$$\frac{4+1+5+4+4+5+5+4+7}{9}$$
$$=4.3=4$$

1	5	5
4	5	6
4	7	10

$$\frac{1+5+5+4+5+6+4+7+10}{9}$$
$$=5.2=5$$

5	5	6
5	6	6
7	10	10

$$\frac{5+5+6+5+6+6+7+10+10}{9}$$
$$=6.7=7$$

4	4	5
5	4	7
0	9	10

$$\frac{4+4+5+5+4+7+0+9+10}{9}$$
$$=5.3=5$$

4	5	6
4	7	10
9	10	9

$$\frac{4+5+6+4+7+10+9+10+9}{9}$$
$$=7.1=7$$

5	6	6
7	10	10
10	9	10

$$\frac{5+6+6+7+10+10+10+9+10}{9}$$
$$=8.1=8$$

5	4	7
0	9	10
6	8	9

$$\frac{5+4+7+0+9+10+6+8+9}{9}$$
$$=6.4=6$$

4	7	10
9	10	9
8	9	10

$$\frac{4+7+10+9+10+9+8+9+10}{9}$$
$$=8.4=8$$

7	10	10
10	9	10
9	10	10

$$\frac{7+10+10+10+9+10+9+10+10}{9}$$
$$=9.4=9$$

$\therefore$
4	5	7
5	7	8
6	8	9

65 수치미분편위수정에 의하여 정사영상을 제작하고자 할 때 필요한 자료가 아닌 것은?

㉮ 수치표고모델

㉯ 디지털 항공영상

㉰ 촬영 시 사진기의 위치 및 자세정보

㉱ 영상정합 정보

> 수치미분편위수정에 의해 정사영상 제작시 디지털영상, 촬영 당시 카메라의 위치 및 자세정보, 수치표고모델 등의 자료가 필요하다.

66 격자(Raster)형태의 지리정보자료를 기하학적으로 보정하고 재배열하려 한다. 재배열방법으로 최근린내삽법을 이용할 경우에 그림에서 X 위치의 영상좌표로 역변환된 지리좌표에 할당해야 할 픽셀값은?

10	13	14
13	12 X	11
11	14	12

㉮ 11

㉯ 12

㉰ 13

㉱ 14

> 영상재배열방법 중 최근린내삽법은 가장 가까운 거리에 근접한 영상소의 값을 택하는 방법으로 그림에서 X 위치의 영상좌표로 역변환된 지리좌표에 할당해야 할 픽셀값은 12이다.

67 영역기준 영상정합 시 기준영역에 대한 탐색영역의 크기를 줄이기 위해 사용하는 공액점의 제약요소로 가장 적합한 것은?

㉮ 에피폴라기하

㉯ 최소제곱 조정

㉰ 교차상관계수

㉱ 신경망지수

> 에피폴라기하
> 입체모델을 구성하는 두 장의 영상 사이에는 반드시 에피폴라 선이 존재하며, 에피폴라 선은 공액점 결정에서 탐색영역을 크게 감소시켜 준다.

68 다음 중 벡터 편집 프로그램과 결합되어 3차원 도화원도를 제작하고 정사투영 영상을 제작할 수 있는 도화기는?

㉮ 디지털 입체도화기

㉯ 해석적 입체도화기

㉰ 아날로그 입체도화기

㉱ 하이브리드 입체도화기

> 디지털 입체도화기는 수치사진측량 시스템 또는 수치식도화기라고 하며, 디지털카메라로 촬영된 원시영상을 디지털 형태로 변환된 실체시 정사사진으로부터 컴퓨터에서 활용이 가능한 수치지도를 그려내는(영상파일을 처리하는) 도화기를 말한다.

정답 65 ㉱ 66 ㉯ 67 ㉮ 68 ㉮

69 **정사투영사진지도의 특징으로 틀린 것은?**

㉮ 일반 사진과 동일한 투영법으로 생성된다.

㉯ 사진을 수치형상모형에 투영하여 생성한다.

㉰ 지도와 동일한 좌표체계를 갖는다.

㉱ 지표면의 비고에 의한 변위가 제거되었다.

◉ 정사투영사진지도는 정사투영, 일반 사진은 중심투영이므로 서로 다른 투영법에 의해 생성된다.

CHAPTER 05 사진판독 및 응용

···01 사진판독(Photographic Interpretation)

사진판독은 사진면으로부터 얻어진 여러 가지 피사체의 정보를 목적에 따라 적절히 해석하는 기술로서 이것을 기초로 하여 대상체를 종합 분석함으로써 피사체 또는 지표면의 형상, 지질, 식생, 토양 등의 연구수단으로 이용하고 있다.

(1) 사진판독 요소

① **색조**(Tone, Color) : 피사체가 갖는 빛의 반사에 의한 것으로 수목 판별에 도움이 된다.

② **모양**(Pattern) : 피사체의 배열상황에 의하여 판별하는 것으로 사진상에서 볼 수 있는 식생, 지형 또는 지표상의 색조 등이다.

③ **질감**(Texture) : 색조, 형상, 크기, 음영 등의 여러 요소의 조합으로 구성된 조밀, 거칢, 세밀함 등으로 표현된다.(초목, 식물의 잎)

④ **형상**(Shape) : 목표물의 구성, 배치 및 일반적인 형태를 말한다.

⑤ **크기**(Size) : 어느 피사체가 갖는 입체적·평면적인 넓이와 길이를 뜻한다.

⑥ **음영**(Shadow) : 판독시 빛의 방향과 촬영시의 빛의 방향을 일치시키는 것이 입체감을 얻기 쉽다.

⑦ **상호위치관계**(Location)

⑧ **과고감**(Vertical Exaggeration) : 과고감은 지표면의 기복을 과장하여 나타낸 것으로 낮고 평탄한 지역에서의 지형 판독에 도움이 되는 반면, 경사면의 경사는 실제보다 급하게 보이므로 오판에 주의해야 한다.

(2) 판독의 순서

① 촬영계획

② 촬영과 사진작성

③ 판독기준의 작성

④ 판독

⑤ 현지조사(지리조사)

⑥ 정리

(3) 사진판독의 장단점

1) 장점

① 단시간에 넓은 지역을 판독할 수 있다.

② 대상지역의 정보를 종합적으로 획득할 수 있다.

③ 접근하기 어려운 지역의 정보 취득이 가능하다.

④ 정보가 정확히 기록 보존된다.

2) 단점

① 상대적인 판별이 불가능하다.

② 색조, 모양, 입체감 등이 나타나지 않는 지역의 판독이 불가능하다.

(4) 사진판독의 응용

① 토지이용 및 도시계획 조사

② 지형 및 지질판독

③ 환경오염 및 재해판독

④ 농업 및 산림조사

···02 지상사진측량

지상사진측량은 지상에서 촬영한 사진을 이용하여 건조물, 시설물의 형태 및 변위 관측을 위한 측량 방법이다.

(1) 특징

① 항공사진측량은 후방교회법이지만 지상사진측량은 전방교회법이다.

② 항공사진이 감광도에 중점을 두는 데 비하여 지상사진은 렌즈수차만 작으면 된다.

③ 항공사진은 광각사진이 경제적이나 지상사진은 보통각이 좋다.

④ 항공사진에 비하여 기상변화의 영향이 적다.

⑤ 지상사진은 축척변경이 용이하지 않다.

⑥ 항공사진에 비해 평면 정확도는 떨어지나 높이의 정도는 좋다.

⑦ 소규모 지역에서는 지상사진측량이 경제적이다.

(2) 지상사진측량의 촬영

① **직각수평촬영** : 사진기 광축을 수평 또는 직각 방향으로 향하게 하여 평면촬영을 하는 방법

② **편각수평촬영** : 사진기축을 특정 각도만큼 좌우로 움직여 평행촬영하는 방법

③ **수렴수평촬영** : 서로 사진기의 광축을 교차시켜 촬영하는 방법

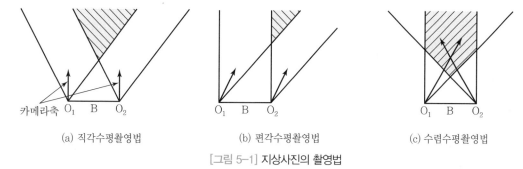

카메라축

(a) 직각수평촬영법   (b) 편각수평촬영법   (c) 수렴수평촬영법

[그림 5-1] 지상사진의 촬영법

•••03 항공레이저(LiDAR) 측량

항공레이저(LiDAR) 측량이란 Light Detection And Ranging의 약어로서, 항공기에 탑재된 고정밀도 레이저 측량 장비로 지표면을 스캔하고 대상의 공간 좌표를 찾아서 도면화하는 측량으로 경제성과 효율성이 매우 높은 최신 측량장비이다.

(1) 원리

항공기에 항공 Laser Scanner, GNSS(GPS) 수신기 및 관성측량장비(INS)를 동시에 탑재하여 비행방향을 따라 일정한 간격으로 지형의 기복을 관측하며, GNSS(GPS)는 LiDAR 장비의 위치를 관측하고, INS 장비는 LiDAR 장비의 자세를 관측한다.

- LiDAR의 거리 관측 -

LiDAR 측량에서는 레이저 펄스를 이용하여 거리를 측량하며, 레이저 펄스를 활용하여 거리를 구하는 방법은 다음과 같다.

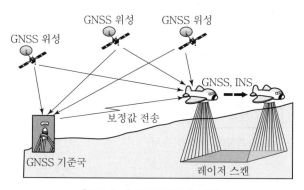

[그림 5-2] 항공 LiDAR 원리(1)

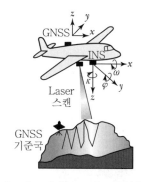

[그림 5-3] 항공 LiDAR 원리(2)

$$d = \frac{1}{2}c \cdot t$$

여기서, d : 레이저 펄스와 대상면의 거리
t : 레이저 펄스의 왕복 이동시간
c : 레이저 속도(광속도 : $c = 3 \times 10^8$m/sec)

(2) 특징

① 거의 모든 지상 대상물의 관측이 가능
② 항공사진측량기법의 적용이 어려운 산림, 수목 및 늪지대 지형도 제작에 유용
③ 산림지대의 투과율이 높음
④ 자료의 판독성을 좋게 하기 위하여 사진촬영을 동시에 진행
⑤ 광학시스템이 아니므로 기상조건과 일조량의 영향을 덜 받고 밤낮에 상관없이 측량 가능
⑥ 항공사진측량에 비해 작업속도가 신속하며 경제적
⑦ 능선이나 계곡 및 지형의 경사가 심한 지역에서는 정밀도가 저하

(3) 자료처리 순서

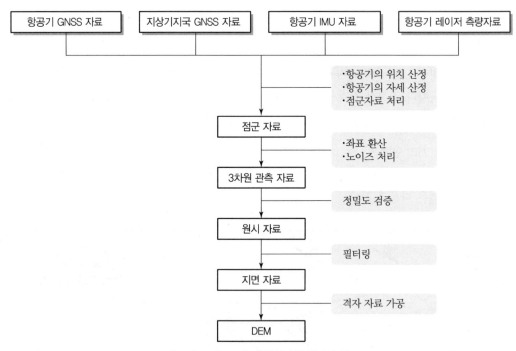

[그림 5-4] LiDAR 측량의 자료처리 순서

(4) 활용

항공레이저 측량을 통해 취득된 정밀한 3차원 공간정보는 재난관리, 도시계획, 건설, 해양 분야 등 다양하게 응용되고 있으며, 세부적인 활용범위는 다음과 같다.

① 지형 및 일반 구조물 측량
② 하천 및 사방(하천범람, 지진재해 및 토사재해)
③ 해안선측량 및 해안지형의 변화 모니터링
④ 도로(도로면 관측, 시가지도로의 관측)
⑤ 삼림환경(수목성장 관측, 수종분포 관측)
⑥ 구조물의 변형량 계산
⑦ 가상공간 및 건축시뮬레이션
⑧ 도시, 수자원, 에너지(송전선이격조사, 풍력발전조사)

┈┈04 지상 LiDAR

지상 LiDAR는 대상체면에 투사한 Laser의 간섭이나 반사를 이용하여 대상체면상의 관측점의 지형공간정보를 취득하는 관측방법으로서, 3차원 정밀관측은 대상체의 표면으로부터 상대적인 3차원 (X, Y, Z) 지형공간좌표를 각각의 점 자료(Point Data)로 기록한다. 이와 함께 수치카메라를 이용하여 스캐닝과 동시에 수치영상을 확보하여 3차원 모형의 구축시 텍스처(Texture) 자료로 활용이 가능하므로 3차원 지형공간정보 구축에 큰 편리성을 확보할 수 있다.

┈┈05 차량기반 MMS(Mobile Mapping System)

최근 GNSS와 관성항법장치(INS)의 사용이 보편화되고 센서 통합기술이 발달함에 따라 모바일 맵핑기술(MMT)이 급속도로 발전하고 있다. 모바일 맵핑시스템(MMS)은 차량에 GNSS, IMU, CCD Camera, Laser Scanner 등의 장비를 탑재하고 도로 및 주변지역의 영상을 획득하여 수치지도 제작 및 갱신, 도로시설물 유지관리를 위한 시스템이다. 이 시스템은 국가의 지형정보와 국가의 시설물 정보의 DB를 구축, 유지관리하기 위해 필요로 하는 측량방법 중 비용 및 시간 면에서 효율적이고 향후 활용성이 높은 첨단 정보시스템이다.

···06 다방향 영상 촬영시스템(Pictometry)

Pictometry는 5개의 카메라로 구성된 시스템으로 수직영상을 포함하여 4장의 경사사진을 동시에 취득할 수 있다. 하나의 대상물에 대하여 다방향 상태(수직, 북쪽, 남쪽, 서쪽, 동쪽)에서 정보를 취득하여 기존 영상 취득 시스템에 비해 5배의 더 많은 정보를 제공하는 최신 항공측량기법이다.

···07 UAV 기반의 무인항공사진측량

수치지도의 수시 수정이나 재난·재해의 피해조사 및 복구를 위한 지형도 제작 등 신속성이 요구되는 지형측량에는 기존의 항공사진측량에 비해 이동성, 사용성, 접근성이 뛰어나고 기상조건에 영향을 덜 받는 UAV(Unmanned Aircraft Vehicle) 기반의 무인항공사진측량이 적합하다. UAV에 GNSS 및 INS가 결합된 자동비행장치(Auto Pilot)와 카메라를 탑재하여 취득한 영상은 수치사진측량 소프트웨어에 의해 정사영상, DEM 및 도화작업이 자동 또는 반자동으로 즉시 수행되므로 최단시간 내의 지형도 제작이 가능하다.

실전문제

실전문제 TIP

01 사진판독에 관한 설명 중 틀린 것은?

㉮ 항공사진 판독에는 팬크로사진이 가장 많이 이용되나 천연색이 나 적외선사진도 좋은 효과를 나타낸다.

㉯ 팬크로필름을 이용한 항공사진에서는 가느다란 하천의 부분이 반 드시 검게 찍힌다.

㉰ 사진판독의 요소는 색조, 모형, 음영, 크기, 질감, 모양이다.

㉱ 사진판독은 촬영계획, 촬영과 사진작성, 판독기준의 작성, 현 지조사 정리의 순서로 행한다.

> 흑백사진(팬크로필름)에서는 하천 부 분은 하얀색(회색)으로 나타난다.

02 항공사진의 판독 순서로 맞는 것은?

① 촬영계획   ② 촬영과 사진작성   ③ 판독
④ 판독기준의 작성   ⑤ 정리   ⑥ 지리조사

㉮ ① → ② → ③ → ④ → ⑤ → ⑥
㉯ ① → ② → ④ → ③ → ⑤ → ⑥
㉰ ① → ② → ③ → ④ → ⑥ → ⑤
㉱ ① → ② → ④ → ③ → ⑥ → ⑤

> 사진판독 순서
> 촬영계획→촬영과 사진작성→판독 기준의 작성→판독→현지조사(지리 조사) → 정리

03 항공사진 판독요소로만 이루어지는 것은?

㉮ 색조, 크기, 날짜
㉯ 질감, 모양, 촬영고도
㉰ 형상, 날짜, 촬영고도
㉱ 음영, 모양, 크기

> 판독요소
> 색조, 모양, 질감, 형상, 크기, 음영, 상호 위치관계, 과고감

04 항공사진에서 수목의 종류를 판독하는 데 가장 중요한 것은?

㉮ 형태 및 배치
㉯ 음영
㉰ 색조
㉱ 촬영조건

> 수목 종류의 판독은 피사체가 갖는 빛 의 반사에 의한 색조를 이용한다.

05 항공사진 판독을 위하여 조사해 두어야 할 다음 요소 중에서 그 중 요성의 우선순위가 가장 낮은 것은?

㉮ 카메라의 화면거리
㉯ 카메라 렌즈의 확대비율
㉰ 촬영고도
㉱ 촬영 연월일

> 사진판독의 촬영계획시 대상지 선 정, 축척(f/H)의 결정, 사진의 종류, 촬영일시, 범위, 렌즈의 선정 등을 고 려한다. 카메라 렌즈의 확대율은 중요 성이 가장 낮은 항목이라 판단된다.

정답 01 ㉯ 02 ㉱ 03 ㉱ 04 ㉰ 05 ㉯

06 사진판독에서 고탑, 철탑, 철교, 굴뚝 등을 판독하는 데 가장 중요한 요소는?

㉮ 색조   ㉯ 촬영조건
㉰ 형 또는 배치   ㉱ 음영

> 사진판독에서 음영은 높은 탑과 같은 지물의 판독, 주위 색조와 대조가 어려운 지형 판독에는 음영이 중요한 요소가 된다.

07 지질, 토양, 수자원 및 삼림조사 등의 판독작업에 많이 이용되는 작업은?

㉮ 팬크로사진   ㉯ 천연색사진
㉰ 적외선사진   ㉱ 위색사진

> ㉮ : 지형도 제작
> ㉯ : 판독
> ㉱ : 식물연구

08 하절기에 촬영한 축척 1/20,000의 항공사진을 사용하여 지형도의 도화원도를 작성하기 위하여 사진면의 형상에 따라 다음과 같은 판독을 하였다. 판독이 옳지 못한 것은?

㉮ 평야지대 높은 탑이 적당한 간격으로 직선모양의 평행을 이루고 있다.(판독결과 : 송전선)
㉯ 구릉지의 밑뿌리에 따라 굴곡진 진백색이 이어져 있다.(판독결과 : 철도)
㉰ 산을 깎은 백색 나지(裸地)에 인위적인 낭떠러지가 보이고 있다.(판독결과 : 채석장)
㉱ 선상지의 밭 가운데 수관이 격자모양의 배열로 표시되는 부분이 있다.(판독결과 : 과수원)

> 구릉지의 밑뿌리에 따라 굴곡진 진백색이 이어져 있으면 물이 있는 내(하천)이다.

09 사진판독에 대한 설명 중 부적당한 것은?

㉮ 사진판독은 촬영된 시기 및 시각과 지방의 특색에 주의해야 한다.
㉯ 지형은 실체시에 의하면 산지, 화산 등이 쉽게 판독된다.
㉰ 사진의 질감에는 인위적인 것과 자연적인 것이 있다.
㉱ 사진판독에 있어서 참고문헌이나 지도 등을 비교하여 판단하는 것은 선입감 때문에 나쁘다.

> 사진판독시 피사체의 식별이 애매한 경우에는 참고문헌이나 지도 등을 비교하여 판단하는 것도 좋은 방법이다.

10 항공사진측량의 과고감에 대한 설명으로 틀린 것은?

㉮ 입체상의 높이가 실제보다 산지는 돌출하여 높아보인다.
㉯ 낮고 평탄한 지역의 지형판독에 주의해야 한다.
㉰ 과고감은 판독에 사용된 렌즈의 초점거리, 중복도 등에 의하여 변한다.
㉱ 경사면은 실제의 경사보다 급하게 보인다.

> 과고감은 낮고 평탄한 지역의 지형판독에는 유리하나 지형이 급한 곳에서는 오판할 우려가 있으므로 주의해야 한다.

정답 06 ㉱ 07 ㉰ 08 ㉯ 09 ㉱ 10 ㉯

11 항공사진판독에 대한 설명 중 틀린 것은?

㉮ 판독의 기초가 되는 것은 지물의 형상, 음영 등이나 판독시 실체 시여야 한다.

㉯ 사진기의 초점거리, 촬영고도, 축척 등을 조사해 둘 필요가 있다.

㉰ 판독을 확실하게 하려면 대상에 관한 판독자료를 모아야 하며, 대상지방의 특색 등에 관한 지식을 준비하는 것이 좋다.

㉱ 사진의 축척이 클 때 굴뚝, 송전탑 등의 높이는 사진상의 그늘의 그림자 길이와 촬영일시로부터 추정되는 태양의 고도로부터 계 산하면 정확하다.

> ◉ 판독의 기초가 되는 사진은 실체시 가 되는 것이 좋으나 한 장의 사진으 로도 판독이 가능하다.

12 항공사진의 판독에 관한 설명 중 옳지 않은 것은?

㉮ 사진상의 크기나 형상은 피사체의 내용을 판독하기 위하여 중요 한 요소이다.

㉯ 과고감은 지표면의 기복이 과장되어 보이는 현상으로 판독시 아주 효과적이다.

㉰ 사진의 질감에는 인위적인 것과 자연적인 것이 있다.

㉱ 사진의 색조는 필름, 필터 및 현상시 사진처리 등에 의하여 영향 을 받는다.

> ◉ 과고감은 지표면의 기복이 과장되어 보이는 현상으로 낮고 평탄한 지역에 서는 지형 판독에 크게 도움이 되는 반면, 사면의 경사가 실제보다 급하게 보이기 때문에 오판하지 않도록 주의 하여야 한다.

13 항공사진 판독 시 고려되어야 하는 요소를 크게 기본요소와 부가 요소로 나눌 때 부가요소에 속하는 것은?

㉮ 크기(Size)

㉯ 상호위치관계(Association)

㉰ 색조(Tone)

㉱ 질감(Texture)

> ◉ 부가요소(보조요소)
> 상호위치관계, 과고감

14 사진판독에서 과고감에 대한 설명으로 옳은 것은?

㉮ 산지는 실제보다 더 낮게 보인다.

㉯ 기복이 심한 산지에서 더 큰 영향을 보인다.

㉰ 과고감은 초점거리나 중복도와는 무관하고 촬영고도에만 관련 이 있다.

㉱ 촬영고도가 높을수록 크게 나타난다.

> ◉ ㉮ : 산지는 실제보다 더 높게 보인다.
> ㉰ : 과고감은 초점거리, 중복도, 촬 영고도와 관련이 있다.
> ㉱ : 촬영고도가 높을수록 낮게 나타 난다.

15 약 120°의 피사각을 가진 초광각렌즈와 렌즈 앞에 장치한 프리즘이 회전하여 비행 방향에 직각 방향으로 넓은 피사각을 촬영할 수 있는 판독용 사진기는?

㉮ 프레임사진기　　　　　　　㉯ 파노라마사진기

㉰ 스트립사진기　　　　　　　㉴ 다중렌즈사진기

> 파노라마 사진기는 1회 비행으로 광범위한 지역을 기록할 수 있는 장점이 있으며 판독용으로 사용된다.

16 항공사진의 판독에 대하여 설명한 다음 사항 중 틀린 것은?

㉮ 사진상의 크기나 형은 피사체의 내용을 판독하기 위한 중요한 요소이다.

㉯ 사진의 음영은 촬영고도에 따라 변하기 때문에 판독에는 불필요한 요소이다.

㉰ 사진의 색조는 피사체로부터 반사광량에 의하여 변하나 사용 필름, 필터 및 현상시의 사진처리에도 영향을 받는다.

㉴ 사진의 '결'은 사진상의 크기, 색조, 형 등의 제요소가 조합되어 이루어진다.

> 사진을 판독할 때 광선의 방향과 촬영시의 태양광선의 방향을 일치시키면 음영의 관계로부터 입체감이 얻어지고 반대로 하면 반대의 느낌이 얻어진다. 음영은 사진판독의 주요소로 판독시 널리 활용된다.

17 항공사진판독에 의한 조사의 내용과 가장 거리가 먼 것은?

㉮ 도시형태조사　　　　　　　㉯ 토지이용현황조사

㉰ 해상교통량조사　　　　　　㉴ 해저조사

> 항공사진은 수면만 촬영되기 때문에 해저조사는 곤란하다.

18 항공사진을 입체시할 경우 과고감 발생에 영향을 주는 요소와 거리가 먼 것은?

㉮ 사진의 명암과 그림자　　　㉯ 촬영고도와 기선길이

㉰ 중복도　　　　　　　　　　㉴ 사진기의 초점거리

> 과고감은 기선─고도비와 관계한다.
>
> $$\frac{B}{H} = \frac{ma(1-p)}{H} = \frac{\frac{H}{f}a(1-p)}{H}$$

19 다음은 지상사진측량을 항공사진측량과 비교한 내용이다. 옳지 않은 것은?

㉮ 항공사진측량은 전방교회법이고, 지상사진측량은 후방교회법이다.

㉯ 항공사진은 광각사진이 바람직하고, 지상사진은 보통각이 좋다.

㉰ 항공사진보다 평면정확도는 떨어지나 높이의 정확도는 높다.

㉴ 지상사진은 수직수평사진, 편각수평, 수렴수평촬영이 되나, 항공사진은 수직경사사진이 이용된다.

> 항공사진측량은 후방교회법이고, 지상사진측량은 전방교회법이다.

정답 **15** ㉯　**16** ㉯　**17** ㉴　**18** ㉮　**19** ㉮

실전문제 TIP

20 다음은 지상사진측량에 관한 사항들이다. 틀린 것은?

㉮ 지상사진은 항공사진에 비하여 평면 정도는 낮으나 높이의 정도
는 높다.

㉯ 지상입체사진 측정 방법 중 물체의 3차원 위치를 구하는 방법으
로서는 도해법, 기계법, 해석법이 있는데 이 중에서 해석법이 널
리 이용되고 있다.

㉰ 지상사진 측정은 후방교회법으로서 기상변화의 영향이 크다.

㉱ 지상사진 측정은 문화재 조사 및 기록보존, 구조물의 변위측정,
고고학, 기상변화 등을 측정하는 데에 유리하다.

▶ 지상사진측량은 전방교회법이다.

21 지상사진측량에서 촬영방법에 따른 분류에 해당되지 않는 것은?

㉮ 직각수평촬영법   ㉯ 수렴수평촬영법

㉰ 복각수평촬영법   ㉱ 편각수평촬영법

▶ 지상사진측량의 촬영방법에는 직각,
수렴, 편각수평촬영법 등이 있다.

22 다음 중 지상사진측량의 특징으로 옳지 않은 것은?

㉮ 지상사진측량의 일반적인 방법은 평판측량의 전방교회법과 유
사하다.

㉯ 지상사진측량은 항공사진에 비하여 축척의 변경이 쉽지 않다.

㉰ 항공사진에 비하여 평면위치의 정도가 매우 높다.

㉱ 항공사진에 비하여 측량범위가 좁다.

▶ 평면의 정도는 낮고, 높이의 정도는
높다.

23 지상사진측량의 특성에 대한 설명으로 가장 거리가 먼 것은?

㉮ 촬영위치를 알고 행하는 전방교회법이라 할 수 있다.

㉯ 항공사진에 비해 촬영방향에 대한 정확도가 현저히 낮다.

㉰ 항공사진에 비해 기상의 영향이 크게 좌우하지 않는다.

㉱ 지상사진기는 렌즈의 수차가 작아야 하며 보통각사진기가 많이 쓰인다.

▶ 지상사진은 항공사진에 비하여 평면
정도는 낮으나, 높이의 정도는 좋다.

24 지상사진측량에서 양사진기의 촬영축을 촬영기선에 대하여 어느
각도만큼 내측으로 향해 촬영하는 방법으로 높은 정확도를 얻을
수 있는 촬영방법은?

㉮ 직각수평촬영법   ㉯ 직각경사촬영법

㉰ 편각수평촬영법   ㉱ 수렴수평촬영법

▶ 수렴수평촬영법은 촬영기선길이가
길어지는 것과 같은 효과로 높은 정확
도를 얻을 수 있다.

25 다음 중 레이저 스캐너와 GPS/INS로 구성되어 수치표고모델 (DEM)을 제작하기에 용이한 측량시스템은?

㉮ LiDAR ㉯ RADAR

㉰ SAR ㉱ SLAR

> ◉ LiDAR
> (Light Detection and Ranging)
> 비행기에 레이저측량장비와 GPS/INS 를 장착하여 대상면의 공간좌표(x, y, z) 및 도면화를 할 수 있는 측량이다.

26 항공라이다(LiDAR)의 기본구성요소가 아닌 것은?

㉮ GPS(Global Positioning System)

㉯ SAS(Simultaneous Adjustment System)

㉰ 항공레이저스캐너(Airborne Laser Scanner)

㉱ INS(Inertial Navigation System)

> ◉ LiDAR
> (Light Detection And Ranging)
> GPS, INS, 레이저스캐너를 항공기에 장착하여 레이저펄스를 지표면에 주사하고 반사된 레이저펄스의 도달 시간 및 강도를 측정함으로써 반사지점의 3차원 위치좌표 및 지표면에 대한 정보를 추출하는 측량기법이다.

27 GPS/INS 통합시스템에 대한 설명으로 옳은 것은?

㉮ GPS/INS는 가상 기준점을 이용한 GPS 측량 기법이다.

㉯ GPS/INS를 이용하면 항공기에서 중력이상을 측정할 수 있다.

㉰ GPS/INS는 항공기에서 직접 수치표고모델을 생성하는 장비이다.

㉱ GPS/INS를 이용하면 항공사진측량에서 지상기준점측량 비용을 절감할 수 있다.

> ◉ GPS/INS 기법을 항공사진측량에 이용하면 실시간으로 비행기 위치를 결정할 수 있으므로 외부표정시 필요한 기준점수를 크게 줄일 수 있다.

28 항공라이다시스템에 대한 설명 중 옳지 않은 것은?

㉮ 항공레이저스캐너와 GPS/INS 시스템으로 구성된다.

㉯ 지표면에 대한 3차원 좌표정보를 취득하는 시스템이다.

㉰ 항공사진측량보다 기상조건의 영향을 적게 받는다.

㉱ 극초단파를 사용하는 수동적 센서 시스템이다.

> ◉ 항공라이다시스템은 레이저를 사용하는 능동적 센서 시스템이다.

29 사진측량의 촬영방향에 의한 분류에 대한 설명으로 옳지 않은 것은?

㉮ 수직사진 – 광축이 연직선과 일치하도록 공중에서 촬영한 사진

㉯ 수렴사진 – 광축이 서로 평행하게 촬영한 사진

㉰ 수평사진 – 광축이 수평선과 거의 일치하도록 지상에서 촬영한 사진

㉱ 경사사진 – 광축이 연직선과 경사지도록 공중에서 촬영한 사진

> ◉ 수렴사진은 서로 사진기의 광축을 교차시켜 촬영하는 방법이다.

실전문제 TIP

30 항공레이저측량의 장점이 아닌 것은?

㉮ 수치표고모형의 제작이 편리하다.

㉯ 고밀도의 지상좌표를 취득할 수 있다.

㉰ 구름이나 대기 중의 부유물에 의한 반사가 없다.

㉱ 수목사이를 관통하여 지면의 좌표를 취득할 수도 있다.

◉ 항공레이저측량에서 구름이나 대기 중의 부유물에 의한 반사는 정밀도 저하의 요인이 된다.

31 3차원 좌표를 결정할 수 있는 방법이 아닌 것은?

㉮ SAR Interferometry   ㉯ LiDAR

㉰ GPS   ㉱ Classification

◉ Classification은 원격탐사의 분류과정으로 영상의 특징을 추출 및 분류하여 원하는 정보를 추출하는 공정이다.

32 지상기준점의 설치를 최소화하여 항공삼각측량을 수행하려고 할 경우, 항공기에 탑재해야 할 장비는?

㉮ SAR와 LiDAR   ㉯ GPS와 LiDAR

㉰ GPS와 INS   ㉱ MSS와 INS

◉ 항공기에 GPS/INS(관성항법장치) 장비를 장착하면 측정 순간마다의 정확한 비행기의 위치와 자세한 정보를 얻을 수 있어 항공삼각측량 수행 시 지상기준점 설치를 최소화할 수 있다.

33 다음 중 항공사진측량으로부터 얻을 수 없는 정보는?

㉮ 수치지형데이터   ㉯ 산악지역의 경사도

㉰ 댐에 저수된 물의 양   ㉱ 택지 건설 시 토공량

◉ 항공사진측량으로 지형 및 지물의 3차원 좌표를 취득하여 다양한 정량적 해석이 가능하나, 댐에 저수된 물의 양은 직접해석이 불가능하다.

34 항공라이다에서 제공하는 데이터가 아닌 것은?

㉮ Laser 펄스가 반사된 지점에 대한 X, Y, Z 좌푯값

㉯ Laser 펄스가 반사된 지점의 반사강도

㉰ 대상지역에 대한 Radar 영상

㉱ 반사된 Laser 펄스의 파형

◉ 항공라이다(LiDAR)는 레이저에 의한 대상물 위치 결정방법으로 기상조건에 좌우되지 않고 산림이나 수목지대에서도 투과율이 높다.

35 항공라이다의 특성에 대한 설명으로 옳지 않은 것은?

㉮ GNSS, INS, Laser Scanner로 구성된다.

㉯ 레이저펄스가 반사된 지점의 반사강도 및 파형을 제공한다.

㉰ 송전선의 3차원 위치모델 생성을 가능하게 한다.

㉱ 극초단파를 발사한 후 반사되어 돌아오는 시간을 관측하여 3차원 DEM을 구축한다.

◉ 항공라이다(LiDAR)는 GNSS, INS, 레이저스캐너를 항공기에 장착하여 레이저펄스를 지표면에 주사하고 반사된 레이저펄스의 도달시간 및 강도를 측정함으로써 반사지점의 3차원 위치좌표 및 지표면에 대한 정보를 추출하는 측량기법이다.

정답   30 ㉰   31 ㉱   32 ㉰   33 ㉰   34 ㉰   35 ㉱

36 레이저를 이용하여 대상물의 3차원 좌표를 실시간으로 획득할 수 있는 측량 방법으로 삼림이나 수목지대에서도 투과율이 좋으며 자료 취득 및 처리과정이 완전히 수치방식으로 이루어질 수 있어 최근 고정밀 수치표고모델과 3차원 지리정보 제작에 많이 활용되고 있는 측량방법은?

㉮ SAR(Synthetic Aperture Radar)
㉯ RAR(Real Aperture Radar)
㉰ EDM(Electro-magnetic Distance Meter)
㉱ LiDAR(Light Detection And Ranging)

> LiDAR란 항공기에 탑재된 고정밀도 레이저 측량장비로 지표면을 스캔하고 대상의 공간좌표를 찾아서 도면화하는 측량으로 경제성과 효율성이 매우 높은 최신 측량장비이다.

37 항공라이다의 활용분야로 틀린 것은?

㉮ 지하매설물의 탐지
㉯ 빙하 및 사막의 DEM 생성
㉰ 수목의 높이 측정
㉱ 송전선의 3차원 위치 측정

> 항공라이다(LiDAR)의 활용
> • 지형 및 일반 구조물 측량
> • 용적 계산
> • 구조물 변형 추정
> • 가상현실, 건축 Simulation
> • 문화재 3차원 Data 취득

38 촬영보조기재를 크게 촬영조건을 결정하기 위한 것과 항법의 정확도를 높이기 위한 것으로 나눌 때 다음 중 항법의 정확도를 높이기 위한 보조기재는?

㉮ 수평선사진기
㉯ GPS(Global Positioning System)
㉰ 고도차계
㉱ 자이로스코프(Gyroscope)

> 항법의 정확도를 높이기 위한 보조기재는 GPS이다.

39 다음 중 항공사진의 직접좌표등록기법과 직접적으로 관련된 사항은?

㉮ 토털스테이션에 의한 측량과 지상기준점 성과
㉯ 지상에서 GPS에 의한 측량과 지상기준점 성과
㉰ 항공기에 탑재된 GPS와 INS(관성항법장치)에 의한 외부표정요소
㉱ 수치지도로부터 추출된 3차원 정보

> 항공사진의 직접좌표등록기법과 직접적으로 관련된 사항은 항공기에 탑재된 GPS와 INS(관성항법 장치)에 의한 외부표정요소이다.

정답 36 ㉱ 37 ㉮ 38 ㉯ 39 ㉰

40 항공레이저측량을 이용하여 수치표고모델을 제작하는 순서로 옳은 것은?

> ㉠ 작업 및 계획준비　　　㉡ 항공레이저측량
> ㉢ 기준점 측량　　　　　　㉣ 수치표면자료 제작
> ㉤ 수치지면자료 제작　　　㉥ 불규칙삼각망자료 제작
> ㉦ 수치표고모델 제작　　　㉧ 정리점검 및 성과품 제작

㉮ ㉠ → ㉡ → ㉢ → ㉣ → ㉤ → ㉥ → ㉦ → ㉧
㉯ ㉠ → ㉡ → ㉣ → ㉢ → ㉥ → ㉤ → ㉦ → ㉧
㉰ ㉠ → ㉡ → ㉢ → ㉥ → ㉦ → ㉣ → ㉥ → ㉧
㉱ ㉠ → ㉡ → ㉢ → ㉥ → ㉤ → ㉣ → ㉦ → ㉧

> 🔘 항공레이저측량에 의한 수치표고모델 제작 순서
> 작업계획 및 준비 → 항공레이저 측량 → 기준점 측량 → 수치표면자료(DSD) 제작 → 수치지면자료(DTD) 제작 → 불규칙삼각망자료 제작 → 수치표고모델(DEM) 제작 → 정리점검 및 성과품 제작

41 관성항법시스템(INS)의 구성으로 옳은 것은?

㉮ 자이로와 가속도계
㉯ 자이로와 도플러계
㉰ 중력계와 도플러계
㉱ 중력계와 가속도계

> 🔘 관성항법시스템(INS)은 물체의 각속도를 검출하는 자이로와 물체의 운동상태를 순시적으로 감지할 수 있는 가속도계로 구성되어 있다.

42 다음 중 항공레이저측량에서 각속도와 가속도를 측정하는 장치는?

㉮ IMU
㉯ GNSS
㉰ Digital Camera
㉱ 레이저 거리측량장치

> 🔘 IMU(관성측정장치)
> 이동체의 자세인 롤링(Rolling), 피칭(Pitching), 헤딩(Heading 또는 Yawing) 등의 각속도와 가속도를 측정하는 기기이다.

정답　40 ㉮　41 ㉮　42 ㉮

CHAPTER 06 원격탐측

···01 개요

원격탐측이란 지상이나 항공기 및 인공위성 등의 탑재기(Platform)에 설치된 탐측기(Sensor)를 이용하여 지표, 지상, 지하, 대기권 및 우주공간의 대상들에서 반사 혹은 방사되는 전자기파를 탐지하고 이들 자료로부터 토지, 환경 및 자원에 대한 정보를 얻어 이를 해석하는 기법이다.

(1) 물리적인 접촉이나 탐사 없이 지상물체의 특성을 파악하고자 하는 모든 활동
(2) 대기 또는 지표면 어느 한 점으로부터 반사되거나 방사된 전자기 복사에너지를 측정하여 기록
(3) 대기 조건과 지표면 물질들의 분포 및 그들의 본질을 알아내고자 하는 모든 행동을 총체적으로 의미
(4) 넓은 의미의 원격탐측에서는 중력과 자력도 데이터로 취득

···02 원격탐측의 역사

종류 \ 구분	세대	연대	특징
원격탐측	제1세대	1970~1985년	연구단계(미국 주도)
	제2세대	1986~1997년	국제화(실용화)
	제3세대	1998년~현재	상업화(민간기업 참여)

···03 원격탐측의 특징

(1) 짧은 시간에 넓은 지역을 동시에 측정할 수 있으며 반복측정이 가능하다.
(2) 다중파장대에 의한 지구표면 정보획득이 용이하며, 측정자료가 기록되어 판독이 자동적이고 정량화가 가능하다.
(3) 비접근(난접근) 지역의 조사가 가능하다.
(4) 회전주기가 일정하므로 원하는 지점 및 시기에 관측하기가 어렵다.
(5) 좁은 시야각으로 관측되어 얻어진 영상은 정사투영에 가깝다.
(6) 원격탐측 자료는 물체의 반사 또는 방사의 스펙트럴 특성에 의존한다.

(7) 자료의 양은 대단히 많으며 불필요한 자료가 포함되어 있을 수 있다.

(8) 자료취득이 경제적이고 동일한 정확도의 확보가 용이하다.

(9) 탐사된 자료가 즉시 이용될 수 있으므로 재해, 환경문제 해결에 편리하다.

••• 04 원격탐측의 분류

(1) 이용하는 대상분야에 의한 분류

① 농업 · 삼림 · 초지 등의 원격탐측

② 해양원격탐측

③ 환경원격탐측

④ 기상원격탐측

⑤ 군사원격탐측

(2) 자료 획득 방법에 의한 분류

① 수동적 센서에 의한 원격탐측

② 능동적 센서에 의한 원격탐측

(3) 탑재기에 의한 분류

① 지상 탑재기에 의한 원격탐측

② 기구, 항공기에 의한 원격탐측

③ 인공위성에 의한 원격탐측

••• 05 전자기파와 원격탐측의 파장 영역

(1) 전자기파(Electromagnetic Radiation)

물체에 대한 전자기파는 매우 낮은 주파수의 음파에서부터 시작하여 초음파 영역, 라디오, 텔레비전, 휴대폰, 레이더에서 사용하는 라디오파 영역, 적외선 영역, 가시광선 영역, 자외선 영역, X-선 영역, 그리고 우주선 영역 등 매우 광범위한 영역을 지칭한다. 사람이 볼 수 있는 전자기파의 영역은 가시광선 영역으로, 이는 전자기파의 영역에서 볼 때 매우 좁은 영역에 불과하다. 이처럼 자연에 존재하는 대부분의 전자기파를 사람은 느낄 수 없다.

(2) 파장 영역

원격탐측은 가시광선은 물론 적외선, 자외선 등 광역파장(0.01~14μm)을 특성별로 기록한 다음 이 자료를 전산처리 및 특성별로 사진을 합성함으로써 피사체의 측정 및 특성을 해석할 수 있다.

－ 원격탐측에서 이용하는 전자기파의 파장 범위 －

- 자외선 : 0.01~0.4μm
- 가시광선 : 0.4~0.7μm
- 근적외선 : 0.7~1.3μm
- 중적외선 : 1.3~3.0μm
- 열적외선 : 3.0~14μm

■■■06 대기에서 에너지 상호작용

원격탐측에서 가장 중요한 에너지원은 태양이다. 태양에너지가 지구 표면에 닿기 전에 흡수, 투과, 산란이라는 기본적인 상호작용이 일어난다. 이렇게 전달된 에너지는 지구 표면 물질에서 반사되거나 흡수된다.

(1) 흡수(Absorption)와 투과(Transmission)

① 대기를 통과하는 전자기에너지는 여러 분자에 의해 일부 흡수된다. 대기 중에서 태양광을 제일 잘 흡수하는 것은 오존(O_3), 수증기(H_2O) 그리고 이산화탄소(CO_2)이다.

② 0~22μm 분광대역의 약 반 정도는 지표면 원격탐측에는 쓸모가 없다.(대기를 투과할 수 없기 때문)

③ 대기의 주요 흡수대역을 벗어난 파장 대역만을 원격탐측에 사용할 수 있다. 이 지역을 대기의 창이라고 한다.

(2) 대기의 창(Atmospheric Transmission Window)

① 지구에는 모든 파장영역의 복사 에너지가 도달하지만 지구 대기를 거쳐 지상에 도달하는 전자기파는 가시광선과 전파, 일부 적외선 영역에 해당되는 복사 에너지뿐이고, 나머지 파장영역의 전자기파들은 지구 대기에 흡수된다. 따라서, 지상의 관측자는 몇 개 영역의 전자기파를 통해서만 우주를 관측할 수 있으며, 이러한 파장 영역을 대기의 창이라고 부른다.

② 이 파장영역은 대기에 의한 소산효과가 작아서 구름 관측을 위한 위성탑재센서에서 많이 이용된다. 또한 수증기 영상과 같이 수증기에 의한 에너지의 흡수가 잘 일어나는 파장대를 관측하면 대기 중 수증기량의 분포를 파악할 수 있다.

③ 가시광선 및 근적외선 대역인 $0.4 \sim 2\mu m$, 이 대역을 통해 원격탐사가 이루어진다.

④ 열적외선 지역의 3개의 윈도, $3 \sim 5\mu m$ 대역에 좁은 윈도가 2개 있으며, $8 \sim 14\mu m$ 대역에 상대적으로 넓은 세 번째 윈도가 있다.

(3) 대기 산란(Scattering)

① 대기 산란은 작은 입자나 기체의 분자가 대기 중에 존재하여 전자기파를 원래 경로에서 벗어나게 함으로써 발생한다.

② 산란의 양은 빛의 파장, 입자나 기체의 양, 공기 중의 통과 경로의 길이 등에 의해 영향을 받는다.

③ 산란에는 레일레이(Rayleigh) 산란, 마이(Mie) 산란, 무차별(Non−Selective) 산란 등이 있다.

●●● 07 지표면과의 에너지 상호작용

(1) 분광 반사율(Spectral Reflectance)

빛(전자기파)의 파장별 반사율을 분광반사율 또는 반사 스펙트럼이라고 하고, 분광 반사율 곡선으로 표현하는 경우가 많다. 또한, 각각의 파장에 따라 대상물체의 분광 반사율은 다르게 나타나므로 이러한 특성이 다양한 분야에서 적용되고 있다.

$$\rho_\lambda(\text{분광 반사율}) = \frac{E_R(\lambda)}{E_I(\lambda)} = \frac{\text{대상물체에서 반사된 파장 } \lambda\text{의 에너지}}{\text{대상물체로 입사한 파장 } \lambda\text{의 에너지}}$$
$$E_I(\lambda) = E_R(\lambda) + E_A(\lambda) + E_T(\lambda)$$
$$E_R(\lambda) = E_I(\lambda) - [E_A(\lambda) + E_T(\lambda)]$$

여기서, E_I : 입사에너지
E_R : 반사에너지
E_A : 흡수된 에너지
E_T : 투과된 에너지

(2) 식물, 토양, 물의 분광 반사율 특성

1) 식물

① 식물의 반사특성은 나뭇잎의 방향이나 구조 등 나뭇잎에 관한 여러 가지 성질에 따라 달라진다.

② 분광대역별 반사율은 나뭇잎의 색소, 두께, 성분(세포구조) 그리고 나뭇잎 조직에 포함된
수분의 양에 따라 달라진다.

③ 가시광선영역에서는 광합성 작용으로 인해 적색광과 청색광은 식물(주로 엽록소)이 흡수하
게 되어 반사율이 낮으며, 녹색은 많이 반사된다.

④ 근적외선 영역에서는 반사가 가장 많이 되지만, 그 양은 나뭇잎의 성장단계 및 세포구조에
따라 달라진다.

2) 토양

토양의 반사곡선에 영향을 미치는 주요 원인은 토양의 색, 수분함량, 탄산염의 존재 여부, 산화
철의 함량 등이다.

3) 물

물은 식물이나 토양에 비해 반사도가 낮다. 식물은 약 50% 정도, 토양은 약 30~40%까지 반
사함에 비해 물은 입사광선의 10% 정도만 반사한다.

(3) Albedo

Albedo란 태양광선 반사율로서 태양으로부터 물질의 표면에서 모든 방향으로 반사되어 나가는
입사광에 대한 반사광의 강도의 비를 말한다. 지구표면의 평균 Albedo(가시광선)는 35%이다.

$$Albedo = \frac{E_{R(\lambda)}}{E_{I(\lambda)}} \times 100\%$$

여기서, $Albedo$: 반사도
E_R : 반사된 에너지
E_I : 입사된 에너지

(4) 흑체복사(Blackbody Radiation)

흑체복사는 지상물체가 전자기 복사에너지를 100% 흡수하고 0% 방사하는 것으로, 흑체는 실
제로는 존재하지 않고 이론적으로만 존재하는 물질을 말한다. 모든 빛을 흡수한다는 가정에서
검은 물체라는 뜻의 이름이 붙었다.

••• 08 식생지수

식생지수(NDVI)는 위성영상을 이용하여 식생분포 및 활력도를 나타내는 지수이며, 현재 식생분석을 위해 가장 보편적으로 사용되고 있다.

(1) 산출방법

NDVI는 가시광선 밴드와 근적외선 밴드의 반사값을 연산하는 것으로 다음과 같은 식에 의해 간단하게 구할 수 있다.

$$NDVI = \frac{NIR - RED}{NIR + RED}$$

여기서, NIR : 근적외선 밴드의 분광반사도
RED : 가시광선 밴드의 분광반사도

(2) 특징

① 식생지수는 식생분포 및 활력도 분석을 위해 실시하는 것으로 단위가 없는 복사값으로서 녹색식물의 상대적 분포량과 활동성, 엽면적지수, 엽록소 함량 등과 관련된 지표이다.
② 식물은 적색광(RED) 파장대에서 낮은 값을 보이고 근적외 파장대에서 높은 값을 보인다.
③ NDVI는 −1에서 1 사이의 값을 가진다.
④ NDVI의 지수가 양수값으로 증가하면, 녹색식물의 증가를 의미한다.
⑤ NDVI의 지수가 반대로 음수값이 되면 물, 황무지, 얼음, 눈 혹은 구름과 같이 식생이 존재하지 않는 지역을 나타낸다.
⑥ 식생지수는 지형효과 및 토양변위 등이 영향을 줄 수 있는 내부효과를 정규화하여야 한다.
⑦ 식생지수는 일관된 비교를 위해 태양각, 촬영각, 대기상태와 같은 외부효과를 정규화하거나 모델링할 수 있어야 한다.
⑧ 식생지수는 유효성 및 품질관리를 위해 구체적인 생물학적 변수와 연관되어야 한다.

(3) 활용

① 식물의 정보 취득
② 황사 발원지 모니터링
③ 가뭄 모니터링

···09 원격탐측 순서

원격탐측은 자료수집, 자료변환, 라디오메트릭 보정, 기하보정, 자료압축, 판독 및 응용 순으로 진행된다.

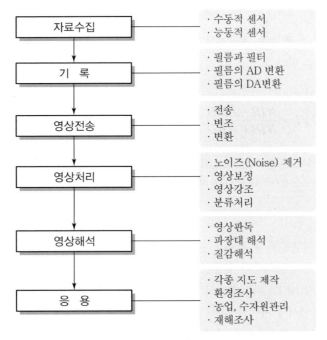

[그림 6-1] 원격탐측 흐름도

※ 자료변환 : 수집된 원자료를 후속 작업에 편리하도록 변환, 주기, 수치화
※ 라디오메트릭 보정 : 영상의 질을 높이거나 태양입사각, 시야각, 구름 등에 의한 영향 보정

••• 10 자료수집

(1) 탑재기(Platform)와 탐측기(Sensor)

1) 탐측기의 분류

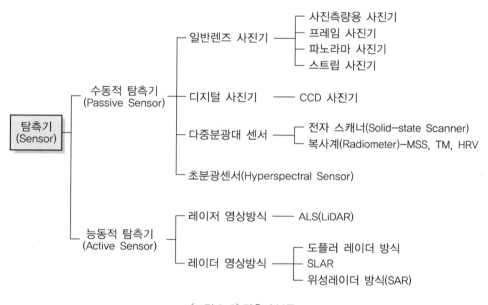

[그림 6-2] 탐측기 분류

2) MSS(Multi Spectral Scanner)

① LANDSAT 1~8호까지 탑재

② MSS는 일반적으로 4밴드가 많으며, 1~2파장대를 더 추가한 것도 있음

③ 주사방향은 서에서 동으로 행하여짐

④ 주사폭은 185km

3) TM(Thematic Mapper)

① 지표면의 고분해능 관측목적으로 LANDSAT 4~8호에 탑재

② 파장영역은 7밴드(최근 9밴드까지 향상)

③ 판독의 정밀도가 MSS보다 높음

④ 주사경(렌즈)의 운동은 MSS와 달리 왕복관측

⑤ 세부판독능력 향상

4) HRV(High Resolution Visible)

SPOT 위성에는 HRV 2대가 탑재되어 같은 지역을 다른 방향(경사관측)에서 촬영함으로써 입

체시할 수 있는 영상 획득과 지형도 제작이 가능하다. HRV 탐측기는 다중파장대형(XS형)과 흑백형(P형)으로 분류되며 파장대, 영상소의 크기 및 수가 다르다.

5) 하이퍼스펙트럴 센서(Hyperspectral Sensor)

하이퍼스펙트럴 영상은 일반적으로 5~10nm에 해당하는 좁은 대역폭(Bandwidth)을 가지며 36~288 정도의 밴드수로 대략 $0.4~14.52\mu m$ 영역의 파장대를 관측하며 자료 취득방식에 따라 Push broom 센서와 Whisk broom 센서가 있다.

6) LiDAR : 5장 참조

7) SAR(Synthetic Aperture Radar) : 레이더 원격탐측 참조

8) 원격탐측에 주로 이용되는 위성 및 센서

① 세계 각국의 지구관측 위성 현황

소유국	위성명	센서유형	밴드	해상도 (m)	방사해상도 (bit)	발사연도	활영폭 (km)
미국	LANDSAT	Pan ETM⁺	1 7	15 30, 60		1999	185
	IKONOS	MS	1 4	1 4	11	1999.9	11
	QuickBird	MS	1 4	0.61 2.44	11	2001.10	16.5
	OrbView	MS	1 4	1~2 4	11	2003.6	8
	GeoEye	MS	1 4	0.41 1.65	11	2008.9	15.2
러시아	KVR-1000	Film Camera	1	2	8	1980	40
	DK-1	Digital Camera	1	0.8	8	1978	40
	RESURS-DK	MS	1 3	1 2	10	2006	28.3
	RESURS-DK-R	MS Radar	1 4	1. 2.5 1.5	10	2003	28.3
캐나다	RADARSAT-2	Radar	1	<50		2004	<300
프랑스	SPOT-5	MS	3 1 1	10 10 2.5		2002.5	60
독일	RapidEye	MS	5	5	<12	2008.8	77
인도	IRS-1C/D	Pan	1	5	6	1995	70
	IRS-P5	Pan	1	2.5	10	2005.5	30
	IRS-P6	MS	3 4	5.8 23.5	7	2003.10	23.9

소유국	위성명	센서유형	밴드	해상도 (m)	방사해상도 (bit)	발사연도	촬영폭 (km)
일본	ALOS	MS Radar	1 4 1	2.5 10	8	2005.7	70
이스라엘	EROS-B1	Pan	1	0.82		2002	

② 한국의 위성발사 현황 및 향후계획

분류	구분		발사연도	궤도	중량	탑재체	임무
과학기술위성	우리별	1호	1992년 8월 11일	1,300km, 원궤도	50kg	지상관측탑재체 우주방사선 측정 통신탑재체	위성제작기술 습득 위성전문인력 양성 위성제작기술 습득
		2호	1993년 9월 26일	800km, 태양동기궤도	50kg	지상관측탑재체 저에너지입자검출기 적외선감지기 통신탑재체	위성부품 국산화 소형위성기술 획득
		3호	1999년 5월 26일	720km, 태양동기궤도	100kg	지상관측탑재체 우주과학탑재체	지상관측 과학관측
	과학기술위성	1호	2003년 9월 27일	685km, 태양동기궤도	106kg	원자외선분광기 방사능 영향 관측 고에너지입자검출기 정밀지구자기장측정기	우주환경 관측
		2호	2009년 8월 25일	300~1,500km	99.2kg	Radiometer 레이저반사경	선행기술시험 우주과학연구
		3호		저궤도	150kg 내외	–	선행기술시험
다목적실용위성		1호	1999년 12월 21일	685km, 태양동기궤도	470kg	EOC(PAN 6.6m), OSMI, SPS	지상관측 해양관측
		2호	2006년 7월 28일	685km, 태양동기궤도	800kg	MSC(PAN 1m, MS 4m)	지상관측
		3호	2012년 5월 18일	685km, 태양동기궤도	1ton	AEISS(PAN 0.7m, MS 2.8m)	지상관측
		3A호	2015년	450~890km	1ton	EO/IR	적외선 지구관측
		5호	2013년 8월 22일	550km, 태양동기궤도	1.4ton	SAR(1m)	전천후 지상관측
정지궤도위성	통신해양기상위성 (천리안위성)		2010년 6월 27일	정지궤도	2.5ton	통신탑재체(Ka 대역) 기상탑재체(5ch) 통신탑재체(8ch)	정지궤도 우주 인증 공공통신망 구축 기상 해양 관측

③ 기상위성
- NOAA위성
  미국 해양대기청에 의해 운용되고 있는 제3세대 기상관측위성이다.
- GOES위성
- DMSP위성

④ 해상관측위성
- SEASAT
  분광대 중 극초단파를 이용하여 플랑크톤 집적 정도, 해수면의 생물분포 등 다양한 해상관측에 이용
- MOS
  가시근적외방사계, 가시열적외방사계, 극초단파방사계를 이용하여 해양관측에 이용

(2) 영상취득 방식

① 휘스크브룸(Whisk broom) 방식
  탑재체의 비행방향 축에 직각방향으로 회전가능한 반사경(Scanning mirror)을 이용하여 일정한 촬영폭(Swath Width)을 유지하며 넓은 폭의 영상면을 취득한다. 반사경이 회전하는 데 따른 복잡한 기하구조를 가지므로 기하보정이 쉽지 않다. 영상취득 시간이 짧고 영상면의 해상력은 반사경의 각도에 따라 달라지며 영상면 왜곡도 크다. LANDSAT의 ETM$^+$, NOAA의 AVIRIS 등이 이용하고 있다.

② 푸시브룸(Push broom) 방식
  카메라 본체는 움직이지 않고 선형센서를 이용하여 띠 모양의 영상을 취득하는 방식이다. 휘스크브룸에 비해 영상폭이 좁으며 기하구조도 단순하여 기하보정이 쉽다. CCD 배열로 영상을 취득하므로 휘스크브룸에 비해 영상 왜곡이 적은 긴 영상을 취득할 수 있다. SPOT의 HRV, 아리랑위성의 EOC, Quickbird 등이 이용하고 있다.

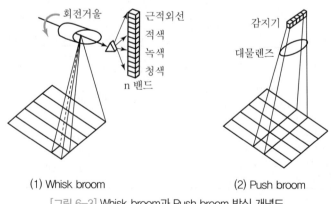

(1) Whisk broom   (2) Push broom

[그림 6-3] Whisk broom과 Push broom 방식 개념도

(3) 순간 시야각(IFOV)

순간시야각(Instantaneous Field Of View)은 스캐너 형태를 지니고 있는 센서의 지상 분해능에 대한 척도로 센서가 한 번의 노출로 커버하는 지상의 영역을 의미한다. 이는 센서의 공간포괄 영역을 나타내는 일반적인 표시방법으로서 주로 면적 또는 공간각으로 표시된다. 센서의 IFOV는 공간 해상력을 결정하는 것으로 원격탐측 분야에서는 공간해상력이라는 말과 같은 의미로 사용된다.

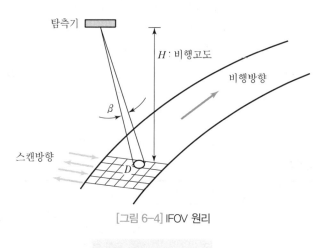

[그림 6-4] IFOV 원리

$$D = H\beta$$

여기서, D : 탐측기에 의해 관측되는 지표의 원의 영역의 지름
H : 탐측기의 고도
β : IFOV(Milli Radians)

(4) 해상도(Resolution)

영상이나 사진에서 아주 가까운 별도의 물체를 구별하는 능력으로, 보통 구별될 수 있는 가장 가까운 공간상의 선과 단위거리로 표현된다.

1) 공간해상도(Spatial Resolution)

① 영상 내의 개개 픽셀이 표현 가능한 지상의 면적을 표현
② 보통 1m급, 5m급, 30m급 등으로 표현
③ 숫자가 작아질수록 보다 작은 지상물체의 판독이 가능
④ 일반적으로 해상도라 하면 이 공간해상도를 의미

2) 분광해상도(Spectral Resolution)

① 센서가 얼마나 다양한 분광파장 영역을 수집할 수 있는가를 표현
② 분광해상도가 좋을수록 영상의 분석적 이용 가능성이 상승

③ 영상의 질적 성능을 판별하는 중요한 기준

3) 방사해상도(Radiometric Resolution)

① 센서에서 수집한 영상이 얼마나 다양한 값을 표현하는가를 표시

② 방사해상도가 높은 영상은 분석 정밀도가 높다는 의미 내포

③ 지상물질의 속성을 파악하는 데 주로 활용

4) 주기해상도(Temporal Resolution)

① 지구상의 특정 지역을 얼마만큼 자주 촬영 가능한지를 표현

② 위성체의 하드웨어적 성능에 좌우

③ 주기해상도가 짧을수록 지형 변이 양상을 주기적이고도 빠르게 파악

④ 데이터베이스 축적을 통해 향후의 예측을 위한 좋은 모델링 자료를 제공

(5) 항공사진과 위성영상의 특징 비교

최근 위성측량이 보편화되면서 종래 항공사진보다는 위성영상을 많이 활용하고 있으며, 항공사진과 위성영상은 다음과 같은 특징이 있다.

항공사진	위성사진
• 최고의 해상도 • 가장 최신의 데이터를 수집할 수 있음 • 필요한 지역을 임의의 축척으로 촬영 • 기상영향을 많이 받음 • 고해상도의 데이터로서 특히 컬러일 때 데이터 양이 많아 처리 및 저장이 어려움	• 자료의 양이 많고 다차원이다. • 각종 센서마다 각각 자료형태(Color, Format), 해상력, 좌표계, 정확도 등이 다르다. • 환경조건, 지역, 시간에 의한 변동이 커짐에 따라 대상물이나 현상 변화를 감지해야 한다. • 불필요한 자료의 잡영(Noise)이 포함되어 있다. • 수많은 전처리과정이나 보정이 필요하다. • 다른 채널 간의 영상을 중합하는 것 외에 지상의 지리적 위치와의 대응이 필요하다. • 영상자료와 지상조사나 보조자료의 대응을 생각해야 한다.

(6) 디지털 영상자료의 장점

좁은 의미에서 원격탐측은 인공위성 센서로 디지털 데이터를 취득하여 컴퓨터로 분석하는 방식을 의미하는데 기존의 아날로그 방식에 비해 디지털 자료는 다음과 같은 장점을 가진다.

① 보관이 용이하고 내용의 변질이 없다.

② 여러 가지 디지털 처리 기법을 통해 원하는 특성정보를 추출할 수 있다.

③ 컴퓨터를 이용하여 처리속도가 빠르다.

④ 정량화된 정보를 즉시 추출할 수 있다.

⑤ 알고리즘에 바탕을 두므로 수작업에 비해 객관적이고 균일한 정확도를 가지며 신뢰할 만한 결과를 얻을 수 있다.

(7) 디지털 영상자료의 포맷(기본사항)

1) 화소(Pixel)

① 디지털 데이터의 최소 구성단위

② Picture elements의 약어

③ 밴드 내에서 행번호와 열번호를 조합하여 위치 표시

④ 각 화소는 데이터의 방사해상력에 따라 표현 범위가 달라짐

   예 6비트 = 64(2^6)단계

      8비트 = 256(2^8)단계

      11비트 = 2,048(2^{11})단계

※ 영상자료 전체 자료량(byte) = (라인수)×(화소수)×(채널수)×(비트수/8)

2) 멀티밴드(Multi-Band 또는 Multi-Layer)

① 단일밴드로 이루어진 흑백영상과 달리 두 개 이상의 밴드로 이루어진 멀티밴드는 데이터의 저장 형태에 따라 3가지 방식으로 나누어진다.

• BIL(Band-Interleaved by Line) : 행(Line)별 순차 기록

각 행(Line)의 화소값을 밴드순으로 저장하면서 마지막 행까지 영상에 기록함

• BSQ(Band-Sequential) : 밴드별 순차 기록

첫 밴드의 전체 화소값을 기록하고 이후 순서대로 나머지 밴드를 저장하므로 밴드별로 영상출력 시 편리함

• BIP(Band-Interleaved by Pixel) : 픽셀별 순차 기록

각 화소의 밴드별 값을 순서대로 기록하므로 다중분광 영상의 부분 입출력에 유리하지만 디지털 영상처리의 구현에 어려움이 따름

위 세가지 포맷이 원격탐사 센서의 일반적인 영상자료 저장방식이다.

② Raw 형식의 위성영상 데이터는 주로 BIL이나 BSQ가 사용되며 데이터 형식은 이진수(Binary)이다.

※ • 항공영상이나 위성영상은 최적 해상도로 저장하고 저장포맷은 TIFF 또는 Geo Tiff 형식을 사용

• 위성영상 구성요소에는 헤더정보, 메타데이터, 기하정보, 영상정보가 있으며, 메타데이터의 주요 정보에는 촬영 및 생산일자, 촬영각, 생산이력이 포함되어 있다.

···11 영상의 전송

영상의 형성, 기록 및 이 과정의 반복을 영상의 전송이라 하며, 전송되는 영상은 항상 최적화되지 않으므로 각 단계에서 발생하는 오차와 노이즈(Noise)를 정확히 파악하는 것이 매우 중요하다. 영상 전송에는 전송, 변조, 변환 등이 있다.

(1) 전송(Transfer)

원영상이 그대로 전송되는 것을 말한다.

(2) 변조(Modulation)

원영상과 비슷하지만 점 또는 선 등에 의해 분해되어 전송되는 것을 말한다.

(3) 변환(Transformation)

원영상이 그대로 전송되지 않고 다른 형태로 전송되는 것을 말한다.

···12 영상처리 순서

원격탐측의 일반적인 영상처리 순서는 다음과 같다.

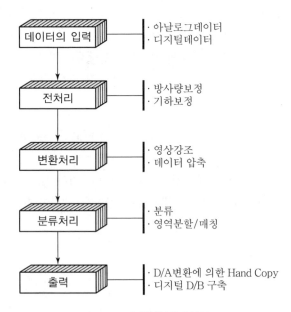

[그림 6-5] 영상처리 흐름도

(1) 전처리

1) 방사량 보정(Radiometric 보정)

① 센서의 감도 특성에 기인하는 주변 감광의 보정

② 태양의 고도각 보정

③ 지형적 반사 특성 보정

④ 대기의 흡수, 산란 등에 의한 대기보정

2) 기하보정(Geometric Correction)

① 영상에서의 각 픽셀 위치좌표와 지도좌표계에서의 대상좌표와의 차이인 기하왜곡 보정

② 센서의 기하특성에 의한 내부 왜곡

③ 탑재기의 자세에 의한 왜곡

④ 지형 또는 지구의 형상에 의한 외부 왜곡

⑤ 영상 투영면에 의한 왜곡

⑥ 지도 투영법 차이에 의한 왜곡

(2) 변환처리(영상강조)

영상을 가공하여 원영상보다 정보를 추출하기 쉽도록 변환한다.

[그림 6-6] 영상데이터의 변환

(3) 영상융합

영상융합은 일반적으로 둘 혹은 그 이상의 서로 다른 영상면들을 이용하여 새로운 영상면을 생성함으로써 영상의 효과를 극대화시켜 영상분류(Classification)의 정확도를 향상시키는 데 사용되는 기법이다. 영상융합을 통해 개선된 영상으로부터 영상면에 존재하는 정보를 최대한으로 얻음으로써 자료의 모호함을 감소, 신뢰성 확보 및 분류의 개선을 할 수 있다.

1) 영상융합의 유형

① 광학영상 간의 융합으로 고해상영상(예 Panchromatic 영상)과 저해상영상(예 Multispectral 영상)을 융합하여 공간해상도와 분광해상도를 향상시킨다. (예 Landsat TM이나 SPOT Panchromatic 영상 또는 SPOT XS와 SPOT Panchromatic 영상과의 융합)

② 광학영상과 레이더영상 간의 융합으로 레이더위성영상의 정밀한 지형공간정보에 의한 지형의 기복을 상세히 표현하거나 DEM의 정확도 향상에 효과적으로 기여한다.(예 광학영상인 Landsat TM과 RADARSAT의 레이더영상과의 융합)

2) 융합(병합)기법

① 색상공간모델 변환(RGB↔IHS Transform)
② 주성분 분석 변환(Principal Component Analysis Transform)
③ 최소 상관 변환(Decorrelation Stretching Transform)
④ 태슬드 캡 변환(Tasseled Cap Transform)
⑤ 브로비 변환(Brovey Transform)

(4) 분류처리

영상의 특징을 추출 및 분류하여 원하는 정보를 추출하는 것으로 분류기법은 처리과정에 따라 감독분류와 무감독분류로 나눌 수 있다. 감독분류는 해석자가 분류항목별로 사전에 그 분류기준이 되는 통계적 특징을 규정하고 이를 근거로 직접 분류를 수행하는 것이며, 무감독분류는 분류항목별 통계 없이 단지 통계적 유사성을 기준으로 분류하는 기법이다.

특성 / 종류		장점	단점
무감독 분류기법	순차적 군집화	입력자료가 간단, 빠름	시행착오적 방법
	통계적 군집화	비교적 정확한 결과 획득	입력자료에 크게 의존
	ISODATA	최소의 입력자료가 필요	가장 속도가 느림
	RGB 군집화	가장 빠름	항상 3개의 밴드가 필요
감독 분류기법	평행사변형법	속도가 빠르고 간단함	불완전한 결과를 나타냄
	최소거리법	수학적으로 간단함	정확도가 다소 떨어짐
	Mahalanobis법	군집의 Variance에 민감	과분류가 나타남
	최대우도법	가장 정확한 방법	속도가 다소 느림

※ 지상검증(Ground Truth) : 지상에서 측정된 스펙트럼 특성의 지표로 지표면상의 각종 물체가 지닌 성질을 지상에서 조사하는 것. 표본을 적절히 선택하기가 어렵고 많은 노력이 든다는 단점이 있다.

(5) 추출된 주제정보의 정확도 평가

1) 영상분류 오차행렬

오차행렬은 원격탐사에서 도출한 주제도에서 k개의 클래스로 구성된 원격탐사 분류 결과의 정확도를 평가하는 데 사용된다. 오차행렬은 $k \times k$(예 3×3)의 정방배열로 구성된다. 행렬에서 행은 지상 참조 검증 정보를 나타내고 열은 원격탐사 자료를 분석하여 만든 분류에 해당한다. 행과 열이 만나는 지점은 현장에서 증명된 실제 항목에 대한 특정 분류 항목의 표본단위수(즉 화소, 화소 군집, 혹은 폴리곤)를 요약하고 있다. 조사된 표본의 총수는 N이다.

– 데이터 전체 정확도(예) –

구분		참조 데이터				총계
		A	B	C	D	
표본 데이터	A	1	2	0	0	3
	B	0	5	0	2	7
	C	0	3	5	1	9
	D	0	0	4	4	8
총계		1	10	9	7	27

① 위성영상의 분류정확도는 주로 Error Matrix를 형성함으로써 평가
② **전체정확도** : 전체 화소값에서 정확히 분류된 화소(오차행렬에서 대각선의 값의 합)의 비율

$$PCC = \frac{S_d}{n} \times 100 (\%)$$

여기서, PCC : 전체정확도(Percent Correctly Classified)
S_d : 대각선 값의 합
n : 표본의 총수

– PCC(예) –

$$PCC = \frac{S_d}{n} \times 100 (\%)$$
$$= \frac{1+5+5+4}{27} \times 100 (\%)$$
$$= 55.56 (\%)$$

2) KAPPA 분석

KAPPA 분석(계수)은 원격탐사의 데이터 처리분석 결과에서 많이 사용되는 방법으로 지상에서의 실제 Class와 원격탐사 자료를 분석한 자료의 전체 정확도를 나타내는 계수이다.

$$K = \frac{P_0 - P_C}{1 - P_C}$$

여기서, P_0 : 실제일치도(Relative Agreement of Among Raters)
P_C : 기회일치도(Hypothetical Probability of Chance Agreement = Probability of Random Agreement)

(6) 출력

처리결과는 필름 레코더나 컬러 프린터 등에 의하여 DA 변환하여 아날로그 영상으로 출력하거나 디지털 데이터베이스화하여 저장한다.

(7) 영상 해석

영상 해석은 손쉽게 육안에 의하여 해석할 수 있는 영상판독과 기계적 처리에 의한 파장대 해석, 질감해석 등으로 나눌 수 있다.

···13 응용분야

(1) 각종 지도 제작
(2) 국토개발에 필요한 제반요소의 수집
(3) 환경조사
(4) 농업 · 수자원 관리
(5) 재해조사
(6) 군사적 목적

···14 초분광 원격탐측

초분광영상은 일반적으로 5~10nm에 해당하는 좁은 대역폭(Bandwidth)을 가지며 36~288 정도의 밴드 수로 대략 $0.4 \sim 14.52 \mu m$ 영역의 파장대를 관측하며 자료 취득방식에 따라 Push broom 센서와 Whisk broom 센서가 있다. 초분광영상은 일반 카메라 영상과 달리 가시광선 영역과 근적외선 영역 파장대를 수백 개의 구역(밴드)으로 세분하여 촬영함으로써 미세한 분광특성을 분석하여 토지피복, 식생, 수질, 갯벌 특성 등의 식별에 이용된다. 이러한 수백 개 밴드의 초분광영상에서 각 화소 위치의 분광특성을 추출하기 위해서는 대기보정과 같은 전처리 과정이 매우 중요하며, 특정 목표물을 추출하거나 영상을 분류하는 기법 또한 다중분광영상에서 적용되던 처리기법과는 다른 기법이 요구된다.

(1) 초분광영상의 특징

① 초분광영상은 분광밴드가 많고(Many), 연속적이고(Continuous), 파장폭이 좁은(Narrow) 세 가지 특징으로 정의될 수 있으며 기존의 다중분광영상에 비해 자료량이 상대적으로 많다.
② 초분광영상자료는 좁은 파장폭 때문에 기존의 다중분광자료보다 영상의 질이 떨어져서 상

대적으로 낮은 SNR(신호대잡음비 : Signal-to-Noise Ratio)을 가지고 있는 것으로 알려져 있다.

③ 하이퍼스펙트럴 영상은 이미지 큐브(Image Cube)라 불리는 3차원 자료구조를 갖는다.

④ 이미지 큐브에서 X-Y평면은 지형공간정보를 나타내며, Z축은 파장대에 해당하는 축으로 나타내어진다.

⑤ 지상의 지형공간은 센서의 밴드 수(n)만큼의 분광을 가지며 n차원 분광으로 표시되고, 이러한 n차원 분광특성을 분석하여 물질의 특성을 알아낼 수 있다.

⑥ 하이퍼스펙트럴 영상은 많은 분광밴드를 가지고 있어 물체 특유의 반사 특성을 잘 반영하여 물체를 식별하거나 구분하는 데 용이하다.

(2) 초분광영상을 이용한 정보추출의 일반적인 단계

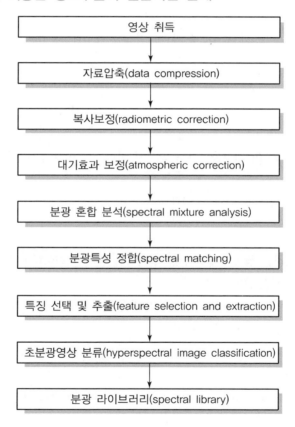

[그림 6-7] 초분광영상의 일반적 처리순서

(3) 활용

　　① 해양분야
　　② 수질환경분야
　　③ 산림분야
　　④ 표적탐지
　　⑤ 농업분야
　　⑥ 도시분야

···15 레이더 원격탐측

최근 레이더가 사용하는 전자기파 스펙트럼은 광대역을 점유하고 기상조건과 시간적인 조건에 영향을 받지 않는 능동적 센서로 극초단파 중 레이더파를 지표면에 주사하여 반사파로부터 2차원 영상을 얻는 센서이다.

(1) 레이더 시스템 형식

1) 실개구 레이더(RAR)

　　① 레이더파를 발사하여 대상물로부터 반사된 전파를 수신하여 대상물의 방향과 거리를 얻는 장치
　　② 레이더로 해상력을 높이려면 큰 안테나가 필요

2) 합성개구 레이더(SAR)

　　① 직선으로 비행하는 항공기에서 일정 간격마다 발사한 레이더파가 지상물체에서 반사하여 되돌아오는 에코(반향)의 합을 취함
　　② 효과적으로 긴 안테나를 사용하는 경우와 같은 높은 해상력을 가짐
　　③ 현대식 영상레이더는 대부분 이에 속함

(2) 레이더 탑재위성

　　① ERS-1 : European Space Agency, European SAR 탑재(1991년)
　　② JERS-1 : 일본 국립 우주개발국, SAR 관련 위성(1992년)
　　③ RADARSAT : 캐나다 우주국, SAR 탑재위성(1995년)
　　④ KOMPSAT : 한국 항공우주연구원, SAR 탑재위성(2013년)

(3) 자료취득기하에 의한 왜곡

① 음영(Shadow)

지형특성으로 인하여 센서에서 발사한 극초단파가 도달하지 못하여 영상면에서 그 지역이 매우 어둡게 나타나는 현상

② 단축(Foreshortening)

레이더 방향으로 기울어진 면이 영상면에 짧게 나타나게 되는 왜곡

③ 전도(Layover)

고도가 높은 대상물의 신호가 먼저 들어옴으로써 수평위치가 뒤바뀌는 현상

④ 스펙클(Speckle)

극초단파가 간섭에 의해 증폭되거나 감소됨으로써 레이더 영상에서 밝거나 혹은 어두운 점들이 산재하는 현상

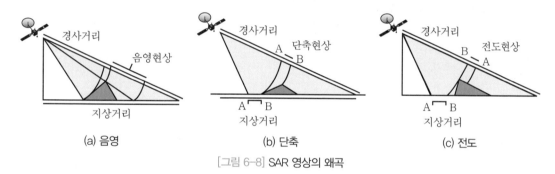

[그림 6-8] SAR 영상의 왜곡

(4) 입체시 기법에 의한 SAR

1) 원리

반사파의 시간차를 관측하는 것뿐만 아니라 위상도를 관측하여 위상 조정 후에 해상도가 높은 2차원 영상을 생성

2) 특징

① 기상이나 일조량에 관계없이 자료취득 가능

② 광학탐측기에 비해 영상의 기하학적 구성이 복잡하며 시각적 효과도 양호하지 못함

③ 최근에는 SAR 영상의 해상력 증진으로 DEM 구축 등 정량적 분석이 가능

(5) InSAR

1) 원리

동일한 지표면에 대하여 두 SAR 영상이 지니고 있는 위상정보의 차이값을 활용하는 것(고도값 추출)

2) 특징

① 주야에 관계없고 구름을 통과하므로 상시관측

② 차분을 이용하므르 지각변동을 포착

③ 정밀한 DEM 자료를 제공

④ 속도탐지도 가능

(6) 활용

① 흙의 함수비 모니터링

② 농작물 수확량 산정 및 분류

③ 토지피복도 제작

④ 홍수 모니터링

⑤ 빙산의 검출 및 분류

⑥ 지형의 표고변화, 운동에 관한 정보 추출

01 Remote Sensor의 설명 중 틀린 것은?

㉮ 영상센서와 비영상센서로 대별한다.

㉯ 영상센서는 수동적 센서와 능동적 센서로 나누어진다.

㉰ 능동적 센서는 레이더방식과 레이저방식이 있다.

㉱ 수동적 센서는 선주사방식, 사진기방식 및 레이더방식이 있다.

○ 레이더(Radar)는 능동적 탐측기의 주사방식이다.

02 필터와 필름을 이용하여 여러 개의 파장 영역에 분광하여 여러 파장대(Band)의 흑백사진을 촬영하는 사진기는?

㉮ 적외선사진기

㉯ 흑백사진기

㉰ 다중파장대사진기

㉱ 파노라믹사진기

○ 다중파장대의 사진기에는 다중사진기방식, 다중렌즈방식, 빔스플릿방식이 있다.

03 지표면의 고해상력을 목적으로 다중파장대주사기(MSS)보다 파장대 수와 검출기 수가 더 많으며 위성고도가 낮은 탐측기는?

㉮ SLAR

㉯ Laser

㉰ HRV

㉱ TM

○ TM(Thematic Mapper)은 7Band로 구성되어 MSS보다 파장대 수가 많아 고해상도의 영상을 획득할 수 있다.

04 극초단파 중 레이더파를 지표면에 주사하여 반사파로부터 2차원 영상을 얻는 탐측기로 항공기에 탑재되어 있는 것은?

㉮ HRV

㉯ SLAR

㉰ MSS

㉱ TM

○ SLAR(Side Looking Airborne Radar)은 주로 항공기에 탑재되어 지상의 2차원 영상을 획득한다.

05 다음 중 탑재된 센서로 경사관측이 불가능한 위성은?

㉮ SPOT 위성

㉯ 아리랑 위성

㉰ IRS 위성

㉱ Landsat 위성

○ Landsat에 탑재된 MSS, TM 센서는 경사관측이 불가능하다.

06 다음 중 위성에 탑재된 센서가 아닌 것은?

㉮ HRV(High Resolution Visible)

㉯ MSS(Multispectral Scanner)

㉰ TM(Thematic Mapper)

㉱ IFOV(Instantaneous Field Of View)

- 수동적 센서 : MSS, TM, HRV
- 능동적 센서 : SAR(SLAR), LiDAR, Rader
※ IFOV : 순간시야각

07 다중분광 스캐너 중 Whisk broom Scanner란 무엇을 말하는가?

㉮ 위성경로를 따라 앞뒤로 회전하며 입체영상을 관측하는 스캐너

㉯ 센서가 감지하는 분광범위가 가시광선에서 열적외선에 이르는 스캐너

㉰ 회전하는 거울과 하나의 탐지기를 결합하여 지표면을 빗자루로 쓸듯이 관측하는 스캐너

㉱ 선형으로 배열된 CCD 소자를 이용하여 한 번에 한 라인 전체를 기록하는 스캐너

Whisk broom 스캐너
- 특정 파장대에서 최대 감도를 갖는 일단의 감지기 이용
- 비행라인에 수직한 스캔라인을 가로질러 지형을 스캔하는 회전거울 이용
- 플랫폼 양쪽 방향에서 반복적으로 스캔
- 연속적인 스캔라인은 2차원 영상을 구성

08 다음 중 Push broom 스캐닝 방식의 센서는?

㉮ SPOT 위성의 HRV 센서

㉯ LANDSAT 위성의 ETM+ 센서

㉰ NOAA 위성의 AVHRR 센서

㉱ RADARSAT 위성의 SAR 센서

- 휘스크브룸(Whisk broom) 방식 LANDSAT의 ETM+, NOAA의 AVHRR
- 푸시브룸(Push broom) 방식 SPOT의 HRV, 아리랑 위성의 EOC, Quickbird 위성
- Side Looking 방식 RADARSAT 위성

09 수동적 센서(Passive Sensor) 중 지표로부터 반사되는 전자기파를 렌즈와 반사경으로 집광하여 필터를 통해 분광한 다음 파장별로 구분하여 각각의 영상을 기록하는 감지기는?

㉮ HRV

㉯ Laser

㉰ MSS

㉱ SLAR

MSS
지구자원탐사위성으로 LANDSAT에 부착되어 있는 센서로 대상물의 정성적 해석에 이용된다.

10 지상검증(Ground Truth)에 대한 설명 중 틀린 것은?

㉮ 지상조사의 결과를 이용한 것으로 조사법까지도 안전하면 정확도가 좋다.

㉯ 지상에서 측정된 스펙트럼 특성의 자료로 지표면상의 각종 물체가 지닌 성질을 지상에서 조사하는 것이다.

㉰ 항공기에 의해 촬영한 다중파장대 사진의 농도나 색채를 대조하는 것이다.

㉱ 표본을 적절히 선택하기 쉬우나 노력이 많이 든다.

> ◉ 지상검증을 이용한 방법은 표본을 적절히 선택하기 어렵고 또 노력이 많이 든다는 단점이 있다.

11 원격탐측(Remote Sensing)의 정의를 올바르게 설명한 것은?

㉮ 지상에서 대상물체에 전파를 발생시켜 그 반사파를 이용하여 관측하는 것

㉯ 센서를 이용하여 지표의 대상물에서 반사 또는 방사된 전자스펙트럼을 측정하고, 이들의 자료를 이용하여 대상물이나 현상에 관한 정보를 얻는 기법

㉰ 우주에 산재하여 있는 물체들의 고유 스펙트럼을 이용하여 각각의 구성성분을 지상의 레이더망으로 수집하여 처리하는 방법

㉱ 우주선에서 찍은 중복된 사진을 이용하여 지상에서 항공사진의 처리와 같은 방법으로 판독하는 작업

> ◉ 지상이나 항공기 및 인공위성 등의 탑재기에 설치된 탐측기를 이용하여 지표, 지하, 대기권 및 우주공간의 대상물에서 반사 혹은 방사되는 전자기파를 탐지하고 이들 자료로부터 토지, 환경 및 자원에 대한 정보를 얻어 이를 해석하는 기법. 원격측정, 원격탐사라고도 한다.

12 다음은 원격탐측(Remote Sensing)에 관한 사항들이다. 잘못 설명된 것은 어느 것인가?

㉮ 원격측정은 다중파장대에 의한 지구표면의 정보 획득이 용이하며, 측정자료가 수치로 기록되어 판독이 자동적이고 정량화가 가능하다.

㉯ 원격측정자료는 물체의 반사 또는 방사 스펙트럼 특성 및 광원의 스펙트럼 특성 등에 의해 영향을 받는다.

㉰ 원격측정의 자료는 대단히 양이 많으며 불필요한 자료가 포함되어 있어 많은 보정이 필요하다.

㉱ 원격센서로서는 화상센서와 비화상센서가 있는데 특히 화상센서는 광원이 필요한 능동적 센서와 송수신을 할 수 있는 수동적 센서로 나누어진다.

> ◉ 원격센서로는 화상센서와 비화상센서가 있는데 화상센서는 광원이 필요한 수동적 센서와 송수신을 할 수 있는 능동적 센서로 나누어진다.

13 다음은 지구탐사위성으로부터 얻어진 영상의 활용 분야를 열거한 것이다. 옳지 않은 것은?

㉮ 수자원 조사   ㉯ 환경오염 조사

㉰ 수온의 분포상태   ㉱ 두 점 간의 정밀한 거리측정

> ◉ 원격탐측은 대상물의 정성적인 정보를 얻는 기법이며, 아직까지 정밀한 거리측정단계까지는 활용되지 못하고 있는 실정이다.

14 원격탐측의 파장 영역은?

㉮ 0.4 ~ 0.7μm

㉯ 가시광선 및 자외선 영역

㉰ 적외선, 가시광선 및 자외선 등의 광역(0.01 ~ 14μm)

㉱ 근적외선 및 가시광선의 영역

> 원격탐측은 광역파장(0.01~14μm)을 특성별로 기록한 다음 전산처리함으로써 피사체의 측정 및 특성을 해석할 수 있다.

15 원격탐측의 특징 중 잘못된 것은?

㉮ 짧은 시간 내에 넓은 지역을 동시에 관측할 수 있으며, 반복관측이 가능하다.

㉯ 다중파장대에 의한 지구표면 정보 획득이 용이하며 관측자료가 수치기록되어 판독이 자동적으로 정량화가 가능하다.

㉰ 회전주기가 일정하므로 원하는 지점 및 시기에 관측하기가 쉽다.

㉱ 관측이 좁은 시야각으로 행하여지므로 얻어진 영상은 정사투영상에 가깝다.

> 회전주기가 일정하므로 원하는 지점 및 시기에 관측하기가 어렵다.

16 원격측정(Remote Sensing)의 일반적 특징이 아닌 것은?

㉮ 넓은 지역을 단시간에 관측   ㉯ 높은 정밀도

㉰ 반복 관측   ㉱ 눈에 보이지 않는 정보 수집

> 원격탐측은 주로 인공위성을 이용하므로 항공사진측량에 비해 정밀도가 낮다. 최근 고해상도 위성의 출현으로 정밀도가 높아지고 있다.

17 다음 중 원격탐측(Remote Sensing)과 관계없는 것은?

㉮ VLBI   ㉯ LANDSAT

㉰ ERTS   ㉱ MSS

> VLBI는 초장기선 간섭계로 준성을 이용한 우주전파측량이다.

18 LANDSAT이란?

㉮ 지구자원탐사위성이다.

㉯ 항공카메라이다.

㉰ 입체도화기로 대축척지도제작에 사용한다.

㉱ 정밀좌표측정기이다.

> LANDSAT은 미국항공우주국(NASA)이 최초로 발사한 지구자원탐사위성이다.(본문 원격탐측에 이용되는 위성 및 센서 참조)

19 원격측정(Remote Sensing) 좌표변환시스템의 경로를 옳게 나열한 것은?

㉮ 자료 수집 – 라디오메트릭 보정 – 자료 변환 – 판독 및 응용

㉯ 자료 수집 – 자료 압축 – 자료 변환 – 판독 및 응용

㉰ 자료 수집 – 라디오메트릭 보정 – 자료 변환 – 판독 및 응용

㉱ 자료 수집 – 자료 변환 – 자료 압축 – 판독 및 응용

> 원격탐측 좌표변환체계
> 자료 수집 – 자료 변환 – 라디오 메트릭보정 – 기하학보정 – 자료 압축 – 판독 및 응용 – 자료 보관 및 재생

정답 14 ㉰ 15 ㉰ 16 ㉯ 17 ㉮ 18 ㉮ 19 ㉱

20 원격측정(Remote Sensing) 좌표변환시스템에 있어서 기하학적 보정을 필요로 하는 경우가 아닌 것은?

㉮ 다른 파장대의 영상을 중합하고자 할 때

㉯ 다른 일시 또는 탐측기(Sensor)로 취한 같은 장소의 영상을 중합하고자 할 때

㉰ 지리적인 위치를 정확히 구하고자 할 때

㉱ 영상의 질을 높이거나 시야각, 구름 등에 대한 영향을 보정할 때

> 기하학적 보정이 필요한 경우
> • 지리적인 위치를 정확히 구하고자 할 때
> • 다른 파장대의 화상을 중합하고자 할 때
> • 다른 일시 또는 탐측기로 취한 같은 장소의 화상을 중합하고자 할 때
> ※ ㉱는 라디오메트릭보정(방사량보정)을 말한다.

21 원격측정의 좌표변환시스템에 있어서 기하학적인 오차나 왜곡의 원인이 아닌 것은?

㉮ 지표의 기복에 의한 오차

㉯ 센서의 기하학적 특성에 의한 오차

㉰ 플랫폼의 자세에 의한 오차

㉱ 인공위성의 크기에 의한 오차

> 기하보정은 항공사진 또는 위성영상을 지상기준점(GCP)을 이용해 왜곡된 영상의 좌표와 실제 지표좌표를 연계하여 영상의 좌표를 지도좌표계와 일치시키는 과정으로 인공위성의 크기와는 무관하다.

22 LANDSAT 위성에 관하여 틀린 설명은?

㉮ LANDSAT(1, 2, 3호)은 RBV와 MSS 두 개의 탐측기를 탑재하고 있다.

㉯ LANDSAT위성은 HRV 탐측기를 탑재하고 있다.

㉰ LANDSAT(1, 2, 3호) 위성들은 103분에 한 번씩 하루에 14번 지구를 회전한다.

㉱ LANDSAT(4, 5호)은 MSS와 TM 두 개의 탐측기를 탑재하고 있다.

> HRV가 탑재되어 있는 위성은 SPOT 위성이다.(본문 원격탐측에 이용되는 위성 및 센서 참조)

23 다음은 영상레이더(SAR)에 관한 설명이다. 옳지 않은 것은?

㉮ SAR는 능동적 센서이다.

㉯ SAR는 구름이 있어도 영상을 취득할 수 있다.

㉰ SAR는 지형의 표고는 구할 수 있지만 지형의 변위는 구하지 못한다.

㉱ SAR 영상의 밝기값에 영향을 주는 요소 중 하나는 지표면의 거칠기이다.

> SAR는 능동적 센서로서 레이더파를 지표면에 주사하여 반사파로부터 2차원 영상을 얻는 센서이다. 또한 InSAR기법을 이용하여 지각변동 및 속도 탐지 등도 가능하다.

24 Passive Sensor(수동적 감지기) 중 지표로부터 반사되는 전자기파를 렌즈와 반사경으로 집광하여 필터를 통해 분광한 다음 파장별로 구분하여 각각의 영상을 테이프에 기록하는 감지기는?

㉮ HRV   ㉯ Laser

㉰ MSS   ㉱ SLAR

> ◉ MSS는 지구자원탐사위성 LAND-SAT에 부착되어 있는 센서로 대상물의 정성적 해석에 이용된다.

25 다음 위성 중 센서의 해상도가 가장 높은 것은 어느 것인가?

㉮ MOSS   ㉯ SPOT

㉰ IKONOS   ㉱ LANDSAT

> ◉ IKONOS위성은 미국의 상업용 위성으로서 해상력이 1m×1m인 고해상도위성이다.

26 다음 원격측정의 작업내용 중 화상의 질을 높이거나 태양 입사각 등에 의한 영향을 보정해 주는 과정은 무엇인가?

㉮ 자료 변환(Data Handing)   ㉯ 복사관측(Radiometric)보정

㉰ 기하학적(Geometric)보정   ㉱ 자료 압축

> ◉ 방사량(복사량) 보정에는 센서의 감도특성에 기인하는 주변 감광의 보정, 태양의 고도각 보정, 지형적 반사특성 보정 및 대기의 흡수, 산란 등에 의한 대기보정 등이 있다.

27 공간해상도가 높은 전정색 영상과 공간해상도가 낮은 컬러(다중분광)영상을 합성하여 공간해상도가 높은 컬러영상을 만드는 데 사용하는 영상처리방법은?

㉮ Fourier변환

㉯ 영상융합(Image Fusion) 또는 해상도융합(Resolution Merge) 변환

㉰ NDVI(Normalized Difference Vegetation Index)변환

㉱ 공간필터링(Spatial Filtering)

> ◉ 영상융합은 일반적으로 둘 혹은 그 이상의 서로 다른 영상면들을 이용하여 새로운 영상면을 생성함으로써 영상의 효과를 극대화시켜 영상분류의 정확도를 향상시키는 데 사용되는 기법이다.

28 다음 중 레이더 위성영상의 활용 분야가 아닌 것은?

㉮ 홍수피해 조사   ㉯ 해수면 파랑조사

㉰ 수치표고모델 작성   ㉱ 토지피복 분류

> ◉ 토지피복분류도 제작은 다중파장대 영상(MSS)이 유리하다.

29 다음 중 원격탐측의 응용 분야로 옳은 것은?

㉮ 토지이용도 및 지질도 등의 도면제작

㉯ 지적도 작성

㉰ 지적재조사사업

㉱ 정밀거리측정

> ◉ 최근 원격탐측은 해상도 향상에 따라 종래 정성적 해석에서 소축척지형도 및 주제도 제작까지 가능하게 되었다.

정답   24 ㉰   25 ㉰   26 ㉯   27 ㉯   28 ㉱   29 ㉮

30 원격탐사(Remote Sensing)에 관한 설명 중 옳지 않은 것은?

㉮ 센서에 의한 지구표면의 정보취득이 용이하며, 관측자료가 수치 기록 되어 판독이 자동적이고 정량화가 가능하다.

㉯ 정보수집장치인 센서로는 MSS(Multi Spectral Scanner), RBV (Return Beam Vidicon) 등이 있다.

㉰ 원격탐사는 원거리에 있는 대상물과 현상에 관한 정보(전자스펙 트럼)를 해석함으로써 토지, 환경 및 자원문제를 해결하는 학문 이다.

㉱ 원격탐사는 인공위성에서만 이루어지는 특수한 기법이다.

> 원격탐사는 지상이나 항공기 및 인 공위성 등에 설치된 센서에 의해 관측 된 자료를 해석하는 기법이다.

31 적외선 영상, 위성 영상, 레이더 영상, 천연색 영상 등을 이용하여 대상체와 직접적인 물리적 접촉 없이 정보를 획득하는 기술이며 과학을 일컫는 영상측량방법은?

㉮ 항공사진측량(Aerial Photogrammetry)

㉯ 지상사진측량(Terrestrial Photogrammetry)

㉰ 원격탐사(Remote Sensing)

㉱ 근접사진측량

> 센서를 이용하여 대상물에서 반사 또는 방사되는 전자기파를 탐지하여 해석하는 것을 원격탐사라 한다.

32 미국에서 개발하여 지구자원탐사를 목적으로 쏘아 올린 위성으로 원래의 명칭은 ERTS였던 위성은 무엇인가?

㉮ MOSS ㉯ SPOT

㉰ IKONOS ㉱ LANDSAT

> LANDSAT(Land Satellite)
> 지구자원탐측위성으로 전 세계가 직 면한 토지, 환경, 자원문제를 해결하 고자 1972년 7월 미국 항공우주국 (NASA)에서 지구자원 기술위성(Earth Resources Technology Satellite ; ERTS, 1975년 1월부터 LANDSAT 로 개칭)을 발사하여 2021년에 9호가 발사되었다.

33 일반적인 원격탐사(Remote Sensing) 자료의 처리 순서로 적당 한 것은?

㉮ 분류처리 – 전처리 – DB구축 – GIS통합 – 자료수집 – 강조처리

㉯ 분류처리 – 전처리 – GIS통합 – DB구축 – 자료수집 – 강조처리

㉰ 자료수집 – 전처리 – 강조처리 – 분류처리 – DB구축 – GIS통합

㉱ 자료수집 – 전처리 – 분류처리 – 강조처리 – DB구축 – GIS통합

> 원격탐사순서
> 자료수집 – 전처리 – 변환처리(강조처 리) – 분류처리 – DB 구축 – GIS 통합

정답 30 ㉱ 31 ㉰ 32 ㉱ 33 ㉰

34 지상물체 중 전자기 복사 에너지(Electromagnetic Radiation Energy)를 100% 흡수하고 0% 방사하는 물질로, 실제로는 존재하지 않고 이론적으로만 존재하는 물질을 무엇이라 하는가?

㉮ 녹체(Green Body)   ㉯ 흑체(Black Body)

㉰ 적체(Red Body)   ㉱ 백체(White Body)

> 물리학에서 흑체(Black Body)는 자신에게 입사되는 모든 전자기파를 100% 흡수하고, 반사율이 0인 가상의 물체이다. 모든 빛을 흡수한다는 가정에서 검은 물체라는 뜻의 이름이 붙었다.

35 위성영상처리 과정 중 전처리(Preprocessing)에 속하는 것은?

㉮ 수치지형모델(DTM) 생성 및 지도제작

㉯ 방사보정(또는 복사보정)과 기하보정

㉰ 영상분류(Image Classification)와 판독

㉱ 영상자료 전송 및 압축

> 위성영상처리순서
> • 전처리 : 방사량보정, 기하보정
> • 변환처리 : 영상강조, 데이터 압축
> • 분류처리 : 분류, 영역분할/매칭

36 일반적으로 원격탐사 영상의 해상도는 4가지로 구분된다. 그중 원격탐사 영상의 개개 화소가 표현 가능한 지상의 면적을 의미하는 것은?

㉮ 분광해상도(Spectral Resolution)

㉯ 방사해상도(Radiometric Resolution)

㉰ 공간해상도(Spatial Resolution)

㉱ 주기해상도(Temporal Resolution)

> 공간해상도(Geometric Resolution)
> Spatial resolution이라고도 함. 인공위성 영상을 통해, 모양이나 배열의 식별이 가능한 하나의 영상소의 최소 지상면적을 뜻한다. 일반적으로 한 영상소의 실제 크기로 표현된다.

37 원격탐사 영상 중 2개의 밴드를 이용해 4개의 분류항목으로 트레이닝을 실시하고 최단거리결정규칙을 적용했을 때 화솟값 (132, 225)는 어떤 분류항목에 할당해야 하는가?

〈각 분류 항목의 평균벡터는 다음과 같다.〉
• 나대지 : (43, 56)   • 식생지대 : (75, 134)
• 인공구조물 : (110, 179)   • 결빙된 호수 : (196, 250)

㉮ 나대지   ㉯ 식생지대

㉰ 인공구조물   ㉱ 결빙된 호수

> 최근린보간법
> 입력격자상 가장 가까운 영상소의 밝기를 이용하여 출력격자로 변환
>
> 최근린좌표 — $L(x_r, y_r)$
>
> 110   196
> 132
> 179
> 46 22 64
> 225 25
> 250
>
> ∴ 인공구조물과의 거리
> $= \sqrt{22^2 + 46^2} = 50.99$
> 결빙된 호수와의 거리
> $= \sqrt{64^2 + 25^2} = 68.70$
>
> 화솟값 (132, 225)는 인공구조물과 가장 가까우므로 인공구조물에 할당한다.

정답   34 ㉯   35 ㉯   36 ㉰   37 ㉰

38 다음 중 분광해상도가 가장 높은 영상은?

㉮ 다중분광 영상(Multi-Spectral Image)

㉯ 초미세분광 영상(Hyper-Spectral Image)

㉰ 적외선 영상(Infrared Image)

㉱ 열적외선 영상(Thermal Infrared Image)

⊙ 초미세분광 영상(Hyper-Spectral Image)
초분광영상은 일반적으로 5~10nm에 해당하는 좁은 대역폭을 가지며 36~288 정도의 밴드 수로 대략 $0.4~14.52\mu m$ 영역의 파장대를 관측하므로, 물체 특유의 반사 특성을 잘 반영하여 물체를 식별하거나 구분하는 데 용이하므로 분광해상도가 가장 높다.

39 위성영상의 기하보정시 사용하는 재배열 방법으로서, 내삽점 주위 4점의 화소값을 이용하여 가중평균값으로 내삽하는 방법은?

㉮ 들로네 삼각법(Delaunay Triangulation)

㉯ 공일차 내삽법(Bilinear Interpolation)

㉰ 최근린 내삽법(Nearest Neighbor Interpolation)

㉱ 3차 회선법(Cubic Convolution)

⊙ 공일차 내삽법은 인접한 4개 영상소까지의 거리에 대한 가중평균값을 택하는 방법이다.

40 다음 표는 영상 분류오차행렬(Classification Error Matrix)이다. PCC(Percent Correctly Classified) 치수는 얼마인가?

구분		참조데이터				총계
		A	B	C	D	
표본데이터	A	1	2	0	0	3
	B	0	5	0	2	7
	C	0	3	5	1	9
	D	0	0	4	4	8
총계		1	10	9	7	27

㉮ 55.56(%) ㉯ 44.44(%)
㉰ 81.48(%) ㉱ 18.52(%)

⊙ 주제도의 정확도 평가
• 위성영상의 분류정확도는 주로 Error Matrix를 형성함으로써 평가
• 전체정확도 : 전체 화소값에서 정확히 분류된 화소(오차행렬에서 대각선의 값의 합)의 비율

공식 : $PCC = \dfrac{S_d}{n} \times 100(\%)$

　여기서, S_d : 대각선 값의 합
　　　　　n : 표본의 총수

$\therefore PCC = \dfrac{S_d}{n} \times 100(\%)$

$= \dfrac{1+5+5+4}{27} \times 100(\%)$

$= 55.56(\%)$

41 공간해상도가 높은 영상을 이용하여 해상도가 낮은 영상의 해상도를 높이는 기법은?

㉮ 해상도 병합 ㉯ 영상 모자이크
㉰ 영상 피라미드 ㉱ 영상 기하보정

⊙ 해상도 병합(영상융합)
컬러영상의 해상도를 향상시키기 위해 하나 또는 두 개 이상의 위성영상을 이용 또는 융합하여 새로운 정보를 얻는 방법으로 모델에는 Cylinder, Hexcon, Brovey 방법이 있다.

정답　38 ㉯　39 ㉯　40 ㉮　41 ㉮

실전문제 TIP

42 다음의 인공위성 영상자료 중 공간해상도가 가장 좋은 것은?

㉮ SPOT-3호의 HRV 전정색모드 영상자료
㉯ IKONOS-2호의 다중분광모드 영상자료
㉰ IRS-1C호의 PAN 영상자료
㉱ 아리랑1호의 EOC 영상자료

SPOT 1호 (프랑스)	전정색 : 10m
	다중분광 : 20m
SPOT 2, 3호 HRV (프랑스)	전정색 : 10m
	다중분광 : 20m
SPOT 5호 (프랑스)	스펙트럼 밴드 : 10 × 10m
	SWIR 밴드 : 20 × 10m
	전정색 : 2.5 × 2.5m
LANDSAT 1, 2호 (미국)	MSS : 80m
	TM : 30m
LANDSAT 7호 (미국)	MSS : 80m
	열적외선 밴드 : 60 × 60m
QUICKBIRD-2 (미국)	다중분광 : 0.61m
IKONOS (미국)	다중분광 : 1m
IRS-1C (인도)	전정색 : 5m
KOMPSAT-2 (아리랑 : 한국)	전정색 : 1m
	다중분광 : 4m

43 다음 중 가장 높은 해상도를 가지고 있는 센서를 탑재하고 있는 위성은?

㉮ Quick Bird   ㉯ IKONOS
㉰ SPOT-4   ㉱ LANDSAT-7

문항 중 가장 높은 해상도를 가지고 있는 센서를 탑재하고 있는 위성은 Quick Bird 위성이다(문제 42번 해설 참조).

44 원자력발전소의 온배수 영향을 모니터링하고자 할 때 다음 중 가장 적합한 위성영상 자료는 무엇인가?

㉮ SPOT 위성의 HRV 영상
㉯ Landsat 위성의 ETM$^+$영상
㉰ IKONOS 위성 영상
㉱ Radarsat 위성의 SAR 영상

위성 영상의 활용

활용 분야	IKONOS	KOMPSAT EOC, SPOT PAN	SPOT XS	Landsat TM,MSS, ETM+
지도 제작	○	●	○	◎
임업	○	◎	○	●
환경	○	○	◎	●
농업	○	○	○	◎
해양	○	○	○	●
기상, 기후	○	○	○	◎
지질 자원	○	◎	◎	●
국토, 도시 계획	○	◎	○	●
수자원	○	○	◎	●

● : 매우 많이 활용, ◎ : 많이 활용,
○ : 일부 활용

정답 42 ㉯ 43 ㉮ 44 ㉯

실전문제 TIP

45 원격탐사의 에너지원인 전자기복사에너지(Electromagnetic Radiation Energy) 중 가시광선 영역의 파장범위로 적당한 것은?

㉮ 0.3㎛ 이하
㉯ 3nm~6nm
㉰ 0.4㎛~0.7㎛
㉱ 0.01cm~1000cm

⊙ 각 전자기파의 파장
• 자외선 : 0.01~0.4㎛
• 가시광선 : 0.4~0.7㎛
• 근적외선 : 0.7~1.3㎛
• 중적외선 : 1.3~3.0㎛
• 열적외선 : 3.0~14㎛

46 대기의 창(Atmospheric Window)이란 무엇을 의미하는가?

㉮ 대기 중에서 전자기파 에너지 투과율이 높은 파장대
㉯ 대기 중에서 전자기파 에너지 반사율이 높은 파장대
㉰ 대기 중에서 전자기파 에너지 흡수율이 높은 파장대
㉱ 대기 중에서 전자기파 에너지 산란율이 높은 파장대

⊙ 대기 중에서 전자기 복사에너지가 투과되는 파장영역을 대기의 창이라 한다.

47 항공사진 또는 위성영상을 지상기준점(GCP)을 이용해 왜곡된 영상의 좌표와 실제 지표 좌표를 연계하여 영상의 좌표를 지도 좌표계와 일치시키는 과정을 무엇이라 하는가?

㉮ 대기보정(Atmospheric Correction)
㉯ 방사량보정(Radiometric Correction)
㉰ 시스템보정(System Correction)
㉱ 기하보정(Geometric Correction)

⊙ 기하보정
항공사진 또는 위성영상을 지상기준점(GCP)을 이용해 왜곡된 영상의 좌표와 실제 지표 좌표를 연계하여 영상의 좌표를 지도 좌표계와 일치시키는 과정이다.

48 영상처리 내용 중 방사보정(Radiometric Corrections)에 해당되지 않는 것은?

㉮ 대기의 산란광 영향 보정
㉯ 기복변위에 의한 왜곡 보정
㉰ 영상자료의 줄무늬 현상 보정
㉱ 태양고도각의 차이에 의한 영향 보정

⊙ 방사보정
• 센서의 감도 특성에 따른 보정
• 태양고도보정
• 지형경사보정
• 대기보정 : 흡수, 산란 영향
※ 기복변위에 의한 왜곡 보정은 기하 보정에 해당된다.

49 다음 중 원격탐사 영상의 기하보정을 위한 기하모델로 적당치 않은 것은?

㉮ Affine 변환식
㉯ 주성분 변환식
㉰ Pseudo Affine 변환식
㉱ Helmert 변환식

⊙ 주성분 변환식은 영상강조와 융합에 관계한다.

50 고해상도 전정색(흑백) 공간영상자료와 저해상도 다중분광(컬러) 공간영상자료를 배합하여 고해상도 컬러영상을 제작하는 해상도 병합(Resolution Fusion) 기법이 아닌 것은?

㉮ 색상공간모델 변환(RGB ↔ IHS Transform)
㉯ 주성분분석 변환(Principal Component Analysis Transform)
㉰ 브로비 변환(Brovey Transform)
㉱ 푸리에 변환(Fourier Transform)

> 해상도병합(Resolution Fusion) 기법에는 색상공간모형변환, 주성분석변환, 최소상관변환, 태슬드 캡 변환, 색변환, 브로비 변환 등이 있다.

51 부영상소 보간방법 중 출력영상의 각 격자점(x, y)에 해당하는 밝기를 입력영상좌표계의 대응점(x', y') 주변의 4개 점 간 거리에 따라 영상소의 경중률을 고려하여 보간 계산하는 방법은?

㉮ Nearest−Neighbor Interpolation
㉯ Bilinear Interpolation
㉰ Bicubic Convolution Interpolation
㉱ Kriging Interpolation

> 공일차 내삽법
> (Bilinear Interpolation)
> • 인접한 4개 영상소까지의 거리에 대한 가중평균값을 택하는 방법
> • 장점 : 여러 영상소로 구성되는 출력으로 부드러운 영상 획득
> • 단점 : 새로운 영상소를 제작하므로 Data가 변질

52 항공사진 또는 위성 영상의 기하보정 과정에서 최종 결과영상을 제작하는 데 필요한 재배열(Resampling) 방법 중 원천영상자료의 화소값의 변경을 방지할 수 있고 가장 계산이 빠른 방법은?

㉮ Nearest−Neighbor Interpolation
㉯ Bilinear Interpolation
㉰ Bicubic Interpolation
㉱ Non−Linear Interpolation

> 최근린 내삽법(Nearest Neighbor Interpolation)
> • 가장 가까운 거리에 근접한 영상소의 값을 택하는 방법으로 계산이 빠름
> • 장점 : 원영상의 Data를 변질시키지 않음
> • 단점 : 부드럽지 못한 영상을 획득

53 영상분류(Image Classification)에서 감독분류(Supervised Classification)기법을 위해 필수적인 사항은?

㉮ 표본영상 자료
㉯ 좌표변환식
㉰ 지상측량 성과
㉱ 수치지도

> • 감독분류 : 해석자가 분류 항목별로 사전에 그 분류 기준이 될 만한 통계적 특성들을 규정짓고 이를 근거로 분류하는 기법
> • 무감독분류 : 분류 항목별 통계적 특성의 규정없이 단지 통계적 유사성을 기준으로 분류하는 기법
> ※ 감독분료로 분류를 수행할 경우 영상을 구분하기 위해 기본이 되는 표본영상자료의 확보가 필수

54 다음 탐측기(Sensor)의 종류 중 수동적 탐측기(Passive Sensor)의 종류가 아닌 것은?

㉮ RBV(Return Beam Vidicon)

㉯ MSS(Multi Spectral Scanner)

㉰ SAR(Synthetic Aperture Radar)

㉱ TM(Thematic Mapper)

● 센서
• 능동적 센서(Active Sensor)
대상물에 전자기파를 발사한 후 반사되는 전자기파 수집
ex) Laser, Radar
• 수동적 센서(Passive Sensor)
대상물에서 반사되는 전자기파 수집
ex) 광학 사진기

55 다음 중 우리나라 위성으로 옳은 것은?

㉮ IKONOS

㉯ LANDSAT

㉰ KOMPSAT

㉱ IRS

● KOMPSAT은 우리나라 아리랑 위성을 말한다.

56 원격탐사 자료의 재배열(Resampling) 방법 중 공일차내삽법 (Bilinear Interpolation)의 특징으로 옳지 않은 것은?

㉮ 원격탐사 영상 내 데이터 값의 변질을 최대한 방지할 수 있으므로 토지피복의 분류 처리 등에 정확도를 확보할 수 있다.

㉯ 최근린내삽법(Nearest Neighbour Interpolation)을 적용했을 때 나타나는 계층현상(Stair Step)을 방지할 수 있다.

㉰ 서로 공간해상도가 다른 영상 간의 기하학적 보정에 적용했을 때보다 공간적으로 정밀한 영상을 만들 수 있다.

㉱ 입방체내삽법(Cubic Convolution)을 적용했을 때 보다 처리시간을 줄일 수 있다.

● 공일차 내삽법(Bilinear Interpolation)
• 인접한 4개 영상소까지의 거리에 대한 가중평균값을 택하는 방법
• 장점 : 여러 영상소로 구성되는 출력으로 부드러운 영상 획득
• 단점 : 새로운 영상소를 제작하므로 Data가 변질

57 다중분광 스캐너 중 Push broom 스캐너에 대한 설명으로 옳은 것은?

㉮ 위성경로에 직각방향으로 빗자루로 쓸 듯이 관측하는 스캐너

㉯ 센서가 감지하는 분광범위가 가시광선에서 열적외선에 이르는 스캐너

㉰ 회전하는 거울과 고체형 탐지기를 결합하여 지표면을 관측하는 스캐너

㉱ 선형으로 배열된 전하결합소자(CCDs)를 이용하여 한 번에 한 라인 전체를 기록하는 스캐너

● Push broom 스캐너
• 배열형태의 감지기는 비행방향에 수직한 방향으로 스캔
• 일반적으로 선행배열은 CCD로 구성
• 단일 배열을 10,000 CCD 이상으로 구성
• 개별 감지기는 각각 단일 해상도 셀의 방사량을 감지
• 모든 스캔라인은 모든 배열에 의해 동시에 관측

정답 54 ㉰ 55 ㉰ 56 ㉮ 57 ㉱

58 SAR(Synthetic Aperture Radar)에 대한 설명으로 틀린 것은?

㉮ 야간에도 데이터 획득이 가능하다.

㉯ 측면방향으로 데이터를 획득할 수 있다.

㉰ DEM 생성이 가능하다.

㉱ 수동적 광학센서를 사용한다.

59 다음 중 초분광(Hyper Spectral)영상에 대한 설명으로 옳은 것은?

㉮ 영상의 밴드 폭이 $1\mu m$ 이하인 영상

㉯ 분광파장범위를 극세분화시켜 수백 개까지의 밴드를 수집할 수 있는 영상

㉰ 영상의 공간 해상도가 1m보다 좋은 영상

㉱ 영상의 기록 bit수가 10bit 이상인 영상

60 일반적 원격탐사 영상의 해상도 중에 센서가 기록 가능한 전자기 스펙트럼의 파장범위를 일컫는 것은?

㉮ 분광해상도(Spectral Resolution)

㉯ 방사해상도(Radiometric Resolution)

㉰ 공간해상도(Spatial Resolution)

㉱ 주기해상도(Temporal Resolution)

61 센서에 대한 해상도 중 관측된 에너지를 얼마나 자세히 정량화하는가를 나타내는 용어로, 기록 bit 수에 의해 평가하는 해상도를 무엇이라 하는가?

㉮ 공간해상도(Spatial Resolution)

㉯ 분광해상도(Spectral Resolution)

㉰ 방사해상도(Radiometric Resolution)

㉱ 주기해상도(Temporal Resolution)

62 일반적으로 원격탐사 영상의 해상도는 4가지로 구분된다. 그중 개개 파장대 내의 데이터값이 가지는 범위를 의미하며, 임의 지상물체의 성질(에너지)을 얼마나 자세히 분석할 수 있는가를 의미하는 것은? (예 : 나무로 판독된 지형지물이 침엽수인가 활엽수인가)

㉮ 분광해상도(Spectral Resolution)

㉯ 방사해상도(Radiometric Resolution)

㉰ 공간해상도(Spatial Resolution)

㉱ 주기해상도(Temporal Resolution)

63 어떤 지상물체의 분광반사율(Albedo)이 57%라고 가정할 때 임의의 전자기복사에너지 파장대에서 그 지상물체에서 반사되는 복사에너지가 $15.3\mathrm{Wm}^{-2}\mathrm{sr}^{-1}$이었다면 이 지상물체로 입사되는 총 복사에너지는 얼마인가?

> 분광반사율 $=\dfrac{\text{반사광 강도}}{\text{입사광 강도}}$
>
> $57\%=\dfrac{15.3\mathrm{Wm}^{-2}\mathrm{sr}^{-1}}{\text{입사광 강도}}$
>
> ∴ 입사광 에너지$=\dfrac{15.3}{0.57}$
> $=26.842\mathrm{Wm}^{-2}\mathrm{sr}^{-1}$

㉮ $18.2\mathrm{Wm}^{-2}\mathrm{sr}^{-1}$ ㉯ $19.2\mathrm{Wm}^{-2}\mathrm{sr}^{-1}$

㉰ $25.8\mathrm{Wm}^{-2}\mathrm{sr}^{-1}$ ㉱ $26.8\mathrm{Wm}^{-2}\mathrm{sr}^{-1}$

64 야간이나 구름이 많이 낀 기상조건에서 취득이 가장 용이한 영상은?

> 레이더 시스템은 기상조건과 시각적 조건에 영향을 받지 않는다는 장점을 가지고 있는 능동적 센서이다.

㉮ 항공영상 ㉯ 레이더 영상

㉰ 다중파장 영상 ㉱ 고해상도 위성 영상

65 위성영상의 처리단계는 전처리와 후처리로 분류된다. 다음 중 전처리에 해당되는 것은?

> 위성영상처리에서 방사량 왜곡 및 기하학적 왜곡을 보정하는 공정을 전처리라 한다.

㉮ 영상분류 ㉯ 기하보정

㉰ 수치표고모델 생성 ㉱ 3차원 시각화

66 전정색영상의 공간해상도가 1m, 밴드 수가 1개이고, 다중분광영상의 공간해상도가 4m, 밴드 수가 4개라고 할 때, 전정색영상과 다중분광영상의 해상도 비교에 대한 설명으로 옳은 것은?

> 공간해상도 숫자가 적을수록 공간해상도가 높고, 밴드 수가 많을수록 분광해상도가 높다.

㉮ 전정색영상이 다중분광영상보다 공간해상도가 높고 분광해상도도 높다.

㉯ 전정색영상이 다중분광영상보다 공간해상도가 높고 분광해상도는 낮다.

㉰ 전정색영상이 다중분광영상보다 공간해상도가 낮고 분광해상도도 낮다.

㉱ 전정색영상이 다중분광영상보다 공간해상도가 낮고 분광해상도는 높다.

67 SAR(Synthetic Aperture Radar)의 왜곡 중에서 레이더 방향으로 기울어진 면이 영상에 짧게 나타나게 되는 왜곡현상은?

> SAR 영상은 측면에서 주사되기 때문에 레이더 방향으로 기울어진 면이 영상에 짧게 나타나게 되는데 이것을 단축이라 한다.

㉮ 음영(Shadow) ㉯ 전도(Layover)

㉰ 단축(Foreshortening) ㉱ 스페클 잡음(Speckle Noise)

정답 63 ㉱ 64 ㉯ 65 ㉯ 66 ㉯ 67 ㉰

실전문제 TIP

68 원격탐사 센서 중 플랫폼 진행의 직각방향으로 신호를 발사하고 수신된 신호의 반사강도와 위상을 관측하여 지표면의 2차원 영상을 얻는 방식은?

㉮ TM(Thematic Mapper)

㉯ RVB(Return Beam Vidicon)

㉰ MSS(Multi Spectral Scanner)

㉱ SAR(Synthetic Aperture Radar)

○ SAR는 극초단파를 이용하는 능동적 센서이다. SAR는 반사파의 시간차를 관측하는 것뿐만 아니라 위상도 관측하여 위상조정 후에 해상도가 높은 2차원 영상을 생성한다.

69 원격탐사자료를 표준지도 투영에 맞춰 보정하는 것으로 지표면에서 반사, 방사 및 산란된 측정값들을 평면위치에 투영하는 작업을 무엇이라 하는가?

㉮ 굴절보정(Refraction Correction)

㉯ 기하보정(Geometric Correction)

㉰ 방사보정(Radiometric Correction)

㉱ 산란보정(Scattering Correcting)

○ 원격탐사의 기하보정은 센서의 기하특성에 의한 내부왜곡의 보정, 탑재기의 자세에 의한 왜곡, 지형 또는 지구의 형상에 의한 외부왜곡, 영상 투영면에 의한 왜곡 및 지구투영법 차이에 의한 왜곡 등을 보정하는 것을 말한다.

70 적색복사속과 근적외선복사속에 의해 정규식생지수(Normalized Difference Vegetation Index ; NDVI)를 구하는 식은?

㉮ $NDVI = \dfrac{근적외선복사속 - 적색복사속}{근적외선복사속 + 적색복사속}$

㉯ $NDVI = \dfrac{근적외선복사속 + 적색복사속}{근적외선복사속 - 적색복사속}$

㉰ $NDVI = \dfrac{적색복사속 - 근적외선복사속}{적색복사속 + 근적외선복사속}$

㉱ $NDVI = \dfrac{적색복사속 + 근적외선복사속}{적색복사속 - 근적외선복사속}$

○ 식생지수(NDVI)는 위성 데이터를 이용하여 식생의 활력도를 나타내는 단위가 없는 지수이다. NDVI는 적색광(Red) 파장과 근적외(NIR) 파장의 차이를 이용하여 산출한다.
$NDVI = \dfrac{NIR - Red}{NIR + Red}$

71 우리나라에서 개발된 위성 중에서 다목적 실용위성으로 해양관측, 지도제작 등의 지구관측을 주목적으로 하는 것은?

㉮ 아리랑위성(KOMPSAT)

㉯ 무궁화위성(KOREASAT)

㉰ 우리별위성(KITSAT)

㉱ 과학기술위성(STSAT)

○ 우리나라 인공위성인 다목적 실용위성(아리랑위성)은 국토모니터링, 국가지리정보시스템 구축, 환경감시, 자원탐사, 해양관측, 지도제작 등 다양한 분야에 활용된다.

72 SAR(Synthetic Aperture Radar) 영상의 특징이 아닌 것은?

㉮ 태양광에 의존하지 않아 밤에도 영상의 촬영이 가능하다.

㉯ 구름이 대기 중에 존재하더라도 영상을 취득할 수 있다.

㉰ 마이크로웨이브를 이용하여 영상을 취득한다.

㉱ 중심투영으로 영상을 취득하기 때문에 영상에서 발생하는 왜곡이 광학영상과 비슷하다.

> 원격탐사에 이용되는 위성은 관측이 좁은 시야각으로 얻어진 영상이므로 정사투영에 가깝다. 또한, SAR 영상은 광학적 탐측기에 의해 취득된 영상에 비해 영상의 기하학적 구성이 복잡할 뿐만 아니라, 영상의 시각적 효과도 양호하지 못하다.

73 위성이나 항공기 등에서 취득하는 원격탐사 자료는 여러 가지 원인에 따른 기하학적 오차를 내포하고 있다. 이 중 위성이나 항공기 자체의 기계적인 오차도 포함되는데 이러한 기계적인 오차를 유발하는 원인이 아닌 것은?

㉮ 광학시스템상의 오차

㉯ 비선형 스캐닝 메커니즘에 의한 오차

㉰ 불균일 촬영속도에 의한 오차

㉱ 지구자전 속도에 따른 오차

> 지구자전 속도에 따른 오차는 위성이나 항공기 자체의 기계적 오차와는 무관하다.

74 전자기파의 파장대를 파장이 짧은 것부터 순서대로 나열한 것은?

㉮ 청색 → 녹색 → 적색 → 자외선

㉯ 적색 → 녹색 → 청색 → 자외선

㉰ 자외선 → 청색 → 녹색 → 적색

㉱ 자외선 → 적색 → 녹색 → 청색

> 전자기파의 파장대를 파장이 짧은 것부터 순서대로 나열하면 다음과 같다.
> γ선 → X선 → 자외선 → 가시광선(청 → 녹 → 적) → 적외선 → 초단파 → 라디오파

75 인공위성에서 촬영된 다중분광센서(MSS) 영상의 활용으로 가장 적합한 것은?

㉮ 입체 시각화에 의한 지형분석

㉯ 영상분류에 의한 토지이용 분석

㉰ 대축척 수치지도 제작

㉱ 야간이나 악천후 중 재해 모니터링

> ㉮ : 고해상도 위성에 의한 DEM 제작,
> ㉰ : 고해상도 위성영상,
> ㉱ : SAR 위성영상이 적합하다.

76 위성영상의 영상분류(Image Classification)에 대한 설명으로 옳은 것은?

㉮ 위성영상의 질(Quality)을 표준화하여 등급을 정하는 것이다.

㉯ 영상 향상(Image Enhancement)을 위한 전처리과정에 적용된다.

㉰ 다양한 위성영상들을 좌표계에 맞추어 구역별로 나누는 것이다.

㉱ 무감독 분류에서는 사전학습자료(Training Data)를 이용하지 않는다.

> 위성영상을 분류할 때 해석자의 유무에 따라 감독분류와 무감독분류로 구분된다. 감독분류는 해석자가 분류항목별로 사전에 그 분류기준이 되는 통계적 특징을 규정하고 이를 근거로 직접 분류를 수행하는 것이며, 무감독분류는 분류항목별 통계 없이 단지 통계적 유사성을 기준으로 분류하는 기법이다.

77 영상 재배열(Image Resampling)에 대한 설명으로 옳은 것은?

㉮ 노이즈 제거를 목적으로 한다.

㉯ 주로 영상의 기하보정 과정에 적용된다.

㉰ 토지피복 분류시 무감독분류에 주로 활용된다.

㉱ 영상의 분광적 차를 강조하여 식별을 용이하게 해준다.

> 영상 재배열은 디지털 영상이 기하학적 변환을 위해 수행되고 원래의 디지털 영상과 변환된 디지털 영상 관계에 있어 영상소의 중심이 정확히 일치하지 않으므로 영상소를 일대일 대응 관계로 재배열할 경우 영상의 왜곡이 발생한다. 일반적으로 원영상에 현존하는 밝기값을 할당하거나 인접영상의 밝기값을 이용하여 보간하는 것을 말한다.

78 지역 1, 2, 3에 대해서 LANDSAT-7의 3번(RED)과 4번(NIR) 밴드의 화소값을 구한 결과가 아래와 같다. 각 지역의 정규화 식생지수(NDVI) 값으로 옳은 것은?

지역 화소값	지역 1	지역 2	지역 3
밴드 3(가시광선, Red)	100	100	20
밴드 4(근적외선, NIR)	100	250	15

㉮ 지역 1=0, 지역 2=0.43, 지역 3=-0.14

㉯ 지역 1=0, 지역 2=-0.43, 지역 3=0.14

㉰ 지역 1=1, 지역 2=2.5, 지역 3=0.75

㉱ 지역 1=1, 지역 2=0.44, 지역 3=1.33

> 정규화 식생지수(NDVI)
> $$= \frac{NIR-RED}{NIR+RED}$$
> • NDVI(지역 1) $= \frac{100-100}{100+100} = 0$
> • NDVI(지역 2)
> $$= \frac{250-100}{250+100} = 0.43$$
> • NDVI(지역 3)
> $$= \frac{15-20}{15+20} = -0.14$$

79 다음 중 원격탐사 영상을 이용하여 토지피복도를 제작할 때 가장 활용도가 높은 영상은?

㉮ 적외선 영상(Infrared Image)

㉯ 초미세분광 영상(Hyper-Spectral Image)

㉰ 열적외선 영상(Thermal Infrared Image)

㉱ 레이더 영상(Radar Image)

> 하이퍼 스펙트럴 영상(초미세 분광영상)은 많은 분광대를 가지고 있어 물체 특유의 반사특성을 잘 반영하여 물체를 식별하거나 구분하는 데 용이하며 토지피복도 제작 및 다양한 분야에 활용도가 높다.

정답 76 ㉱ 77 ㉯ 78 ㉮ 79 ㉯

80 2010년에 우리나라에서 개발하여 발사한 천리안 위성(COMS)의 임무로 거리가 먼 것은?

㉮ 통신 중계 ㉯ 해양 관측
㉰ 선박 감시 ㉱ 기상 관측

> 천리안 위성(COMS)은 국내 최초 통신, 해양, 기상위성(정지위성)으로 2010년에 우리나라에서 개발하여 발사한 위성이다.

81 일괄적이고 자동적인 통계처리에 의해 영상을 분류하는 방법으로 영상의 DN(Digital Number) 값들 사이에 존재하는 특성집단 혹은 클러스터에 따라 픽셀을 몇 개의 항목으로 분류하는 방법은?

㉮ 감독분류(Supervised Classification)
㉯ 무감독분류(Unsupervised Classification)
㉰ 최대우도법(Maximum Likelihood Classifier)
㉱ 최단거리분류법(Minimum Distance Classifier)

> 위성영상을 분류할 때 해석자의 유무에 따라 감독 분류와 무감독 분류로 구분된다. 무감독 분류는 분류항목별 통계없이 단지 통계적 유사성을 기준으로 분류하는 기법이다. 또한, 감독 분류는 해석자가 분류 항목별로 사전에 그 분류 기준이 되는 통계적 특성을 규정하고, 이를 근거로 직접 분류를 수행하는 것을 말한다. 본 문제는 무감독 분류에 대한 설명이다.

82 원격탐사에서 화상자료 전체 자료량(Byte)를 나타낸 것으로 옳은 것은?

㉮ (라인수)×(화소수)×(채널수)×(비트수/8)
㉯ (라인수)×(화소수)×(채널수)×(바이트수/8)
㉰ (라인수)×(화소수)×(채널수/2)×(비트수/8)
㉱ (라인수)×(화소수)×(채널수/2)×(바이트수/8)

> 원격탐사에서 영상자료 전체 자료량(Byte)은 (라인수)×(화소수)×(채널수)×(비트수/8)로 표시된다.

83 고도가 매우 높은 궤도상의 인공위성에 탑재한 프레임 사진기로 지구를 촬영할 경우와 가장 유사한 지도투영법은?

㉮ TM 도법 ㉯ 원추도법
㉰ 정사방위도법 ㉱ 심사방위도법

> 고도가 매우 높은 궤도상의 인공위성에서 탑재한 프레임 사진기로 지구를 촬영할 경우 정사 방위도법과 유사하다.

84 〈보기〉의 지구관측위성에서 취득되는 영상의 공간해상도를 고해상도로부터 저해상도 순으로 나열한 것으로 옳은 것은?

① IKONOS 2호 ② KOMPSAT 1호(EOC)
③ SPOT 1호(HRV) ④ LANDSAT 5호(TM)

㉮ ①-②-③-④ ㉯ ①-②-④-③
㉰ ②-①-③-④ ㉱ ②-③-④-①

> 공간해상도란 영상 내의 개개 픽셀이 표현 가능한 지상면적을 말한다.
> • IKONOS-2 : 1m×1m
> • KOMPSAT-1 : 5m×5m
> • SPOT-1 : 10m×10m
> • LANDSAT-5 : 30m×30m

정답 80 ㉰ 81 ㉯ 82 ㉮ 83 ㉰ 84 ㉮

실전문제 TIP

85 Push broom 스캐너의 특징이 아닌 것은?

㉮ 한 번에 한 라인 전체를 기록한다.

㉯ 경사관측을 통한 입체영상 취득이 용이하다.

㉰ 각각의 라인이 중심투영인 항공사진의 기하와 유사하다.

㉱ 순간시야각의 개념이 적용되어 넓은 지역의 관측에 용이하다.

● • 넓은 지역의 관측에 용이한 스캐너는 Whisk broom Scanner이다.
• 순간시야각의 개념이 적용되지 않는다.

86 2010년 발사한 우리나라 최초의 기상위성 이름으로 옳은 것은?

㉮ 우리별 위성

㉯ 아리랑 위성

㉰ 무궁화 위성

㉱ 천리안 위성

● 천리안 위성은 해양관측, 기상관측, 통신서비스 임무를 수행하는 대한민국 최초의 정지궤도 복합위성이다.

87 획득된 위성영상의 가로×세로의 픽셀(Pixel) 개수가 3,000×3,000이고, 3밴드(Band)의 8bit 영상일 경우 수집된 위성영상의 파일 용량은?

㉮ 약 2.57MB

㉯ 약 25.7MB

㉰ 약 257MB

㉱ 약 2,570MB

● 위성영상의 파일용량(byte)
=(라인수)×(화소수)×(채널수)×(비트수/8)
=3,000×3,000×3×(8/8)≒27MB

88 지상수신소에서 사용자에게 공급하는 위성영상자료의 포맷이 아닌 것은?

㉮ BIL(Band Interleaved by Line)

㉯ BSQ(Band SeQuential)

㉰ HDF(Hierarchical Data Format)

㉱ SIF(Standard Interchange Format)

● 지상수신소에서 사용자에게 공급하는 위성영상자료의 포맷은 BIL, BIP, BSQ, HDF 등이 있다.

89 물체는 자신에게 도달한 전자파에너지를 반사, 흡수, 전도하며 자체 내부온도에 의한 전자파를 복사(방사)한다. 이 중 수동적 센서가 수집하는 전자파에너지로 옳은 것은?

㉮ 반사 또는 전도에너지

㉯ 반사 또는 복사에너지

㉰ 흡수 또는 전도에너지

㉱ 흡수 또는 복사에너지

● 수동적 센서는 대상물에서 반사 또는 복사에너지를 수집하는 센서이다.

정답 85 ㉱ 86 ㉱ 87 ㉯ 88 ㉱ 89 ㉯

90 감독분류 알고리즘 중 하나로 확률을 기초로 각 밴드 내의 클래스에 대한 훈련자료 통계가 정규분포를 이룬다고 가정하고 영상을 분류하는 방법은?

㉮ 최근린 분류(Nearest–Neighbor Classifier)

㉯ 최단거리 분류(Minimum Distance Classifier)

㉰ 최대우도 분류(Maximum Likelihood Classifier)

㉱ 거리가중 분류(Distance Weighted Classifier)

> 최대우도 분류법(Maximum likelihood classifier)은 가장 많이 이용되는 분류법 중의 하나로 각 클래스에 대한 자료의 우도(likelihood)를 구하고, 최대 우도 클래스에 그 화소를 분류하는 방법이다. 최대우도분류법을 이용하기 위해서는 모집단의 확률 밀도 함수를 알 필요가 있다.

91 다음 중 레이더 위성영상을 적용하기 가장 어려운 활용분야는?

㉮ 홍수피해 조사   ㉯ 해수면 파랑 조사

㉰ 수치표고모델 작성   ㉱ 토지피복 분류

> 토지피복분류는 주로 광학위성영상이 활용된다.

92 원격탐사 플랫폼에서 지상물체의 특성을 탐지하고 기록하기 위해 이용하는 전자기 복사에너지(Electromagnetic Radiation Energy) 중 파장이 긴 것부터 짧은 것 순으로 옳게 나열된 것은?

㉮ Visible Blue–Visible Red–Visible Green

㉯ Visible Blue–Mid Infrared–Thermal Infrared

㉰ Visible Red–Visible Green–Visible Blue

㉱ Visible Red–Mid Infrared–Thermal Infrared

> 전자기 복사에너지 중 파장이 긴 것으로부터 짧은 것 순은 일반적으로 적외선–가시광선(빨–주–노–초–파–남–보)–자외선 순서이다.

93 다음은 어느 지역의 영상과 동일한 지역의 지도이다. 이 자료를 이용하여 "밭"의 훈련지역 (Training Field)을 선택한 결과로 적당한 것은?

> 밭의 훈련지역은 밝기값 8, 9로 ㉮와 같이 선택하는 것이 가장 타당하다.

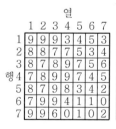

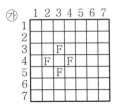
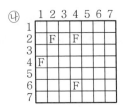
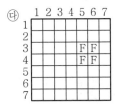
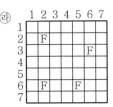

94 녹색식생의 상대적 분포량과 활동성을 나타내는 방사측정값인 식생지수의 특징이 아닌 것은?

㉮ 식생지수는 유효성 및 품질관리를 위해 구체적인 생물학적 변수와 연관되어야 한다.

㉯ 식생지수는 지형효과 및 토양변이 등에 의해 영향을 줄 수 있는 내부효과를 정규화하여야 한다.

㉰ 식생지수의 일관된 비교를 위해 태양각, 촬영각, 대기상태와 같은 외부효과를 정규화하거나 모델링할 수 있어야 한다.

㉱ 식생지수는 식물의 생물리적 변수에 대한 민감도를 최소화할 수 있어야 하며 소규모지역의 식생상태와 비선형적으로 비례하여야 한다.

식생지수는 식생분포 및 활력도 분석을 위해 실시하는 것으로 단위가 없는 복사 값으로서 녹색식물의 상대적 분포량과 활동성, 엽면적지수, 엽록소 함량 등과 관련된 지표이다. 식생지수는 식물의 생물리적 변수에 대한 민감도를 최소화할 수 있어야 하며 대규모 지역의 식생상태와 선형적으로 비례하여야 한다.

95 물, 농작물, 산림, 습지 및 아스팔트 포장 등과 같이 지표면에 존재하는 물질의 종류를 무엇이라 하는가?

㉮ 토지이용(Land Use)

㉯ 토지피복(Land Cover)

㉰ 토지정보(Land Information)

㉱ 토지분류(Land Classification)

토지피복
지표면에 존재하는 물질 및 그 분포 상황을 가리키는 것으로 나지(裸地), 초지(草地), 수목, 수면 등의 자연적인 것과 포장, 가옥 등의 인공적인 것이 있다.

실전문제 TIP

96 공간 해상력이 상이한 두 종류 이상의 영상을 합성하여 상대적으로 고해상도인 종합 정보를 포함한 영상을 제작하는 과정을 무엇이라고 하는가?

㉮ 영상 강조(Image Enhancement)

㉯ 영상 분류(Image Classification)

㉰ 영상 전처리(Image Preprocessing)

㉱ 영상 융합(Image Fusion)

○ 영상 융합
일반적으로 둘 혹은 그 이상의 서로 다른 영상면들을 이용하여 새로운 영상면을 생성함으로써 영상의 효과를 극대화시켜 영상분류의 정확도를 향상시키는 데 사용되는 기법이다.

97 다음 전자파의 파장대 중 육지와 수역(물)의 구분이 가장 잘 구분되는 파장대는?

㉮ 녹색 파장대   ㉯ 적색 파장대

㉰ 청색 파장대   ㉱ 근적외선 파장대

○ 근적외선 파장대는 지질, 토양, 수자원 등의 판독에 사용한다. 즉, 육지와 수역(물)의 구분이 가장 잘 되는 파장대이다.

98 다음은 한 지역의 영상에서 "산림"에 대한 트레이닝을 한 결과 산출된 통계자료이다. 이 통계값과 사변형 분류법(Parallelepiped Classification)을 이용하여 아래 지역의 영상을 분류한 결과로 옳은 것은?

[통계 : 최솟값 : 3, 최댓값 : 6]

[영상]

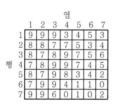

○ 원격탐사의 분류기법 중 사변형 분류법은 영역분할을 위하여 필요한 각 분류 클래스마다의 상한값, 하한값을 되도록 정확하게 설정하여 분류하는 방법이다. 즉, 최솟값과 최댓값 사이의 값을 같은 클래스로 분류하는 방법이다.
※ 3~6 사이의 값을 선택하면 된다.

㉮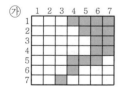

㉯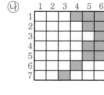

㉰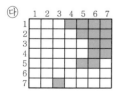

㉱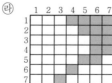

99 공간정보를 수집하기 위한 위성 센서 내의 감지기가 일렬로 배열되어 있어 위성플랫폼의 진행방향으로 밀어내듯이 지상을 스캐닝하는 방식을 무엇이라 하는가?

㉮ Whisk broom Scanner

㉯ Push broom Scanner

㉰ Step Stair Scanner

㉱ Synthetic Aperture Scanner

> 비행기 라인에 수직한 스캔라인을 가로질러 지형을 스캔하는 회전 거울을 이용하는 방법을 Whisk broom Scanner라 하고, 위성센서 내의 감지기가 일렬로 배열되어 위성플랫폼의 진행방향으로 밀어내듯이 지상을 스캐닝하는 방식을 Push broom Scanner라 한다.

100 어느 지역의 영상으로부터 "밭"의 훈련지역(Training Field)을 선택하여 해당 영상소를 "F"로 표기하였다. 이때 산출되는 통계값으로 옳은 것은?

열

	1	2	3	4	5	6	7
1	9	9	9	3	4	5	3
2	8	8	7	7	5	3	4
3	8	7	8	9	7	5	6
행	4	7	8	9	9	7	4	5
5	8	7	9	8	3	4	2
6	7	9	9	4	1	1	0
7	9	9	6	0	1	0	2

	1	2	3	4	5	6	7
1							
2				F			
3			F				
4		F		F			
5				F			
6							
7							

㉮ 평균 : 8.1, 표준편차 : 0.84

㉯ 평균 : 8.2, 표준편차 : 0.84

㉰ 평균 : 8.2, 표준편차 : 0.75

㉱ 평균 : 8.1, 표준편차 : 0.75

> • 평균$(\mu) = \dfrac{7+8+8+9+9}{5}$
> $= 8.2$
> • 표준편차
> $= \pm\sqrt{\dfrac{[vv]}{n-1}} = \pm\sqrt{\dfrac{2.8}{5-1}}$
> $= \pm 0.84$

관측값	최확값 (평균)	v	vv
7		−1.2	1.44
8		−0.2	0.04
8	8.2	−0.2	0.04
9		0.8	0.64
9		0.8	0.64
계			2.8

101 센서의 순간시야각(IFOV)이 2.5mrad이고 비행고도(AGL)가 16,000m일 때 화소 크기는?

㉮ 40m × 40m

㉯ 64m × 64m

㉰ 400m × 400m

㉱ 640m × 640m

> 순간시야각(IFOV)은 센서의 지상분해능에 대한 척도로 센서가 한 번 노출로 커버하는 지상의 영역을 의미한다.
> $D = H \cdot \beta = 16,000 \times 0.0025$
> $= 40m$
> 즉, 지상포함면적은 40m × 40m 이다.
> ※ β는 IFOV로 Milli Radians이다.

102 그림과 같은 수계 밴드에서 아래 통계값을 얻을 수 있는 트레이닝 필드로 적합하지 않은 것은?

영상 열 열

밴드 '1'

	1	2	3	4	5	6	7
1	5	3	4	5	4	5	5
2	2	2	3	4	4	4	6
3	2	2	3	3	6	6	8
4	2	2	6	6	9	8	7
5	3	6	8	8	8	7	4
6	3	6	8	7	2	3	2
7	4	6	7	3	3	2	1

밴드 '2'

	1	2	3	4	5	6	7
1	5	5	4	6	7	7	7
2	2	4	6	5	5	6	5
3	5	3	5	7	6	6	8
4	3	4	5	6	8	8	7
5	3	5	8	8	8	7	1
6	4	5	8	7	1	0	0
7	3	6	7	0	0	0	0

통계값 수계 밴드 '1' (최소 : 1, 최대 : 3)
밴드 '2' (최소 : 0, 최대 : 1)

㉮ 수계 트레이닝 필드

㉯ 수계 트레이닝 필드

㉰ 수계 트레이닝 필드

㉱ 수계 트레이닝 필드

수계 트레이닝 필드는 밴드 '1', '2'를 분석하면 통계값 0~3 지역이므로 ㉮는 3의 통계값을 포함하고 있지 않으므로 수계 트레이닝 필드로 부적합하다.

103 위성영상에서 취득하여 보정 처리된 개별 영상을 하나의 영상으로 합치는 과정을 설명한 용어로 옳은 것은?

㉮ 영상 모자이크(Image Mosaic)

㉯ 영상 융합(Image Fusion)

㉰ 공간 필터링(Spatial Filtering)

㉱ 영상 해상도 융합(Image Resolution Merge)

영상을 하나의 영상으로 합치는 과정을 영상 모자이크라 한다.

정답 102 ㉮ 103 ㉮

104 레이더 영상에서 대상지역이 완전히 평탄하고 지구곡률을 고려하지 않는다면 부각(Depression Angle)이 50°일 때 입사각(Incident Angle)은?

㉮ 30°

㉯ 35°

㉰ 40°

㉱ 45°

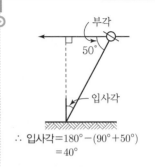

∴ 입사각 = 180° − (90° + 50°)
= 40°

105 위성영상에서 지도와 같은 특성을 갖도록 기복변위와 카메라 자세에 대한 변위를 제거한 정사보정 영상의 활용 분야와 거리가 먼 것은?

㉮ 실내지도 제작 분야

㉯ 토지피복지도 제작 분야

㉰ 도로지도 제작 분야

㉱ 환경오염도 제작 분야

위성영상을 이용한 지형도 제작은 지표면을 대상으로 하므로 실내지도 제작은 불가능하다.

106 그림은 어느 지역의 토지 현황을 나타내고 있는 지도이다. 이 지역을 촬영한 7×7 영상에서 "호수"의 훈련지역(Training Field)을 선택한 결과로 적합한 것은?

호수의 훈련지역은 5~7열, 6~7행이므로 ㉯를 선택하는 것이 타당하다.

㉮

	1	2	3	4	5	6	7
1							
2							
3							
4							
5				w			
6					w	w	
7					w		

㉯

	1	2	3	4	5	6	7
1							
2							
3							
4							
5							
6					w	w	w
7						w	

㉰

	1	2	3	4	5	6	7
1							
2							
3			w	w			
4			w	w			
5							
6							
7							

㉱

	1	2	3	4	5	6	7
1							
2		w					
3						w	
4							
5							
6		w			w		
7							

107 원격탐사의 분류기법 중 감독분류기법에 대한 설명으로 옳은 것은?

㉮ 작업자가 분류단계에서 개입이 불필요하다.

㉯ 대상지역에 대한 샘플 자료가 없을 경우에 적당한 분류기법이다.

㉰ 영상의 스펙트럼 특성만을 가지고 분류하는 기법이다.

㉱ 수치지도, 현장자료 등 지상검증자료를 샘플로 이용하여 분류한다.

> ㉮, ㉯, ㉰의 설명은 무감독분류기법의 설명이다.
> ※ 수치지도, 현장자료 등 지상검증 자료를 샘플로 이용하여 분류하는 기법은 감독분류기법의 설명이다.

108 원격탐사 센서의 기하학적 특성 중 순간시야각(IFOV) 2.0mrad의 의미는?

㉮ 1,000m 고도에서 촬영한 화소의 지상 투영면적이 2.0×2.0m

㉯ 1,000m 고도에서 촬영한 화소의 지상 투영면적이 2.0×2.0km

㉰ 10,000m 고도에서 촬영한 화소의 지상 투영면적이 2.0×2.0m

㉱ 10,000m 고도에서 촬영한 화소의 지상 투영면적이 2.0×2.0km

> 순간시야각(Instantaneous Field Of View)
> 순간시야각(IFOV)은 스캐너 형태를 지니고 있는 센서의 지상 분해능에 대한 척도로 센서가 한 번의 노출로 커버하는 지상의 영역을 의미한다.
> $$\therefore D = H \cdot \beta$$
> $$= 1,000 \times 0.002$$
> $$= 2.0 \text{m}$$
> 여기서, D : 탐측기에 의해 관측되는 지표의 원의 영역의 지름
> H : 탐측기의 고도
> β : IFOV(Milli Radians)
> 그러므로 순간시야각(IFOV) 2.0mrad 의 의미는 1,000m 고도에서 촬영한 화소의 지상 투영 면적이 2.0×2.0m 이다.

109 엘리뇨 현상을 분석하기 위해 고정 부표를 설치하여 수집한 자료 중 공간보간(Spatial Interpolation)이 필요하지 않은 자료는?

㉮ 해수면 온도   ㉯ 기온

㉰ 습도   ㉱ 부표 위치

> 엘리뇨 현상은 전 지구적 기상을 파악하기 위한 것으로 고정부표에서 수집된 온도, 기온, 습도는 다양한 데이터가 취득되므로 공간보간이 필요하며, 부표 위치는 고정되어 있으므로 보간이 필요하지 않는다.

110 원격탐사시스템의 해상도 중 파장 대역의 전자파 에너지를 측정하는 해상도로 옳은 것은?

㉮ 주기 해상도   ㉯ 방사 해상도

㉰ 공간 해상도   ㉱ 분광 해상도

> 분광 해상도(Spectral Resolution)
> • 전자기 스펙트럼의 특정파장 간격의 크기의 수
> • 얼마나 스펙트럼 영역을 좁게 관측할 수 있는가?
> • 얼마나 많은 스펙트럼 영역을 관측할 수 있는가?

111 디지털 영상에서 사용되는 비트맵 그래픽 형식이 아닌 것은?

㉮ BMP   ㉯ JPEG

㉰ TIFF   ㉱ DWG

> 비트맵은 작은 점들로서 그림을 이루는 이미지 파일 형식으로 GIF, JPEG, PNG, TIFF, BMP, PCT, PCX 등의 확장자로 저장된다.

정답 107 ㉱ 108 ㉮ 109 ㉱ 110 ㉱ 111 ㉱

112 원격탐사 영상을 이용한 분류에서 비교적 성질이 유사한 특징을 가진 자료를 그룹화하는 방법은?

㉮ 영상융합(Image Fusion)   ㉯ 자료변환(Data Handing)

㉰ 클러스터링(Clustering)   ㉱ 자료필터링(Data Filtering)

● 클러스터링(Clustering)
특징이 유사한 특징을 가진 자료를 그룹화하는 방법으로 무감독 추정·분류에 이용된다.

113 SAR(Synthetic Aperture Radar) 영상에서 반사강도에 영향을 주는 요소가 아닌 것은?

㉮ 관측기하   ㉯ 지표면의 거칠기

㉰ 유전상수   ㉱ 태양빛

● 안테나로 수신된 총 에너지는 송신신호의 특성(전파의 파장, 편광, 촬영기하 등)과 관측 대상물의 반사특성(거칠기, 형태, 유전율 등)에 영향을 받는다. 또한 SAR 영상은 태양광선에 의존하지 않아 야간에도 영상의 촬영이 가능하다.

114 아래 그림과 같은 4×4크기의 2밴드 영상이 BIL 포맷으로 저장된 데이터로 적합한 것은?

● BIL 포맷은 라인별로 픽셀을 밴드순으로 (㉮와 같이) 나열한 것으로 BSQ와 BIP의 장점을 적절하게 조정한 방법이다.

[영상]

	열 1	2	3	4
행 1	6	6	9	8
2	8	8	8	7
3	8	7	2	3
4	7	3	3	2

밴드 '1'

	열 1	2	3	4
행 1	5	6	8	8
2	8	8	8	7
3	8	7	1	0
4	7	0	0	0

밴드 '2'

㉮
6	6	9	8
5	6	8	8
8	8	8	7
8	8	8	7
8	7	2	3
8	7	1	0
7	3	3	2
7	0	0	0

㉯
6	6	9	8
8	8	8	7
8	7	2	3
7	3	3	2
5	6	8	8
8	8	8	7
8	7	1	0
7	0	0	0

㉰
6	5	6	6
9	8	8	8
8	8	8	8
8	8	7	7
8	8	7	7
2	1	3	0
7	7	3	0
3	0	2	0

㉱
7	3	3	2
7	0	0	0
8	7	2	3
8	7	1	0
8	8	8	7
8	8	8	7
6	6	9	8
5	6	8	8

115 다음 중 능동형 센서(SAR)가 장착된 위성은?

㉮ IKONOS-2

㉯ LANDSAT-5

㉰ KOMPSAT-5

㉱ WORLD VIEW-2

○ KOMPSAT-5(아리랑 5호)는 국내 최초로 SAR를 탑재한 전천후 지구관측위성이다.

116 〈보기〉의 지구관측위성에서 취득되는 팬크로매틱 영상의 공간해상도를 고해상도부터 저해상도 순으로 나열한 것으로 옳은 것은?

〈보기〉
㉠ WORLD VIEW 3호   ㉡ KOMPSAT 3호
㉢ SPOT 6호   ㉣ LANDSAT 7호

㉮ ㉠→㉡→㉢→㉣

㉯ ㉠→㉡→㉣→㉢

㉰ ㉡→㉠→㉢→㉣

㉱ ㉡→㉢→㉣→㉠

○ • WORLD VIEW 3호 : PAN 약 0.4m
• KOMPSAT 3호 : PAN 약 0.7m
• SPOT 6호 : PAN 약 1.0m
• LANDSAT 7호 : PAN 약 15m

117 원격탐사에서 디지털 값으로 표현된 화상 자료를 영상으로 바꾸어 주는 화상표시장치의 구성 장비가 아닌 것은?

㉮ Generator

㉯ D/A 변환기

㉰ Frame buffer

㉱ Look up table(LUT)

○ Generator는 전기에너지를 발생하는 기구이다.

118 지구자원탐사 목적의 LANDSAT(1-7호) 위성에 탑재되었던 원격탐사 센서가 아닌 것은?

㉮ LANDSAT TM(Thematic Mapper)

㉯ LANDSAT MSS(Multi Spectral Scanner)

㉰ LANDSAT HRV(High Resolution Visible)

㉱ LANDSAT ETM$^+$(Enhanced Thematic Mapper plus)

○ HRV센서는 프랑스 지구자원탐사 위성인 SPOT에 탑재되어 있다.

119 어느 지역 영상의 화소값 분포를 알아보기 위해 아래와 같은 도수 분포표를 작성하였다. 이 그림으로 추정할 수 있는 해당 지역의 토지피복의 수로 적당한 것은?

토지피복 수 = $\frac{49}{14}$ = 3.5이므로 빈도 3과 4의 값을 찾으면 해당 지역의 토지 피복의 수로 3개가 추정된다.

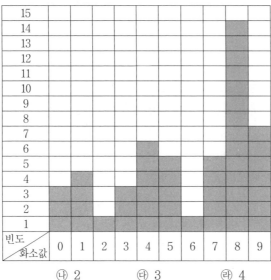

㉮ 1　　㉯ 2　　㉰ 3　　㉱ 4

120 어느 지역의 영상으로부터 "논"의 훈련지역(Training Field)을 선택하여 해당 영상소를 "P"로 표기하였다. 이때 산출되는 통계값과 사변형 분류법(Parallelepiped Classification)을 이용하여 "논"을 분류한 결과로 적당한 것은?

논의 트레이닝 필드지역 통계값을 분석하면 4~6이므로 영상에서 4~6 사이의 값을 선택하면 된다.

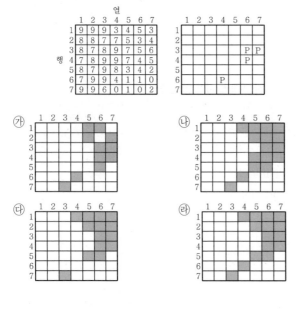

121 다음과 같은 종류의 항공사진 중 벼농사의 작황을 조사하기 위하여 가장 적합한 사진은?

㉮ 팬크로매틱 사진 ㉯ 적외선 사진
㉰ 여색입체 사진 ㉱ 레이더 사진

> ⊙ 적외선 사진은 지질, 토양, 농업, 수자원, 산림조사 판독에 사용된다.

122 우리나라 다목적실용위성5호(KOMPSAT-5)에 탑재된 센서인 SAR의 특징으로 옳은 것은?

㉮ 구름 낀 날씨뿐만 아니라 야간에도 촬영이 가능하다.
㉯ 주로 광학대역에서 반사된 태양광을 측정하는 센서이다.
㉰ 주로 기상과 해수 온도 측정을 위한 역할을 수행한다.
㉱ 센서의 에너지 소모가 수동형 센서보다 적다.

> ⊙ 다목적 실용위성 5호(아리랑 5호)는 국내 최초 SAR를 탑재한 전천후 지구관측위성이다.

123 레이더 위성 영상의 특성에 대한 설명으로 옳은 것은?

㉮ 깜깜한 밤이나 구름이 낀 경우에도 영상을 얻을 수 있다.
㉯ 가시 영역뿐만 아니라 적외선 영역의 영상을 얻을 수 있다.
㉰ 분광대를 연속적으로 세분하여 수십 개의 분광영상을 얻을 수 있다.
㉱ 기복변위가 나타나지 않아 정밀위치결정이 가능하다.

> ⊙ 레이더 시스템은 기상조건이나 시각적 조건에 영향을 받지 않는다는 장점을 가지고 있는 능동적 센서이므로, 야간이나 구름이 많이 낀 기상조건에서도 영상을 얻을 수 있다.

124 항공사진이나 위성영상의 한 화소(Pixel)에 해당하는 지상거리 X, Y를 무엇이라 하는가?

㉮ 지상표본거리 ㉯ 평면거리
㉰ 곡면거리 ㉱ 화면거리

> ⊙ 지상표본거리
> (Ground Sample Distance ; GSD)
> 각 화소(Pixel)가 나타내는 X, Y 지상거리를 말한다.

125 인공위성 센서의 지상자료 취득방식 중 푸시브룸(Push broom) 방식에 대한 설명으로 옳은 것은?

㉮ SAR와 같은 마이크로파를 이용한 원격탐사분야에 주로 사용된다.
㉯ 회전이나 진동하는 거울을 통해 탑재체의 이동방향에 수직으로 스캐닝한다.
㉰ 위성의 비행 방향에 따라 관측하고자 하는 관측 폭만큼 스캐닝한다.
㉱ 한쪽 방향으로 기운 형태의 기복 변위 영상이 생성된다.

> ⊙ 푸시브룸(Push broom) 방식은 선형으로 배열된 전하 결합소자(CCDs)를 이용하여 한번에 한 라인 전체를 기록하는 스캐너이다.

실전문제 TIP

126 원격탐사 자료처리 중 기하학적 보정에 해당되는 것은?

㉮ 영상대조비 개선   ㉯ 영상의 밝기 조절

㉰ 화소의 노이즈 제거   ㉱ 지표기복에 의한 왜곡 제거

▶ 기하학적 보정
• 지표의 기복에 의한 오차 제거
• 센서의 기하학적 특성에 의한 오차 제거
• 플랫폼의 자세에 의한 오차 제거

127 영상처리 방법 중 토지피복도와 같은 주제도 제작에 주로 사용되는 기법은?

㉮ 영상강조(Image Enhancement)

㉯ 영상분류(Image Classification)

㉰ 영상융합(Image Fusion)

㉱ 영상정합(Image Matching)

▶ 토지피복도와 같은 주제도 제작을 위해 사용되는 기법은 영상분류이다.

128 원격탐사의 탐측기에 의해 수집되는 전자기파 $0.7 \sim 3.0 \mu m$ 정도 범위의 파장대를 가지고 있으며 식생의 종류 및 상태조사에 유용한 것은?

㉮ 가시광선   ㉯ 자외선

㉰ 근적외선   ㉱ 극초단파

▶ 근적외선 파장대는 지질, 토양, 수자원 등의 판독에 사용되며, $0.7 \sim 3.0 \mu m$ 범위의 파장대를 가지고 있다.

129 다음과 같이 어느 지역의 영상으로부터 '논'의 훈련지역(Training Field)을 선택하여 해당 영상소를 'P'로 표기하였다. 이때 산출되는 통계값으로 옳은 것은?

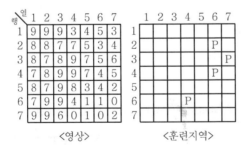

<영상>   <훈련지역>

㉮ 최댓값 : 6   ㉯ 최솟값 : 0

㉰ 평균 : 4.00   ㉱ RMSE : ±1.58

▶ '논'의 훈련지역 해당 영상소(p)=3, 6, 4, 4

㉮ : 최댓값=6

㉯ : 최솟값=3

㉰ : 평균값 = $\dfrac{3+6+4+4}{4} = 4.25$

㉱ : RMSE

$= \pm \sqrt{\dfrac{\sum v^2}{n-1}}$

$= \pm \sqrt{\dfrac{(3-4.25)^2 + (6-4.25)^2 + (4-4.25)^2 + (4-4.25)^2}{4-1}}$

$= \pm 1.26$

정답   126 ㉱   127 ㉯   128 ㉰   129 ㉮

실전문제 TIP

130 레이더 영상에 대한 설명으로 틀린 것은?

㉮ 연직(Nadir)으로 촬영할 경우 좌우 구분이 불가능하여 경사방향으로 촬영한다.

㉯ 레이더를 지표에 발사하여 돌아오는 반사파를 이용하여 2차원 영상을 생성하는 구조이다.

㉰ 파도가 없는 해수면의 경우 반사파가 그대로 돌아오기 때문에 밝게 나타난다.

㉱ 입사각에 따른 센서 진행방향의 해상도 문제를 해결하기 위해서 SAR(Synthetic Aperture Radar)이 도입되었다.

▶ 레이더 영상
• 레이더가 사용하는 전자기파 스펙트럼은 광대역을 점유하고 기상조건과 시간적인 조건에 영향을 받지 않는 능동적 센서로 극초단파 중 레이더파를 지표면에 주사하여 반사파로부터 2차원 영상을 얻는다.
• 레이더 영상에서 파장에 대해 표면이 매끄러운 경우 경사면 반사가 많아져 후방산란 성분이 적어지므로 영상은 어두워지고 표면이 거친 경우는 등방산란에 의해 후방산란 성분이 많아져서 밝은 영상이 된다.
※ 파도가 없는 매끄러운 해수면의 경우 어둡게 나타난다.

131 다음의 측량기법(장비) 중 야간에는 자료 획득이 불가능한 것은?

㉮ LiDAR   ㉯ GPS

㉰ MSS   ㉱ SAR

▶ MSS는 Landsat에 부착되어 있는 수동적 센서로 야간에는 자료 획득이 불가능하다.

132 원격탐사에서 SAR와 같은 능동형 센서의 특징으로 틀린 것은?

㉮ 취득된 영상에는 다중분광영상 자료가 포함된다.

㉯ 날씨의 영향을 비교적 적게 받는다.

㉰ 밤에도 촬영이 가능하다.

㉱ 위성체의 에너지 소모가 수동형 센서보다 많다.

▶ SAR는 레이더파를 지표면에 주사하여 반사파로부터 2차원 영상을 얻는 센서이므로 광학적 탐측기에 의해 취득되는 다중분광영상 자료가 포함되지 않는다.

133 아래와 같은 영상을 분석하기 위해 산림지역의 트레이닝 필드를 선정하였다. 트레이닝 필드로부터 취득되는 각 밴드의 통계값으로 옳은 것은?

[영상]

▶ 산림지역의 트레이닝 필드로부터 취득되는 밴드 '1'의 화소값은 최솟값 2, 최댓값 5이며, 밴드 '2'의 화소값은 최솟값 3, 최댓값 7이 된다.

열 행	1	2	3	4	5	6	7
1	5	3	4	5	4	5	5
2	2	2	3	4	4	4	6
3	2	2	3	3	6	6	8
4	2	2	6	6	9	8	7
5	3	6	8	8	8	7	4
6	3	6	8	7	2	3	2
7	4	6	7	3	3	2	1

밴드 "1"

열 행	1	2	3	4	5	6	7
1	5	5	4	6	7	7	7
2	5	5	5	6	5	6	5
3	5	3	5	7	6	6	8
4	3	4	5	6	8	8	7
5	3	5	8	8	8	7	1
6	4	5	8	7	1	0	0
7	3	6	7	0	0	0	0

밴드 "2"

[산림지역의 트레이닝 필드]

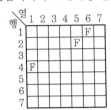

㉮ 밴드 '1'의 화솟값 : 최솟값＝1, 최댓값＝5
  밴드 '2'의 화솟값 : 최솟값＝3, 최댓값＝7

㉯ 밴드 '1'의 화솟값 : 최솟값＝2, 최댓값＝5
  밴드 '2'의 화솟값 : 최솟값＝2, 최댓값＝7

㉰ 밴드 '1'의 화솟값 : 최솟값＝2, 최댓값＝5
  밴드 '2'의 화솟값 : 최솟값＝3, 최댓값＝7

㉱ 밴드 '1'의 화솟값 : 최솟값＝3, 최댓값＝5
  밴드 '2'의 화솟값 : 최솟값＝3, 최댓값＝5

134 인공위성궤도의 종류 중 태양광 입사각이 거의 일정하여 센서의 관측 조건을 일정하게 유지할 수 있는 것으로 옳은 것은?

㉮ 정지 궤도

㉯ 태양 동기식 궤도

㉰ 고타원 궤도

㉱ Molniya 궤도

> 태양 동기식 궤도는 태양의 위치를 따라 계속해서 지구 주위를 회전하면서 지구 전역에 대해 위성 영상 데이터를 취득하는 방식이다.
> 이 궤도면은 태양에 대하여 항상 일정한 각도이므로 센서의 관측조건을 일정하게 유지할 수 있는 장점을 갖고 있다.

135 일반적으로 디지털 원격탐사 자료에 사용되는 컬러 좌표시스템은?

㉮ 청색(B) – 백색(W) – 황색(Y)

㉯ 백색(W) – 황색(Y) – 적색(R)

㉰ 적색(R) – 녹색(G) – 청색(B)

㉱ 녹색(G) – 청색(B) – 백색(W)

> 디지털 원격탐사 자료에 사용되는 컬러 좌표시스템에는 RGB(Red, Green, Blue), IHS(Intensity, Hue, Saturation), CMY(Cyan, Magenta, Yellow) 등이 있다.

136 위성영상 구매 시 메타데이터(Meta Data)에 포함되지 않는 정보는?

㉮ 위성영상의 공간해상도

㉯ 위성영상의 UTM 좌표

㉰ 위성영상의 촬영범위

㉱ 위성영상의 촬영날짜

> 위성영상의 구성 요소에는 헤더정보, 메타데이터, 기하정보, 영상정보가 있으며 메타데이터의 주요 정보에는 촬영 및 생산일자, 촬영각, 생산이력이 포함되어 있다.

정답 134 ㉯ 135 ㉰ 136 ㉯

실전문제 TIP

137 물체의 분광반사특성에 대한 설명으로 옳은 것은?

㉮ 같은 물체라도 시간과 공간에 따라 반사율이 다르게 나타난다.
㉯ 토양은 식물이나 물에 비하여 파장에 따른 반사율의 변화가 크다.
㉰ 식물은 근적외선 영역에서 가시광선 영역보다 반사율이 높다.
㉱ 물은 식물이나 토양에 비해 반사도가 높다.

⊙ 식물은 근적외선 영역에서 반사율이 높고, 가시광선 영역에서는 광합성작용으로 인해 적색광과 청색광은 식물에 흡수되어 반사율이 낮다.

138 원격탐사에 이용되고 있는 센서의 측정방식에 대한 설명으로 틀린 것은?

㉮ 센서는 영상획득방식에 따라 프레임방식과 스캐닝방식으로 구분할 수 있다.
㉯ 수동적 방식은 태양광의 반사 및 대상물에서 복사되는 전자파를 수집하는 방식이다.
㉰ 프레임방식에는 Across track(Whisk broom) 방식과 Along track(Push broom) 방식이 있다.
㉱ 능동적 방식은 대상물에 전자파를 쏘아 그 대상물에서 반사되어 오는 전자파를 수집하는 방식이다.

⊙ 스캐닝방식에는 Across track(Whisk broom) 방식과 Along track(Push broom) 방식이 있다.

139 원격탐사 시스템에서 시스템 자체 특성이나 지구자전 및 곡률에 의해 나타나는 내부기하오차로 센서 특성과 천문력 자료의 분석을 통해 때때로 보정될 수 있는 영상 내 기하왜곡이 아닌 것은?

㉮ 지구자전효과에 의한 휨 현상
㉯ 탑재체의 고도와 자세 변화
㉰ 스캐닝 시스템에 의한 접선방향 축척 왜곡
㉱ 스캐닝 시스템에 의한 지상해상도 셀 크기의 변화

⊙ 원격탐사 영상은 전형적으로 내부 및 외부적인 기하오차를 가지고 있다.
• 내부기하오차
  − 지구자전 효과에 의한 휨 영상
  − 스캐닝 시스템에 의한 지상 해상도 셀 크기의 변화
  − 스캐닝 시스템에 의한 1차원 기복변위
  − 스캐닝 시스템에 의한 접선방향 축척 왜곡
• 외부기하오차
  − 고도 변화
  − 자세 변화(좌우회전, 전후회전, 수평회전)

140 원격탐사 시스템에서 90°의 총 시야각과 10,000m의 고도를 가진 스캐닝 시스템의 지상관측 폭은?

㉮ 10,000m
㉯ 20,000m
㉰ 30,000m
㉱ 40,000m

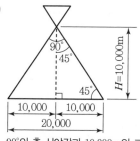

90°의 총 시야각과 10,000m의 고도를 가진 스캐닝 시스템의 지상관측 폭은 20,000m이다.

141 원격탐사 디지털 영상 자료 포맷 중 데이터세트 안의 각각의 화소와 관련된 n개 밴드의 밝기 값을 순차적으로 정렬하는 포맷은?

㉮ BIL
㉯ BIP
㉰ BIT
㉱ BSQ

> **BIP 형식**
> 디지털 영상자료 포맷 중 데이터 세트 안의 각각의 화소와 관련된 밴드의 밝기값을 순차적으로 정렬하는 형식이다.

142 원격탐사를 위한 정지궤도위성의 고도는?

㉮ 약 500km
㉯ 약 1,000km
㉰ 약 20,000km
㉱ 약 36,000km

> **고도에 따른 위성의 궤도**
> • 저궤도 : 300~1,500km
> • 중궤도 : 1,500~10,000km
> • 타원형 고궤도 : 10,000~40,000km
> • 정지궤도 : 약 36,000km

143 다음 중 탑재된 센서로 경사관측이 불가능한 위성은?

㉮ SPOT위성
㉯ KOMPSAT위성
㉰ IRS위성
㉱ Landsat위성

> Landsat위성은 탑재체의 비행방향 축에 직각방향으로 일정한 촬영폭을 유지하며 넓은 폭의 영상면을 취득하는 방식으로, 경사관측이 불가능한 위성 중 하나이다.

144 KOMPSAT(한국형 다목적실용위성, 아리랑위성) 중 SAR(Synthetic Aperture Radar) 영상을 제공하는 것은?

㉮ KOMPSAT−1
㉯ KOMPSAT−2
㉰ KOMPSAT−3
㉱ KOMPSAT−5

> KOMPSAT−5호는 영상레이더(SAR)를 탑재해 기상조건에 상관없이, 그리고 밤낮 구분 없이 지구 관측이 가능하다.

145 위성영상의 지상수신소에서 사용자에게 공급하는 위성영상자료의 포맷이 아닌 것은?

㉮ SIF(Standard Interchange Format)
㉯ BIL(Band Interleaved by Line)
㉰ BSQ(Band SeQuential)
㉱ HDF(Hierarchical Data Format)

> 지상수신소에서 사용자에게 공급하는 위성영상자료의 포맷은 BIL, BIP, BSQ, HDF 등이 있다.

MEMO

MEMO

MEMO

MEMO

MEMO

MEMO